高等学校“十三五”规划教材

有机化学

石春玲　主编

冯惠　田林　李昭　副主编

化学工业出版社

·北京·

《有机化学》首先介绍了有机化合物的结构理论和有机化学中的酸碱概念，然后以官能团为主线按性质、反应、制备等模块安排每章内容，立体化学在烃类化合物之后引出并渗透在随后的各章中，最后一章为有机合成初步，以便于读者了解有机合成的基本思路和方法。

《有机化学》可作为化学、化工、材料、环境、生物等专业本科生的教材，也可供相关人员参考。

图书在版编目（CIP）数据

有机化学/石春玲主编. —北京：化学工业出版社，2018.3（2024.2重印）
高等学校“十三五”规划教材
ISBN 978-7-122-31256-3

Ⅰ.①有… Ⅱ.①石… Ⅲ.①有机化学-高等学校-教材 Ⅳ.①O62

中国版本图书馆 CIP 数据核字（2017）第 322869 号

责任编辑：宋林青　　文字编辑：刘志茹
责任校对：王素芹　　装帧设计：关　飞

出版发行：化学工业出版社（北京市东城区青年湖南街 13 号　邮政编码 100011）
印　　装：北京天宇星印刷厂
787mm×1092mm　1/16　印张 26½　字数 678 千字　2024 年 2 月北京第 1 版第 2 次印刷

购书咨询：010-64518888（传真：010-64519686）　售后服务：010-64518899
网　　址：http://www.cip.com.cn
凡购买本书，如有缺损质量问题，本社销售中心负责调换。

定　　价：52.00 元

前言

《有机化学》参考了国内外相关教材，并结合了徐州工程学院有机化学教研组教师多年来的教学经验。自计划编写开始，各位编者结合教学实践和有机化学学科的发展现状，广泛收集材料，多易初稿，力求使本教材达到科学性、新颖性、先进性和实践性的基本要求，以适应高等学校工科教学改革的发展。

本书选材和论述充分注意到当今化工、材料、环境、生物工程等工科学生的本科专业要求，强调概念和知识的应用，注意培养学生发现问题和分析解决问题的能力，尽力阐明知识的提出、表现及去向，阐述深入浅出，通俗易懂，便于教学和自学。本书的教学学时数可根据各高校自身的培养方案灵活安排，64 学时、80 学时或 96 学时等均可适用。

编者在编写时围绕如下几点展开：

1. 以工科学生应掌握的适应当代知识的基本理论和基本概念为框架，突出知识点“少而精”，严格控制章节和字数，删繁就简；同时，保持了内容的简洁和体系的完整，适用范围广。

2. 先介绍有机化学的十大基本理论要点，在合适的位置引入立体化学。在各章节中结合知识点，加强和展开这些理论和概念的内涵和应用，便于读者理解与掌握有机反应及化合物的物理化学性质。

3. 以官能团分类，把同一官能团的芳香族和脂肪族化合物放在一起讨论，便于强调和对比其对应的理化性能之间的联系与区别。最后专设一章“有机合成”，初步介绍给读者开展有机合成的基本思路和方法。

4. 反应机理按照反应类型进行讨论，但各具体反应机理不做深入阐述。立体化学的应用渗透在各章节中，足以体现立体异构在现代有机化学学科中的重要性。

5. 富有时代气息，能基本反映出现代有机化学与生命、材料、环境等学科的交叉作用。

6. 章后附有习题，有些章节中的重要知识点后面还会加入适当的练习，题型丰富多样，以供读者复习知识点。每章给出相关阅读材料，供读者学习之余拓宽知识面，激发其学习有机化学和探索科学的兴趣。

7. 有机化合物结构解析的相关内容将在后续编写的教材中详细讨论。

参加本书编写工作的有石春玲（第 2、4、6、8、9、10 章）、冯惠（第 1、3、5、7 章）、田林（第 11、12、13 章）、李昭（第 14、15、16 章），吴琼、史小琴、张戈等在资料收集方面做了很多工作，全书由石春玲负责统稿和定稿。尽管各位编者付出了艰辛的努力和巨大的精力，但由于水平所限，书中难免出现不当之处，恳请读者不吝指教。

编者

2017 年 9 月

目录

第8章 卤代烃 ………………………… 163

第9章 醇、酚和醚 ………………… 186

第 10 章 醛和酮 …… 226

第 11 章 羧酸及其衍生物 …… 261

第1章 绪论

有机化学是化学的一个分支，是研究有机化合物的制备、结构、性质及应用的科学，一般可以将有机化学的研究内容分为有机化合物的结构与性能、有机合成化学和有机反应机理三大部分。

1.1 有机化学的发展和有机化合物

有机化合物的主要特征是它们都含有碳原子，即都是碳化合物，因此有机化学就是研究碳化合物的化学。作为一门单独学科，有机化学奠基于18世纪中叶。在此之前，人们简单地根据化合物的来源把它们分为矿物、植物和动物三类（1675，Lamery，Cours de Chymie）。到了18世纪中叶，有了元素定量分析的方法，证明动物和植物化合物中都含有碳和氢，有的还含有氮和磷。这时，人们认为有机化合物只能在有生命的生物体中得到。生物是具有生命力的，因此生命力的存在是制造或合成有机物质的必要条件，这就是有机化学之父瑞典科学家贝采里乌斯提出的“生命力学说（vitalism）”。该学说使化学家们认识到从有生命的动植物中得到的化合物同来源于无生命的矿物中的化合物在性质上有显著的不同，但却遏制了有机合成化学的发展。

直至1828年，德国化学家魏勒（Wöhler F）由公认的无机物氰酸铵（NH_4OCN）合成了之前认为只能从动物排泄物尿液中取得的有机化合物尿素（NH_2CONH_2）。1845年，德国化学家卡尔贝（Koble H）由二硫化碳合成了醋酸，醋酸是典型的有机化合物，二硫化碳是由碳和硫化铁得到的。因此，卡尔贝的发现更加有力地证明了有机化合物可以由无机化合物制备。以后，越来越多的化学家在实验室中用简单的无机物为原料，成功地合成了许多其他的有机化合物。在大量的科学事实面前，化学家们摒弃了不科学的生命力学说，加强了有机化合物的人工合成实践，促进了有机合成化学的发展。

19世纪下半叶，有机合成研究工作取得了迅猛的发展；在此基础上，以煤焦油为原料生产合成染料、药物和炸药的有机化学工业开始兴起；20世纪40年代开始的基本有机合成的研究又迅速地发展了以石油为主要原料的有机化学工业，这些有机化学工业，特别是以生产合成纤维、合成橡胶、合成树脂和塑料为主的有机合成材料工业，促进了现代工业和科学技术的迅速发展。

1874年，德国化学家夏勒马在化学结构学说的基础上提出：由于有机化合物都含有碳和氢这两种元素，故有机化合物（organic compound）是指碳氢化合物和它们的衍生物。衍生物（derivative）是指化合物中的某个原子（基团）被其他的原子（基团）取代后衍生出来的那些化合物。这一定义一直沿用至今。但是，含碳原子的化合物并不全被认为是有机化合物，如二氧化碳、碳酸盐、氢氰酸等，一般仍归为无机化合物一类。

1.1.1 有机化合物的特点

① 数目庞大　组成有机化合物的元素并不多，绝大多数有机化合物只由碳、氢、氧、氮、磷等少数元素组成，而且一个有机化合物分子中只含有其中少数元素。但是，有机化合物的数量却非常庞大，目前不到三秒就有一个新化合物诞生并得到注册，美国化学学会于2012年9月登录的化学物质数目已达6000万个。而由100多种元素组成的无机化合物只有几十万个，两者差距悬殊。

有机化合物的数量如此之多，首先是因为碳原子相互结合的能力很强。碳原子可以互相结合成不同碳原子数目构成的碳链或碳环，还能相互交联，更有支链和交叉链存在；碳原子还可以与其他原子，如氢、氧、氮、硫、卤素、磷以及金属成键。一个有机化合物的分子中，碳原子的数目少则一二个，多则几千几万甚至几十万个（有机高分子化合物）。此外，即使相同碳原子数目的分子，由于碳原子间连接方式的多样，又可以组成结构不同的许多化合物。分子式相同而结构相异因而性质各异的不同化合物，称为同分异构体（isomer），这种现象称为同分异构现象（isomerism）。该现象在有机化合物中十分普遍。例如：分子式为 C_4H_9OH 的化合物有乙醚（**1**）、甲丙醚（**2**）、正丁醇（**3**）、（*S*）-2-丁醇（**4**）和（*R*）-2-丁醇（**5**）。尽管组成它们的原子种类和数目都相同，但却是性质不同的五种化合物。

$CH_3CH_2OCH_2CH_3$　　$CH_3OCH_2CH_2CH_3$　　$CH_3CH_2CH_2CH_2OH$　　CH_2CH_3, H_3C, H, OH　　CH_2CH_3, H_3C, OH, H

1　　**2**　　**3**　　**4** 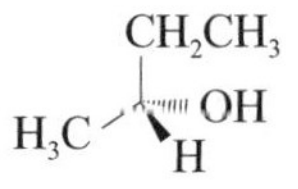　　**5**

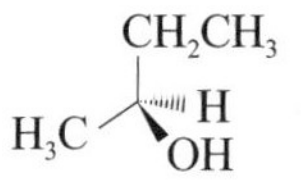

化合物 **1**、**2**、**3** 和 **4** 或 **5** 是因为分子中各原子间相互结合的顺序不同而引起的异构，称为构造异构现象（constitution isomerism）；化合物 **4** 和 **5** 是由于构型（configuration）不同而产生的异构，称为构型异构现象。

在有机化学中，化合物的结构（structure）是指分子中原子间的排列次序、原子间的立体位置、化学键的结合状态以及分子中电子的分布状态等各项内容的总称。这些都将在以后陆续讨论。

② 结构复杂　多数有机化合物的结构十分复杂。20世纪80年代从海洋生物中得到的一个沙海葵毒素（palytoxin）的分子式是 $C_{129}H_{221}O_{53}N_3$，即便知道了这400多个原子之间以怎样的次序结合，但仅仅由于原子在空间取向的不同就有可能形成 2×10^{64} 种立体异构体。其中只有一种才是该化合物（见图1-1）。

③ 易燃烧　有机化合物含有碳、氢等可燃元素，故绝大部分的有机化合物都可以燃烧。有些有机化合物本身是气体，有些挥发性很大，闪点低，这就要求在处理有机化合物时要注意消防安全。

④ 熔点低　无机化合物的晶体组成单位多是正、负离子，存在很强的静电引力，只有在极高的温度下，才能克服这种强有力的静电引力，因此，无机物的熔点一般很高。有机化合物晶体组成单位是分子，分子间的引力比静电引力弱得多，所以有机物的熔点一般都不高。许多有机化合物的熔点在200～300℃。熔点数值是有机化合物非常重要的物理常数，绝大多数纯净的有机物有固定的熔点和很短的熔程。

⑤ 不溶于水　水是一种极性很强、介电常数很大的液体，有机化合物的极性一般都较

图 1-1　沙海葵毒素（palytoxin，PTX）

弱甚至没有，因此有机化合物和水之间只有很弱的作用，在水中不溶解或者溶解度很小。

⑥ 反应慢、副反应多　有机化合物的化学反应多数不是离子反应，而是分子间的反应。除了某些反应（多为放热的自由基型反应）反应速率极快外，大多数有机反应需要一定时间才能完成。有机反应过程中涉及键的断裂和生成，但完全专一性的断键较难控制，使得反应后得到的产物常常是混合物。

1.1.2　有机化合物的分类和官能团

根据有机化合物的碳架结构和分子的官能团组成，可以对数目庞大的有机化合物进行分类。根据碳架结构，有机化合物分为三大类。

（1）开链化合物

这类化合物的碳链两端不相连，碳碳之间可以是单键、双键、三键等。因为在油脂里有许多这种开链结构的化合物，所以它们亦称为脂肪族化合物。如：

$CH_3CH_2CH_2CH_3$　　$CH_3(CH_2)_7CH{=}CH(CH_2)_7COOH$　　$(CH_3)_2CHCH_2\overset{O}{\overset{\|}{C}}CH_3$

正丁烷　　十八碳-9-烯酸　　4-甲基-2-戊酮

（2）碳环化合物

这类化合物中的碳链两端相连接，形成环状，碳环化合物又可分为芳香族化合物和脂环族化合物。脂环化合物的性质和开链化合物相似，而芳香族化合物有其特殊的物理和化学性质。

环己烯　　环己烷　　萘

（3）杂环化合物

这类化合物含有由碳原子和其他原子如氧、硫、氮等组成的环状结构，环上的非碳原子又称杂原子，故这类化合物称为杂环化合物。杂环化合物和芳香族化合物的性质类似，故亦称杂芳环化合物。

呋喃　　吡啶　　吲哚

碳架的分类过于笼统，不能把结构和性质不同的化合物加以有效的区分。更为常见的分类方法是官能团分类法，决定了有机化合物化学性质的原子或者原子团称为官能团（functional group）。官能团常是分子中对反应最敏感的部分，故有机化合物的主要反应多数发生在官能团上。官能团的种类很多，一般常见和较重要的官能团列于表 1-1 中。

表 1-1　有机分子中常见的重要官能团

官能团结构	名称	英文词(尾)	类别	官能团结构	名称	英文词(尾)	类别
$\rangle C=C\langle$	双键	-ene	烯烃	$(H)R'C(OR)_2$	缩醛(酮)基	acetal	缩醛(酮)
$—C\equiv C—$	三键	-yne	炔烃	$—C(=O)—O—C(=O)—$	酸酐基	ic anhydride	酸酐
—X	卤素		卤代物	$—C(=O)—OR$	酯基	-oate	酯
$—C_6H_5$	苯环		芳烃	$—C(=O)—NR(H)_2$	酰氨基	-amide	酰胺
—OH	羟基	-ol	醇、酚	$—NO_2$	硝基		硝基化合物
$—C—O—C—$	醚键	ether	醚	$—NH_2$	氨基	-amine	胺
$R(R'(H))C=O$	羰基	-al,-one	醛、酮	—CN	氰基	-nitrile	腈
$—C(=O)—OH$	羧基	-oic acid	羧酸	$—C—O—O—C—$	过氧基	-peroxide	过氧化物
$—C(=O)—Cl$	酰氯	-oyl chloride	酰卤	$—SO_3H$	磺酸基	-sulfonic acid	磺酸化合物

表 1-1 中，R 代表化合物的某个部分，但常见的是指烷烃去掉一个氢原子后余下的结构，称为烷基。我们不必追究 R 的具体结构，因为它们在反应前后结构没有变化或者它的具体结构的差异对某类化合物的性能影响很小而可以忽略不计。R 成为一个通用符号，具有类似的通性和广义，既方便书写，又易于我们去关注分子中更重要的结构点。

1.2 有机化合物结构理论

1.2.1 有机化合物中的价键理论

有机化合物的性质取决于有机化合物的结构，要说明碳化合物的结构，首先讨论碳化合物中普遍存在的共价键。

碳原子处在周期表中第ⅣA族的首位，它的原子核对外层四个价电子有一定的控制能力。当碳原子和其他元素形成化合物时，它不易获得或失去价电子，而总是和其他元素各提供一个电子而形成两个原子共有的电子对，即形成把两个原子结合在一起的化学键，叫做共价键（covalent bond）。例如，碳原子可以和四个氢原子形成四个共价键而生成甲烷。

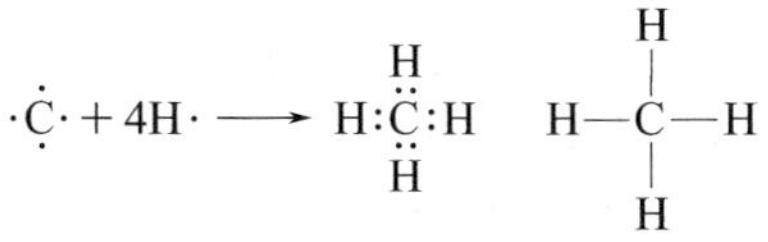

$$\cdot\dot{\underset{\cdot}{C}}\cdot + 4H\cdot \longrightarrow H:\overset{H}{\underset{H}{\ddot{\underset{\cdot\cdot}{C}}}}:H \qquad H-\overset{H}{\underset{H}{\overset{|}{\underset{|}{C}}}}-H$$

由一对共用电子对的点来表示一个共价键的结构式，叫做路易斯结构式；如果这一对共用电子的点用一根短线来代表一个共价键，叫做凯库勒结构式。

按照量子化学中价键理论的观点，共价键是两个原子的未成对而又自旋相反的电子偶合配对的结果。共价键的形成使体系的能量降低，形成稳定的结合。一个未成对电子经配对成键就不能再与其他未成对电子偶合，所以共价键具有饱和性，原子的未成对数一般就是它的化合价数或价键数。两个电子的配合成对也就是两个电子的原子轨道的重叠。因此也可以简单地理解为重叠部分越大，形成的共价键就越牢固。

按照分子轨道理论，当原子组成分子时，形成共价键的电子即运动于整个分子区域。分子中价电子的运动状态即分子轨道，可以用波函数 Ψ 来描述。分子轨道由原子轨道通过线性组合形成。形成的分子轨道数与参与组成的原子轨道数相等。例如，两个原子轨道可以线性组合成两个分子轨道，其中一个分子轨道是由符号相同（即波相相同）的两个原子轨道的波函数相加而形成；另一个分子轨道是由符号不同（即波相不同）的两个原子轨道的波函数相减而形成（图 1-2）。

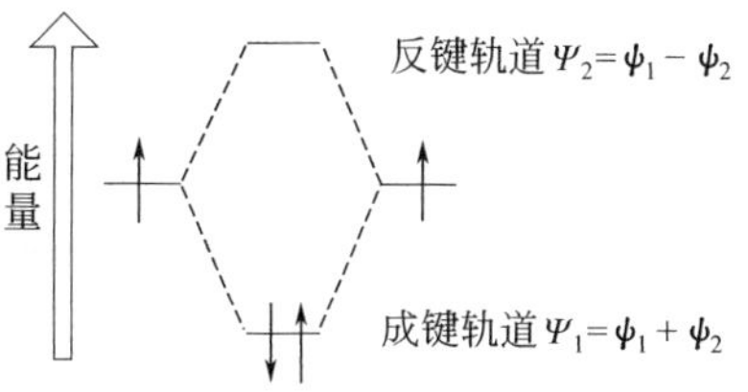

图 1-2　两个氢原子轨道组成两个氢分子轨道

$$\Psi_1=\phi_1+\phi_2 \qquad \Psi_2=\phi_1-\phi_2$$

前式表示在分子轨道 Ψ_1 中两个原子核之间的波函数增大，电子云密度也增大，这种分子轨道的能量较原来两个原子轨道的能量低，所以叫做成键轨道；后式表示在分子轨道 Ψ_2 中两个原子核之间的波函数减少，电子云密度也减少，这种分子轨道的能量较原来两个原子轨道的能量反而增加，所以叫做反键轨道。

每个分子轨道只能容纳两个自旋相反的电子，电子总是首先进入能量低的分子轨道，当此轨道已占满后，电子再进入能量较高的轨道。当两个氢原子形成氢分子时，两个电子均进入能量低的成键轨道，体系能量降低，即形成了共价键。在两个氢原子组成氢分子的反应中，有 $435kJ\cdot mol^{-1}$ 能量释出，此能量就是 H—H 键的键能。

某些电子的原子轨道，例如 p 原子轨道，具有方向性。因为原子轨道只有在一定方向即在电子云密度最大的方向才能得到最大的重叠成键，所以共价键也具有方向性。例如，1s 原子轨道和 $2p_x$ 原子轨道的结合，只有在 x 轴的方向处，即 $2p_x$ 原子轨道中电子云密度最大的方向处，与 s 原子轨道重叠最大，这样才可形成成键的分子轨道，也就是可以结合成稳定的共价键（见图 1-3）。

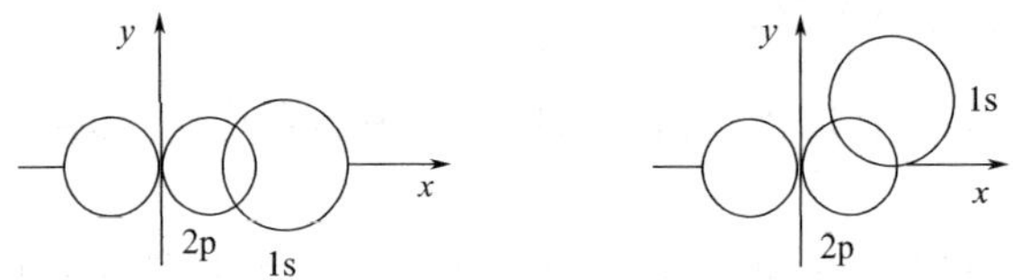

(a) x轴方向结合成键　　(b) 非x轴方向重叠较小，不能成键

图 1-3　共价键的方向性

可以用简单的碳氢化合物甲烷（CH_4）为例来说明碳原子形成碳氢共价键的结构。碳原子在基态的电子构型为 $1s^2 2s^2 2p_x^1 2p_y^1$，其最外层有四个电子，两个电子在 2s 轨道上，且已成对，另外两个则分别处于不同的 p 轨道中（$2p_x$ 和 $2p_y$）。碳原子最外层有两个未成对电子，应该与氢原子结合成 CH_2，为什么却结合成了 CH_4 呢？因为碳原子在与氢原子成键前，它的已成对的 2s 电子中，有一个被激发至能量较高的 $2p_z$ 空轨道中（只需要402kJ/mol 的能量）。这个激发态的电子构型为 $1s^2 2s^1 2p_x^1 2p_y^1 2p_z^1$。这里，美国科学家诺贝尔奖获得者鲍林（Pauling L）在 20 世纪 30 年代提出了轨道杂化理论来加以解释。原子轨道在成键时可以进行杂化而组成能量相近的“杂化轨道”（hybrid orbital）。这种杂化轨道成键能力更强，即使部分能量需要补偿激发的需要，仍然可以使体系释出能量而趋于稳定。因此这里的一个 2s 轨道与三个 p 轨道通过杂化而形成了四个杂化轨道（见图 1-4）。

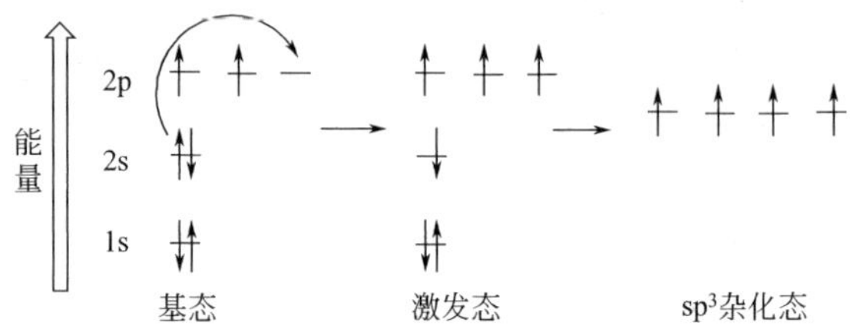

图 1-4　碳原子 2s 电子的激发和 sp^3 杂化

这里形成的新的杂化轨道叫做 sp^3 杂化轨道，它们可以分别和氢原子的 s 轨道形成共价键，即四个 sp^3-s 型的 C—H 键。在形成一个 C—H 键时，放出 $414kJ\cdot mol^{-1}$的能量。在激发、杂化和成键的全部过程中，除去补偿激发所需的能量 $402kJ\cdot mol^{-1}$外，形成 CH_4 时仍可放出约 $1255kJ\cdot mol^{-1}$的能量。这个体系比只形成两个共价键的 CH_2 稳定得多。

$$\cdot\ddot{C}\cdot \xrightarrow{404kJ/mol} \cdot\dot{C}\cdot + 4H\cdot \longrightarrow H\!:\!\overset{\displaystyle H}{\underset{\displaystyle H}{\ddot{C}}}\!:\!H + 1657kJ\cdot mol^{-1}$$

这四个 sp^3 杂化轨道的能量是相等的，每一轨道相当于 1/4 s 成分和 3/4 p 成分。从 sp^3 杂化轨道的图形可以看出大部分电子偏向一个方向，形成一头大一头小的纺锤形。碳原子的四个 sp^3 杂化轨道在空间的排布方式是：以碳原子核为中心，四个杂化轨道则对称地分布在其周围，则它们的对称轴分别指向正四面体的四个顶点。因此，这四个杂化轨道都有一定的方向性。杂化轨道间保持 109.5°的角度，所以 sp^3 杂化碳原子具有正四面体构型。图 1-5 示出单个 sp^3 杂化轨道的形状和甲烷四个 sp^3 杂化轨道在空间的排布。

图 1-5 单个 sp^3 杂化轨道形状和甲烷四个 sp^3 杂化轨道空间排布

1.2.2 有机化合物中共价键的性质

（1）键长

共价键的形成使两个原子有了稳定的结合。形成共价键的两个原子的原子核之间的距离称为键长（bond length）。不同的共价键具有不同的键长。表 1-2 是一些共价键键长的数据，但应注意的是，即使是同一类型的共价键，在不同化合物分子中它的键长也可能有所不同，因为由共价键所连接的两个原子在分子中并不是独立的，它们会受到整个分子的影响。

表 1-2 常见共价键的平均键长

键型	键长/nm	键型	键长/nm
C—C	0.154	C—F	0.142
C—H	0.110	C—Cl	0.178
C—N	0.147	C—Br	0.191
C—O	0.143	C—I	0.213
N—H	0.103	O—H	0.097

（2）键角

共价键具有方向性，因此任何一个两价以上的原子与其他原子形成共价键之间都有一个夹角，这个夹角就是键角（bond angle）。键角的大小反映出分子空间结构，键角的大小和原子在分子中的配位数及所连基团大小有关。分子中的成键电子对之间要尽可能相互分开。孤对电子产生的排斥作用会更大。例如，甲烷分子中四个 C—H 共价键之间的键角都是 109.5°。

（3）键能

将两个用共价键连接起来的原子拆开成原子状态时所吸收的能量称为键的解离能（bond dissociation energy），同类型键解离能的平均值为键能（bond energy）。键能能反映出两个原子的结合程度，结合越牢固，强度越大，则键能越大。表 1-3 列出了一些常见共价键的键能数据。

表 1-3 常见共价键的平均键能

键型	键能/kJ·mol^{-1}	键型	键能/kJ·mol^{-1}
C—C	347.3	C—F	485.3
C—H	414.2	C—Cl	338.9
C—N	305.4	C—Br	284.5
C—O	359.8	C—I	217.6
N—H	464.4	O—H	389.1

（4）键的极性和元素的电负性——分子的偶极矩

电负性（electronegativity）不同的原子形成的共价键，由于原子吸引电子的能力不同，使得分子中的共用电子对的电荷非对称分布，导致成键电子分别带有微量的正、负电荷，这样的共价键叫做极性键（bond polarity）。如果形成共价键的两个原子电负性相同，共用电子对不偏向任何一个原子，电荷在两个原子核附近对称地分布，这样的共价键称为非极性键（nonpolar bond）。一般认为，两种原子的电负性相差 1.7 以上时形成离子键，相差 0.6 以下时形成共价键，相差 0.6～1.7 时形成极性共价键。实际上，共价键到离子键的过渡是难以严格区别的。键的极性可用 δ^+ 和 δ^- 分别表示部分正电荷和部分负电荷，如 $H_3C^{\delta+}—F^{\delta-}$。表 1-4 列出了几种常见元素的电负性值。

表 1-4　几种常见元素的电负性值（Pauling 值）

H　2.1						
Li　1.0	Be　1.5	B　2.0	C　2.6	N　3.0	O　3.5	F　4.0
Na　0.9	Mg　1.2	Al　1.5	Si　1.8	P　2.1	S　2.5	Cl　3.0
K　0.8	Ca　1.0					Br　2.8
						I　2.4

共价键的极性通常是静态下未受外来试剂或电场作用时表现出来的一种属性。共价键不论是极性的还是非极性的，均能在外电场影响下引起键电子云密度的重新分布，从而发生变化，这种性质称为共价键的可极化性（polarizability）。可极化性与连接键的两个原子的性质密切相关，原子半径大，电负性小，对电子的束缚力也小，在外电场作用下就会引起电子云较大程度地偏移，可极化性就大。如，C—X（卤素）键的可极化性的大小顺序是 C—I＞C—Br＞C—Cl＞C—F。因为键的可极化性是在外电场存在下产生的，因此这种暂时性质一旦外电场消失，可极化性就不存在了，键恢复到原来的状态。

某些分子的正电中心和负电中心不能重合，这种在空间具有两个大小相等、符号相反的电荷在分子中就构成了一个偶极。偶极可用“$+\!\!\longrightarrow$”表示，大小用偶极矩（dipole moment）：正（负）电荷的电荷值 q 和两个电荷中心之间距离 d 的乘积 μ（$\mu=q\times d$）表示。偶极矩的方向 $+\!\!\longrightarrow$ 箭头所示是从正电荷到负电荷的方向，偶极矩的大小则反映出分子极性的强弱，其单位为 C·m（库仑·米）。分子的极性是分子中全部极性键的向量和（见表 1-5 和图 1-6）。有些无极性分子中的化学键是可以有极性的，但它们会相互抵消，如二氧化碳、乙炔等对称的线性分子。因此，键的偶极矩和整个分子的偶极矩在许多情况下是不同的。另外，还要注意方向的问题，C—H 键的偶极矩小于 C—O 键，更重要的是它们的方向也相反。反应的进行和偶极矩的方向和大小有密切的关系。

表 1-5　常见键的偶极矩数值（10^{-30} C·m）

C—N	C—O	C—F	C—Cl	C—Br	C—I	C—H	H—N	H—O	C=O	C≡N
0.73	2.74	4.70	4.78	4.60	3.97	1.33	4.37	5.04	7.67	11.67

H—Cl　　$+\!\!\longrightarrow$　　μ=1.03D

CH_3—Cl　　$+\!\!\longrightarrow$　　μ=1.87D

H—C≡C—H　　$+\!\!\longrightarrow$　$\longleftarrow\!\!+$　　μ=0

图 1-6　氯化氢、一氯甲烷、乙炔的偶极矩

1.3　有机化学中的酸和碱

酸碱是化学中应用最为广泛的概念之一，有机化学中常用质子理论和电子理论来解释

酸碱。

1.3.1 质子理论

1923 年，丹麦化学家布朗斯特（Brönsted J N）和英国化学家劳莱（Lowry T M）同时提出，凡是能放出质子的物质是酸（acid），凡是能与质子结合的物质是碱（base），酸放出质子后即形成该酸的共轭（conjugate）碱，同样，碱与质子结合后成为共轭酸。

$$A—H \rightleftharpoons B+H^+$$

从质子理论可以看出，一个化合物是酸还是碱实际上是相对而言的，视反应对象不同而不同。例如，甲醇在浓酸中接受质子，属于碱；但当它与强碱作用放出质子时，又属于酸。许多含氧、氮、硫等的有机化合物都像水一样可以接受质子作为碱：

$$CH_3ONa \xleftarrow[-H^+]{NaNH_2} CH_3OH \xrightleftharpoons[+H^+]{H_2SO_4} CH_3\overset{+}{O}H_2 + HSO_4^-$$

根据质子理论的定义，酸的强度指酸给出质子的倾向大小；碱的强度指碱接受质子的倾向大小。酸碱强度是一个可以量化的数据（pK）。一个酸的酸性越强，它的共轭碱的碱性就越弱，不同强度的酸碱之间可以发生反应。酸碱反应实质是质子的转移，反应方向是质子从弱碱转移到强碱。例如，盐酸被称为强酸，因为它能和水几乎完全反应，而醋酸是弱酸，因为它只能和水反应一小部分，即只有一小部分水可接受醋酸中的质子而成为 H_3O^+。因为酸碱反应是可逆反应，所以可以用平衡常数 K_{eq}来描述反应的进行。由于在稀水溶液中，水的浓度接近常数，因此可以用酸性常数 K_a 来描述酸碱反应中酸的强度。

$$HA+H_2O \rightleftharpoons H_3O^+ + A^-$$

$$K_{eq}=\frac{[H_3O^+][A^-]}{[HA][H_2O]} \qquad K_a=K_{eq}[H_2O]=\frac{[H_3O^+][A^-]}{[HA]}$$

在酸碱反应中，强酸总是使平衡趋势向右，因此强酸的 K_a 值大；反之，弱酸的 K_a 值小。一般常用 K_a 值的负指数 pK_a 来表示酸的强弱，即：pK_a＝$-\lg K_a$。强酸具有低 pK_a 值，而弱酸具有高 pK_a 值。由 pK_a 可判断酸性强弱，或它们的相对强弱。

有机化合物中常见的酸主要是带有接在单键氧（硫）上的氢原子的醇、酚、羧酸及磺酸等化合物和具有活泼亚甲基结构 C—H 键上的酸性氢这两大类。前者的酸性是由于失去质子后形成的负电荷可以落于电负性大的原子上；后者因为共轭碱通过共振分散负电荷。有机化合物中的碱主要是带有孤对电子的含氮化合物。表 1-6 为一些常见酸和它们共轭碱的相对强度。

表 1-6 一些常见酸的 pK_a 值和它们的共轭碱

	酸	名称	pK_a	共轭碱	名称	
弱酸	CH_3CH_2OH	乙醇	16.00	$CH_3CH_2O^-$	乙氧离子	强碱
↓	HOH	水	15.74	HO^-	氢氧离子	↑
	HCN	氢氰酸	9.2	CN^-	氰离子	
	CH_3COOH	乙酸	4.72	CH_3COO^-	乙酸根离子	
	HF	氢氟酸	3.2	F^-	氟离子	
	HNO_3	硝酸	−1.3	NO_3^-	硝酸根离子	
强酸	HCl	盐酸	−7.0	Cl^-	氯离子	弱碱

1.3.2 电子理论

1924 年，几乎在提出质子理论的同时，美国科学家路易斯（Lewis G N）从化学键理论出发，提出了从另一个角度出发考虑的酸碱理论，它以接受或放出电子对作为判定标准。认为：酸是能接受电子对的物质，碱是能放出电子对的物质。因此，酸和碱又可以分别称为电子对受体和供体。酸碱反应实际上是形成配位键的过程，生成酸碱配合物。或者说 Lewis 酸是亲电试剂能接受电子，Lewis 碱是亲核（有机化学中通常把原子核的“核”作为正电荷的同义词）试剂而提供电子。有机反应方程表达式中用带箭头的曲线“⤵”来表示一对电子从箭头尾处的原子或价键转移向箭头所指的另一个原子或价键；带半箭头的曲线“⤵”则表示只有一个电子的转移。

$$A^{\cdot} + B\!: \longrightarrow B{-}A$$

有机反应中的亲电试剂都可看做是 Lewis 酸，分子中缺电子，或者含有可以接受电子的原子。常见的 Lewis 酸如 H^+、BF_3、$AlCl_3$、$ZnCl_2$、$SnCl_4$、R^+、$R\overset{+}{C}O$、$>\!\!=\!O$、$-C\equiv N$ 等。而亲核试剂都是 Lewis 碱，它们具有未共用电子对的原子、一些负离子或一些富电子的重键，如 NH_2^-、R^-、SH^-、X^-、RH_2、ROR、烯烃和芳烃等。

Lewis 酸碱理论把更多的物质用酸碱概念联系起来，由于大部分反应，尤其是极性反应都可以看做是电子供体和电子受体的结合，所以大部分有机反应可以归入酸碱反应来加以研究和讨论。

Lewis 酸碱理论在有机化学中特别重要，应用极为广泛，其概念成为研究有机化合物和有机反应历程的基础。电子理论所包括的酸碱范围最为广泛，因为它的定义并不着眼于某个元素，而是归于分子的一种电子结构。由于配位键普遍存在于化合物中，酸碱化合物几乎无所不包。但 Lewis 酸碱的强弱没有定量的标准，只能说在某个反应中酸（碱）的吸（给）电子能力越强，酸（碱）性就越强。

现在一般意义上，谈及酸碱的含义时多指质子理论定义的酸碱；而使用 Lewis 酸碱这一名称本身也意味着它和一般提及的酸碱概念不一样。

20 世纪 60 年代，皮尔逊（Pearson R G）在 Lewis 酸碱理论的基础上又提出了酸碱的硬度和软度的概念，将酸碱分为两部分后，出现有关 Lewis 酸碱配合物稳定性的一条简单的规则：硬酸优先和硬碱结合，软酸优先和软碱结合。

酸碱的硬度和软度的特点可定性地表述如下。

硬酸：具有较高的正电荷，亲电中心的原子较小，极化度低，电负性高，用分子轨道理论描述是最低未占轨道（LUMO）的能量高。常见硬酸如 H^+、碱金属和碱土金属正离子、Al^{3+}、Fe^{3+}、BF_3、RC^+O 等。

硬碱：亲核中心的原子电负性强，极化度低，难以被氧化，用分子轨道理论描述是最高已占轨道（HOMO）的能量较低。常见硬碱如 F^-、OH^-、Cl^-、CO_3^{2-}、RO^-、RO、NH_3、RNH_2、NO_3^-、SO_3^{2-} 等。

软酸：具有较低的正电荷，亲电中心的原子较大，极化度高，电负性小，LUMO 的能量低。常见软酸如过渡金属离子 Cu^+、Ag^+、Pd^{2+}、Pt^{2+} 和 BH_3、I_2、Br_2 等。

软碱：亲核中心的原子电负性小，极化度高，易被氧化，HOMO 的能量高。常见软碱如 S^{2-}、I^-、CN^-、SR^-、R_2S、C_6H_6、CO、$(RO)_3P$ 等。

软硬酸碱理论（HSAB）是从大量实验室资料作出的概括，没有统一的定量标准，也有不少酸碱只能纳入交界类型。一般同周期的元素从左到右如 CH_3^-、NH_2^-、OH^-、F^- 硬度增加，同族元素从上到下如 F^-、Cl^-、Br^-、I^- 则硬度减小。这可从元素的电负性大小即吸电子能力的差异得到说明。同一试剂的不同部位的软硬性也可从原子的电负性出发考虑。

一般电负性较大的原子端为硬端，如—CN 中 N 端就是硬端，C 端是软端，$—NO_2$ 中 O 端是硬端，而 N 端是软端。对亲电中心则中心部位电正性越强越硬，如酰基碳比烷基碳硬。由此可以看出一个原子的软硬度是相对而言的，随其电荷数改变而改变。如 Fe^{3+} 和 Sn^{4+} 是硬酸，Fe^{2+} 和 Sn^{2+} 是交界酸；SO_4^{2-} 是硬碱，$S_2O_4^{2-}$ 是软碱，SO_3^{2-} 是交界碱。

软硬酸碱理论中的优先结合包括两层含义，一是指生成产物稳定性高，二是指这样的反应速率快。需要注意的是，酸碱的软硬概念和它们的酸碱性强弱完全不是一回事，不要相提并论，二者没有必然联系。软硬酸碱理论最大的成就在于应用，可以用它来解释很多化学现象，在说明有机化合物稳定性、反应选择性、反应速率等方面也是非常有价值的。

1.4 有机反应类型

有机反应总是从发生了什么和怎样发生的两个方面来研究。从反应过程来看，有机化合物反应时，总伴随着一部分共价键的断裂和新的共价键的生成。根据旧键的断裂情况（新键的形成即逆过程），可以把有机反应归纳为以下三类。

（1）极性反应

共价键的断裂可以有两种方式，一种断裂方式是异裂，也就是在键断裂时，两原子间的共用电子对完全转移到其中的一个原子上。这种键断裂的方式所引发的反应，叫做异裂反应，又称极性反应（polar reaction）。

$$A:B \longrightarrow A^+ + :B^-$$

此时，成键的一对电子为某一个原子（基团）所占用，这样的反应一般在酸、碱等极性物质和极性溶剂存在下进行。极性反应常常涉及离子中间体，故又称离子型反应。离子型反应分为亲电反应和亲核反应两大类。在亲电反应中，反应试剂和反应底物中能供给电子的部分发生反应。如，乙烯和卤素的加成反应。

$$CH_2=CH_2 \xrightarrow{X_2} XCH_2CH_2X$$

反应是从卤素正离子进攻电荷密度大的双键开始。这类缺电子试剂称为亲电试剂（electrophilic reagent），常用 E^+ 表示，由亲电试剂进攻而引发的反应称为亲电反应。

亲核反应是能提供电子的试剂与反应底物中缺电子的部分之间发生的反应，如卤代烃的水解。

$$OH^- + RCH_2X \longrightarrow RCH_2OH + X^-$$

反应是由 OH^- 进攻与卤素相连的带正电荷的碳原子开始，卤素带着一对电子离去而完成。该反应是由能供给电子的试剂进攻具有正电荷的碳原子而发生的，这类能给电子的试剂称为亲核试剂（nucleophilic reagent），常用 Nu^- 表示，由亲核试剂进攻开始的反应称为亲核反应。

（2）自由基反应

共价键的另一种断裂方式是均匀的裂解，也就是两个原子之间的共用电子对均匀分裂，两个原子各保留一个电子。共价键的这种断裂方式称为键的均裂。键均裂的结果产生了具有不成对电子的原子或原子团，即自由基（radical）。例如：氯自由基 Cl· 和甲基自由基 CH_3·。

$$A:B \longrightarrow A\cdot + B\cdot$$

$$Cl:Cl \xrightarrow{h\nu} Cl\cdot + Cl\cdot$$

$$H:\underset{\cdot\cdot}{\overset{\cdot\cdot}{\underset{H}{\overset{H}{C}}}}:H + Cl\cdot \longrightarrow H:\underset{\cdot\cdot}{\overset{\cdot\cdot}{\underset{H}{\overset{H}{C}}}}\cdot + H:Cl$$

自由基性质非常活泼，反应一般在光或热的作用下进行，通过均裂生成自由基后发生的反应称为自由基反应。例如烷烃的卤代反应。

(3) 协同反应

旧键的断裂和新键的生成同步完成的反应称为协同反应（concerted reaction）。反应的过程中只有键变化的过渡态，一步发生成键和断键，没有自由基或离子等活性中间体产生，故又称一步反应。

若从反应物和产物之间的关系来看，数量极为众多的有机反应可以分为以下几类。

① 取代反应反应物中的一个原子（基团）被另一个原子（基团）取代的反应称为取代反应（substitution reaction）。根据试剂类型可分为亲核取代、亲电取代和自由基取代：

$$Nu^- \ (E^+, R\cdot) + R'\text{-}L \longrightarrow R'\text{-}Nu\ (E, R) + L^- \ (L^+, L\cdot)$$

式中，Nu^- 为亲核试剂；E^+ 为亲电试剂；R· 为自由基；L 为离去基团

② 加成反应反应物中的不饱和键断裂生成单键的反应，根据引发反应的试剂也可分为亲核加成（addition）、亲电加成、自由基加成及协同加成四种类型。

③ 消除反应反应物中除去两个或几个原子（基团）的反应，可分为极性消除（elimination）和协同消除，或分为 α-，β-消除等。

④ 重排反应反应后反应物的碳架结构发生重新组合。

⑤ 氧化还原反应反应底物被氧化或还原。

与试剂发生反应的有机化合物常称为底物（substrate）。底物和试剂是相对而言的，一般把能转化为所需产物的有机化合物看做底物。因此，亲核和亲电这两个概念所用的对象也是相对而言的，但也有许多反应和试剂已经约定俗成，有了通用的亲核或亲电的定义。

1.5 有机化学的发展及有机化学的学习方法

1.5.1 有机化学的发展

在人类多姿多彩的生活中，有机化学可以说是无处不在的。自从 1828 年合成尿素以来，有机化学的发展日新月异，其发展速度越来越快。近两个世纪来，有机化学学科的发展，揭示了构成物质世界的有机化合物分子中原子链合的本质以及有机分子转化的规律，并设计、合成了具有特定性能的有机分子；它又为相关学科（如材料科学、生命科学、环境科学等）的发展提供了理论、技术和材料。有机化学是一系列相关工业的基础，在能源、信息、材料、人口与健康、环境、国防计划的实施中，在为推动科技发展、社会进步，提高人类的生活质量，改善人类的生存环境的努力中，已经并将继续显示出它的高度开创性和解决重大问题的巨大能力。

此外，有机化学还是一门极具创新性的学科。在有机化学的发展中，它的理论和方法也得到了长足的进步。建立在现代物理学（特别是量子力学）和物理化学基础上的物理有机化

学，在定量研究有机化合物的结构、反应性和反应机理等方面所取得的成果，不仅指导着有机合成化学，而且对生命科学的发展也有重大意义。有机合成化学对高选择性反应的研究，特别是不对称催化方法的发展，使得更多具有高生理活性、结构新颖分子的合成成为可能。金属有机化学和元素有机化学，为有机合成化学提供了高选择性的反应试剂和催化剂，以及各种特殊材料及其加工方法。有机化学以它特有的分离、结构测定、合成等手段，已经成为人类认识自然、改造自然具有非凡能动性和创造力的武器。近年来，计算机技术的引入，使有机化学在结构测定、分子设计和合成设计上如虎添翼，发展得更为迅速。同时，组合化学的发展不仅为有机合成提出了一个新的研究内容，而且也使高通量的自动化合成有机化合物成为现实。

在 21 世纪，有机化学面临新的发展机遇。一方面，随着有机化学本身的发展及新的分析技术、物理方法以及生物学方法的不断涌现，人类在了解有机化合物的性能、反应以及合成方面将有更新的认识和研究手段；另一方面，材料科学和生命科学的发展，以及人类对于环境和能源的新的要求，都给有机化学提出新的课题和挑战。有机化学将在物理有机化学、有机合成化学、天然产物化学、金属有机化学、化学生物学、有机分析和计算化学、农药化学、药物化学、有机材料化学等各个方面得到发展。

1.5.2 有机化学的学习方法

① 理解记忆：掌握一些记忆性的知识并有形象逻辑思维和空间想象能力，不要死记硬背，在理解的基础上去记忆。如：命名规则、官能团的制备和相互转化、各种反应的条件、机理和结果、重要的波谱数据等。

② 勤于思考：运用知识点时能考虑到分子中其他官能团的作用和外界条件的变化以及各种选择性（化学、位置、立体）问题。

③ 善于总结：有机化学的理论知识点多且新颖，但是有机化学内容是前后连贯的，系统性、规律性很强。要总结化合物结构与性质的关系，以了解共性与个性；还要揭示各类化合物之间内在联系与相互转化关系；某一类化合物的性质往往是另一类化合物的制法，熟练地掌握了这些关系，才能设计各种特定化合物的合成路线。

④ 多做练习：认真做练习题是学好有机化学的重要环节，不仅对理解和巩固所学知识是最有效的，同时也是检验是否完成学习任务的必要方法，做习题要在系统复习的基础上进行，切不可照抄答案，否则有百害而无一利。

⑤ 广泛阅读：有机化学是一门实践学科，我们学习的理论知识都是科学家们在实践的基础上总结得到的。广泛阅读有利于我们更好地理解理论知识，开阔眼界，了解有机化学科研发展动向，更加热爱有机化学。

⑥ 重视实验：有机化学作为一门实验科学，若不能掌握其基本的实验操作，不重视实验技能的培养，是很难学好有机化学这门课的。掌握实验操作，在实验过程中理解和记忆有机化学反应能够达到事半功倍的效果。

通过学习有机化学可以使我们体会到主要由碳原子所组成的有机化学世界是多么的丰富多彩。从了解既有的知识和存在于这些知识背后的探索历程，我们可以发现过去的有机化学已经改变了你我的生活，而今天的有机化学正使许多曾经想象的东西变为现实，明天的有机化学继续与时俱进，生机勃勃，充满理想、创新、扩展，对青年学子而言是充满了机遇、挑战和成功的，就像《化学是你化学是我》的歌中所唱：“为人类的航船奋力扬波”!

阅读材料：莱纳斯·卡尔·鲍林
——获得不同诺贝尔奖项的科学家

莱纳斯·卡尔·鲍林（Linus Carl Pauling，1901 年 2 月 28 日—1994 年 8 月 19 日），美国著名化学家，量子化学和结构生物学的先驱者之一。1954 年因在化学键方面的工作取得诺贝尔化学奖，1962 年因反对核弹在地面测试的行动获得诺贝尔和平奖，成为获得不同诺贝尔奖项的两人之一。

1927 年，鲍林结束了两年的欧洲游学回到了美国，在帕莎迪那担任了理论化学的助理教授，除讲授量子力学及其在化学中的应用外，还讲授晶体化学及开设有关化学键本质的学术讲座。1930 年，鲍林再一次去欧洲，到布拉格实验室学习有关射线的技术，后来又到慕尼黑学习电子衍射方面的技术，回国后，被加州理工学院聘为教授。

鲍林在探索化学键理论时，遇到了甲烷的正四面体结构的解释问题。传统理论认为，原子在未化合前外层有未成对的电子，这些未成对电子如果自旋反平行，则可两两结成电子对，在原子间形成共价键。一个电子与另一个电子配对以后，就不能再与第三个电子配对。在原子相互结合成分子时，靠的是原子外层轨道的重叠，重叠越多，形成的共价键就越稳定——这种理论，无法解释甲烷的正四面体结构。

为了解释甲烷的正四面体结构，说明碳原子四个键的等价性，鲍林在 1928～1931 年，提出了杂化轨道的理论。该理论的根据是电子运动不仅具有粒子性，同时还有波动性。而波又是可以叠加的。所以鲍林认为，碳原子和周围四个氢原子成键时，所使用的轨道不是原来的 s 轨道或 p 轨道，而是二者经混杂、叠加而成的“杂化轨道”，这种杂化轨道在能量和方向上的分配是对称均衡的。杂化轨道理论很好地解释了甲烷的正四面体结构。

在有机化学结构理论中，鲍林还提出过有名的“共振论”。共振论直观易懂，在化学教学中易被接受，所以受到欢迎，在 20 世纪 40 年代以前，这种理论产生了重要影响，但到 60 年代，在以苏联为代表的集权国家，化学家的心理也发生了扭曲和畸变，他们不知道科学自由为何物，对共振论采取了疾风暴雨般的大批判，给鲍林扣上了“唯心主义”的帽子。

鲍林在研究量子化学和其他化学理论时，创造性地提出了许多新的概念。例如，共价半径、金属半径、电负性标度等，这些概念的应用，对现代化学、凝聚态物理的发展都有巨大意义。1932 年，鲍林预言，惰性气体可以与其他元素化合生成化合物。惰性气体原子最外层都被 8 个电子所填满，形成稳定的电子层，按传统理论不能再与其他原子化合。但鲍林的量子化学观点认为，较重的惰性气体原子，可能会与那些特别易接受电子的元素形成化合物，这一预言，在 1962 年被证实。

鲍林还把化学研究推向生物学，他实际上是分子生物学的奠基人之一。他花了很多时间研究生物大分子，特别是蛋白质的分子结构，20 世纪 40 年代初，他开始研究氨基酸和多肽链，发现多肽链分子内可能形成两种螺旋体，一种是 a-螺旋体，一种是 g-螺旋体。经过研究他进而指出：一个螺旋是依靠氢键连接而保持其形状的，也就是长的肽键螺旋缠绕，是因为在氨基酸长链中，某些氢原子形成氢键的结果。作为蛋白质二级结构的一种重要形式，α-螺旋体，已在晶体衍射图上得到证实，这一发现为蛋白质空间构象打下了理论基础。这些研究成果，是鲍林1954年荣获诺贝尔化学奖的项目。

鲍林坚决反对把科技成果用于战争，特别反对核战争。他指出："科学与和平是有联系的，世界已被科学的发明大大改变了，特别是在最近一个世纪。现在，我们增进了知识，提供了消除贫困和饥饿的可能性，提供了显著减少疾病造成的痛苦的可能性，提供了为人类利益有效地使用资源的可能性。"1955年，鲍林和世界知名的大科学家爱因斯坦、罗素、约里奥·居里、玻恩等，签署了一个宣言：呼吁科学家应共同反对发展毁灭性武器，反对战争，保卫和平。1957年5月，鲍林起草了《科学家反对核实验宣言》，该宣言在两周内就有2000多名美国科学家签名，在短短几个月内，就有49个国家的11000余名科学家签名。1958年，鲍林把反核实验宣言交给了联合国秘书长哈马舍尔德，向联合国请愿。同年，他写了《不要再有战争》一书，书中以丰富的资料，说明了核武器对人类的重大威胁。1959年，鲍林和罗素等人在美国创办了《一人少数》月刊，反对战争，宣传和平。同年8月，他参加了在日本广岛举行的禁止原子弹氢弹大会。由于鲍林对和平事业的贡献，他在1962年荣获了诺贝尔和平奖。他以《科学与和平》为题，发表了领奖演说，在演说中指出："在我们这个世界历史的新时代，世界问题不能用战争和暴力来解决，而是按着对所有人都公平，对一切国家都平等的方式，根据世界法律来解决。"最后他号召："我们要逐步建立起一个对全人类在经济、政治和社会方面都公正合理的世界，建立起一种和人类智慧相称的世界文化。"鲍林是一位伟大的科学家与和平战士，他的影响遍及全世界。

1994年8月19日，美国著名学者莱纳斯·卡尔·鲍林以93岁高龄在他加利福尼亚州的家中逝世。鲍林是唯一一位先后两次单独获得诺贝尔奖的科学家。曾被英国《新科学家》周刊评为人类有史以来20位最杰出的科学家之一，与牛顿、居里夫人及爱因斯坦齐名。

第2章

烷　烃

知识要点：

本章主要介绍烷烃的同系列、同分异构、结构、命名、构象、物理性质、化学性质、主要来源与制备。重、难点内容为烷烃的结构、构象、化学性质中的卤化反应及其自由基取代反应机理。

有机化合物中仅由碳和氢两种元素组成的化合物称为碳氢化合物（hydrocarbon），简称为烃。烃分子中的氢原子被其他原子或基团取代后，可以生成一系列衍生物。因此，烃可看作是其他有机化合物的母体，其他有机化合物可看作是烃的衍生物。烃是最简单的有机化合物，也是有机化学工业的基础原料。

烃分子中，四价的碳原子自身相互结合，可形成链状或环状骨架，其余的价键与氢原子结合。具有链状骨架的烃称为链烃，又常称为脂肪烃（aliphatic hydrocarbon），脂肪烃又可分为烷烃、烯烃、二烯烃、炔烃等。具有环状骨架的饱和烃称为环烃，环烃又可分为脂环烃（alicyclic hydrocarbon）和芳香烃（aromatic hydrocarbon）两类。

若烃分子中的碳和碳都以单键相连，其余的价键完全与氢原子相连，则称为饱和烃（saturated hydrocarbon）。开链（open chain）的饱和烃称为烷烃（alkane）。具有环状结构的饱和烃称为环烷烃（cycloalkane）。

2.1　烷烃的同系列和异构

2.1.1　烷烃同系列

甲烷的分子式为 CH_4，乙烷、丙烷、丁烷和戊烷的分子式分别为 C_2H_6、C_3H_8、C_4H_{10} 和 C_5H_{12}。两个烷烃分子式之差为 CH_2 或其倍数，这些烷烃的性质也很相似，这样的一系列化合物称为同系列（homologous series）。同系列中各化合物互称同系物（homolog），CH_2 称为同系列的系差。烷烃同系列的通式为 C_nH_{2n+2}（n 为正整数）。

2.1.2　烷烃的异构

同分异构现象（isomerism）是有机化合物中普遍存在的现象。具有相同的分子式而结构不同的化合物称为同分异构体（isomer）。烷烃分子中，甲烷、乙烷和丙烷都没有异构体。

丁烷有两种异构体，一种含有不分支的碳链（通常称为直链），叫做正丁烷；另一种含有分支的碳链，即在长的碳链上还有支链，是正丁烷的异构体，叫做异丁烷（见图 2-1）。

```
   H  H  H  H                          H  H  H
   |  |  |  |                          |  |  |
H—C—C—C—C—H   CH3CH2CH2CH3        H—C—C—C—H   CH3CHCH3, CH3CH(CH3)2
   |  |  |  |                          |  |  |          |
   H  H  H  H                          H  |  H         CH3
                                     H—C—H
                                          |
                                          H
        正丁烷                                          异丁烷
```

正丁烷 $CH_3CH_2CH_2CH_3$；异丁烷 CH_3CHCH_3（CH_3 支链），$CH_3CH(CH_3)_2$

图 2-1　正丁烷和异丁烷的结构式

正丁烷和异丁烷这种同分异构体之间的差别是分子中的碳链不同，是同分异构现象的一种。根据国际纯粹与应用化学联合会（International Union of Pure and Applied Chemistry，IUPAC）的建议，把分子中原子相互连接的次序和方式称为构造（constitution）。分子式相同，分子构造不同的化合物称为构造异构体（constitutional isomers）。正丁烷和异丁烷属于构造异构体。这种构造异构（constitutional isomerism）是由于碳骨架不同引起的，故又称碳架异构（carbon skeleton isomerism）。烷烃的构造异构均属于碳架异构。随着烷烃碳原子数的增加，构造异构体的数目显著增多，见表 2-1。异构现象是造成有机化合物数量庞大的原因之一。

表 2-1　烷烃构造异构体的数目

碳原子数	异构体数	碳原子数	异构体数
1～3	1	8	18
4	2	9	35
5	3	10	75
6	5	15	4347
7	9	20	366319

分子的结构除了构造之外。还包括构型、构象等（构型和构象的含义将在以后介绍）。在书写构造式时，常先写碳原子，与其相连的氢或其他原子团写在碳的后面。烷烃的异构是由分子中碳链不同而产生的，常用折线来表示烷烃的构造，折线的转折点和两端的两点都代表一个碳原子。图 2-2 给出己烷的所有异构体碳骨架结构，根据碳是四价、氢是一价的成键规律能够写出所有碳、氢原子的成键形式。

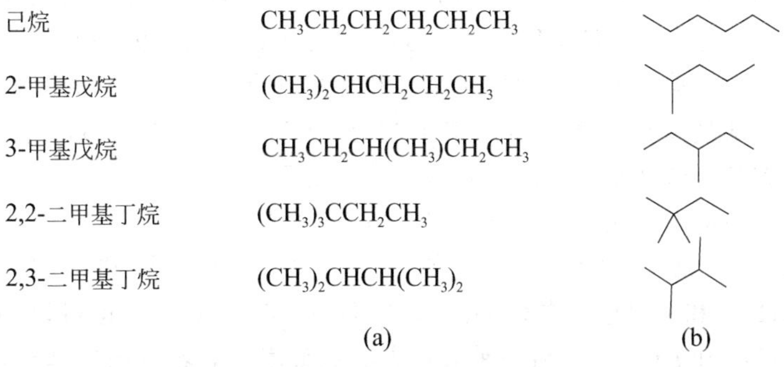

图 2-2　己烷的 5 种同分异构体及其缩略式（a）和碳架式（b）

2.2 烷烃的命名

人们对有机化合物的认识是随着有机化学的发展而逐步扩大和深入的。最初，人们对少量有机化合物只有一些表面的认识，这时，有机化合物是根据它们的来源或性质命名的。例如，甲烷最初是由池沼里动植物腐烂产生的气体中得到的，因此称为沼气。乙醇称为酒精，甲酸称为蚁酸都是类似的情况，这种命名称为俗名。随着已知的化合物逐渐增多，人们对它们的认识也由性质发展到构造，对于某些复杂的有机化合物的名称仍然使用俗名，这时也产生了根据构造来命名的方法，这一命名方法要科学得多。数目众多、结构复杂的有机化合物，若没有一个标准的、完整的、严格的命名方法来区分或指定，将会给学习和研究带来混乱。因此，认真学习并掌握一类化合物的命名方法是学习有机化学一个最重要的基本功。

2.2.1 烷基的概念

（1）碳、氢原子种类

在烷烃分子中，根据碳原子上所连接的碳原子数目，可将碳原子分为4类。只与一个碳原子相连的碳原子称为伯碳原子（primary carbon），又称为一级碳原子（以1°表示）；与两个碳原子相连的碳原子称为仲碳原子（secondary carbon），也称为二级碳原子（以2°表示）；与三个碳原子相连的碳原子称为叔碳原子（tertiary carbon），也称为三级碳原子（以3°表示）；与四个碳原子相连的碳原子称为季碳原子（quarternary carbon），也称为四级碳原子（以4°表示）。与伯（1°）、仲（2°）、叔（3°）碳原子相连的氢原子分别称为伯（1°）、仲（2°）、叔（3°）氢原子。例如：

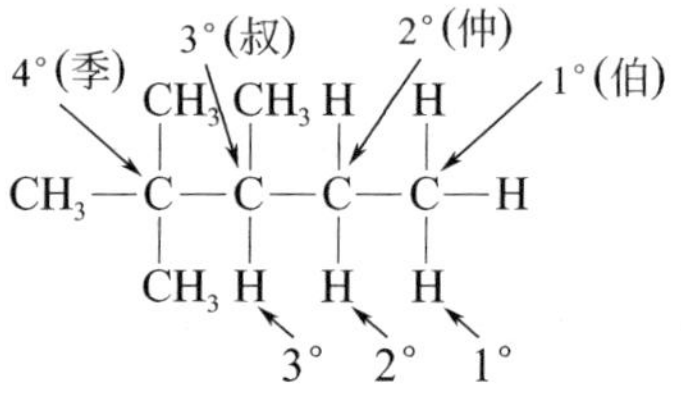

```
              3°(叔)     2°(仲)
    4°(季)   CH3  CH3  H    H      1°(伯)
              |    |   |    |
    CH3 ——  C —— C —— C —— C —— H
              |    |   |    |
             CH3   H   H    H
                   3°  2°   1°
```

（2）烷基

烷烃分子中去掉一个氢原子后剩下的基团称为烷基，其通式为C_nH_{2n+1}，通常用R—表示。烷基的名称由相应的烷烃而来。甲烷和乙烷分子中只有一种氢，相应的烷基只有一种，即甲基（CH_3—）和乙基（CH_3CH_2—），但从丙烷开始，相应的烷基就不止一种，表2-2为一些常见烷基的中、英文名称。表中正某基和仲某基是指直链烷基的游离价在伯碳和仲碳原子上的烷基。新某基和异某基表示碳链末端有（CH_3）$_3$C—和（CH_3）$_2$CH—，且游离价在伯碳原子上的烷基。叔某基表示除去叔碳上的氢留下来的烷基。

此外，结构式中常用英文小写字母“*n*”、“*i*”、“*t*”置于某基团的左上方或右上方，表示该基团是正、异或叔取代基。例如，正丁基、异丁基和叔丁基可分别表示为$^{n}C_4H_9$—、$^{i}C_4H_9$—和$^{t}C_4H_9$—或$C_4H_9^{n}$—，$C_4H_9^{i}$—和$C_4H_9^{t}$—，也可以加短线置于前方，如*n*-C_4H_9、*i*-C_4H_9和*t*-C_4H_9；后一种表示方法更常用。命名正构烷基时，“*n*”常略去不写。其中*iso*-butyl异丁基IUPAC—2013不建议继续使用此类俗名。

2.2.2 烷烃的命名

用“烷”字表示化合物属于烷烃同系列，用甲、乙、丙等字表示分子中所含碳原子的数目，这样就得到甲烷、乙烷、丙烷等名称。含四个碳原子的烷烃有两种异构体，有必要在名称上表现出它们的差别，把含直链的异构体叫做正丁烷（正字通常可以省去），含支链的异构体叫做异丁烷。戊烷有三种异构体，前两种叫做正戊烷和异戊烷，第三种 $C(CH_3)_4$ 只好叫做新戊烷。

表 2-2 一些常见烷基的对应的俗名和系统命名

烷基结构	中文系统名	中文俗名	英文俗名	英文缩写
CH_3—	甲基	甲基	methyl	Me—
CH_3CH_2—	乙基	乙基	ethyl	Et—
$CH_3CH_2CH_2$—	丙基	正丙基	*n*-propyl	*n*-Pr—
$(CH_3)_2CH$—	丙-2-基	异丙基	*iso*-propyl	*i*-Pr—
$CH_3CH_2CH_2CH_2$—	丁基	正丁基	*n*-butyl	*n*-Bu—
$(CH_3)_2CHCH_2$—	3-甲基丙基	异丁基	*iso*-butyl	*i*-Bu—
$CH_3CH_2CH(CH_3)$—	1-甲基丙基	仲丁基	*sec*-butyl	*s*-Bu—
$(CH_3)_3C$—	叔丁基	叔丁基	*tert*-butyl	*t*-Bu—
$(CH_3)_2CHCH_2CH_2$—	4-甲基丁基	异戊基	*iso*-pentyl	
$CH_3CH_2C(CH_3)_2$—	1,1-二甲基丙基	叔戊基	*tert*-pentyl	
$(CH_3)_3CCH_2$—	2,2-二甲基丙基	新戊基	*neo*-pentyl	

① IUPAC—2013 不建议继续使用此类俗名。

$CH_3CH_2CH_2CH_2CH_3$　　$H_3C-CH(CH_3)CH_2CH_3$　　$H_3C-C(CH_3)_2-CH_3$

正戊烷 *n*-pentane　　异戊烷 *iso*-pentane　　新戊烷 *neo*-pentane

这种命名法，现在常称为习惯命名法。习惯名称不能很好地反映出分子的结构，而且对于碳原子数较多，因而异构体也较多的烷烃来说，习惯命名法很难适用。因此，又有人提出用衍生命名法命名，即将所有烷烃看作是甲烷的烷基衍生物来命名。在命名时，选择连有烷基最多的碳原子作为甲烷碳原子，而把与此碳原子相连的基团作为甲烷氢原子的取代基。例如异丁烷可叫做三甲基甲烷，异戊烷和新戊烷可以分别叫做二甲基乙基甲烷和四甲基甲烷。

$H_3C-CH(CH_3)-CH_3$　　$H_3C-CH(CH_3)CH_2CH_3$　　$H_3C-C(CH_3)_2-CH_3$

异丁烷 三甲基甲烷　　异戊烷 二甲基乙基甲烷　　新戊烷 四甲基甲烷

这种甲烷衍生物命名法，对于更复杂的烷烃，仍不适用。碳原子数目增多，异构体数目迅速增加，构造也更复杂，就有必要发展系统性更强、应用范围更广的命名法。

为了解决有机化合物命名的困难，求得名词的统一，1892 年一些化学家在瑞士日内瓦举行国际会议，首次拟定了一种系统的有机化合物命名法，以后又经过国际纯粹与应用化学联合会的多次修订，其原则已为各国所普遍采纳。我国的《有机化学命名原则》是由中国化学会有机化学名词小组根据 IUPAC 公布的《有机化学命名法》，再结合汉字的语言特点进行命名的。2017 年中国化学会有机化合物命名审定委员会出版了《有机化合物命名原则》

参考了 IUPAC1993 年建议的命名指南，在此基础上进行了修订。

烷烃的系统命名法如下。

（1）直链烷烃

按碳原子数命名，碳原子数在十以内时，依次用天干（甲、乙、丙、丁、戊、己、庚、辛、壬、癸）来代表碳原子数，十一个碳原子及以上用相应的中文数字加“（碳）烷”字命名。碳字通常省略，但对十一个碳及以上的不饱和烃则“碳”字不能省略。例如：

CH_3CH_3	$CH_3(CH_2)_4CH_3$	$CH_3(CH_2)_{10}CH_3$
乙烷	己烷	十二烷

（2）支链烷烃

支链烷烃的名称从直链烷烃导出。

① 选主链——选择分子中连续的最长碳链为主链，写出相当于主链的直链烷烃的名称，将其作为母体，称为某烷。若最长的碳链不止一条时，则选择带有最多取代基的一条为主链。选主链要注意，不能只把书面上的直链看作主链，凡连续相连的碳原子都应包括在一条碳链之内。

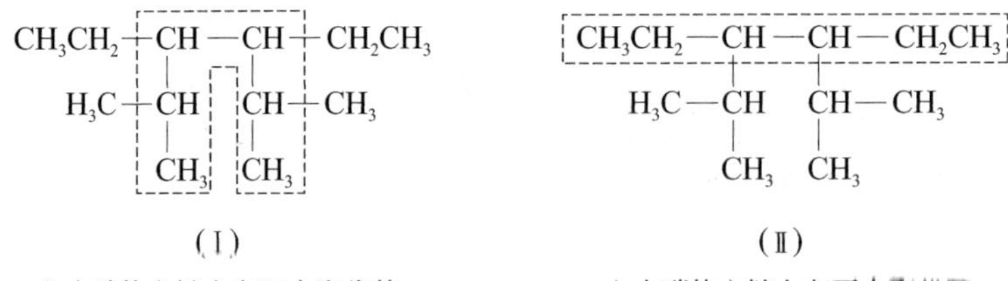

（Ⅰ）六个碳的主链上有四个取代基　　（Ⅱ）六个碳的主链上有两个取代基

上例中最长的六个碳原子的碳链有两条，应按（Ⅰ）式即取其中支链较多的为主链，该化合物的母体名称为己烷。

② 编号——从最接近取代基的一段开始，将主链碳原子用阿拉伯数字 1，2，3，…编号。当主链编号有几种可能时，则顺次逐项比较各系列的不同位次，最先遇到的位次最小者叫做“最低系列”，也是应选取的一种编号。例如：

```
      7  8
     CH2CH3
    6|  5   4
CH3CHCH2CHCH2CH3
        3|  2   1
         CH2CH2CH3
```

③ 命名支链——把较短的碳链作为支链，看作取代基，将其位次（用阿拉伯数字表示）和名称写在母体名称的前面（阿拉伯数字与汉字之间加一短线“-”）；若有相同取代基时，要合并在一起，用汉字表示其数目，加字首二（di）、三（tri）、四（tetra），在表示取代基位置的阿拉伯数字之间应加逗号；若有几个不同的取代基，与英文命名法一致，根据取代基名称的首字母 A，B，C，…为次序。例如：

```
                   CH3
                    |
CH3—CH2—CH—CH—CH—CH3
         |       |
         CH—CH3  CH3
         |
         CH3
```

3-乙基-2,4,5-三甲基己烷(而不是2,3,5-三甲基-4-乙基己烷)

系统命名法的优点是其确切性，无论分子用何构造式表示，其命名是一样的。从化合物的名称也可无误地写出构造式。但对于一些结构复杂的化合物，也有名称太长、命名过于烦琐的缺点，故有些有机化合物仍常用习惯用名或俗名，如 2,2,4-三甲基戊烷就常称为异辛烷。

> ★ **练习 2-1** 用中文系统命名法命名
>
> ```
>                CH3 CH3
>                |   |
> CH3—CH—C——C—CH3
>         |   H   |
>         CH2     CH2
>         |       |
>         CH3     CH3
> ```

2.3 烷烃的结构

2.3.1 甲烷的结构和 sp^3 杂化

用物理方法测得甲烷分子为一正四面体结构，碳原子位于正四面体的中心，4 个氢原子分别位于四面体的 4 个顶点，4 根 C—H 键的键长均为 0.110nm，4 个 C—H 之间的夹角都为 109.5°。

碳原子基态的电子构型是 $1s^22s^22p_x^12p_y^1$。据杂化轨道理论，在形成甲烷分子时，先从碳原子 2s 轨道上激发一个电子到空的 $2p_z$ 轨道上去，这样就具有了 4 个各占据一个轨道的未成对的价电子，即形成 $1s^22s^12p_x^12p_y^12p_z^1$ 的电子层结构（激发所需要的能量约 402kJ/mol，可被成键放出的键能补偿）。然后碳原子的一个 2s 轨道和三个 2p 轨道“杂化”，形成 4 个能量相等的新的原子轨道——sp^3 杂化轨道，其含有 1/4s 成分和 3/4p 成分。sp^3 杂化轨道是有方向性的，一头大，一头小（见图 2-3）。4 个 sp^3 杂化轨道对称地排布在碳原子的周围，使价电子尽可能彼此离得最远，相互之间排斥力最小。sp^3 杂化轨道的大头表示电子云偏向这一边，成键时重叠的程度就比不杂化的 s 轨道都大，所以 sp^3 杂化轨道所形成的键比较牢固。

4 个氢原子的 1s 轨道分别沿 sp^3 杂化轨道对称轴方向接近碳原子并与之进行最大程度的重叠，形成完全等同的 4 根 C—H 键，因此甲烷分子具有正四面体的空间结构，使各根键彼此尽量远离，以减少成键电子间的相互排斥并使键的形成最为有效，体系也最稳定。每个 H—C—H 键角应是 109.5°，这与实验测得的结果相符。这种 C—H 键的电子云分布具有圆柱形的轴对称，长轴在两个原子核的连线上。凡是成键电子云对称轴呈圆柱形对称的键都称为 σ 键。以 σ 键相连接的两个原子可以相对旋转而不影响电子云的分布。

图 2-4 所示为甲烷分子模型，(a)、(b)、(c) 和 (d) 分别为甲烷的正四面体结构、甲烷的 4 个 σ 键（sp^3-s）、甲烷的球棍模型和甲烷的比例模型示意图。

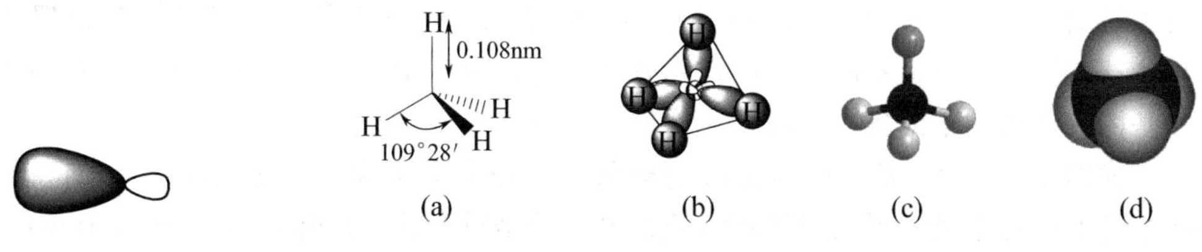

图 2-3 碳原子的一个 sp^3 杂化轨道

图 2-4 甲烷的分子模型

2.3.2 其他烷烃的结构

其他烷烃分子中的碳原子也都是以 sp^3 杂化轨道与别的原子形成 σ 键的，因此都具有四面体结构。例如，乙烷是含有两个碳原子的烷烃，分子式为 C_2H_6，构造式为 CH_3CH_3，相当于甲烷中的一个氢原子被 CH_3 所取代。乙烷是最简单的具有 C—C 键的分子，C—C 键是由两个碳原子各以一个 sp^3 杂化轨道重叠而成。C—C 键和 C—H 键都具有相同的电子作用方式，即电子沿着两原子核之间键轴成对称分布，它们是 σ 键（见图 2-5）。

乙烷分子中 C—C 键键长为 0.153nm，C—H 键键长为 0.110nm，键角也是 109.5°。C—H 键长和所有键角与甲烷的数值基本相同。这些数值稍加修正就可以得到其他烷烃的 C—H 键、C—C 键键长和键角的数值。

丙烷分子式为 C_3H_8，构造式为 $CH_3CH_2CH_3$，相当于甲烷中的两个氢原子被 CH_3 所取代。丙烷的平面结构式看似有两种形式，但由于碳原子有四面体的立体结构，因此这两种形式不过是同一个化合物的不同的平面投影（见图 2-6）。

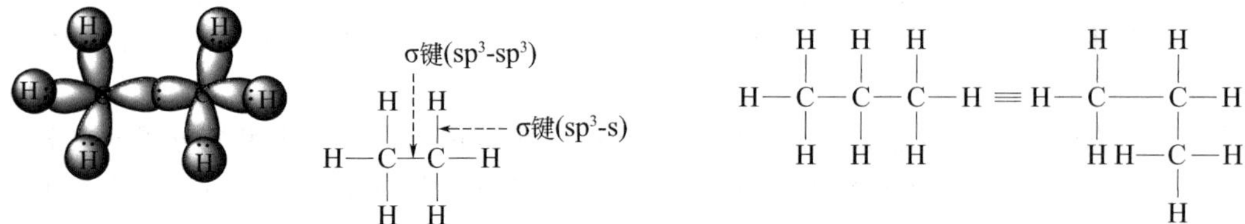

图 2-5 由 sp^3 杂化碳原子形成乙烷

图 2-6 丙烷分子的两种平面投影

2.4 烷烃的构象

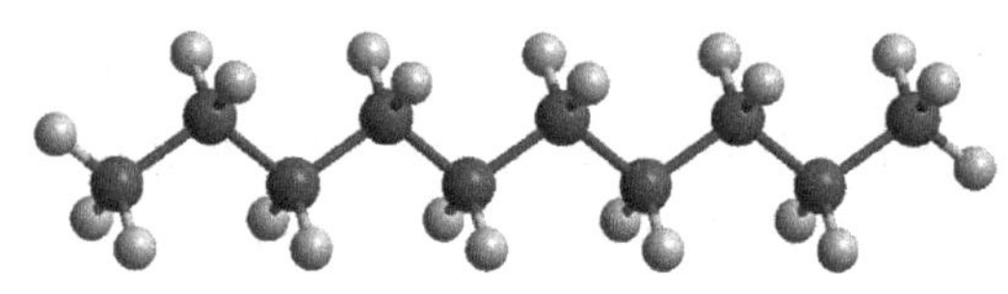

图 2-7 正癸烷链的锯齿状构象示意图

饱和碳原子的构型为正四面体结构，这决定了烷烃分子中碳原子的排列不是直线形。直链指的是没有支链碳原子存在的碳链，不能误解为直链上的碳原子是处于一条直线上。X 射线衍射实验表明碳链是锯齿状排列的，如图 2-7所示。

2.4.1 乙烷的构象

乙烷分子中 C—C 键是 σ 键，σ 键的电子云沿键轴呈对称分布，两个碳原子可绕键轴自由旋转而不会使键断裂。在旋转过程中，由于两个甲基上的氢原子的相对位置不断发生变化，这就形成了许多不同的空间排列方式。这种由于绕 σ 键键轴旋转而产生的分子中的原子或基团在空间的不同排布方式称为构象（conformation）。

如图 2-8 所示，乙烷的两种极端构象。一种是交叉式（staggered conformation），两个碳原子上的每个氢原子之间相互错开；另一种是重叠式（eclipsed conformation），两个碳原子上的氢原子相对排布。

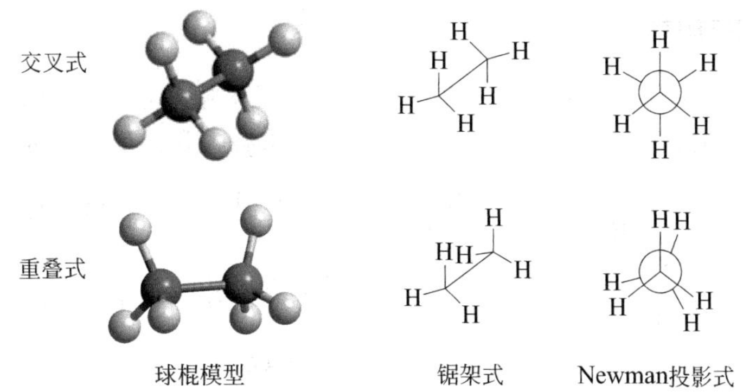

图 2-8 乙烷分子的两种极端构象

构象常用锯架式或投影式来表示。锯架式是从分子斜侧面观察乙烷分子模型的形象，可以看到分子中各个键，但是氢原子间的相对位置不易表达清楚。投影式一般是从 C—C 键键角的延长线上来观察。其中 Newman 投影式（projection formula）最能确切地表达出两个直线相连的碳原子上的各个基团在空间所处的向位和关系。在 Newman 投影式中，后面的碳原子用圆圈表示，前面的碳原子用点表示（即三条直线的交点，不必专门点上一个点），连在圆圈中心的三条线表示连在前面的碳原子上的价键，即离观察者近的碳原子上的价键。同一个碳上的三个 C—H 键在投影式上互为 120°，可以看出，若绕 C—C 键旋转 60°，重叠式构象和交叉式构象就实现相互转化而不断键。重叠式上本来是看不到后面的碳原子上的键的，为了能表示出来，会偏离一个角度以给出接在后面那个碳原子上的键和原子（基团）（见图 2-8）。

介于交叉式和重叠式两种构象之间还有无数种构象。乙烷的所有构象异构体的内能和稳定性各不相同。交叉式构象中，两个碳原子上的氢原子距离最远，相互间斥力最小，内能最低，故称为乙烷的优势构象。重叠式构象因存在较强的扭转张力（torsional strain）而内能最高。扭转张力与重叠式构象中两个碳原子上的 C—H 键距离最近造成成键电子云相互排斥有关，也与相邻两个碳原子上的氢距离最近而产生范德华力有关。其他构象的能量介于两者之间。交叉式和重叠式两者能量差为 $12kJ\cdot mol^{-1}$（见图 2-9），这个能量比分子碰撞产生的能量小很多。分子不停地运动，相互碰撞并交换能量，若取得的能量超过围绕 σ 键旋转所需要的能量，就会发生构象互变。室温（25℃）下，乙烷的构象互变可以达到 10^{11} 次/s，故在室温或一般的低温下，纯粹的最低位能的交叉式构象是不可能被分离出来的。环境温度越高，围绕 σ 键旋转越快，构象互变就越容易。

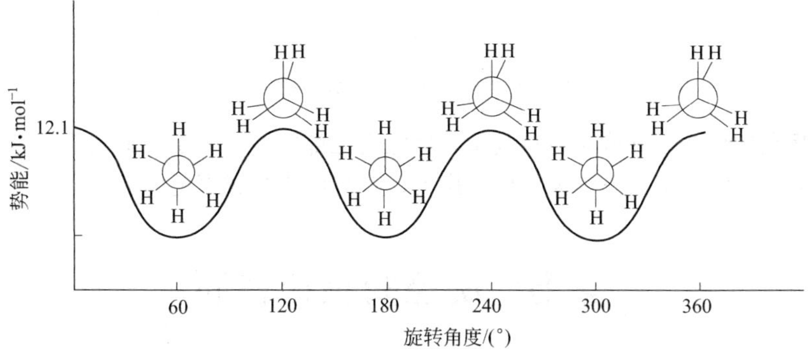

图 2-9 乙烷各种构象势能关系

2.4.2 正丁烷的构象

正丁烷相当于乙烷分子的两个碳上各有一个氢原子被甲基取代，图 2-10 是正丁烷分子的四种极端构象，即对位交叉式、邻位交叉式、部分重叠式和全重叠式构象。

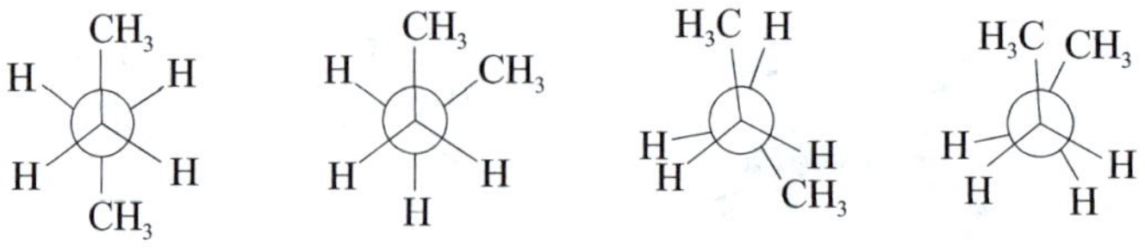

对位交叉式　邻位交叉式　部分重叠式　全重叠式

图 2-10　正丁烷分子的四种极端构象

对位交叉式中，两个体积较大的甲基尽可能远离，其能量最低，最稳定，是正丁烷的优势构象。邻位交叉式中，两个甲基处于邻位，它们虽然也是交叉式，但两个甲基之间存在的范德华力使其能量比对位交叉式高。全重叠式中，两个甲基和氢原子都处于重叠位置，它们的距离最近，存在的范德华力和扭转张力最大，故最不稳定，含量最少。部分重叠式也具有相对较大的张力，但比全重叠式稳定。这四种极端构象的稳定性大小为：对位交叉式＞邻位交叉式＞部分重叠式＞全重叠式。

正丁烷绕 $C_2—C_3$ 键旋转得到的能量曲线（见图 2-11）可见，正丁烷各种构象之间的能量差别不大，其扭转能垒为 18～25kJ·mol^{-1}。室温下，正丁烷分子间碰撞产生的能量足以引起各构象间的迅速转化，次数虽不如乙烷多，但构象互变仍足够快，得到单一的构象是不可能的。因此，正丁烷实际上也是由无数个构象组成的处于动态平衡状态的混合体系，但主要以对位交叉式和邻位交叉式构象存在，前者约占 68%，后者约占 32%，而其他构象所占比例很小。

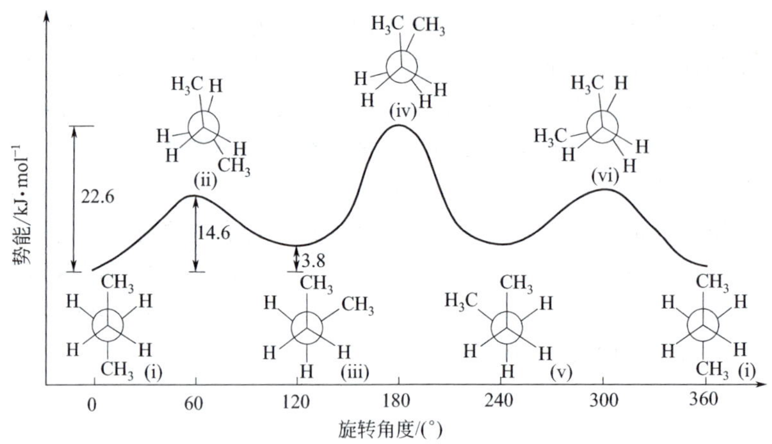

图 2-11　正丁烷各种构象的势能关系

结构更复杂的烷烃，其构象也更复杂，但它们也都主要以对位交叉式构象存在。因此，直链烷烃的碳链在空间大多数呈锯齿状构象排列，将结构式写成直链的形式只是为书写方便。

2.5　烷烃的物理性质

常温常压下（25℃和 101325Pa），C_4 以下的烷烃为气体，C_5～C_{16} 的直链烷烃为液体，更高级的直链烷烃为固体（见表 2-3）。

表 2-3　一些开链烷烃的物理常数

化合物	英文名称	熔点/℃	沸点(0.1MPa)/℃	相对密度(20℃)
甲烷	methane	−182	−161	0.466(−164℃)
乙烷	ethane	−183	−88	0.572(−100℃)
丙烷	propane	−187	−42	0.585(−45℃)
丁烷	butane	−138	0	0.579
戊烷	pentane	−129	36	0.626
己烷	hexane	−94	68	0.660
庚烷	heptane	−90	98	0.684
辛烷	octane	−56	125	0.703
壬烷	nonane	−53	150	0.718
癸烷	decane	−29	174	0.730
十一烷	undecane	−25	195	0.740
十二烷	dodecne	−9	216	0.749
异丁烷	isobutane	−145	−12	0.549
异戊烷	isopentane	−160	28	0.621
新戊烷	neopentane	−17	9	0.614

烷烃分子是完全由共价键连接而成，碳原子和氢原子的电负性相差不大，C—C 键没有极性，C—H 键极性也很小，因此烷烃分子一般没有或仅有很小的极性，分子间主要存在范德华引力。随着碳原子数的增多，分子变大，表面积增加，范德华引力也变大，常温下，物质的相态也由气态向液态和固态过渡。

（1）沸点

烷烃的沸点（boiling point，bp）随分子量增加而明显提高，由于碳和氢原子数的增加，分子间色散力变大，吸引力也变大，分子更易聚集，故烷烃的沸点随分子量的增加而明显提高（见图 2-12）。此外，碳链的分支对沸点有显著影响。同碳数烷烃的同分异构体中，直链异构体沸点最高，支链烷烃的沸点比直链的低，且支链越多，沸点越低。如正丁烷的沸点为 0℃，异丁烷为−12℃；正戊烷的沸点为 36℃，异戊烷为 28℃，而有两个支链的新戊烷的沸点只有 9℃。这是由于支链的存在，分子的形状趋向球体，表面积减小，使分子间不像直链分子那样相互靠近，分子间范德华力减弱，导致沸点降低。

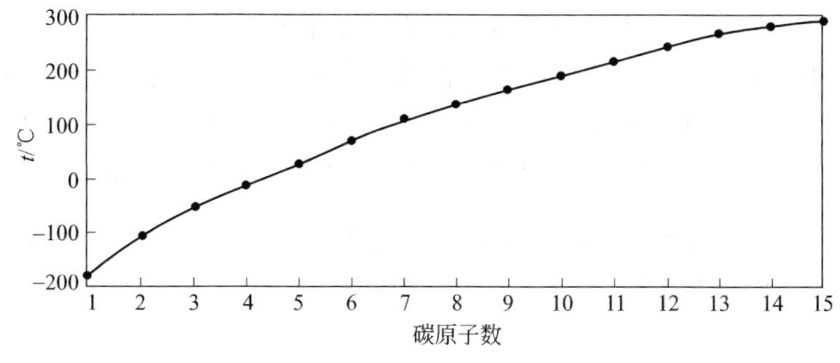

图 2-12　直链烷烃的沸点（bp）

（2）熔点

烷烃熔点的变化不像沸点变化那样有规律，是因为晶体分子间的作用力，不仅取决于分子的大小，也取决于它们在晶格中的排列情况。

烷烃同系列的熔点（melting point，mp）基本上也是随碳原子数的增加而升高，不过含奇数碳原子和含偶数碳原子的烷烃分别构成两条熔点曲线，偶数的曲线在上面，奇数的在下面，两条曲线随分子量增加而逐渐趋于一致，这种现象在其他同系列化合物中也可以看到（见图 2-13）。这可能是因为烷烃中的碳链在晶体中伸展为锯齿形，奇数碳原子锯齿形中两端甲基处在同一侧，而偶数碳链中两端甲基处于相反的位置，因此偶数碳链比奇数碳链排列得更紧密，范德华力也就更强一些，所以熔点更高一些。

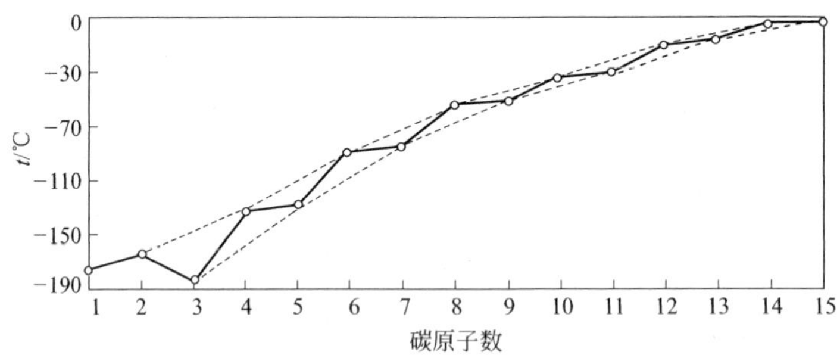

图 2-13 直链烷烃的熔点（mp）

带支链烷烃的熔点比同碳数的直链烷烃低，如异丁烷、异戊烷的熔点分别为－145℃和－160℃，分别低于正丁烷（－138℃）和正戊烷（－129℃）。2-甲基戊烷和 2,2-二甲基丁烷的沸点分别为－154℃和－100℃，均低于己烷（－94℃）。这是由于支链的存在阻碍了分子在晶格中的紧密排列，使分子间引力降低。但是，当支链继续增加，引起分子结构向球状过渡且带有高度对称性时，它们的熔点会随着升高。它们在晶格中的排列也越紧密，分子间的范德华力作用越强。如甲烷和新戊烷分子都接近球状，甲烷的熔点（－182℃）比丙烷（－187℃）高，而新戊烷的熔点比戊烷高 112℃。

（3）相对密度

所有的烷烃都比水轻，相对密度（relative density，d_4^{20}）也随分子量的增加而增加，约到 0.8 时为最大。实际上，绝大多数有机化合物的相对密度都比水小，相对密度比水大的有机化合物多含有溴或碘之类重原子或多个氯原子。

（4）溶解度

烷烃有疏水性，即不溶于水而溶于有机溶剂，在非极性溶剂中的溶解度（solubility）比在极性有机溶剂中的大。溶解过程实际上是溶质分子和溶剂分子之间的相互吸引力替代了溶剂分子之间和溶质分子之间相互吸引力的结果，当溶剂、溶质分子之间相互吸引力相近时，它们易于互溶。“相似（结构和性质）相溶”的经验规律能帮助寻找到合适的溶剂。

★ **练习 2-2** 推测下列两个化合物中哪个具有较高的熔点？哪个具有较高的沸点？
（1）2,2,3,3-四甲基丁烷　（2）2,3-二甲基己烷

2.6 烷烃的化学性质

烷烃分子中只存在较为牢固的 C—C 及 C—Hσ 键，是一类不活泼的有机化合物，一般

情况下与强酸、强碱、强氧化剂和强还原剂（如浓硫酸、浓硝酸、苛性碱、重铬酸盐、高锰酸盐、钠和乙醇、锌汞齐/浓盐酸、氢氧化铝等）都不起反应或反应极慢。因此，烷烃时称为石蜡（paraffin）意味亲和力差，反映出这类化合物的反应活性低，所以常用做惰性溶剂和润滑剂。但是在一定条件下，烷烃也能发生一些化学反应，如可以与超强酸 HF/SbF_5 或 FSO_3H 等作用得到各种产物；在高温、光照或催化剂存在下，也可发生卤化反应；在某些酶作用下，烷烃还可转变成蛋白质。

2.6.1 氧化反应

有机化学中习惯于把在反应分子中加入氧或脱去氢的反应称为氧化（oxidation），去氧或加氢称为还原（reduction）。烷烃燃烧并与氧反应生成二氧化碳和水，同时放出热量，这是完全氧化反应。

$$C_nH_{2n+2}+\left(\frac{3n+1}{2}\right)O_2 \longrightarrow nCO_2+(n+1)H_2O$$

化合物完全燃烧后放出的热量称为燃烧热（heat of combustion）。碳氢化合物只有在高温下才会燃烧，火焰或火花均会提供这种高温条件，而一旦反应发生，放出的热量就足够维持高温继续燃烧。燃烧热可精确测量，直链烷烃每增加一个 CH_2，燃烧热平均增加 $655kJ\cdot mol^{-1}$，同碳数烷烃异构体中，直链烷烃的燃烧热最大，支链数增加，燃烧热随之下降。燃烧热反映出分子的位能，其数值越小，化合物也越稳定，生成热（heat of formation）也越小。

若控制氧气的量，使甲烷的燃烧不彻底，能生成可用于橡胶、塑料的填料、黑色涂料以及印刷油墨等工业上极为有用的炭黑。

$$CH_4+O_2 \longrightarrow C+2H_2O$$

甲烷与氧气或水蒸气高温反应还可以生成乙炔及合成气（一氧化碳与氢的混合物）。

$$6CH_4+O_2 \xrightarrow{1500℃} 2HC\equiv CH+2CO+10H_2$$

$$CH_4+\frac{1}{2}O_2 \xrightarrow[850℃]{Ni} CO+2H_2$$

工业上控制氧化和催化条件，烷烃经部分氧化可转化为醇、醛、酸等一系列含氧化合物。这是工业上制备含氧有机化合物的一个重要方法。例如：

$$CH_4+O_2 \xrightarrow[600℃]{NO} HCHO+H_2O$$

$$CH_3CH_2CH_2CH_3+\frac{5}{2}O_2 \xrightarrow{\text{催化剂}} 2CH_3COOH+H_2O$$

$$RCH_2CH_2R'+\frac{5}{2}O_2 \xrightarrow[110℃]{MnO_2} RCOOH+R'COOH+H_2O$$

这些产物是有机化工的基本原料。用氧化烷烃的方法制备化工产品，原料易得且便宜，但产物的选择性不大，副产物较多，分离精制比较困难。

2.6.2 异构化反应

化合物从一种结构转变为另一种结构的反应称为异构化反应。例如：

$$CH_3CH_2CH_2CH_3 \xrightarrow[90\sim95℃,\ 1\sim2MPa]{AlCl_3,\ HCl} \underset{\displaystyle CH_3}{CH_3\underset{|}{C}HCH_3}$$

燃料在引擎中的燃烧反应过程非常复杂，汽缸中燃料和空气的混合物在充分燃烧的同时，还常常伴随所谓的爆震（knocking）过程，后者的产生会大大降低引擎的动力。不同结构的烷烃有不同的爆震情况，人们把燃料的相对抗震能力以“辛烷值”（octane number）来表示。将抗震性很差的正庚烷的辛烷值定为0，抗震性较好的2,2,4-三甲基戊烷的辛烷值定为100。往汽油中添加某些物质可以提高燃料的辛烷值，有支链的烷烃、烯烃及某些芳烃常具有较好的抗震性。正构烷烃异构成带支链的烷烃，可以改善油品的辛烷值，提高油品的质量。

2.6.3 裂化反应

烷烃在没有氧气存在下进行的热分解反应叫裂化反应（cracking reaction）。烷烃的裂化反应是一个很复杂的过程。烷烃分子中所含有的碳原子数越多，裂化产物也越复杂，反应条件不同，产物也不同，但都是由烷烃分子中的C—C键和C—H键在裂化反应中均裂形成复杂混合物，其中有较低级的烷烃、烯烃和氢。例如：

$$CH_3CH_2CH_2CH_3 \xrightarrow{500℃} \begin{cases} CH_4 + CH_3CH{=}CH_2 \\ H_2C{=}CH_2 + CH_3CH_3 \\ H_2 + CH_3CH_2CH{=}CH_2 \end{cases}$$

由于C—C键的键能（347kJ·mol^{-1}）小于C—H键的键能（414kJ·mol^{-1}），一般C—C键比C—H键更容易断裂，因此，甲烷的裂化要求更高的温度。

$$CH_4 \xrightarrow{>1200℃} C + 2H_2$$

利用裂化反应，可以提高汽油的产量。一般由原油经分馏而得到的汽油只占原油的10%～20%，且质量不好。炼油工业中利用加热的方法，使原油中含碳原子数多的烷烃断裂成更需要的汽油组分（C_6～C_9）。通常在5MPa及600℃温度下进行的裂化反应称为热裂化反应。石油分馏得到的煤油、柴油、重油等馏分均可以作为热裂化反应的原料，但以裂化重油为多。热裂化可以大大增加汽油的产量，但不能提高汽油的质量。

催化裂化（catalytic cracking）是在催化剂作用下的裂化反应，要求温度低，一般在450～500℃，且在常压下即可进行，常用的催化剂是硅酸铝。通过催化裂化既能提高汽油的产量，又能改善汽油的质量，这是因为在催化裂化反应中，碳链断裂的同时还伴有异构化、环化、脱氢等反应，生成带有支链的烷烃、烯烃和芳烃等。

为了得到更多的化学工业基本原料乙烯、丙烯、丁二烯等低级烯烃，化学工业上将石油馏分在更高的温度（700℃）下进行深度裂化（deeper cracking），这种以得到更多烯烃为目的的裂化过程在石油化学工业上叫做“裂解”。裂解的主要目的是为了获得低级烯烃等化工原料，而不是简单地只为提高油品的质量和产量，这是与裂化的不同之处。

2.6.4 取代反应

（1）磺化和硝化反应

高温下，烷烃与硫酸发生磺化（sulfonation）反应生成烷基磺酸RSO_3H，称为烷烃的磺化，与SO_2Cl_2或SO_2/Cl_2反应生成烷基磺酰氯RSO_2Cl。洗涤剂中的主要成分十二烷基磺酸钠是从十二烷基磺酸得来的。烷烃与硝酸作用生成硝基化合物RNO_2的反应称为烷烃的硝化（nitration），反应还伴随着碳链的断裂，常得到多种硝基化合物的混合物。磺化反应和硝化反应都是自由基反应。

$$RH \begin{cases} \xrightarrow[\triangle]{H_2SO_4} RSO_3H \\ \xrightarrow[\triangle]{HNO_3} RNO_2 \end{cases}$$

(2) 卤化反应

甲烷与氯气在室温、黑暗的环境中不反应，但在紫外线（$h\nu$）照射下或在 250～400℃高温下，氯原子可取代甲烷中的氢原子，首先生成氯化氢和氯甲烷，该反应称为氯化（chlorination）反应。

$$CH_4 + Cl_2 \xrightarrow{h\nu \text{ 或} \triangle} CH_3Cl + HCl$$

氯甲烷与氯的反应活性和甲烷相仿，它和甲烷将竞争与氯的反应，以相同的方式依次生成二氯甲烷（CH_2Cl_2）、三氯甲烷（$CHCl_3$）和四氯甲烷（CCl_4）。

$$CH_3Cl \xrightarrow[h\nu \text{ 或} \triangle]{Cl_2} CH_2Cl_2 + CHCl_3 + CCl_4$$

使用大大过量的甲烷，使氯更多地与甲烷而不是生成的氯甲烷反应，就有可能把反应控制在单氯化阶段。由于甲烷的沸点（－182℃）和氯甲烷的沸点（－24℃）相差很大，两者易于分离，分离出的甲烷可再与氯反应得到氯甲烷。这种过量使用反应物中的某一种以控制反应进程的方法在有机反应中很常用，上述过程中，虽然从甲烷到氯甲烷的转化率（conversion）不高，但过量的甲烷可以回收，以氯的消耗量来计算，则产率还是相当高的。工业上甲烷与氯的投料比为 10∶1 或 1∶4 时，控制反应温度为 400℃，得到的主要产物分别为一氯甲烷和四氯化碳。各种氯甲烷共存时，不易分离。但这种混合物可作为溶剂使用。

甲烷与溴的反应与氯相仿，但溴化（bromination）反应不如氯化反应容易。

甲烷与碘并无作用，因生成的另一个产物 HI 对碘代物有强烈的还原作用，反应可逆，且强烈偏向于甲烷和碘。

甲烷与氟的反应十分强烈，即使在黑暗和室温的条件下也会产生爆炸现象，难以控制，故需要在较低压力下，用惰性气体稀释反应物的浓度。因此，卤素与甲烷的反应活性次序为：$F_2 > Cl_2 > Br_2 > I_2$，这一次序对卤素与其他高级烷烃，或大多数有机化合物的反应都是适用的。

2.6.5 甲烷卤化反应机理——自由基链式取代反应

仔细分析甲烷与氯反应的过程及产物的组成，可以发现以下几个实验事实。

① 一般情况下，甲烷和氯在暗处不反应。但若温度超过 250℃，在暗处也能很快发生反应。

② 室温时紫外线照射下也易发生反应。

③ 在光引发的反应中，每吸收一个光子可以得到几千个氯代烷分子。而引发反应所需要光的波长与引起氯分子均裂时所需要的能量相对应。

④ 少量氧的存在会延迟反应的发生，但过一段时间后，反应又能正常进行，时间推迟的长短与氧气的量有关。

⑤ 有乙烷及其衍生物产生。

根据上述实验事实，可判断甲烷的氯化反应是自由基型取代反应。其反应历程如下：

$$Cl_2 \xrightarrow{\text{光或热}} 2Cl\cdot \tag{2-1}$$

$$Cl\cdot + CH_4 \longrightarrow CH_3\cdot + HCl \tag{2-2}$$

$$CH_3\cdot + Cl_2 \longrightarrow CH_3Cl + Cl\cdot \quad (2\text{-}3)$$

反应第一步是氯分子均裂分解（homolytic fussion）成两个氯原子，即反应（2-1），断裂 Cl—Cl 键所需的能量由热或一定波长的光能供给。氯分子均裂后得到活性很强的氯自由基，它有强烈地再得到一个电子以形成稳定的八隅体结构的倾向。接着，氯原子与浓度最大的甲烷分子反应，夺去带一个电子的氢原子而形成一分子氯化氢并生成甲基自由基，即反应(2-2)。甲基自由基同样非常活泼，它夺取一个带有单电子的氯原子，生成氯甲烷，同时又产生活性的氯自由基，即反应（2-3）。这里消耗了一个活性自由基，同时又产生了另一个高活性自由基，后者再进攻甲烷又形成新的甲基自由基，反应按照此顺序重复不已，不断生成氯甲烷和氯化氢。因此，一个自由基可产生许多氯甲烷分子，直到发生如式（2-4）～式(2-6）这样的反应及所有的原料、自由基被消耗完为止。

$$CH_3\cdot + Cl\cdot \longrightarrow CH_3Cl \quad (2\text{-}4)$$

$$CH_3\cdot + CH_3\cdot \longrightarrow CH_3CH_3 \quad (2\text{-}5)$$

$$Cl\cdot + Cl\cdot \longrightarrow Cl_2 \quad (2\text{-}6)$$

反应(2-1）生成的氯原子在反应体系中浓度很低，它与另一同种氯原子碰撞反应的可能性较小，如式(2-6)。如果发生了这种相当于式(2-1）的逆反应，则反应过程也就终止了。氯原子若与另一个氯分子碰撞反应，这样的反应结果只是交换了氯原子而已，故属于一种可能发生但无影响的反应。

$$Cl\cdot + Cl_2 \longrightarrow Cl_2 + Cl\cdot$$

反应(2-2）生成的甲基自由基与甲烷分子反应式是可能的，但也是无效的反应；与含量稀少的氯原子或另一个甲基自由基碰撞的概率也不大，若如此，则反应也终止了，此时分别生成甲烷和乙烷，如式(2-4）和式(2-5)。

式(2-1)，式(2-2)，式(2-3)，式(2-4)，式(2-5）……的链式反应历程可以很好地解释各项实验事实和各产物的生成。氧之所以减缓反应的发生，是因为它的活性很大，可以与甲基自由基反应生成一个新的自由基而抑制正常的反应，如式(2-7)。当所有的氧都与甲基自由基结合后，氯化反应就又可以开始了。

$$O_2 + CH_3\cdot \longrightarrow CH_3-O-O\cdot \quad (2\text{-}7)$$

像甲烷的氯化反应那样每一步都生成一个活性物种（此指自由基），并使下一步能继续进行下去的反应叫做连锁反应或链反应（chain reaction)，它像一环环相扣的锁链一样使反应进行下去。反应(2-1）产生活性物种，称为链引发步骤（chain initiation step)，而反应(2-2)、反应(2-3）使反应链继续，称为链增长或链传递（chain propagating step)，链反应的最后一步是链终止反应（chain terminating step)，它使活性物种相互结合，反应链不再继续发展，如反应(2-4)、反应(2-5）和反应(2-6)。甲烷氯化反应中平均每个连锁反应在终止反应之前可以重复 5000 次以上。像氧那样即使含量不多也能使连锁反应减缓的物质称为抑制剂（inhibitor)，反应被抑制进行的那段时间为抑制期（inhibition period)，过了抑制期，连锁反应常常又能正常进行了。

2.6.6 甲烷氯化反应过程中的能量变化——反应热、活化能和过渡态

反应(2-2）中，当氯自由基与甲烷分子接近达到一定距离之后，CH_3—H 键开始伸长，但尚未完全断裂，而氢和氯之间相互靠拢，H—Cl 键尚未完全形成。此时，体系的能量逐渐上升并达到最大值，此时的结构状态称为过渡态（transition state)。之后，随着 H—Cl 成键程度的增加，体系能量降低，最终形成平面状的甲基自由基和氯化氢分子。

$$\mathrm{H_3C{-}H} + \mathrm{Cl\cdot} \longrightarrow \left[\mathrm{H_3C{-}{-}{-}H{-}{-}{-}Cl}\right]^{\ddagger} \longrightarrow \mathrm{CH_3\cdot} + \mathrm{HCl}$$

反应（2-3）是甲基自由基与氯分子碰撞而生成氯甲烷和氯自由基的反应。实验表明，这一反应虽然是放热反应，仍需一定的活化能来形成过渡态，活化能的数值较小，为 8.3kJ·mol^{-1}。由于此步反应高度放热，而且活化能较小，所以反应容易进行。

$$\mathrm{CH_3\cdot} + \mathrm{Cl{-}Cl} \longrightarrow \left[\mathrm{CH_3{-}{-}{-}Cl{-}{-}{-}Cl}\right]^{\ddagger} \longrightarrow \mathrm{CH_3{-}Cl} + \mathrm{Cl\cdot}$$

上述过程可以用能量变化曲线图表示（见图 2-14）。图上的最高点即相当于过渡态，其与反应物初态之间的能量差称为反应的活化能（activation energy）E_a，是发生反应必须克服的能垒。E_a 越小，反应越易进行，反应速率也越快；E_a 越大的反应越不易进行，反应速率也越慢。

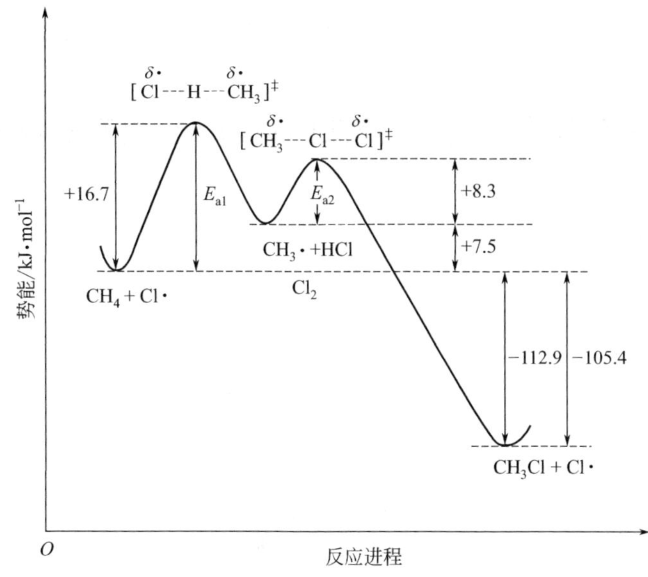

图 2-14　甲烷氯化反应的反应进程能量变化

对于一个化学反应，除了要注意产物的生成外，对反应涉及的能量变化也必须给予充分重视，能量的变化不仅涉及反应的快慢，更可决定反应能否发生。

甲烷的氯代反应中，CH_3—H 键和 Cl—Cl 键被打断，各消耗能量 440kJ·mol^{-1} 和 243kJ·mol^{-1}。同时，有两个新的 CH_3—Cl 键和 H—Cl 键生成，各放出能量 356kJ·mol^{-1} 和 432kJ·mol^{-1}，结果是每分子甲烷变成氯甲烷时，放出 105kJ·mol^{-1}的热，故该反应为放热反应：

$$\mathrm{CH_3{-}H + Cl{-}Cl \longrightarrow CH_3{-}Cl + H{-}Cl}$$

$$\Delta_r H_m^{\ominus} = -105\mathrm{kJ\cdot mol^{-1}}$$

上面的 $\Delta_r H_m^{\ominus}$ 值为总的焓变化，若将各个分步反应的 $\Delta_r H_m^{\ominus}$ 算出，则可发现反应(2-1) 和反应(2-2) 的 $\Delta_r H_m^{\ominus}$ 各为 243kJ·mol^{-1} 和 8kJ·mol^{-1}，反应(2-3) 为 −113kJ·mol^{-1}。因此，需要提高能量以使链反应发生，故反应要在光照或高温下进行。在两个链增长的反应中，一个仅少量吸热，另一个为放热反应，故在链终止反应形成之前，反应(2-2) 和反应(2-3) 可以容易地进行下去。整个反应中，氯分子的断裂是最困难的，克服此障碍后，其余的步骤就容易了。

应该指出，单纯用反应热来讨论反应活性并不完全正确，因为反应热仅仅表示反应物和产物之间的内能差，而决定反应速率的是活化能的大小。即使反应是放热的，它们仍需得到一定的活化能后才能发生反应。

或许还应该注意到的是反应(2-2) 为何不是另一种方式，即

$$Cl\cdot + CH_4 \longrightarrow CH_3Cl + H\cdot \tag{2-8}$$

$$H\cdot + Cl_2 \longrightarrow HCl + Cl\cdot \tag{2-9}$$

从表面来看，这样的反应历程也能解释所有的实验事实。但是，将反应(2-2) 和反应(2-8) 的反应热比较就可以发现，发生反应(2-8) 需吸收热量 84kJ·mol^{-1}，这也意味着它的活化能至少在 84kJ·mol^{-1}以上，而反应(2-2) 所需活化能只有 18kJ·mol^{-1}左右。反应(2-2) 的发生概率比反应(2-8) 明显大很多，在 275℃时，两者相差 250 万倍。在这两个可能的竞争反应中，分子实际上进行的总是一种最容易发生，能量上最有利的过程，这是一般规律。所有化学反应中分子之间若不止一种反应途径时就会产生竞争反应，而活化能低的反应总是优先发生。

2.6.7 烷烃的卤化反应——卤化反应的取向、自由基的稳定性、活性与选择性

高级烷烃的卤化反应与甲烷基本上经历了同样的反应历程，即

链引发：

$$X_2 \longrightarrow 2X\cdot$$

链增长：

$$R{-}H + X\cdot \longrightarrow R\cdot + HX$$
$$R\cdot + X_2 \longrightarrow RX + X\cdot$$

链终止：

$$R\cdot + X\cdot \longrightarrow RX$$
$$R\cdot + R\cdot \longrightarrow R{-}R$$
$$X\cdot + X\cdot \longrightarrow X_2$$

高级烷烃由于可以生成各种异构体而使反应变得复杂，这些异构体是由于烷烃上不同的氢原子被取代而生成的。乙烷只生成 1 种单卤取代物，丙烷、正丁烷和异丁烷能生成 2 种单卤取代物异构体，正戊烷和异戊烷分别得到 3 种和 4 种单卤取代物异构体。异戊烷单氯取代时得到结果为

$$CH_3{-}\underset{\underset{CH_3}{|}}{\overset{\overset{H}{|}}{C}}{-}CH_2CH_3 + Cl_2 \xrightarrow{h\nu} \underset{34\%}{ClCH_2\underset{\underset{CH_3}{|}}{C}HCH_2CH_3} + \underset{28\%}{CH_3\underset{\underset{CH_3}{|}}{C}H\overset{\overset{Cl}{|}}{C}HCH_3} + \underset{22\%}{CH_3\underset{\underset{CH_3}{|}}{\overset{\overset{Cl}{|}}{C}}CH_2CH_3} +$$

$$\underset{16\%}{CH_3\underset{\underset{CH_3}{|}}{C}HCH_2CH_2Cl} + HCl$$

异戊烷中有 4 种类型的氢原子，产物就有 4 种。可看出，所占产物比例为 34%的是氯原子夺取了有 6 种相同的伯氢原子而生成的，所占产物比例为 28%和 22%的则分别是氯原子夺取了仲氢和叔氢原子生成。从数量和种类看，异戊烷有 9 个伯氢原子、2 个仲氢原子和

1 个叔氢原子。产物比例显示，这些氢原子的反应活性明显不一样，叔氢原子的活性最大，伯氢原子的活性最小。从中也可推断出，叔碳自由基最容易生成，伯碳自由基最难生成。

从产物比例还可算出不同种类氢的相对活性。仲氢与伯氢活性之比为

$$\frac{仲氢}{伯氢}=\frac{28/2}{(34+16)/9}=2.52$$

叔氢与伯氢活性之比为

$$\frac{叔氢}{伯氢}=\frac{22}{(34+16)/9}=4.0$$

氢原子活性差异比表明氢原子的活性顺序为：叔氢＞仲氢＞伯氢。

从产物比列可知，形成各种烷基自由基所需能量按 $CH_3\cdot>1°R\cdot>2°R\cdot>3°R\cdot$ 的次序递减。形成自由基所需能量越低，意味着这个自由基形成越容易，其所含能量也越低，即越稳定。因此自由基的稳定性顺序是 $3°R\cdot>2°R\cdot>1°R\cdot>CH_3\cdot$。这一顺序和伯、仲、叔氢原子被夺取的容易程度（即氢原子的活泼性为 $3°H>2°H>1°H$）是一致的。

氯原子较为活泼，对三种氢原子反应的化学选择性（chemical selectivity）并不高，常得到沸点相差不大的氯代异构体产物的混合物，也不易分离，所以烷烃的氯化反应通常不适宜用来制备氯代烷烃。但是溴原子活性不及氯原子，会更有选择性地夺取活性较大的叔氢和仲氢原子，得到更多的叔氢和仲氢原子被取代的溴代物，叔、仲、伯三种氢原子发生溴代反应的相对活性之比为 1600∶82∶1。由于活性差别如此之大，在同样的反应条件下，溴代反应的选择性就远远好于氯代反应。如丙烷和叔丁烷分别与氯或溴的反应结果为：

$$CH_3CH_2CH_3 \xrightarrow{X_2} CH_3CH_2CH_2X + CH_3CHXCH_3$$

	$CH_3CH_2CH_2X$	CH_3CHXCH_3
X:Cl,250℃	45%	55%
X:Br,127℃	3%	97%

$$(CH_3)_3CH \xrightarrow{X_2} (CH_3)_2CHCH_2X + (CH_3)_3CX$$

	$(CH_3)_2CHCH_2X$	$(CH_3)_3CX$
X:Cl,250℃	64%	36%
X:Br,127℃	1%	99%

因此，影响卤代产物异构体相对产率的主要因素有概率因素、氢原子的反应活性、卤原子的反应活性。

2.7 烷烃的主要来源和制备

有机化合物可由工业制造或实验室制备。工业制造要能以最低的成本生产出大批量的产品，主要考虑经济效益。而实验室制备量小，纯度高，讲时效，因此多着眼于反应的产率和选择性，而较少考虑经济效益。在实验室里，化学家们不断开发新的高效的通用合成方法，而不像工业上有时为了某一种化合物而专门拟定一条工艺路线和一些设备。

2.7.1 烷烃的主要来源——石油和天然气

烷烃化合物的主要来源是石油和天然气（见表 2-4）。石油是一种深色而黏稠的液体，是含有 150 多种烃的混合物。从油田中开采出来的原油需经加工处理，先将溶于其中的天然气分离，接着分馏出汽油、煤油、柴油等轻质油和润滑油、液体石蜡、凡士林等重油和固体石蜡、沥青等固态物质。实验室常用的石油醚根据沸程不同分为几个等级，它们都是一些烷

烃的混合物，作为低极性的有机溶剂和萃取剂。除了作直接用途外，石油产品还可变化为其他种类的化合物。如经裂解（cracking）将高级烷烃变为分子量较小的烷烃和烯烃，经催化重组（catalytic reforming）将烷烃转变为芳香族化合物，经异构化（isomerization）将直链或支链较少的烷烃异构化为支链较多的烷烃。石油工业的这些反应从本质上看，无非是C—C键和C—H键的断裂分解后再重新结合的过程。化工基本原料，如三烯（乙烯、丙烯、丁二烯）、三苯（苯、甲苯、二甲苯）、一炔（乙炔）、一萘（萘），基本上都是由石油在不同的条件下裂解或裂化生产的。

表 2-4 石油组分

馏　分	蒸馏温度/℃	碳原子数	用　途
气体	<20～40	C_1～C_4	燃料
石油醚	30～120	C_5～C_8	溶剂
汽油	70～200	C_7～C_{12}	汽车、飞机燃料
煤油	200～270	C_{12}～C_{16}	灯油
柴油	270～340	C_{16}～C_{20}	发动机燃料
润滑油、凡士林	>340	C_{18}～C_{22}	润滑剂、软膏
固体石蜡	不挥发	C_{25}～C_{34}	蜡制品
沥青	不挥发	C_{30}以上	公路及建筑

天然气是蕴藏在地层内的可燃性气体，它主要包含一些低分子量的易挥发的烷烃，一般为75%的甲烷、15%的乙烷和5%左右的丙烷，煤矿的坑道气也含有20%～30%的甲烷，生物废料发酵产生的沼气也含有大量甲烷。甲烷除作为燃料外，还用做生产炭黑、一碳卤代物和合成气。但甲烷也是造成地球温室效应的一个重要因素。乙烷是生产乙烯和氯乙烯的重要原料。丙烷和乙烷一起用于乙烯的生产，也可用作制冷剂和溶剂，还可以液化石油气的形式用作燃料。丁烷和异丁烷都是轻汽油的成分。丁烷在工业上用于生产乙烯、丙烯、丁二烯和液化石油气，异丁烷可生产高辛烷值的C_7、C_8等支链烷烃。

随着世界上石油资源的减少，用蕴藏量丰富的煤炭和天然气为原料合成替代石油越来越受到重视。在此过程中形成了以煤炭、一氧化碳和二氧化碳等为原料来得到较大分子量有机化合物的化学，即碳一化学。如：

$$nC+(n+1)H_2 \xrightarrow[450℃,70MPa]{FeO} C_nH_{2n+2}$$

$$2nCO+(4n+1)H_2 \xrightarrow[250℃]{Co/Th} C_nH_{2n}+C_nH_{2n+2}+2nH_2O$$

2.7.2 烷烃的制备

实验室中合成开链烷烃的常用方法如下。

（1）烯烃的氢化

在催化剂存在下，氢气和烯烃混合振荡发生多相反应，生成与烯烃骨架相同的烷烃。因烯烃较容易得到，所以烯烃氢化是烷烃制备的最主要的反应。

$$CH_3CH{=}CHCH_3+H_2 \xrightarrow[25℃,5MPa]{Ni,EtOH} CH_3CH_2CH_2CH_3$$

（2）Corey-House 反应

将卤代烃先制成烷基锂 RLi，加入卤化亚铜生成二烷基铜锂，然后再与另一分子的卤代烷 R′X 作用发生偶联反应，得到烷烃 R—R′。

$$RX \xrightarrow{Li} RLi \xrightarrow{CuX} R_2CuLi \xrightarrow{R'X} R-R'$$

例如：

$$CH_3CH_2CHClCH_3 \xrightarrow{Li} \xrightarrow{CuI} (CH_3CH_2\underset{\underset{CH_3}{|}}{C}H)_2-CuLi \xrightarrow{n\text{-}C_5H_{11}Br} CH_3CH_2\underset{\underset{CH_3}{|}}{C}H(CH_2)_4CH_3$$

本方法的发现者之一 Corey E J 因在有机合成中取得杰出成就而获得 1990 年诺贝尔化学奖。

（3）Wurtz 反应

卤代烷和钠作用也得到碳链增长一倍的烷烃，反应可能经过烷基钠中间体的过程，卤代烃以溴代烷或碘代烷为好，用伯卤代烷可得到更高的产率。该反应称为 Wurtz 反应（见 8.3.3）。

$$2RX + 2Na \longrightarrow R-R + 2NaX$$

$$2n\text{-}C_{16}H_{33}I + 2Na \longrightarrow n\text{-}C_{32}H_{66} + 2NaI$$

Wurtz 反应仅适用于合成对称的烷烃 R—R。如果用两种不同的卤代烃，则 Wurtz 反应的结果会产生三种不同的烷烃：

$$RX + R'X + Na \longrightarrow R-R + R'-R' + R-R' + NaX$$

当这些混合物难以分离时，该方法就失去了应用价值。

（4）Grignard 试剂法

将卤代烷与金属镁在干燥的乙醚中反应，得到 Grignard 试剂 RMgX（参见 8.3.3）。

Grignard 试剂和含活泼氢的化合物（如水、醇、氨等）作用得到烷烃。

$$RMgX \xrightarrow{H_2O} RH + Mg(OH)X$$

阅读材料：德里克·哈罗德·理查德·巴顿

巴顿（1918-1998），英国有机化学家。1918 年 9 月 8 日生于英国格雷夫森德。1940 年毕业于伦敦帝国理工学院，1942 年获哲学博士学位。1945 年任帝国理工学院讲师。1949～1953 年在美国哈佛大学任有机化学访问教授。1953 年回国，任伦敦大学伯克贝克学院教授。1955 年任格拉斯哥大学教授。1957 年后回伦敦帝国理工学院，任有机化学教授。1978 年成为伦敦大学荣誉教授。

巴顿在 20 世纪 40 年代初当研究生时，就对甾族化合物和萜类化合物感兴趣，并着手进行结构方面的分析研究。在这期间曾受到 O. 哈塞尔发表的论文的启示，为了弄清分子内各个原子的空间排布位置和相互间作用的关系，他在 1945～1949 年间设计了多种有机化合物的分子模型，以表示三度空间的立体图像。1949 年他应美国哈佛大学之聘，任有机化学客座主讲人。经过多年研究，他阐明了分子的特性与它们的空间构型和构象之间的关系，发展了有机分子立体化学的结构概念和理论；通过对脂环化合物的深入研究，指出了许多复杂有机化合物的立体结构，提出了一些甾族化合物的构象；50 年代初，关于构象分析的著名论文公开发表，在科学界引起巨大反响，认为是对立体化学和有机结构理论的又一重大贡献。

60年代后，他在合成甾醇类激素方面又取得重要成就，发明了著名的合成醛甾酮的一种简便方法，后被称为“巴顿式反应”。此外，他还发表了一系列有关合成青霉素和各种四环素类抗生素的重要文章。他因测定一些有机物的三维构象所做的贡献而与O. 哈塞尔共获1969年诺贝尔化学奖。

习　题

2-1　用中文系统命名法命名或写出结构式。

（1）
$$\begin{array}{c} \qquad\qquad CH_3 \\ \qquad\qquad | \\ (CH_3)_2CH-CCH_2CH_3 \\ \qquad\qquad | \\ \qquad\qquad\quad CH(CH_3)_2 \end{array}$$

（2）
$$\begin{array}{c} CH_3 \qquad\qquad \\ | \qquad\qquad \\ CH_3CH_2CH-CHCH_2CH_2CH_3 \\ \qquad | \\ \qquad CH(CH_3)_2 \end{array}$$

（3）$CH_3CH_2C(CH_3)_2CH_2CH_3$

（4）
$$\begin{array}{c} CH(CH_3)_2\ \ CH_2CH_3 \\ | \qquad\qquad | \\ CH_3CH_2CHCH_2CH_2CCH_2CH_3 \\ \qquad\qquad\qquad | \\ \qquad\qquad\qquad CH_3 \end{array}$$

（5）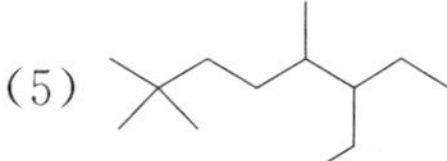

（6）

（7）异己烷　　（8）2,2,4-三甲基戊烷

（9）3-乙基-2-甲基己烷　　（10）4-乙基-2,4-二甲基庚烷

（11）四甲基丁烷　　（12）三乙基甲烷

2-2　用不同的符号标出下列化合物中伯、仲、叔、季碳原子。

（1）
$$\begin{array}{c} \qquad\qquad\qquad\quad CH_3\ CH_3 \\ \qquad\qquad\qquad\quad |\quad\ \ | \\ CH_3-CH-CH_2-C-C-CH_2CH_3 \\ |\qquad\qquad\ \ |\quad\ \ | \\ CH_3-CH_2 \qquad\quad CH_3\ CH_3 \end{array}$$

（2）$CH_3CH(CH_3)CH_2C(CH_3)_2CH(CH_3)CH_2CH_3$

2-3　指出下列四个化合物命名中有无错误之处，如有请正确命名之。

（1）2,4-二甲基-6-乙基庚烷　　（2）4-乙基-5,5-二甲基戊烷

（3）3-乙基-4,4-二甲基己烷　　（4）2-甲基-6-异丙基辛烷

2-4　不查表试将下列烃类化合物按其沸点降低的顺序排列。

（1）2,3-二甲基戊烷　　（2）正庚烷　　（3）2-甲基庚烷

（4）正戊烷　　（5）2-甲基己烷

2-5　写出下列烷基的名称和常用符号。

（1）$CH_3CH_2CH_2-$　　（2）$(CH_3)_2CH-$　　（3）$(CH_3)_2CHCH_2-$

（4）$(CH_3)_3C-$　　（5）CH_3-　　（6）CH_3CH_2-

2-6　某烷烃的分子量为72，根据氯化产物的不同，试推测各烷烃的构造，并写出其构造式。

（1）一氯代产物只能有一种　　（2）一氯代产物可以有三种

（3）一氯代产物可以有四种　　（4）二氯代产物只可能有两种

2-7　判断下列各对化合物是构造异构、构象异构，还是完全相同的化合物。

(1) 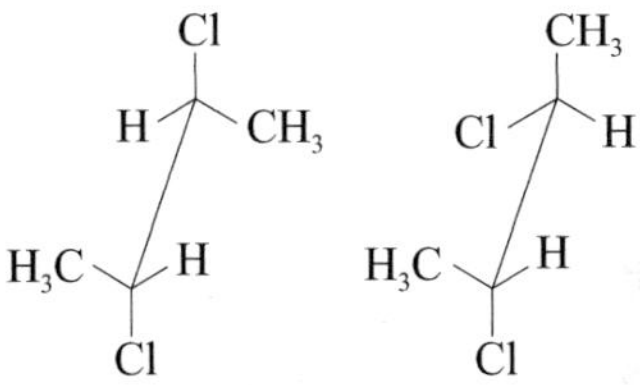　　　　　　　　　　　　(2)

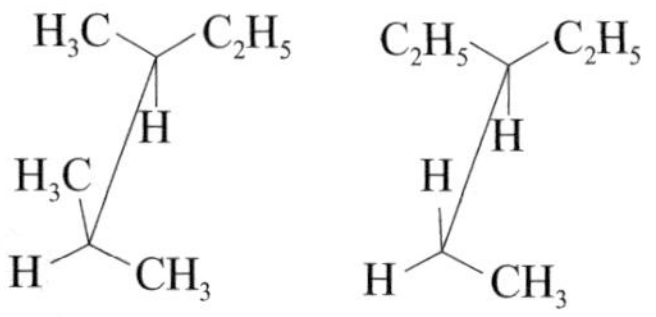

(3) 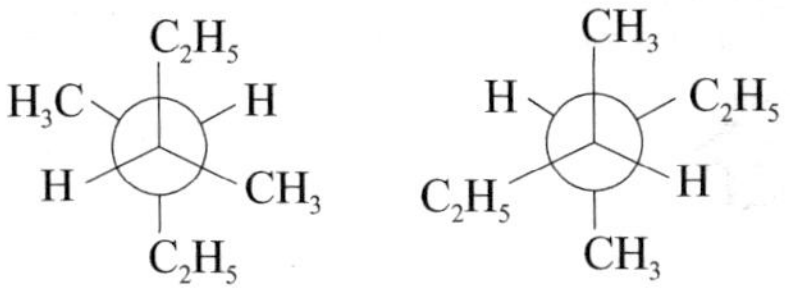　　　　　　　　　　　　(4)

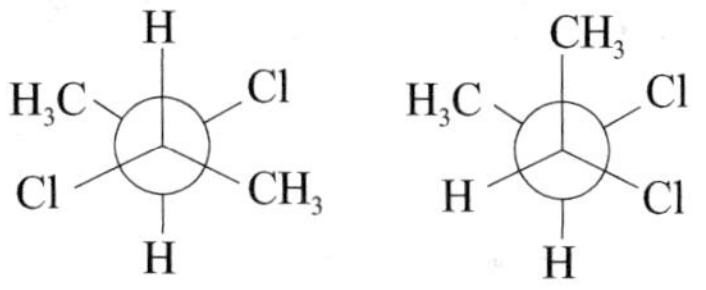

(5) 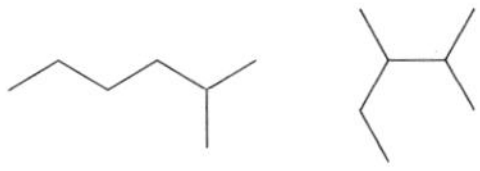　　　　　　　　　　　　(6)

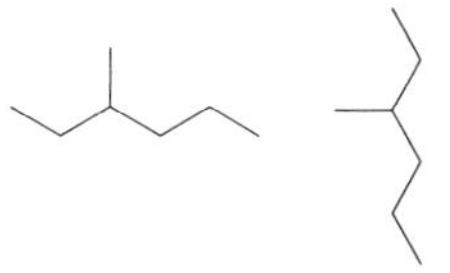

2-8　以 C(2) 与 C(3) 的 σ 键为轴旋转，试分别画出 2,3-二甲基丁烷和 2,2,3,3-四甲基丁烷的典型构象式，并指出哪一个为最稳定构象式。

2-9　试将下列烷基自由基按稳定性由大到小排列成序。

(1) $\cdot CH_3$　　　　(2) $CH_3\dot{C}HCH_2CH_3$

(3) $\cdot CH_2CH_2CH_2CH_3$　　　　(4) $H_3C-\dot{C}(CH_3)-CH_3$

2-10　甲烷在光照下进行氯代反应时，还可以观察到如下现象：

(1) 将氯气先用光照，然后立即在黑暗中与甲烷混合，可以获得氯代产物。

(2) 甲烷和氯在光照下反应立即发生，光照停止，反应变慢但并未立刻停止。

(3) 氯气经光照后，若在黑暗中放置一段时间再与甲烷混合，则不发生氯代反应。

(4) 如果甲烷经光照后，在黑暗中与氯气混合，也不发生氯代反应。

以烷烃氯代反应机理解释上述实验现象。

第3章
烯 烃

知识要点：

本章主要介绍烯烃的顺反异构、结构、命名、物理性质、化学性质、主要来源与制备。重、难点内容为烯烃的顺反异构及 Z,E 标记法、化学性质中的亲电加成反应和反应机理及氧化还原反应。

单烯烃是指分子中含有一个碳碳双键（C ═C）的不饱和开链烃，简称烯烃（alkene）。由于分子中具有双键，故烯烃比相同碳原子数目的烷烃少两个氢原子，通式为 C_nH_{2n}。碳碳双键是烯烃的官能团。

3.1 烯烃的异构现象和命名

3.1.1 烯烃的异构现象

由于烯烃含有双键，其异构现象较烷烃复杂。除了包括烷烃中的碳骨架异构（carbon skeleton isomer），还有由于官能团位置不同而引起的位置异构（position isomerism）。例如：丁烷只有正丁烷和异丁烷两个异构体，而丁烯就有三个异构体：

$CH_3—CH_2—CH═CH_2$	$CH_3—CH═CH—CH_3$	$CH_3—C(CH_3)═CH_2$
丁-1-烯	丁-2-烯	2-甲基丙烯

前两者是官能团位置不同引起的异构。

由于双键两侧的基团在空间的位置不同引起的顺反异构（*cis-trans* isomerism），属于几何异构（geometric isomerism）的一个分支。现代所称的几何异构扩充至表示所有的各类非对映异构体。这种异构的产生是由于烯烃中碳碳双键不能自由旋转所引起的（见 3.2 节）。当双键上连接不同原子或基团时，就有可能产生两种不同的异构体。

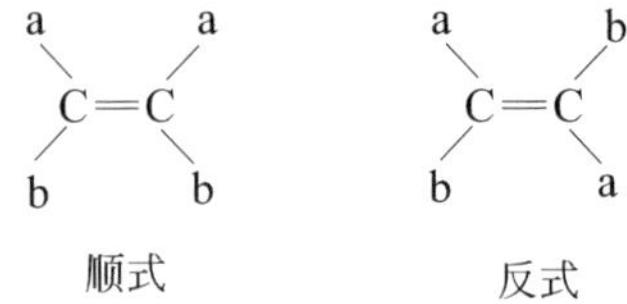

顺式　　反式

如上式所示，两个相同基团在双键同侧为顺式，反之为反式。由此可见，顺反异构体的分子构造是相同的，即分子中各原子的连接次序是相同的，但分子中各原子在空间的排列方式（即构型）是不同的。由于空间排布的不同而引起的异构现象又叫做立体异构现象(stereoisomerism)，顺反异构现象是立体异构的一种。

如果以双键相连的两个碳原子，其中有一个带有两个相同的原子或原子团，则这种分子就没有顺反异构体。因为它的空间排列只有一种。如丁-1-烯只有一种空间排布：

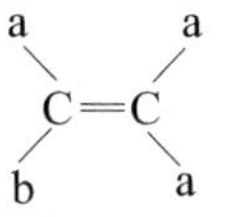

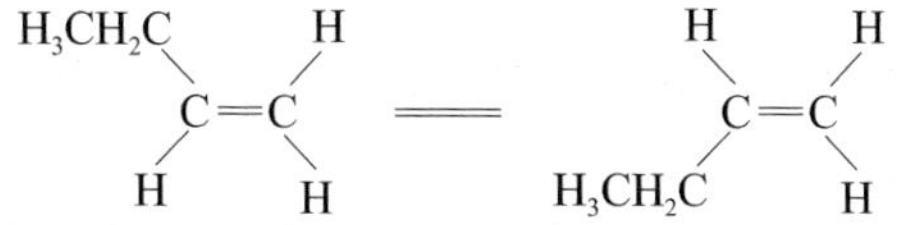

```
a       a        H3CH2C      H             H       H
 \     /               \    /               \     /
  C=C                   C=C        ====      C=C
 /     \               /    \               /     \
b       a             H      H       H3CH2C       H
```

反之，当双键碳原子连接两个不同基团时，就有顺反异构现象。下列化合物都有顺反异构体的存在。

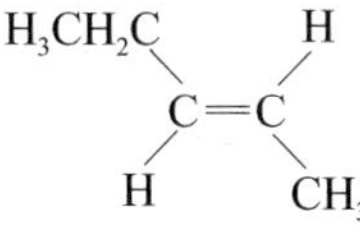

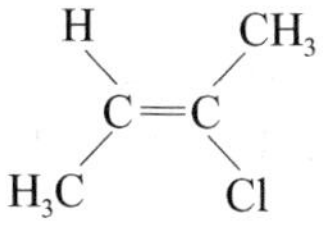

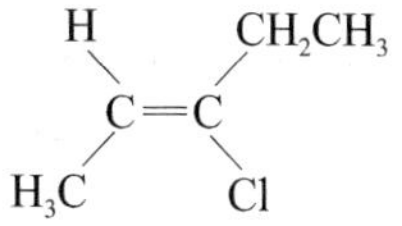

```
H3CH2C      H        H      CH3        H      CH2CH3
      \    /          \    /            \    /
       C=C             C=C               C=C
      /    \          /    \            /    \
     H      CH3    H3C      Cl       H3C      Cl
```

一般在顺反异构体之前加一个“顺-”（*cis*-）或者“反-”（*trans*-）字来表示。

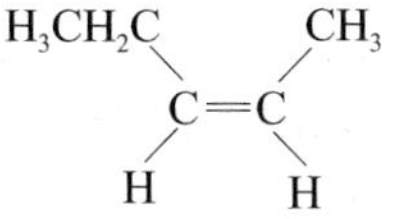

```
H3CH2C      CH3      H      CH3          H      CH2CH3
      \    /          \    /              \    /
       C=C             C=C                 C=C
      /    \          /    \              /    \
     H      H      H3C      H      H3CH2C      Cl
```

cis-戊-2-烯 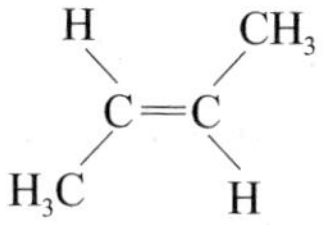　　*trans*-丁-2-烯 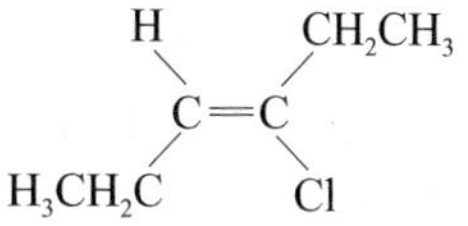　　*trans*-3-氯己-3-烯

3.1.2 烯烃的命名

简单烯烃可以像烷烃那样命名，把“烷”字换成“烯”字即可，例如：

$H_2C{=}CH_2$（乙烯）　$H_3C{-}\underset{H}{C}{=}CH_2$（丙烯）　$H_3C{-}\overset{CH_3}{\overset{|}{C}}{=}CH_2$（异丁烯）

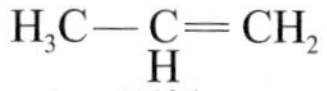

乙烯　　丙烯 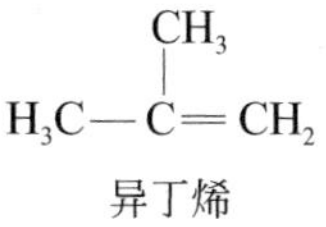　　异丁烯

复杂的烯烃最好应采用国际命名法（IUPAC 系统命名法）来命名，具体规则如下。

① 选择含碳碳双键的最长碳链为主链，并按主链中所含碳原子数把该化合物命名为某烯，主链上的支链作为取代基。

② 从最靠近双键的一端开始，将主链碳原子依次编号，以使双键编号较小，并且由最靠近端点碳的那个双键碳原子所得的编号来命名，其编号在“某”与“烯”之间，编号前后用“-”相连。

③ 根据主链上碳原子的编号，标出取代基的位次，取代基所在的碳原子编号写在取代基之前，用“-”隔开，取代基写在某烯之前。

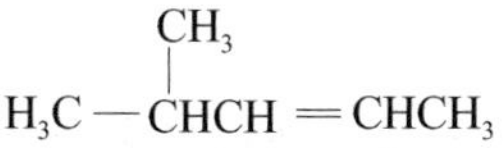

$H_3C{-}\overset{CH_3}{\overset{|}{C}}HCH{=}CHCH_3$　　$CH_3\overset{CH_3}{\overset{|}{C}}HCH{=}\overset{CH_2CH_3}{\overset{|}{C}}{-}CH_3$

4-甲基戊-2-烯 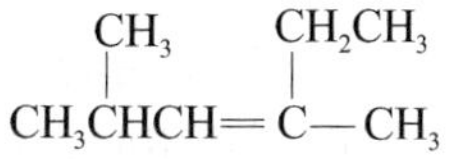　　2,4-二甲基己-3-烯

④ 当分子中还有多个双键时，应选择包含双键最多的最长碳链做主链，并分别标出双键的位次，以中文数字二、三、四、……来表示双键数目，称为“几烯”。

$CH_3CH{=}CHCH{=}CHCH_3$　　$CH_2{=}CH{-}CH{=}CH{-}CH{=}CH_2$

己-2,4-二烯　　己-1,3,5-三烯

⑤ 碳原子数在十个以上的烯烃，命名时在烯之前还需加个“碳”字，例如十一碳烯，

即表示双键在第一个碳上的具有十一个碳原子的直链烯烃。

⑥ IUPAC—2013 建议在链状烃时主链的选择取决于链长，而不是不饱和度。如：

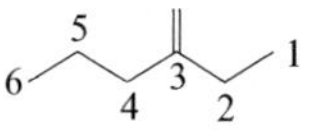

3-甲亚基己烷(3-methylidenehexane)，而不是2-乙基戊-1-烯

顺反异构体的命名：即在系统名称前加一“顺”或“反”字。相同基团在同侧为顺式，相同基团在异侧为反式。

顺反命名法有局限性，即在两个双键碳上所连接的两个基团彼此应有一个是相同的，彼此无相同基团时，则无法命名其顺反。为解决上述构型难以用顺反将其命名的难题，IUPAC 规定，用 *Z*,*E* 命名法来标记顺反异构体的构型。

Z,*E* 标记法（顺序规则法）：*E* 是德语 Entgegen 的第一个字母，是“相反”的意思；*Z* 是德语 Zusammcn 的第一个字母，是“共同”的意思。这个命名法是以比较双键碳上各基团的先后次序来区别顺反异构体的，而这种先后次序是由“顺序规则”来规定的。设 a、b、c、d 是烯烃双键碳原子上所连的四个基团，分别比较同一碳原子上的两个基团的先后次序（即 a 和 b 比较，c 和 d 比较）。如果 a 次序在 b 次序之前，c 次序在 d 次序之前，则在下列结构式中（Ⅰ）是 *Z* 构型，因为两个次序在前的基团（a 和 c 基团）位于双键的同侧；（Ⅱ）是 *E* 构型，因为两个次序在前的基团（a 和 c 基团）位于双键的异侧。

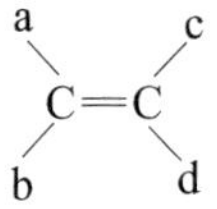

(Ⅰ)*Z*构型 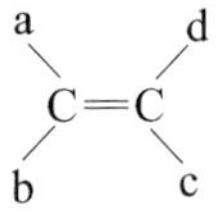　　(Ⅱ)*E*构型

一个化合物的构型是 *Z* 型还是 *E* 型，要由“顺序规则”来决定。

① 比较与双键碳原子直接相连的原子的原子序数，按大的在前、小的在后排列。下列为取代基中常见的各个原子，按照原子序数递减排列如下：

I,Br,Cl,S,P,F,O,N,C,D,H

按此规定，下列常见基团的先后次序为：—Br＞—OH＞—NH_2＞—CH_3＞—H。

② 如果与双键碳原子直接连接的基团的第一个原子相同时，则要依次比较第二、第三顺序原子的原子序数，来决定基团的大小顺序。例如：—CH_3 和—CH_2CH_3 比较，第一个原子都是碳，就需再比较以后的原子。在—CH_3 中，和第一个碳原子直接相连的三个原子都是 H；而—CH_2CH_3 中，和第一个碳原子相连的是 C、H、H，其中一个是碳原子。由于碳的原子序数大于氢，所以—CH_2CH_3 的次序比—CH_3 优先；同理，—CH(CH_3)—CH_3 与—CH_2CH_3 比较，前者是优于后者的。

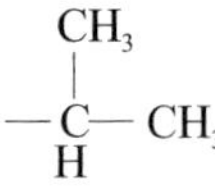

③ 当取代基为不饱和基团时，则把双键、三键原子看成是它与多个某原子相连。

—CH═CH_2 相当于—CH(C)—CH_2(C)，—C≡CH 相当于—C(C)(C)—CH(C)(C)

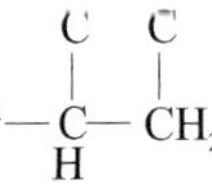

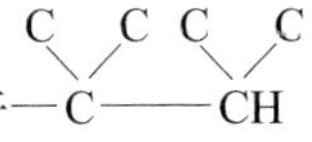

按此，—C≡CH 中和第一个碳原子相连的有三个碳（C、C、C），而—CH═CH_2 和第一个碳原子相连的只有两个碳（C、C、H），所以，—C≡CH 优于—CH═CH_2。

根据以上规则，常见的取代基团可排列成下列先后次序：

—I＞—Br＞—Cl＞—SO_3H＞—F＞—OCOR＞—OR＞—OH＞—NO_2＞

$—NR_2>—NHR>—CCl_3>—CHCl_2>—COCl>—CH_2Cl>—COOR>$
$—COOH>—CONH_2>—COR>—CHO>—CR_2OH>—CHROH>—CH_2OH>$
$—CR_3>—C_6H_5>—CHR_2>—CH_2R>—CH_3>—D>—H$

按照 E,Z 标记法，顺反异构体的命名如下所示。

例 1： Br(H)C=C(Cl)(CH_2CH_3)　(*Z*)-1-溴-2-氯丁-1-烯

例 2： (H_3C)(H_3CH_2C)C=C($CH_2CH_2CH_3$)(CH_2CH_3)　(*E*)-4-乙基-3-甲基庚-3-烯

例 3： Br(Cl)C=C(Cl)(H)　(*Z*)-1-溴-1,2-二氯乙烯

由上例可见，顺反命名和 Z、E 命名是不能一一对应的，应引起注意。

3.2 烯烃的结构

3.2.1 乙烯的结构

由物理方法证明，乙烯分子的所有碳原子和氢原子都分布在同一平面上，如图 3-1 所示。

分子中，双键碳原子基态电子构型是 $1s^2 2s^2 2p_x^1 2p_y^1$。根据杂化轨道理论，在形成乙烯分子时，并不是像烷烃中那样进行 sp^3 杂化，而是进行了由一个 s 轨道和两个 p 轨道参加的 sp^2 杂化（图 3-2　sp^2 杂化），其结果是形成了处于同一平面的三个 sp^2 杂化轨道。这三个杂化轨道的对称轴是以碳原子为中心，分别指向正三角形的三个顶点，也即它们对称分布在碳原子周围，相互间形成三个接近 120°的夹角，这种排布方式称为三角形模型。这样，乙烯分子的两个碳原子各以 sp^2 杂化轨道与两个氢原子的 s 轨道形成两个 σ 键。这五个 σ 键处于同一平面（见图 3-2）。

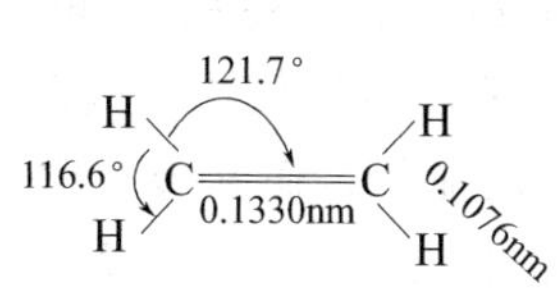

图 3-1　乙烯的结构

三个sp^2杂化轨道在空间上的分布

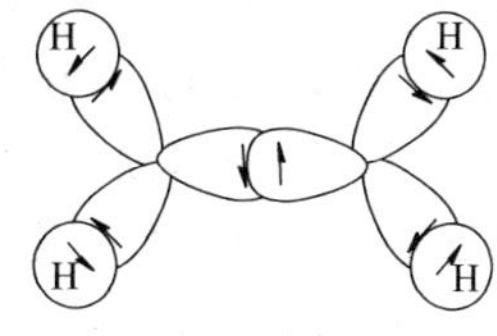

乙烯分子中由sp^2杂化轨道交盖所形成的五个σ键

图 3-2　乙烯的 σ 键形成

乙烯的碳原子除了三个 sp^2 杂化轨道成键外，还有一个未参与杂化的 p 轨道，其对称轴垂直于乙烯分子所在的平面，所以两个 p 轨道是相互平行的，它们以侧面相互交盖而形成另一种键，叫做 π 键。这种键与 σ 键不同，它没有对称轴，不能自由旋转（见图 3-3）。

按照分子轨道理论，乙烯的两个碳原子的各一个 sp^2 杂化轨道可以组成两个分子轨道，一个 σ 成键轨道，一个 $σ^*$ 反键轨道，当两个 sp^2 杂化轨道上的电子处于 σ 成键轨道时，加强了原子间的引力，形成了碳碳间的 σ 键，使能量降低。同样，乙烯分子的两个 p 轨道也可

线性组成两个分子轨道，一个 π 成键轨道，一个 π* 反键轨道（见图 3-4）。乙烯分子只有两个 p 电子，在基态时，这两个 p 电子处在 π 成键轨道上，从而使体系能量降低。

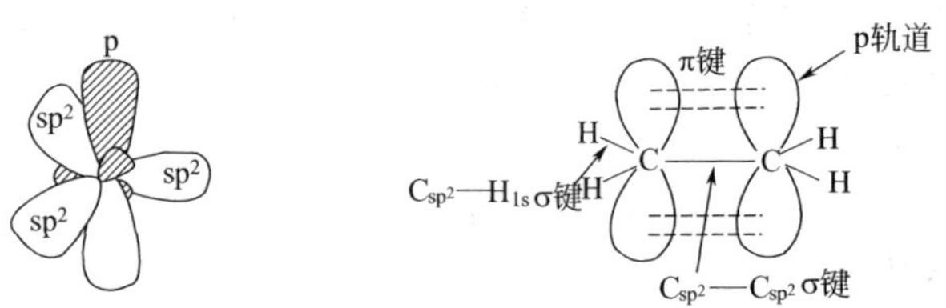

图 3-3　乙烯的 π 键形成

乙烯中的碳碳双键是由四个电子组成，相对单键来说，电子云密度更大。其中，σ 键电子云集中在两核之间，不易与外界试剂接近；而构成 π 键的电子云暴露在乙烯分子所在的平面的上方和下方，易受亲电试剂攻击，所以双键有亲核性（见图 3-5）。

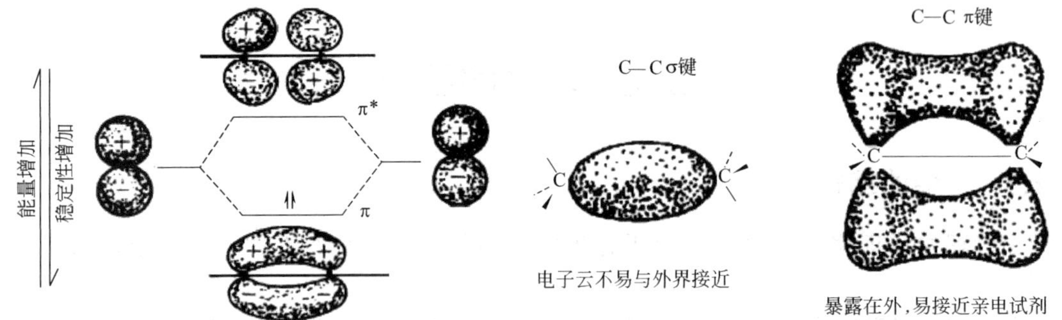

图 3-4　乙烯分子的 π 成键轨道和 π* 反键轨道的形成示意图

图 3-5　碳碳单键和双键的电子云分布比较

π 键电子云没有对称轴，碳碳之间的相互旋转必然会破坏 p 轨道的重叠而导致 π 键的断裂。由于 π 键不能自由旋转，所以与碳碳双键相连接的两个原子也不能自由旋转。

3.2.2　其他烯烃的结构

其他烯烃分子中，碳碳双键的状态基本上与乙烯中的双键相同，由一个 σ 键和一个 π 键组成。由于碳碳之间存在两个键，所以碳碳双键的键长（0.133nm）较碳碳单键（0.154nm）要短。π 键是由两个 p 轨道侧面交盖而成，和 σ 键相比，重叠程度较小，因此 π 键较 σ 键要弱，容易断裂。断裂乙烷 C—C σ 单键需要 $347kJ\cdot mol^{-1}$ 的能量，而断裂双键需要 $611kJ\cdot mol^{-1}$ 的能量，这说明碳碳 π 键断裂需要 611－347＝264（$kJ\cdot mol^{-1}$）的能量。此外，由于 π 键电子云暴露在分子平面的上方和下方，容易受外界影响，特别容易被亲电试剂进攻而发生反应，因此 π 键的存在使烯烃具有较大的反应活性。

3.3　烯烃的物理性质

烯烃在常温常压下的状态以及其沸点、熔点等都和烷烃相似。

含 2～4 个碳原子的烯烃为气体，含 5～18 个碳原子的烯烃为液体，19 个碳原子以上的高级烯烃是固体（见表 3-1）。

烯烃的沸点随分子量的增加而升高。末端烯烃（即双键在链端的烯烃，又称 1-烯烃）的沸点比相应的烷烃还略低一点。直链烯烃的沸点比带有支链的异构体沸点高，但差别不大，只有几摄氏度的差距。由于顺式异构体有偶极矩，分子间除了范德华力外，还有偶极间的吸引力，顺式异构体的沸点比反式异构体的沸点高。

烯烃的熔点也随分子量的增加而升高。顺式烯烃的对称性较低，在晶格中的排列不如反式烯烃紧密，故顺式烯烃的熔点比反式烯烃的熔点低。

烯烃的相对密度都小于 1。

烯烃几乎不溶于水，但可溶于非极性溶剂，如戊烷、四氯化碳、苯、乙醚等。

表 3-1　一些常见烯烃的物理常数

名　称	英　文　名	熔点/℃	沸点/℃	相对密度
乙烯	ethylene	−169.1	−103.7	—
丙烯	propylene	−185.2	−47.4	—
丁-1-烯	but-1-ene	−184.3	−6.3	—
反-丁-2-烯	*trans*-but-2-ene	−106.5	0.9	0.6042
顺-丁-2-烯	*cis*-but-2-ene	−138.9	3.7	0.6213
2-甲基丙烯	2-methylpropylene	−140.3	−6.9	0.5942
戊-1-烯	pent-1-ene	−138.0	30.0	0.6405
反-戊-2-烯	*trans*-pent-2-ene	−136.0	36.4	0.6482
顺-戊-2-烯	*cis*-pent-2-ene	−151.4	36.9	0.6556
2-甲基丁-1-烯	2-methylbut-1-ene	−137.6	31.1	0.6504
3-甲基丁-1-烯	3-methylbut-1-ene	−168.5	20.7	0.6272
2-甲基丁-2-烯	2-methylbut-2-ene	−133.8	38.5	0.6623
己-1-己烯	hexa-1-ene	−139.8	63.3	0.6731
2,3-二甲基丁-2-烯	2,3-dimethylbut-2-ene	−74.3	73.2	0.7080
庚-1-烯	hept-1-ene	−119.0	93.6	0.6970
辛-1-烯	oct-1-ene	−101.7	121.3	0.7149
壬-1-烯	non-1-ene	—	146.0	0.7300
癸-1-烯	dec-1-ene	−86.3	170.5	0.7408

根据杂化轨道理论，在碳原子的各种 sp^n 杂化轨道中，由于 s 电子靠近原子核，它比 p 电子与原子核结合更紧，因而 s 成分大的碳原子上的电负性也大，电负性依下列次序逐渐增加：$p<sp^3<sp^2<sp<s$。

碳原子的电负性随杂化时 s 成分的增加而增大，烯烃由于 sp^2 碳原子的电负性比 sp^3 碳原子的大，故比烷烃容易极化，成为有偶极矩的分子。以丙烯为例，双键碳原子和甲基相连的键是有极性的，键中电子偏向 sp^2 碳原子，形成偶极，正极在甲基一边，负极指向双键，甲基是给电子基团。

$$CH_3-CH=CH_2$$

$$\longmapsto \mu=1.7\times10^{-30}\,C\cdot m$$

对称取代的烯烃分子中，反式烯烃分子偶极矩为零，这是由于各个键的偶极矩矢量和为 0；而顺式烯烃的两个官能团在双键同侧，会有偶极矩存在。如反-丁-2-烯偶极矩为 0，顺-丁-2-烯偶极矩为 $1.10\times10^{-30}\,C\cdot m$。

3.4 烯烃的化学性质

碳碳双键是烯烃化合物的特征官能团，是这类化合物的反应中心。大部分烯烃的化学反应发生在双键上，双键打开，反应结果在双键碳原子上加两个原子（基团），一个 π 键转变为两个 σ 键，此类反应为加成反应（addition reaction）；另外，α-碳原子（和双键直接相连的碳原子）上的氢原子（又称 α-氢原子）容易被其他原子（基团）取代，这也是由于双键的存在而引起的，此类反应为取代反应（substitution reaction）；还有一种就是发生在双键上的氧化还原反应（oxidation-reduction reaction，也作 redox reaction）。

3.4.1 亲电加成反应

碳碳双键的键能是 $611kJ\cdot mol^{-1}$，它比一般 C—C σ 单键的键能 $347kJ\cdot mol^{-1}$ 高 $264kJ\cdot mol^{-1}$。因为碳碳双键是由一个 σ 键和一个 π 键组成的。所以，可以认为 $264kJ\cdot mol^{-1}$ 是碳碳 π 键的能量。它比双键的 σ 键要弱，所以 π 键的断裂需要较低的能量。而烯烃的加成反应是断裂一个 π 键，生成两个 σ 键，而两个 σ 键生成放出的能量大于一个 π 键断裂所吸收的能量，因此加成反应是一个放热过程。

$$\underset{sp^2}{H_2C=CH_2} + Cl—Cl \longrightarrow \underset{sp^3}{H—\underset{Cl}{\overset{H}{C}}—\underset{Cl}{\overset{H}{C}}—H}$$

$$264kJ\cdot mol^{-1} \quad 243kJ\cdot mol^{-1} \quad 1\times 339kJ\cdot mol^{-1}$$

$$\Delta H=(264+243-678)kJ\cdot mol^{-1}=-171kJ\cdot mol^{-1}$$

在烯烃分子中，由于 π 电子具流动性，易被极化，因而烯烃具有供电子性能，易受到缺电子试剂（亲电试剂）的进攻而发生反应，这种由亲电试剂的作用（进攻）而引起的加成反应称为亲电加成反应（EA：electrophilic addition reaction）。其通式为：

$$>C=C< + E—X \longrightarrow —\underset{E}{\overset{|}{C}}—\underset{X}{\overset{|}{C}}—$$

能与烯烃发生亲电加成反应的试剂主要有：H—Cl、H—Br、H—I、Br—OH、Cl—OH、H—HSO_4、H—OH、Cl—Cl、Br—Br。

（1）与 HX 的加成生成卤代烃

烯烃可与卤化氢在双键处发生加成作用，生成相应的卤代烷，其反应通式如下：

$$\underset{烯烃}{—\overset{|}{C}=\overset{|}{C}—} + H{:}X \longrightarrow \underset{卤代烷}{—\underset{H}{\overset{|}{C}}—\underset{X}{\overset{|}{C}}—} \quad (HX=HCl, HBr, HI)$$

将干燥的卤化氢气体直接通入烯烃，即可发生加成反应。有时也可在具有适度极性的溶剂如醋酸中进行，因为极性的卤化氢和非极性的烯烃都可溶于这些溶剂。

工业上氯乙烷的生产是用乙烯和氯化氢在氯乙烷溶液中，以无水氯化铝为催化剂进行的。氯化铝起着促进氯化氢解离的作用，加速反应进行。

$$AlCl_3 + HCl \longrightarrow AlCl_4^- + H^+$$

烯烃和卤化氢（以及其他酸性试剂 H_2SO_4、H_3O^+ 等，见后）的加成反应历程包括两个步骤。第一步：烯烃分子与 HX 相互极化影响，π 电子云偏移极化，使一个双键碳原子上带有部分负电荷，更易于受极化分子 HX 带正电部分（$\overset{\delta+}{H}\rightarrow\overset{\delta-}{Cl}$）或 H^+ 的攻击，结果生成带正电荷的中间体碳正离子（carbocation）和 HX 的共轭碱 X^-。第一步反应是由亲电试剂的进攻而发生的，所以与 HX 的加成反应叫做亲电加成反应。该步反应速率慢，整个加成反应的速率取决于第一步反应的快慢。

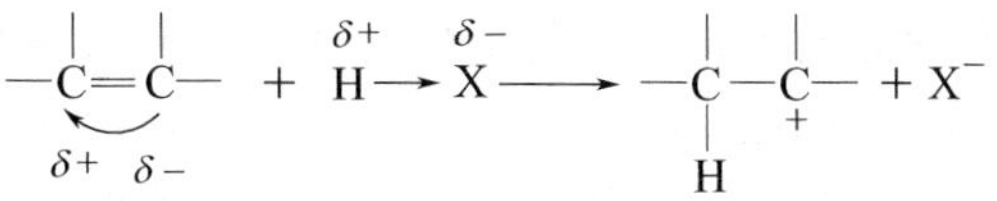

$$-\underset{\delta+}{\overset{|}{C}}=\underset{\delta-}{\overset{|}{C}}- \; + \; \overset{\delta+}{H}\rightarrow\overset{\delta-}{X} \longrightarrow -\underset{H}{\overset{|}{\underset{|}{C}}}-\underset{+}{\overset{|}{C}}- \; + X^-$$

第二步：碳正离子迅速与 X^- 结合生成卤代烷。

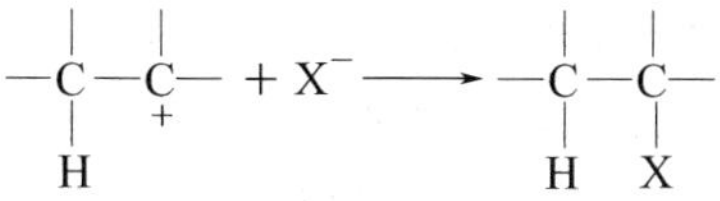

$$-\underset{H}{\overset{|}{\underset{|}{C}}}-\underset{+}{\overset{|}{C}}- \; + X^- \longrightarrow -\underset{H}{\overset{|}{\underset{|}{C}}}-\underset{X}{\overset{|}{\underset{|}{C}}}-$$

图 3-6 是 2-甲基丙烯和 HBr 亲电加成反应的反应过程。

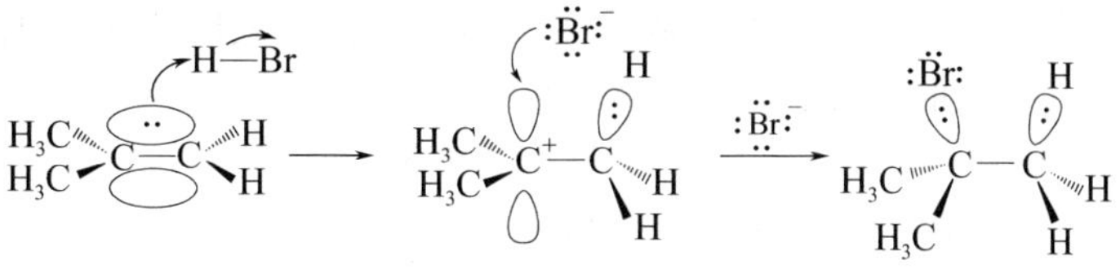

图 3-6　2-甲基丙烯和 HBr 的亲电加成反应

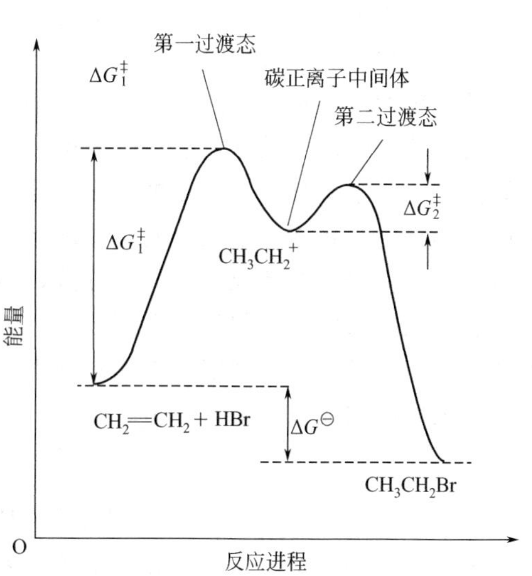

图 3-7　乙烯和 HBr 反应过程及能量变化

图 3-7 表示乙烯与 HBr 反应过程中能量的变化和中间体碳正离子的生成，从图中可以看出，需要较多的活化能才能达到第一过渡态，然后再生成碳正离子。

当卤化氢和不对称烯烃（两个双键碳原子上的取代基不同的烯烃）加成时，可以得到两种不同的产物。例如：

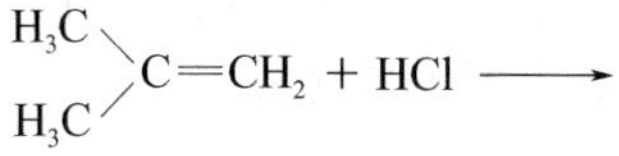

$$\underset{\text{2-甲基丙烯}}{(CH_3)_2C=CH_2} + HCl \longrightarrow$$

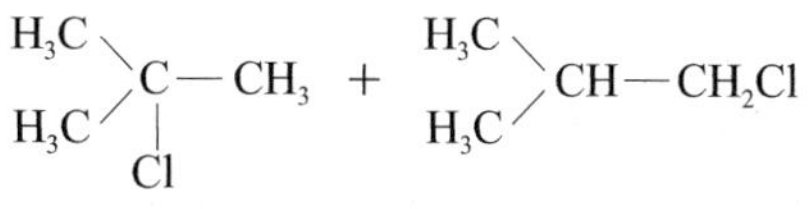

$$\underset{(\text{I})\text{主产物}}{(H_3C)_2\underset{Cl}{\underset{|}{C}}-CH_3} \; + \; \underset{(\text{II})}{(H_3C)_2CH-CH_2Cl}$$

在此反应中，主要生成产物（Ⅰ），即加成时以氢原子加到含氢较多的双键碳原子上，而卤原子加在含氢较少的双键碳原子上的产物为主。这是一个在 1869 年就发现的规律，叫做马尔科夫尼科夫（Markovnikov）规则。这一规律可以由反应过程中碳正离子的结构与稳定性得到解释。

不对称烯烃和质子的加成，可以有两种方向，即质子和不同的双键碳原子结合，而形成不同的碳正离子，然后碳正离子再和卤素负离子结合，得到两种产物。

$$
\ce{(CH3)2C=CH2 + H+ ->[(1)] (CH3)2\overset{+}{C}-CH3 ->[Cl^-] (CH3)2CCl-CH3}
$$

$$
\ce{(CH3)2C=CH2 + H+ ->[(2)] (CH3)2CH-\overset{+}{C}H2 ->[Cl^-] (CH3)2CH-CH2Cl}
$$

第一步亲电试剂的进攻采用哪种途径取决于生成碳正离子的难易程度（活化能的大小）和稳定性（能量高低）。实际上碳正离子的稳定性越大，就越容易生成。所以可以从碳正离子的稳定性来判断反应方向。在上述反应中，途径（1）形成的是连有三个甲基的叔碳正离子，途径（2）形成的是连有一个异丙基和两个氢原子的伯碳正离子。

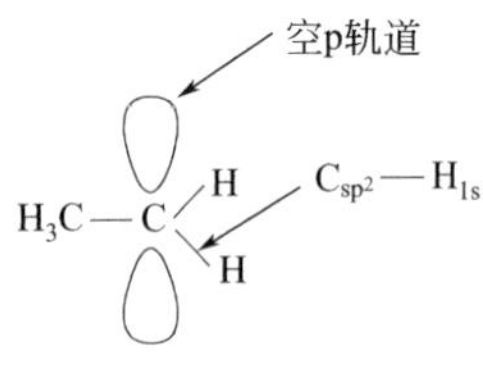

图 3-8　乙基碳正离子的空 p 轨道

在碳正离子形成的过程中，烯烃分子的一个碳原子的价电子状态由原来的 sp^2 杂化转变为 sp^3 杂化，而另一个带正电的碳原子，它的价态仍然是 sp^2 杂化，仍具有一个 p 轨道，只是缺电子而已，所以称为空 p 轨道。带正电的碳原子和它相连的三个原子都排布在同一个平面上（见图 3-8）。

碳正离子是活性中间体，在形成时必须要通过一个能量更高的过渡态，如下式所示：

$$
\underset{\text{不对称烯烃}}{H_3C—\overset{CH_3}{\overset{|}{C}}=\overset{H}{\overset{|}{C}}—H} + H^+ \longrightarrow \underset{\text{过渡态}}{\left[H_3C—\underset{\delta^+}{\overset{CH_3}{\overset{|}{C}}}\text{┅}\underset{H}{\overset{H}{\overset{|}{C}}}—H\right]} \longrightarrow \underset{\text{碳正离子}}{H_3C—\underset{+}{\overset{CH_3}{\overset{|}{C}}}—CH_3}
$$

和 sp^2 杂化碳原子相连的甲基及其他烷基都具有给电子的活性或供电性（和相连的氢原子比较）。这是因分子内各原子间的静电诱导作用而形成电子云偏移的结果，电子云偏移往往使共价键的极性也发生改变。这种因某一原子或基团的电负性而引起电子云沿着键轴向某一方向移动的效应叫诱导效应（inductive effect），简称 I 效应。由于诱导效应，也由于超共轭效应，三个甲基都将电子云推向正碳原子，就降低了正碳原子的正电性，或者说，它的正电荷并不集中在正碳原子上，而是分散到三个甲基上。按照静电学，一个带电体系的稳定性决定于其电荷的分布情况，电荷越分散，体系越稳定。和此相比，另一途径形成的伯碳正离子，它的正电荷就不如叔碳正电荷分散。因为，伯碳正离子只有一个给电子性的异丙基与正碳原子相连，显然它的稳定性不如叔碳正离子。所以加成主要采取途径（1），先形成叔碳正离子，最后产物以叔丁基氯为主。

$$
CH_3\rightarrow\underset{+}{\overset{CH_3}{\overset{\downarrow}{C}}}\leftarrow CH_3 > H_3C—\overset{CH_3}{\overset{|}{CH}}\rightarrow\underset{+}{CH_2}
$$

比较伯、仲、叔碳正离子和甲基碳正离子的构造式可以看出，带正电子的碳原子上取代基越多，正电荷越分散，因此也越稳定。所以它们的稳定性如下：

$$
H_3C—\underset{CH_3}{\underset{|}{\overset{CH_3}{\overset{|}{C^+}}}} > H_3C—\underset{H}{\underset{|}{\overset{CH_3}{\overset{|}{C^+}}}} > H_3C—\underset{H}{\underset{|}{\overset{H}{\overset{|}{C^+}}}} > H—\underset{H}{\underset{|}{\overset{H}{\overset{|}{C^+}}}}
$$

即：叔(3°)R^+ > 仲(2°)R^+ > 伯(1°)R^+ > CH_3^+

由此可见，当 HX 和烯烃加成时，根据马氏规则，H^+ 总是加在具有较少烷基取代的双键碳原子上，而 X^- 总是加在有较多烷基取代的双键碳原子上，这是生成更稳定的活性中间体碳正离子的需要。例如：

$$\text{1-甲基环戊烯} \xrightarrow{HCl} \text{1-甲基-1-氯环戊烷}$$

★ **练习 3-1** 写出下列烯烃与 HBr 的加成主产物。

（1）亚甲基环己烷（$\text{环己基}=CH_2$） （2）2-甲基-2-戊烯（键线式） （3）1-戊烯（键线式）

（2）与 H_2SO_4 加成生成烷基硫酸氢酯

烯烃与浓硫酸加成得到烷基硫酸氢酯。

$$CH_2=CH_2+HO-SO_2-OH \longrightarrow CH_3-CH_2-OSO_3H$$

反应历程和 HX 加成一样，第一步是乙烯与质子结合，生成碳正离子中间体；第二步是碳正离子和硫酸氢根结合。不对称烯烃与硫酸的加成也符合马氏规则。例如：

$$(H_3C)_2C=CH_2 + H_2SO_4 \longrightarrow (H_3C)_2C(OSO_3H)-CH_3$$

由于 2-甲基丙烯与质子加成所形成的是比较稳定的叔丁基正离子，所以反应容易进行。63％的浓硫酸就可以发生反应，而丙烯则需要 80％的浓硫酸，乙烯需要 98％的浓硫酸加热，反应才会进行。

烷基硫酸和水共热，则水解而得到醇。通过加成和水解两步反应得到了醇，相当于烯烃分子中加了一分子的水，所以这又叫做烯烃的间接水合，工业上可用此法来制备醇类。

$$CH_3-CH_2-OSO_3H+H_2O \longrightarrow CH_3-CH_2-OH+H_2SO_4$$

但该反应的副产物是硫酸，在反应过程中对设备腐蚀严重，且产生大量不易处理的稀硫酸，故现在已经很少使用了。

烯烃和硫酸的加成可用于分离烯烃和烷烃。由石油工业得到的烷烃中常杂有烯烃。可使它们通过硫酸，烯烃会被硫酸吸收而生成可溶于硫酸的烷基硫酸，烷烃不溶于硫酸，以此分离。

（3）与 H_2O 加成生成醇

一般情况下，由于水中质子浓度太高，水不能和烯烃直接加成。但在酸催化下，例如在硫酸或者磷酸存在时，水可以和烯烃加成而得到醇。

$$-\overset{|}{C}=\overset{|}{C}- + H_3O^+ \longrightarrow -\overset{|}{\underset{+}{C}}-\overset{|}{\underset{H}{C}}- \underset{}{\overset{H_2O}{\rightleftharpoons}} -\overset{|}{\underset{\overset{|}{\underset{+}{OH_2}}}{C}}-\overset{|}{\underset{H}{C}}- \underset{H^+}{\overset{-H^+}{\rightleftharpoons}} -\overset{|}{\underset{\overset{|}{OH}}{C}}-\overset{|}{\underset{H}{C}}-$$

在实际反应中，第一步生成的碳正离子也可以和水溶液中其他物质反应（如硫酸氢根等），生成不少副产物。所以这个方法缺乏制备醇的工业价值。

工业上可以用乙烯直接水合。乙烯在高温高压下，以载于硅藻土上的磷酸为催化剂，与过量水蒸气作用，即可制得乙醇。

$$CH_2=CH_2+H_2O \xrightarrow[300℃,7\sim8MPa]{H_3PO_4/\text{硅藻土}} CH_3-CH_2-OH$$

（4）与 X_2 加成生成二元卤代烃

烯烃容易与氯、溴发生加成反应。碘一般不与烯烃反应，氟与烯烃反应太剧烈，往往得到碳链断裂的各种产物，无实用意义。

烯烃与溴作用，通常以 CCl_4 为溶剂，在室温下进行。溴的 CCl_4 溶液为黄色，它与烯烃加成后形成二溴化物即转变为无色，褪色反应很迅速，是检验碳碳双键是否存在的一个特征反应。

$$CH_3CH{=}CH_2 + Br_2 \xrightarrow{CCl_4} H_3C-\underset{Br}{\overset{H}{C}}-\underset{}{\overset{Br}{CH_2}}$$

烯烃与卤素的加成反应也是亲电加成反应。经进一步研究发现，两个卤原子加成到双键两边，即反式加成产物。烯烃与卤素加成是卤素分子的正电部分进攻烯烃开始的。当溴分子接近烯烃分子时，由于烯烃 π 键的存在，使溴分子发生极化，即一个溴原子带部分正电荷，另一个溴原子带部分负电荷。溴正电荷部分进一步接近烯烃，极化程度加深，溴分子发生异裂，带正电荷的溴原子就和烯烃的一对 π 电子结合成 σ 单键而成为碳正离子（该碳正离子既有缺电子的碳原子，又有与含未共用电子对溴原子相连的碳原子，带正电的碳原子有亲电性，溴原子有亲核性，它们有可能相互结合而生成环状的溴鎓离子）。另一个溴原子则成为带负电的溴离子而离去。

$$\text{C=C}(\pi) + \overset{\delta^+}{Br}-\overset{\delta^-}{Br} \longrightarrow \text{C(-Br:)}-\text{C}^+ + Br^- \longrightarrow \text{环状 C-}\ddot{Br}^+\text{-C} + Br^-$$

溴鎓离子

环状溴鎓离子的存在，使第二步溴负离子只能从环的反面和碳相结合，这就导致生成反式加成产物。

$$Br^- + \text{溴鎓离子} \longrightarrow \text{反式二溴化物}$$

（5）与 HO—X 加成生成β-卤代醇

烯烃与卤素（Br_2、Cl_2）在水溶液中的加成反应，生成卤代醇，也生成相当多的二卤化物。

$$>C{=}C< \xrightarrow[H_2O]{X_2(Br_2或Cl_2)} -\overset{HO}{C}-\overset{X}{C}- + HX$$

这个加成反应的结果使双键上加上了一分子次溴酸或次氯酸，所以也叫和次卤酸的加成，但实际上是烯烃和卤素在水溶液中的加成，这个反应也是亲电加成反应。反应的第一步不是质子的进攻，而是卤素正离子的加成，所以当不对称烯烃进行“次卤酸加成”时，按照马氏规则，带正电的卤素加到含有较多氢原子的双键碳上，羟基加到连有较少氢原子的双键碳上。

$$(H_3C)_2C{=}CH_2 + HOCl \longrightarrow (H_3C)_2\underset{OH}{C}-\overset{Cl}{CH_2}$$

和 HO—X 的加成，不仅是烯烃，也是其他含有双键的有机化合物分子中同时引入卤素和羟基官能团的普遍方法。对不溶于水的烯烃或其他有机化合物，这个加成反应需要在某些极性的有机溶剂中进行。

烯烃和溴在有机溶剂中可发生溴的加成反应，和溴在有水存在的有机溶剂中，则发生 HO—Br 加成，得到的产物除了溴代醇，还有二溴代物。如果在溴的氯化钠水溶液中，得到的产物更为混杂，还可能有一氯代物的生成。

$$H_2C{=}CH_2 \xrightarrow[H_2O,\ NaCl]{Br_2} \begin{cases} Br{-}CH_2{-}CH_2{-}OH \\ Br{-}CH_2{-}CH_2{-}Br \\ Br{-}CH_2{-}CH_2{-}Cl \end{cases}$$

值得重视的是上述烯烃的各种亲电加成反应（与 HX、H_2O、X_2、H_2SO_4 等）中生成的活性中间体（activated intermediate）都是碳正离子，碳正离子在有机反应中常常会有重排现象（rearrangement）产生。例如：

$$H_3C{-}CH(CH_3){-}CH{=}CH_2 + HCl \xrightarrow{CCl_4} H_3C{-}CCl(CH_3){-}CH_2CH_3 + H_3C{-}CH(CH_3){-}CHClCH_3$$

主要产物

$$H_3C{-}C(CH_3)_2{-}CH{=}CH_2 + HBr \xrightarrow{CCl_4} \underset{83\%}{H_3C{-}CBr(CH_3){-}CH(CH_3)CH_3} + \underset{17\%}{H_3C{-}C(CH_3)_2{-}CHBrCH_3}$$

烯烃的亲电加成反应是分两步进行的，首先是质子加成得到碳正离子，其次是碳正离子和卤素负离子结合得到加成产物。但是上述反应中，得到的碳正离子是仲碳正离子，其可以通过相连碳原子上 H^- 或 R^- 的迁移（即重排）而得到稳定性更好的叔碳正离子，然后再和 X^- 结合得到重排后的主要产物。

$$H_3C{-}C(CH_3)_2{-}CH{=}CH_2 + H^+ \longrightarrow H_3C{-}C(CH_3)_2{-}\overset{+}{C}HCH_3 \xrightarrow[\text{(重排)}]{CH_3^-\ 1,2\text{-迁移}} H_3C{-}\overset{+}{C}(CH_3){-}CH(CH_3)CH_3$$

$$H_3C{-}C(CH_3)_2{-}\overset{+}{C}HCH_3 \xrightarrow{Br^-} H_3C{-}C(CH_3)_2{-}CHBrCH_3$$

$$H_3C{-}\overset{+}{C}(CH_3){-}CH(CH_3)CH_3 \xrightarrow{Br^-} H_3C{-}CBr(CH_3){-}CH(CH_3)CH_3$$

碳正离子的重排在有机反应中时常碰到，常见的重排发生在相邻碳原子上，即 1,2-迁移，经过重排后的碳正离子有更好的稳定性。

碳正离子重排还可能引起环状化合物发生扩环或缩环。例如：

$$\text{1-甲基-1-乙烯基环丁烷}\ (C{=}CH_2) \xrightarrow{H^+} \text{环丁基}{-}\overset{+}{C}H{-}CH_3 \longrightarrow \text{1-甲基-2-甲基环戊基正离子} \xrightarrow{Br^-} \text{1-Br-1-}CH_3\text{-2-}CH_3\text{环戊烷}$$

3.4.2 自由基加成反应

在日光和过氧化物存在下，烯烃和 HBr 加成的取向正好和马尔科夫尼科夫规律相反，叫做烯烃与 HBr 加成的过氧化物效应（peroxide effect），它不是离子型的亲电加成反应，而是自由基加成反应。

$$CH_3-CH=CH_2 + HBr \begin{cases} \xrightarrow[\text{符合马氏规则}]{\text{无日光或无过氧化物}} CH_3-\underset{\underset{Br}{|}}{CH}-CH_3 \\ \xrightarrow[\text{反马氏规则}]{\text{有日光或过氧化物}} CH_3-CH_2-CH_2-Br \end{cases}$$

反应中，过氧化物可分解为烷基自由基RO·，这个自由基又可以和HBr作用，就引发了溴自由基的生成。

链生成：

$$RO\cdot + HBr \longrightarrow ROH + Br\cdot$$

溴自由基加到烯烃双键上，形成烷基自由基。烷基自由基又可以从溴化氢分子中夺取氢原子，再生成一个新的溴自由基。如此循环，这就是链反应的传递阶段。

链传递：

$$RHC=CH_2 + Br\cdot \longrightarrow R\dot{C}HCH_2Br$$

$$R\dot{C}HCH_2Br + HBr \longrightarrow RCH_2CH_2Br + Br\cdot$$

因而反应周而复始，直至两个自由基相互结合使链反应终止为止。

链终止：

$$Br\cdot + Br\cdot \longrightarrow Br_2$$

$$R\dot{C}HCH_2Br + R\dot{C}HCH_2Br \longrightarrow \begin{matrix} RCH-CH_2Br \\ | \\ RCH-CH_2Br \end{matrix}$$

$$R\dot{C}HCH_2Br + Br\cdot \longrightarrow \underset{\underset{Br}{|}}{RCH}-CH_2Br$$

光也能使溴化氢解离为自由基，它们的第一步都是溴自由基的加成。

丙烯反应会有两种不同的反应途径。

$$CH_3-CH=CH_2 + Br\cdot \begin{cases} \xrightarrow{(1)} CH_3\dot{C}HCH_2Br \\ \xrightarrow{(2)} CH_3\underset{\underset{Br}{|}}{CH}\dot{C}H_2 \end{cases}$$

在烷烃章节，已经讨论过自由基稳定性的顺序，即：叔(3°)R·>仲(2°)R·>伯(1°)R·>CH_3·。

$$H_3C-\underset{\underset{CH_3}{|}}{\overset{\overset{CH_3}{|}}{C}}\cdot > H_3C-\underset{\underset{H}{|}}{\overset{\overset{CH_3}{|}}{C}}\cdot > H_3C-\underset{\underset{H}{|}}{\overset{\overset{H}{|}}{C}}\cdot > H-\underset{\underset{H}{|}}{\overset{\overset{H}{|}}{C}}\cdot$$

仲碳自由基的稳定性大于伯碳自由基，所以丙烯和溴自由基的加成主要采取（1）途径，得到仲碳自由基再和HBr作用，最后生成反马氏规则的溴代产物。

$$CH_3-\dot{C}H-CH_2Br + HBr \longrightarrow CH_3CH_2CH_2Br + Br\cdot$$

由此可知，自由基加成反应总是倾向于获得更稳定的烷基自由基，这就是为什么烯烃和溴化氢的自由基加成产物是反马氏规则的。

烯烃不能和HI发生自由基加成，这是因为C—I键较弱，碘自由基和烯烃的加成是个吸热反应。

$$R-CH=CH_2+I\cdot \longrightarrow R\dot{C}HCH_2I \qquad \Delta H=39.7kJ\cdot mol^{-1}$$

进行上述加成时，必须克服较大的活化能，这就是链的传递比较困难，所以自由基反应不易进行。烯烃和 HCl 也不发生自由基加成是因为 H—Cl 键太强，均裂需要较高的能量，以致 HCl 和烷基自由基的反应也是吸热反应。所以 HI 和 HCl 都不能进行和烯烃的自由基加成反应，只有 HBr 才有过氧化物效应。

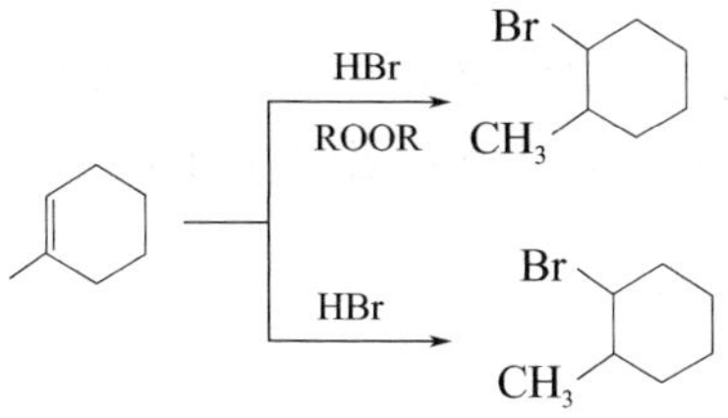

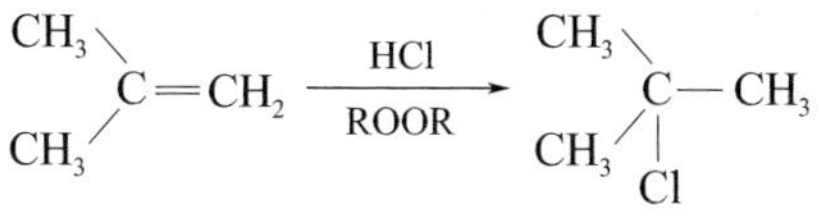

$$(CH_3)_2C=CH_2 \xrightarrow[ROOR]{HCl} (CH_3)_3CCl$$

3.4.3 硼氢化反应

烯烃和乙硼烷（B_2H_6）作用，可以得到三烷基硼，然后将氢氧化钠的水溶液和过氧化氢（H_2O_2）加到反应混合液中得到醇，这一反应称为硼氢化反应（hydroboration reaction），是由美国科学家布朗（Brown C H）首先提出，布朗因此获得 1979 年诺贝尔化学奖。

BH_3 中的硼原子外层只有六个价电子，分子中有一个空轨道可以接受一对电子，是 Lewis 酸，故可以与烯烃的 π 电子结合，硼原子加在取代基较少、含氢较多的双键碳原子上，氢加在取代基较多、含氢较少的双键碳原子上，加成产物是反马氏规则的。如果烯烃双键上都是立体障碍较大的取代基，反应也可能停止在一烷基硼或二烷基硼的阶段。

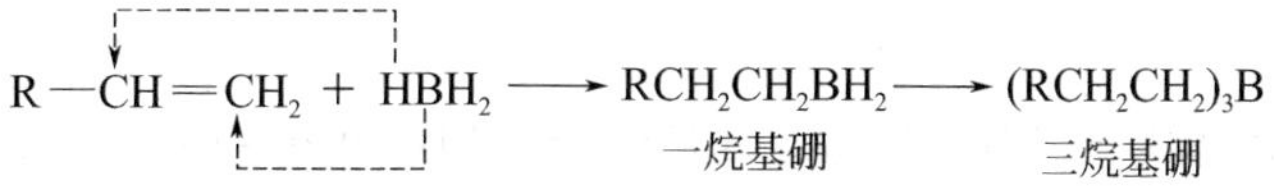

$$R-CH=CH_2 + HBH_2 \longrightarrow \underset{\text{一烷基硼}}{RCH_2CH_2BH_2} \longrightarrow \underset{\text{三烷基硼}}{(RCH_2CH_2)_3B}$$

硼氢化反应的产物可以直接进行氧化反应，氧化剂一般是过氧化氢的氢氧化钠溶液，烷基硼被氧化水解成相应的醇。烯烃的硼氢化反应和氧化-水解反应的结果是双键上加上一分子的水，值得注意的是反应的加成产物是反马氏规则的，即氢加在含氢较少的双键碳原子上，羟基加到含氢较多的碳原子上，因此这是制备伯醇的一个好方法。并且因为该反应操作简单，产率高，在有机合成上有很好的应用价值。

$$(RCH_2CH_2)_3B \xrightarrow{H_2O_2/OH^-} RCH_2CH_2OH$$

该反应并未检测到有重排产物生成，因此推测碳正离子不是反应的中间体。此外，硼氢化反应还是一个一步完成的顺式加成（syn-addition）过程。例如，顺-1,2-二甲基环戊烯经硼氢化反应后生成顺-1,2-二甲基环戊醇。

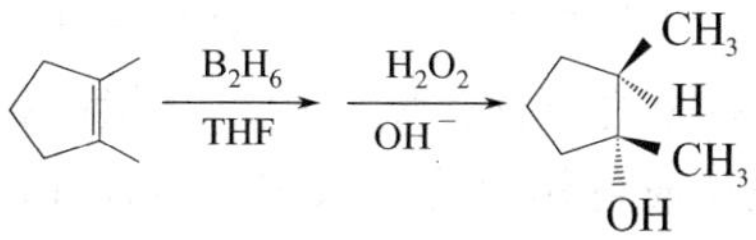

硼烷中的硼原子是缺电子原子，要进攻双键的 π 电子，因此硼原子会加到更富电子的双键碳上，缺电子的碳立即和硼原子上的氢原子相连，硼与氢几乎是同时加到双键碳上，即一

步协同反应，形成一个四中心过程，此时，硼和氢在双键的同一面作用，得到的是顺式加成产物。

$$\mathrm{RCH{=}CH_2 \cdots H{-}BH_2} \longrightarrow \left[\mathrm{R{\to}\overset{\delta+}{C}H{=}CH_2 \cdots \overset{\delta-}{B}H_3} \longrightarrow \mathrm{R{\to}CH{=}CH_2 \cdots H{-}{-}{-}BH_2}\right]^{\neq} \longrightarrow \mathrm{RCH(H){-}CH_2(BH_2)}$$

除电子因素外，硼氢化反应中的立体位阻也是一个重要的因素，硼原子较易和双键上位阻小的碳作用。在反应中，电子效应和立体效应的方向正好一致。因此硼氢化反应表现出很好的位置选择性和反马氏规则。

3.4.4 氧化反应

烯烃可以被多种氧化剂氧化，按所用氧化剂和反应条件的不同，主要在双键位置上发生反应，得到各种氧化物。

（1）空气催化氧化

工业上，在银或者氧化银催化剂存在下，乙烯可被空气催化氧化为它的环氧化物——环氧乙烷。

$$\mathrm{CH_2{=}CH_2} + 1/2\mathrm{O_2} \xrightarrow[250℃]{\mathrm{Ag}} \mathrm{CH_2{-}CH_2}\ (\text{环氧，}\mathrm{O}\ \text{桥})$$

以空气催化氧化丙烯（含 α-H 的烯烃），则得到丙烯的甲基被氧化的产物——丙烯醛。

$$\mathrm{CH_3{-}CH{=}CH_2+O_2 \xrightarrow[370℃]{CuO} CH_2{=}CH{-}CHO+H_2O}$$

用过氧酸氧化烯烃生成环氧化合物，过氧酸是一类含有过氧羧基$\left(\mathrm{-\overset{O}{\overset{\|}{C}}-O-OH}\right)$的化合物。如过氧酸氧化丙烯得到 1,2-环氧丙烷。

$$\mathrm{CH_3{-}CH{=}CH_2 + CH_3{-}\overset{O}{\overset{\|}{C}}{-}O{-}OH \longrightarrow CH_3{-}CH{-}CH_2}\ (\text{环氧，}\mathrm{O}\ \text{桥}) + \mathrm{CH_3COOH}$$

（2）稀、冷高锰酸钾氧化

稀、冷的高锰酸钾溶液在低温时即可氧化烯烃，使在双键位置顺式引入两个羟基，生成连二醇。反应必须在中性或碱性溶液中进行。这个反应也叫做烯烃的羟基化反应，可作为实验室制备二元醇的方法，也可用四氧化锇（OsO_4）代替高锰酸钾，得到更高的产率。

$$\mathrm{CH_2{=}CH_2} + \mathrm{MnO_4^-} \longrightarrow \left[\begin{matrix}\mathrm{CH_2{-}O}\\ |\\ \mathrm{CH_2{-}O}\end{matrix}\!\!>\mathrm{Mn}\!\!<\begin{matrix}\mathrm{=O}\\ \\ \mathrm{O^-}\end{matrix}\right] \xrightarrow[\mathrm{H_2O}]{\mathrm{OH}} \begin{matrix}\mathrm{CH_2{-}OH}\\ |\\ \mathrm{CH_2{-}OH}\end{matrix} + \mathrm{MnO_2}$$

$$\mathrm{CH_3{-}CH{=}CH_2 \xrightarrow[(2)\ Na_2SO_3]{(1)\ OsO_4,\ H_2O} CH_3\ \ \underset{OH}{\underset{|}{C}H}{-}\underset{OH}{\underset{|}{C}H_2}} + \mathrm{OsO_4}$$

上述反应生成的二元醇均为顺式产物。反应中，高锰酸钾碱性水溶液由紫色变为无色，同时产生 MnO_2 褐色沉淀。该反应可作为检验双键是否存在的一个鉴别反应来使用。

（3）酸性高锰酸钾氧化

在酸性高锰酸钾存在下，第一步生成的邻二醇继续氧化，发生烯烃碳碳双键的断裂，生成羧酸、酮或者二氧化碳。

$$CH_3-CH=CH_2 \xrightarrow[H^+]{KMnO_4} CH_3COOH + CO_2 + H_2O$$

$$\text{1-甲基环己烯} \xrightarrow[H^+]{KMnO_4} CH_3\overset{O}{\overset{\|}{C}}CH_2CH_2CH_2CH_2COOH$$

重铬酸钾也是一种强氧化剂。它和烯烃作用发生的氧化反应与酸性高锰酸钾氧化一样生成羧酸、酮或者二氧化碳。

(4) 臭氧氧化

烯烃和臭氧（O_3）定量而迅速发生臭氧化反应生成臭氧化物（ozonide），臭氧化物不稳定，易爆炸，不经分离而直接水解，生成醛或酮及过氧化氢。

$$\begin{matrix}R \\ H\end{matrix}\!\!>C=C<\!\!\begin{matrix}R' \\ R''\end{matrix} \xrightarrow{O_3} \text{臭氧化物} \xrightarrow{H_2O} \begin{matrix}R \\ H\end{matrix}\!\!>C=O + O=C<\!\!\begin{matrix}R' \\ R''\end{matrix} + H_2O_2$$

水解时有过氧化物生成，为了避免继续氧化，所以常在保持还原状态下进行水解。例如，在锌粉和醋酸存在下水解，或者在加氢催化剂（如铂 Pt、钯 Pd、镍 Ni）存在下向溶液中通入氢气。这样可以避免过氧化氢生成，醛就不会被氧化了。

由臭氧化物水解所得的醛或酮保持了原来烯烃的部分碳链结构，因此由醛、酮结构的测定，可以推导原来烯烃的结构。例如，某烯烃经臭氧化和水解得到乙醛和丙酮两种产物。

$$\text{烯烃} \xrightarrow{O_3} \xrightarrow[Zn,\ H^+]{H_2O} \begin{matrix}CH_3 \\ H\end{matrix}\!\!>C=O + O=C<\!\!\begin{matrix}CH_3 \\ CH_3\end{matrix}$$

由此可知，原来的烯烃是异丁烯：$(CH_3)_2C=CH(CH_3)$。

3.4.5 还原反应（催化加氢）

烯烃加氢生成烷烃是制备烷烃的方法之一。氢化反应是放热反应，但反应的活化能较大，因此将烯烃和氢混合并不能使反应发生，反应需在铂、钯或镍等金属催化剂作用下，通过降低反应活化能才能进行。

$$H_2C=CH_2 + H_2 \xrightarrow{\text{催化剂}} H_3C-CH_3$$

$$RCH=CHR + H_2 \xrightarrow[Ni]{Pd,Pt} RCH_2CH_2R$$

不饱和化合物氢化反应后放出的热称为氢化热（heat of hydrogenation），催化剂只是降低反应活化能，对氢化热没有影响。下列三种烯烃异构体，经加氢后得到相同的产物，可以分别测出它们的氢化热 $\Delta H^{\ominus}$，判断不同烯烃异构体的能量高低，进一步推知各类烯烃的稳定性。

$$CH_3-\underset{}{\overset{CH_3}{\overset{|}{C}}}HCH=CH_2 + H_2 \xrightarrow{Pt/C} CH_3\overset{CH_3}{\overset{|}{C}}HCH_2CH_3 \qquad \Delta H^{\ominus}=-26.8kJ\cdot mol^{-1}$$

$$CH_2=\overset{CH_3}{\overset{|}{C}}CH_2CH_3 + H_2 \xrightarrow{Pt/C} CH_3\overset{CH_3}{\overset{|}{C}}HCH_2CH_3 \qquad \Delta H^{\ominus}=-119.3kJ\cdot mol^{-1}$$

$$CH_3\overset{CH_3}{\overset{|}{C}}=CHCH_3 + H_2 \xrightarrow{Pt/C} CH_3\overset{CH_3}{\overset{|}{C}}HCH_2CH_3 \qquad \Delta H^{\ominus}=-112.5kJ\cdot mol^{-1}$$

从上述反应不难看出，双键碳原子连接的烷基越多，烯烃的氢化热就越低，相应的烯烃就越稳定。

以同样的方式，还可以得出反式烯烃比顺式烯烃稳定的结论。

$$\text{(反式)}\ CH_3CH{=}CHCH_3 + H_2 \xrightarrow{Pt/C} CH_3CH_2CH_2CH_3 \qquad \Delta H^{\ominus}=-115.5kJ\cdot mol^{-1}$$

$$\text{(顺式)}\ CH_3CH{=}CHCH_3 + H_2 \xrightarrow{Pt/C} CH_3CH_2CH_2CH_3 \qquad \Delta H^{\ominus}=-119.7kJ\cdot mol^{-1}$$

通过对烯烃氢化热的比较，可以得出各类烯烃稳定性大小的顺序如下：

$$R_2C{=}CR_2 > R_2C{=}CHR > RCH{=}CHR\ (\text{反}) > RCH{=}CHR\ (\text{顺}) > R_2C{=}CH_2 > HC(R){=}CH_2 > H_2C{=}CH_2$$

烯烃的催化加氢反应，一般认为该还原反应是在催化剂表面进行。首先，催化剂能化学吸附氢气和烯烃，在金属表面形成金属氢化物以及金属与烯烃结合的络合物；然后在金属表面上的金属氢化物的一个氢原子和双键碳原子结合，得到的中间体再与另一金属氢化物的氢原子生成烷烃；最后烷烃脱离催化剂表面。烯烃的催化加氢反应过程见图 3-9。

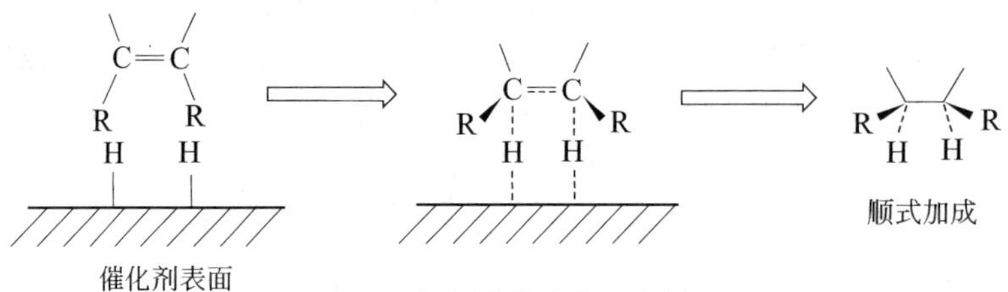

图 3-9 烯烃催化加氢示意图

烯烃双键上的取代基越少，氢化反应速率就越快，从氢化热就能看出来，这与空间位阻有关。因此，可以对有不同取代程度的含多个双键的烯烃化合物进行选择性还原。

$$CH_3\text{—(环己烯)—}C(CH_3){=}CH_2 \xrightarrow[PtO_2]{H_2} CH_3\text{—(环己烯)—}CH(CH_3)_2$$

> ★ **练习 3-2** 将下列化合物按稳定性顺序由大到小排列。
>
> （1） （2） （3） （4）

3.4.6 α-H 的反应

碳碳双键远比碳碳单键活泼，不仅如此，碳碳双键还对分子中其他部位有一定的影响，特别是对 α-C（和双键碳直接相连的碳原子）上的 α-H（碳上的氢原子）活化作用十分明显。α-H 容易发生取代反应和氧化反应。

（1）卤代反应

含有 α-H 的烯烃，在高温条件下，可以被卤素（Cl_2、Br_2）取代，得到 α-卤代烯烃。

$$CH_2{=}CHCH_3 + Br_2 \xrightarrow{CCl_4} CH_2Br{-}CHBr{-}CH_3$$

$$CH_2{=}CHCH_3 + Br_2 \xrightarrow{400℃} CH_2{=}CH{-}CH_2Br + HBr$$

反应经过自由基取代过程，反应历程如下：

$$Br_2 \xrightarrow{\triangle} 2Br\cdot$$

$$CH_2=CHCH_3+Br\cdot \longrightarrow CH_2=CH\dot{C}H_2+HBr$$

$$CH_2=CH\dot{C}H_2+Br_2 \longrightarrow CH_2=CH-CH_2Br+Br\cdot$$

在高温气相中，卤素容易发生均裂得到卤素自由基，然后夺走一个 α-H，形成烯丙基自由基（自由基稳定性：烯丙基自由基＞叔碳自由基＞仲碳自由基＞伯碳自由基＞甲基自由基），最后与一分子卤素作用，得到取代产物和新的卤素自由基。

反应中，卤素自由基并不直接与烯烃双键发生加成反应。这是因为在高温条件下，卤素自由基与烯烃双键的加成是可逆过程，而 C—H σ 键的破裂却是一个不可逆的过程。

$$CH_2=CHCH_3 + Br\cdot \xrightleftharpoons{\text{高温}} CH_3\dot{C}HCH_2Br \quad \text{可逆}$$

$$\downarrow \text{高温}$$

$$CH_2=CH\dot{C}H_2 + Br_2 \longrightarrow CH_2=CH-CH_2Br \quad \text{不可逆}$$

有些烯烃需要在溶液中进行 α-H 取代反应，可以采用 N-溴代丁二酰亚胺（NBS：O Br N O）作为溴代试剂进行反应。

$$\text{(2-戊烯)} \xrightarrow[\triangle]{NBS,CCl_4} \text{(1-溴-2-戊烯)}\;Br + \text{(4-溴-2-戊烯)}\;Br$$

（2）氧化反应

烯烃的 α-H 易被氧化，丙烯在一定条件下可被空气催化氧化为丙烯醛。在不同条件下，还可被氧化为丙烯酸。丙烯的另一个特殊氧化反应是在氨存在下的氧化反应，叫做氨氧化反应，可以得到丙烯腈。

$$CH_2=CHCH_3+3/2O_2 \xrightarrow[400℃]{MoO_3} CH_2=CH-COOH+H_2O$$

$$CH_2=CHCH_3+3/2O_2+NH_3 \xrightarrow[470℃]{\text{磷钼酸铋}} CH_2=CH-CN+3H_2O$$

丙烯醛、丙烯酸和丙烯腈分子中都含有碳碳双键，它们可以作为高分子材料单体进行聚合反应（参见 3.4.7），得到性质和用途不同的高聚物，它们都是重要的有机合成原料。

3.4.7 聚合反应

由小分子化合物经过相互作用生成高分子化合物的反应叫聚合反应（polymerization），所得到的产物叫高聚物。聚合反应的发现引发了一门新学科——高分子化学的诞生，而高聚物的应用改变了我们生活的世界。聚合反应按照反应类型分为两大类：一类为缩合聚合（简称缩聚），属于逐步聚合反应；另一类为加成聚合（简称加聚），属于链式聚合反应。聚合反应中，参加反应的最小单位——小分子化合物称为单体。烯烃单体通过双键断裂相互加成形成高分子化合物，叫加聚反应。由加聚反应生成的聚合物叫加聚物。聚乙烯（PE）、聚丙烯（PP）是目前最大宗、最典型的加聚物。

$$n\,CH_2=CH_2 \longrightarrow \left[CH_2-CH_2\right]_n$$

$$n\,CH_2=CHCH_3 \longrightarrow \left[CH_2-\underset{CH_3}{\underset{|}{C}H}\right]_n$$

烯烃在聚合过程中，π 键断裂，断裂的 π 键两端相互连接在一起，生成 σ 键。由于 π 键键能小于 σ 键键能，故总体上是放热反应，一经引发，反应即容易进行。反应的结果是生成分子量达几十万、几百万的高分子化合物。在阐述高聚物分子量的时候，必须将其与小分子分子量的概念严格区分。高分子的分子量是一组同系物分子量的平均值。因为在聚合反应中生成的大分子实际是许多分子量不相同的聚合物的混合物。相同单体，不同的反应条件，所得到的“混合物”的平均分子量不同，“混合物”中各种分子量聚合物的相对数量也不同（分子量分布）。因此，所得的聚合物材料的性能存在差异。

以聚乙烯为例，工业上有高密度聚乙烯（HDPE）和低密度聚乙烯（LDPE）两大类产品。低密度聚乙烯是由高纯度乙烯单体，在微量氧（或空气）、有机或无机过氧化物等引发剂作用下，于 98～343MPa 和 150～330℃ 条件下经自由基聚合反应而成的。低密度聚乙烯的平均分子量为 25000～50000，密度为 $0.92 \sim 0.94 g \cdot cm^{-3}$，比较柔软。高密度聚乙烯是由高纯度乙烯单体在金属有机络合物或金属氧化物为主要组分的载体型或非载体型催化剂作用下，于常压至几兆帕下，采用溶液法、淤浆法或气相流化床法进行聚合而成，密度为 $0.914 \sim 0.965 g \cdot cm^{-3}$，比较坚硬，平均分子量为 10000～30000。聚乙烯耐酸、耐碱、耐腐蚀，具有优良的电绝缘性能，低密度聚乙烯用于制作薄膜，高密度聚乙烯用于制造中空硬制品。

聚丙烯也是工业上大宗的塑料制品，生产量仅次于聚乙烯。聚丙烯比聚乙烯有更好的耐热性，由于其结晶性，可制成纤维丙纶。

乙烯和丙烯可聚合发生共聚反应（copolymerization），生成价廉质优的弹性体乙丙橡胶。

$$n\,CH_2{=}CH_2 + n\,CH_2{=}CHCH_3 \longrightarrow \left[CH_2{-}CH_2{-}\underset{\displaystyle CH_3}{\underset{|}{CH}}{-}CH_2 \right]_n$$

常见烯烃类高聚物有聚氯乙烯（PVC）、聚丁乙烯（PB）和聚苯乙烯，它们可分别制成橡胶或塑料制品。

（1）聚氯乙烯（PVC）

$$n\,CH_2{=}CHCl \longrightarrow \left[CH_2{-}\underset{\displaystyle Cl}{\underset{|}{CH}} \right]_n$$

（2）聚丁乙烯（PB）

$$2n\,CH_2{=}CH{-}CH{=}CH_2 \longrightarrow \left[CH_2{-}\overset{\displaystyle CH{=}CH_2}{\overset{|}{CH}}{-}CH_2{-}\underset{\displaystyle CH_2{=}CH}{\underset{|}{CH}} \right]_n$$

（3）聚苯乙烯

$$n\,CH_2{=}\underset{\displaystyle C_6H_5}{\underset{|}{CH}} \longrightarrow \left[CH_2{-}\underset{\displaystyle C_6H_5}{\underset{|}{CH}} \right]_n$$

在一定条件下，烯烃还可以进行两个、三个或少数分子聚合，得到的聚合物叫二聚体、三聚体…它们属于小分子化合物。例如，2-甲基丙烯被 50% 的硫酸吸收后，100h 后可得二聚体。

$$2CH_3-\underset{}{\overset{CH_3}{\overset{|}{C}}}=CH_2 \rightarrow \begin{cases} CH_3-\overset{CH_3}{\underset{CH_3}{C}}-CH=\overset{CH_3}{C}-CH_3 \\ CH_3-\overset{CH_3}{\underset{CH_3}{C}}-CH_2-\overset{CH_3}{C}=CH_2 \end{cases}$$

3.5 烯烃的来源和制法

3.5.1 烯烃的工业来源与制法

乙烯、丙烯和丁烯等低级烯烃都是化学工业的重要原料。过去它们主要是从石油炼制过程中产生的炼厂气和热裂气中分离得到，随着石油化学工业的迅速发展，现在低级烯烃主要是通过石油的各种分馏裂解和原油直接裂解获得。例如：

$$C_6H_{14} \xrightarrow{700\sim900℃} \underset{15\%}{CH_4} + \underset{40\%}{CH_2=CH_2} + \underset{20\%}{CH_3-CH=CH_2} + \underset{25\%}{\text{其他}}$$

原料不同或裂解条件不同（热裂解或催化裂解，以及裂解温度和催化剂的不同等），得到各种烯烃的比例也不同。石油化工是指以石油裂解获得烯烃，然后进一步以烯烃为原料制造各种化工产品的工业。石油化工企业的规模也以乙烯的产量来衡量，例如我国近年来建立的 30 万吨乙烯装置都具有较大规模。

3.5.2 烯烃的实验室制法

由醇脱水或卤代烷脱卤化氢是在有机化合物分子中引入双键常用的方法，也是实验室制备烯烃的一般方法。

（1）醇脱水

醇容易在浓硫酸或氧化铝催化下脱水而得烯烃。例如

$$CH_3-CH_2OH \xrightarrow[170℃]{H_2SO_4} CH_2=CH_2 + H_2O$$

$$CH_3-CH_2OH \xrightarrow[350\sim360℃]{Al_2O_3} CH_2=CH_2 + H_2O$$

$$CH_3-\underset{OH}{\underset{|}{CH}}-CH_2CH_3 \xrightarrow[-H_2O]{H_2SO_4} \underset{\text{主产物}}{CH_3-CH=CH-CH_3} + CH_2=CHCH_2CH_3$$

（2）卤代烷脱卤化氢

卤代烷在乙醇溶液中，强碱（常用氢氧化钠或氢氧化钾）作用下，脱去一分子卤化氢得到烯烃。例如：

$$CH_3-CH_2-\underset{Br}{\underset{|}{CH}}-CH_2CH_3 \xrightarrow[CH_3CH_2OH]{KOH} CH_3-CH=CH-CH_2CH_3 + KBr + H_2O$$

3.6 重要的烯烃——乙烯、丙烯和丁烯

乙烯、丙烯和丁烯都是最重要的烯烃，它们是有机合成中的重要基本原料，都是高分子合成中的重要单体。它们是合成树脂、合成纤维和合成橡胶中的最主要原料。石油裂解工业提供和保证了乙烯、丙烯和丁烯作为重要工业原料的来源。反过来说，因为有了可靠和充沛的工业来源，它们在工业上的应用得到了越来越多的研究和开发。这些烯烃在一个国家的产量往往代表着这个国家化学化工的水平和规模。但是发展是不平衡的，乙烯的需求量更多些，因此在石油裂解工业中，丙烯、丁烯以及戊烯等往往作为副产品生产。在实际生产过程中，要根据各种产品需求量的变化来调整生产的工艺过程。

阅读材料：2005 年诺贝尔化学奖：烯烃复分解

瑞典皇家科学院于 2005 年 10 月 5 日宣布，将 2005 年诺贝尔化学奖授予三位有机化学家——法国学者伊夫·肖万（Yves Chauvin）和美国学者理查德·施罗克（Richard R. Schrock）、罗伯特·格拉布（Robert H. Grubbs），以表彰他们在烯烃复分解反应研究方面做出的贡献。烯烃复分解反应是有机化学中最重要也是最有用的反应之一，在当今世界已被广泛应用于化学工业，尤其是在制药业和塑料工业中。

伊夫·肖万(Yves Chauvin)

理查德·施罗克(Richard R.Schroch)

罗伯特·格拉布(Robert H.Grubbs)

20 世纪 50 年代，人们首次发现，在金属化合物的催化作用下，烯烃里的碳-碳双键会被拆散、重组，形成新的分子，这种过程被命名为烯烃复分解反应。然而，当时没有人知道这种金属催化剂的分子结构，也不知道它是怎样起作用的。为了破译这个对人类生活有重大价值和用途的化学之谜，人们提出了许多假说，但大多没有被世界化学界所认同。

1970 年，法国学者伊夫·肖万破译了这个人类的“有机化学之谜”。斯年，肖万和他的学生历经多年的艰苦攻研发表了一篇论文，阐明了复分解即换位反应的原理和反应中所需的金属复合物催化剂，提出烯烃复分解反应中催化剂应当是金属卡宾。卡宾为英文 Carbon 译音，即“碳”的译文。肖万的论文还详细解释了催化剂担当中间人、帮助烯烃分子“交换舞伴”的过程。这位有机化学大师开出了换位合成法的“处方”，为开发实际应用的催化剂奠定了理论基础并指明了研究方向。

金属卡宾是指一类有机分子，其中一个碳原子与一个金属原子以双键相连接，它们可以看作一对拉着双手的舞伴。在与烯烃分子相遇后，两对舞伴会暂时组合起来，手拉

手跳起四人舞蹈。随后它们“交换舞伴”，组合成两个新分子，其中一个是新的烯烃分子，另一个是金属原子和它的新舞伴。后者继续寻找下一个烯烃分子，再次“交换舞伴”。

这个理论提出后，越来越多的化学家意识到，烯烃复分解反应在有机合成方面有着巨大的应用前景，但对催化剂的要求很高，找寻及开发绝非易事。到底含有什么金属元素的卡宾化合物最理想呢？在开发实用的催化剂方面，做出最大贡献的是2005年的另两位诺贝尔化学奖获得者。

1990年，理查德·施罗克成为世界上第一个生产出可有效用于换位合成法中的金属化合物催化剂的科学家。施罗克和他的合作者报告说，金属钼的卡宾化合物可以作为非常有效的烯烃复分解催化剂。这个成果显示，烯烃复分解法可以取代许多传统的有机合成方法，并用于合成新型的有机分子。

1992年，罗伯特·格拉布发现了金属钌的卡宾化合物也能作为换位合成法中的金属化合物催化剂，它在空气中很稳定，因此在实际生活中有多种用途。格拉布又对钌催化剂作了改进，使这种“格拉布催化剂”成为第一种化学工业普遍使用的烯烃复分解催化剂，并成为检验新型催化剂性能的标准。

诺贝尔化学奖评委会在授予这三位科学家诺贝尔化学奖的文告中肯言道：烯烃复分解反应即换位合成法是“研究碳原子之间的化学联系是如何建立和分解的，是一种产生化学反应的关键方法。简言之，是在有机合成复分解方面的发现，即阐明化学键在碳原子间是如何形成的，使他们最终戴上了2005年诺贝尔化学奖的桂冠。

“绿色、高效”概括了2005年诺贝尔化学奖成就的特点。换位合成法在化学工业中每天都在应用，主要用于研制新型药物和合成先进的塑料材料。在三名获奖者的努力下，换位合成法变得更加有效，反应步骤比以前简化了，不仅提高了化工生产中的产量和效率，还使所需的资源大大减少，材料浪费也少多了，所产生的主要副产品乙烯还可再利用；使用更加简单，只需在常温和压力下就可完成；可用更加智能的方法清除潜在的有害废物，从而对环境的污染也大大降低。

习　题

3-1　用IUPAC法命名下列化合物，如有顺反异构现象，以（Z）、（E）标明双键的构型。

（1）$CH_3CH_2-\underset{\underset{\displaystyle CH_2}{\|}}{C}-CH_2CH_3$　（2）$CH_3CH_2-\underset{\underset{\displaystyle CH_2}{\|}}{C}-CH_3$　（3）$CH_3CH_2-\underset{\underset{\underset{\underset{\displaystyle CH_3}{|}}{\displaystyle CHCH_3}}{|}}{\underset{|}{CH_2}}}{CH}CH=CHCH_3$

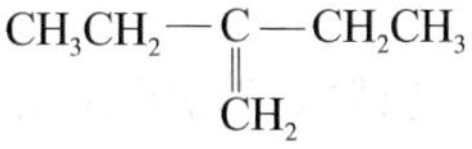

（4）$\frac{CH_3CH_2}{H}\rangle C=C\langle\frac{H}{CH_2CH_2CH_3}$　（5） 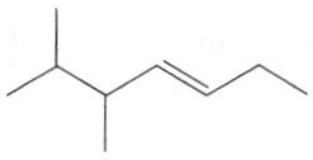　（6）

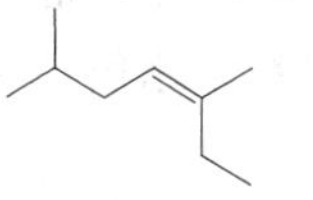

（7）$\frac{n\text{-Bu}}{\text{Et}}\rangle C=C\langle\frac{\text{Et}}{\text{Me}}$　（8）$\frac{n\text{-Bu}}{\text{Et}}\rangle C=C\langle\frac{\text{Et}}{\text{Me}}$

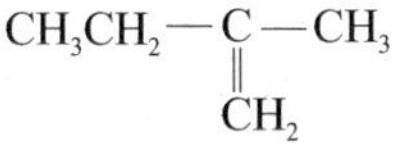

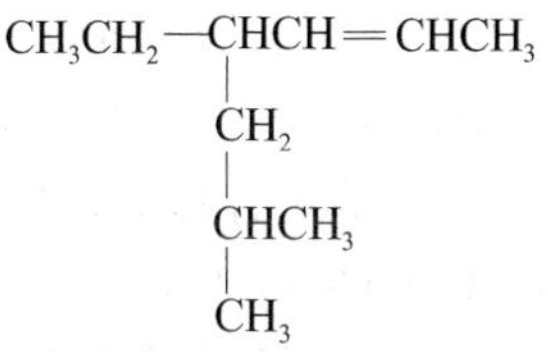

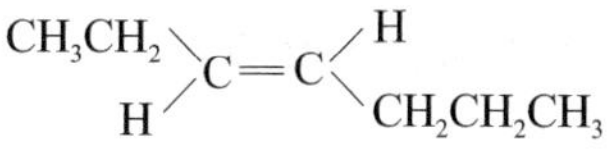

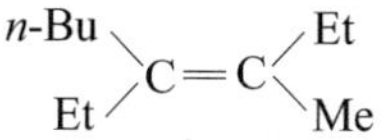

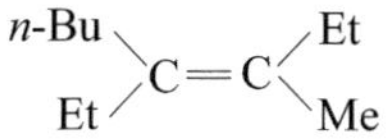

3-2 写出下列各化合物的结构式。

（1）四乙基乙烯 （2）对称二乙基乙烯 （3）2,3,3,4-四甲基戊-1-烯

（4）顺-4-甲基戊-2-烯 （5）（*E*）-3-甲基戊-2-烯 （6）3-碘丁-1-烯

（7）（*Z*）-己-2-烯 （8）（*E*）-3,4-二甲基庚-3-烯

3-3 写出 3-甲基戊-2-烯与下列试剂反应的主要产物。

（1）H_2/Ni （2）Br_2/CCl_4 （3）HCl （4）HBr （5）HBr 的过氧化物

（6）Cl_2/H_2O （7）HCl 的过氧化物 （8）H_2SO_4（65%）

（9）$B_2H_6+H_2O_2+OH^-$ （10）冷 $KMnO_4$ （11）热 $KMnO_4$

（12）O_3，Zn/H_2O （13）Cl_2 高温

3-4 完成下列反应式（主要产物）。

（1）环己烯 + $OsO_4 \xrightarrow{H_2O}$ （ ）

（2）$CH_2{=}CHCH(CH_3)_2 \xrightarrow[500℃]{Cl_2}$ （ ）$\xrightarrow[EtOH]{KOH}$ （ ）

（3）(*E*)-己-3-烯 $\xrightarrow{RCOOOH}$ （ ）$\xrightarrow[H^+]{H_2O}$ （ ）

（4）$CH_2{=}CHCH_2CH_3 \xrightarrow{B_2H_6}$ （ ）$\xrightarrow[H_2O_2]{OH^-,H_2O}$ （ ）$\xrightarrow[170℃]{H_2SO_4}$ （ ）

（5）$CH_2{=}C(CH_2CH_3)_2 \xrightarrow[NaCl,\ H_2O]{Br_2}$ （ ）+（ ）+（ ）

3-5 根据下列烯烃臭氧氧化的产物写出原烯烃的结构。

① A ⟶ $CH_3CH_2CH(CH_3)CHO$ + HCHO

② B ⟶ $CH_3CH_2C(=O)—CH_3$ + HCHO

③ C ⟶ CH_3CHO + $CH_3C(=O)—CH_2CH_3$

④ D ⟶ CH_3CHO + $(CH_3)_2CHCH_2CH(CH_3)CHO$

3-6 根据指定有机原料合成下列化合物（无机试剂任选）。

（1）由丙烯合成正丙醇 （2）由丙烯合成 1,2,3-三氯丙烷

（3）由丁-1-烯合成丁-2-醇 （4）由乙烯合成丁酮

（5）由四个碳以下烯烃合成正己烷 （6）由四个碳以下烯烃合成 1,3-二溴丁烷

3-7 某烯烃的分子式为 C_7H_{14}，已知该烯烃用酸性高锰酸钾溶液氧化的产物与其臭氧化反应的产物完全相同，试写出该烯烃的结构式。

3-8 有一烯烃 A 的分子式为 C_6H_{12}，能溶于浓 H_2SO_4，也能使溴水褪色并生成内消旋二溴化物；A 经催化加氢生成正己烷，用过量的高锰酸钾氧化只生成一种羧酸，试推测 A 的结构，并写出各步反应式。

3-9 某化合物催化加氢，能吸收一分子氢气，与过量酸性高锰酸钾溶液作用生成丙酸（CH_3CH_2COOH），写出该化合物的构造式。

3-10 某烯烃经催化加氢得到 2-甲基丁烷，加 HCl 可得 2-氯-2-甲基丁烷，如经臭氧化并在锌粉存在下水解，可得丙酮和乙醛。写出该烯烃的构造式和各步反应式。

第4章
炔烃和二烯烃

知识要点：

本章主要介绍炔烃的命名、结构、理化性质及制备方法，二烯烃的结构、性质、共轭效应及在共轭烯烃中的应用。重点内容为炔烃的命名、结构、理化性质，二烯烃的结构、性质；难点内容为共轭效应及在共轭烯烃中的应用。

炔烃是含有碳碳三键的不饱和烃，二烯烃是含有两个碳碳双键的不饱和烃。炔烃和二烯烃都含有两个不饱和度，通式都为 C_nH_{2n-2}。

4.1 炔烃的异构和命名

炔烃的构造异构现象也是由于碳链不同和三键位置不同引起的，但由于在碳链分支处不可能有三键存在，所以炔烃的构造异构体比碳原子数目相同的烯烃少。又由于炔烃是线型结构，因此炔烃不存在顺反异构现象。戊炔有三个构造异构体，它比戊烯的构造异构体数目（五个）少。

$CH_3CH_2CH_2C\equiv CH$ 戊-1-炔

$CH_3CH_2C\equiv CCH_3$ 戊-2-炔

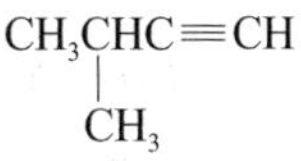

$CH_3CH(CH_3)C\equiv CH$ 3-甲基丁-1-炔

一些简单的炔烃可以作为乙炔的衍生物来命名。例如：

$CH_2=CHC\equiv CH$ 乙烯基乙炔

$CH_3CH_2C\equiv CH$ 乙基乙炔

$CH_3C\equiv CCH_3$ 二甲基乙炔

$CH_2=CHCH_2C\equiv CH$ 烯丙基乙炔

复杂的炔烃用系统命名法命名，其方法与烯烃的命名相似，即以包含三键在内的最长碳链为主链，按主链的碳原子数命名为某炔三键位置的阿拉伯数字，以最小为原则置于名词之前；侧链基团作为主链上的取代基来命名。

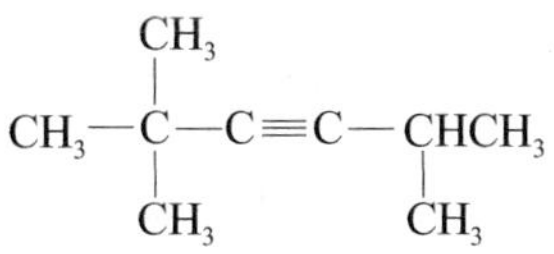

$CH_3-C(CH_3)_2-C\equiv C-CH(CH_3)CH_3$ 2,2,5-三甲基己-3-炔

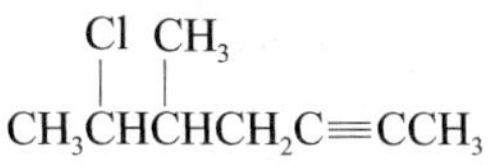

$CH_3CH(Cl)CH(CH_3)CH_2C\equiv CCH_3$ 6-氯-5-甲基庚-2-炔

含有双键的炔烃命名时，一般先命名烯再命名炔，碳链编号以表示双键与三键位置的两个数字之和取最小为原则。如果双键与三键位置的编号有选择，则使双键的编号更小，书写

时先烯后炔。例如：

$CH_3CH{=}CHC{\equiv}CH$　　　　$HC{\equiv}CCH_2CH_2CH{=}CH_2$

戊-3-烯-1-炔　　　　己-1-烯-5-炔

去掉炔烃三键上的氢，即得炔基。例如：

$CH{\equiv}C—$　　　　$CH_3C{\equiv}C—$　　　　$CH{\equiv}CCH_2—$

乙炔基(ethynyl)　　1-丙炔基(1-propynyl)(或丙炔基)　　2-丙炔基(2-propynyl)(或炔丙基)

有时，也将炔基作为取代基命名。例如：

—C≡CH　　　　$CH_2{=}CHCHCH{=}CHCH{=}CH_2$（C-5 上连 $C{\equiv}CH$）

乙炔基环戊烷　　　　5-乙炔基庚-1,3,6-三烯

★ **练习 4-1**　写出 C_6H_{10} 的炔烃异构体，并用系统命名法命名。

4.2 炔烃的结构

炔烃的结构特征是分子中含有碳碳三键。X 射线衍射和电子衍射等物理方法测定，乙炔分子是一个线型分子，四个原子都排布在同一条直线上，分子中各键的键长与键角如下所示：

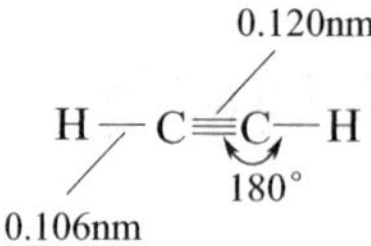

乙炔分子的结构

在乙炔分子中，两个碳原子各形成了两个对称的 σ 键，它们分别是 $C_{sp}—C_{sp}$ 键和 $C_{sp}—H_s$ 键（图 4-1）。

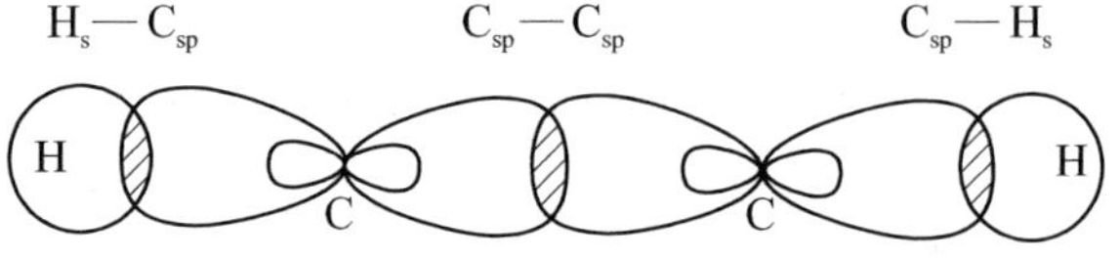

图 4-1　乙炔分子中的 σ 键

乙炔的每个碳原子还各有两个相互垂直的 p 轨道，不同碳原子的 p 轨道又是相互平行的，因此，一个碳原子的两个 p 轨道与另一个碳原子相对应的两个 p 轨道，在侧面重叠形成了两个碳碳 π 键（如图 4-2 所示），两个 π 键的电子云对称分布于碳碳 σ 键键轴的周围，类似圆筒形状（如图 4-3 所示）。

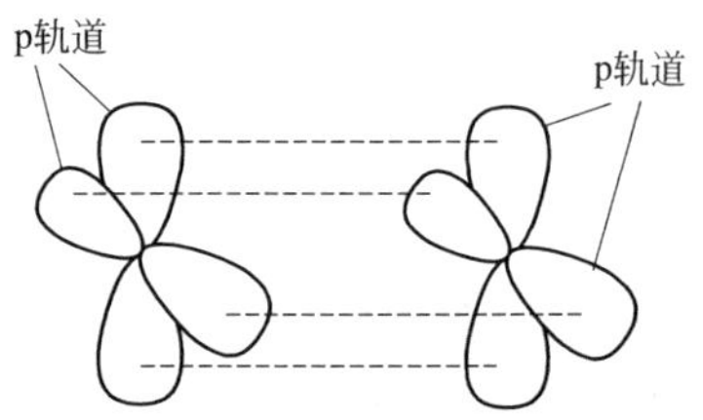

图 4-2　乙炔分子中的 π 键

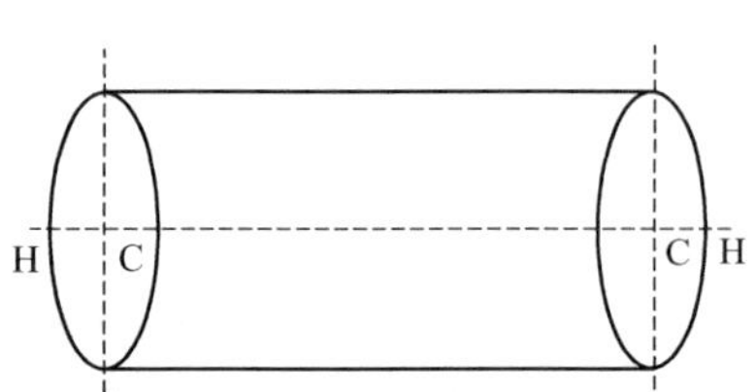

图 4-3　乙炔分子中圆筒形状的 π 键

由此可见，碳碳三键是由一个 σ 键和两个 π 键组成的。乙炔的碳碳三键的键能最大，但仍比单键键能的三倍数值要低很多。

和 p 轨道相比较，s 轨道上的电子更接近原子核。一个杂化轨道的 s 成分越多，则在此杂化轨道上的电子也越接近原子核。由于乙炔分子中的 C—H 键是 $\sigma_{sp\text{-}s}$ 键，而 sp 杂化轨道的 s 成分大（50%），与 sp^2、sp^3 杂化轨道相比较，由 sp 杂化轨道参加组成的 σ 共价键，其电子也更接近碳原子核，所以乙炔的 C—H 键键长比乙烯和乙烷的 C—H 键的键长要短一些。

与碳碳双键和单键相比较，碳碳三键键长最短。原因是除了有两个 π 键形成之外，sp 杂化轨道也参与了碳碳 σ 键的组成。

4.3 炔烃的物理性质

简单炔烃的熔点、沸点和密度一般比相同碳原子数的烷烃和烯烃高一些，这是由于炔烃分子较短小、细长，在液态、固态时，分子可以彼此非常靠近，分子间的范德华力强。其极性比烯烃略高。炔烃不溶于水，但易溶于极性小的有机溶剂，如石油醚（石油中的低沸点馏分）、苯、乙醚、四氯化碳等。一些炔烃的物理常数见表 4-1。

表 4-1 炔烃的物理常数

名称	熔点/℃	沸点/℃	相对密度(d_4^{20})
乙炔	−80.8(压力下)	−84.0(升华)	0.6181(−32℃)
丙炔	−101.5	−23.2	0.7062(−50℃)
丁-1-炔	−125.7	8.1	0.6784(0℃)
丁-2-炔	−32.3	27.0	0.6910
戊-1-炔	−90.0	40.0	0.6901
戊-2-炔	−101.0	56.1	0.7107
3-甲基丁-1-炔	−89.7	29.3	0.666
己-1-炔	−132.0	71.3	0.7155
庚-1-炔	−81.0	99.7	0.7328
辛-1-炔	−79.3	125.2	0.747
壬-1-炔	−50.5	150.8	0.760
癸-1-炔	−36.0	174.0	0.765

4.4 炔烃的化学性质

炔烃的化学性质主要表现在官能团——碳碳三键的反应上。炔烃的主要性质是三键的加成反应和三键碳上氢原子的弱酸性。

4.4.1 三键碳上氢原子的弱酸性

三键碳上氢原子具有活泼性，这是因为三键的碳氢键是碳原子的 sp 杂化轨道和氢原子的 s 轨道形成的 σ 键。和单键及双键碳相比较，三键碳的电负性比较强，使 C—H σ 键的电子云更靠近碳原子，即这种 ≡C—H 键的极化，使炔烃易解离为质子和比较稳定的炔基负离子（$-C \equiv C^-$）。图 4-4 所示为甲基、乙烯基、乙炔基负离子的稳定性和碱性的比较。

由于稳定的碳负离子容易生成，因此乙炔比乙烯和乙烷更容易形成碳负离子，即乙炔的酸性比乙烯和乙烷强。但是应该指出，乙炔具有酸性，只是与烷烃和烯烃相比较而言，从下列 pK_a 数值可看出炔烃的酸性比水还弱。

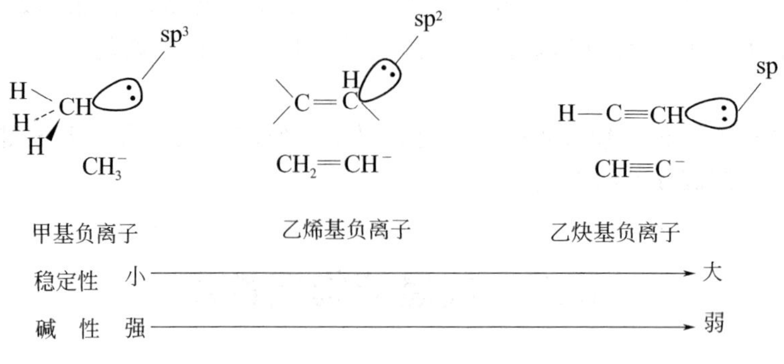

图 4-4 甲基、乙烯基、乙炔基负离子的比较

化合物	CH_3-CH_3	$H_2C=CH_2$	NH_3	$HC\equiv CH$	CH_3CH_2OH	H_2O
pK_a	42	36.5	34	25	15.9	15.74

由于三键碳上的氢原子的弱酸性，炔烃容易被碱金属原子如钠或锂等取代，生成金属炔化物，简称炔化物（acetylide）。例如，将乙炔通过加热熔融的金属钠时，就可以得到乙炔钠和乙炔二钠。

$$CH\equiv CH \xrightarrow{Na} \underset{\text{乙炔}}{CH\equiv CNa} \xrightarrow{Na} \underset{\text{乙炔二钠}}{NaC\equiv CNa}$$

乙炔的烷基取代物和氨基钠作用时，它的三键碳上的氢原子也可以被钠原子取代：

$$RC\equiv CH + NaNH_2 \xrightarrow{\text{液氨}} RC\equiv CNa + NH_3$$

金属炔化物既是强碱，也是很强的亲核试剂，能和伯卤代烷发生亲核取代反应，可制备碳链增长的取代乙炔，因此炔化物是个有用的有机合成中间体。

具有活泼氢原子的炔烃容易和硝酸银的氨溶液或氯化亚铜的氨溶液发生作用，迅速生成炔化银的白色沉淀或炔化亚铜的红色沉淀。

$$CH\equiv CH + 2Ag(NH_3)_2NO_3 \longrightarrow \underset{\text{乙炔银}}{AgC\equiv CAg\downarrow} + 2NH_4NO_3 + 2NH_3$$

$$CH\equiv CH + 2Cu(NH_3)_2Cl \longrightarrow \underset{\text{乙炔亚铜}}{CuC\equiv CCu\downarrow} + 2NH_4Cl + 2NH_3$$

$$RC\equiv CH \begin{cases} \xrightarrow{Ag(NH_3)_2NO_3} RC\equiv CAg\downarrow \\ \xrightarrow{Cu(NH_3)_2Cl} RC\equiv CCu\downarrow \end{cases}$$

这些反应很容易进行，现象也便于观察，因此可用于炔烃的定性检验。不含活泼氢的炔烃（$RC\equiv CR$）就没有这种反应。炔化物和无机酸（例如稀硝酸）作用后，可分解为原来的炔烃。因此也可以利用这些反应，从含有各种炔烃的混合物中分离出末端炔烃。乙炔银和乙炔亚铜等重金属炔化物，在润湿时还比较稳定，但在干燥状态下受热或受撞击时，易发生爆炸。为了避免发生意外，实验室中不拟再利用的重金属炔化物，应立即加酸处理。

> ★ **练习 4-2** 用化学方法鉴别己烷、己-1-烯和己-1-炔。

4.4.2 加成反应

炔烃可与不同种类的试剂发生不同类型的加成——催化加氢、亲电加成和亲核加成，两个键可逐步加成。

$$-C\equiv C- + YZ \longrightarrow -\underset{Y}{\underset{|}{C}}=\underset{Z}{\underset{|}{C}}- \longrightarrow -\overset{Y}{\overset{|}{\underset{Y}{\underset{|}{C}}}}-\overset{Z}{\overset{|}{\underset{Z}{\underset{|}{C}}}}-$$

（1）催化加氢

在不同催化剂条件下，炔烃可部分氢化生成相应的烯烃或完全氢化生成烷烃。当使用一般的氢化催化剂如铂、钯、镍等，在氢气过量的情况下，反应往往不易停止在烯烃阶段而使炔烃完全氢化。

$$CH_3C\equiv CCH_3 \xrightarrow{H_2} CH_3CH_2CH_2CH_3$$

如果只希望得到烯烃，就应该使用活泼性较低的催化剂，而且可通过选用不用的催化剂得到所需要的不同立体结构的产物。如将天然的硬脂炔酸，在林德拉（Lindlar）催化剂存在下氢化，可得到与天然顺式的油酸完全相同的产物。

$$\underset{\text{硬脂炔酸}}{CH_3(CH_2)_7C\equiv C(CH_2)_7COOH} \xrightarrow{H_2,\ Pd/PdO,CaCO_3} \underset{\text{油酸(顺式)}}{\overset{CH_3(CH_2)_7\qquad (CH_2)_7COOH}{\underset{H\qquad\qquad H}{C=C}}}$$

Lindlar催化剂是一种将金属钯沉淀于碳酸钙上，然后用醋酸铅处理而得到的加氢催化剂。铅盐可以降低钯催化剂的活性，使生成的烯烃不再加氢，而对炔烃加氢仍然有效，因此加氢反应可停留在烯烃阶段。由于催化加氢是炔烃分子吸附在金属催化剂表面上发生的，因此得到的是顺式加成产物。例如：

$$CH_3CH_2C\equiv CCH_2CH_3 \xrightarrow[H_2]{\text{Lindlar催化剂}} \underset{(Z)\text{-己-3-烯}}{\overset{CH_3CH_2\qquad CH_2CH_3}{\underset{H\qquad\qquad H}{C=C}}}$$

液氨溶液中的碱金属则将炔烃还原为较稳定的反式烯烃。例如：

$$CH_3CH_2C\equiv CCH_2CH_3 \xrightarrow{Na,\ NH_3(l)} \underset{(E)\text{-己-3-烯}}{\overset{CH_3CH_2\qquad H}{\underset{H\qquad\qquad CH_2CH_3}{C=C}}}$$

在一定的催化条件下，当有双键和三键共存时，三键首先被氢化成烯。例如：

$$H_2C=CH-C\equiv C-CH_3 + H_2 \xrightarrow{Pd/BaSO_4} H_2C=CH-CH=CH-CH_3$$

（2）亲电加成

① 与卤素加成　炔烃可以和卤素加成。与氟的加成过于剧烈而难于控制；与碘的加成则比较困难；炔烃和氯、溴加成，先生成一分子加成产物，再继续加成，得到两分子加成产物——四卤代烷烃。例如：

$$HC\equiv CH + Cl_2 \xrightarrow[\text{或}SnCl_2]{FeCl_3} \overset{Cl\qquad H}{\underset{H\qquad Cl}{C=C}} \xrightarrow{Cl_2} CHCl_2CHCl_2$$

炔烃和氯、溴的加成，有时可控制反应条件，使反应停止在一分子加成产物上。例如：

$$H_3C-C\equiv C-CH_3 \xrightarrow[-20℃]{Br_2,\ 乙醚} \underset{Br}{\overset{H_3C}{}}C=C\overset{Br}{\underset{CH_3}{}}$$

$$H_3C-C\equiv C-CH_3 \xrightarrow[25℃]{2Br_2} CH_3CBr_2CBr_2CH_3$$

和炔烃相比，烯烃与卤素的加成更易进行，因此当分子中兼有双键和三键时，首先在双键上发生卤素的加成。例如，在低温、缓慢地加入溴的条件下，双键先进行加成反应。

$$H_2C=CH-CH_2-C\equiv CH + Br_2 \xrightarrow[低温]{} CH_2BrCHBrCH_2C\equiv CH$$

炔烃亲电加成不如烯烃活泼，是由于炔碳的 sp 杂化使碳的电负性大于 sp^2 杂化的碳，原子核对电子的束缚力强，不容易给出电子与亲电试剂结合，因此三键的亲电加成反应比双键慢。另一种解释是炔烃亲电加成第一步得到的中间体是烯基碳正离子，它的稳定性不如烯烃加成第一步得到的中间体烷基碳正离子。

炔烃与卤素加成的反应机理，与烯烃类似。例如，对下列反应提出了烃类溴鎓离子中间体，用来解释生成反式加成产物的原因。

$$C_2H_5-C\equiv C-C_2H_5 \xrightarrow[-Br^-,\ 80\%]{Br_2,\ 乙酸} \underset{C_2H_5\qquad C_2H_5}{\overset{Br^+}{C=C}} \xrightarrow{Br^-} \underset{Br}{\overset{C_2H_5}{}}C=C\overset{Br}{\underset{C_2H_5}{}}$$

trans-3,4-二溴己-3-烯

② 与氢卤酸的加成　与烯烃相同，炔烃可与 HX 发生加成反应，并遵循马氏规则。反应也分两步进行，控制得当可以停留在加一分子 HX 阶段。例如：

$$R-C\equiv C-H \xrightarrow{HX} R-\underset{X}{C}=CH_2 \xrightarrow{HX} R-\underset{X}{\overset{X}{C}}-CH_3$$

同碳二卤化合物

$$CH_3CH_2C\equiv CCH_2CH_3 + HCl \xrightarrow[乙酸,\ 25℃,97\%]{(CH_3)_4N^+Cl^-} \underset{H}{\overset{C_2H_5}{}}C=C\overset{Cl}{\underset{C_2H_5}{}}$$

(*Z*)-3-氯己-3-烯

当有过氧化物存在时，炔烃与 HBr 的加成是自由基加成，得到反马氏规则的产物。

$$n\text{-}C_4H_9C\equiv CH + HBr \longrightarrow n\text{-}C_4H_9CBr=CH_2 + n\text{-}C_4H_9CBr_2CH_3$$

$$n\text{-}C_4H_9C\equiv CH + HBr \xrightarrow{过氧化物} n\text{-}C_4H_9CH=CHBr + n\text{-}C_4H_9CHBrCH_2Br$$

③ 与水加成　炔烃和水的加成也不如烯烃容易进行，必须在稀酸水溶液（10% H_2SO_4）中，用汞盐催化，才发生加成反应。

$$HC\equiv CH + H_2O \xrightarrow[HgSO_4]{H_2SO_4} \left[\overset{HO}{H_2C=CH}\right] \xrightarrow{重排} H_3C-C\overset{H}{\underset{O}{}}$$

乙醛

$$RC\equiv CH + H_2O \xrightarrow[HgSO_4]{H_2SO_4} \left[R-\overset{OH}{C}=CH_2\right] \xrightarrow{重排} R-\overset{O}{\overset{\|}{C}}-CH_3$$

酮

三键先与一分子水加成，生成具有双键以及在双键碳上连有羟基的化合物，即烯醇式

(enol form) 化合物。烯醇式化合物不稳定，羟基上的氢原子能迁移到另一个双键碳上。与此同时，组成共价键的电子云也发生转移，使碳碳双键变成单键，而碳氧单键则成为碳氧双键，最后得到酮式（keto form）化合物。

$$-\overset{|}{C}=\overset{|}{C}-OH \rightleftharpoons -\underset{H}{\overset{|}{C}}-\overset{|}{C}=O$$

烯醇式　　　　酮式

某些化合物中的一个官能团改变结构后成为另一种官能团异构体，成为处于动态平衡中的迅速地相互转换的两种异构体的混合物，这种现象称为互变异构现象（tautomerization），这两种异构体称互变异构体（tautomers)。由于上述反应的异构体中一个为酮式，另一个为烯醇式，两者在结构上只是一个氢原子的位置和电子分布不同，是存在于平衡中的结构不同的两种化合物，所以这种互变异构现象又叫做酮-烯醇互变异构（keto-enol tautomerization）现象。由于酮式比烯醇式稳定，所以在平衡体系中，绝大多数是酮式化合物。在酸性介质中，这种变化的机制可表示如下：

$$>C=\overset{|}{C}-OH \xrightleftharpoons{H^+} \left[>\underset{H}{\overset{}{C}}-\overset{|}{C}^{+}-O-H \right] \xrightleftharpoons{-H^+} >\underset{H}{C}-\overset{|}{C}=O$$

烯醇式　　　　　　　　　　　　酮式

不对称炔烃与水的加成反应遵从马氏规则，因此端基炔烃可转化为甲基酮。例如：

$$(CH_3)_2CHC\equiv CH \xrightarrow{Hg^{2+}} (CH_3)_2CH-\underset{\underset{O}{\|}}{C}-CH_3$$

3-甲基丁-2-酮

④ 与乙硼烷的加成　与烯烃相似，炔烃也可以发生硼氢化反应。该加成反应在形式上也是符合马氏规则的。炔烃经硼氢化可停留在生成顺式烯基硼烷产物的一步，该产物在碱性过氧化氢中氧化成烯醇，再异构化成醛或酮。例如：

$$6RC\equiv CH+B_2H_6 \longrightarrow 2\left[\begin{matrix} R & & H \\ & C=C & \\ H & & \end{matrix} \right]_3 B \xrightarrow[OH^-]{H_2O_2} 6\left[\begin{matrix} R & & H \\ & C=C & \\ H & & OH \end{matrix} \right] \rightleftharpoons 6RCH_2\overset{\overset{O}{\|}}{C}-H$$

$$C_2H_5C\equiv CC_2H_5 \xrightarrow{BH_3\text{-}THF} 2\left[\begin{matrix} C_2H_5 & & C_2H_5 \\ & C=C & \\ H & & \end{matrix} \right]_3 B \xrightarrow{H_2O_2,OH^-} \begin{matrix} C_2H_5 & & C_2H_5 \\ & C=C & \\ H & & OH \end{matrix} \rightleftharpoons C_2H_5CH_2COC_2H_5$$

己-3-酮

烯基硼烷和醋酸反应，生成顺式烯烃，反应条件温和。例如：

$$6H_3CC\equiv CCH_3+B_2H_6 \longrightarrow 2\left[\begin{matrix} H_3C & & CH_3 \\ & C=C & \\ H & & \end{matrix} \right]_3 B \xrightarrow[0℃]{CH_3COOH} 6\ \begin{matrix} C_2H_5 & & C_2H_5 \\ & C=C & \\ H & & H \end{matrix}$$

★ **练习 4-3**　判断戊-2-炔与下列试剂有无反应，如有反应，写出主要产物的结构式。

（1）Br_2(1mol)　（2）HCl(1mol)　（3）H_2O，$H_2SO_4/HgSO_4$

（4）硝酸银的氨溶液　（5）CH_3CH_2MgBr　（6）①B_2H_6；②H_2O_2，OH^-

（7）H_2/Lindlar Pd　（8）Na＋NH_3

（3）亲核加成

乙炔或一取代乙炔可与一些带活泼氢的化合物如 HCN、ROH、RCOOH、RNH_2、RSH、$RCONH_2$ 等发生亲核加成反应，生成含双键的产物。例如：

$$HC \equiv CH \begin{cases} \xrightarrow[Zn(OAc)_2/C, 170 \sim 210^\circ C]{CH_3COOH} H_2C{=}CHOCOCH_3 \text{（乙酸乙烯酯）} \\ \xrightarrow[CuCl_2, 70^\circ C]{HCN} H_2C{=}CHCN \text{（丙烯腈）} \\ \xrightarrow[\text{碱}, 150 \sim 180^\circ C]{C_2H_5OH} H_2C{=}CHOC_2H_5 \text{（乙基乙烯基醚）} \end{cases}$$

从反应结果看，亲核加成和亲电加成一样，但两者的反应机理有本质区别。上述反应通常是在催化剂作用下，带活泼氢的化合物生成相应的负离子（如 CN^-、RO^-、$RCOO^-$ 等）进攻乙炔，这些负离子能供给电子，因而有亲近正电荷的倾向。或者说它具有亲核的倾向，所以它是一种亲核试剂。由亲核试剂进攻而引起的加成反应叫做亲核加成（nucleophilic addition）反应。例如，炔烃在碱性溶液中和醇的加成，有下列反应发生：

$$CH_3OH + KOH \rightleftharpoons CH_3O^-K^+ + H_2O$$

醇钾 CH_3OK 具有盐的性质，可以强烈解离为甲氧基负离子和钾离子。一般认为，是带负电荷的甲氧基负离子 CH_3O^- 作为亲核试剂首先和炔烃作用，生成碳负离子中间体，然后再和一分子醇作用，获得一个质子而生成甲基乙烯基醚。

$$HC \equiv CH + CH_3O^- \longrightarrow H_3CO{-}HC{=}CH^- \xrightarrow{CH_3OH} H_3CO{-}HC{=}CH_2 + CH_3O^-$$

利用上述反应可分别制备乙酸乙烯酯、丙烯腈和乙烯基醚，它们可以看做是乙烯的衍生物，这类反应统称为乙烯基化反应（vinylation）。这些乙烯的衍生物加成聚合能得到工业上有用的高分子化合物，因此甲基乙烯基醚也是工业上有用的单体。由于石油化学工业的发展，乙酸乙烯酯和丙烯腈的生产，已被其他方法代替。

4.4.3 氧化反应

炔烃和臭氧、高锰酸钾等氧化剂反应，往往可使碳碳三键断裂，生成相应的羧酸或二氧化碳。

$$HC \equiv CH \xrightarrow[H_2O]{KMnO_4} CO_2 + H_2O$$

$$RC \equiv CR' \xrightarrow[100^\circ C]{KMnO_4} RCOOH + R'COOH$$

$$CH_3CH_2CH_2C \equiv CCH_2CH_3 \begin{cases} \xrightarrow{O_3} \xrightarrow{H_3O^+} \\ \xrightarrow{KMnO_4} \xrightarrow{H^+} \end{cases} CH_3CH_2CH_2COOH + HOOCC_2H_5$$

在比较缓和的氧化条件下，二取代炔烃的氧化可停止在二酮阶段。例如：

$$CH_3(CH_2)_7C \equiv C(CH_2)_7COOH \xrightarrow[H_2O,\ pH=7.5]{KMnO_4} CH_3(CH_2)_7\overset{\overset{O}{\|}}{C}{-}\overset{\overset{O}{\|}}{C}(CH_2)_7COOH \quad 92\% \sim 96\%$$

这些反应的产率一般都比较低，因而不适宜作为羧酸或二酮的制备方法，但可以利用炔烃的氧化反应，检验分子中是否含有三键，以及确定三键在炔烃分子中的位置。

4.4.4 聚合反应

乙炔也可发生聚合反应，根据催化剂和反应条件的不同，乙炔可生成链状或环状的聚合物。乙炔的二聚物和氯化氢加成，得到2-氯丁-1,3-二烯。它是氯丁橡胶（一种合成橡胶）的单体。

$$2HC\equiv CH \xrightarrow[NH_4Cl]{CuCl_2} \underset{\text{乙烯基乙炔}}{CH_2=CHC\equiv CH} \xrightarrow{HCl} \underset{\text{2-氯丁-1,3-二烯}}{CH_2=\underset{\displaystyle Cl}{\underset{|}{C}}H\!-\!CH=CH_2}$$

乙炔在高温下可以发生环形三聚合作用生成苯。这个反应为苯结构的研究提供了有力的线索。

$$3HC\equiv CH \xrightarrow[60\sim70℃,1.5MPa]{500℃或Ph_3P,Ni(CN)_2} \text{(苯)}$$

乙炔的环形四聚合产物环辛四烯虽然在合成上还无重大用途，但其结构对认识芳香族化合物起着很大作用。

$$4HC\equiv CH \xrightarrow[50℃,1.5\sim2.0MPa]{Ni(CN)_2/THF} \underset{80\%}{\text{(环辛四烯)}}$$

在齐格勒（Ziegler K）-纳塔（Natta G）催化剂如 $TiCl_4$-$Al(C_2H_5)_3$ 的作用下，乙炔也可以直接聚合成聚乙炔。

$$nHC\equiv CH \longrightarrow \left[CH=CH \right]_n$$

20世纪70年代白川英树（Shirakawa H）等成功地以乙炔为原料，在Ziegler-Natta催化剂作用下合成出具有高弹性和铜色光泽的顺式共轭聚乙炔薄膜和具银色光泽的反式共轭聚乙炔薄膜，后又通过掺杂施主杂质（Li、Na、K等）或受主杂质（Cl、Br、I、AsF、PF、BCl等）后发现高聚物也具有导电性。导电高聚物既具有金属的高电导率，又具有聚合物的可塑性，质量又轻，是一类具有广阔应用前景的新材料。高聚物导电性的发现拓宽了人类对导体材料的认识及应用领域。白川英树、麦克迪尔米德（MacDiarmid A G）和黑格（Heeger A J）三人因发现高聚物的金属导电性而荣获2000年诺贝尔化学奖。

4.5 炔烃的制备

4.5.1 乙炔的生产

工业上可用煤、石油或天然气作为原料生产乙炔。其合成法主要有以下几种。

（1）碳化钙（电石）**法**

焦炭和石灰在高温电炉中反应，得到碳化钙（电石）。需要乙炔时，在现场使电石与水反应，即得到乙炔：

$$3C+CaO \xrightarrow{2000℃} CaO_2+CO$$

$$CaC_2+2H_2O \longrightarrow CH\equiv CH+Ca(OH)_2$$

此方法在工业上使用已久，耗电量大，但生产工艺比较简单。

（2）甲烷法（电弧法）

甲烷是天然气的主要成分，在1500℃的电弧中经极短时间（0.01～0.1s）加热后通过一系列的反应生成乙炔。这是一个激烈的吸热反应。因此工业上又使一部分甲烷同时被氧化（加入氧气），用由此产生的热量来供给甲烷合成乙炔所需要的大量热量。所以此法又叫做甲烷的部分氧化法。反应的产物包括乙炔、一氧化碳和氢气。

$$2CH_4 \xrightarrow[0.01\sim0.1s]{1500℃} CH \equiv CH + 3H_2$$

$$4CH_4 + O_2 \longrightarrow CH \equiv CH + 2CO + 7H_2$$

在天然气资源丰富的国家，此方法的成本较低，适宜于大规模生产。

(3) 等离子法（plasma 法）

这是近期发展的一种用石油和极热的氢气一起热裂制备乙炔的新方法。即将氢气放在3500～4000℃的电弧中加热，然后部分离子化的等离子体氢（正、负离子相等）于电弧加热器出口的分离反应室中与气态的或汽化了的石油气反应，生成乙炔、乙烯（二者的总产率在70%以上）以及甲烷和氢气。

由于乙炔的生成成本相当高，近几十年来，许多使用乙炔为原料生产化学品的生产路线已逐渐改用其他原料（特别是乙烯和丙烯）的生产路线。

乙炔是有麻醉作用并带乙醚气味的无色气体，燃烧时火焰明亮，可用于照明。乙炔稍溶于水，易溶于有机溶剂。乙炔与一定比例的空气混合，可形成爆炸性的混合物。乙炔的爆炸极限为 3%～80%（体积分数）。为避免爆炸危险，一般可用浸有丙酮的多孔物质（如石棉、活性炭）吸收乙炔后一起储存在钢瓶中，以便于运输和使用。乙炔在氧气中燃烧所形成的氧炔焰的最高温度可达 3000℃，因此被广泛用来熔接或切割金属。

4.5.2 由二元卤代烷制备炔烃

在碱性条件下，邻二卤代烷或偕二卤代烷首先失去一分子卤化氢生成乙烯基卤代烃，然后在剧烈的条件如强碱、高温下，再失去一分子卤化氢生成炔烃。$NaNH_2$/石油醚、NaOH 或 KOH/醇溶液为常用的碱。

$$R—CH=CH—R \xrightarrow{X_2} R—\underset{X}{\underset{|}{CH}}—\underset{X}{\underset{|}{CH}}—R \xrightarrow{KOH/醇溶液} R—\underset{X}{\underset{|}{C}}=CH—R \xrightarrow{KOH/醇溶液} R—C\equiv C—R$$

$$RCH_2—CH_2R \xrightarrow{NaNH_2} R—C\equiv C—R$$

例如：

$$(CH_3)_3CCH_2CHCl_2 \xrightarrow[\triangle]{NaNH_2} \underset{不分离}{[(CH_3)_3CC\equiv CNa]} \xrightarrow{H_2O} \underset{50\%\sim60\%}{(CH_3)_3CC\equiv CH}$$

$$CH_3(CH_2)_7\underset{Br}{\underset{|}{CH}}CH_2Br \xrightarrow[\triangle]{NaNH_2} [CH_3(CH_2)_7C\equiv CNa] \xrightarrow{H_2O} \underset{54\%}{CH_3(CH_2)_7C\equiv CH}$$

4.5.3 由金属炔化物制备炔烃

金属炔化物是很好的碳负离子供给源，可与伯卤代烷发生亲核反应生成炔烃。乙炔和端位炔烃与 $NaNH_2$（KNH_2、$LiNH_2$ 均可）在液氨中形成乙炔化钠，然后与卤代烷发生 S_N2 反应，可将低级炔烃转变为高级炔烃。

$$CH\equiv CH + NaNH_2 \xrightarrow[-33℃]{液NH_3} CH\equiv CNa \xrightarrow{RX(1°)} CH\equiv CR \xrightarrow[(2)\ R'X]{(1)\ NaNH_2/液NH_3} RC\equiv CR$$

例如：

$$NaC\equiv CNa + 2CH_3(CH_2)_2Br \xrightarrow[液NH_3,60\%\sim66\%]{-33℃} CH_3(CH_2)_2C\equiv C(CH_2)_2CH_3 + NaBr$$

$$CH_3CH_2C\equiv CNa + CH_3CH_2Br \xrightarrow[液NH_3,75\%]{-33℃,6h} CH_3CH_2C\equiv CCH_2CH_3 + NaBr$$

炔烃也可与有机锂化物或格氏试剂作用制得含有三键的锂化物或格氏试剂，再与一级卤代烷的醚溶液反应，形成二元取代乙炔。

$$RC{\equiv}CH + RLi \longrightarrow RC{\equiv}CLi \xrightarrow{R'X} RC{\equiv}CR'$$

$$RC{\equiv}CH + R'MgX \xrightarrow{(C_2H_5)_2O} RC{\equiv}CMgX \xrightarrow{R''X} RC{\equiv}CR''$$

例如：

$$C_6H_{11}C{\equiv}CH \xrightarrow[THF]{CH_3CH_2CH_2CH_2Li} C_6H_{11}C{\equiv}CLi \xrightarrow{CH_3CH_2CH_2I,\ 65℃} C_6H_{11}C{\equiv}CCH_2CH_2CH_3$$

85%

1-环己基戊-1-炔

$$CH_3C{\equiv}CH \xrightarrow[(CH_3CH_2)_2O,20℃]{CH_3CH_2MgBr} CH_3C{\equiv}CMgBr \xrightarrow{CH_3I} CH_3C{\equiv}CCH_3$$

★ **练习 4-4** 完成下列转换。

（1）$CH_3CH{=}CHCH_3 \longrightarrow CH_3C{\equiv}CCH_3$

（2）$CH_3CH_2CH(Br)CH_3 \longrightarrow$ (H$_3$C)(H)C=C(H)(CH$_3$)（反式）

（3）1-溴丙烷 ⟶ 己-2-炔

（4）$HC{\equiv}CH \longrightarrow CH_3C{\equiv}CCH_2CH_3$

4.6 二烯烃的分类和命名

开链烃按含有双键数目的多少，可分为二烯烃、三烯烃……以至多烯烃等。二烯烃又称双烯烃（alkadiene），是炔烃的同分异构体。

按分子中双键相对位置的不同，二烯烃又可分为下列三类。

① 累积二烯烃（cumulated diene） 两个双键连接在同一个碳原子上，这类化合物数量少、不稳定。例如：

$$H_2C{=}C{=}CH_2$$

丙二烯

② 共轭二烯烃（conjugated diene） 两个双键之间有一个单键相隔。共轭二烯烃具有特殊的结构和性质，它除了具有烯烃双键的性质外，还具有特殊的稳定性和加成规律，在理论研究和工业应用上都有重要地位。例如：

$$H_2C{=}CH{-}CH{=}CH_2$$

丁-1,3-二烯

③ 隔离二烯烃（isolated diene） 两个双键之间，有两个或两个以上的单键相隔，其性质与单烯烃相似。例如：

$$H_2C{=}CH{-}CH_2{-}CH{=}CH_2$$

戊-1,4-二烯

二烯烃的命名与烯烃相似，首先选含有双键最多的最长碳链为主链，然后从离双键最近的一端开始编号，双键的位置由小到大排列，写在母体名称之前，中间用一短横线隔开；取代基写在前，母体写在后。有顺、反异构体时，两个双键的 Z 或 E 构型则写在整个名称之前逐一标明。例如：

$CH_2{=}C{-}CH{=}CH_2$（C 上连 CH_3）

2-甲基丁-1,3-二烯(异戊二烯)

CH_3CH_2、H / C=C / H、CH_3 / C=C / H_3C、H

(2Z,3E)-3-甲基庚-2,4-二烯

有的复杂天然产物，含有多个共轭双键，一般用俗名，如胡萝卜素、维生素 A 等。

CH_2OH

维生素A

★ **练习 4-5** 用 IUPAC 规则命名下列化合物。

CH_3、H / C=C / H、H / C=C / H、CH_3

CH_3、H / C=C / H、CH_3 / C=C / H、H

4.7 共轭二烯烃的结构及特性

丁-1,3-二烯是最简单的共轭二烯烃，下面即以它为例来说明共轭二烯烃的结构。由物理方法测得丁-1,3-二烯的分子中，四个碳原子和六个都处在同一个平面上，键角都接近 120°。丁二烯的 C(2)-C(3) 键的键长为 0.146nm，而乙烷碳碳单键的键长为 0.154nm，即 C(2)-C(3) 键之间的共价键也具有部分双键的性质，乙烯双键的键长是 0.133nm，而这里 C(1)-C(2) 键和 C(3)-C(4) 键的键长却增长为 0.134nm。这种现象称为键长平均化，是共轭二烯烃的共性。

在丁二烯分子中，每个碳原子都是 sp^3 杂化，它们以 sp^2 杂化轨道与相邻碳原子相互重叠形成碳碳 σ 键，与氢原子的 1s 轨道重叠形成碳氢 σ 键。sp^2 杂化碳原子的三个 σ 键指向三角形的三个顶点，三个 σ 键相互之间的夹角都接近 120°。由于每一个碳原子的三个 σ 键都排列在一个平面上，所以就形成了分子中所有的 σ 键都在一个平面上的结构。此外，每一个碳原子都还有一个未参与杂化的 p 轨道，它们都和丁二烯分子所在平面相垂直，因此这四个 p 轨道都相互平行，不仅在 C(1)-C(2) 键、C(3)-C(4) 键之间发生了 p 轨道的侧面重叠，而且在 C(2)-C(3) 键之间也发生了一定程度的 p 轨道侧面重叠，但比 C(1)-C(2) 键或 C(3)-C(4) 键之间的重叠要弱一些，因此 C(2)-C(3) 键之间的电子云密度要比一般 σ 键增大，键长也比一般烷烃中的单键短，分子中原来的两个碳碳双键的键长也发生了增长。由此可见，丁二烯分子中双键的 π 电子云，并不像结构式所示那样“定域”在 C(1)-C(2) 和 C(3)-C(4) 之间，而是扩展到整个共轭双键的所有碳原子周围，即发生了键的“离域”，如图 4-5 所示。

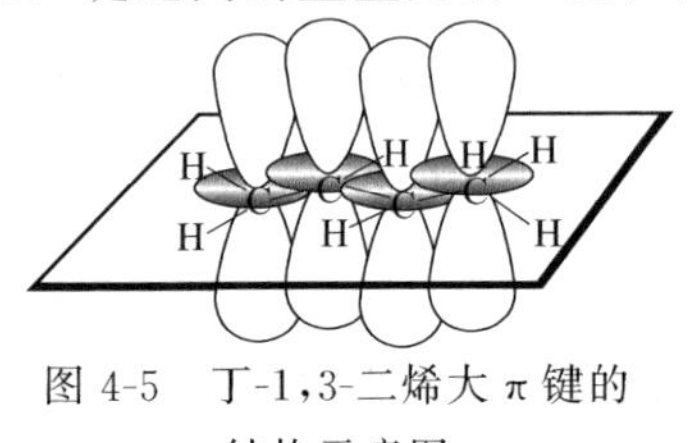

图 4-5 丁-1,3-二烯大 π 键的结构示意图

由于电子离域的结果，丁二烯共轭体系的能量有所降

低，稳定性增加。共轭体系的这种稳定性可以从烯烃和共轭二烯烃的氢化热数值的比较中显示出来。表 4-2 列出了若干烯烃和二烯烃的氢化热数据。

表 4-2 一些烯烃和二烯烃的氢化热

化合物	构造式	ΔH/kJ·mol^{-1}
丁-1-烯	$CH_3—CH_2—CH═CH_2$	−127
戊-1-烯	$CH_3—CH_2—CH_2—CH═CH_2$	−125
戊-1,4-二烯	$CH_2═CH—CH_2—CH═CH_2$	−254
己-1-烯	$CH_3—CH_2—CH_2—CH_2—CH═CH_2$	−126
丁-1,3-二烯	$CH_2═CH—CH═CH_2$	−239
戊-1,3-二烯	$CH_3—CH═CH—CH═CH_2$	−226

戊-1,3-二烯和戊-1,4-二烯都氢化为戊烷，但从表中可以看出具有共轭双键结构的戊-1,3-二烯的氢化热比不是共轭体系的戊-1,4-二烯的氢化热低 28kJ·mol^{-1}。丁-1,3-二烯和丁烯的两倍氢化热比较，也低 15kJ·mol^{-1}。这些差值都是因共轭体系分子中键的离域而导致分子更稳定的能量，称为离域能（delocalization energy），也叫做共轭能（conjugation energy）或共振能（resonance energy）。离域能越大，表示这个共轭体系越稳定，如图 4-6 所示。

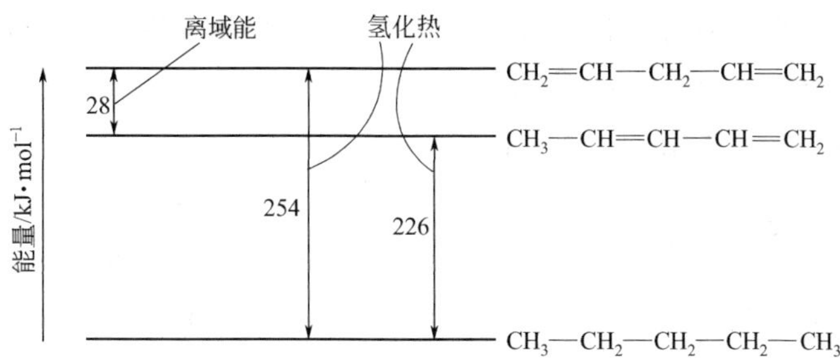

图 4-6 1,3-戊二烯的离域能

形成 π-π 共轭体系的 π 键也可以是三键，组成共轭体系的原子也不限于碳原子，如氧原子、氮原子均可。例如：

$$CH_2═CH—CH═O \qquad CH_2═CH—C≡N \qquad CH_2═CH—C≡C—CH═CH_2$$

进一步比较各种烯烃和二烯烃的氢化热（见表 4-3），可以发现双键上有取代基的烯烃或共轭二烯烃的氢化热都分别比没有取代基的烯烃或共轭二烯烃的氢化热要小些。这说明有取代基的烯烃或二烯烃更为稳定。

表 4-3 一些烯烃和二烯烃的氢化热的比较

化合物	ΔH/kJ·mol^{-1}	化合物	ΔH/kJ·mol^{-1}
$CH_2═CH_2$	−137	$CH_2═CH—CH═CH_2$	−239
$CH_3—CH═CH_2$	−126	$CH_3—CH═CH—CH═CH_2$	−226
$(CH_3)_2C═C(CH_3)_2$	−112	$CH_2═C(CH_3)—C(CH_3)═CH_2$	−226

双键碳上因烷基取代而引起的稳定作用，一般认为也是由于电子的离域而导致的一种效应，但这是双键的 π 电子云和相邻的 σ 键电子云相互重叠而引起的离域效应。以丙烯为例（见图 4-7），丙烯的 π 轨道与甲基 C—H 键的 σ 轨道的重叠，使原来基本上定域于两个原子周围的 π 电子云和 σ 电子云发生离域而扩张到更多原子的周围，因而降低了分子的能量，增

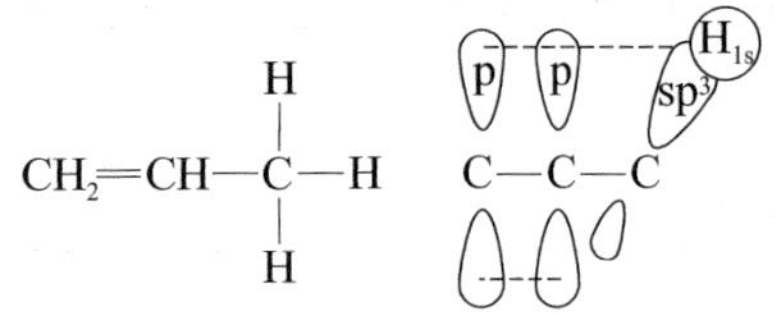

图 4-7 丙烯的 π 键和 α-碳氢 σ 键的超共轭效应

加了分子的稳定性。从离域这个意义上讲，它与共轭二烯烃的共轭效应是一致的。但和一般共轭效应不同的是，它涉及的是 σ 轨道与 π 轨道之间的相互作用，这种作用比 π 轨道之间的作用要弱得多，这种离域效应叫做超共轭效应，也叫做 σ-π 共轭效应（σ-π conjugative effect）。

由于 σ 电子的离域，上式中 C—C 单键之间电子云密度增加，反映在丙烯 C—C 单键的键长缩短为 0.150nm（一般烷烃的 C—C 单键键长为 0.154nm）。

在上一章中讨论碳正离子的相对稳定性时（参见 3.4.1）曾提及叔碳离子的稳定性是甲基具有给电子性所致，其实也是超共轭效应的结果。碳正离子的带正电荷的碳原子具有三个 sp^2 杂化轨道，此外还有一个空 p 轨道。与碳正离子相连烷基的碳氢 σ 键可以和此空 p 轨道有一定程度的相互重叠，这就使 σ 电子离域并扩展到空 p 轨道上。这种超共轭的结果使碳正离子的正电荷有所分散（分散到烷基上），从而增加了碳正离子的稳定性。

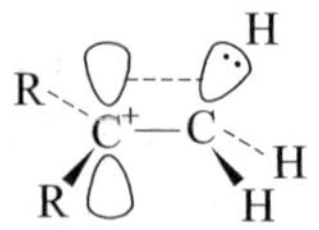

和碳正离子相连的 α-碳氢键越多，也就是能起超共轭效应的碳氢 σ 键越多，越有利于碳正离子上正电荷的分散，就可使碳正离子的能量更低，更趋于稳定，所以碳正离子的稳定性次序是：$3°R^+ > 2°R^+ > 1°R^+ > H_3C^+$。

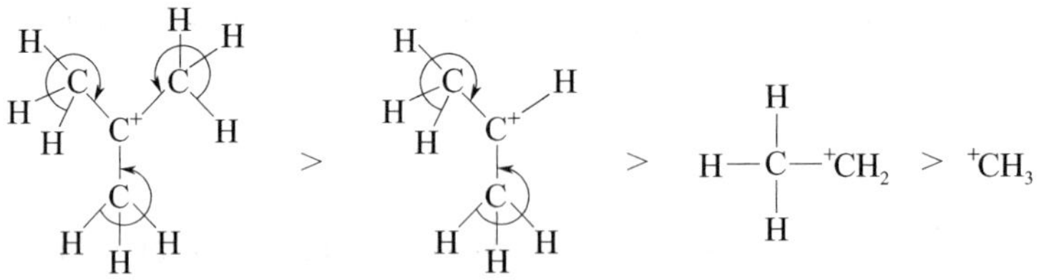

与碳正离子相似，烷基自由基中也存在着 σ-p 共轭，和自由基相连的 α-碳氢键越多，也就是能起超共轭效应的碳氢 σ 键越多，自由基越稳定，所以自由基的稳定性顺序是：

$$3°\dot{R} > 2°\dot{R} > 1°\dot{R} > H_3\dot{C}$$

★ **练习 4-6** 在下列分子中存在哪些类型的共轭？

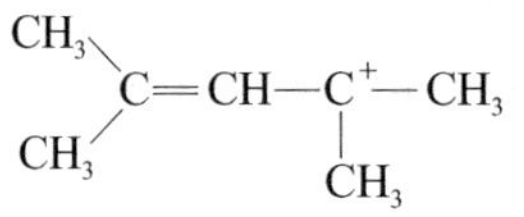

$$(CH_3)_2C{=}CH{-}\overset{+}{C}(CH_3){-}CH_3$$

4.8 共轭二烯烃的性质

共轭二烯烃的物理性质和烷烃、烯烃相似。碳原子数较少的二烯烃为气体，如丁-1,3-二烯为沸点 −4℃ 的气体。碳原子数较多的二烯烃为液体，如 2-甲基丁-1,3-二烯为沸点 34℃ 的液体。它们都不溶于水而溶于有机溶剂。

共轭二烯烃具有烯烃的通性，但由于是共轭体系，故又具有共轭二烯烃的特有性质。

4.8.1 1,2-加成和 1,4-加成

共轭二烯烃和卤素、氢卤酸都容易发生亲电加成反应，但可产生两种加成产物，如下式

所示。

$$CH_2=CH-CH=CH_2+Br_2 \longrightarrow \underset{\underset{Br}{|}}{H_2C}-\underset{\underset{Br}{|}}{HC}-CH=CH_2+\underset{\underset{Br}{|}}{H_2C}-CH=CH-\underset{\underset{Br}{|}}{CH_2}$$

1,2-加成产物　　　1,4-加成产物

$$CH_2=CH-CH=CH_2+HBr \longrightarrow \underset{\underset{H}{|}}{H_2C}-\underset{\underset{Br}{|}}{HC}-CH=CH_2+\underset{\underset{H}{|}}{H_2C}-CH=CH-\underset{\underset{Br}{|}}{CH_2}$$

1,2-加成产物　　　1,4-加成产物

1,2-加成（1,2-addition）产物是一分子试剂在同一个双键的两个碳原子上加成。1,4-加成（1,4-addition）产物则是一分子试剂加在共轭双键的两端碳原子上即C（1）和C(4）上，这种加成结果使共轭双键中原来的两个双键都变成了单键，而原来的C(2)-C(3）单键则变成了双键。

丁-1,3-二烯之所以有这两种加成方式，是和它的共轭体系的结构密切相关，因此可以用共轭效应解释。例如丁-1,3-二烯与HBr的加成是分两步进行的，第一步反应是亲电试剂H^+的进攻，加成可能发生在C(1)或C(2）上，各生成相应的碳正离子（Ⅰ）或（Ⅱ）：

$$CH_2=CH-CH=CH_2+HBr \begin{cases} \xrightarrow{C(1)加成} CH_2=CH-\overset{+}{C}H-CH_3+Br^- \quad (Ⅰ) \\ \xrightarrow{C(2)加成} CH_2=CH-CH_2-\overset{+}{C}H_2+Br^- \quad (Ⅱ) \end{cases}$$

碳正离子（Ⅰ）是烯丙基型碳正离子，烯丙基型正离子的每一个碳原子上都有p轨道，其中两个是组成双键的p轨道，一个是带正电荷碳原子的空轨道。这些p轨道可以相互重叠，发生键的离域而使这个碳正离子趋向稳定。这种由π键的p轨道和碳正离子中sp^2碳原子的空p轨道相互平行重叠而成的离域效应，叫做p-π共轭效应。

空p轨道

CH_2-CH-C (CH_3, H)

可以在构造式中用箭头来表示π电子的离域。在下式中可看到，由于离域的结果，原来带正电荷的碳原子C(2)，虽然正电荷分散，但仍带有部分正电荷，而双键碳原子C(4）也因此而带部分正电荷：

$$\underset{4}{CH_2}=\underset{3}{CH}-\underset{2}{\overset{+}{C}H}-\underset{1}{CH_3} \longrightarrow \overset{\delta+}{C}H_2=CH-\overset{\delta+}{C}H-CH_3$$

由于碳正离子（Ⅱ）不存在这样的离域效应，所以碳正离子（Ⅰ）要比碳正离子（Ⅱ）稳定。丁二烯的第一步加成总是要生成稳定的碳正离子（Ⅰ）。也就是说，第一步反应总是发生在末端碳原子C(1）上，生成碳正离子（Ⅰ）。在加成反应的第二步中，带负电荷的溴离子加在C(2）或C(4）上，分别生成1,2-加成产物或1,4-加成产物。

$$\overset{\delta+}{C}H_2 \cdots \underset{H}{C} \cdots \overset{\delta+}{C}H-CH_3+Br^- \begin{cases} \xrightarrow{C(2)加成} CH_2=CH-\underset{\underset{Br}{|}}{CH}-CH_3 \quad 1,2\text{-加成产物} \\ \xrightarrow{C(4)加成} \underset{\underset{Br}{|}}{H_2C}-CH=CH-CH_3 \quad 1,4\text{-加成产物} \end{cases}$$

共轭二烯烃的亲电加成反应产物中，1,2-加成产物和1,4-加成产物之比，取决于反应物的结构、产物的稳定性及反应条件，如溶剂、温度、反应时间等。例如丁-1,3-二烯与HBr

的加成，在不同温度下进行反应，可得到不同的产物比。

$$CH_2{=}CH{-}CH{=}CH_2 + HBr \xrightarrow{0^\circ C} \underset{1,2\text{-加成产物}(71\%)}{CH_3{-}\overset{H}{\underset{Br}{C}}{-}\underset{H}{C}{=}CH_2} + \underset{1,4\text{-加成产物}(29\%)}{H_3C{-}CH{=}CH{-}CH_2Br}$$

$$CH_2{=}CH{-}CH{=}CH_2 + HBr \xrightarrow{40^\circ C} \underset{1,2\text{-加成产物}(15\%)}{CH_3{-}\overset{H}{\underset{Br}{C}}{-}CH_2{-}CH_3} + \underset{1,4\text{-加成产物}(85\%)}{H_3C{-}CH{=}CH{-}CH_2Br}$$

反应说明，在0℃时可生成较多的1,2-加成产物，40℃下反应时，生成的1,4-加成产物比较多。如0℃时反应得到的产物，再在40℃下较长时间加热，也可获得40℃时反应的产物比例，即其中85%是1,4-加成产物，15%是1,2-加成产物。即低温下主要生成1,2-加成产物，升高温度则有利于生成1,4-加成产物。

在有机反应中，如果产物的组成分布是由各种产物的相对生成速率所决定，如上述低温时的加成反应那样，这个反应就称为动力学控制（kinetic control）的反应。如果产物的组成是由各产物的相对稳定性所决定的（即由各产物的生成反应的平衡常数之比所决定的），如上述高温时的加成反应那样，这个反应就称为热力学控制（thermodynamic control）的反应。

★ **练习 4-7** 写出下列反应式的主要产物。

（1）$CH_2{=}CH{-}CH{=}CH_2 + Br_2 \xrightarrow[CS_2]{-15^\circ C}$

（2）$CH_2{=}\overset{CH_3}{\overset{|}{C}}{-}CH{=}CH_2 + Br_2 \xrightarrow[CHCl_3]{20^\circ C}$

4.8.2 双烯合成（狄尔斯-阿尔德反应）与电环化反应

（1）双烯合成

1928年，德国化学家狄尔斯（Diels O）和其助手阿尔德（Alder K）发现丁-1,3-二烯与顺丁烯二酸酐在苯溶液中加热，可定量地生成环己烯的衍生物：

丁-1,3-二烯 + 顺丁烯二酸酐 $\xrightarrow{\text{苯},100^\circ C}$ 4-环己烯-1,2-二甲酸酐

这种共轭双烯与含烯键或炔键的化合物作用，生成六元环状化合物的反应称为双烯合成，又叫狄尔斯-阿尔德（Diels-Alder）反应。Diels-Alder反应的应用范围非常广泛，在有机合成中有非常重要的作用。1950年，狄尔斯和阿尔德被授予诺贝尔化学奖。

双烯合成中，就反应物的结构而言，最简单的是丁-1,3-二烯和乙烯的反应，但这个反应需要的反应条件比较高，一般需要高温高压，产率也比较低。例如：

$CH_2{=}CH{-}CH{=}CH_2 + CH_2{=}CH_2 \xrightarrow{200^\circ C}$ 环己烯（或写成 ⬡）

在双烯合成中，通常将共轭二烯及其衍生物称为双烯体（diene），与之反应的重键化合物常叫做亲双烯体（dienophile），当亲双烯体的双键碳原子上连有吸电子基团（—CHO、—COR、—COOR、—CN、—NO_2 等）时，反应比较容易进行。例如：

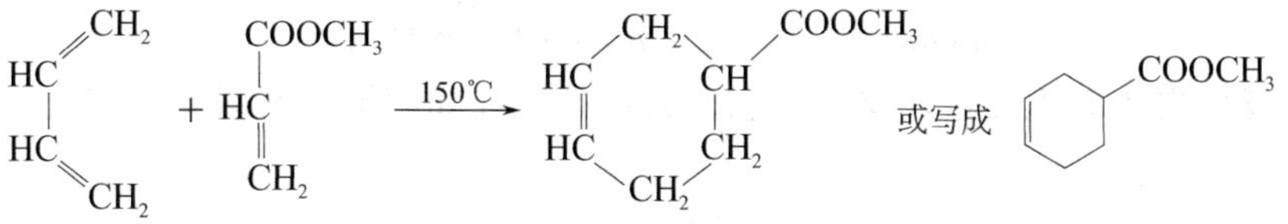

丙烯酸甲酯　　3-环己烯-1-甲酸甲酯

丁-1,3-二烯有两种构象式，两个双键在单键的同侧和异侧：

s-cis-丁-1,3-二烯　　*s-trans*-丁-1,3-二烯

室温时的分子热运动足以提供 1,3-丁二烯的两种构象式变化所需的能量，因此两种构象迅速转化。Diels-Alder 反应要求双烯体必须取 *s*-顺式构象，*s*-反式不能发生协同反应。

Diels-Alder 反应是立体专一性的反应。反应物共轭二烯与亲双烯体原来的构型得以保持。例如：

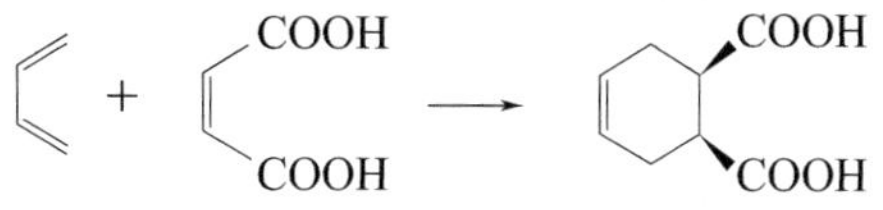

丁-1,3-二烯　马来酸　*cis*-4-环己烯-1,2-二甲酸

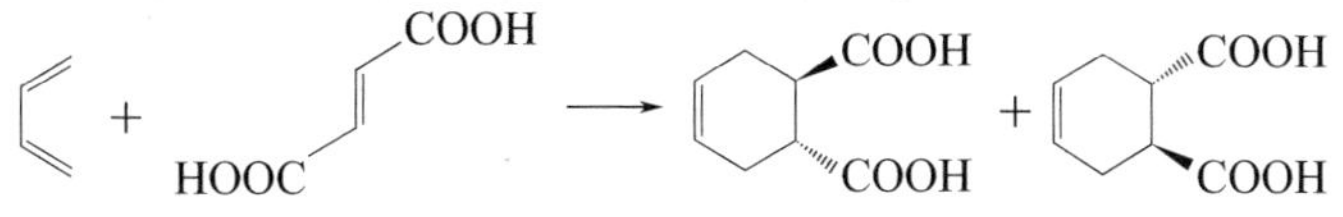

丁-1,3二烯　富马酸　*trans*-4-环己烯-1,2-二甲酸

Diels-Alder 反应是可逆反应。加成产物在较高温度下加热又可转变为双烯和亲双烯。

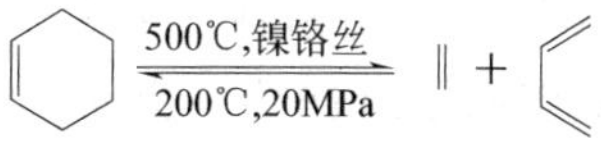

500℃,镍铬丝
200℃,20MPa

进行 Diels-Alder 反应时，反应物分子彼此靠近，相互作用，形成环状过渡态，然后转化为产物分子。反应是一步完成的，新键的生成和旧键的断裂同时完成，这种类型的反应称为协同反应（concerted reaction）。机理如下：

（2）电环化反应

在光或热的条件下，直链共轭多烯分子自身发生分子内的环合反应生成环烯烃，这类反应及其可逆反应统称为电环化反应（electrocyclic reaction）。电环化反应具有高度的立体专一性。例如，反,反-2,4-己二烯在光的作用下，得到顺-3,4-二甲基环丁烯，而在热的作用下，得到的则是反-3,4-二甲基环丁烯。

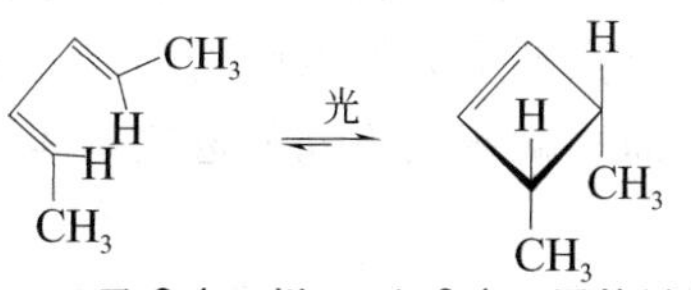

trans,trans-己-2,4-二烯　*cis*-3,4-二甲基环丁-1-烯

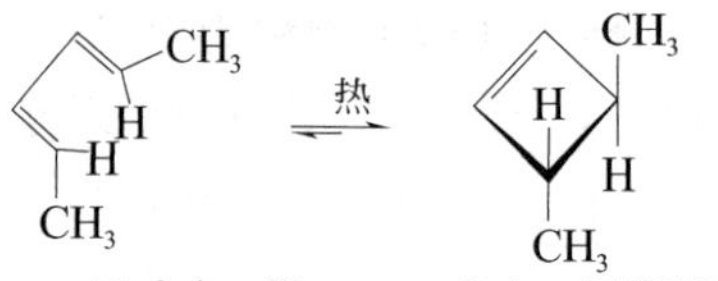

trans,trans-己-2,4-二烯　trans-3,4-二甲基环丁-1-烯

电环化反应发生时也经过环状过渡态，新键的生成和旧键的断裂同时完成，也是一种协同反应。

丁-1,3-二烯　过渡态环丁烯

★ **练习 4-8**　用化学方法鉴别庚-1,5-二烯、庚-1,3-二烯和庚-1-炔。

4.8.3 二烯烃的聚合——合成橡胶

橡胶是具有高弹性的高分子化合物。橡胶分为天然橡胶（natural rubber）和合成橡胶（synthetic rubber）。天然橡胶是由橡胶树得到的白色胶乳，经脱水加工凝结成块状的生橡胶。20 世纪初，天然橡胶的化学成分被测定为顺-1,4-聚异戊二烯，从结构上看是由异戊二烯单体 1,4-加成聚合而成。

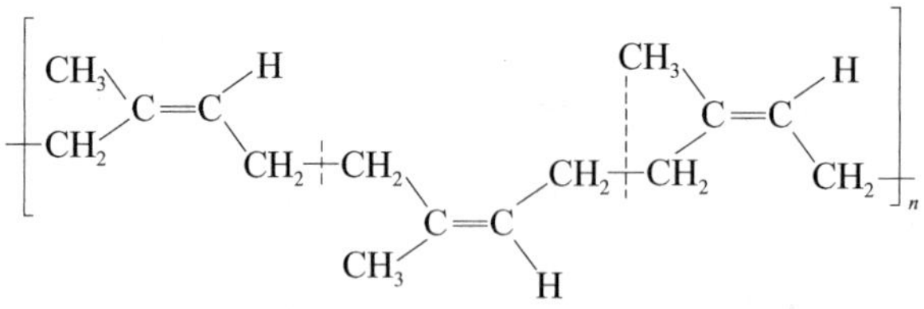

cis-1,4-聚异戊二烯

纯粹的天然橡胶，软且发黏，必须经过“硫化”（vulcanization）处理后进一步加工为橡胶制品。所谓“硫化”就是将天然橡胶与硫或某些复杂的有机硫化物一起加热，发生反应，使天然橡胶的线状高分子链被硫原子所连接（交联）。硫桥可以在线状高分子链的双键处，也可以在双键旁的 α-碳原子上。硫化后的结构如下所示：

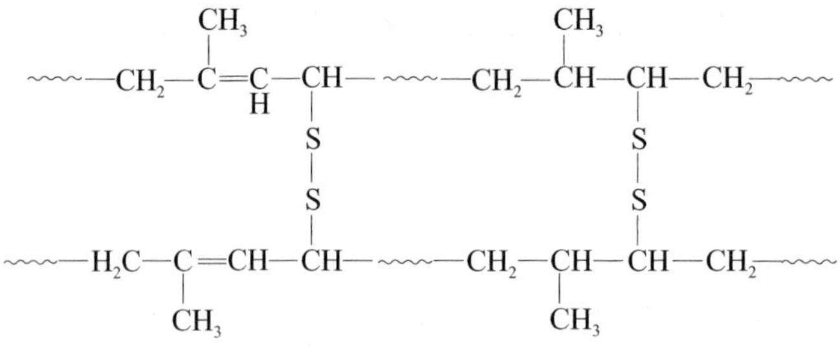

硫化使线状高分子通过硫桥交联成分子量更大的体型分子，这样就克服了原来天然橡胶黏软的缺点，产物不仅硬度增加，而且仍保持弹性。

进入 20 世纪后，工业的发展使天然橡胶供不应求，化学家们千方百计地寻求方法发展合成橡胶。合成橡胶不仅在数量上弥补了天然橡胶的不足，而且各种合成橡胶往往有它自己的独特优异性能，例如耐磨、耐油、耐寒或不同的透气性等，更能适应工业上对各种橡胶制品的不同要求。

1910 年，丁-1,3-二烯在金属钠催化下，成功聚合成聚丁二烯，它是最早发明的合成橡胶，又称为丁钠橡胶。丁钠橡胶于 1932 年实现了大批工业化生产。

$$nCH_2{=}CH{-}CH{=}CH_2 \xrightarrow[60℃]{Na} {+}CH_2{-}\underset{H}{C}{=}\underset{H}{C}{-}CH_2{+}_n$$

此后，合成橡胶的品种越来越多，产量也已远远超过天然橡胶。用于合成橡胶的重要原料主要有丁-1,3-二烯和异戊二烯。丁-1,3-二烯聚合时，可以进行 1,2-加成聚合，也可以进行 1,4-加成聚合，1,4-加成聚合生成顺式或反式聚合物，还可以生成 1,2-与 1,4-同时存在的聚合物。

$$nCH_2{=}CH{-}CH{=}CH_2 \xrightarrow{1,4\text{-加成}} \sim\sim{+}CH_2{-}CH{=}CH{-}CH_2{+}{+}CH_2{-}CH{=}CH{-}CH_2{+}\sim\sim$$

$$nCH_2{=}CH{-}CH{=}CH_2 \xrightarrow{1,2\text{-加成}} \sim\sim{+}CH_2{-}\underset{\underset{CH_2}{\overset{\|}{\underset{}{CH}}}}{\overset{}{CH}}{+}{+}CH_2{-}\underset{\underset{CH_2}{\overset{\|}{\underset{}{CH}}}}{\overset{}{CH}}{+}\sim\sim$$

$$nCH_2{=}CH{-}CH{=}CH_2 \xrightarrow{1,2\text{-和}1,4\text{-加成}} \sim\sim{+}CH_2{-}\underset{\underset{CH_2}{\overset{\|}{\underset{}{CH}}}}{\overset{}{CH}}{+}{+}CH_2{-}CH{=}CH{-}CH_2{+}\sim\sim$$

由于最终得到的是以各种加成方式聚合的混合产物，这种丁钠橡胶的性能并不理想。工业上使用 Ziegler-Natta 催化剂如 $TiCl_4\text{-}Al(C_2H_5)_3$，可以使丁-1,3-二烯或 2-甲基丁-1,3-二烯基本上按 1,4-加成方式定向聚合，所得的聚丁二烯称为顺-1,4-聚丁二烯或顺-1,4-聚异戊二烯。顺-1,4-聚丁二烯简称顺丁橡胶（国际通用代号 BR），具有优异的耐低温性、良好的耐磨性和较高的回弹性，广泛应用于制造各种轮胎，也可作为塑料的增韧补强改性剂。顺-1,4-聚异戊二烯简称异戊橡胶，其结构与天然橡胶相同，主要物理力学性能也相似，因此又称合成天然橡胶。异戊橡胶几乎可以运用在一切使用天然橡胶的领域，具有优异的综合性能，主要用于制造轮胎和其他橡胶制品。

$$nCH_2{=}CH{-}CH{=}CH_2 \longrightarrow \left[CH_2\diagdown\!\!=\!\!\diagup CH_2\right]_n$$

顺丁橡胶

$$nCH_2{=}\underset{CH_3}{\underset{|}{C}}{-}CH{=}CH_2 \longrightarrow \left[\begin{matrix}CH_2 & & CH_2\\ & C{=}C & \\ CH_3 & & \end{matrix}\right]_n$$

顺-1,4-聚异戊二烯

2-氯丁-1,3-二烯聚合得到氯丁橡胶。氯丁橡胶具有良好的耐燃、耐酸碱、耐氧化和耐油性能，用于制造海底电缆的绝缘层、耐油胶管、垫圈、耐热运输带和电缆外皮等。

$$nCH_2{=}\underset{Cl}{\underset{|}{C}}{-}CH{=}CH_2 \longrightarrow \left[\begin{matrix}CH_2 & & CH_2\\ & C{=}C & \\ Cl & & \end{matrix}\right]_n$$

氯丁橡胶

共轭二烯烃还可以和其他双键化合物共同聚合（共聚）成高分子聚合物，例如，1,3-丁二烯与苯乙烯共聚可制得丁苯橡胶（SBR）。丁苯橡胶是橡胶的第一大品种，目前产量约占合成橡胶总量的 50%。丁苯橡胶具有较好的综合性能，在耐磨性、耐老化性等方面优于天然橡胶，其缺点是不耐油和有机溶剂，约 80%用于轮胎，还适用于制造运输皮带、胶鞋、雨衣、气垫船等。

$$nCH_2{=}\underset{H}{C}{-}CH{=}CH_2 + nCH_2{=}\underset{Ph}{\underset{|}{CH}} \xrightarrow{\text{共聚}} \left[CH_2CH{=}CHCH_2CH_2\underset{Ph}{\underset{|}{CH}}\right]_n$$

丁苯橡胶

丁腈橡胶（NBR）是由丁二烯和丙烯腈在乳液中共聚生成的弹性共聚物。它具有优良的耐油、耐有机溶剂的特点，缺点是电绝缘性和耐寒性差。主要用于制造汽车、飞机等需要的耐油零件。

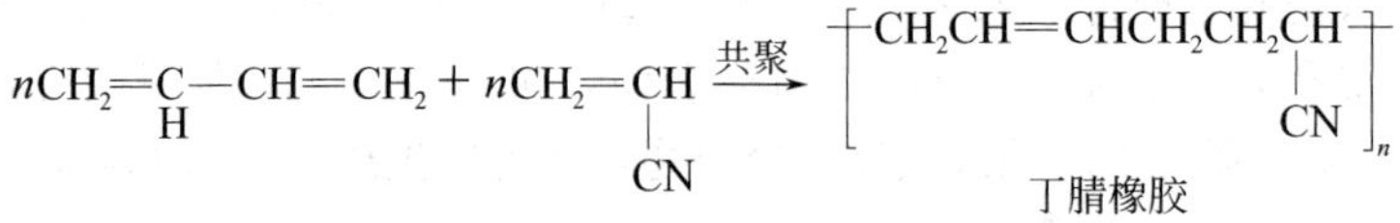

$$n\mathrm{CH_2{=}\underset{H}{C}{-}CH{=}CH_2} + n\mathrm{CH_2{=}\underset{\underset{CN}{|}}{CH}} \xrightarrow{\text{共聚}} \left[\mathrm{CH_2CH{=}CHCH_2CH_2\underset{\underset{CN}{|}}{CH}}\right]_n$$

丁腈橡胶

阅读材料：狄尔斯-阿尔德反应

最早的关于狄尔斯-阿尔德反应的研究可以追溯到1892年。齐克（Zinke）发现并提出了狄尔斯-阿尔德反应产物四氯环戊二烯酮二聚体的结构；稍后列别捷夫（Lebedev）指出了乙烯基环己烯是丁二烯二聚体的转化关系。但这两人都没有认识到这些事实背后更深层次的东西。

1906年，德国慕尼黑大学研究生阿尔布莱希特（Albrecht）按导师惕勒（Thiele）的要求做环戊二烯与酮类在碱催化下缩合，合成一种染料的实验。当时他们试图用苯醌替代其他酮做实验，但是苯醌在碱性条件下很容易分解，实验没有成功。阿尔布莱希特发现不加碱反应也能进行，但是得到了一个没有颜色的化合物。阿尔布莱希特提了一个错误的结构解释实验结果。

1920年，德国人冯·欧拉（von Euler）和学生约瑟夫（Joseph）研究异戊二烯与苯醌反应产物的结构。他们正确地提出了狄尔斯-阿尔德产物结构，也提出了反应可能经历的机理。事实上他们离狄尔斯-阿尔德反应的发现已经非常近了。但冯·欧拉并没有深入研究下去，因为他的主业是生物化学（后因研究发酵而获诺贝尔奖），对狄尔斯-阿尔德反应的研究纯属娱乐消遣性质的，所以狄尔斯-阿德尔反应再次沉默下去。

1921年，狄尔斯和其研究生巴克（Back）研究偶氮二羧酸乙酯（半个世纪后因光延反应而在有机合成中大放光芒的试剂）与胺发生的酯变胺的反应，当他们用2-萘胺做反应的时候，根据元素分析，得到的产物是一个加成产物，而不是期待的取代产物。狄尔斯敏锐地意识到这个反应与十几年前阿尔布莱希特做过的古怪反应的共同之处。这使他开始以为产物是类似阿尔布莱希特提出的双键加成产物。狄尔斯很自然地仿造阿尔布莱希特的反应，用环戊二烯替代萘胺与偶氮二羧酸乙酯作用，结果又得到第三种加成产物。通过计量加氢实验，狄尔斯发现加成物中只含有一个双键。如果产物的结构是如阿尔布莱希特提出的，那么势必要有两个双键才对。这个现象深深地吸引了狄尔斯，他与另一个研究生阿尔德一起提出了正确的双烯加成物的结构。1928年他们将结果发表。这标志着狄尔斯-阿德尔反应的正式发现。从此狄尔斯、阿德尔两个名字开始在化学史上闪闪发光。

习　题

4-1　用系统命名法或衍生命名法命名下列化合物。

(1) $\mathrm{(CH_3)_3C{-}C{\equiv}C{-}CH_2CH_3}$

(2) $\mathrm{CH_2{=}CH{-}CH_2CH_2{-}C{\equiv}CH}$

(3) 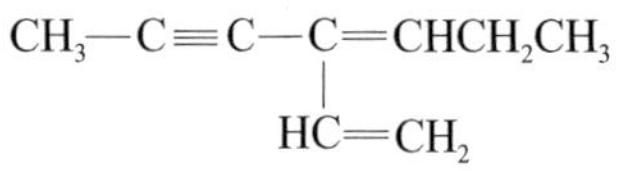 $\mathrm{CH_3{-}C{\equiv}C{-}\underset{\underset{HC{=}CH_2}{|}}{C}{=}CHCH_2CH_3}$

(4) $\mathrm{(CH_2{=}HC)(H)C{=}C(H)(CH_2CH_3)}$

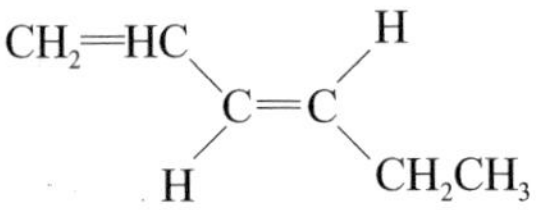

(5) 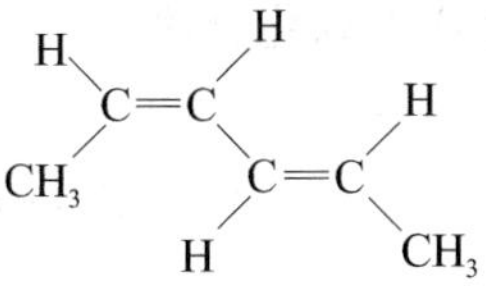 (2Z,4E)-hexa-2,4-diene structure: CH_3, H on C=C; C=C with H, CH_3

(6) $CH_2ClCH{=}CHCH{=}CH_2$

(7) 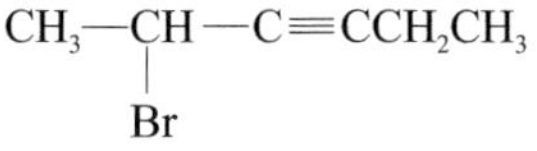 $CH_3{-}\underset{\underset{Br}{|}}{C}H{-}C{\equiv}CCH_2CH_3$

(8) 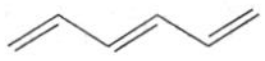 (line-angle formula of hexatriene)

4-2 写出下列化合物的构造式。

(1) 4-环己基戊-1-炔　　(2) 3-甲基戊-3-烯-1-炔

(3) 二异丙基乙炔　　(4) 乙基叔丁基乙炔

(5) 异戊二烯　　(6) (2*E*,4*E*)-己-2,4-二烯

(7) 3-仲丁基己-4-烯-1-炔　　(8) 丁苯橡胶

4-3 写出丁-1-炔与下列试剂作用的反应式。

(1) 热 $KMnO_4$ 溶液　　(2) $H_2/Pd\text{-}BaSO_4$ 喹啉　　(3) Na-液 NH_3

(4) 1mol Br_2/CCl_4，低温　　(5) B_2H_6；H_2O_2/OH^-　　(6) $AgNO_3$ 氨溶液

(7) H_2SO_4，H_2O，Hg^{2+}　　(8) Cu_2Cl_2 氨溶液　　(9) H_2，Pt

4-4 用反应式表示以丙炔为原料并选用必要的无机试剂合成下列化合物。

(1) 丙酮　　(2) 2-溴丙烷　　(3) 2,2-溴丙烷　　(4) 丙醇　　(5) 正己烷

4-5 完成下列反应式。

(1) 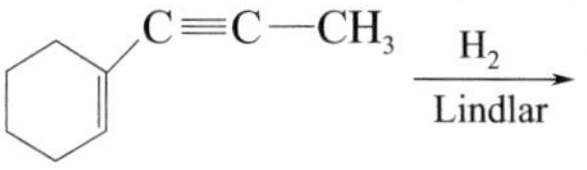 1-(丙-1-炔基)环己烯 ($C{\equiv}C{-}CH_3$ on cyclohexene) $\xrightarrow[\text{Lindlar}]{H_2}$

(2) 1-(丙-1-炔基)环己烯 ($C{\equiv}C{-}CH_3$ on cyclohexene) $\xrightarrow[\text{液}NH_3]{Na}$

(3) $C_6H_5{-}C{\equiv}CH \xrightarrow{NaNH_2} \xrightarrow{CH_3CH_2Br}$

(4) $CH_2{=}\underset{\underset{CH_3}{|}}{C}{-}CH{=}CH_2 + HBr(1mol) \longrightarrow$

(5) $CH_2{=}\underset{\underset{Cl}{|}}{C}{-}CH{=}CH_2 \xrightarrow{\text{聚合}}$

(6) $CH_2{=}\underset{H}{C}{-}CH{=}CH_2 + CH_2{=}CH{-}CHO \xrightarrow{\triangle}$

(7) $CH_2{=}\underset{H}{C}{-}CH{=}CH_2 + CH_2{=}CH{-}CN \xrightarrow{\triangle}$

(8) 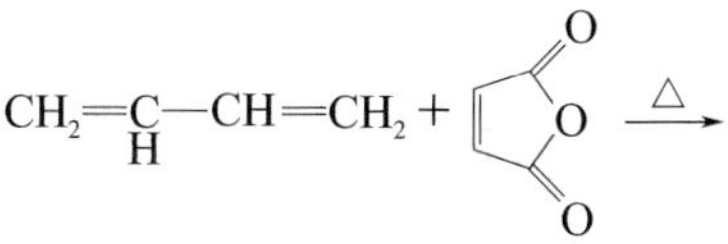 $CH_2{=}\underset{H}{C}{-}CH{=}CH_2 +$ (maleic anhydride: O, O, O) $\xrightarrow{\triangle}$

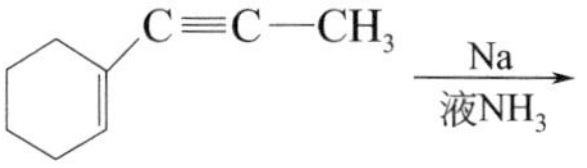

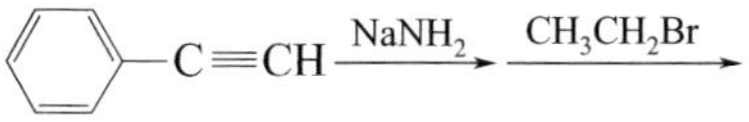

4-6 指出下列化合物可由哪些原料通过双烯合成而得。

(1) 　　(2) 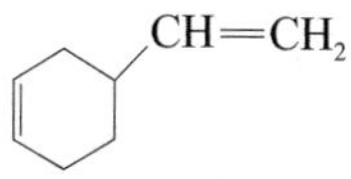 $CH{=}CH_2$　　(3) 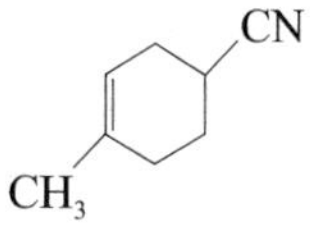 CN CH_3

4-7 用反应式表示以乙炔为原料并选用必要的无机试剂合成下列化合物。

(1) 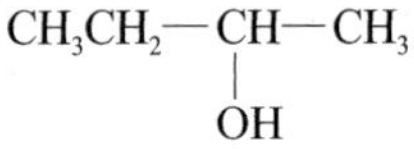 $CH_3CH_2-\underset{\large OH}{\underset{|}{CH}}-CH_3$　　(2) $CH_3CH_2-\overset{Cl}{\overset{|}{\underset{Cl}{\underset{|}{C}}}}-CH_3$　　(3) $CH_3CH_2CH_2CH_2Br$

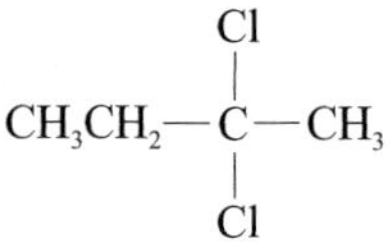

4-8 以四个碳原子及以下烃为原料合成下列化合物。

(1) 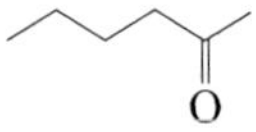 O　　(2) 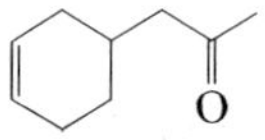 O　　(3) 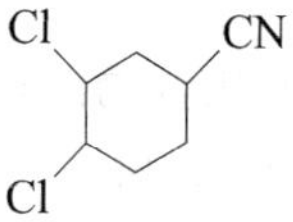 Cl CN Cl

4-9 用化学方法区别下列各化合物。

(1) 乙烷、乙烯和乙炔　　(2) $CH_3CH_2CH_2C\equiv CH$和$CH_3CH_2-C\equiv C-CH_3$

4-10 试用适当的化学方法将下列混合物中的少量杂质除去。

(1) 除去粗乙烷气体中少量的乙炔　　(2) 除去粗乙烯气体中少量的乙炔

4-11 一个碳氢化合物，测得其分子量为 80，催化加氢时，10mg 样品可吸收 8.40mL 氢气。原样品经臭氧化反应后分解，只得到甲醛（$\begin{matrix}H\\ \ \ \ \ \ \ \ C=O\\H\end{matrix}$）和乙二醛（$\begin{matrix}HC=O\\|\\HC=O\end{matrix}$）。问这个烃是什么化合物？

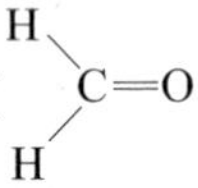

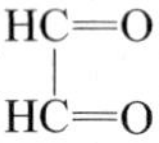

4-12 某化合物 A(C_8H_{12}) 有旋光活性，在 Pt 催化下氢化得 B(C_8H_{18})，B 无旋光活性。A 可用 Lindlar 催化剂氢化得 C(C_8H_{14})，C 有旋光活性。A 和 Na 在液 NH_3 中反应得 D(C_8H_{14})，D 无旋光活性。试推测 A、B、C、D 的结构式。

第5章

脂 环 烃

知识要点：

本章主要介绍脂环烃的顺反异构、构造异构和稳定构象、命名、物理性质、化学性质、主要来源与制备。重、难点内容为脂环烃的顺反异构、稳定构象和双环化合物的命名、化学性质中的开环反应。

5.1 脂环烃的定义、命名和异构

前面各章讨论的都是开链烃，即脂肪烃。本章所要讨论的是结构上具有环状碳骨架，而性质上与脂肪烃相似的烃类，它们总称为脂环烃。

如果把直链烷烃化合物两端的两个碳原子连接起来形成环状结构，就形成了环烷烃(cycloalkane)。因碳骨架成环，故比烷烃少两个氢原子，其通式与烯烃一样，也是 C_nH_{2n}。环烷烃按照成环原子数目可分为小环（三、四元环，small ring)、普环（五～七元环，common ring)、中环（八～十一元环，medium ring）和大环（十二元以上环，marco ring）脂环烃。最简单的环烷烃含有三个碳原子，是一个三碳环化合物。

$CH_2—CH_2$ / CH_2（三元环） 可简写为 ▽

它是丙烯的同分异构体。含有三个以上碳原子的环烷烃，除与碳原子数相同的烯烃互为同分异构体外，还有环状的同分异构体。例如，含有四个碳原子的环烷烃就有两种；含五个碳原子的环烷烃有五个构造异构体。

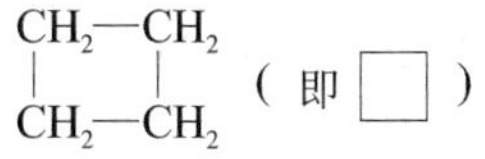

$CH_2—CH_2$ / $CH_2—CH_2$（即 □）

环丁烷

$CH_2—CH—CH_3$ / CH_2（即 ▽—）

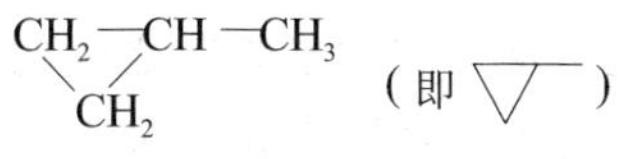

甲基环丙烷

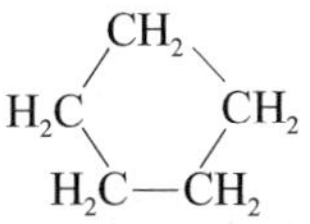

环戊烷 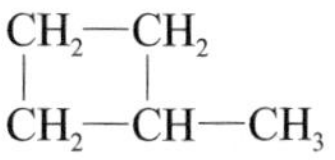 　甲基环丁烷 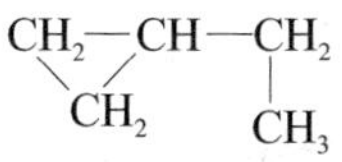 　乙基环丙烷 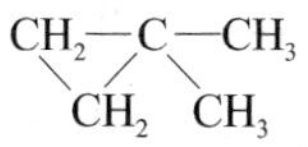 　1,1-二甲基环丙烷 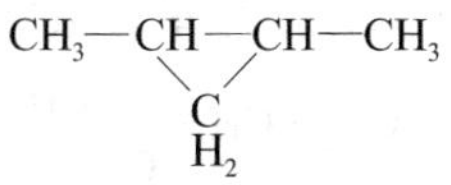 　1,2-二甲基环丙烷

环烷烃的命名与烷烃相似。以碳环作为母体，环上侧链作为取代基命名。环状母体的名

称是在同碳直链烷烃的名称之前加一个“环”字。例如，上列三个环烷烃就分别叫做环丙烷、环丁烷和甲基环丙烷。若环上有两个或更多的取代基，命名时应把取代基的位置标出。环上碳原子编号顺序，以取代基所在位置的号码最小为原则。例如：

1,2-二甲基环戊烷　　1-乙基-3-甲基环己烷　　1,1,4-三甲基环己烷

脂环烃的环上有双键的叫做环烯烃。有两个双键和有一个三键的则分别叫做环二烯烃和环炔烃。它们的命名也与相应的开链烃相似。以不饱和碳环作为母体，侧链作为取代基。环上碳原子编号顺序应是不饱和键所在位置号码最小，对于一个不饱和键的环烯（或炔）烃，因不饱和键总是在 C(1)—C(2) 之间，故双键（或三键）的位置也可以不标出来。例如：

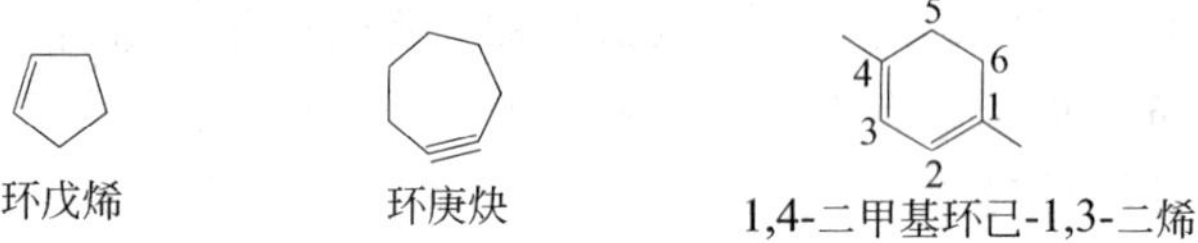

环戊烯　　环庚炔　　1,4-二甲基环己-1,3-二烯

带有侧链的环烯烃命名时，若只有一个不饱和碳上有侧链，该不饱和碳编号为 1；若两个不饱和碳都有侧链，或都没有侧链，则碳原子编号顺序除双键所在位置号码最小外，还要同时以侧链位置号码的加和数较小为原则。例如：

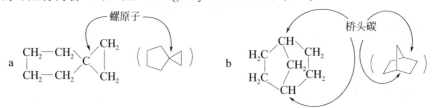

1-甲基环-1-己烯　　1,4-二甲基-环己-1,3-二烯　　1,6-二甲基环-1-己烯　　5-甲基环戊-1,3-二烯

根据分子中碳环的数目，可分为单环、二环或多环脂环烃。在二环化合物中，两个碳环共用一个碳原子的称为螺（环）烃（spiro hydrocarbon），如 a；两个碳环共用两个或两个以上碳原子的环烃称为桥（环）烃（bridge hydrocarbon），如 b。

螺原子　　桥头碳

螺环化合物中，两个环共用的碳原子叫做螺原子。命名螺环化合物时，根据组成环的碳原子总数，命名为“某烷”，加上词头“螺”。再把连接于螺原子的两个环的碳原子数目，按由小到大的次序写在“螺”和“某烷”之间的方括号里，数字用圆点分开。

双桥环化合物结构上的共同点是，都有两个“桥头”碳原子（即两个环共用的碳原子）和三条连在两个“桥头”上的“桥”。命名时根据组成环的碳原子总数命名为“某烷”，加上词头“双环”。再把各“桥”所含碳原子的数目，按由大到小的次序写在“桥”和“某烷”之间的方括号里，数字用圆点分开。例如：

螺[3.4]辛烷　　双环[2.1.0]戊烷　　双环[3.2.1]辛烷

环上有取代基或不饱和键时，需要把它们的位置表示出来。螺环烃的环上碳原子的编号，从连接在螺原子上的一个碳原子开始，先编较小的环，然后经过螺原子再编第二个环。桥环烃的环上碳原子编号则从一个桥头碳原子开始，先编最长的桥至第二个桥头；再编余下的较长的桥，回到第一个桥头；最后编最短的桥。而编号的顺序，以取代基位置号码加和数较小为原则。例如：

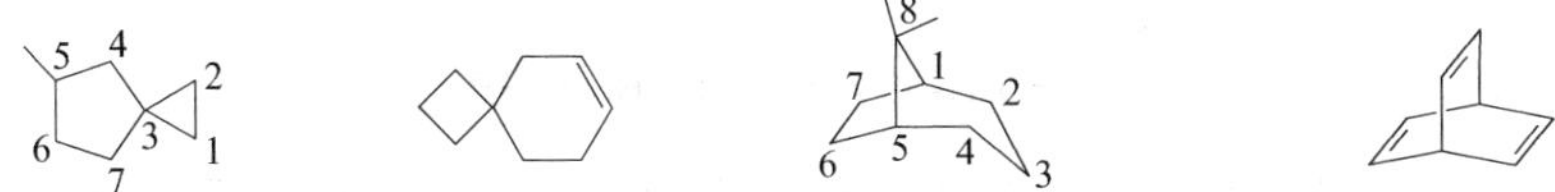

5-甲基螺[2.4]庚烷　　螺[3.5]壬-6-烯　　8,8-二甲基双环[3.2.1]辛烷　　双环[2.2.2]辛-2,5,7-三烯

由于碳原子连成环，环上 C—C 单键不能自由旋转。因此，在环烷烃的分子中，只要环上有两个碳原子各连有不同的原子或基团，就构成不同的顺反异构体存在。例如，1,4-二甲基环己烷就有顺反异构体。两个甲基在环平面同一边的是顺式异构体，两个甲基在环平面两边的是反式异构体。在书写环状化合物的结构式时，为了表示出环上碳原子的构型，可以把碳环表示为垂直于纸面（见下式Ⅰ、Ⅲ），将朝向前面（即向着读者）的三个键用粗线或楔形线表示，把碳上的基团排布在环的上边和下边（若碳上没有取代基只有氢原子，也可省略不写）。或者把碳环表示为在纸面上（见下式Ⅱ、Ⅳ），把碳上的基团排布在环的前方和后方，用实线表示伸向环平面前方的键，虚线表示伸向后方的键。因此 1,4-二甲基环己烷的顺反异构体可分别表示如下：

Ⅰ　　Ⅱ　　Ⅲ　　Ⅳ

5.2 脂环烃的性质

5.2.1 脂环烃的物理性质

环烷烃的性质和开链烷烃相差不大，环丙烷和环丁烷是气体，高级环烷烃是固体。环烷烃体系具有刚性和对称性，可以比直链烷烃排列得更紧密，范德华引力有所增强，故环烷烃的熔点和沸点都比相应的烷烃高一些，相比密度也比相应烷烃高，但仍比水轻。其中，熔点的变化相对无序，这可能和不同环的形状在晶格中堆积的有效性有关。常见环烷烃的物理常数见表 5-1。

表 5-1　环烷烃的物理常数

名称	熔点/℃	沸点/℃(0.1MPa)	相对密度	名称	熔点/℃	沸点/℃(0.1MPa)	相对密度
环丙烷	−127	−34	0.689	环己烷	6	80	0.778
环丁烷	−90	−12	0.689	环庚烷	8	119	0.810
环戊烷	−93	49	0.746	环辛烷	4	148	0.830

5.2.2 脂环烃的化学性质

(1) 环烷烃的化学反应

① 取代反应　环烷烃和烷烃一样，也是饱和烃。在光或热的引发下环烷烃可以发生卤

代反应，生成相应的卤代物。例如：

$$\square + Cl_2 \xrightarrow{h\nu} \square\!-Cl + HCl$$

$$⬠ + Cl_2 \xrightarrow{h\nu} ⬠\!-Cl + HCl$$

$$⬡ + Br_2 \xrightarrow{\triangle} ⬡\!-Br + HBr$$

② 开环反应——加成反应　环烷烃中小环化合物，特别是三碳环化合物，和一些试剂作用时容易发生环破裂而与试剂相结合的反应。这些反应常叫做开环反应，有时候也叫做加成反应。

a. 催化加氢　环烷烃在催化剂存在下与氢作用，可以开环而与两个氢原子相结合生成烷烃。但由于环的大小不同，催化加氢的难易不同。环丙烷很容易加氢，环丁烷需要在较高的温度下加氢，而环戊烷和环己烷则必须在更强烈的条件下，例如在 300℃以上用铂催化，才能加氢。

$$▷ + H_2 \xrightarrow[80℃]{Ni} CH_3CH_2CH_3$$

$$\square + H_2 \xrightarrow[200℃]{Ni} CH_3CH_2CH_2CH_3$$

$$⬠ + H_2 \xrightarrow[300℃]{Pt} CH_3CH_2CH_2CH_2CH_3$$

由催化加氢可以看出，三碳环和四碳环都比较容易开环，它们都不太稳定。

b. 加卤素或卤化氢　三碳环容易与卤素、卤化氢等加成，生成相应的卤代烃。例如：

$$▷ + HBr \xrightarrow{H_2O} CH_3CH_2CH_2Br$$

环丙烷的烷基衍生物与卤化氢加成时，环的破裂发生在含氢最多和含氢最少的两个碳原子之间，并且卤化氢的加成符合马尔科夫尼科夫规律。例如：

$$▷\!-CH_3 + HBr \longrightarrow CH_3\underset{\displaystyle Br}{\underset{|}{C}}HCH_2CH_3$$

以上这些反应，在常温下即能进行。

四碳环不像三碳环那么容易开环，在常温下与卤素、卤化氢等不发生反应。

氧化反应在常温下，环烷烃与一般氧化剂（如高锰酸钾水溶液、臭氧等）不起反应。即使环丙烷，常温下也不能使高锰酸钾溶液褪色。但是在加热时与强氧化剂作用，或在催化剂存在下用空气氧化，环烷烃可以氧化成各种氧化产物。例如，用热硝酸氧化环己烷，则环破裂生成二元酸。

$$\begin{array}{l}CH_2CH_2COOH\\ |\\ CH_2CH_2COOH\end{array} \xleftarrow[O_2]{Co催化剂} ⬡ \xrightarrow[\triangle]{HNO_3} \begin{array}{l}CH_2CH_2COOH\\ |\\ CH_2CH_2COOH\end{array}$$

环烷烃脱氢能成为芳香族化合物，把石油中的环烷烃或开链烷烃转化为芳香烃的过程称为芳构化（aromatization），这是获得苯、甲苯等基本有机化工产品的重要手段。

（2）环烯烃和环二烯烃的反应

① 环烯烃的加成反应　环烯烃像烯烃一样，双键很容易发生加氢、加卤素、加卤化氢、加硫酸等反应。例如：

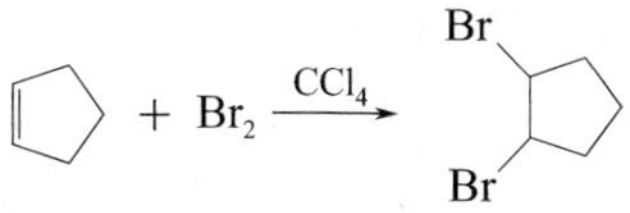

② 环烯烃的氧化反应　环烯烃的双键也容易被氧化剂如高锰酸钾、臭氧等氧化而断裂生成开链的氧化产物。例如：

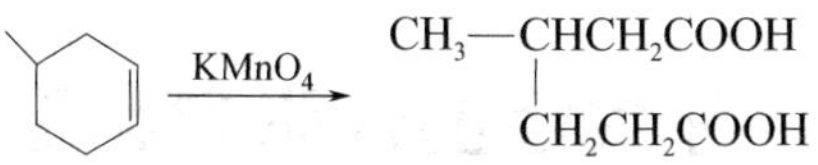

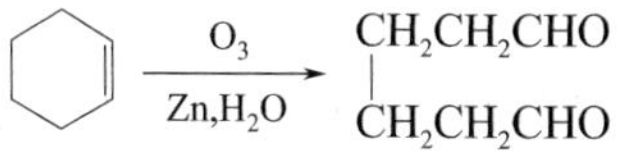

③ 共轭环二烯烃的双烯加成反应　具有共轭双键的环二烯烃具有共轭二烯烃的一般性质，也能与某些不饱和化合物发生双烯加成反应。例如：

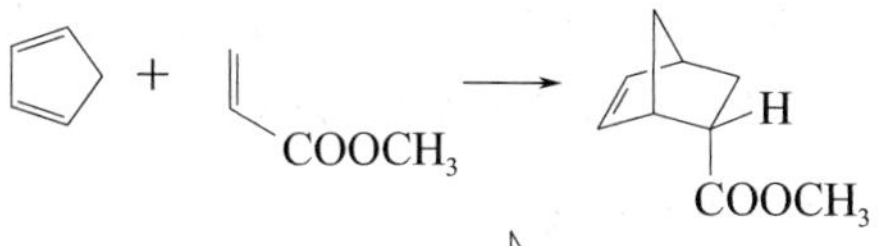

双环[2.2.1]庚-5-烯-2-羧酸甲酯

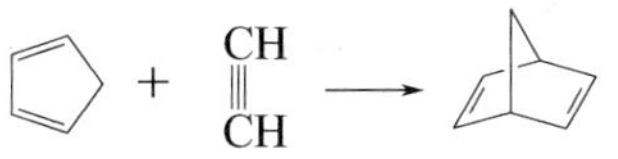

双环[2.2.1]庚-2,5-二烯

环戊二烯的双烯加成反应，是合成含有六元环的双环化合物的好方法。

环戊二烯在常温下能合成二聚环戊二烯，这是两分子环戊二烯之间发生了双烯加成的结果。一分子环戊二烯作为双烯体，另一分子则作为亲双烯体参加了反应。二聚环戊二烯受热又可分解成环戊二烯。

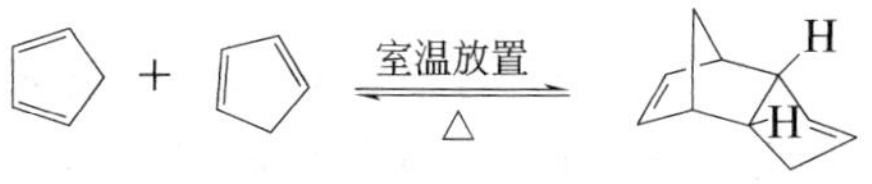

二聚环戊二烯

5.3 环烷烃的来源与制备

石油中有一些五元和六元环烷烃及它们的衍生物，含量为0.1%～1.0%，随产地不同而有所不同。纯粹的环己烷可以由苯加氢来制备，纯度不高的环己烷由石油重整产物分离而产生。

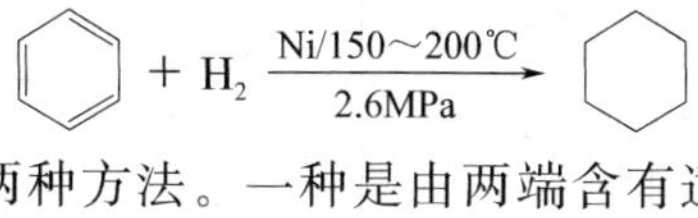

合成脂环烃化合物通常有两种方法。一种是由两端含有适当官能团的开链化合物为原料发生分子内的环化反应（cyclization）。例如：

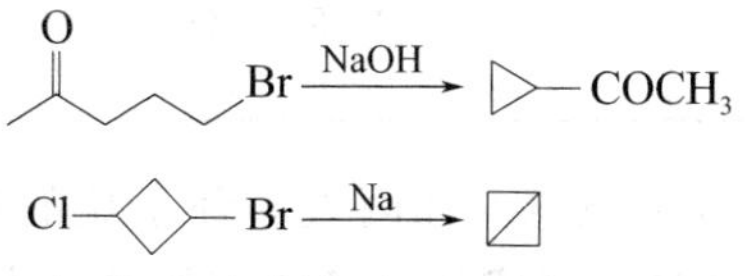

二是通过分子间反应得到，如卡宾和烯烃加成制备三元环：

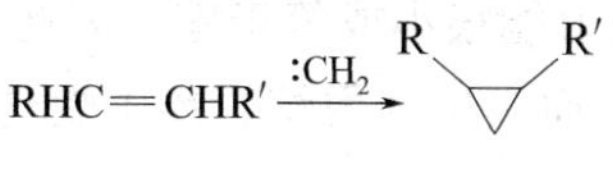

$$RHC{=}CHR' \xrightarrow{:CH_2}$$

由 Diels-Alder 双烯合成法可得到六元环：

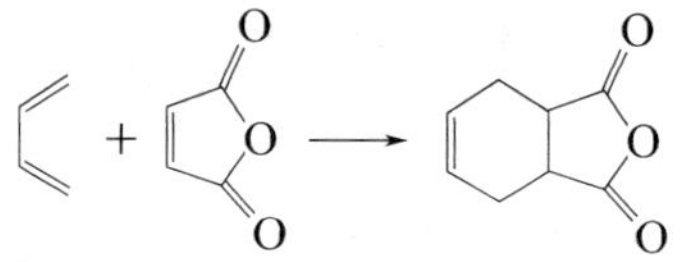

制备四元环可以通过烯烃在光照作用下的环加成反应得到，普环可以经由各种缩环反应得到。

5.4 环烷烃的环张力和稳定性

根据燃烧热（ΔH_c）的测定，已知烷烃分子中每增加一个 CH_2，燃烧热的增值基本上一定，平均为 658.6kJ·mol^{-1}。

环烷烃的燃烧热也随碳原子数的增加而增加，但不像烷烃那样有规律。环烷烃的通式是 C_nH_{2n}，即 $(CH_2)_n$。因此环烷烃分子中每个 CH_2 的燃烧热是 $\Delta H_c/n$。由表 5-2 可以看出，环烷烃不仅不同分子的燃烧热不同，并且不同分子的每个 CH_2 的燃烧热也不同。

表 5-2 环烷烃的燃烧热

环烷烃	ΔH_c/kJ·mol^{-1}	$\frac{\Delta H_c}{n}$/kJ·mol^{-1}	环烷烃	ΔH_c/kJ·mol^{-1}	$\frac{\Delta H_c}{n}$/kJ·mol^{-1}
环丙烷	2091.3	697.1	环辛烷	5310.3	663.6
环丁烷	2744.1	686.2	环壬烷	5981.0	664.4
环戊烷	3320.1	664.0	环癸烷	6635.8	663.6
环己烷	3951.7	658.6	环十五烷	9884.7	658.6
环庚烷	4636.7	662.3	烷烃	—	658.6

大多数环烷烃的 $\Delta H_c/n$ 比烷烃的每个 CH_2 的燃烧热高。这就表明环烷烃比开链烷烃具有更高的能量。这高出的能量叫做张力能。例如环丙烷的 $\Delta H_c/n$ 为 697.1kJ·mol^{-1}，比烷烃的每个 CH_2 的燃烧热（658.6kJ·mol^{-1}）高 38.5kJ·mol^{-1}。这个差值就是环丙烷分子中每个 CH_2 的张力能。环丙烷有三个 CH_2，因此分子的总张力能为 $38.5\times3=115.5$kJ·mol^{-1}。不同的环烷烃张力能不同（见表 5-3）。环己烷的每个 CH_2 燃烧热与烷烃相等，它的张力能为零。因此环己烷是个没有张力能的环状分子。

表 5-3 环烷烃的张力能

环烷烃	每个 CH_2 的张力能（$\Delta H_c/n$ −658.6）/kJ·mol^{-1}	总张力能/kJ·mol^{-1}	环烷烃	每个 CH_2 的张力能（$\Delta H_c/n$ −658.6）/kJ·mol^{-1}	总张力能/kJ·mol^{-1}
环丙烷	38.5	115.5	环辛烷	5.0	40.0
环丁烷	27.6	120.4	环壬烷	5.8	52.2
环戊烷	5.4	27.0	环癸烷	5.0	50.0
环己烷	0	0	环十五烷	0	0
环庚烷	3.7	25.9			

环烷烃的张力愈大，分子愈不稳定。环丙烷和环丁烷的张力能比其他的环烷烃都大很多，因为它们最不稳定，容易开环。环戊烷、环庚烷等的张力能不太大，因此比较稳定。环己烷和 C_{12} 以上的大环化合物的张力能很小或等于零，因此它们都是很稳定的化合物。

为什么大多数环烷烃有张力，而其中环丙烷、环丁烷这两个小环的张力又特别大呢？要回答这个问题，必须了解环烷烃的结构。

5.5 环烷烃的结构

在烷烃分子中，碳原子是 sp^3 杂化。当碳原子成键时，它的 sp^3 杂化轨道沿着轨道对称轴与其他原子的轨道交盖，形成 109.5°的键角。环烷烃的碳原子也是 sp^3 杂化的。但是为了形成环，碳原子的键角就不一定是 109.5°，环的大小不同，键角不同。

5.5.1 环丙烷的结构

在环丙烷分子中，三个碳原子形成一个正三角形。sp^3 杂化轨道的夹角是 109.5°，而正三角形的内角是 60°，因此，在环丙烷分子中，碳原子形成 C—C σ 键时，sp^3 杂化轨道不可能沿轨道对称轴实现最大的交盖（见图 5-1）。

为了能交盖得好些，每个碳原子必须把形成 C—C 键的两个杂化轨道间的角度缩小。根据物理方法的测定，已知环丙烷的 C—C—C 键角是 104°。它的 C—H 键键长是 0.1089nm，比烷烃的 C—H 键键长（0.1095nm）短些，它的 H—C—H 键角是 115°，比甲烷的 H—C—H 键角（109.5°）大些（见图 5-2）。由此形成的环丙烷，其 C—C—C 键角（104°）虽然比 109.5°小，但还是比 60°大。因此碳碳之间的杂化轨道仍然不是沿两个原子之间的连线交盖的。这样的键与一般的 σ 键不一样，它的电子云没有沿轨道轴对称，而是分布在一条曲线上，故通常称之为弯曲键。

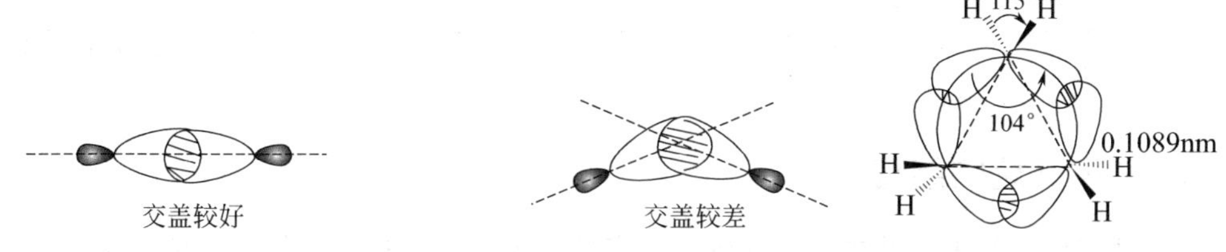

图 5-1　σ 键轨道的交盖

图 5-2　环丙烷分子中的弯曲键

弯曲键与正常的 σ 键相比，轨道交盖的程度较小，因此比一般的 σ 键弱，并且具有较高的能量。这就是环丙烷张力较大，容易开环的一个重要因素。这种小环烃分子中的键角受到压缩偏离正常键角而产生的张力称为角张力（angle strain）。

除角张力外，环丙烷的张力比较大的另一个因素是扭转张力。在第 2 章中已经讨论过，重叠式构象比交叉式构象能量高，比较不稳定。环丙烷的三个碳原子在同一平面上，相邻两个碳上的 C—H 键都是重叠式的，因此也具有较高的能量。这种构象是重叠式引起的张力，叫做扭转张力（torsional strain）。

环丙烷的张力较大，分子能量较高，所以很不稳定，在化学上就表现为容易发生开环反应。

5.5.2 环丁烷的结构

环丁烷是由四个碳原子组成环。如果环是平面结构，正四边形内角是 90°，所以环丁烷的 C—C 键也只能是弯曲键。不过，其键弯曲的程度比较小（见图 5-3）。但环丁烷有四个弯曲键，比环丙烷多一个。同时，环丁烷相邻碳上的 C—H 键也都是重叠式的，并且环丁烷比

环丙烷多一个 CH_2 环节，所以处于重叠式构象的 C—H 键比环丙烷还要多。因此，环丁烷的环张力也还是比较大的。

但实际上环丁烷的四个碳原子不在一个平面上。环丁烷分子是通过 C—C 键的扭转而以一个折叠的碳环形式存在的。因为这样可以减少 C—H 键的重叠，从而使环张力相应降低。环丁烷折叠式构象是四个碳原子中，三个分布在同一平面上，另一个处于这个平面之外（见图 5-4）。环丁烷的这种构象虽较平面构象能量有所降低，但环张力还是相当大的。所以环丁烷也是不稳定的化合物。

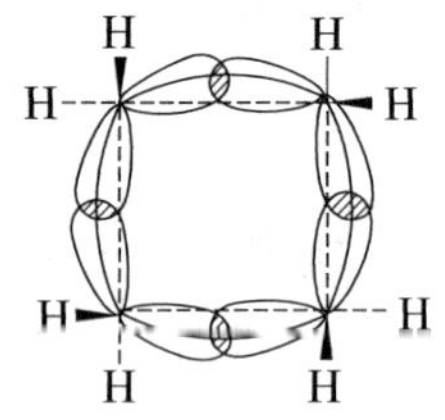

图 5-3　环丁烷分子中的弯曲键

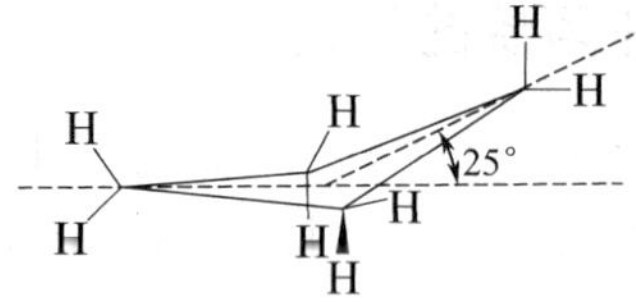

图 5-4　环丁烷的构象

5.5.3　环戊烷的结构

环戊烷如果是平面结构，C—C—C 夹角应是 108°，这与正常的 sp^3 键角相近，故这种结构没有什么角张力。但在平面结构中，所有 C—H 键都是重叠的，因此有较大的扭转张力。为降低扭转张力，环戊烷实际上是以折叠环的形式存在的，它的四个碳原子基本在一个平面上，另一个碳原子则在这个平面之外。这种构象叫做“信封式”构象（见图 5-5）。

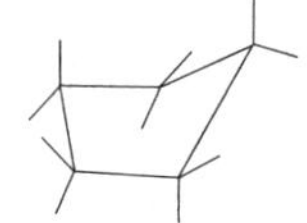

图 5-5　环戊烷的构象

在这种构象中，分子的张力不太大，因此环戊烷的化学性质比较稳定。

5.5.4　环己烷的结构

环己烷也不是平面结构，它的较为稳定的构象是折叠的椅型构象和船型构象。这两种构象的透视式和纽曼投影式如图 5-6 所示。

在椅型构象中，所有 C—C　C 键角基本保持 109.5°。而任何两个相邻碳上的 C—H 键都是交叉式的。所以环己烷的椅型构象是个无张力环。在船型构象中，所有键角也都接近 109.5°，故也没有角张力。但其相邻碳上的 C—H 键却并非全是交叉的。图 5-6 的船型构象中，C-2 和 C-3 上的 C—H 键，以及 C-5 和 C-6 上的 C—H 键，都是重叠式的。这从船型构象的纽曼投影式（Ⅳ）可以清楚地看出来，此外，在船型构象中，C-1 和 C-4 上的两个向内伸的氢原子（见图 5-6Ⅲ）之间，由于距离较近而互相排斥，这也使分子的能量有所升高。船型和椅型相比，船型的能量高得多，也就不稳定得多。许多物理方法已经证实，在常温

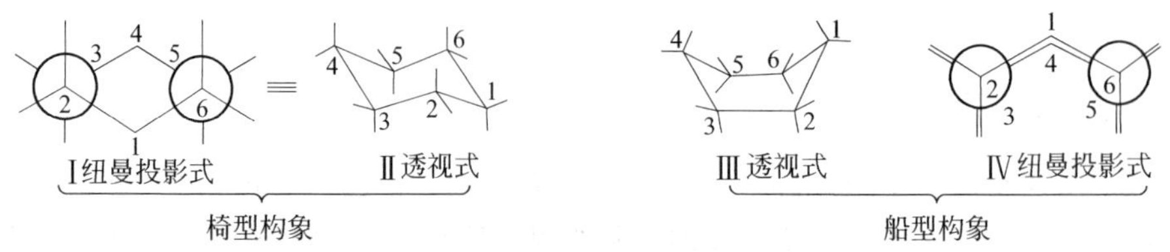

图 5-6　环己烷的椅型和船型构象

下，环己烷的椅型和船型构象是互相转化的，在平衡混合物中，椅型占绝大多数（99.9%以上），椅型没有张力。所以环己烷具有与烷烃类似的稳定性。

椅型环己烷的六个碳原子在空间分布在两个平面上（见图 5-7）。C-1、C-3 和 C-5 在平面 P 上，C-2、C-4 和 C-6 在平面 P'上，平面 P 和 P'平行。图中 A 线垂直于 P 平面，是椅型构象的对称轴。环己烷有 12 个 C—H 键。在椅型构象中，它们可分成两种：一种与对称轴平行，叫做直立键或 a 键；另一种与对称轴成 109.5°的倾斜角，叫做平伏键或 e 键（见图 5-8）。

图 5-7　环己烷椅型构象中碳原子的空间分布　　图 5-8　椅型构象中的两种 C—H 键

环己烷分子并不是静止的，通过 C—C 键的不断扭动，它可以由一种椅型翻转为另一种椅型（见图 5-9）。

构象翻转后，原来分布在 P 平面上的三个碳原子转移到 P'平面上，原来在 P'平面上的碳原子则转移到 P 平面上。同时，原来的 a 键变成 e 键，原来的 e 键变成 a 键。而后一种椅型又可以再翻转成原来的椅型。

在常温下，这种构象的翻转进行得非常快。因此环己烷实际上是以两种椅型互相转化达到动态平衡的形式存在的。在平衡体系中，这两种构象各占一半。不过因为六个碳上连的都是氢原子，所以这两种椅型构象是等同的分子。

环己烷衍生物绝大多数也以椅型构象存在，且大都可以进行构象翻转。但翻转前后的两种构象可能是不相同的。例如甲基环己烷，如果原来甲基连在 e 键上，构象翻转后，甲基就连在 a 键上了。也就是说，构象翻转的前后是两种结构不同的分子（见图 5-10）。这两种甲基环己烷结构不同，能量上也有差异。因此，在互相翻转的动态平衡体系中，它们的含量不等。

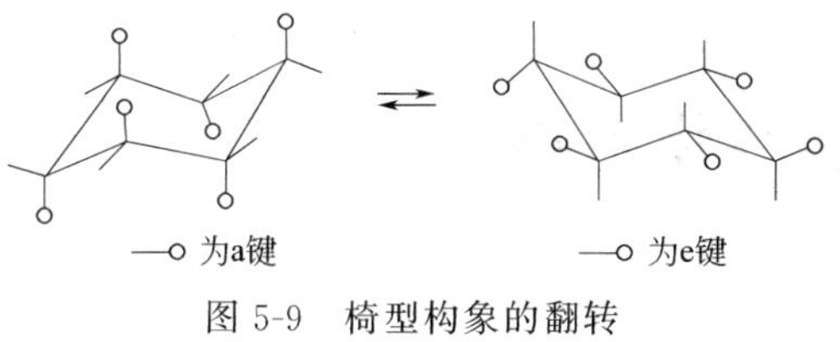

—o 为a键　　—o 为e键

图 5-9　椅型构象的翻转

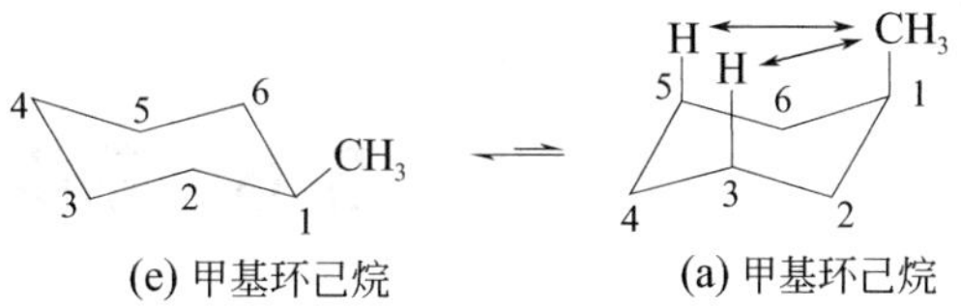

(e) 甲基环己烷　　(a) 甲基环己烷

图 5-10　甲基环己烷椅型构象的翻转

甲基连在 a 键上的构象与连在 e 键上的相比，具有较高的能量，比较不稳定。因为 a 键上的甲基与 C-3、C-5 的 a 键氢原子之间没有排斥作用，故分子能量较低。因此，在平衡体系中，e 键甲基环己烷占 95%，a 键甲基环己烷只占 5%。

环己烷的各种一元取代物都是取代基在 e 键上的构象，它比取代基在 a 键上的稳定。当取代基的体积很大时（例如叔丁基、苯基），平衡体系中 a 键取代物含量极少。如果环己烷有多个取代基，往往是 e 键取代基最多的构象最稳定。

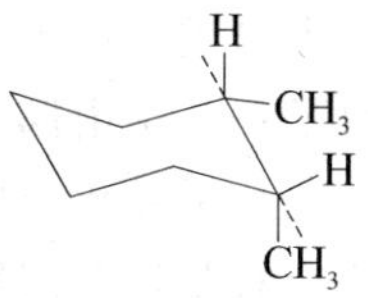

例如，1,2-二甲基环己烷有顺式和反式两种异构体。在顺式异构体分子中，两个甲基只可能一个在 a 键上，另一个在 e 键上。

在反式异构体分子中，两个甲基或者都在 a 键上，或者都在 e 键上，都在 e 键上的构象要比都在 a 键上的稳定得多。所以 *trans*-1,2-二甲基环己烷是以两个甲基都在 e 键上的构象存在的。*cis*-1,2-二甲基环己烷只能有一个甲基在 e 键上。所以 1,2-二甲基环己烷的顺、反两种异构体中，反式的比顺式的稳定。

又如，*cis*-4-叔丁基环己醇的两种构象中，叔丁基在 e 键上的构象比在 a 键上的另一种构象稳定得多。

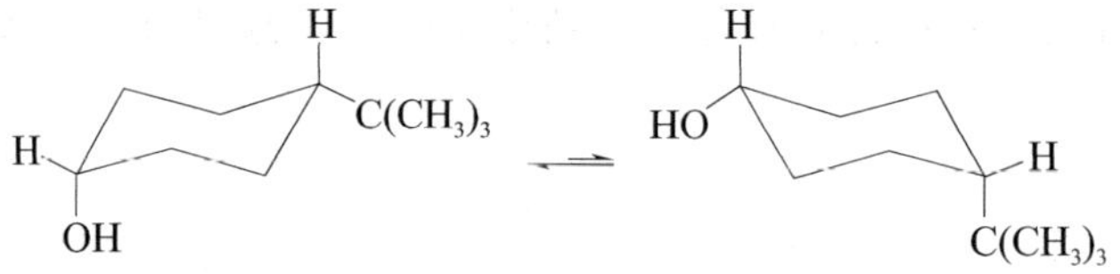

H OH H C(CH$_3$)$_3$ ⇌ H HO H C(CH$_3$)$_3$

5.5.5 十氢化萘的结构

十氢化萘是双环［4.4.0］癸烷的广为采用的习惯名称。它有顺式和反式两种构型。可用下式表示：

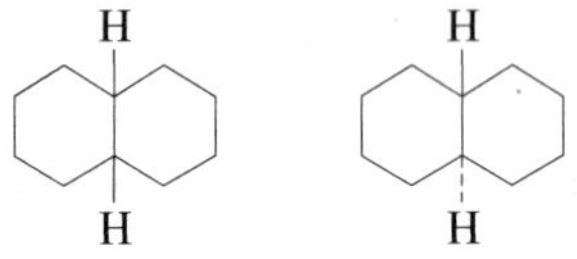

顺十氢化萘　　反十氢化萘

顺十氢化萘和反十氢化萘都不是平面结构。它们各自的两个六碳环都是椅型的。

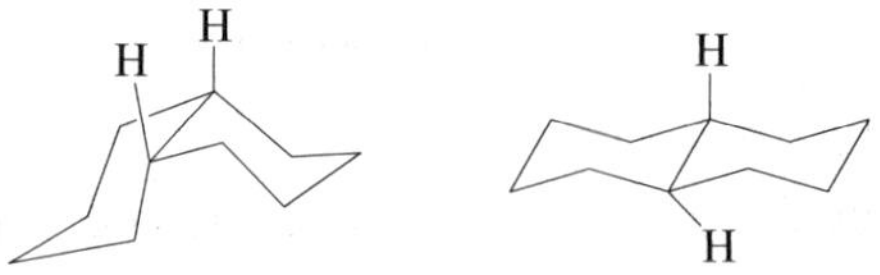

顺十氢化萘　　反十氢化萘

顺式和反式十氢化萘的稳定性不同。后者比前者稳定，因为它的结构比较平整。而在顺式异构体分子中，环下方几个 a 键上的氢原子比较靠拢，有些拥挤，故分子能量高，比较不稳定。

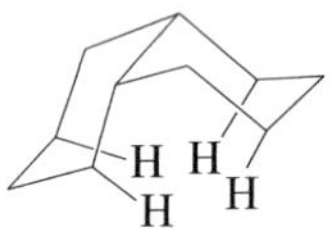

5.6 萜类和甾族化合物

5.6.1 萜类

萜类化合物又称为萜烯类化合物。它们是广泛存在于植物和动物体内的天然化合物，并且是从植物中提取而得的香精油的主要成分。这类化合物结构上的特点是，都具有聚异戊二烯的碳骨架。也就是说，它们的碳骨架都可以看作是由异戊二烯（ 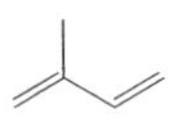 ）聚合而成的。根据分子中所含异戊二烯单元的多少，萜烯可以分为单萜、倍单萜、二萜、三萜等。单萜是由两个异戊二烯单元构成，含有 10 个碳原子；倍半萜由三个异戊二烯单元构成，含有 15 个碳原子；二萜由四个异戊二烯单元构成，含有 20 个碳原子；余类推。

萜烯类化合物有的是开链结构，有的具有碳环（单环或者多环）。有些萜烯是烃，而有些含有某种官能团，特别是含氧官能团。下面为各类萜烯举例。

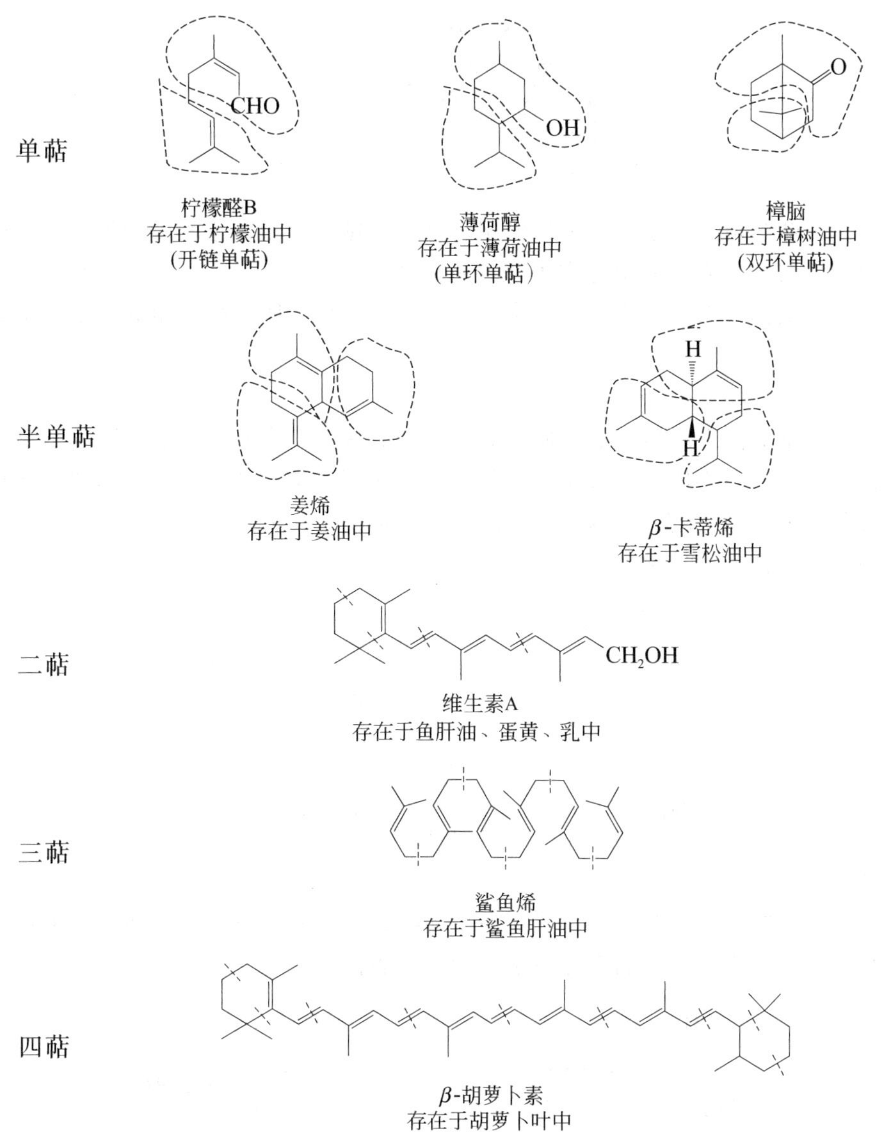

柠檬醛B 存在于柠檬油中 (开链单萜)；薄荷醇 存在于薄荷油中 (单环单萜)；樟脑 存在于樟树油中 (双环单萜)

姜烯 存在于姜油中；β-卡蒂烯 存在于雪松油中

维生素A 存在于鱼肝油、蛋黄、乳中

鲨鱼烯 存在于鲨鱼肝油中

β-胡萝卜素 存在于胡萝卜叶中

5.6.2 甾族化合物

甾族化合物也是一类广泛存在于动植物体内的天然有机化合物。许多甾族化合物具有重要的生理作用。

甾族化合物都含有一个叫做甾核的四环碳骨架，并且环上一般还有三个侧链。R^1 和 R^2 常为甲基，称为角甲基。R^3 一般为较长的碳链或者含氧、含氮官能团。许多甾族化合物除这三个侧链外，甾核上还有双键、羟基或其他取代基。命名时常以带有一定 R^3 侧链的烃作为母体，把分子中含有其他取代基或官能团的有机化合物看作是这个母体的衍生物。例如，当 R^3 为 $(CH_3)_2CHCH_2CH_2CH_2CH(CH_3)—$ 时，母体名称是胆甾烷。它的环上和侧链上碳原子的编号如下：

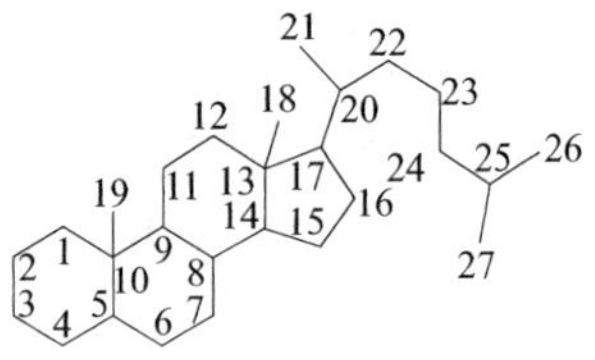

用这样的方法来命名甾族化合物，名称仍相当复杂（见下列胆甾族和麦角甾醇的名称）。因此，通常采用的是与天然来源或生理作用有关的俗名。

甾族化合物一般根据天然存在和结构分类。可以分为甾醇、胆汁酸、甾族激素、甾族生物碱等。

（1）甾醇

甾醇是含有醇羟基的固态物质，故又叫做固醇。它们常以游离状态或高级脂肪酸酯的形式存在于动植物体内。动植物体内最常见的是胆甾醇（因最初是由胆石中分离提取得到的，故俗名胆甾醇或胆固醇）。它存在于动物的血液中，特别是脑和脊髓中。植物体内的甾醇可以麦角甾醇为例，它存在于酵母中。

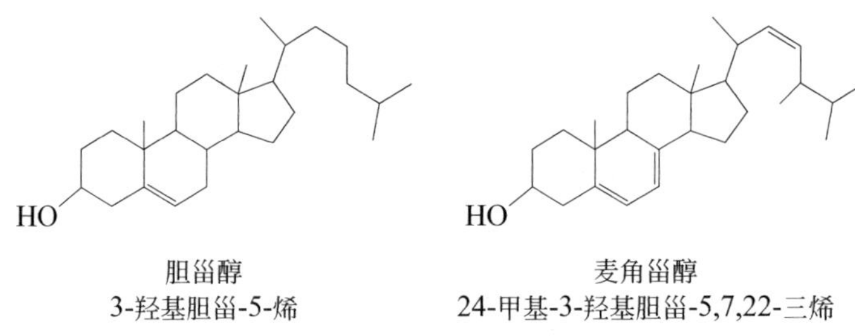

胆甾醇　　麦角甾醇

3-羟基胆甾-5-烯　　24-甲基-3-羟基胆甾-5,7,22-三烯

（2）胆汁酸

胆汁酸常与氨基酸结合后以酰胺的形式存在于动物的胆汁中，具有促进油脂消化和吸收的功能。例如胆酸和去氧胆酸，它们都存在于人和牛的胆汁中。

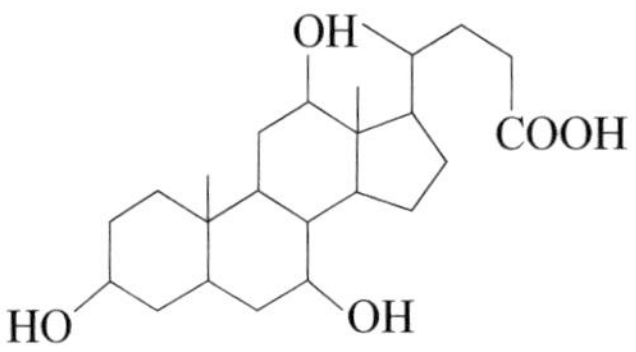

胆酸 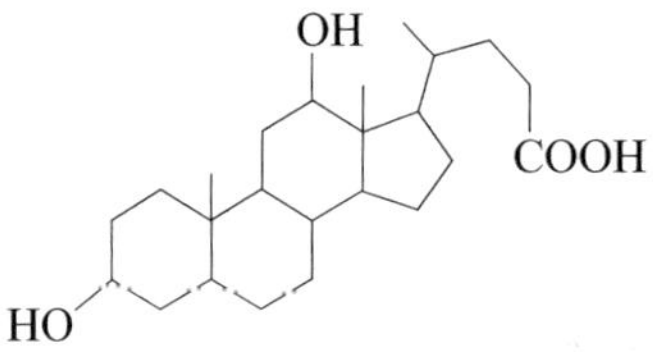　　去氧胆酸

（3）甾族激素

激素是动物体内无管腺分泌的一类具有生理活性的化合物，它们对动物体各种生理机能和代谢过程起着重要的协调作用。具有甾族结构的甾族激素是激素中的一大类，其中又包含性激素和肾上腺皮质激素两种。性激素是高等动物性腺分泌的激素，能控制生理作用。男性激素和女性激素都有很多种。在生理上各有特定的功能。例如，睾酮是一种由睾丸分泌的男性激素，雌二醇是一种由卵巢分泌的女性激素。

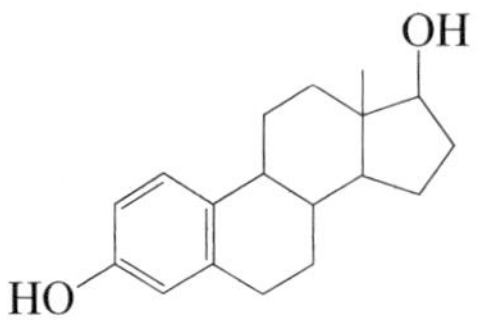

雌二醇 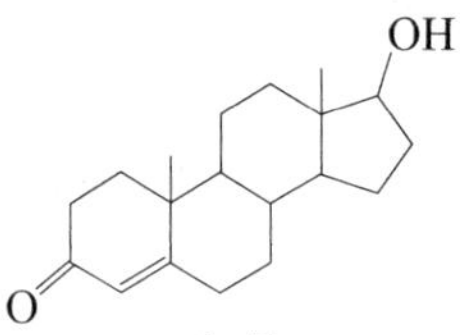　　睾酮

肾上腺皮质激素是哺乳动物肾上腺皮质分泌的激素。例如可的松：

可的松

（4）甾族生物碱

生物碱是存在于生物（特别是植物）中的一类含氮的碱性化合物，常具有显著的生理作用。生物碱种类很多，其中具有甾族结构的是甾族生物碱。它们常与糖类物质结合在一起，存在于生物体中。例如，由茄属植物和土豆芽中分离出来的茄定就是一种生物碱。

茄定

阅读材料：1905年诺贝尔化学奖获得者：阿道夫·冯·贝耶尔

阿道夫·冯·贝耶尔（Adolf Von Baeyer，1835—1917年）德国有机化学家，1835年10月31日生于柏林。由于合成靛蓝，对有机染料和芳香族化合物的研究作出重要贡献，获得1905年诺贝尔化学奖。

影响一生的生日礼物

满心欢喜的贝耶尔蹦跳着进了外婆家，屋内却如平常一样。他有些失望，于是每时每刻都在想象着生日活动会出其不意地到来，但母亲好像忘了今天是他的生日，一句有关过生日的话都没有说。细心的母亲早就看出了他的心思。贝耶尔的母亲是著名律师和历史学家的女儿，她特别重视对子女的教育；她爱自己的儿子，深知贝耶尔是一个聪明的孩子，教育得法将来一定会有出息的。母亲慈爱地摸摸贝耶尔的头，温柔地说：“妈妈生你时，爸爸已经41岁了，还是一个大老粗。但他不甘心没有文化知识，现在跟你一样正在努力学习，明天就要参加考试。妈妈当然记得你的生日啦，可是要给你过生日的话，你想想是不是要耽误爸爸的学习呀？”贝耶尔似懂非懂地点了点头，心里仍带着一丝遗憾。

“我知道你很想过生日。”母亲接着说：“但年纪大了再学习是一件多么不容易的事，你就不清楚了，这要等你长大了才会知道。爸爸小时候没有像你一样的学习机会，现在才开始学习虽说晚了一点，但是只要坚持下去就一定会取得成果的。我们支持爸爸学习，他会非常高兴的，爸爸会更爱你的。这不也是很好的生日礼物吗？”

母子俩走着说着，小贝耶尔的眉头渐渐地舒展开了。他爱学习，也爱爸爸，尽管没有生日礼物，他也幸福地笑了。母亲又趁机教育他：“你现在正是学习的大好时候，你一定要努力，长大了才可以为社会做更多的事情，才会成为一个有本领的人。”母亲的一番话说得贝耶尔心里热乎乎的，爸爸已经 50 多岁了，还在努力学习，他那有些发白的头发和灯下看书的专注神情不时浮现在贝耶尔眼前。父亲就是他学习的榜样。贝耶尔的父亲约翰·佐柯白曾长期在普鲁士军队中服务，官至总参谋部陆军中将。他虽然出身行伍，却对科学技术的发展非常感兴趣，但是日常工作很繁忙，没有时间学习。为此他非常苦恼，经常向一位牧师述说自己的心愿。牧师劝他退休后再作学习打算也不迟，只要坚持必能有一技之长。贝耶尔的父亲牢记牧师之言，50 岁时开始从师学习地质学。周围的人对他冷嘲热讽，他全然不顾。贝耶尔的母亲深知丈夫的心志，全力支持他学习。通过多年学习，贝耶尔的父亲成了专家，76 岁时竟出任柏林地质研究院院长。父亲的刻苦勤奋为贝耶尔树立了极好的榜样，也使幼年的贝耶尔受到了影响。

从此贝耶尔更加勤奋地读书。10 岁生日当晚回家路上，母亲所说的话对他一生都产生了深刻的影响。后来他回忆道："这是母亲送给我 10 岁生日最丰厚的礼品。"

榜样的力量

那一年，贝耶尔还在上大学，他与父亲随便谈起凯库勒教授。凯库勒教授那时已经是德国有机化学的权威了，年轻气盛的贝耶尔随口对父亲说："凯库勒吗，只比我大 6 岁……"父亲立刻摆手打断了他的话，恨恨地瞪了他一眼，问道："难道学问是与年龄成正比的吗？大 6 岁怎么样，难道就不值得学习吗？我学地质时，几乎没有几个老师比我大，老师的年龄比我小 30 岁都有，难道就不要学了？"

此事对贝耶尔的震动很大，教育极深，后来他常对人讲："父亲一向是我的榜样，他给我的教育很多，最深刻的算是这一次了。"

贝耶尔敬重父母，不仅是因为父母经常纠正他的错误、关心他的成长，更重要的是父母的言行给了他最好的教育。每当学习、研究遇到困难的时候，他的脑海里就会浮现出戴着老花眼镜的父亲在灯下伏案学习的情景。一个五六十岁的老人竟有从头开始学习的信心和毅力，而年纪轻轻的他难道还有什么不能克服的困难吗？

研究成果

贝耶尔毕生从事有机化学方面的科学研究。

Baeyer 张力学认为，偏转角越大，角张力就越大。从能量来讲，张力大的结构能量比较高，比较不稳定。

自 1883 年合成三元和四元碳环化合物后，人们发现：小环化合物比较容易开环，而五元、六元环系则是稳定的。为了解释各种环的稳定性，1885 年，贝耶尔提出了张力学说（strain theory）。该学说认为：所有环型化合物都具有平面型结构（plane struture）。因此可以用公式偏转角=(109°28′－正多边形的内角)/2 来计算不同的碳环化合物中 C—C—C 键角与 sp^3 杂化轨道的正常键角 109°28′的偏离程度。三元至八元的环烷烃 C—C—C 键角及每根 C—C 键的偏转程度分别为：+24°44′、+9°44′、+0°44′、−5°16′、−9°33′、−12°46′（此数值表示为每根键屈挠的角度，正表示键向内屈挠，负表示键向外屈挠）。键的屈挠，意味着化合物的内部产生了张力，因为这种张力是由于键角的屈挠引起的，故叫做角张力，又称为"Baeyer 张力"。

除此之外，贝耶尔在有机染料、芳香剂、合成靛蓝和含砷物的研究方面，更是取得了卓越的成就。他第一个研究和分析了靛青、天蓝、绯红三种现代基本染素的性质与分子结构，创建了第一流的新型化学实验室，建立了著名的贝耶尔碳环种族理论。他研究和合成的种种染料与芳香剂，使世界上的妇女们能打扮得比以往更漂亮、更动人。当我们今天置身于那色彩斑斓、如花似锦的纺织品世界和香气扑鼻的化妆品世界时，怎么能忘记这位为美化人类生活而辛劳一生的科学家呢？

为了表彰贝耶尔在研究染料和有机化合物等方面的卓越贡献，1905 年，当他 70 岁时，瑞典皇家科学院授予他诺贝尔化学奖。

贝耶尔的研究成果，使世界上建起了无数个化工厂。从此，世界有机化学工业进入了一个新的发展阶段。

习　题

5-1　命名下列各化合物。

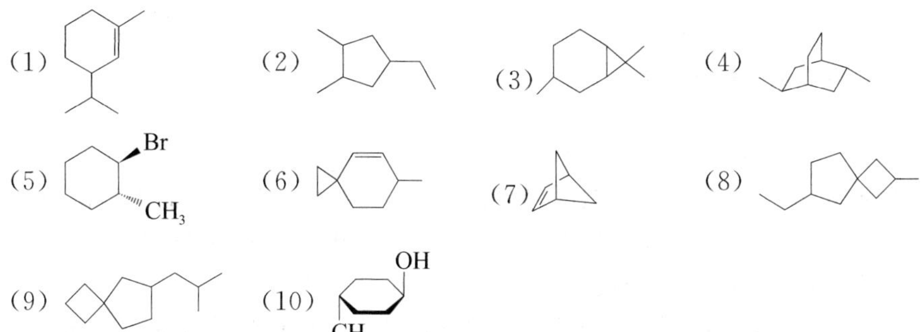

5-2　画出下列化合物的结构式或最稳定构象。

(1) 1,1-二甲基环辛烷　　(2) 2,3-二甲基环戊-1-烯

(3) 3-乙基环己-1,4-二烯　　(4) 双环［4.4.0］庚烷

(5) 螺［4.6］十一碳-6-烯　　(6) 2-甲基螺［3.5］壬烷

(7) 双环［3.2.1］辛烷　　(8) *cis*-1-甲基-4-叔丁基环己烷的稳定构象式

(9) 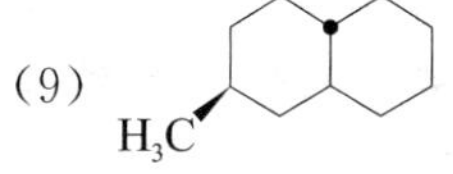

(10) 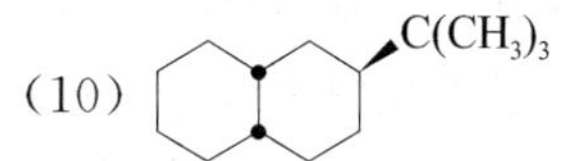

5-3　下列化合物是否有顺反异构体？若有，写出它们的立体结构式。

(1) $=CHCH_3$　　(2) $-CH=C(CH_3)_2$　　(3) CH_3

(4)　　(5) $Cl-$ $-CH=CHCH_3$　　(6) Cl, Cl, Cl

5-4　完成下列方程式。

(1) $\xrightarrow{HBr}$ (　　　　　　　)

(2) CH_3 $\xrightarrow{H_2}$ (　　　　　　　)

$\xrightarrow{Br_2}$ (　　　　　　　)

$\xrightarrow{O_3}$ (　　　　　　　) $\xrightarrow[Zn]{H_2O}$ (　　　　　　　)

$\xrightarrow{HBr}$ (　　　　　　　)

(3) $+ SOCl_2 \xrightarrow{(C_6H_5COO)_2}$ (　　　　　　　)

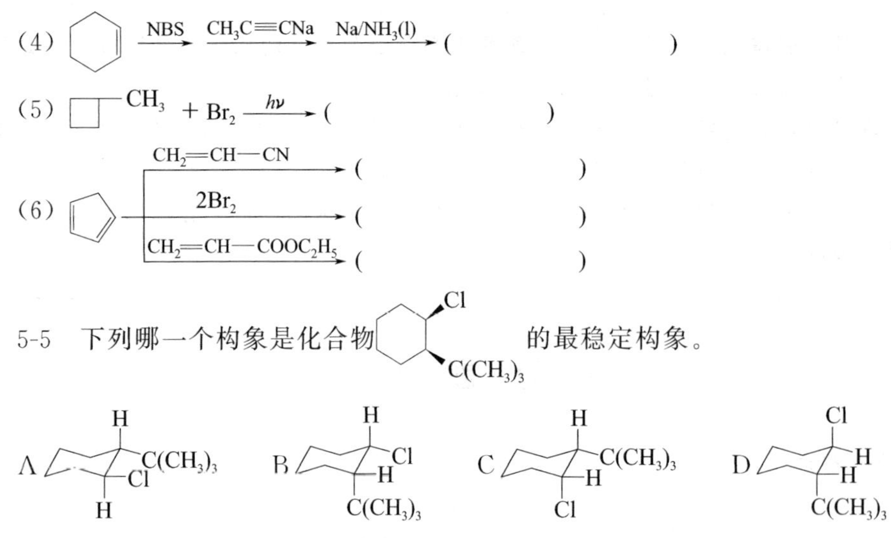

5-5　下列哪一个构象是化合物的最稳定构象。

5-6　用化学方法鉴别下列化合物。

（1）　（2）　（3）

5-7　化合物 A 和 B 是分子式为 C_6H_{12} 的两个同分异构体，在室温下均能使 Br_2-CCl_4 溶液褪色，而不被 $KMnO_4$ 氧化，其氢化产物也都是 3-甲基戊烷；但 A 与 HI 反应主要得 3-甲基-3-碘戊烷，而 B 则得 3-甲基-2-碘戊烷。试推测 A 和 B 的构造式。

5-8　丁-1,3-二烯聚合时，除生成高分子聚合物外，还有一种环状结构的二聚体生成。该二聚体能发生下列诸反应：(1) 催化加氢还原生成乙基环己烷；(2) 溴化时可以加上四个溴原子；(3) 用过量 $KMnO_4$ 氧化时生成 β-羧基己二酸（$HOOC—CH_2—CH(COOH)—CH_2CH_2—COOH$）。试根据这些事实，推测该二聚体的结构，并写出各步反应式。

5-9　化合物（A）分子式为 C_4H_8，它能使溴水褪色，但不能使稀的高锰酸钾褪色。1mol（A）与 1mol HBr 作用生成（B），（B）也可以从（A）的同分异构体（C）与 HBr 作用得到。化合物（C）分子式也是 C_4H_8，能使溴溶液褪色，也能使稀的酸性高锰酸钾溶液褪色，试推测化合物（A）、(B)、(C) 的构造式，并写出各步反应式。

5-10　分子式为 C_4H_6 的三个异构体（A）、(B)、(C) 能发生如下反应：

(1) 三个异构体都能与溴反应，对于等摩尔的样品而言，与（B）和（C）反应的溴是（A）的两倍；

(2) 三者都能与氯化氢反应，而（B）和（C）在汞盐催化下和氯化氢作用得到的是同一种产物；

(3)（B）和（C）能迅速地和含硫酸汞的硫酸作用，得到分子式为 C_4H_8O 的化合物；

(4)（B）能和硝酸银氨溶液作用生成白色沉淀。

试推测化合物（A）、(B)、(C) 的结构，并写出各步反应式。

5-11　从环己醇出发和不超过三个碳的有机试剂（无机试剂任选）合成下列化合物。

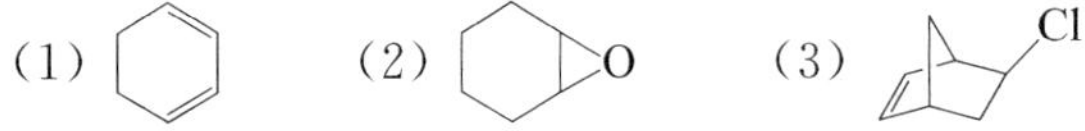

第6章
芳烃与非苯芳烃

知识要点：

本章主要介绍苯的结构和芳香性，单环芳烃的命名、物理性质、化学性质、来源与制备，苯环上亲电取代反应的定位规则，多环芳烃、非苯芳烃的结构和性质，杂环化合物的分类、结构、性质。重点内容为单环芳烃的命名、化学性质，苯环上亲电取代反应的定位规则，杂环化合物的分类、结构、性质；难点内容为苯的结构和芳香性，苯环上亲电取代反应的定位规则。

芳烃又称芳香烃（aromatic compound），通常是指苯（benzene）及其衍生物以及具有类似苯环结构和性质的一类化合物

最初发现具有苯环结构的化合物带有香味，因而得名芳香族化合物。然而，后来的研究表明，并非所有含有苯环结构的化合物都具有香味，但由于习惯，人们仍然以芳香族化合物来泛指这类具有独特结构和性质的化合物。

根据是否含有苯环以及所含苯环数目和连接方式的不同，芳烃可分为以下四类。

单环芳烃：分子中只含有一个苯环，如苯、甲苯等。

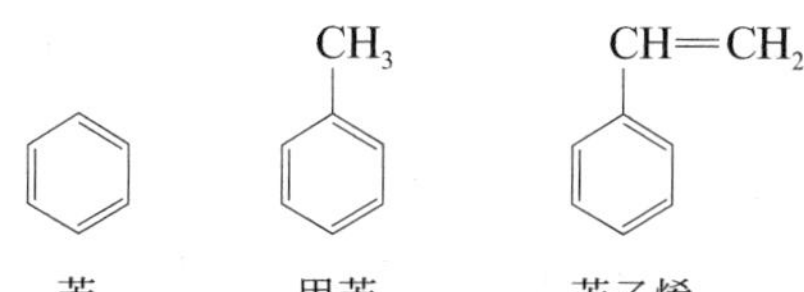

多环芳烃：分子中含有两个或两个以上的苯环，如联苯、萘、蒽等。

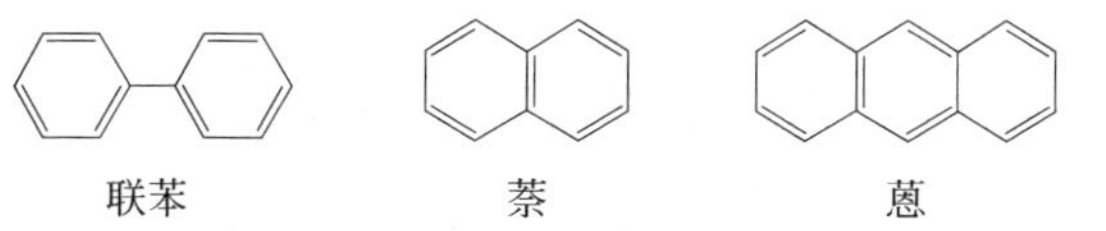

非苯芳烃：分子中不含苯环，但含有结构及性质与苯环相似的芳环，并具有芳香族化合物的共同特性，如环戊二烯负离子、环庚三烯正离子、薁等。

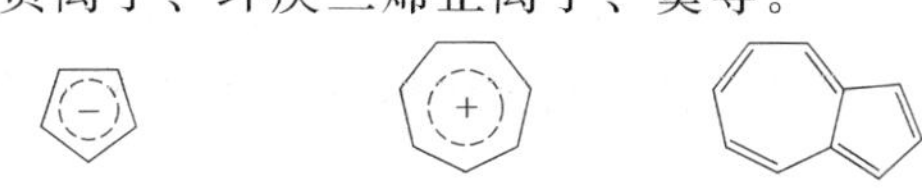

杂环芳烃：分子中含有杂原子的具有一定芳香性化合物性质的环状化合物，如呋喃、噻吩、吡咯、吡啶。

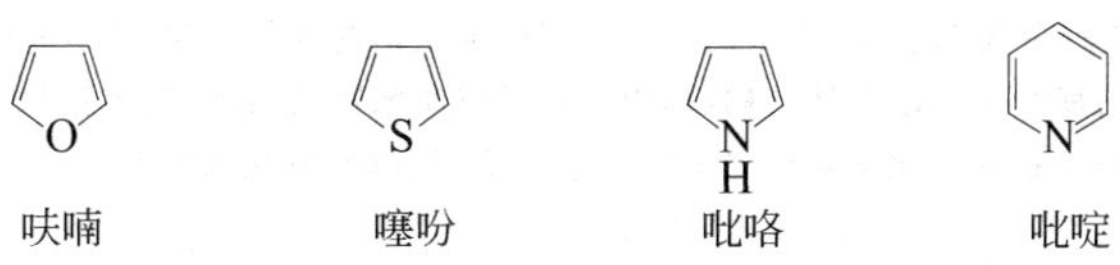

6.1 苯的结构和芳香性

苯的分子式为 C_6H_6。显然，从苯的碳氢比来看，这是一种高度不饱和的结构。根据价键理论，碳为四价，C_6H_6 可能的链状结构中必有三键和双键。

研究表明，苯并不发生典型的烯烃或炔烃反应，例如苯不与溴发生加成反应，也不与高锰酸钾发生氧化反应。但是，在催化剂作用下，苯像饱和烷烃那样可以发生取代反应。

苯在结构上的不饱和性与其性质上的饱和性发生了矛盾，给当时的有机化学家提出了严峻的挑战：苯究竟具有什么结构？苯为什么像饱和烷烃那样会发生取代反应？

6.1.1 凯库勒结构式[1]

苯分子的碳氢比显示其有高度的不饱和性。但是苯的特征反应是亲电取代反应（electrophilic substitution reaction）。例如，苯可以发生硝化、磺化、卤化等亲电取代反应，分别生成硝基苯、苯磺酸、溴苯、氯苯等。在这些取代反应中，苯仍保持原来的六元环状结构。苯具有不易发生加成反应，不易氧化，容易发生亲电取代反应的特性，这种性质称为芳香性（aromaticity）。

苯经过高压催化氢化可以生成环己烷，这表明苯具有六碳环的结构；苯的一元取代物只有一种，这说明碳环上六个碳原子和六个氢原子是等同的。因此，1865 年凯库勒（Kekulé F）提出，苯的结构是一个对称的六碳环 **1**，每个碳原子上都连有一个氢原子。为了满足碳的四价，凯库勒把苯的结构写成 **2** 式。现在，结构式 **2** 就叫做苯的凯库勒式。

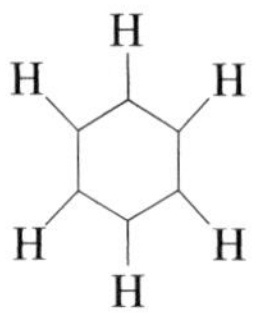

1 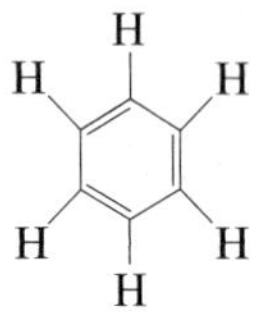　　**2** 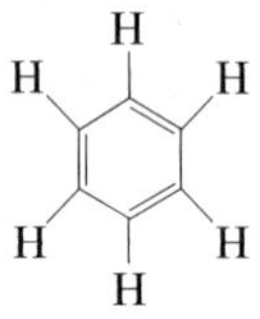　　**3**

苯的环状结构说明了为什么苯只存在一种邻位二元取代产物，因为下面两个苯的结构虽然是 **2a** 或 **2b**，而 **2a** 和 **2b** 是等同的。

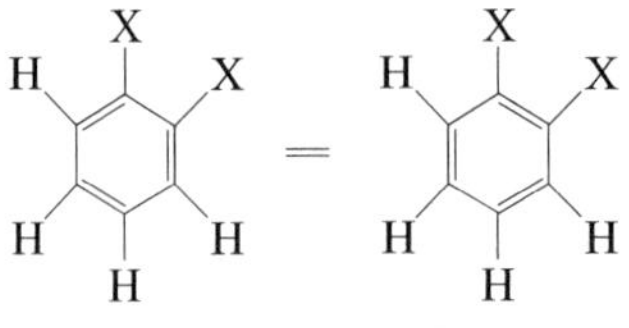

2a = **2b**

此外，苯的稳定性还表现在它具有低氢化热值。已知环己烯催化加氢时，一个双键加上

[1] 凯库勒(Kekulé F，1829—1896)，德国有机化学家。主要研究有机化合物的结构理论。早期学习建筑学，由于一次偶然的事件受到化学家李比希的影响，转而开始研究化学。1865 年凯库勒提出了苯的环状结构学说，他认为苯环中六个碳原子是由单键与双键交替相连以保持碳原子为四价，正如他梦中梦到的那样，像一条蛇首尾相连。不过，近年来有人提出，奥地利出生的罗斯米德曾于 1861 年出版名著《化学的困惑》，书中描述苯的环状结构，比凯库勒早 4 年。更有人对凯库勒的梦提出质疑，因为有证据表明凯库勒在提出苯环结构前，曾经读过罗斯米德的《化学的困惑》(详见《大学化学》1997，2)。无论上述背景如何，苯环结构的诞生是有机化学发展史上的一个重要里程碑，它极大地促进了芳香族化学的发展和有机化学工业的进步。

两个氢原子变成一个单键，释放出 120kJ·mol^{-1}的热量。如果苯分子含有普通的三个双键，由苯加氢转变为环己烷时，释放出来的热量应为 120kJ·mol^{-1} × 3 = 360kJ·mol^{-1}。但事实上，苯经过氢化后转变为环己烷所释放出的热量只有 208kJ·mol^{-1}。

由此可知，按普通的烯烃氢化热理论得到的计算值和实测值相差 360kJ·mol^{-1} − 208kJ·mol^{-1} = 152kJ·mol^{-1}，这说明苯比设想中的环己三烯要稳定 152kJ·mol^{-1}。氢化反应是放热反应，而脱氢反应是吸热反应。脱去两个氢原子形成一个普通双键时一般需要 117～126kJ·mol^{-1}的热量。但是 1,3-环己二烯脱去两个氢原子成为苯时，不仅不吸热，反而还释放热量。这说明当 1,3-环己二烯脱去一分子氢后，其分子结构变成了一个非常稳定的体系。

$+ H_2 \longrightarrow$ $\Delta H = -120kJ \cdot mol^{-1}$

$+ 3H_2 \longrightarrow$ $\Delta H = -208kJ \cdot mol^{-1}$

$\longrightarrow$ $+ H_2$ $\Delta H = -23kJ \cdot mol^{-1}$

按照 Kekulé 式，苯分子中有交替的碳碳单键和碳碳双键，而单键和双键的键长是不相等的，那么苯分子应该是不规则六边形的结构，但事实上苯分子中碳碳键的键长完全等同，都是 0.139nm，即比一般碳碳单键短，比一般碳碳双键长一些，苯分子是一个正六边形。显然，单双键相间的 Kekulé 式并不能代表苯分子的真实结构。

★ **练习 6-1** 苯具有什么结构特征？它与早期的有机化学理论有什么矛盾？

★ **练习 6-2** 早期的有机化学家对苯的芳香性的认识与现代有机化学家对苯的芳香性的认识有什么不同？

6.1.2 苯分子结构的近代概念

现代价键理论认为，苯分子中的六个碳原子都是 sp^2 杂化，每个碳原子都以 sp^2 杂化轨道与相邻碳原子相互重叠形成六个 C—Cσ 键，每个碳原子又以 sp^2 杂化轨道与氢原子的 s 轨道相互重叠形成 C—Hσ 键。每个碳原子的三个 sp^2 杂化轨道的对称轴都分布在同一平面上，而且两个对称轴之间的夹角是 120°。此外，每个碳原子都有一个垂直于六元碳环平面的 p 轨道，它们的对称轴都相互平行。每个 p 轨道都能以侧面与相邻的 p 轨道相互重叠，这样就形成了一个包含六个碳原子在内的闭合共轭体系（见图 6-1）。根据物理方法测定，苯分子的确是一个平面的正六边形环状结构。苯分子的六个碳原子和六个氢原子分布在同一个平面上。这样就形成了正六边形的碳架，所有的碳原子和氢原子都处在同一个平面上。

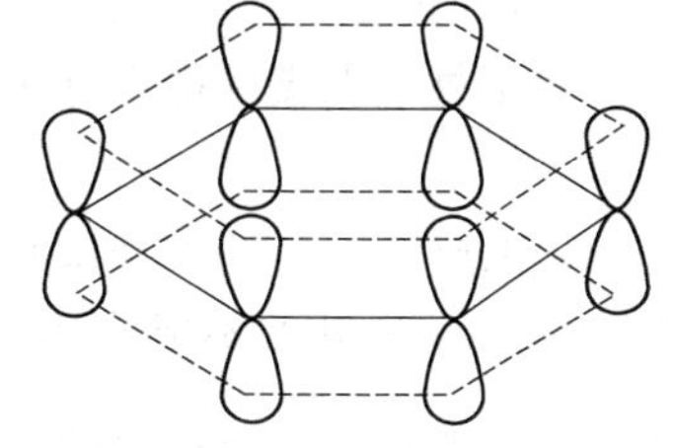

图 6-1 苯中碳的 p 轨道示意图

根据分子轨道理论，六个 p 原子轨道可以通过线性组合，组成六个分子轨道。这六个分子轨道如图 6-2 所示，其中三个是成键轨道（bonding orbitals），以 ψ_1、ψ_2 和 ψ_3 表示，三个是反键轨道（antibonding orbitals），以 ψ_4、ψ_5 和 ψ_6 表示。图中虚线表示节面。三个成

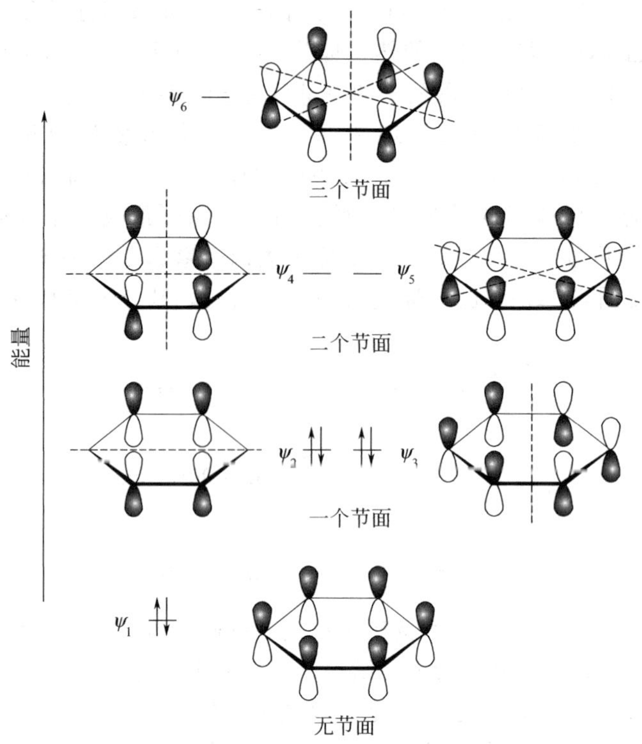

图 6-2　苯的 π 分子轨道示意图

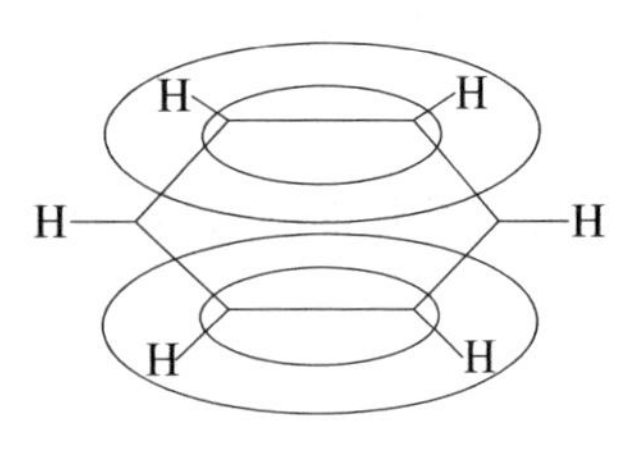

图 6-3　苯的离域 π 分子轨道示意图

键轨道中，ψ_1 是能量最低的，没有节面，而 ψ_2 和 ψ_3 都有一个节面，能量相等，称为简并（degenerate）轨道，其能量比 ψ_1 要高。反键轨道 ψ_4 和 ψ_5 各有两个节面，它们都是能量相等的一组简并轨道，其能量比成键轨道要高。ψ_6 有三个节面，是能量最高的反键轨道。在基态时，苯分子的六个 π 电子都处在成键轨道上，具有闭壳层的电子构型。这六个离域的 π 电子总能量和它们分别处在孤立的定域的 π 轨道中的能量相比要低很多，因此苯的结构很稳定。由于 π 电子是离域的，苯分子中所有的 C—C 键都完全相同，键长也完全相等，它们既不是一般的碳碳单键，也不是一般的碳碳双键，而是每个碳碳键都有这种闭合的大 π 键的特殊性质。图 6-3 为苯的离域 π 分子轨道示意图。

综上所述，苯环中并没有像 Kekulé 所描述的那样，是可以相互变换的碳碳单键和碳碳双键，Kekulé 式并不能确切地表示苯的真实结构。因此，又有很多人采用下式来描述苯的结构式，即在正六边形中画一个圆圈来表示大 π 键和离域的概念：⌬。

应该指出，虽然同时用六边形和圆圈可以在一定程度上表示和反映出苯的大 π 键的特殊结构，但是在有机化学教学与研究中，有很多情况下用苯的价键结构式描述显得更方便更直观。因此，事实上在一般文献资料或教科书中，这两种苯的描述方式都存在。

如前所述，苯环的价键结构式并不能准确描述苯环结构的特征，它不能反映出苯环离域的大 π 键概念。根据 Pauling 提出的共振理论，苯的每一个环己-1,3,5-三烯 2 或 3 价键结构式（见 6.1.1）都是一种共振结构式，每一个共振结构式都不能代表其真实结构，苯的真实结构是由这两种共振结构式叠加而成的共振杂化体。

★ **练习 6-3** 关于苯分子的近代结构理论有哪些？其中，由 Pauling 提出的共振结构理论是如何解释苯分子结构的？

6.1.3 休克尔规则❶

含有苯环结构的化合物从化学性质上讲，其芳香性指的是含有共轭大 π 键，不易被氧化，不易发生加成反应，但是容易起亲电取代反应的性质。

自 Kekulé 提出苯的结构式后，有机化学家努力探索不含苯环的芳香族化合物。人们曾经试图去合成具有封闭共轭体系的烃，特别是像苯分子那样具有对称结构的烃。人们合成的第一个目标分子是环丁二烯（cyclobutadiene），然而没有成功。因为它并不稳定，没有芳香性，不是芳香烃。它的化学性质甚至比链状烯烃还活泼，因而被称为具有反芳香性的化合物。1911 年，环辛四烯（cyclooctatetraene）被合成出来了，它具有和烯烃一样的活泼性。经 X 射线衍射法等实验证明，在环辛四烯分子中碳碳键的键长不等，8 个碳原子不在一个平面上，整个分子呈盆状结构。因此 8 个 p 轨道不能很好地相互交盖重叠，π 电子的离域程度大大减小，它不具有芳香性，被称为非芳香性化合物。

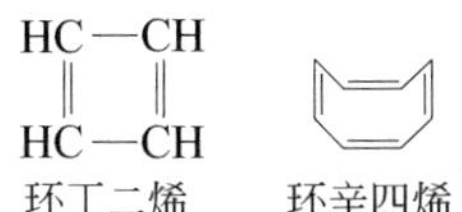

环丁二烯　　环辛四烯

德国化学家休克尔（Hückel E）在研究中发现：如果一个单环化合物具有同平面的离域体系，且其 π 电子数为 $4n+2$（$n=0,1,2\cdots$，整数），就具有芳香性，这就是 Hückel 规则，也称为 Hückel $4n+2$ 规则。例如，苯具有 6 个 π 电子的六元碳环结构，符合 Hückel $4n+2$ 规则（即当 $n=1$ 时），所以它具有芳香性，而己-1,3,5-三烯虽然有 6 个 π 电子，但不是环状封闭的共轭体系，因此不具有芳香性。还有环丁二烯、环辛四烯分别有 4 个 π 电子和 8 个 π 电子，都不满足 Hückel $4n+2$ 规则，所以它们都不具有芳香性。

6.1.4 芳香性的判断

根据 Hückel 规则，凡具有 $4n+2$ 个 π 电子数，且为封闭共平面的离域体系，就具有芳香性。除了苯环结构外，Hückel 规则也适用于许多其他的环状结构。

环状共轭烯烃的通式 C_nH_n。苯（C_6H_6）也可以看做是环状共轭烯烃中的一种。当一个环状共轭烯烃分子所有的碳原子处在（或接近）同一个平面上时，每个碳原子上具有的一个与该平面垂直的 p 原子轨道可以组成 n 个分子轨道。部分环状共轭烯烃的 π 分子轨道能级及基态 π 电子构型见图 6-4。这种能级关系也可简便地用图 6-5 所示顶角朝下的各种正多边形来表示。

图 6-5 中，每一个分子轨道的能级可以由正多边形的每一个顶角来表示，正多边形最下边的一个顶角位置，表示一个能量最低的成键轨道，横坐标上位于正多边形中心的水平线表

❶ 休克尔(Hückel E,1896—1980)德国物理化学家。主要研究结构化学和电化学。1923 年和德拜一起推导出强电解质稀溶液中离子活度系数的数学表达式，即德拜-休克尔极限定律。1931 年提出了主要用于 π 电子体系的分子轨道近似计算法——休克尔分子轨道法，并在此期间，总结出休克尔规则，即 π 电子数符合 $4n+2$ 的平面环状共轭多烯化合物具有芳香性。

示未成键的原子轨道，即非键轨道的能级，中心水平线以下的顶角位置表示成键轨道的能级，中心水平线上面的顶角位置表示反键轨道的能级。对于六元碳环化合物，π 电子数为 6，正六边形的三个顶角在中心水平线以下，这相当于三个成键轨道；另外三个顶角则在中心水平线以上，这相当于三个反键轨道．只有当所有的 π 电子都分布在成键轨道上时，其结构才可能具有芳香性。

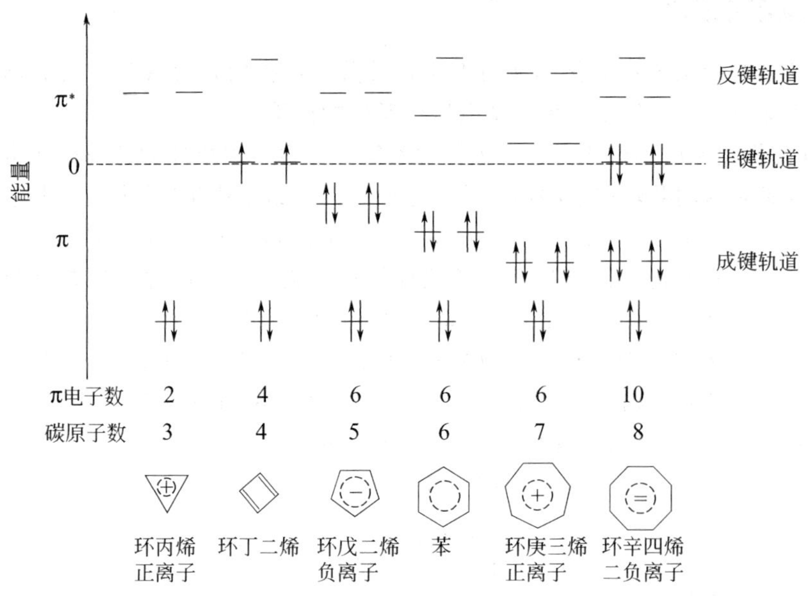

图 6-4 部分环状共轭烯烃的 π 分子轨道能级和基态电子构型

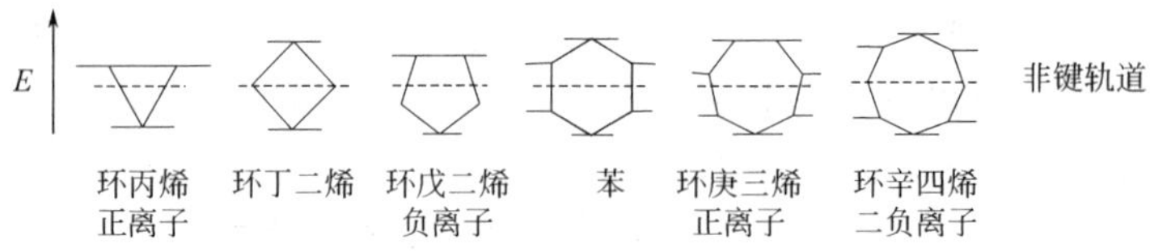

图 6-5 部分环状共轭烯烃 π 分子轨道能级图

从图 6-4 和图 6-5 可以看出，当环上的 π 电子数为 2,6,10,…（即 $4n+2$）时，π 电子正好填满成键轨道（有些也填满非键轨道），即都具有闭壳层的电子构型。例如，苯含有 6 个 π 电子，基态下 4 个 π 电子占据了一组简并的成键轨道，另 2 个 π 电子占据能量最低的成键轨道。又如，环辛四烯二负离子，它含有 10 个 π 电子，其中有一组简并的成键轨道和一组简并的非键轨道（$n=2$），这四个轨道上填满了 8 个 π 电子，另 2 个 π 电子则占据最低的成键轨道。因而它们都具有稳定的闭壳层电子构型，所以这些环状共轭烯烃或环状烯烃离子的能量都比相应的直链多烯烃的能量低，它们都是相当稳定的。

按照 Hückel 规则，环丁二烯没有芳香性。因为环丁二烯只有 4 个 π 电子，不符合 $4n+2$ 规则。它有一组简并的非键轨道（$n=1$）和一个成键轨道，基态下其中 2 个 π 电子占据能量最低的成键轨道，但两个简并的非键轨道中只有 2 个 π 电子，就是说它是半充满的。按照洪特规则，这 2 个 π 电子分别占据一个非键轨道，这是一个极不稳定的双基自由基。实验证实，环丁二烯只能在极低温度下才能存在。

凡电子数符合 $4n$ 的离域的平面环状体系，基态下它们的 N 组简并轨道都如同环丁二烯那样缺少两个电子，也就是说，都含有半充满的电子构型，这类化合物不但没有芳香性，而且它们的能量都比相应的直链多烯要高得多，即它们的稳定性差，通常它们叫做反芳香性化合物。

环辛四烯分子含有 8 个 π 电子。它具有一组简并的成键轨道和一组简并的非键轨道（$n=2$），是一个稳定的环状共轭烯烃化合物。它的沸点是 152℃。环辛四烯也不显示一般反芳香性化合物（如环丁二烯）那样异常高的反应活性，却能发生一般的单烯烃所具有的典型反应。也就是说，环辛四烯既不是反芳香性化合物，也不是芳香性化合物。这是因为环辛四烯的八个碳原子不在同一个平面上，说明环辛四烯不是一个平面分子。它具有烯烃的性质，是一个非芳香性的化合物。同样是 $4n$ 电子构型，为什么环丁二烯表现得更不稳定呢？这可能是由于环丁二烯分子结构中存在较大张力。

按照 Hückel 理论，如果非苯芳香族的环烯烃通过得失电子，变成具有 $4n+2$ 个 π 电子的离子时，应当是稳定的，就应该具有芳香性。例如，环丙烯（cyclopropene）失去一个氢负离子（H^-）后，得到环丙烯正离子，它只有 2 个 π 电子，符合 $4n+2$ 规则，则 $n=0$。因此环丙烯正离子具有芳香性，它是最小的具有芳香性的环状化合物。

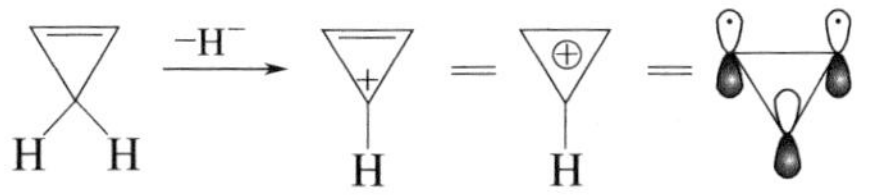

物理测定表明，环丙烯正离子的三元环中，碳碳键的长度都是 0.140nm，这和苯环中碳碳键的键长（0.139nm）十分接近。因此，环丙烯正离子就像苯环结构一样，2 个 π 电子呈离域状态均匀分布在三个碳原子上。从图 6-4 可以看出，它有三个分子轨道，其中一个是成键轨道，两个是反键轨道。基态下 2 个 π 电子正好填满一个成键轨道。由此可见，环丙烯正离子应该具有芳香性。

事实上，人们已经合成出一些稳定的含有取代基的环丙烯正离子的盐。例如：

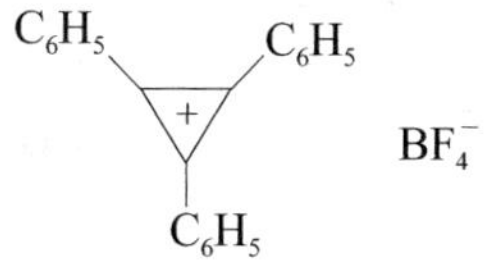

环戊二烯不是一个连续的共轭体系，原本并无芳香性，但当用强碱如叔丁醇钾与它作用后，亚甲基上的一个氢原子就被取代，成为钾盐，原来的环戊二烯转变为环戊二烯负离子：

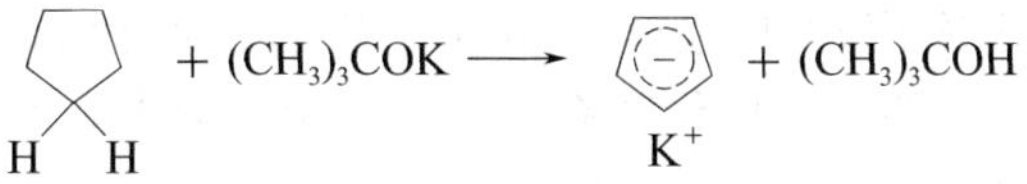

$$+ (CH_3)_3COK \longrightarrow K^+ + (CH_3)_3COH$$

环戊二烯负离子具有 6 个 π 电子，它们离域均匀地分布在五个碳原子上，基态下三个成键轨道正好被 6 个电子填满（见图 6-4）。所以环戊二烯负离子虽然不是六元环，但它具有 6 个 π 电子，满足 Hückel $4n+2$ 规则，是具有芳香性的。和苯相似，它也可以发生亲电取代反应。

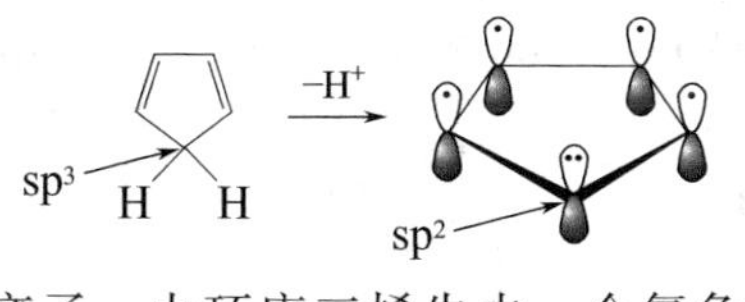

环庚三烯正离子也称䓬正离子，由环庚三烯失去一个氢负离子而成：

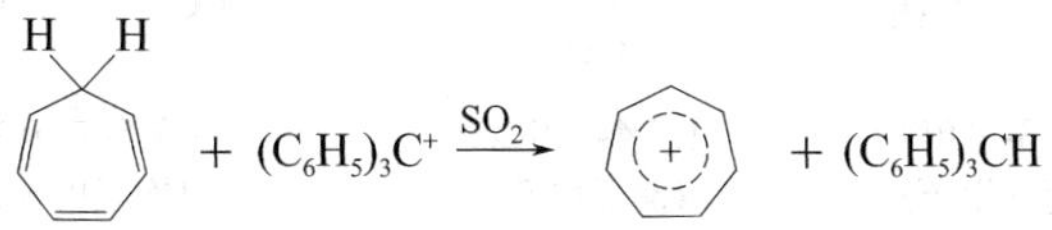

$$+ (C_6H_5)_3C^+ \xrightarrow{SO_2} + (C_6H_5)_3CH$$

环庚三烯正离子也有 6 个 π 电子，它们离域分布在七个碳原子上。与环戊二烯负离子一样，它也满足 Hückel $4n+2$ 规则，因此具有芳香性。

环辛四烯没有芳香性。但在四氢呋喃（THF）溶剂中与金属钾反应，生成的环辛四烯双负离子转变为平面结构，具有 10 个 π 电子，满足 Hückel $4n+2$ 规则，因此具有芳香性。

$$+ 2K \xrightarrow{THF} (2-) \cdot 2K^+$$

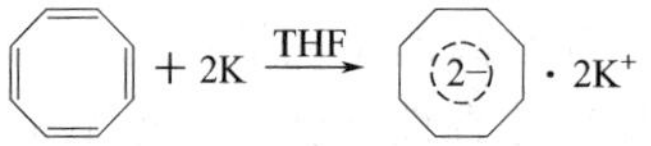

环辛四烯双负离子

综上所述，凡平面的单环分子，其 π 电子数符合 Hückel $4n+2$ 规则的就具有芳香性，符合 $4n$ 的为反芳香性化合物；而非平面的环状共轭烯烃分子则为非芳香性化合物。随着结构理论的发展，芳香性概念还在不断深化发展。

> ★ **练习 6-4** 什么是 Hückel 规则？如何利用 Hückel 规则判别有机分子的芳香性？

> ★ **练习 6-5** 为什么有些有机分子的 π 电子数符合 Hückel $4n+2$ 规则但却不具备芳香性？

6.2 单环芳烃的构造异构和命名

单环芳烃中最简单的是苯。单环芳烃的命名，以苯环为母体，取代原子或原子团作为取代基。一元取代苯的命名，在“苯”字前加上表示原子或基团的前缀。如果苯环上连有不饱和烃基，或是连有较复杂基团时，也可以把苯作为取代基来命名。例如：

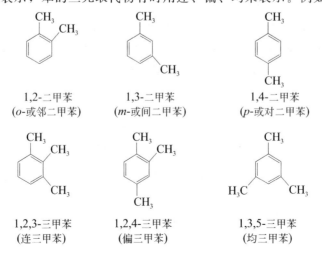

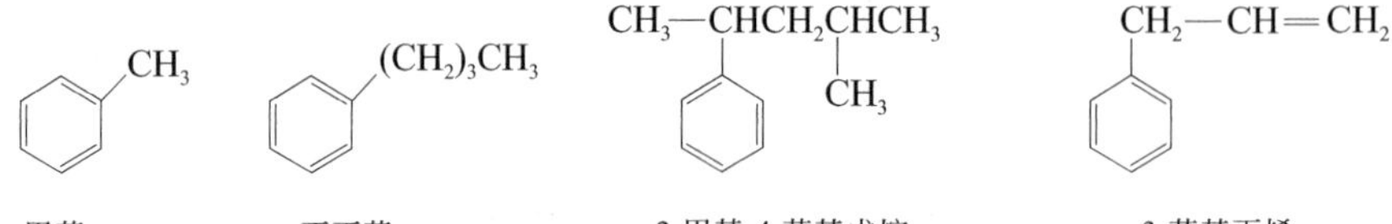

甲苯　　正丁苯　　2-甲基-4-苯基戊烷　　3-苯基丙烯

如果苯环上连有不同的取代基，常用 1,2,3,⋯表示取代基的位置，按习惯选择母体来命名，环上取代基的列出次序原则与链烃相同，苯的二取代物的位次常用邻（*o*-）、间（*m*-）、对（*p*-）来表示，苯的三元取代物有时用连、偏、均来表示。例如：

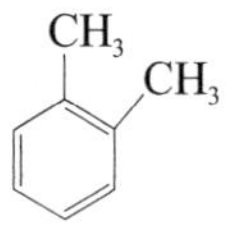

1,2-二甲苯（*o*-或邻二甲苯）　　1,3-二甲苯（*m*-或间二甲苯）　　1,4-二甲苯（*p*-或对二甲苯）

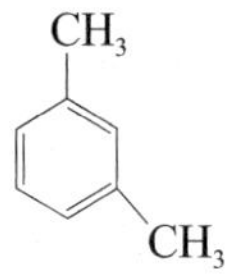

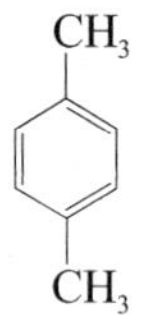

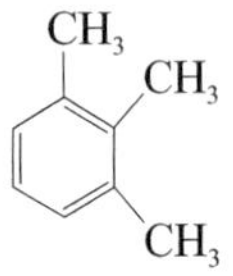

1,2,3-三甲苯（连三甲苯）　　1,2,4-三甲苯（偏三甲苯）　　1,3,5-三甲苯（均三甲苯）

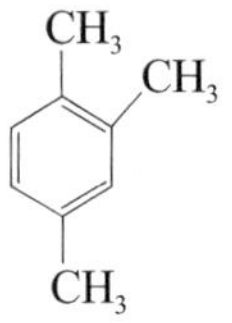

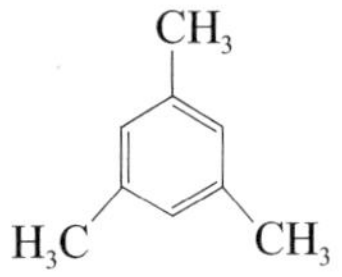

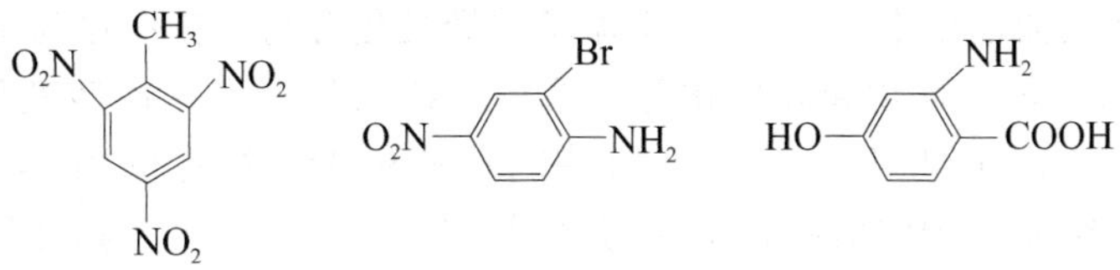

2,4,6-三硝基甲苯　　2-溴-4-硝基苯胺　　2-氨基-4-羟基苯甲酸

多官能团芳香族化合物中选取哪一个官能团作为母体有一个优先次序问题，通常它们以如下次序命名（即排序在前的官能团为母体，排序在后的官能团为取代基）：$—CO_2H$（酸），$—SO_3H$（磺酸），$—CO_2R$（酯），—COX（酰卤），—CONHR（酰胺），—CN（腈），—CHO（醛），—COR（酮），—OH（醇），—OH（酚），—SH（硫醇），$—NH_2$（胺），—OR（醚），—C≡C（炔），—C═C（烯），—R（烷），—X（卤素），$—NO_2$（硝基）。例如，4-硝基-2-氯苯胺不称为 2-氯-4-硝基苯胺；4-氨基-2-羟基苯甲酸不称为 4-羧基-3-羟基苯胺。

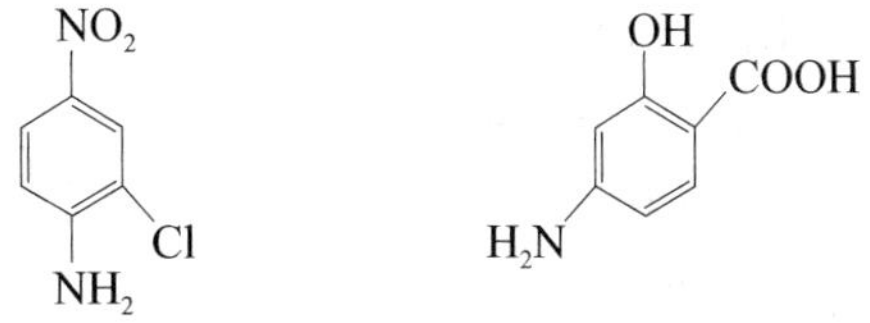

2-氯-4-硝基苯胺　　4-氨基-2-羟基苯甲酸

以芳环作取代基叫芳基，一价芳基可用“Ar-”表示，最常见的芳基有 $C_6H_5—$，称为苯基（phenyl），苯基也可用“Ph—”来表示。苄基（benzyl）$C_6H_5CH_2—$也是一个常见的取代基。

6.3 单环芳烃的来源与制备

6.3.1 煤的干馏

在隔绝空气的情况下，煤在炼焦炉里加热至 1000～1300℃，即分解得到固态、液态和气态产物。固态产物是焦炭；液态产物有氨水和煤焦油；气态产物是焦炉气，也就是煤气。

工业上，通过对煤焦油分馏得到各种芳香族化合物。其中，在低沸点馏分（轻油）中主要是苯及其同系物。此外，由于在煤干馏时，苯和甲苯等一部分轻油馏分未能立即冷凝成液态，而仍以气体状态被煤气带走，因此要用重油洗涤煤气，这样可以吸收其中的苯和甲苯等。再蒸馏此重油，就可以从中又取得苯和甲苯。煤焦油的分馏产物如表 6-1 所示。

表 6-1　煤焦油的分馏产物

馏分	沸点范围/℃	产率/%	主要成分
轻油	＜180	0.5～1.0	苯、甲苯、二甲苯
酚油	180～210	2～4	苯酚、甲苯酚、二甲酚
萘油	210～230	9～12	萘
洗油	230～300	6～9	萘、苊、芴
蒽油	300～360	20～24	蒽、菲
沥青	＞360	50～55	沥青、游离碳

6.3.2 石油的芳构化

除了从煤焦油及煤气中分离出芳香烃外，石油的芳构化也是获取芳香烃的重要途径。石油的芳构化是将轻汽油馏分中含 6～8 个碳原子的烃类化合物，在催化剂铂或钯等的存在下，于 450～500℃进行脱氢、环化和异构化等一系列复杂的化学变化而转变为芳烃。工业上这一过程称为铂重整（platforming），在铂重整中所发生的化学变化叫芳构化(aromatization)。芳构化的成功使石油成为芳烃的主要来源之一。尤其是随着有机合成工业，特别是塑料、合成纤维和合成橡胶三大合成材料工业的发展，化学工业对芳烃的需求量日益增加，发展以石油为原料来制取芳烃的方法也越来越受到关注。芳构化主要有下列几种反应。

① 环烷烃催化脱氢。例如：

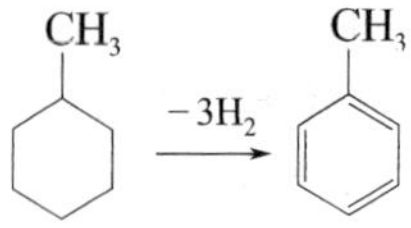

② 烷烃脱氢环化再脱氢。例如：

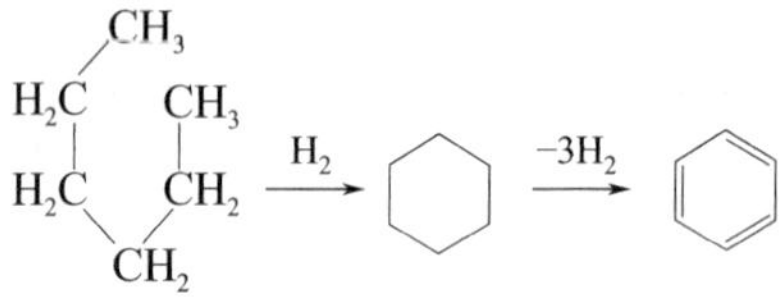

③ 环烷烃异构化再脱氢。例如：

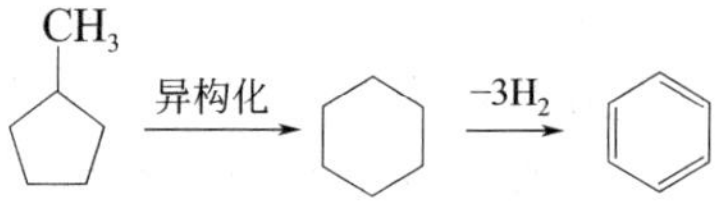

另外，在生产乙烯的石油裂解过程中，也有一定量的芳烃生成。由于生产乙烯的石油裂解工厂较多，规模也很庞大，所以生产副产物芳烃的量也很大，已成为芳烃的重要来源。

6.4 单环芳烃的物理性质

单环芳烃一般为无色液体，比水轻，溶于汽油、乙醚和四氯化碳等有机溶剂。苯、甲苯、二甲苯也常用做溶剂。一般单环芳烃的沸点随分子量增加而升高，对位异构体的熔点一般比邻位和间位异构体的高，这可能是由于对位异构体对称性好、排列致密、晶格能较大的缘故。

芳香烃燃烧时产生带黑烟的火焰。苯及其同系物有毒，长期吸入它们的蒸气，会引起肝损伤，造血器官及神经系统的损坏，并能致白血病。表 6-2 列出一些常见单环芳烃的物理性质。

表 6-2 一些常见单环芳烃的物理性质

化合物	熔点/℃	沸点/℃	相对密度(d_4^{20})
苯	5.5	80.1	0.879
甲苯	−95	111.6	0.867
邻二甲苯	−25.5	144.4	0.880
间二甲苯	−47.9	139.1	0.864
对二甲苯	13.2	138.4	0.861
乙苯	−95	136.2	0.867
正丙苯	−99.6	159.3	0.862
异丙苯	−96	152.4	0.862
苯乙烯	−33	145.8	0.906

芳烃的质谱上通常有较强的分子离子峰，烷基取代的芳烃有较强的苄基碎片离子峰。芳烃的红外光谱中芳环骨架的伸缩振动表现在 1625～1576cm^{-1} 和 1525～1475cm^{-1} 处有两个吸收峰。芳环的 C—H 键伸缩振动在 3100～3010cm^{-1}。苯的取代物及其异构体在 900～650cm^{-1} 处具有特殊的 C—H 面外弯曲振动。例如，图 6-6 是邻二甲苯的红外光谱图。

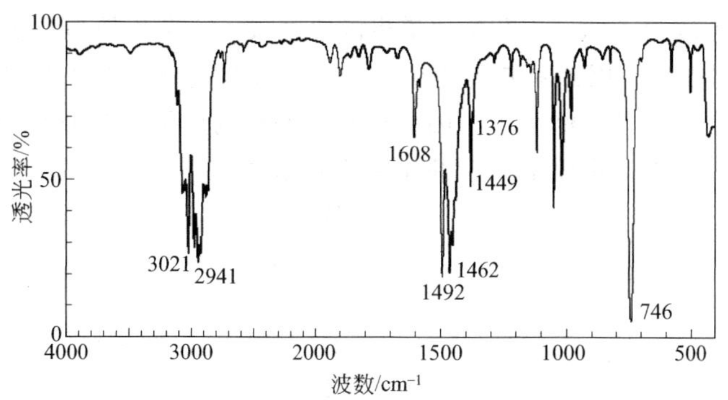

图 6-6 邻二甲苯的红外光谱图

芳环 C═C 键伸缩振动，1608cm^{-1}，1493cm^{-1}；芳环 C═C 键伸缩振动和甲基 C—H 键弯曲振动，1462cm^{-1}，1449cm^{-1}；芳环═C—H 键伸缩振动，3021cm^{-1}；甲基 C—H 键伸缩振动，2941cm^{-1}；甲基 C—H 键弯曲振动，1376cm^{-1}；苯的 1,2-二元取代，746cm^{-1}

苯的紫外光谱 180nm、204nm 和 255nm 处有吸收，它们分别称为 E_1 带、E_2 带和 B 带。取代基的种类和酸化位置使吸收带的峰值产生变化，尤其对 B 带的影响更大，故 B 带又称为精细结构带。

苯的^{1}H NMR 在 δ7.27 处有一个单峰，取代苯上苯环氢的 δ 在 6～9 处，与取代基的性质、取代基的位置等有关，它们的偶合比较复杂，峰形也呈多重峰。邻位、间位氢的偶合常数各为 6～9Hz 和 1～3Hz，芳烃的^{13}C NMR 在 δ120～150 处有吸收峰。

6.5 苯的化学性质

芳烃分子是一个封闭的环状共轭体系，π 电子离域程度大，体系稳定，因此在一般化学反应中，芳香环不开环。芳环上下被离域的 π 电子云所笼罩，属于电子给予体，容易与亲电试剂发生取代反应。在特定条件下，共轭体系也可以发生加成反应，生成脂环化合物。

芳环上可以带侧链。当苯环带有烷基时，则该芳烃具有烷烃的化学性质；当苯环带有烯基等不饱和烃基时，则芳烃具有不饱和链烃的化学性质。

6.5.1 亲电取代反应

单环芳烃重要的取代反应有卤化（halogenation）、硝化（nitration）、磺化（sulfonation）、烷基化（alkylation）和酰基化（acylation）等。

在苯的取代反应中，与芳烃反应的试剂都是缺电子或带正电荷的亲电试剂（electrophilic reagent），因此这些反应都是亲电取代反应。发生在亲电取代反应中，亲电试剂 E^+ 首先进攻苯环并很快地和苯环的 π 电子形成 π 络合物。π 络合物仍然还保持着苯环的结构。然后 π 络合物（π complex）中亲电试剂 E^+ 进一步与苯环的一个碳原子直接连接形成 σ 键，因此这个中间体叫做 σ 络合物（σ complex）。

$$\text{C}_6\text{H}_6 + E^+ \underset{}{\overset{快}{\rightleftharpoons}} [\text{C}_6\text{H}_6\text{—}E^+] \underset{}{\overset{慢}{\rightleftharpoons}} [\text{C}_6\text{H}_6E]^+$$

π络合物　　　σ络合物

σ络合物的形成是缺电子的亲电试剂 E^+，从苯环获得电子而与苯环的一个碳原子结合成σ键的结果。这个碳原子的 sp^2 杂化轨道也随之变成 sp^3 杂化轨道。由于碳环原有的 6 个 π 电子中给出了一对电子，因此只剩下 4 个 π 电子，而且这 4 个电子只是离域分布在五个碳原子所形成的（缺电子）共轭体系中。因此这个σ络合物已不再是原来的苯环结构，它是环状的碳正离子中间体，可以用以下三个共振结构式来表示：

$$[\text{C}_6\text{H}_6\text{—}E^+] \rightleftharpoons \left\{ \text{I} \leftrightarrow \text{II} \leftrightarrow \text{III} \right\} \equiv [\text{C}_6\text{H}_6E]^+$$

也可以用五个碳原子旁画以虚线和正号来表示σ络合物的结构。从σ络合物的三个共振结构式中可以看出，五个碳原子仍是共轭体系，而且在取代基的邻位和对位碳原子上带更多的正电荷。

生成σ络合物的这一步反应速率比较慢，它是决定这个反应速率的一步。与烯烃加成反应不同的是：由烯烃生成的碳正离子接着迅速地和亲核试剂（nucleophilic reagent）结合而形成加成产物；而由芳烃生成的σ络合物却是随即迅速失去一个质子，重新恢复稳定的苯环结构，最后形成了取代产物（见图 6-7）。由于生成物的能量比反应物的能量低，所以这一步是放热反应。

如果σ络合物接着不是失去一个质子，而是和亲核试剂结合生成加成产物（环己二烯衍生物），由于加成产物不再具有稳定的苯环结构，其能量比苯的能量高，故整个反应将是吸热反应。

$$CH_2{=}CH_2 + Br_2 \longrightarrow BrCH_2{-}CH_2Br \qquad \Delta H = -122.06\text{kJ}\cdot\text{mol}^{-1}$$

$$\text{C}_6\text{H}_6 + Br_2 \longrightarrow \text{C}_6\text{H}_6Br_2 \qquad \Delta H = 8.36\text{kJ}\cdot\text{mol}^{-1}$$

$$\text{C}_6\text{H}_6 + Br_2 \xrightarrow{FeBr_3} \text{C}_6\text{H}_5Br + HBr \qquad \Delta H = -45.14\text{kJ}\cdot\text{mol}^{-1}$$

由此可见，芳烃发生取代反应要比加成反应容易得多。事实上，芳烃并不发生上述加成反应。显然，芳烃不易加成而容易发生亲电取代反应的特性，是由苯环的稳定性决定的。

（1）卤化反应

氯或溴在室温下，以 FeX_3、AlX_3 等为催化剂，与苯发生卤化反应，生成氯苯或溴苯。

$$\text{C}_6\text{H}_6 + Br_2 \xrightarrow{FeBr_3} \text{C}_6\text{H}_5Br$$

在苯的溴化反应中，增加反应时间或增大反应物中卤素的比例，可形成以邻二溴苯和对二溴苯为主的产物。

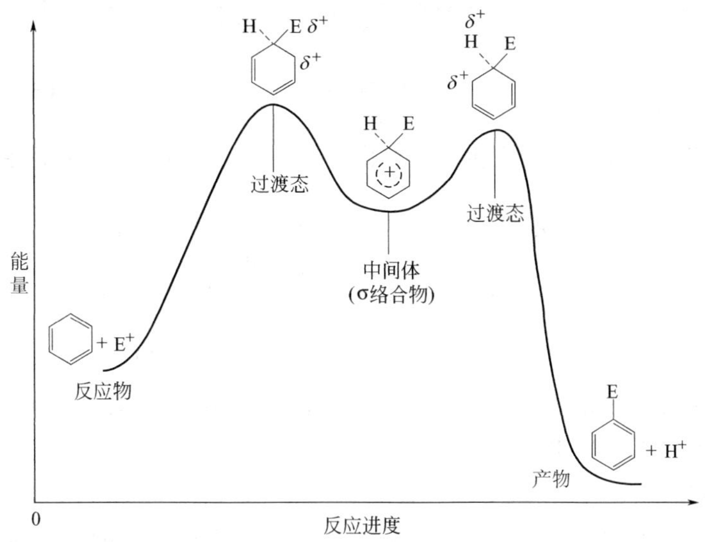

图 6-7　苯亲电取代反应过程的能量变化示意图

用铁粉作催化剂也可以使铁与卤素反应生成三卤化铁。甲苯在 FeX_3 催化下卤化，主要生成邻卤甲苯和对卤甲苯，反应比苯卤化快。例如：

$$C_6H_5CH_3 + Cl_2 \xrightarrow{FeCl_3} o\text{-}ClC_6H_4CH_3 + p\text{-}ClC_6H_4CH_3$$

在光照条件下，使氯与沸腾的甲苯作用，不用催化剂 Fe 或 FeX_3，卤化反应发生在甲基上，反应比甲烷容易，这属于自由基反应。

$$C_6H_5CH_3 \xrightarrow[\text{光}]{Cl_2} C_6H_5CH_2Cl \xrightarrow[\text{光}]{Cl_2} C_6H_5CHCl_2 \xrightarrow[\text{光}]{Cl_2} C_6H_5CCl_3$$

甲苯　　苯氯甲烷（苄氯）　　苯二氯甲烷　　苯三氯甲烷

（2）**硝化反应**

苯与混酸，即浓硫酸和浓硝酸的混合物在 60℃ 反应，可制得硝基苯。苯环上的氢被硝基取代的反应叫硝化反应。苯的硝化反应机理如下：

$$HONO_2 + 2H_2SO_4 \rightleftharpoons NO_2^+ + H_3O^+ + 2HSO_4^-$$

$$C_6H_6 + NO_2^+ \xrightarrow{\text{慢}} [C_6H_6NO_2]^+ \xrightarrow{\text{快}} C_6H_5NO_2 + H^+$$

硫酸在硝化反应中，不仅作为脱水剂，而且还与硝酸作用生成亲电试剂 NO_2^+ 硝基正离子，也称硝酰正离子。反应分两步，反应的活性中间体是 σ 络合物或芳基正离子。

硝基苯不容易继续硝化，但是如果硝化试剂过量，反应温度较高或反应时间过长，生成的硝基苯还会继续硝化生成间二硝基苯。不过，制备多硝基苯需要用发烟硝酸、发烟硫酸等苛刻的反应条件。

O_2N—C₆H₅ $\xrightarrow{\text{发烟}HNO_3,\ \text{浓}H_2SO_4}$ O_2N—C₆H₄—NO_2 $\xrightarrow[100\sim110℃,5d]{\text{发烟}HNO_3,\ \text{浓}H_2SO_4}$ O_2N—C₆H₃—$(NO_2)_2$

间二硝基苯 88%　　1,3,5-间硝基苯 45%

烷基苯在混酸的作用下，会发生环上取代反应，反应比苯容易，而且主要生成邻位和对位的取代产物。

$$C_6H_5CH_3 + HNO_3 \xrightarrow[30℃]{H_2SO_4} o\text{-}CH_3C_6H_4NO_2 + p\text{-}CH_3C_6H_4NO_2$$

如果继续二硝化或三硝化，可以由甲苯制得炸药 2,4,6-三硝基甲苯（简称 TNT）。

芳烃的硝化反应在工业上具有重要意义。

（3）磺化反应

苯与浓硫酸回流与发烟硫酸一起微热至 35～50℃，则芳环上的氢被磺酸基取代，该反应称为磺化反应。

$$C_6H_6 + HO\text{-}SO_3H \rightleftharpoons C_6H_5SO_3H + H_2O$$

苯的磺化产物是苯磺酸，它与硫酸酯不同。硫酸酯的烃基与氧原子直接相连，如 $ROSO_3H$；磺酸的烃基与硫原子直接相连，如 R—SO_3H。与卤化反应和硝化反应不同，磺化反应是可逆反应。苯磺酸在硫酸中也可以水解，因此苯在磺化时要用发烟硫酸作磺化剂。

苯磺酸如果在更高的温度下继续磺化，可以生成间苯二磺酸。

$$C_6H_5SO_3H + H_2SO_4\cdot SO_3 \xrightarrow{200\sim230℃} m\text{-}C_6H_4(SO_3H)_2 + H_2SO_4$$

间苯二磺酸

与苯相比，甲苯更容易磺化。甲苯在常温下就可以与浓硫酸进行反应，主要产物是邻甲苯磺酸和对甲苯磺酸：

$$C_6H_5CH_3 + \text{浓}H_2SO_4 \longrightarrow o\text{-}CH_3C_6H_4SO_3H + p\text{-}CH_3C_6H_4SO_3H$$

邻甲苯磺酸 32%　　对甲苯磺酸 62%

常用的磺化剂除浓硫酸、发烟硫酸外，还有三氧化硫和氯磺酸（$ClSO_3H$）等。如果氯磺酸过量，得到的是苯磺酰氯：

$$C_6H_6 + 2ClSO_3H \longrightarrow C_6H_5SO_2Cl + H_2SO_4 + HCl$$

苯磺酰氯

上述反应是在苯环上引入一个氯磺酰基（$—SO_2Cl$），因此也叫做氯磺化反应，氯磺酰基非常活泼，通过它可以制取芳磺酰胺 $ArSO_2NH_2$、芳磺酰酯 $ArSO_2OR$ 等一系列芳磺酰衍生物，在制备染料、农药和医药上具有广泛的用途。

在磺化反应中，亲电试剂三氧化硫是通过以下方式生成的：

$$2H_2SO_4 \rightleftharpoons SO_3 + H_3O^+ + H_2SO_4^-$$

$$C_6H_6 + SO_3 \rightleftharpoons C_6H_6^+(H)(SO_3^-)$$

$$C_6H_6^+(H)(SO_3^-) + HSO_4^- \rightleftharpoons C_6H_5—SO_3^- + H_2SO_4$$

$$C_6H_5—SO_3^- + H_3O^+ \rightleftharpoons C_6H_5—SO_3H + H_2O$$

由于苯的磺化反应是可逆反应，如果将苯磺酸和稀硫酸或盐酸在一定压力下加热，或在磺化所得混合物中通入过热水蒸气，就可以使苯磺酸发生水解又转变为苯。

$$C_6H_6 + H_2SO_4 \rightleftharpoons \left[C_6H_6^+(H)(SO_3^-)\right] + H_2O \overset{H^+}{\rightleftharpoons} C_6H_5SO_3H + H_2O$$

磺化反应的逆反应叫做水解，该反应的亲电试剂是质子，因此又叫做质子化反应，也称去磺酸基反应。在有机合成上，由于磺酸基容易除去，所以可利用磺酸基暂时占据环上的某些位置，使这个位置不再被其他基团取代，或利用磺酸基的存在，影响其水溶性等，待其他反应完毕后，再经水解将磺酸基脱去。该性质被广泛用于有机合成及有机化合物的分离与提纯。

苯在磺化过程中生成的 σ 络合物脱去 H^+ 生成苯磺酸和脱去 SO_3 生成苯这两步的活化能相差不大，因此无论是正反应还是逆反应都有可能，相对而言，在硝化或卤化反应中，从相应的 σ 络合物脱 NO_2^+ 或 X^+ 的活化能比较高，即脱去 NO_2^+ 或 X^+ 的反应速率比脱去质子的反应速率慢得多，因此反应是不可逆的。

芳磺酸是强酸，虽然是有机酸，但是其酸性强度与硫酸相当；芳磺酸不易挥发，极易溶于水。在难溶于水的芳香族化合物分子中，若引入磺酸基后就得到易溶于水的物质。因此，磺化反应常用于合成染料。此外，芳磺酸的强酸性也常被用做酸性催化剂。

（4）傅列德尔-克拉夫茨烷基化和酰基化反应❶

芳烃与卤代烷或酰卤在无水三氯化铝的催化作用下，芳环上的氢被烷基或酰基取代。这种在有机分子中引入烷基或酰基的反应，分别称为傅-克烷基化反应和傅-克酰基化反应。芳环上的烷基化和酰基化反应是法国化学家傅列德尔（Friedel C）和美国化学家克拉夫茨（Crafts J M）发现的，所以也简称为傅-克反应。例如：

---

❶ 傅列德尔(Friedel C，1832—1899)法国化学家。1877 年他和克拉夫茨共同发现傅列德尔-克拉夫茨反应。曾于 1876 年在巴黎索邦学院担任矿物学教授，主要研究含硅有机物，1892 年在日内瓦主持著名的有机化学名称命名系统化会议。

克拉夫茨(Crafts J M，1839—1917)美国化学家。1858 年毕业于哈佛大学，毕业后前往德国进修，曾任教于康奈尔大学和麻省理工学院(Massachusetts Institute of Technology，MIT)。1877 年克拉夫茨和傅列德尔一起研究金属铝对某些含氯有机物的作用时发现，该反应的发生要先经过钝化作用并生成氯化氢气体。经进一步研究发现钝化期间生成了氯化铝，正是氯化铝的催化作用导致反应发生。此后就将此反应命名为傅列德尔-克拉夫茨反应，这是有机化学反应库中的重要反应之一。

$$C_6H_6 + CH_3CH_2Cl \xrightarrow{\text{无水}AlCl_3} C_6H_5CH_2CH_3 + HCl \quad (1)$$

$$C_6H_6 + CH_3\overset{O}{\overset{\|}{C}}Cl \xrightarrow{\text{无水}AlCl_3} C_6H_5\overset{O}{\overset{\|}{C}}CH_3 + HCl \quad (2)$$

在反应（1）中，三氯化铝作为一个 Lewis 酸和卤代烷起酸碱反应，生成有效的亲电试剂烷基碳正离子：

$$RCl + AlCl_3 \longrightarrow R^+ + AlCl_4^-$$

$$C_6H_6 + R^+ \longrightarrow \left[C_6H_6^+(H)(R) \right] \xrightarrow{AlCl_4^-} C_6H_5R + HCl + AlCl_3$$

烷基化反应中常用的催化剂是三氯化铝，此外 $FeCl_3$、$SnCl_4$、$ZnCl_2$、BF_3、HF、H_2SO_4 等均可作为催化剂。除卤代烷外，烯烃或醇也可作为烷基化试剂。工业上，采用乙烯和丙烯作为烷基化试剂来制取乙苯和异丙苯：

$$C_6H_6 + CH_2{=}CH_2 \xrightarrow{\text{无水}AlCl_3} C_6H_5CH_2CH_3$$

$$C_6H_6 + CH_3{-}HC{=}CH_2 \xrightarrow{\text{无水}AlCl_3} C_6H_5CH(CH_3)CH_3$$

乙苯经过催化脱氢可得到苯乙烯。苯乙烯是很重要的高分子单体，在合成橡胶、塑料以及离子交换树脂等高分子工业中应用很广泛。

当烷基化试剂有较长的直链碳时，在反应过程中会发生异构化。例如：

$$C_6H_6 + CH_3CH_2CH_2Cl \xrightarrow{\text{无水}AlCl_3} \underset{\substack{\text{丙苯}\\ 31\%\sim35\%}}{C_6H_5CH_2CH_2CH_3} + \underset{\substack{\text{异丙苯}\\ 65\%\sim69\%}}{C_6H_5CH(CH_3)_2} + HCl$$

上述异构化反应中得到的主要产物是异丙苯。这是因为反应过程中先形成伯碳正离子，由于伯碳正离子可以重排为仲碳正离子，从而导致异构化产物的生成。反应历程如下：

$$CH_3{-}\underset{}{\overset{H}{\overset{|}{C}}}H{-}\overset{+}{C}H_2 \longrightarrow CH_3\overset{+}{C}HCH_3$$

苯和 1-氯-2-甲基丙烷反应，生成物只有叔丁苯。

$$C_6H_6 + H_3C{-}\overset{H}{\underset{CH_3}{C}}{-}CH_2Cl \xrightarrow{AlCl_3} C_6H_5C(CH_3)_3$$

如果苯环上有强的间位定位基存在时，烷基化反应就不容易进行。例如，硝基苯就不能发生烷基化反应。由于芳烃和三氯化铝都能溶于硝基苯中，所以烷基化反应可以用硝基苯作溶剂。

傅-克酰基化反应与烷基化反应相似。进攻的亲电试剂是酰基化试剂与催化剂作用所产生的酰基正离子：

$$RCOCl + AlCl_3 \rightleftharpoons R-\overset{+}{C}=O + AlCl_4^-$$

反应历程如下：

$$\text{C}_6\text{H}_6 + R-\overset{+}{C}=O \longrightarrow \left[\text{C}_6\text{H}_6^{+}(\text{H})(\text{COR}) \right] \xrightarrow{-H^+} \text{C}_6\text{H}_5\text{COR} \xrightarrow{AlCl_3} \text{C}_6\text{H}_5-\underset{R}{\underset{|}{C}}=O\cdots AlCl_3$$

由于反应后生成的酮还会与 $AlCl_3$ 相络合，因此需要再加稀酸处理，才能得到游离的酮。所以傅-克酰基化反应与烷基化反应有一个显著的不同，三氯化铝的用量必须过量。其次，酰基化反应不发生重排反应。例如：

$$\text{C}_6\text{H}_6 + CH_3CH_2CH_2COCl \xrightarrow{AlCl_3} \text{C}_6\text{H}_5COCH_2CH_2CH_3 + HCl$$

苯丁酮

生成的酮可以用锌汞齐加浓盐酸或者用黄鸣龙（Huang MingLong）法（参见 10.4.4 节）还原为亚甲基，这使得酰基化反应成为芳环上引入正构烷基的一个重要方法。

$$\text{C}_6\text{H}_5COCH_2CH_2CH_3 \xrightarrow[HCl]{Zn\text{-}Hg} \text{C}_6\text{H}_5CH_2CH_2CH_2CH_3$$

正丁苯

芳烃酰基化反应生成一元取代的产率一般比较高，酰基使苯环钝化，当第一个酰基取代苯环后，反应就不再继续进行。因此，它不会产生多元取代物的混合物，得到的产物比较单纯，这也是与烷基化反应一个显著的不同之处。

6.5.2 加成反应

和不饱和烃相比，芳烃要稳定得多，只有在特殊的条件下才发生加成反应。

（1）加氢

苯在铂或镍催化剂存在下，于较高温度或加压才能加氢生成环己烷。

$$\text{C}_6\text{H}_6 + 3H_2 \xrightarrow[\text{或Ni,加热，加压}]{Pt, 175℃} \text{C}_6\text{H}_{12}$$

（2）加氯

在紫外线照射下，苯与氯反应生成六氯苯，这是一个典型的自由基反应：

$$Cl_2 \xrightarrow{\text{紫外线}} 2Cl\cdot$$

$$\text{C}_6\text{H}_6 \xrightarrow{Cl\cdot} \text{C}_6\text{H}_6Cl\cdot \xrightarrow{Cl\cdot} \text{C}_6\text{H}_6Cl_2 \cdots \xrightarrow{Cl\cdot} \text{C}_6\text{H}_6Cl_6$$

六氯苯

六氯苯（$C_6H_6Cl_6$）也称六六六，是一种杀虫剂。在已知的六氯苯八种异构体中，只有 γ-异构体具有显著的杀虫活性，它的含量在混合物中占 18%左右。其化学性质稳定，由于残存毒性大，早在 1983 年我国已禁用。

> ★ **练习 6-6** 什么是亲电取代反应？为什么苯环上容易发生亲电取代反应而不是亲核取代反应？

> ★ **练习 6-7** 什么是傅-克反应？傅-克烷基化反应和傅-克酰基化反应有什么区别？

6.5.3 芳烃侧链反应

（1）氧化反应

由于苯特有的稳定性，许多氧化剂如高锰酸钾、重铬酸钾加硫酸、稀硝酸等都不能使苯环氧化。烷基苯在这些氧化剂作用下，只有支链发生氧化；如果氧化剂过量，无论环上支链长短如何，最后都氧化生成苯甲酸。例如：

$$C_6H_5-C_2H_5 \xrightarrow[\triangle]{KMnO_4} C_6H_5-COOH$$

苯甲酸

$$CH_3-C_6H_4-CH_3 \xrightarrow[150\sim160℃,1\sim1.5MPa]{稀HNO_3} HOOC-C_6H_4-COOH$$

对苯二甲酸

发生在苯环侧链上的氧化反应，一方面说明苯环有特别的稳定性；另一方面，也说明由于苯环的影响，和苯环直接相连的 α-碳上的氢原子（α-H）活泼性增加，因此氧化反应首先发生在 α-位，这就导致了烷基都氧化为羧基的情形。

虽然苯环在一般条件下不被氧化，但在特殊条件下，也能发生氧化而使苯环破裂。例如，在催化剂存在下，于高温时，苯可被空气催化氧化而生成顺丁烯二酸酐。

$$C_6H_6 + O_2 \xrightarrow[400\sim450℃]{V_2O_5} \begin{matrix} HC-C(=O) \\ \| \quad\quad \rangle O \\ HC-C(=O) \end{matrix}$$

顺丁烯二酸酐

（2）氯化反应(chloration)

在高温或光照条件下，烷基苯与氯气发生反应，在苄基位进行氯代。反应与甲烷氯化相似，生成稳定的苄基自由基中间体。但乙苯氯化时，反应容易停留在生成 1-氯-1-苯基乙烷阶段。

$$C_6H_5-C_2H_5 + Cl_2 \xrightarrow{h\nu} C_6H_5-CHClCH_3 + HCl$$

N-溴代丁二酰亚胺（NBS）试剂常用于苄基位上溴代反应。反应也经过苄基自由基中间体过程。

$$C_6H_5-CH_2CH_3 \xrightarrow[125℃或h\nu]{NBS,Br_2} C_6H_5-\underset{\displaystyle Br}{\underset{|}{C}}HCH_3\ (99\%)$$

苄基自由基之所以稳定是由于它的亚甲基碳原子（sp^2 杂化）上的 p 轨道与苯环上的大 π 键是共轭的，这导致亚甲基上 p 电子的离域，所以这个自由基就比较稳定（见图 6-8）。

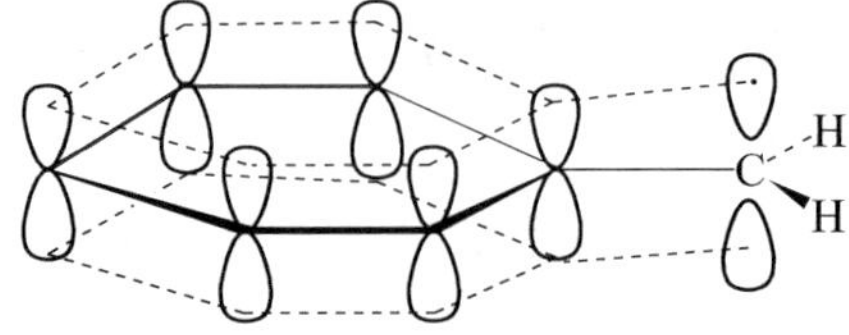

图 6-8 苄基自由基亚甲基碳原子上 p 轨道的离域示意图

6.6 苯环上亲电取代反应的定位规则

甲苯硝化比苯容易，而硝基苯硝化比苯困难。这说明苯环上的取代基对苯环再发生取代反应的难易产生影响。前者称为致活，后者称为致钝。能增加苯环上氢活泼性的基团称活化基团（activating group）；使苯环上氢变得更稳定的基团，称为钝化基团（passivating group）。

研究表明，苯的硝化反应中，苯的一元取代物只有一种，没有异构体。但是当硝基苯再继续硝化时，主要产物为间二硝基苯；如果甲苯进行硝化，主要产物为邻硝基甲苯和对硝基甲苯。这说明苯环上原有的取代基的存在，对新的取代基进入苯环的位置产生显著影响。

$$C_6H_6 \xrightarrow[50\sim60^\circ C]{\text{混酸}} C_6H_5NO_2 \xrightarrow[95^\circ C,\ 93.3\%]{\text{发烟}HNO_3,\ \text{发烟}H_2SO_4} m\text{-}C_6H_4(NO_2)_2$$

$$C_6H_5CH_3 \xrightarrow[55^\circ C]{\text{发烟}HNO_3,\ \text{发烟}H_2SO_4} o\text{-}CH_3C_6H_4NO_2\ (59\%) + p\text{-}CH_3C_6H_4NO_2\ (37\%)$$

苯环上的取代基会影响苯环上的电子云分布，使苯环上的氢的活泼性产生差异，取代基的这种作用，称为定位作用（orientation），原有的取代基叫做定位基。苯环上的取代基如果能使新导入的基团进入邻、对位的，就称为邻对位定位基；在苯环上的取代基如果能使新导入的基团进入间位的，就称为间位定位基。活化基团都是邻对位定位基，致活作用强弱与定位效应强弱相一致。间位定位基都是钝化基团，致钝作用强弱也与定位效应强弱相一致。卤素是邻对位定位基，但属于钝化基团，所以钝化基团不都是间位定位基，而邻对位定位基也不都是活化基团。表 6-3 是一些常见取代基的定位效应。

6.6.1 定位规则

不同的一元取代苯进行再取代反应时，可以把苯环上的取代基分为邻对位定位基和间位定位基两类。邻对位定位基也称活化基团，间位定位基也称钝化基团。

（1）邻对位定位基

常见的邻对位定位基有：$-NH_2$、$-NHR$、NR_2、$-OH$、$-OCH_3$、$-NHCOCH_3$、$-OCOR$、$-C_6H_5$、$-CH_3$、$-X$ 等。这些取代基与苯环直接相连的原子上通常只有单键或带负电荷，使第二个取代基主要进入它们的邻位和对位，即它们具有邻对位定位效应。除卤代苯（卤素属钝化基团）外，它们的反应比苯容易进行，因此这类定位基能使苯环活化，属于活化基团。

这类定位基为什么产生邻对位的定位作用呢？可以从取代基所产生的电子效应来解释。

例如，甲基在甲苯中是给电子基团，一方面，甲基的给电子诱导效应可使苯环的电子密度增大；另一方面，甲基与苯环还存在超共轭效应，这也会导致苯环电子密度增大。显然，这种能使苯环电子密度增大的影响对于亲电取代反应是起到促进作用的，因而这类定位基具有致活效应。

表 6-3 苯环上部分取代基在亲电取代反应中的定位效应

取代基			定位效应		硝化速率(以苯=1为标准)		
		邻位含量/%	对位含量/%	间位含量/%	致活	致钝	
邻对位定位基	致活↑	$—NH_2$	邻位	对位	痕量	强烈	
		—OH	55	45	痕量	强烈	
		$—NHCOCH_3$	19	79	微量	中等	
		$—OCH_3$	74	11	4	约 2×10^5	
		$—C_6H_5$	邻位	对位	11.5	弱	
		$—CH_3$	59	37		24.5	
		$—C(CH_3)_3$	16	73		15.5	
	致钝	—F	12	88	痕量		0.03
		—Cl	30	70	痕量		0.03
		—Br	36	62.9	1.1		0.03
		—I	38	60	2		0.18
间位定位基	致钝↓	$—COOC_2H_5$	24	4	72		约 3.67×10^{-3}
		—COOH	19	1	80		$<10^{-3}$
		—CHO	19	9	72		中等
		$—SO_3H$	21	7	72		中等
		$—NO_2$	6	痕量	93		约 10^{-7}
		$—N^+(CH_3)_3$	0	11	89		约 10^{-8}
		—CN	17	2	81		慢

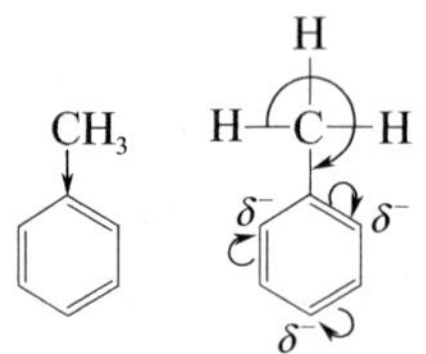

另外，从苯环上发生亲电反应的历程看，当亲电试剂 E^+ 进攻甲苯的不同位置时，可分别得到稳定性不同的碳正离子中间体（σ络合物）。当取代反应发生在邻位和对位时，形成的中间体碳正离子正好是甲基与苯环上带部分正电荷的碳正离子直接相连，由于甲基的给电子作用，使苯环上的正电荷得到很好的分散。电荷越分散，体系越稳定，也越易形成。当取代反应发生在甲苯的间位时，由于甲基的给电子作用恰好与苯环上富电子部位相连，因而不利于苯环上电荷的分散，从而使间位取代的中间体不稳定，因此取代产物以邻位和对位为主。

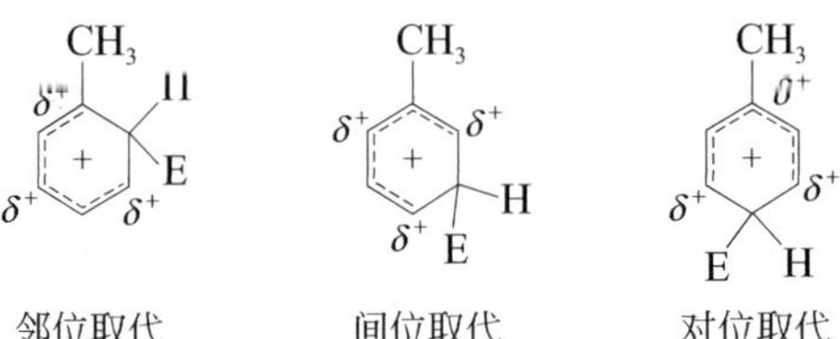

和甲基不同，在苯酚结构中，羟基是吸电子基团，负诱导效应使苯环电子密度减小，这样看来，羟基应该起致钝作用。但事实上，苯酚在亲电取代反应中羟基却起着活化作用，这

是为什么呢？首先分析一下羟基氧原子 p 轨道上电子的分布情况，在氧原子 p 轨道上存在着一对孤对电子与苯环上大 π 键产生 p-π 共轭效应，其结果是 p 电子流向苯环，使苯环上的电子密度增大，显然，在这里共轭效应与诱导效应方向相反，但共轭效应起着主导作用，因此羟基仍具有致活作用。这种共轭效应特别使其邻、对位电子密度增大，所以羟基和甲基一样，属于邻对位定位基。羟基的 p-π 共轭效应作用如下：

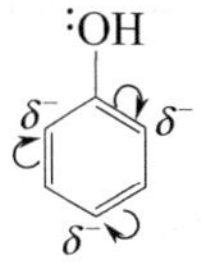

:OH
δ⁻ δ⁻
δ⁻

（2）间位定位基

间位定位基属于钝化基团，常见的间位定位基有：$—N^+(CH_3)_3$、$—NO_2$、—CN、—COOH、$—SO_3H$、—CHO、—COR 等。这些取代基与苯环相连接的原子上，通常具有重键或带正电荷。苯环上连有间位定位基会使新导入的取代基主要进入它们的间位，即它们具有间位定位效应。由于间位定位基的钝化作用，与苯相比，带有这类定位基的芳烃进行取代反应时都比较困难。

间位定位基都是吸电子基，具有吸电子诱导效应，可使苯环电子密度减小。因此，取代苯在亲电取代反应中，所带间位定位基起着钝化作用。

和甲苯类似，当硝基苯进一步硝化时，也可能生成三种碳正离子中间体（σ 络合物）。

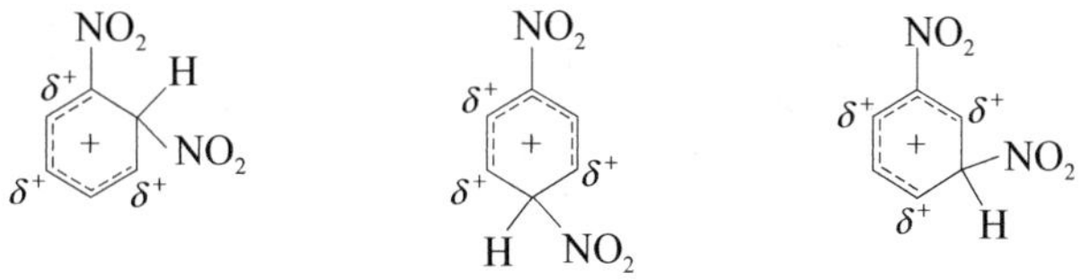

邻位硝化　　对位硝化　　间位硝化

与甲苯不同的是，在这三种中间体中，间位硝化产物更稳定一些，因为在邻位和对位硝化产物中，吸电子的硝基和带部分正电荷的碳原子直接相连，使邻、对位碳原子上的缺电子程度更高。相比而言，间位硝化产物相对要稳定一些，更容易发生亲电取代反应，因此亲电取代反应主要发生在硝基苯的间位。磺酸基、羰基、羧酸酯基等其他间位定位基的定位原理与此相同。

应该指出，卤素的定位效应有些特别，它具有致钝作用，但是属于邻对位定位基。例如，氯苯硝化时，其产物主要是邻、对位产物。

$$C_6H_5Cl + HNO_3 \xrightarrow{H_2SO_4} o\text{-}ClC_6H_4NO_2\ (30\%) + p\text{-}ClC_6H_4NO_2\ (70\%)$$

由于氯原子具有较强的电负性，因此它具有较强的负诱导效应，氯原子的诱导效应降低了苯环上的电子密度，因而对亲电反应而言具有致钝作用。同时又由于氯原子上未共用电子对和苯环上的大 π 键共轭而向苯环离域，因此又产生了给电子的 p-π 共轭效应，使邻、对位的电子密度较间位大，所以氯原子属于邻对位定位基。

应该指出，除了电子诱导效应、p-π 共轭效应以及超共轭效应外，还有其他因素也会对苯环产生一定的定位效应。例如，试剂的性质、反应的温度、催化剂的影响、溶剂以及空间效应都会对定位产生影响，不过，在这些影响因素中，起主导作用的是取代基的定位效应。

6.6.2 二取代苯的定位规则

当苯环上有两个取代基时，第三个基团进入苯环的位置，主要由原有两个取代基的定位效应来决定。

① 当两个取代基的定位效应一致时，第三个取代基进入的位置由上述取代基的定位规则来决定（参见 6.6.1 节）。例如：

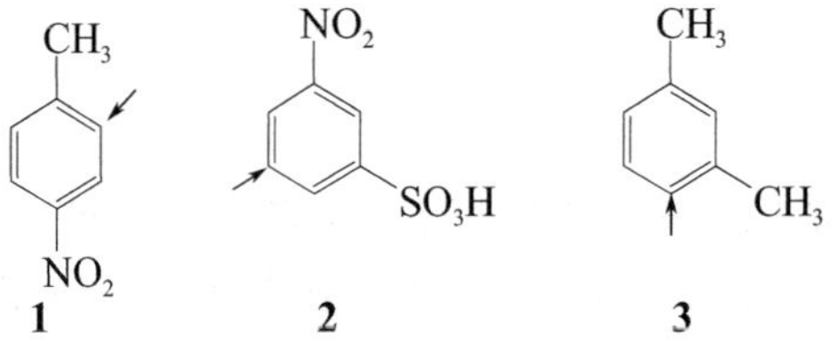

CH_3 NO_2 CH_3 SO_3H CH_3 NO_2

1 **2** **3**

(箭头表示取代基进入的位置)

当然，新导入的基团进入到苯环的什么位置有时也要受到其他一些因素的影响，例如结构式 **3** 所示，1,3-二甲基苯的 2 位，虽然是两个甲基的邻位，但由于空间效应的影响，新的取代基很难进入到 2 位，而是优先进入到 4 位。

② 当两个取代基属同一类定位基，但是定位效应不一致时，第三个取代基进入的位置主要由定位效应强的取代基决定。例如：

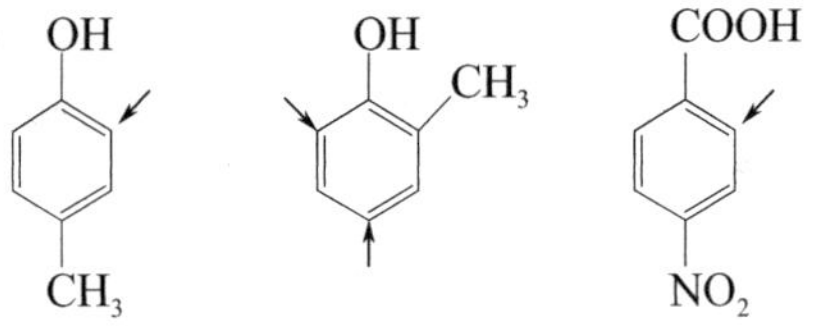

OH CH_3 OH CH_3 COOH NO_2

③ 当两个取代基属于不同类定位基时，第三个取代基进入的位置一般由邻对位定位基决定。例如：

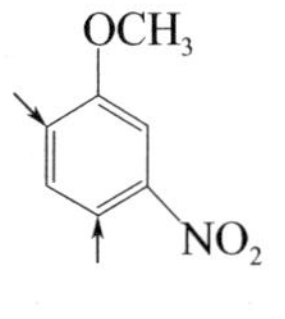

OCH_3 NO_2

6.6.3 定位规则应用

根据定位规则，可以有选择地按照合理的路线来合成目标分子。例如，以甲苯为原料要分别合成对硝基苯甲酸和间硝基苯甲酸时，先进行硝化反应，分离异构体后再进行氧化反应时可得到对硝基苯甲酸，改变反应次序将只能得到间硝基苯甲酸。

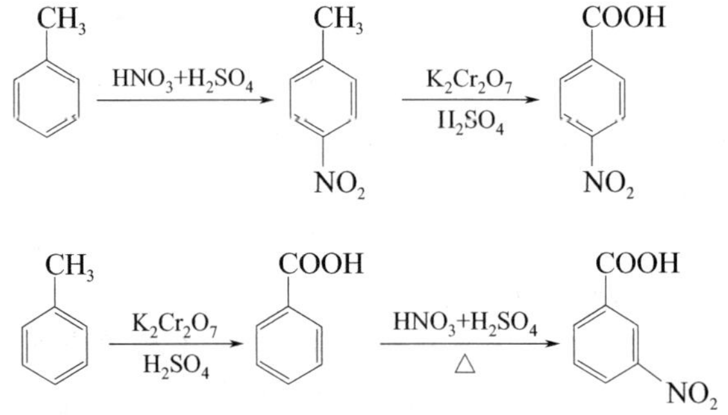

CH_3 $\xrightarrow{HNO_3+H_2SO_4}$ CH_3 NO_2 $\xrightarrow[H_2SO_4]{K_2Cr_2O_7}$ COOH NO_2

CH_3 $\xrightarrow[H_2SO_4]{K_2Cr_2O_7}$ COOH $\xrightarrow[\triangle]{HNO_3+H_2SO_4}$ COOH NO_2

又如，以甲苯为原料合成2-氯-4-硝基苯甲酸时就应先硝化再氯化，最后进行氧化反应是合理的合成路线。

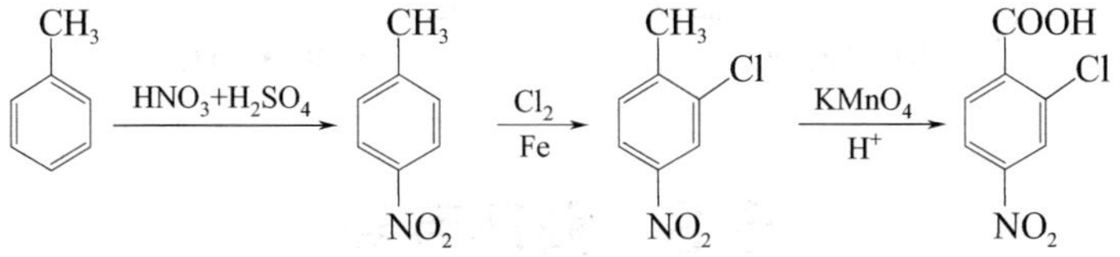

$$\text{甲苯} \xrightarrow{HNO_3+H_2SO_4} \text{对硝基甲苯} \xrightarrow[Fe]{Cl_2} \text{2-氯-4-硝基甲苯} \xrightarrow[H^+]{KMnO_4} \text{2-氯-4-硝基苯甲酸}$$

★ **练习 6-8** 发生在苯环上的亲电取代反应历程中有哪些过渡态？如何通过共振结构式解释苯环上发生亲电取代反应时的定位效应？

6.7 联苯及其衍生物

联苯（biphenyl）及其衍生物类芳烃是指芳烃与芳烃以单键直接相连的一类化合物。例如：

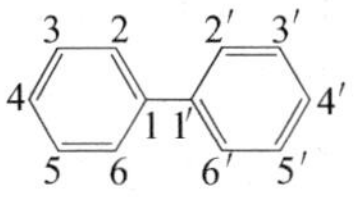

联苯 　　　三联苯

工业上，利用苯蒸气通过在700℃以上高温的红热铁管热解可以得到联苯。实验室中，碘苯与铜粉共热可制得联苯。

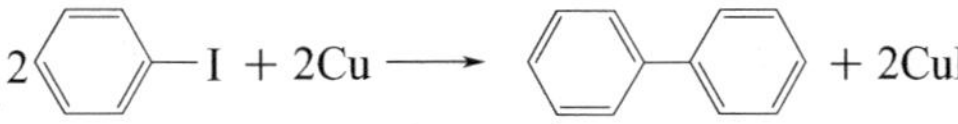

$$2C_6H_5-I + 2Cu \longrightarrow C_6H_5-C_6H_5 + 2CuI$$

联苯为无色晶体，熔点70℃，沸点254℃，不溶于水，易溶于有机溶剂。与苯类似，联苯的两个苯环上都可以发生磺化、硝化等取代反应。在亲电取代反应中，联苯可看做是苯的一个氢原子被另一个苯基所取代，而苯基是邻对位定位基。事实上，当联苯发生亲电取代反应时，新的取代基主要进入到苯环的对位，邻位产物并不多，原因是苯基作为取代基，体积比较大，空间效应的影响比较明显。

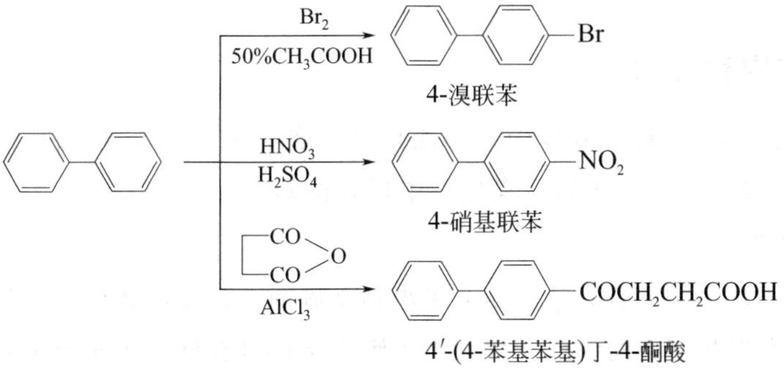

$$C_6H_5-C_6H_5 \xrightarrow[50\%CH_3COOH]{Br_2} C_6H_5-C_6H_4-Br$$

4-溴联苯

$$C_6H_5-C_6H_5 \xrightarrow[H_2SO_4]{HNO_3} C_6H_5-C_6H_4-NO_2$$

4-硝基联苯

$$C_6H_5-C_6H_5 \xrightarrow[AlCl_3]{\text{丁二酸酐}} C_6H_5-C_6H_4-COCH_2CH_2COOH$$

4′-(4-苯基苯基)丁-4-酮酸

在联苯分子中，两个苯环是通过碳碳单键相连接，所以，两个苯环可围绕两环间的单键作相对旋转。但是，当其两个环的邻位有较大的取代基存在时，如6,6′-二硝基-2,2′-联苯二甲酸分子中，由于这些取代基的空间位阻效应比较大，联苯分子两环间的自由旋转受到限制，从而使两个环平面不在同一平面上，这样就可能形成以下两种对映异构体，它们是没有手性碳原子的手性分子。

6.8 稠环芳烃

两个或两个以上的苯环、通过共用两个相邻碳原子稠合而成的化合物，称为稠环芳烃（fused polycyclic hydrocarbons）。稠环芳烃的母体采用单译名，芳环中各个碳原子位次也有固定编号。例如：

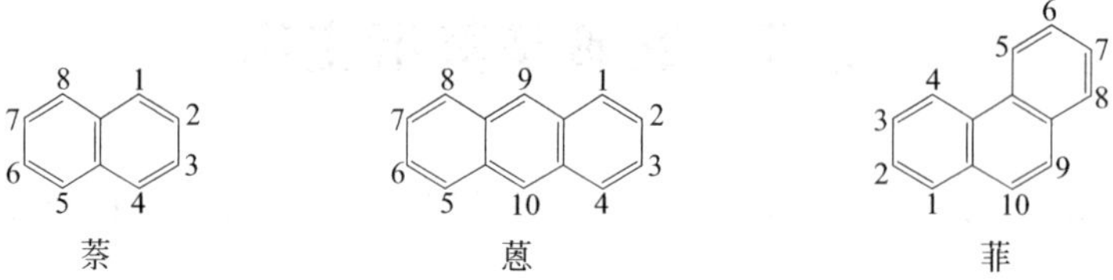

萘　　蒽　　菲

萘的 1,4,5,8 位也称为 α-位；2,3,6,7 位称为 β-位。当萘环上只有一个取代基时，位次既可以用阿拉伯数字表示，也可以用 α 或 β 表示。如果几个苯环通过共用两个相邻碳原子稠合而成横排线型的芳烃，除萘、蒽用特定名称外，一般命名为并几苯。例如：

2-甲基萘或β-甲基萘　　并四苯

部分含 4 个以上苯环的非线型稠环芳烃的结构和名称如下：

䓛　　芘　　苯并[a]芘

6.8.1 萘的结构和性质

萘（naphthalene）在稠环芳烃中是最简单的一种，分子式为 $C_{10}H_8$。它是煤焦油中含量最多的化合物，约占 6%，可以从煤焦油中提炼得到。

（1）萘的结构

和苯类似，萘是一个平面分子。萘分子中每个碳原子以 sp^2 杂化轨道与相邻的碳原子及氢原子的原子轨道相互重叠而形成 σ 键。十个碳原子都处在同一个平面上，连接成两个稠合的六元环，八个氢原子也在同一平面上。每个碳原子还有一个 p 轨道，这些对称轴平行的 p 轨道侧面相互重叠，形成包含十个碳原子在内的 π 分子轨道。在基态时，10 个 π 电子分别处在五个成键轨道上，所以萘分子中没有一般的碳碳单键，也没有一般的碳碳双键，而是特殊的大 π 键。由于 π 电子的离域，萘具有 $255kJ\cdot mol^{-1}$ 的共振能（离域能）。

萘的一元取代物有两种：

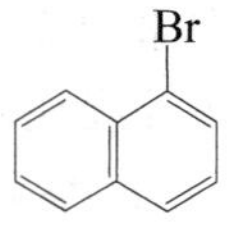

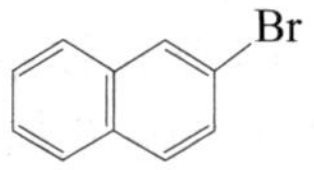

α-溴萘　β-溴萘

与一元取代萘相比，萘的二元取代物的异构体多得多。两个取代基相同的二元取代物就有10种可能的异构体，两个取代基不同时则更多，有14种。萘的二元取代物的命名如下例：

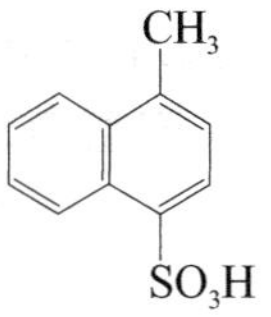

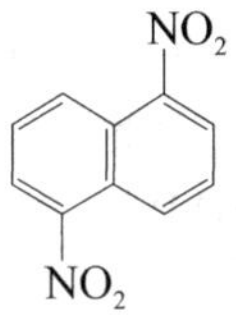

对甲萘磺酸　1,5-二硝基萘

（2）萘的性质

萘是白色晶体，熔点80.5℃，沸点218℃，有特殊的气味，容易升华。萘不溶于水，易溶于热的乙醇及乙醚。常用做防蛀剂。萘在染料合成中应用很广，也常用于制造邻苯二甲酸酐。

从结构上来看，萘由两个苯环稠合而成，然而，它的共振能并不是苯的两倍。从化学反应来看，萘比苯更容易发生加成、氧化反应，萘的取代反应也比苯容易。显然，萘的芳香性没有苯的芳香性强，在其本质上显现出一定的不饱和烃类的性质。

① 亲电取代反应　萘可以发生卤化、硝化、磺化等亲电取代反应。萘的α-位活性比β-位活性大，在亲电取代反应中一般得到α-取代产物。

卤化　用三氯化铁或碘作催化剂，将氯气通入萘的苯溶液中可以得到萘的氯化产物。其主要产物为α-氯萘。

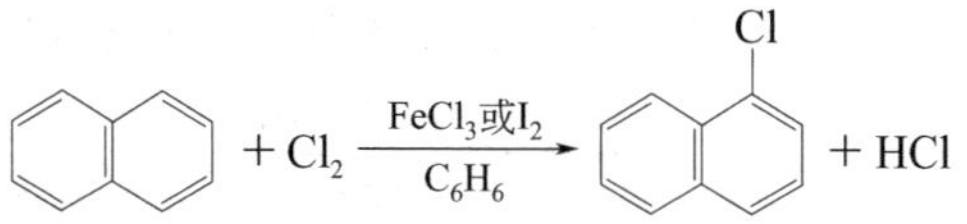

$$萘 + Cl_2 \xrightarrow[C_6H_6]{FeCl_3或I_2} α\text{-氯萘}\ (>92\%) + HCl$$

硝化萘的硝化可以用混酸作硝化试剂，在稍热条件下即可进行，与萘的氯化类似，主要生成α-硝基萘。

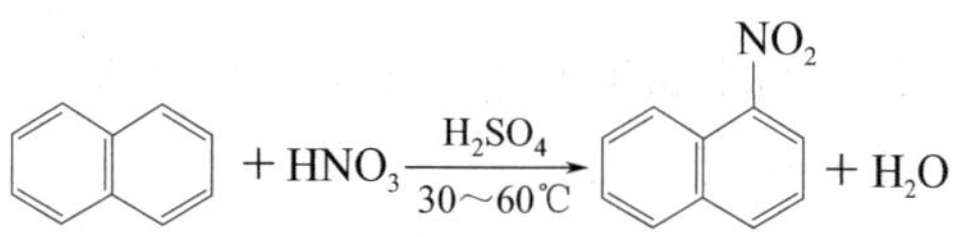

$$萘 + HNO_3 \xrightarrow[30\sim60℃]{H_2SO_4} α\text{-硝基萘}\ (92\%\sim94\%) + H_2O$$

磺化萘在较低温度（60℃）下用浓硫酸作磺化剂进行磺化，其主要产物为α-萘磺酸，如果在较高温度（165℃）下磺化，主要产物为β-萘磺酸。

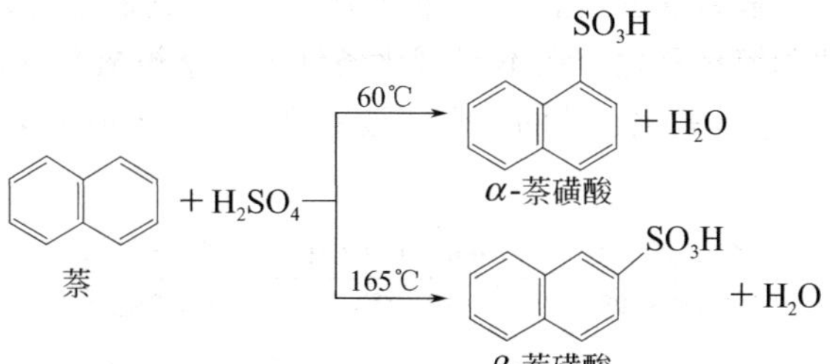

$$萘 + H_2SO_4 \xrightarrow{60℃} α\text{-萘磺酸} + H_2O$$

$$萘 + H_2SO_4 \xrightarrow{165℃} β\text{-萘磺酸}\ (85\%) + H_2O$$

原因在于萘的 α-位活性比 β-位大。但是磺酸基的体积比较大，与异环 α-位上的氢原子发生空间拥挤，从而导致 α-萘磺酸的稳定性比较差。当温度比较低时，这种拥挤作用不大明显。而且从可逆反应的角度来看，在较低的磺化温度下，α-萘磺酸的生成速率快，而可逆反应并不显著。因此，当温度较低时，α-萘磺酸在生成后不易转变成其他异构体，所以仍可得到 α-取代产物。当磺化温度升高后，原先生成的 α-萘磺酸可发生逆反应而转变为萘，即它的脱磺酸基反应的速率也增加。此外，当温度较高时，由于分子内原子振动加剧，α-氢原子的空间拥挤作用加强，对邻环磺酸基产生显著干扰。在较高温度下磺化时，β-萘磺酸生成后不易脱去磺酸基，即它的逆反应很小，因此 β-萘磺酸是高温磺化时的主要产物。

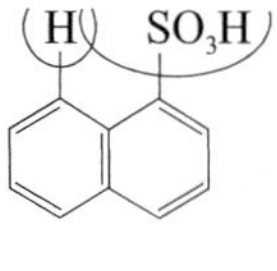

α-萘磺酸位阻大　　β-萘磺酸位阻小

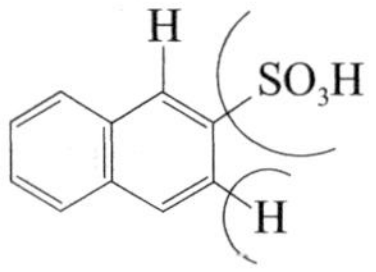

对于一般的亲电试剂，如果没有因基团体积太大而导致的明显空间效应，萘的亲电取代反应一般发生在 α-位，主要得到 α-取代产物。由于在高温下萘的磺化容易得到 β-取代产物，即 β-萘磺酸，萘的其他 β-衍生物常常可以通过 β-萘磺酸来制取。例如，由 β-萘磺酸碱熔可得到 β-萘酚。

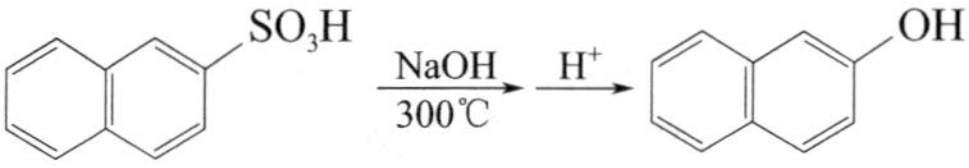

由 α-萘酚也可以转变为 α-萘胺。萘酚和萘胺都是合成偶氮染料的重要中间体，因此萘的磺化反应，尤其是高温磺化，在有机合成上，特别是合成染料方面有重要应用。

② 加氢　萘环表现出一定的双键性质，它比苯环容易加氢和还原。

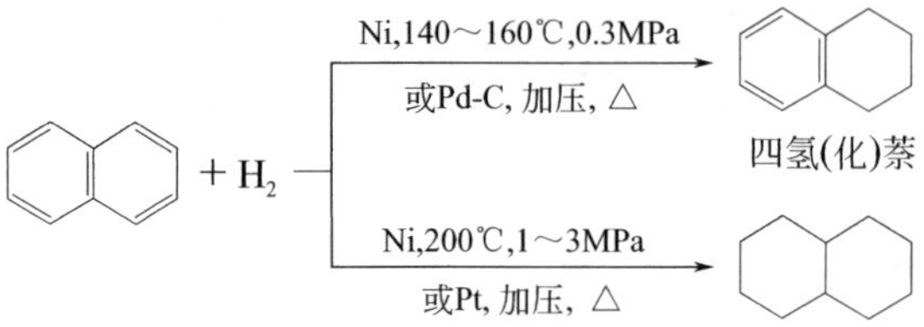

四氢(化)萘

十氢(化)萘

萘在液氨和乙醇的混合液中与金属钠作用，或者用金属钠和戊醇（沸点为 138℃）在回流条件下作用，都可以发生还原反应，生成 1,4-二氢（化）萘。

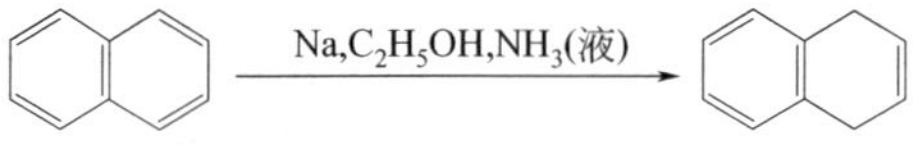

1,4-二氢(化)萘

也可以将萘还原为四氢（化）萘。四氢（化）萘也称萘满，常温下为液态，沸点 270.2℃。十氢（化）萘也称萘烷，常温下也是液态，沸点 191.7℃。它们都可以作为高沸点溶剂。

③ 氧化反应　萘比苯容易氧化。在不同氧化条件下，萘被氧化成不同的产物。例如，在醋酸溶液中用氧化铬对萘进行氧化，萘的一个环被氧化成醌，生成 1,4-萘醌（也叫 α-萘醌）：

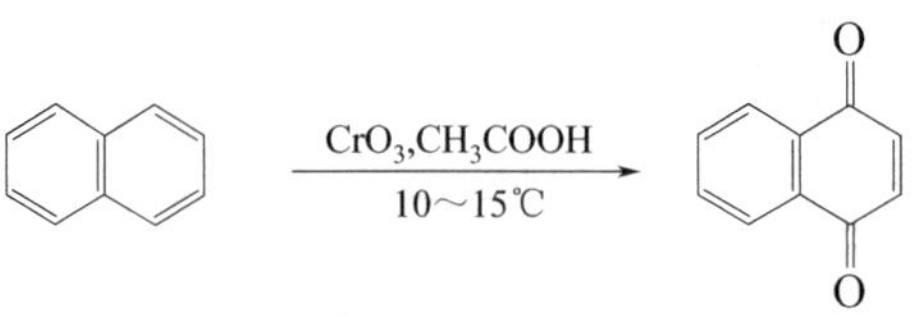

1,4-萘醌

在更强烈的氧化条件下，萘的一个环发生破裂，生成邻苯二甲酸酐：

$$\text{萘} \xrightarrow[400\sim500℃]{V_2O_5(\text{空气})} \text{邻苯二甲酸酐}$$

邻苯二甲酸酐在化学工业上有广泛的用途，它可作为许多树脂、增塑剂、染料的合成原料。

（3）萘环的取代规律

与苯相比，萘环上的取代基的定位作用显得复杂些。一般来说，由于萘环上 α-位的活性高，新导入的取代基容易进入 α-位。环上的原有取代基主要决定是发生同环取代还是异环取代。第二个取代基进入的位置与萘环上原有取代基的性质、位置以及反应条件都有关系。

如果萘环上原有取代基是邻对位定位基，它对自身所在的环具有活化作用，因此第二个取代基就进入该环，即发生“同环取代”。如果原来取代基是在 α-位，则第二个取代基主要进入同环的另一 α-位。例如：

$$\text{1-}CH_3\text{-萘} \xrightarrow{H_2SO_4} \text{4-}SO_3H\text{-1-}CH_3\text{-萘} + \text{2-}SO_3H\text{-1-}CH_3\text{-萘}$$

(主要产物)

如果原有取代基是在 β-位，则第二个取代基主要进入与它相邻的 α-位。例如：

$$\text{2-}CH_3\text{-萘} \xrightarrow[\substack{CH_3COOH,(CH_3CO)_2O \\ 50\sim70℃}]{HNO_3} \text{1-}NO_2\text{-2-}CH_3\text{-萘} + \text{3-}NO_2\text{-2-}CH_3\text{-萘}$$

(主要产物)

10 : 1

如果第一个取代基是间位定位基，它就会使其所连接的环钝化，第二个取代基便进入另一环上，发生“异环取代”。此时，无论原有取代基是在 α-位还是 β-位，第二个取代基通常都是进入另一环上的 α-位。例如：

$$\text{1-}NO_2\text{-萘} \xrightarrow[H_2SO_4]{HNO_3} \text{1,8-二}NO_2\text{-萘} + \text{1,5-二}NO_2\text{-萘}$$

$$\text{2-}NO_2\text{-萘} \xrightarrow[H_2SO_4]{HNO_3} \text{1,6-二}NO_2\text{-萘} + \text{1,7-二}NO_2\text{-萘}$$

★ **练习 6-9** 为什么在低温下发生磺化反应主要产生 α-萘磺酸，而在高温下反应主要产生 β-萘磺酸？

★ **练习 6-10** 具有取代基的萘在什么情况下发生同环取代？在什么情况下发生异环取代？

6.8.2 其他稠环芳烃

（1）蒽

蒽（anthracene）存在于煤焦油中，分子式为 $C_{14}H_{10}$。它可以从分馏煤焦油的蒽油馏分中提取。蒽分子由三个苯环稠合而成。X 射线衍射法证明，蒽分子中所有的原子都在同一平面上。环上每一个碳原子都以 sp^2 杂化轨道与相邻的碳原子及氢原子的原子轨道相互交盖而形成 σ 键，相邻碳原子的 p 轨道彼此侧面相互交盖重叠，形成了包含 14 个碳原子的 π 分子轨道。与萘相似，蒽的碳碳键长也并不完全相同。蒽的结构和碳原子的编号如右所示：

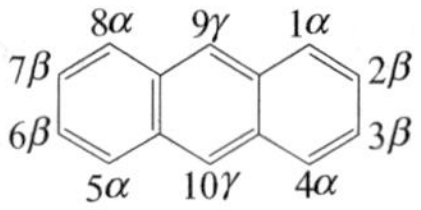

8α 9γ 1α 7β 2β 6β 3β 5α 10γ 4α

从化学反应活性来看，蒽分子中的各碳原子活性表现并不完全等同，其中 1,4,5,8 位等同，称为 α-位；2,3,6,7 位等同，称为 β-位；9,10 位等同，叫做 γ-位，或称中位。因此蒽的一元取代物有 α，β 和 γ 三种异构体。

（2）蒽的性质

蒽为白色晶体，具有蓝色的荧光，熔点 126℃，沸点 340℃。蒽不溶于水，难溶于乙醇和乙醚，溶于苯。

与萘相比，蒽更容易发生化学反应。蒽的 γ-位最活泼，所以反应大多发生在 γ-位。蒽的共振能是 $351kJ \cdot mol^{-1}$。如果与苯、萘的共振能比较，可看出，随着分子中稠合环的数目增加，环的平均共振能数值逐渐下降。显然，蒽虽然有芳香性，但不及苯和萘。事实上，随着稠合环数的增加，芳香性逐渐减弱，稳定性逐渐下降。因此，它们也越来越容易进行氧化和加成反应。

① 加成反应　由于蒽环不如苯环和萘环稳定，容易发生加成反应，反应部位在 9,10 位上。它不仅可以催化加氢和还原，而且还能与卤素加成，也可以作为双烯供体进行 Diels-Alder 反应。例如：

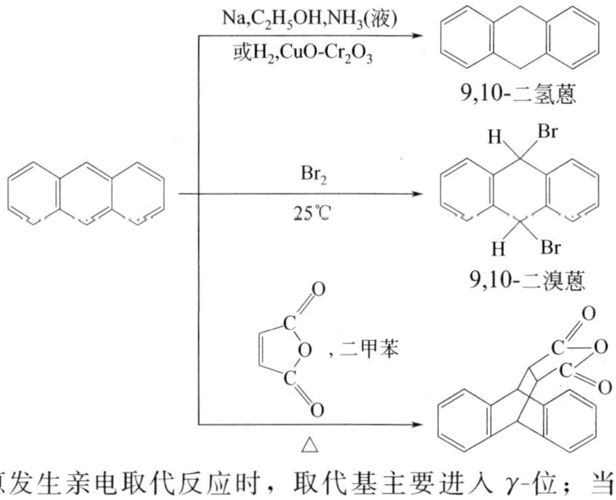

Na,C_2H_5OH,NH_3(液) 或$H_2,CuO-Cr_2O_3$ → 9,10-二氢蒽

Br_2, 25℃ → 9,10-二溴蒽

（马来酸酐）, 二甲苯, △ →

② 亲电取代　蒽发生亲电取代反应时，取代基主要进入 γ-位；当进行磺化时，磺酸基

主要进入蒽环的 α-位。应该指出，蒽容易发生亲电取代反应，但由于取代产物往往都是混合物，故在有机合成中实用意义不大。

③ 氧化反应　蒽在重铬酸盐或铬酐氧化下，可转变为蒽醌。

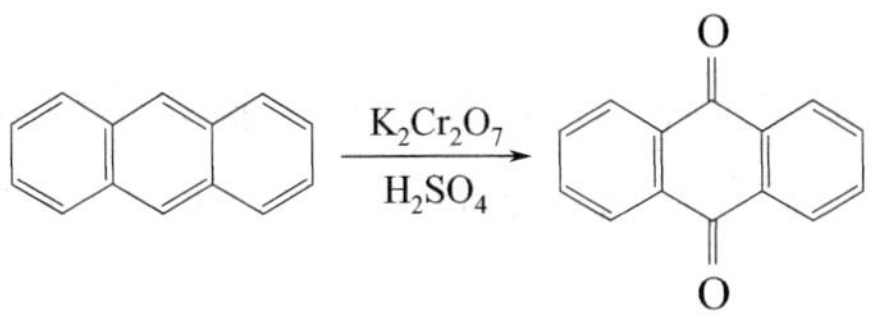

$K_2Cr_2O_7$ / H_2SO_4

9,10-蒽醌

在工业上，通常以 V_2O_5 作催化剂，采取在 300～500℃空气催化氧化法制造蒽醌。通过傅-克酰基化反应也可以将苯和邻苯二甲酸酐转变为蒽醌。

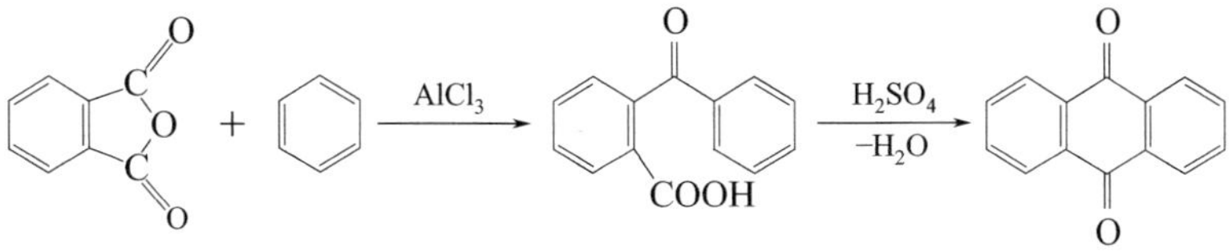

$AlCl_3$　COOH　H_2SO_4 / $-H_2O$

蒽醌为浅黄色结晶，熔点 275℃。蒽醌难溶于多数有机溶剂，不溶于水，但易溶于浓硫酸。蒽醌衍生物是许多蒽醌类染料的重要原料，其中 β-蒽醌磺酸作为染料中间体应用最为广泛，它可由蒽醌磺化得到。

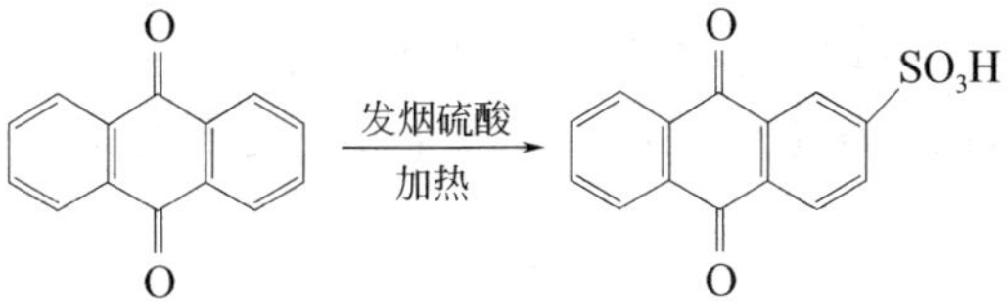

发烟硫酸 / 加热　SO_3H

β-蒽醌磺酸

(3) 菲

菲（phenanthrene）存在于煤焦油的蒽油馏分中，分子式为 $C_{14}H_{10}$，与蒽是同分异构体。菲的结构与蒽相似，它也是由三个苯环稠合而成的，不同的是，三个六元环并不是连成一条直线，而是形成一个弯角。菲的结构和碳原子的编号如下式所示：

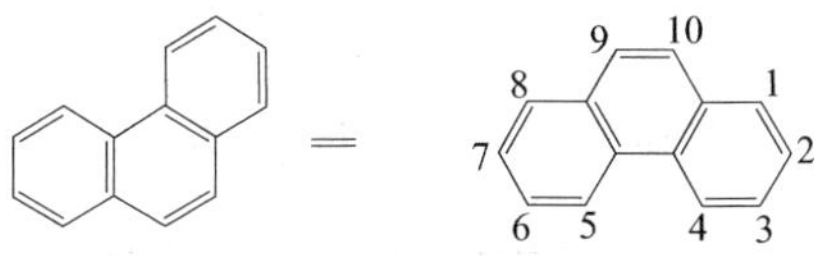

从菲的结构式可以看出，在菲分子中有五对相对应并等同的位置，即 1、8，2、7，3、6，4、5 和 9、10。因此，菲有五种一元取代物。

菲是白色片状晶体，熔点 100℃，沸点 340℃，易溶于苯和乙醚，溶液呈蓝色荧光。菲的共振能为 $381.6\text{kJ}\cdot\text{mol}^{-1}$，比蒽的共振能大。因此菲的芳香性比蒽强，稳定性也比蒽大，化学反应易发生在 9,10 位。例如，在三氧化铬氧化剂作用下，菲可转变为 9,10-菲醌。菲醌是一种农药，可防止小麦莠病、红薯黑斑病等。

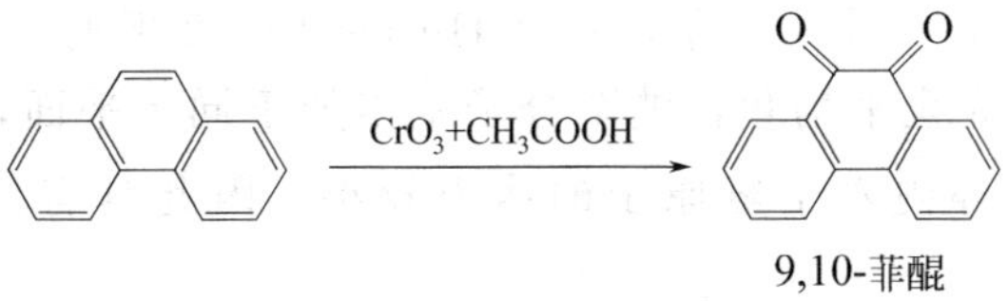

CrO_3+CH_3COOH

9,10-菲醌

6.9 非苯芳烃

如前所述，芳烃是一类含有苯环结构的化合物，具有不同程度的芳香性。除了苯以外，还有许多其他环状化合物也具有芳香性，它们也符合 Hückel 规则。

6.9.1 薁

薁（azulene）为天蓝色晶体，故也称蓝烃，熔点 99℃，偶极矩 $\mu=3.60\times10^{-30}\,C\cdot m$，和萘是同分异构体，由一个七元环和一个五元环稠合而成。

薁

薁分子中有 10 个 π 电子，满足 Hückel $4n+2$ 规则，具有芳香性。观察薁分子结构可以看出，它能具有环庚三烯正离子或环戊二烯负离子的芳香性特点。其芳香性表现在：它不发生双烯特有的 Diels-Alder 反应，但容易发生亲电取代和亲核取代反应。在薁分子中，由于五元环上电子云密度大，亲电取代一般发生在五元环的 1,3-位。相对而言，七元环的电子云密度要比五元环低，所以亲核取代反应主要发生在七元环的 4,8-位。

6.9.2 轮烯

轮烯（annulene）是一类单双键交替的单环共轭烯烃。命名时以轮烯为母体，将环上碳原子总数以阿拉伯数字表示，并加方括号放在母体名称前读作某轮烯。例如：

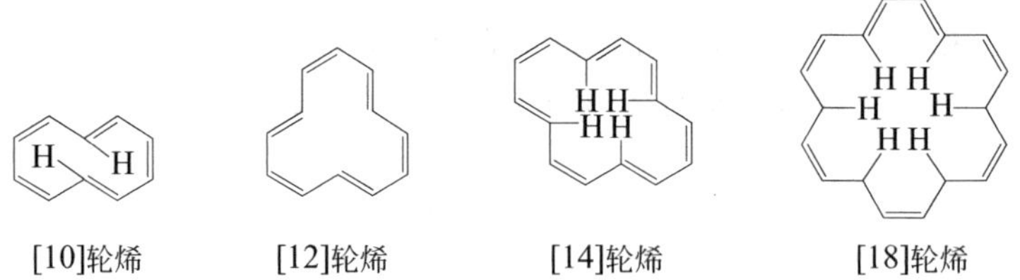

[10]轮烯　　[12]轮烯　　[14]轮烯　　[18]轮烯

轮烯可分为两大类，$(4n+2)\pi$ 电子轮烯和 $4n\pi$ 电子轮烯。后一类都无芳香性，是一类不稳定的化合物。

[10]轮烯和 [14]轮烯 π 电子虽然符合 $4n+2$，但由于分子中环内氢原子之间具有较强的空间位阻作用，使成环碳原子不能共平面，故也无芳香性。[10]轮烯极不稳定，难以存在。

如果用亚甲基替代 [10]轮烯环内的两个氢原子，消除了环内氢原子的排斥作用，形成的周边共轭化合物就具有芳香性。

[18]轮烯分子中具有 18 个 π 电子，符合 Hückel $4n+2$ 规则。X 射线衍射证明，环内碳碳键键长完全平均化，整个分子基本处于同一平面，由于环内有足够大的空间，从而环内六个氢原子的斥力较小，因此具有芳香性，可发生溴代等反应。

★ **练习 6-11** 为什么薁具有芳香性？请说明在薁分子结构中为什么其中的五元环更容易发生亲电取代反应，其中的七元环更容易发生亲核取代反应。

★ **练习 6-12** 为什么［10］轮烯和［14］轮烯虽然符合在 $4n+2$ 规则，但却不具有芳香性？

6.10 杂环化合物

杂环化合物（heterocyclic compound）是指除碳原子外，成环原子还包含 N、O、S 等杂原子的环状化合物。例如：

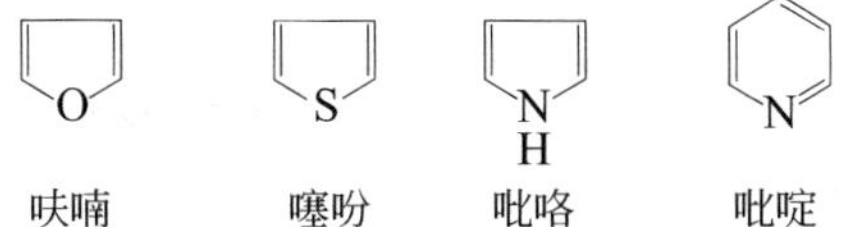

环系中可以含一个、两个或更多的相同或不同的杂原子。环可以是三元环、四元环或更大的环，也可以是各种稠合的环。杂环化合物中的吡咯、吡啶、喹啉等，它们环周边的 π 电子符合 Hückel $4n+2$ 规则，具有一定的芳香性，被称为芳香杂环化合物。

按照杂环化合物的定义，像丁二酸酐、环氧乙烷、已内酰胺等也都属于杂环化合物。但是由于这类化合物容易开环，不具有芳香性，其性质与相应的开链化合物类似，因此通常不将它们归入杂环化合物的范畴。

由不同杂原子组成的杂环化合物种类很多，根据环的大小及稠合方式不同，又可衍生出许多杂环化合物，数目十分可观，约占全部已知的有机化合物的三分之一。已知的杂环化合物有许多都广泛存在于自然界中，如植物中的叶绿素和动物体内的血红素都含有杂环结构，石油、煤焦油中含硫、含氮及含氧的杂环化合物。还有许多药物，如止痛的吗啡、抗菌消炎的小檗碱（又名黄连素）、抗结核的异烟肼、抗癌的喜树碱和不少维生素、抗生素、染料，以及近年来出现的耐高温聚合物如聚苯并噁唑等都是杂环化合物。许多杂环化合物的结构相当复杂，而且不少具有重要的生理作用。因此，杂环化合物无论在理论研究或实际应用方面都很重要。

6.10.1 杂环化合物的分类和命名

杂环化合物可按环的大小分类，其中最重要的是五元杂环和六元杂环两大类；又可按杂环中杂原子数目的多少分为含有一个杂原子的杂环及含有两个或两个以上杂原子的杂环；还可以按环的形式分为单杂环或稠杂环等。上述分类方法是以杂环的骨架为基础的。

杂环化合物的命名多用习惯名称，我国主要采用译音命名，选用同音汉字，并以“口”字旁来表示。例如：

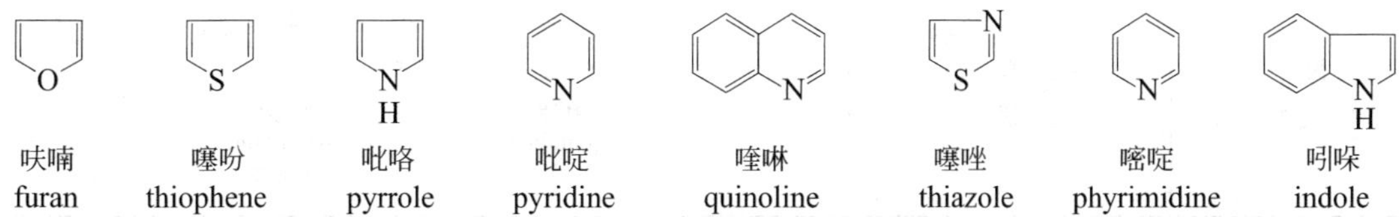

对于环上有取代基的杂环化合物，命名时以杂环为母体，将杂环上的原子编号。杂环编号原则如下：

① 杂原子编号最小，即从杂原子开始，顺环编号；

② 环上含有两个相同杂原子时，按取代基的位次最小顺序编号；

③ 环上含有不同杂原子时，按 O、S、N 的顺序编号；

④ 编号有几种可能时，选择使连有取代基的原子编号最小的顺序编号。

环上的位次，可用阿拉伯数字 1，2，3…表示。有时也可用 α，β，γ…来表示，杂原子相邻位置是 α-位，其次是 β-位，再次为 γ……

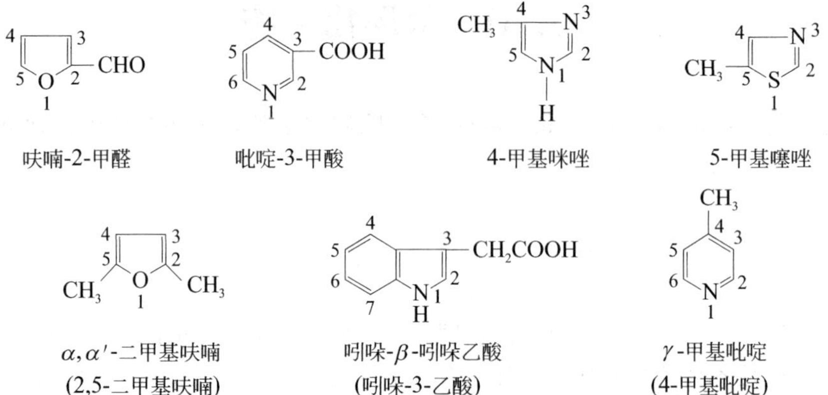

呋喃-2-甲醛　　吡啶-3-甲酸　　4-甲基咪唑　　5-甲基噻唑

α,α'-二甲基呋喃 (2,5-二甲基呋喃)　　吲哚-β-吲哚乙酸 (吲哚-3-乙酸)　　γ-甲基吡啶 (4-甲基吡啶)

如果含有两个或两个以上相同杂原子的单杂环衍生物，编号从连有取代基的那个杂原子开始。依序编号，使另一杂原子的位次保持最小。例如：

3-甲基-1-苯基吡唑-5-酮

表 6-4 列出了一些杂环化合物的结构、分类及其命名。

表 6-4　杂环化合物的结构、分类及命名

杂环的分类		碳环母核	重要的杂环				
单杂环	五元杂环	环戊二烯 (茂)	呋喃 furan 氧茂	噻吩 thiophene 硫茂	吡咯 pyrrole 氮茂	噻唑 thiazole 1,3-硫氮茂	咪唑 imidazole 1,3-二氮茂
	六元杂环	苯	吡啶 pyridine 氮苯	哒嗪 pyridazine 1,2-二氮苯	嘧啶 pyrimidine 1,3-二氮苯	吡嗪 pyrazine 1,4-二氮苯	
稠杂环		萘	喹啉 quinoline 1-氮萘	异喹啉 isoquinoline 2-氮萘			

续表

杂环的分类	碳环母核	重要的杂环		
稠杂环	茚	吲哚 indole 氮茚	苯并呋喃 benzofuran 氧茚	嘌呤 purine 1,3,7,9-四氮茚
	蒽	吖啶 acridine 氮蒽		

6.10.2 杂环化合物的结构与芳香性

(1) 五元杂环化合物

五元杂环化合物如呋喃、噻吩、吡咯同属五元环，而且共平面。环内各原子以 σ 键相连接；每一个碳原子有一个电子在 p 轨道上，杂原子上有两个电子在 p 轨道上，这五个 p 轨道垂直于环所在的平面重叠形成大 π 键，从而像苯一样形成封闭的共平面的共轭体系。在这个共轭体系中，6 个 π 电子分布在包括环上五个原子在内的分子轨道中。显然，呋喃、噻吩及吡咯都符合 Hückel $4n+2$ 规则的要求，它们都具有芳香性。在核磁共振谱中，环上氢的核磁共振信号和苯类似，都出现在低场，它们都位于芳香族化合物的区域内。这些也是它们具有芳香性的一种标志。

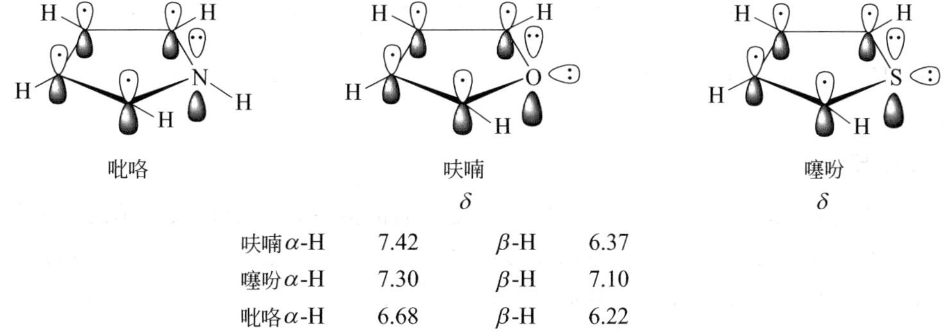

呋喃 α-H	7.42	β-H	6.37
噻吩 α-H	7.30	β-H	7.10
吡咯 α-H	6.68	β-H	6.22

呋喃、噻吩、吡咯这三个杂环化合物的杂原子上未共用电子对参与环的共轭体系，属五原子六 π 电子的共轭体系，使环上的电子密度增大，称为富电子的芳杂环。因此这三个杂环化合物的反应性能都比苯环活泼，它易发生亲电取代反应，并且亲电取代反应首先发生在 α-位。

(2) 六元杂环化合物

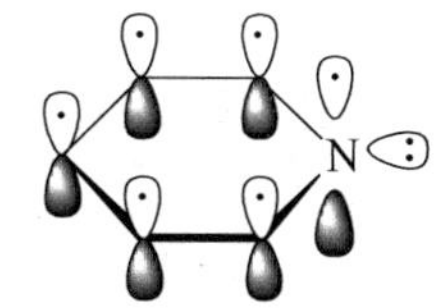

在六元杂环化合物中，吡啶是最常见的。吡啶环与苯环十分相似，氮原子与碳原子处在同一平面上，原子间是以 sp^2 杂化轨道相互重叠形成六个 σ 键，键角为 120°。环上每一个原子有一个电子在 p 轨道上，p 轨道与环平面垂直，相互交盖形成有六个原子参与的分子轨道。π 电

子分布在环的上、下两方。每个碳原子的第三个 sp^2 杂化轨道与氢原子的 s 轨道重叠形成 σ 键。氮原子的第三个 sp^2 杂化轨道上有一对未共用电子对。

在吡啶的共轭体系中含有 6 个 π 电子，满足 Hückel $4n+2$ 规则（$n=1$），因此它具有芳香性。由于氮原子的电负性比碳原子的电负性大，所以吡啶环上的电子云密度并不像苯那样均匀分布。氮原子上的电子云密度要高一些，环上碳原子的电子云密度相对有所降低，因而称为缺电子的芳杂环。

★ **练习 6-13** 请用 Hückel 规则解释呋喃、噻吩、吡咯和吡啶的芳香性。

6.10.3 杂环化合物的化学性质

如上所述，杂环化合物都具有不同程度的芳香性，因此，在化学性质上和芳香烃有着极为相似的特点。由于杂环化合物具有缺电子的芳杂环和富电子的芳杂环两种不同类型的芳杂环体系，在化学性质上表现出明显的差异。

（1）亲电取代反应

和一般芳香族化合物一样，芳杂环可以进行卤代、硝化、磺化和傅-克反应等亲电取代反应。五元杂环是富电子芳杂环，亲电取代反应比苯容易，其亲电取代反应通常发生在电子云密度较大的 α-位。比较而言，吡咯进行亲电取代反应的活性最强，类似苯胺和苯酚；噻吩活性较弱，但比苯的活性强。五元杂环化合物发生亲电取代反应的活性顺序是：

吡咯＞呋喃＞噻吩＞（苯）

六元杂环吡啶是缺电子芳杂环，与硝基苯类似，其取代反应通常发生在 β-位，不发生傅-克反应，难于发生其他亲电取代反应，但它容易发生亲核取代反应，取代基主要进入 α-位。例如：

$$\text{吡啶} + NaNH_2 \xrightarrow[\text{回流}]{C_6H_5N(CH_3)_2} \xrightarrow{H_2O} \text{2-氨基吡啶}(NH_2)$$

与吡啶相反，五元杂环属于富电子芳杂环，它容易发生亲电取代反应，不容易发生亲核取代反应。

（2）加成反应

许多杂环化合物虽然具有一定的芳香性，但是它们的芳香性一般都没有苯的芳香性强，因此，无论是缺电子的还是富电子的芳杂环通常比苯更容易发生催化加氢反应，也可以用还原剂在缓和条件下进行还原，可得部分加氢产物。例如：

$$\text{吡啶} \xrightarrow[HAc]{H_2,\ Pt} \text{哌啶(NH)}$$

$$\text{吡咯(NH)} \xrightarrow{Zn+CH_3COOH} \text{二氢吡咯(NH)} \xrightarrow[200℃]{H_2/Ni} \text{四氢吡咯(NH)}$$

$$\text{呋喃} + 2H_2 \xrightarrow[100℃,\ 5MPa]{Ni} \text{四氢呋喃}$$

$$\text{噻吩} + 2H_2 \xrightarrow[200℃,\ 20MPa]{MoS_2} \text{四氢噻吩}$$

经过加氢还原后，生成的四氢吡咯、四氢呋喃和六氢吡啶都不再具有芳香性，其性质与相应的脂肪族化合物一样。噻吩经氢化为四氢噻吩后，也表现出一般硫醚的性质。

(3) 氧化反应

五元杂环属于富电子的芳杂环，容易发生氧化反应。例如，吡啶对氧化剂的作用比苯要稳定；吡啶有侧链时，侧链可被氧化，类似甲苯的性质；吡啶环与苯环稠合在一起时，与酸性氧化剂作用，被氧化的是苯环，而吡啶环被保留下来，这也表明吡啶环比苯要稳定。

$$\text{3-甲基吡啶}\xrightarrow[\triangle]{KMnO_4,\ OH^-}\text{吡啶-3-COOH}$$

吡啶-3-甲酸(烟酸)

$$\text{喹啉}\xrightarrow[\triangle]{HNO_3}\text{吡啶-2,3-二COOH}$$

(4) 酸碱性

从分子结构上看，吡咯和吡啶的杂环中，氮原子上都有孤对电子，它们可接受质子而显示出一定的碱性，其碱性的强弱取决于氮原子上孤对电子对质子的吸引能力。

吡咯分子中氮原子上的孤对电子参与环上的共轭体系，使氮原子上的电子云密度降低，从而减弱了对质子的吸引力，因此吡咯的碱性很弱。吡咯与酸不能形成稳定的盐，而是聚合成树脂状物质。相反，由于氮原子的电负性比较强，其吸电子作用使得氮原子上的氢原子能以质子的形式解离，因此吡咯表现出一定的弱酸性，与强碱可以形成不稳定的盐，遇水会分解。

$$\text{吡咯(N-H)} + KOH \underset{}{\overset{\triangle}{\rightleftharpoons}} \text{吡咯(N}^-\text{K}^+\text{)} + H_2O$$

吡啶分子中氮原子上的孤对电子没有参与环上的共轭体系，因而对质子有较强的结合能力，所以吡啶的碱性比较强，能与盐酸形成盐。

$$\text{吡啶} + HCl \longrightarrow \text{吡啶}(\overset{+}{N}\text{-H})\ Cl^-$$

吡啶盐酸盐

★ 练习 6-14　请说明与苯相比五元杂环更容易发生亲电取代反应的原因。

6.10.4 五元杂环化合物

(1) 呋喃

呋喃（furan）为无色液体，存在于松木焦油中，沸点 32℃，相对密度 0.9336，具有类似氯仿的气味，难溶于水。易溶于有机溶剂。呋喃的蒸气遇到被盐酸浸湿过的松木片时，会显绿色，这种现象叫松木反应，可用来鉴定呋喃的存在。

工业上常常采用 α-呋喃甲醛（俗称糠醛）脱去羰基的方法制备呋喃，即将糠醛和水蒸气在气相条件下通过加热至 400～415℃的催化剂（$Zn\text{-}Cr_2O_3\text{-}MnO_2$）。

$$\text{糠醛(呋喃-2-CHO)} + H_2O \xrightarrow[400\sim415℃]{\text{催化剂}} \text{呋喃} + CO_2 + H_2$$

实验室中则采用糠酸脱羧法制取呋喃，即在铜催化剂和喹啉介质中对糠酸加热。

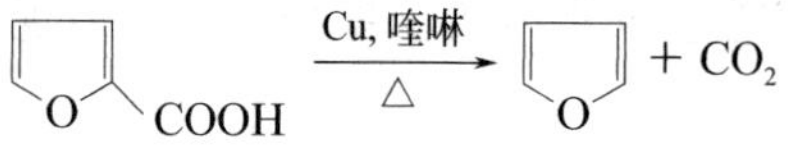

$$\text{(糠酸)} \xrightarrow[\triangle]{Cu,\ 喹啉} \text{(呋喃)} + CO_2$$

许多天然产物中都存在呋喃衍生物。合成药物中呋喃类化合物也不少，如抗生素药物呋喃唑酮（痢特灵）、呋喃妥因等，维生素类药物中称为新 B_1（长效 B_1）的呋喃硫胺等。另外，呋喃经催化加氢可生成四氢呋喃。四氢呋喃为无色液体，沸点 65℃，是一种优良的溶剂和重要的合成原料，常用来制取己二酸、己二胺、丁二烯等产品。阿拉伯糖、木糖等五碳糖也都是四氢呋喃的衍生物。

（2）糠醛

糠醛（furfural），即呋喃-α-甲醛，是呋喃衍生物中最重要的一种，它最初从米糠与稀酸共热制得，故而得名糠醛。

工业上，除了利用米糠外，其他农副产品如麦秆、玉米芯、棉籽壳、甘蔗渣、花生壳、高粱秆、大麦壳等都可用来制取糠醛。这些物质中都含有糖类——多缩戊糖，在稀硫酸或稀盐酸作用下，多缩戊糖水解成戊糖，戊糖分子内再失水环化得到糠醛。

$$\underset{多缩戊糖}{(C_5H_8O_4)_n} + nH_2O \xrightarrow{H_2SO_4} \underset{戊糖}{nC_5H_{10}O_5}$$

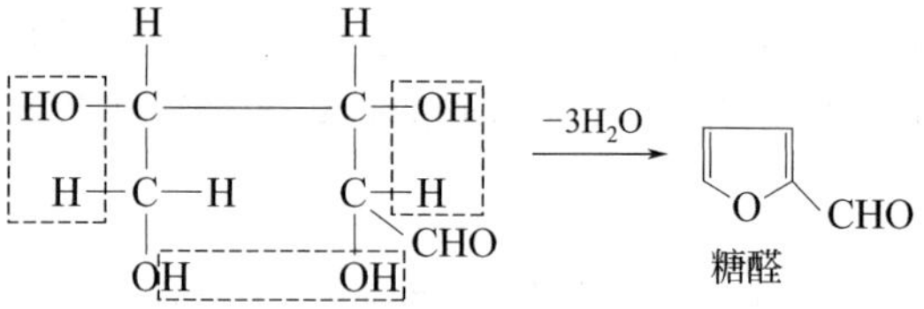

$$\text{(戊糖)} \xrightarrow{-3H_2O} \underset{糠醛}{\text{(呋喃-CHO)}}$$

糠醛为无色液体，沸点 162℃，熔点－36.5℃，相对密度 1.160，可与醇、醚混溶，也溶于水。在酸性或铁离子催化下易被空气氧化。糠醛经氧化其颜色会逐渐变深：由无色变黄色，继而变棕色直至黑褐色。加入少量氢醌作为抗氧剂，再用碳酸钠中和游离酸，可以防止糠醛的氧化。糠醛具有还原性，可发生银镜反应。糠醛在醋酸存在下与苯胺作用显红色，可用来检验糠醛。

糠醛具有一般醛基的性质。例如：

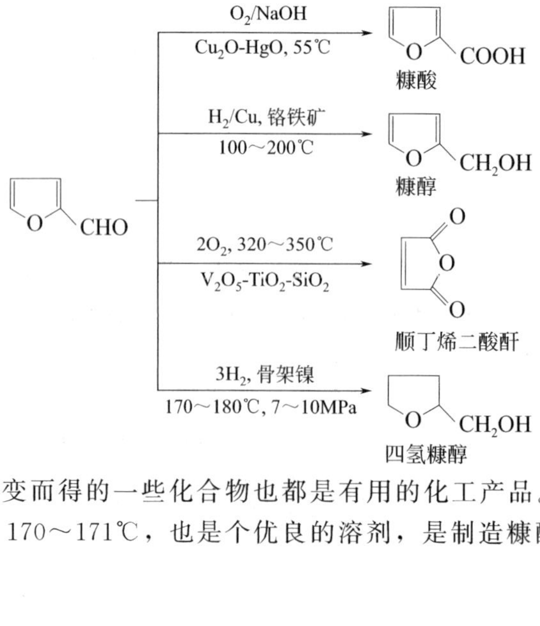

$$\text{糠醛} \xrightarrow[Cu_2O\text{-}HgO,\ 55℃]{O_2/NaOH} \text{糠酸}$$

$$\text{糠醛} \xrightarrow[100\sim200℃]{H_2/Cu,\ 铬铁矿} \text{糠醇}$$

$$\text{糠醛} \xrightarrow[V_2O_5\text{-}TiO_2\text{-}SiO_2]{2O_2,\ 320\sim350℃} \text{顺丁烯二酸酐}$$

$$\text{糠醛} \xrightarrow[170\sim180℃,\ 7\sim10MPa]{3H_2,\ 骨架镍} \text{四氢糠醇}$$

由糠醛通过反应转变而得的一些化合物也都是有用的化工产品。例如，糠醇（呋喃甲醇）为无色液体，沸点 170～171℃，也是个优良的溶剂，是制造糠醇树脂的原料，糠醇树脂可用做防腐蚀涂料及制玻璃钢；糠酸（呋喃甲酸）为白色晶体，熔点 133℃，可作防腐剂及制造增塑剂的原料；四氢糠醇是无色液体，沸点 177℃，也是一种优良溶剂和合成原料。糠醛本身也是常用的优良溶剂，也是重要的有机合成原料，与苯酚缩合可生成类似电木的酚糠醛树脂。

（3）噻吩

噻吩（thiophene）可以从煤焦油中提取，它存在于煤焦油的粗苯中，约为粗苯含量的 0.5%，石油和页岩油中也含有噻吩及其同系物。由于噻吩及其同系物的沸点与其同系物的沸点非常接近，故用一般的分馏法难以将它们分开。如果将煤焦油中取得的粗苯在室温下反复用浓硫酸提取，噻吩即被磺化而溶于浓硫酸中。将噻吩磺酸去磺化即可得到噻吩。

工业上以丁烷、丁烯或丁二烯和硫作原料制取噻吩。另外，用乙炔通过加热至 300℃的黄铁矿（分解出 S），或与硫化氢在 Al_2O_3 存在下加热至 400℃均可制取噻吩。

噻吩的衍生物中有许多是重要的药物，例如维生素 H（又称生物素）及半合成头孢菌素——先锋霉素等。

（4）吡咯

吡咯（pyrrole）为无色油状液体，沸点 131℃，有微弱的类似苯胺的气味，难溶于水，易溶于醇或醚，在空气中颜色逐渐变深。吡咯的蒸气或其醇溶液，能使浸过浓盐酸的松木片变成红色，这个反应可以用来检验吡咯及其低级同系物的存在。吡咯及其同系物主要存在于骨焦油中，煤焦油中存在的量很少。吡咯可由骨焦油分馏提取，经过稀碱处理，再用酸酸化后分馏提纯。

工业上可用呋喃和氨作原料，用氧化铝作催化剂，在气相中反应制得吡咯。乙炔与氨通过红热的管子也可以合成吡咯。

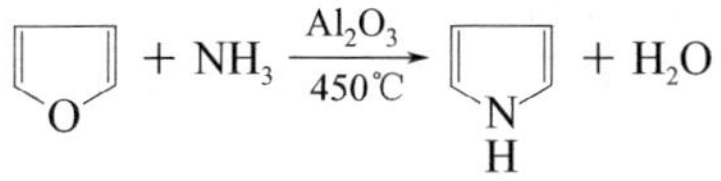

$$\text{(呋喃)} + NH_3 \xrightarrow[450℃]{Al_2O_3} \text{(吡咯, NH)} + H_2O$$

吡咯的衍生物在自然界分布很广，植物中的叶绿素和动物体内的血红素都是吡咯的衍生物。此外，还有胆红素、维生素 B_{12} 等天然物质的分子中都含有吡咯或四氢吡咯环，它们在动、植物的生理上起着重要的作用。

叶绿素和血红素的基本结构是由四个吡咯环的 α-碳原子通过四个次甲基（—CH ═）相连而成的共轭体系，称为卟吩，其取代物称为卟啉。卟吩本身在自然界中并不存在，但卟啉环系却广泛存在，一般是和金属形成络合物。在叶绿素中络合的金属原子是镁，在血红素只能够是铁，在维生素 B_{12} 中则为钴。

卟吩环

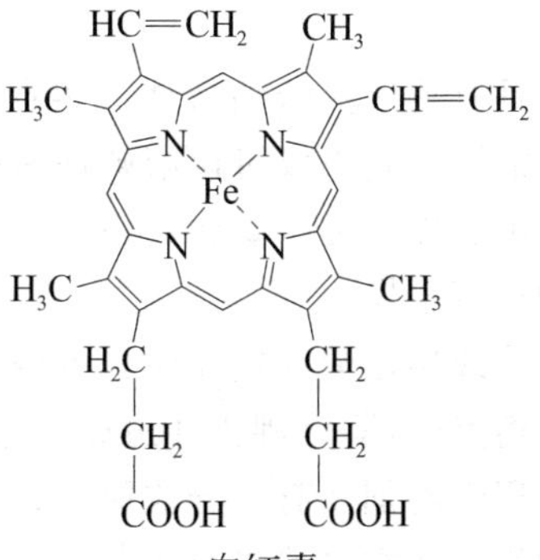

血红素

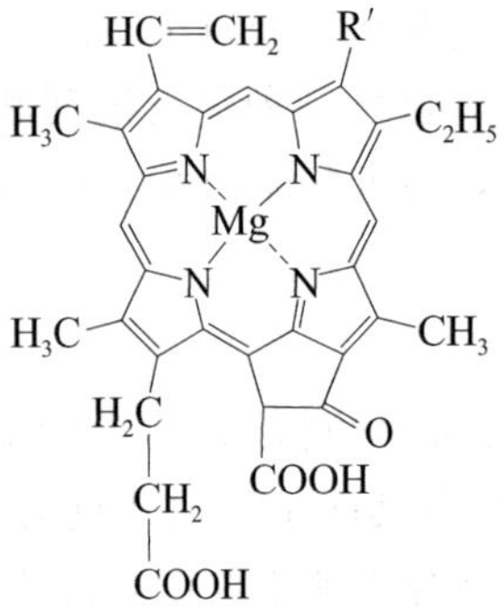

$R'=CH_3$为叶绿素a

$R'=CHO$为叶绿素b

$R'=C_{20}H_{39}—$

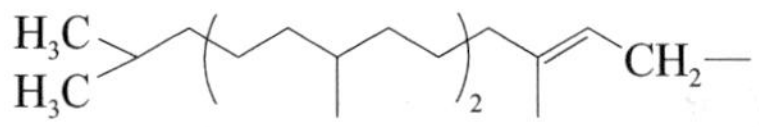

（5）吲哚

吲哚（indole）是由苯环和吡咯环稠合而成，也称为苯并吡咯。苯并吡咯类化合物有吲哚和异吲哚两类。

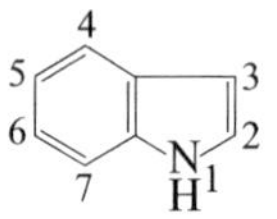

吲哚 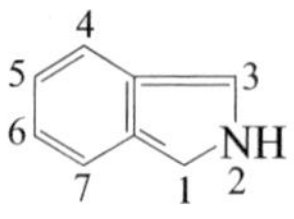　　异吲哚

吲哚及其衍生物在自然界分布很广，常存在于动、植物中，如素馨花精油及蛋白质的腐败产物中。在动物粪便中，也含有吲哚及其同系物β-甲基吲哚。天然植物激素吲哚-β-乙酸，一些生物碱如利舍平、麦角碱等都是吲哚的衍生物，它们在动、植物体内起着重要的生理作用。吲哚为片状结晶，熔点52℃，具有粪臭味，但纯吲哚的极稀溶液则有香味，可用于制造茉莉型香精。吲哚与吡咯相似，几乎无碱性，也能与钾作用生成吲哚钾。吲哚的亲电取代反应发生在β-位上，加成和取代都在吡咯环上进行。吲哚也能使浸有盐酸的松木片显红色。

在实验室中，常由邻甲苯胺制备吲哚。

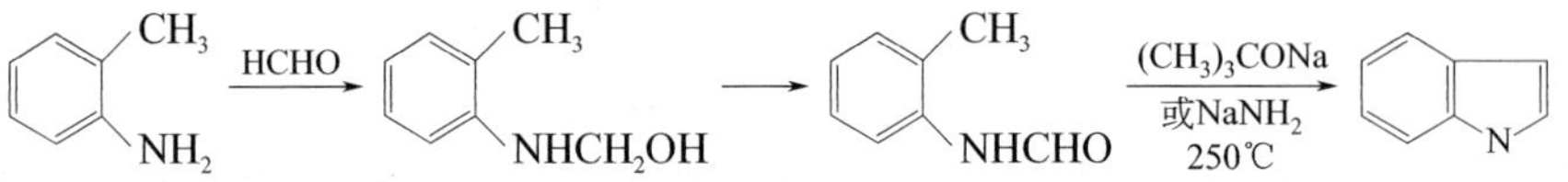

$$\text{邻甲苯胺} \xrightarrow{HCHO} \text{(NHCH}_2\text{OH)} \longrightarrow \text{(NHCHO)} \xrightarrow[\text{250℃}]{(CH_3)_3CONa\text{ 或 }NaNH_2} \text{吲哚}$$

6.10.5　六元杂环化合物

（1）吡啶

吡啶（pyridine）主要存在于煤焦油中。工业上，常从煤焦油中提取吡啶。从煤焦油分馏出的轻油部分用硫酸处理，使吡啶生成硫酸盐而溶解，再用碱中和，吡啶即游离出来，然后蒸馏精制。

吡啶是无色且具有特殊臭味的液体，熔点－42℃，沸点115℃，相对密度0.982，可与水、乙醇、乙醚等混溶，它不仅可以溶解许多有机化合物，而且还能溶解许多无机盐类，是优良的溶剂。由于吡啶能与无水氯化钙络合，因此吡啶不能用氯化钙来干燥，通常用固体氢氧化钾或氢氧化钠进行干燥。

吡啶经催化氢化或用乙醇和钠还原，可得六氢吡啶。六氢吡啶又称哌啶，为无色且具有特殊臭味的液体，熔点－7℃，沸点106℃，易溶于水。它的碱性比吡啶大，化学性质和脂肪族仲胺相似，常用作溶剂及有机合成原料。

吡啶和哌啶的衍生物在自然界分布很广，也是许多药物的前体。例如，维生素B_6以及吡啶环系生物碱中的烟碱（尼古丁）、毒芹碱和颠茄碱等。维生素 B_6 是维持蛋白质正常代谢的必要维生素。烟碱是有效的农业杀虫剂，也能氧化成烟酸。毒芹碱极毒，毒芹碱盐酸盐在少量使用时可以抗痉挛。颠茄碱硫酸盐有镇痛及解痉挛等作用，常用作麻醉前给药、扩大瞳孔药及抢救有机磷中毒用药。

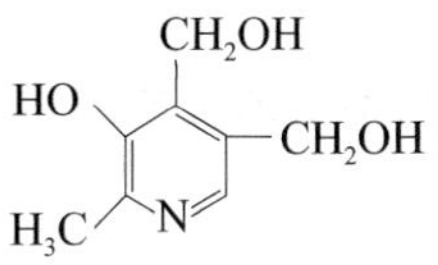

维生素B_6 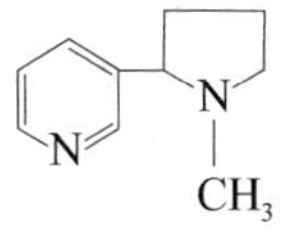　　烟碱 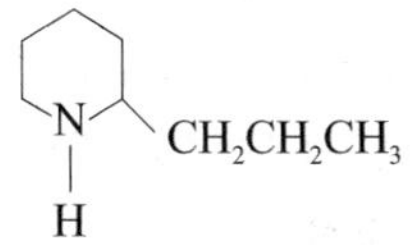　　毒芹碱 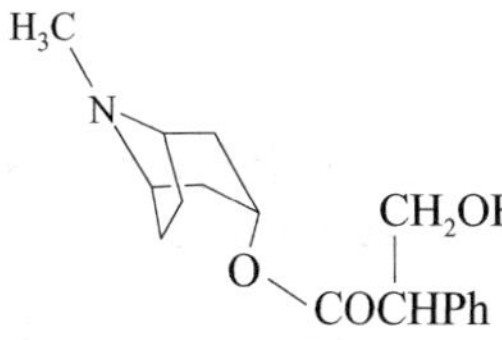　　颠茄碱(阿托品)

（2）喹啉和异喹啉

喹啉（quinoline）和异喹啉（isoquinoline）是苯环与吡啶环稠合而成，它们互为同分异构体，存在于煤焦油和骨焦油中，可以用稀硫酸从中提取，也可以通过合成方法制得。

斯克洛浦（Skraup Z H）合成法常用来合成喹啉及其衍生物，即以苯胺、甘油作原料，与浓硫酸和硝基苯（或 As_2O_5 等缓和氧化剂）一起共热制得喹啉。此反应一步完成，反应过程如下：

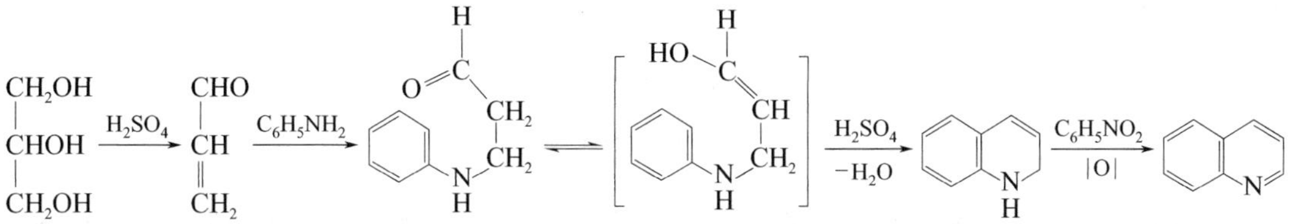

通过选用其他芳胺或不饱和醛代替苯胺和丙烯醛，可以制备各种喹啉的衍生物。例如，用邻氨基苯酚代替苯胺，可制得 8-羟基喹啉。苯胺环上间位有给电子基时，主要得到 7 取代喹啉，有吸电子基时，则主要得到 5 取代喹啉。

喹啉为无色油状液体，有特殊臭味，沸点 238℃，相对密度 1.095，难溶于水，易溶于有机溶剂，也可作高沸点溶剂。喹啉与吡啶有相似之处，它是一个弱碱，与酸可以成盐。喹啉与卤代烷可生成季铵盐。

喹啉环广泛存在于天然产物以及合成产物中，如抗疟药奎宁（又名金鸡纳碱）、氯喹、抗癌药喜树碱、抗风湿病药阿托方（又名辛可芬）等。

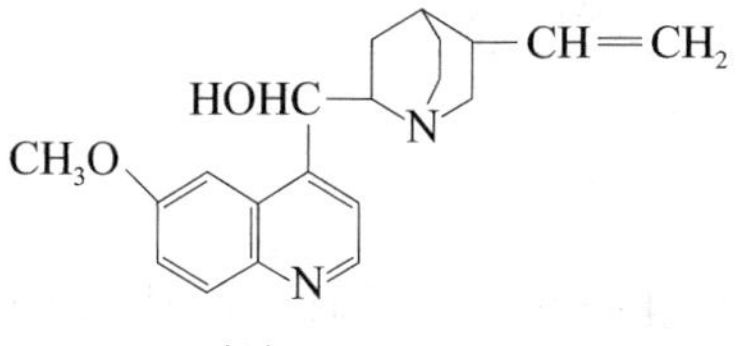

奎宁 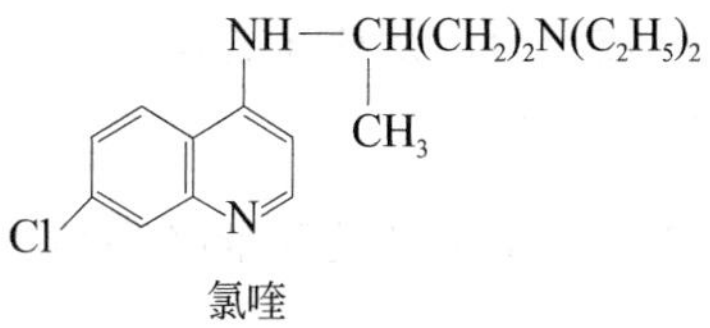　　氯喹

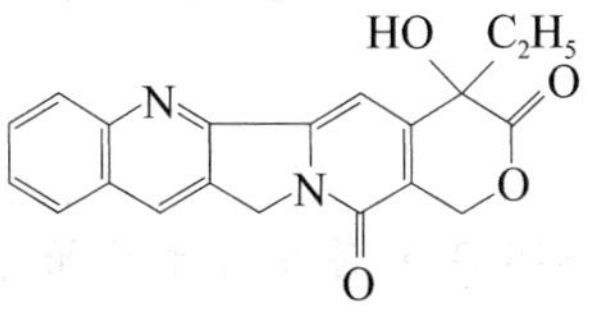

喜树碱 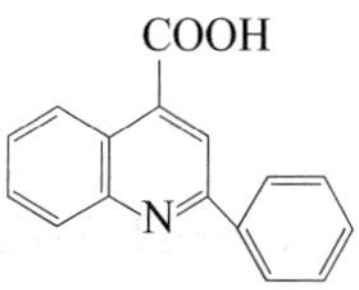　　阿托方

异喹啉具有香味，熔点为 24℃，沸点 243℃，微溶于水，易溶于有机溶剂，可随水蒸气

挥发。从煤焦油中得到的粗喹啉中异喹啉约占1%，两者可利用碱性的不同来分离。异喹啉的碱性比喹啉强。

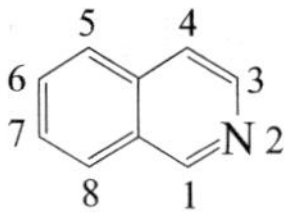

异喹啉 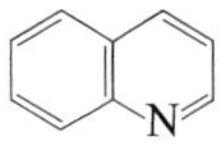　　喹啉

工业上常利用喹啉的酸性硫酸盐溶于乙醇，而异喹啉的酸性硫酸盐则不溶的性质来进行分离。异喹啉的衍生物比较重要的有罂粟碱、小檗碱（又名黄连素）等。

（3）嘧啶、嘌呤及其衍生物

嘧啶（pyrimidine）是含有两个氮原子的六元杂环化合物，本身并不存在于自然界中。它是无色结晶，熔点22℃，易溶于水，它的碱性比吡啶弱。嘧啶的衍生物广泛分布于生物体内，在生理和药理上都具有重要作用。含有嘧啶环的碱性化合物，也常称为嘧啶碱。例如，嘧啶的羟基衍生物——尿嘧啶和胸腺嘧啶，以及尿嘧啶的氨基衍生物——胞嘧啶，它们是核酸的重要组成部分。维生素 B_1 和磺胺嘧啶中也含有嘧啶环（见15.1.2节）。

嘌呤（purine）是由一个嘧啶和一个咪唑环稠合而成杂环化合物。嘌呤为无色结晶，熔点216～217℃，易溶于水，其水溶液为中性，但能与酸或碱生成盐。嘌呤的结构式及原子编号如右所示。

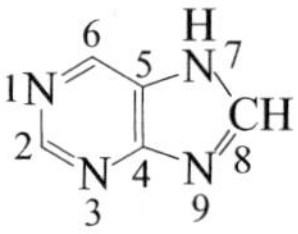

与嘧啶类似，嘌呤本身也不存在于自然界中，但其衍生物——嘌呤碱在自然界分布很广，例如腺嘌呤和鸟嘌呤是核酸的组成部分。人体和高等动物核酸的代谢产物——尿酸，茶叶和咖啡中所含的咖啡因，它们都是常见的嘌呤衍生物，具有兴奋、利尿的作用，也是退热药APC中的重要成分。

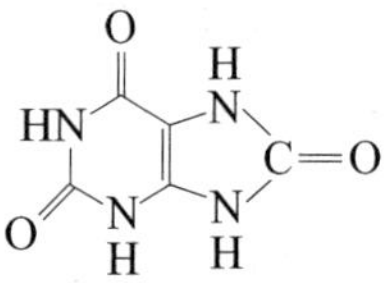

尿酸 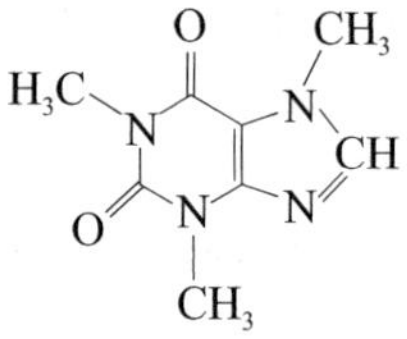　　咖啡因

★ **练习 6-15**　为什么吡啶更容易发生亲核取代反应？

★ **练习 6-16**　虽然吡啶和吡咯都是含氮原子的杂环化合物，但是吡啶的碱性要强得多，为什么？

阅读材料：休克尔

休克尔（Erich Armand Arthur Joseph Hückel）1896年8月9日生于柏林夏洛腾堡。1914年入哥廷根大学攻读物理。曾中断学习，在哥廷根大学应用力学研究所研究

空气动力学。1918年重新攻读数学和物理，1921年在彼德·德拜的指导下获博士学位。他在哥廷根大学工作两年，曾任物理学家M·玻恩的助手。1922年在苏黎世工业大学再度与德拜合作，任讲师。1930年在斯图加特工业大学任教。1937年任马尔堡大学理论物理学教授，在那里他于1960年被任命为正教授，虽然那只是在退休之前一年。他是国际量子分子科学院院士。

休克尔主要从事结构化学和电化学方面的研究。他1923年和德拜（Debye，1884-1966）一起提出强电解质溶液理论，提出"离子氛（ionic atmosphere）"的概念，推导出强电解质稀溶液中离子活度系数的数学表达式，也就是德拜-休克尔极限定律（Debye-Hückel's limiting law）。1931年提出了一种分子轨道的近似计算法（休克尔分子轨道法），主要用于π电子体系。他在30年代还对芳香烃的电子特性在理论上作出了解释，并总结出休克尔规则（Hückel's rule）：环状共轭多烯化合物中π电子数符合$4n+2$（n为0、1、2、3等整数）者，具有芳香性。

习　题

6-1　写出下列化合物的结构式。

（1）间二硝基苯　（2）对溴硝基苯　（3）间碘苯酚

（4）对羟基苯甲酸　（5）2,4,6-三硝基甲苯　（6）对氯苄氯

（7）3,5-二硝基苯磺酸　（8）萘-α-磺酸　（9）萘-β-胺

（10）蒽醌-β-磺酸　（11）9-溴菲　（12）三苯甲烷

（13）联苯胺　（14）1,3,5-三甲基苯

6-2　命名下列化合物。

（1）$C(CH_3)_3$-苯　（2）CH_3/Cl 对位取代苯　（3）C_2H_5/Cl 对位取代苯　（4）CH_2OH-苯

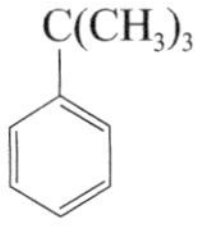

（5）SO_2Cl-苯　（6）COOH、NO_2、NO_2取代苯　（7）$C_{12}H_{25}$/SO_3Na 对位取代苯　（8）CH_3/$CH=CH-CH_3$ 对位取代苯

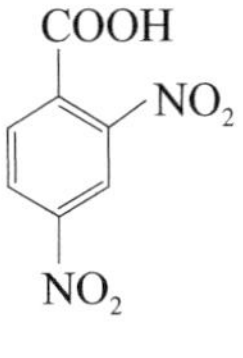

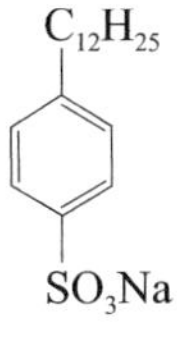

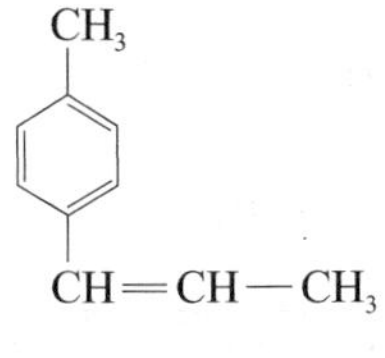

（9）OH、Cl取代萘　（10）O、O（蒽醌）　（11）SO_3H、NO_2取代萘

（12）苯—CH_2—苯　（13）苯—苯—苯　（14）H_3C、NO_2、NH_2取代苯

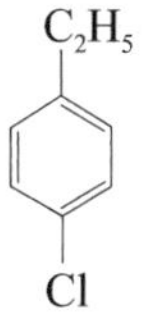

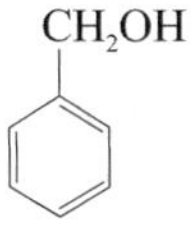

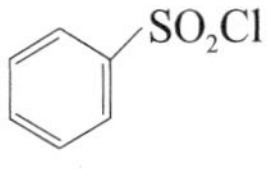

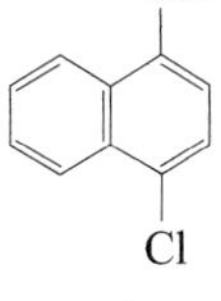

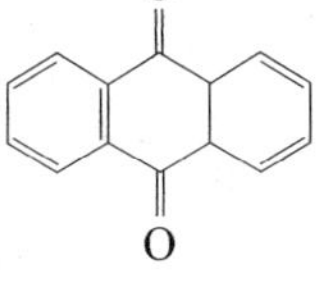

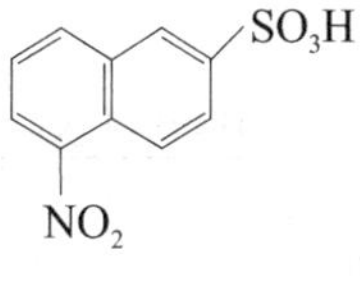

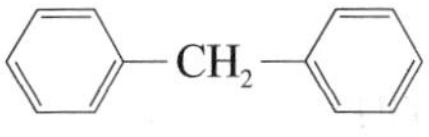

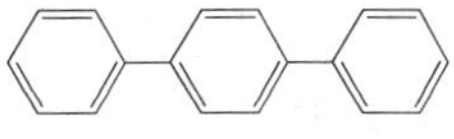

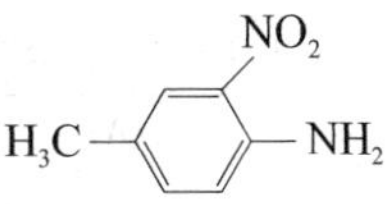

(15) 环己基—CH=CH—CH(CH$_3$)$_2$　　(16) C_6H_5—C(CH$_3$)=CH—CH=CH$_2$

6-3　写出分子式为 C_9H_{12} 的单环芳烃的所有异构体，并命名之。

6-4　以构造式表示下列化合物经硝化后可能得到的主要一硝基化合物（一个或几个）。

(1) C_6H_5Br　(2) $C_6H_5NHCOCH_3$　(3) $C_6H_5C_2H_5$

(4) C_6H_5COOH　(5) o-$C_6H_4(OH)COOH$　(6) p-$C_6H_4(CH_3)COOH$

(7) m-$C_6H_4(OCH_3)_2$　(8) m-$C_6H_4(NO_2)COOH$　(9) o-$C_6H_4(OH)Br$

(10) 邻甲苯酚　(11) 对甲苯酚　(12) 间甲苯酚

(13) C_6H_5—C_6H_4—SO_3H（对位）　(14) 1-甲基萘（CH$_3$）　(15) 2-甲氧基萘（OCH$_3$）

(16) 2-萘甲腈（CN）

6-5　试将下列各组化合物按环上硝化反应的活泼性顺序排列。

(1) 苯，甲苯，间甲苯，对二甲苯

(2) 苯，溴苯，硝基苯，甲苯

(3) 对苯二甲酸，甲苯，对甲苯甲酸，对二甲苯

(4) 氯苯，对硝基氯苯，2,4-二硝基氯苯

6-6　完成下列各反应式。

(1) $C_6H_6 + CH_3Cl \xrightarrow{?} C_6H_5CH_3 \xrightarrow{?}$ p-$CH_3C_6H_4SO_2Cl$

(2) $C_6H_6 + ? \xrightarrow{AlCl_3} C_6H_5CH(CH_3)_2 \xrightarrow{KMnO_4+H_2SO_4} ?$

(3) $C_6H_5CH_3 \xrightarrow{?} C_6H_5CH_2Cl \xrightarrow[AlCl_3]{C_6H_6} ?$

(4) $C_6H_5C_2H_5 + 3H_2 \xrightarrow{Pd} ?$

6-7　指出下列反应中的错误。

(1) $C_6H_6 \xrightarrow[(A)]{CH_3CH_2CH_2Cl,\ AlCl_3} C_6H_5CH_2CH_2CH_3 \xrightarrow[(B)]{Cl_2,\text{光}} C_6H_5CH_2CH_2CH_2Cl$

(2) $C_6H_5NO_2 \xrightarrow[(A)]{CH_2=CH_2,\ H_2SO_4}$ m-$O_2NC_6H_4CH_2CH_3 \xrightarrow[(B)]{KMnO_4}$ m-$O_2NC_6H_4CH_2COOH$

(3) 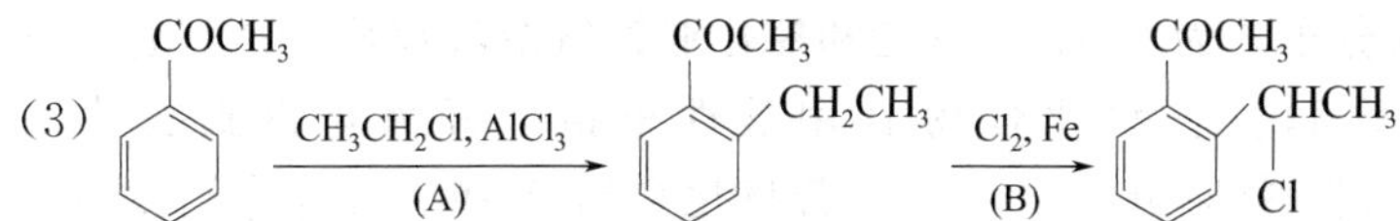

6-8 写出萘与下列化合物反应所得的主要产物的构造式和名称。

(1) CrO_3，CH_3COOH　　(2) O_2，V_2O_5　　(3) Na，C_2H_5OH，△

(4) H_2，Pd-C，加热，加压　　(5) HNO_3，H_2SO_4　　(6) Br_2

(7) 浓 H_2SO_4，80℃　　(8) 浓 H_2SO_4，165℃

6-9 指出下列化合物中哪些具有芳香性。

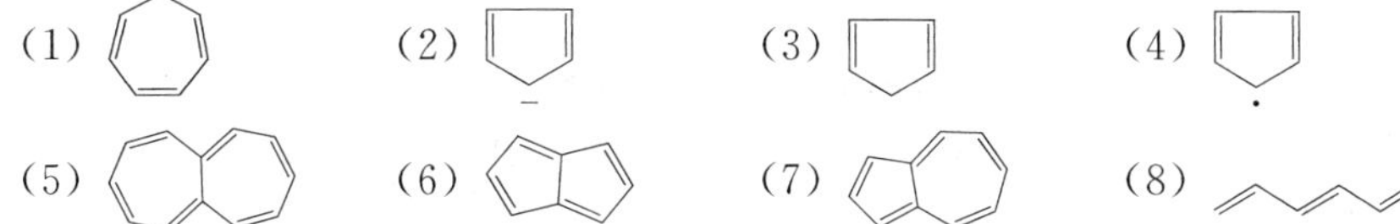

(5)　　(6)　　(7)　　(8)

6-10 试扼要写出下列合成步骤，所需要的脂肪族或无机试剂可任意选用。

(1) 甲苯→2-溴-4-硝基苯甲酸；4-溴-3-硝基苯甲酸

(2) 间二甲苯→5-硝基苯-1,3-二甲酸

(3) 邻硝基甲苯→4-溴-2-硝基苯甲酸

(4) 苯甲醚→2,6-二溴-4-硝基苯甲醚

(5) 对二甲苯→2-硝基苯-1,4-二甲酸

6-11 以苯或萘为原料合成下列化合物（用反应式表示）。

(1) 对氯苯磺酸　　(2) 间溴苯甲酸　　(3) 对硝基苯甲酸　　(4) 对苄基苯甲酸

(5) 对氯苄氯　　(6) 正丙苯　　(7) 1,1-二苯基乙烷　　(8) 三苯甲烷

(9) 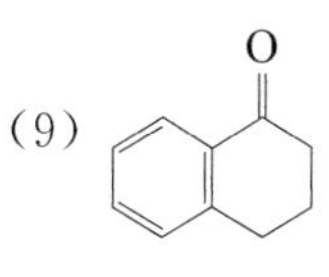

(10) Br / NO_2　　(11) SO_3H / NO_2

(12) 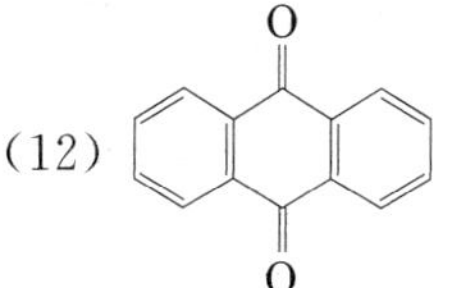

6-12 用简单的化学方法区别下列各组化合物。

(1) 苯　环已-1,3-二烯　环已烷　　(2) 已烷　已-1-烯　已-1-炔

(3) 戊-2-烯 1,1-二甲基环丙烷　　(4) 甲苯　甲基环已烷　3-甲基环已烯

6-13 根据氧化得到的产物，试推测原料芳烃的结构。

(1) C_9H_{12} ⟶ (COOH)

(2) C_9H_{12} ⟶ (COOH, COOH)

(3) C_9H_{12} ⟶ (COOH, HOOC, COOH)

6-14 三种三溴苯经过硝化后，分别得到三种、二种和一种一元硝基化合物。试推测原来三溴苯的结构和写出它们的硝化产物。

6-15 A、B、C 三种芳香烃的分子式同为 C_9H_{12}。把三种烃氧化时，由 A 得一元酸，由 B 得二元酸，由 C 得三元酸。但经硝化时，A 和 B 都得两种一硝基化合物，而 C 只得到一种一硝基化合物。试推导出 A、B、C 三种化合物的结构式。

6-16　某不饱和烃 A 的分子式为 C_9H_8，它能和氯化亚铜氨溶液反应产生红色沉淀。化合物 A 催化加氢得到 B(C_9H_{12})。将化合物 B 用酸性重铬酸钾氧化得到酸性化合物 C($C_8H_6O_4$)。将化合物 C 加热得到 D($C_8H_4O_3$)。若将化合物 A 和丁二烯作用则得到另一个不饱和化合物 E，将化合物 E 催化脱氢得到 2-甲基联苯。写出化合物 A、B、C、D、E 的构造式及各步反应方程式。

6-17　命名下列化合物。

(1) 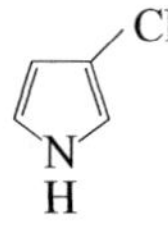 CH_3 N H　(2) 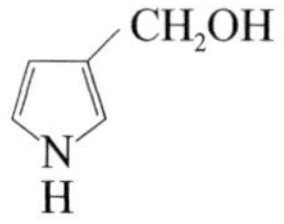 CH_2OH N H　(3) 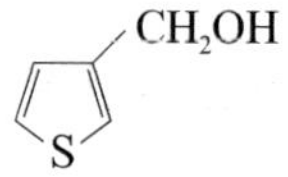 CH_2OH S　(4) $COCH_3$ N

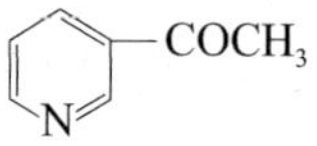

(5) 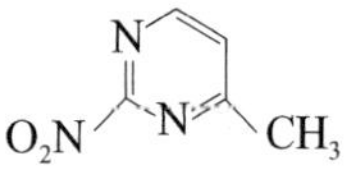 N O_2N N CH_3　(6) Br COOH N H　(7) OH N N OH HO N N H

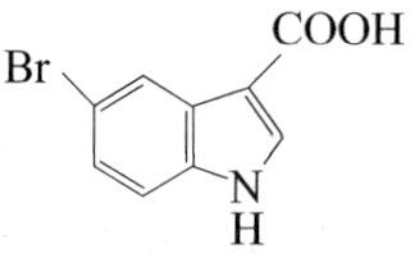

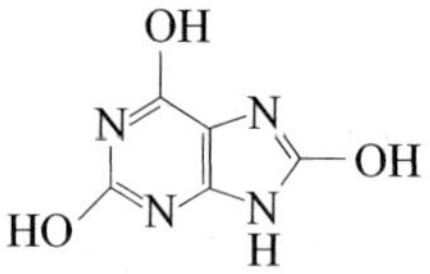

6-18　写出下列化合物结构式。

(1) 六氢吡啶　(2) 2-溴呋喃　(3) 3-甲基吲哚　(4) 2-氨基噻吩

6-19　将下列化合物按碱性由强到弱排列。

(1) 六氢吡啶　吡啶　吡咯　苯胺　(2) 甲胺　苯胺　氨　四氢吡咯

6-20　完成下列反应方程式。

(1) 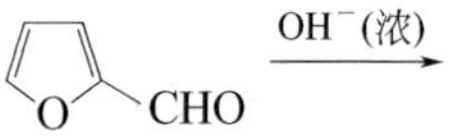 O CHO $\xrightarrow{OH^-(浓)}$

(2)  S $+ CH_3CONO_2 \xrightarrow{-10℃}$

(3) 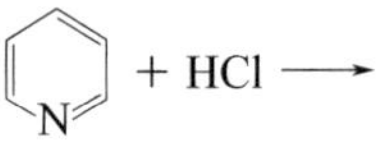 N $+ HCl \longrightarrow$

(4) 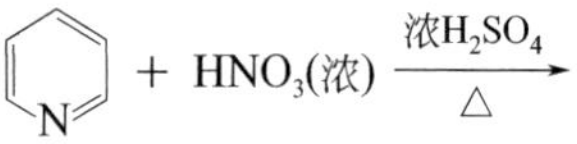 N $+ HNO_3(浓) \xrightarrow[\triangle]{浓H_2SO_4}$

(5) N $\xrightarrow[H^+]{KMnO_4} \xrightarrow[\triangle]{P_2O_5}$

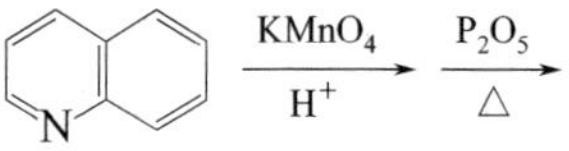

(6) O CH_3 + O O O $\longrightarrow$

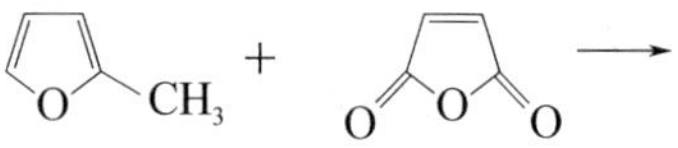

6-21　用简单的化学方法区别下列化合物。

吡啶　γ-甲基吡啶　苯胺

6-22　使用简单的化学方法将下列混合物中的杂质除去。

(1) 吡啶中混有少量六氢吡啶　(2) 吡啶-α-乙酸乙酯中混有少量吡啶

6-23　合成下列化合物（无机试剂任选）。

(1) 由呋喃合成己二胺　(2) 由 β-甲基吡啶合成吡啶-β-甲酸苄酯

(3) 由 γ-甲基吡啶合成 γ-氨基吡啶

6-24　化合物 A 的分子式为 $C_{12}H_{13}NO_2$，经稀酸水解得到产物 B 和 C。B 可发生碘仿反应而 C 不能，C 能与 $NaHCO_3$ 作用放出气体而 B 不能。C 为一种吲哚类植物生长激素，可与盐酸松木片反应呈红色。试推导出 A、B、C 的结构式。

第7章 立体化学

知识要点：

本章主要介绍立体化学中的对映异构现象，包括手性及对映体、对称因素和手性之间的关系；多种对映异构现象，如具有一个手性碳原子、多个手性碳原子，手性杂原子等；费舍尔投影式、锯架式、纽曼式的书写与构型的标记；外消旋体的拆分和手性合成。重、难点内容为判断对称因素和手性之间的关系，构型的标记。

立体化学是有机化学的一个重要组成部分。它的内容主要是研究有机化合物分子的三维空间结构（立体结构），及其对化合物的物理性质和化学反应的影响。

同分异构现象的存在表明同一个分子式可以代表许多不同的化合物。所以，许多化合物都不能简单地用分子式表示，而要用结构式表示。同分异构可分为以下几种。

① 构造异构　指分子中原子相互连接的方式和次序不同而产生的同分异构现象。它又可以分为碳架异构（如正丁烷和异丁烷）、位置异构（如正丁醇和丁-2-醇）、官能团异构（如乙醇和二甲醚）。

② 立体异构　指分子中原子相互连接的方式和次序相同，但由于分子中原子在空间的排列方式不同而产生的同分异构现象。它又可以分为构型异构和构象异构。

构型异构：指有确定构造的分子中原子在空间的不同排列状况，不同的构型异构体都是实际存在的，它们之间的转化需要经过断键和再成键的化学反应过程。构型异构又分为顺反异构和对映（光学）异构两种。

构象异构：指在不断键的情况下仅仅通过单键的旋转或环的翻转而造成的原子在空间的不同排列方式，如乙烷的重叠式和交叉式，环己烷的椅型和船型等。一般讲，分子的构象可以有无穷个，每一个不同排布方式原则上就是一种构象异构体。

构造、构型和构象是分子结构不同层次上的描述。当分子中存在可旋转或翻转而改变空间形象的单键时，一种构型必定有无数种构象，当然一种固定构型只会对映一种构象，如乙烯的构型在形象上与其构象并无区别。

分子的构造（即分子中原子相互连接的方式和次序）相同，只是立体结构（即分子中原子在空间的排列方式）不同的化合物是立体异构体。前面讨论过的顺反异构、构象异构等都是立体异构。本章主要讨论立体化学中的对映异构。至于化学反应中的立体化学，将在以后讨论有关的反应历程时（如亲核取代反应、消除反应等）再做适当介绍。

7.1 手性和对映体

饱和碳原子具有四面体结构。用模型可以清楚地把饱和碳原子的立体结构表达出来。例如乳酸（2-羟基丙酸）的立体结构可用下面的模型（见图 7-1）来表示：

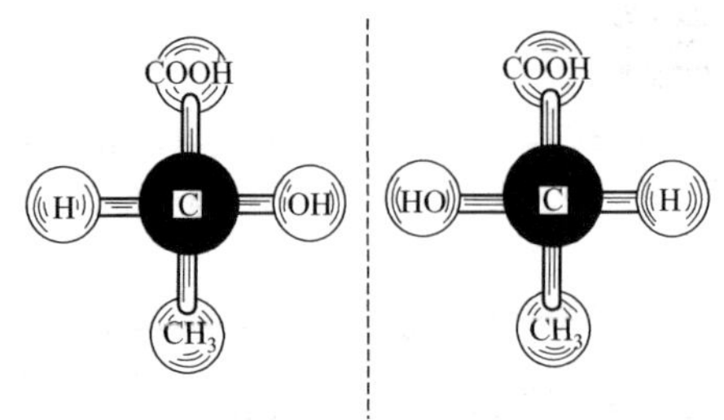

图 7-1 乳酸的分子模型

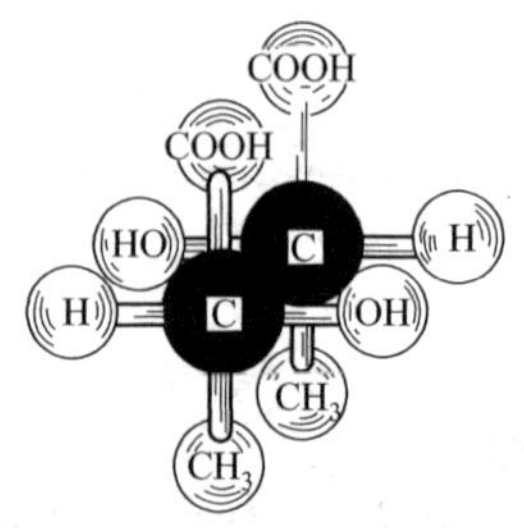

图 7-2 两个乳酸模型不能重合

这两个模型都是四面体中心的碳原子连着 H、CH_3、OH 和 COOH。它们都代表 CH_3-CHOH-COOH，那么它们代表的是否是同一化合物呢？初看时，它们像是同样的。但是把这两个模型叠在一起仔细观察，就会发现，无论把它们怎样放置，都不能使它们完全叠合（见图 7-2）。因此它们并不是相同的。这两个模型的关系正像左手和右手的关系一样：它们不能相互叠合（见图 7-3），但却互为镜像（见图 7-4）。

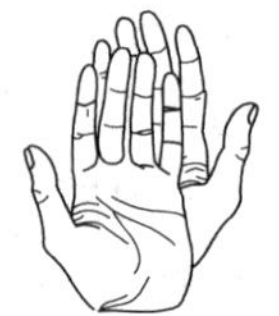

图 7-3 左手和右手不能叠合

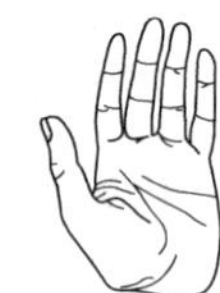

图 7-4 左手和右手互为镜像

手是不能与自身镜像相叠合的。因此一个物体若与自身镜像不能叠合，就叫做具有手性。上述两个互相不能叠合的分子模型正是互为镜像的，所以它们都具有手性，它们代表着两种立体结构不同的乳酸分子。在立体化学中，不能与镜像叠合的分子叫做手性分子，而能叠合的叫做非手性分子。乳酸分子就是手性分子。

不能与镜像叠合是手性分子的特征。但是要判断一个化合物是否具有手性，并非一定要用模型来考察它与镜像能否叠合得起来。一个分子是否能与其镜像叠合，与分子的对称性有关。只要考察分子的对称性就能判断它是否具有手性。考察分子的对称性，需要考虑的对称因素主要有下列四种。

（1）对称轴

设想分子中有一条直线，当分子以此直线为轴旋转 $360°/n$ 后（n＝正整数），得到的分子与原来的相同。这条直线就是 n 重对称轴（axis of symmetry）。例如：水分子有一个二重轴、氨分子有一个三重轴、2-丁烯有一个二重轴等（见图 7-5）。

（2）对称面（镜面）

设想分子中有一平面，它可以把分子分成互为镜像的两半，这个平面就是对称面（plane of symmetry）。例如：1-氯乙烷只有一个对称面，通过 Cl、C、C 三个原子（见图 7-6）。

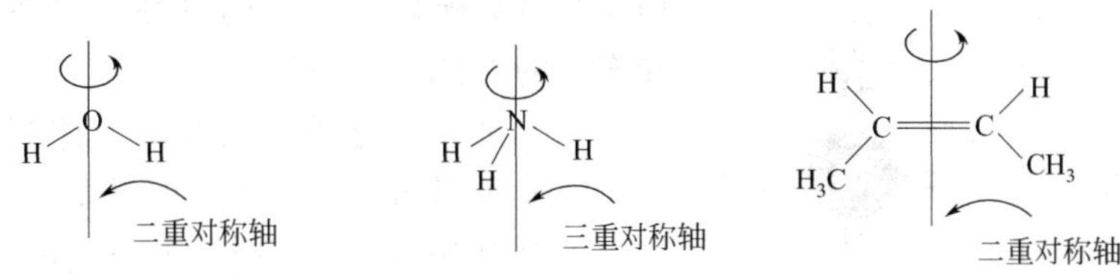

图 7-5　有对称轴的分子

(3) 对称中心

设想分子中有一个点，从分子中任何一个原子出发，向这个点作一直线，再从这个点将直线延长出去，则在与该点前一线段等距离处，可以遇到一个同样的原子，这个点就是对称中心（center of symmetry）（见图 7-7）。

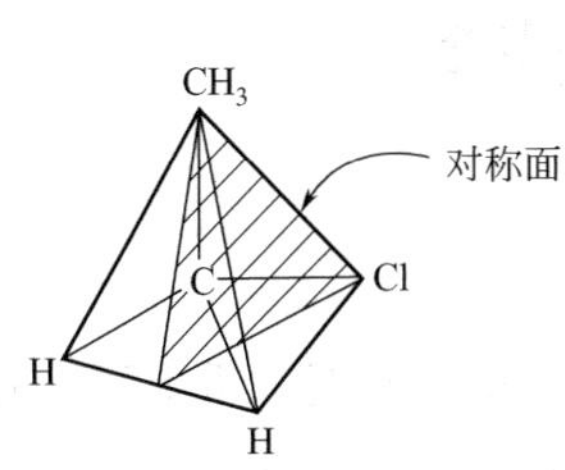

图 7-6　有对称面的分子

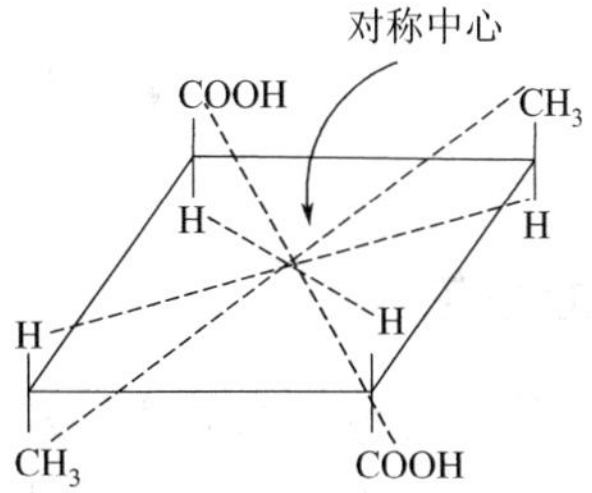

图 7-7　有对称中心的分子

(4) 交替对称轴（旋转反映轴）

设想分子中有一条直线，当分子以此直线为轴旋转 $360°/n$ 后，再用一个与此直线垂直的平面进行反映（即以此平面为镜面，做出镜像），如果得到的镜像与原来的分子完全相同，这条直线就是交替对称轴。例如：

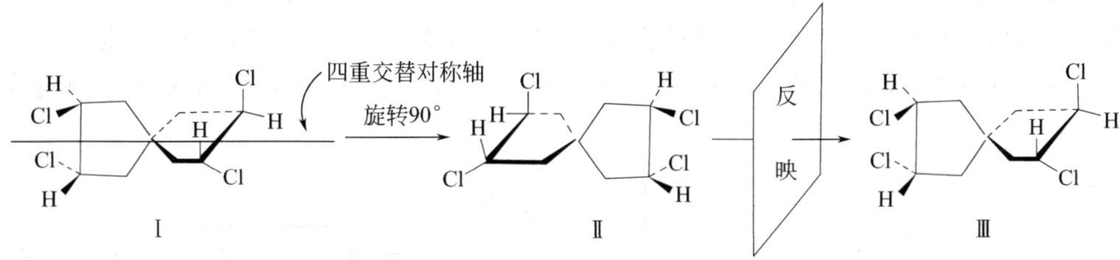

Ⅰ旋转90°后得Ⅱ，Ⅱ以垂直于旋转轴的平面反映后得Ⅲ，Ⅰ=Ⅲ

图 7-8　有四重交替对称轴的分子

凡具有对称面、对称中心或交替对称轴的分子，都能与其镜像叠合，都是非手性分子。而既没有对称面，又没有对称中心，也没有四重交替对称轴的分子，都不能与其镜像结合，都是手性分子。对称轴的有无对分子是否具有手性没有决定作用。

在有机化合物中，绝大多数非手性分子都具有对称面或对称中心，或者同时还具有四重对称轴。没有对称面或对称中心，只有四重交替对称轴的非手性分子是很个别的。因此，只要一个分子既没有对称面，又没有对称中心，一般就可以初步判定它是个手性分子。

分子中原子的连接次序和连接方式是分子的构造，而原子的空间排列方式是分子的构型。构造一定的分子，可能有不止一种构型。例如烯烃一章所讨论的顺反异构体，即是构造相同而构型不同的化合物。凡是手性分子，必有互为镜像的构型。互为镜像的两种构型的异

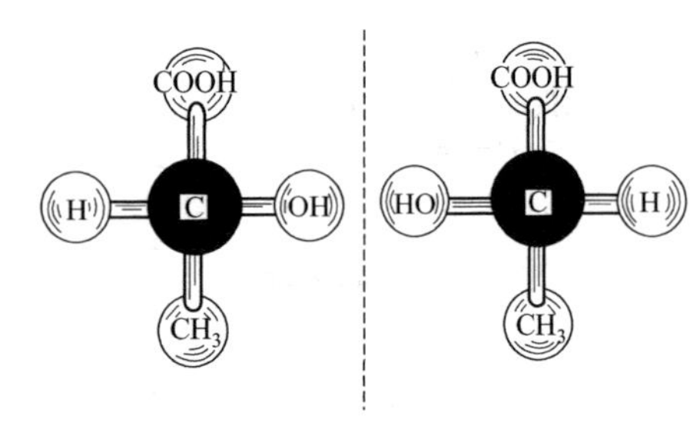

图 7-9　乳酸对映体

构体叫做对映体。分子的手性是存在对映体的必要和充分的条件。

乳酸是手性分子，故有对映体存在。乳酸的一对对映体可用两个互为镜像的模型代表（见图 7-9）。

一对对映体的构造相同，只是立体结构不同，因此它们是立体异构体。这种立体异构就叫做对映异构，对映异构和顺反异构一样，都是构型异构。要把一种异构体变成它的构型异构体，必须断裂分子中的两个键，然后对换两个基团的空间位置。而构象异构不同，只要通过键的扭转，一种构象异构体就可以转变成另一种构象异构体。

7.2　旋光性和比旋光度

7.2.1　旋光性

对映体是互为镜像的立体异构体。它们的熔点、沸点、相对密度、折射率、在一般溶剂中的溶解度，以及光谱图等物理性质都相同。并且，在与非手性试剂作用时，它们的化学性质也一样。但是分子结构上的差异，在性质上必然会有所反映。对映体在物理性质上的不同，只表现在对偏振光的作用不同。

光是一种电磁波。光波振动的方向是与光的前进方向垂直的。普通光的光波在各个不同的方向上振动。但如果让它通过一个尼科尔（Nicol）棱镜（用冰洲石制成的棱镜），则透过棱镜的光就只在一个方向上振动。这种光叫做偏振光（见图 7-10）。

当偏振光通过某种介质时，有的介质对偏振光没有作用，即透过介质的偏振光仍在原方向上振动，而有的介质却能使偏振光的振动方向发生旋转（见图 7-11）。这种能旋转偏振光的振动方向的性质叫做旋光性（optical activity）。具有旋光性的物质叫做旋光性物质或光活性物质。

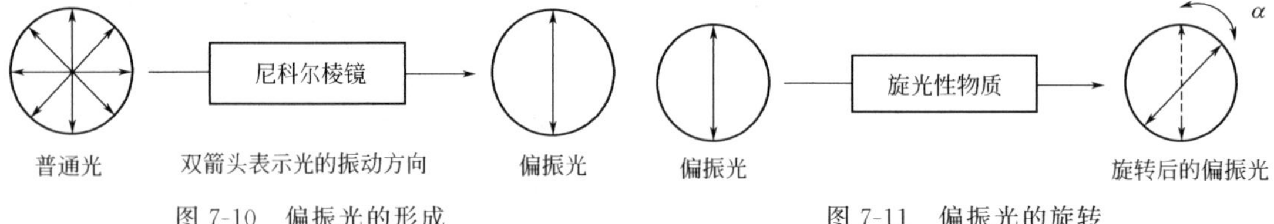

图 7-10　偏振光的形成　　　　图 7-11　偏振光的旋转

能使偏振光的振动方向向右旋的物质，叫做右旋物质；反之，叫做左旋物质。通常用“*d*”（拉丁文 dextro 的缩写，“右”的意思）或“＋”表示右旋；用“*l*”（拉丁文 laevo 的缩写，“左”的意思）或“－”表示左旋。偏振光振动方向的旋转角度，叫做旋光度，用“α”表示。

在有机化学中，凡是手性分子都具有旋光性（虽然有些手性分子因旋光度极小，其旋光性用现有仪器还不能检测出来），而非手性分子则都没有旋光性。

对映体是一对互相对映的手性分子，它们都有旋光性。前面讲到，对映体的一般物理性质都相同，只是对偏振光的作用不同，作用的不同就表现在两者的旋光方向相反，即一个对映体是右旋的，另一个是左旋的。但是它们的旋光能力是相等的。就是说，如果其中之一在一定条件下右旋多少度，则另一个在相同的条件下左旋同样的度数。

7.2.2 比旋光度

旋光性物质的旋光度和旋光方向可用旋光仪进行测定。

旋光仪主要由一个光源、两个尼科尔棱镜和一个盛测试样品的盛液管组成。普通光经第一个棱镜（起偏镜）变成偏振光，然后通过盛液管，再由第二个棱镜（检偏镜）检验偏振光的振动方向是否发生了旋转，以及旋转的方向和旋转的角度（见图 7-12）。

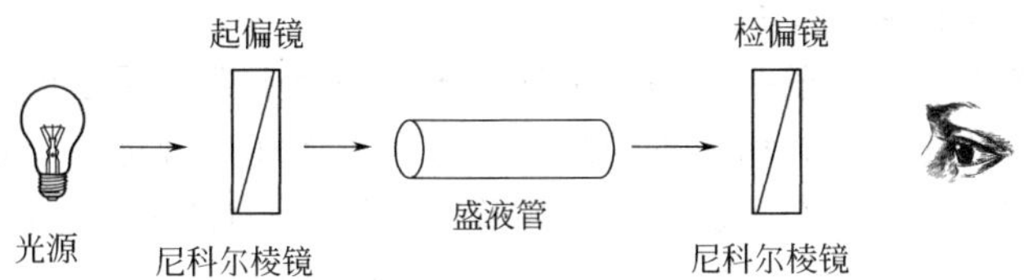

图 7-12　旋光仪示意图

由旋光仪测得的旋光度，甚至旋光方向，不仅与物质的结构有关，而且与测定的条件有关。因为旋光现象是偏振光透过旋光性物质的分子时所造成的。透过的分子愈多，偏振光旋转的角度愈大。因此，由旋光仪测得的旋光度与被测样品的浓度（如果是溶液），以及盛放样品的管子的长度，都密切相关。为了比较不同物质的旋光性，必须规定溶液的浓度和盛液管的长度。通常把溶液的浓度规定为 $1g\cdot mL^{-1}$，盛液管的长度规定为 1dm，并把在这种条件下测得的旋光度叫做比旋光度，一般用 $[\alpha]$ 表示。比旋光度只决定于物质的结构。因此，各种化合物的比旋光度是它们各自特有的物理常数。

比旋光度按规定是指在上述特定条件下所测得的旋光度。但实际上，测定比旋光度时，并不是一定要在上述条件下进行。一般可以用任一浓度的溶液，在任一长度的盛液管中进行测定。然后将实际测得的旋光度 α，按下式换算成比旋光度 $[\alpha]$。

$$[\alpha]=\frac{\alpha}{lc}$$

式中，c 为溶液的浓度，$g\cdot mL^{-1}$；l 为管长，dm。

若被测物质是纯液体，则按下式换算：

$$[\alpha]=\frac{\alpha}{l\rho}$$

式中，ρ 为液体的密度，$g\cdot cm^{-3}$。

因偏振光的波长和测定时的温度对比旋光度也有影响，故表示比旋光度时，通常还把温度和光源的波长标出来：将温度写在 $[\alpha]$ 的右上角，波长写在右下角，即 $[\alpha]_{\lambda}^{t}$。溶剂对比旋光度也有影响，所以也要注明所用溶剂。例如在 20℃时，以钠光灯为光源测得葡萄糖水溶液的比旋光度是右旋 52.5°，记为：

$$[\alpha]_{D}^{20}=+52.5°(水)$$

“D”代表钠光波长。因钠光波长 589nm 相当于太阳光谱中的 D 线。

与化合物的熔点、沸点、相对密度、折射率等物理常数一样，比旋光度的符号与大小是一个手性化合物固有的物理性质，在研究反应机理和有机化合物合成中很有用。*ee*（enantiomeric excess）值是对映体过量百分数的意思，它表示一个对映体超过另一个对映体的百分数，是常见的一个表示样品光学纯度的数值。

$$ee=|R\%-S\%|或|S\%-R\%|$$

7.3 含有一个手性碳原子的化合物的对映异构

有机化合物分子是否具有手性决定于其化学结构。在有机化合物中，手性分子大都含有与四个互不相同的基团相连的碳原子。这种碳原子没有任何对称因素，故叫做不对称碳原子，或手性碳原子。乳酸 $CH_3C^*H(OH)COOH$ 的第二个碳就是这样的一个碳原子。在结构式中，通常用 * 标出手性碳原子。

含有一个手性碳原子的分子一定是个手性分子。一个手性碳原子可以有两种构型，所以含有一个手性碳原子的化合物有构型不同的两种分子。例如，含有一个手性碳原子的乳酸就有两种。它们都有旋光性（一个右旋，一个左旋），是互为对映体的立体异构体。

右旋乳酸 $[\alpha]_D^{15}=+2.6°$，熔点=53℃；左旋乳酸 $[\alpha]_D^{15}=-2.6°$，熔点=53℃。它们可以分别由葡萄糖在不同的菌种作用下经发酵制得。用化学合成的方法也能制得乳酸，但合成得到的乳酸和用发酵法得到的乳酸，性质上有差异。前者没有旋光性，熔点只有 18℃。这是因为由合成得到的乳酸不是单纯的化合物，而是等量的右旋乳酸和左旋乳酸的混合物。右旋乳酸和左旋乳酸旋光方向相反，但旋光能力相等，所以等量混合时，旋光性就消失了。这种由等量的对映体相混合而形成的混合物叫做外消旋体。外消旋体不仅没有旋光性，并且其他物理性质也往往与单纯的旋光体不同。例如，外消旋乳酸的熔点（18℃）就比右旋或左旋乳酸的熔点（53℃）低。

外消旋体是两种分子的混合物，但这两种分子是对映体，而对映体除旋光方向相反外，各种物理性质都相同。所以，用一般的物理方法，例如分馏、重结晶等方法，不能把它们分开。要达到拆开分离的目的，必须采用其他特殊方法。

7.4 构型的表达式、构型的确定和构型的标记

7.4.1 构型的表达式

用分子模型的图形可以清楚地表示出手性碳原子的构型。现在广为使用的是费舍尔投影式。例如，两种乳酸模型的图形和它们的费舍尔投影式如图 7-13 所示。

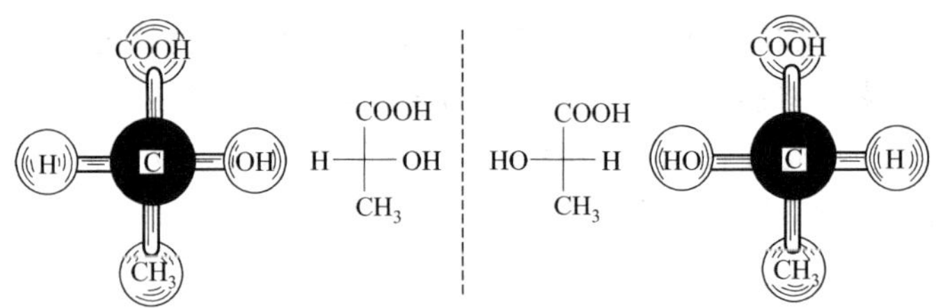

图 7-13 乳酸的分子模型和投影式

在费舍尔投影式中，两个竖立的键代表模型中向纸面背后伸去的键，两个横在两边的键则表示模型中向纸面前方伸出的键，而模型中的手性碳原子正好在纸面上。在书写费舍尔投影式时，必须将模型按这样的规定方式投影。同样，在使用费舍尔投影式时，也必须记住这种按规定方式表示分子构型的立体概念。应该注意，对于费舍尔投影式，可以把它在纸面上

旋转 180°，但绝不能旋转 90°或 270°，也不能把它脱离纸面翻一个身，因为旋转 180°后的投影式仍旧代表原来的构型，而旋转 90°或 270°后原来的竖键变成了横键，原来的横键变成了竖键，按规定，投影式中的竖键应代表模型中向后伸去的键，横键应代表模型中向前伸出的键，所以旋转 90°或 270°后的投影式把原来向后伸去的键变成了向前伸出，而把原来向前伸出的键变成了向后伸去，这样这个投影式就不再代表原来的构型了，而是代表原构型的镜像了。如果把投影式翻个身，则翻身前后所有的键伸出方向都正好相反，因此翻身前后的两个投影式并不代表同一个构型。

以费舍尔投影式表示构型，应用相当普遍。但有时为了更直观些，也常采用另一种表示法——楔形式，即将手性碳原子表示在纸面上，用实线表示在纸面上的键，用虚线表示伸向纸后方的键，用楔形实线表示伸向纸前方的键。例如用这种方法所表示的两种乳酸菌构型及其相应的费舍尔投影式如下：

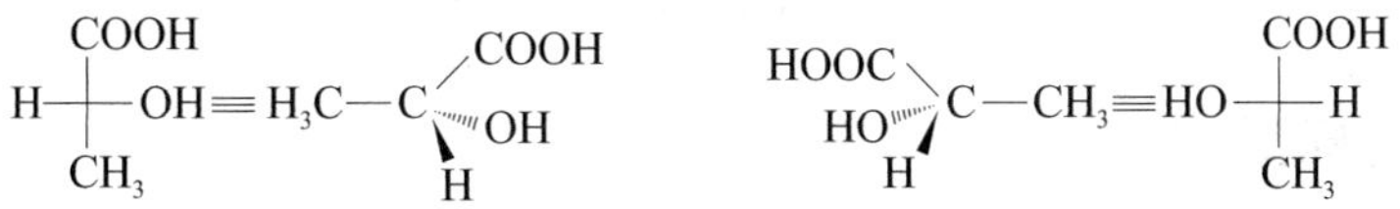

COOH
H—┼—OH ≡ H_3C—C(COOH)(OH)(H)
CH_3

HOOC(HO)(H)C—CH_3 ≡ HO—┼—H
COOH / CH_3

这种表示方法虽然比较直观，但不适宜于表示含有多个手性碳原子化合物的构型。

7.4.2 构型的确定

对映体是具有互为镜像的两种构型的异构体。它们可以用两个费舍尔投影式来表示，其中一个投影式代表右旋体，另一个代表左旋体，但是哪一个代表右旋体，哪一个代表左旋体，从模型或投影式中都看不出来。通过旋光仪可以测定出对映体中哪一个是右旋的，哪一个是左旋的，但是根据旋光方向不能判断构型。因此，对于对映体的构型，在还没有直接测定的方法之前，只能是任意指定的。即如果指定右旋体构型是两种构型中的某一种，那么左旋体就是另一种，因而这种构型只具有相对的意义。同时对各种化合物的构型如果都这样任意地指定，必然会造成混乱。为此，有必要选定一种化合物的构型作为确定其他化合物的标准。甘油醛（2,3-二羟基丙醛 $CH_2OH—C^*HOH—CHO$）就是一个被选定的作为构型标准的化合物，它含有一个手性碳原子，故有两种构型。它们的投影式如下：

CHO
H—┼—OH
CH_2OH
（Ⅰ）

CHO
HO—┼—H
CH_2OH
（Ⅱ）

现指定（Ⅰ）代表右旋甘油醛的构型，那么（Ⅱ）就是左旋甘油醛的构型，在甘油醛的投影式中，总是把碳链竖立起来，醛基（第一个碳原子）在上面，而羟甲基（第三个碳原子）在下面，第二个碳原子（即手性碳原子）的羟基和氢原子在碳链的左右两边。右旋甘油醛的羟基在右边，氢在左边。而左旋甘油醛则反之。以甘油醛这种人为指定的构型为标准，再确定其他化合物的相对构型。一般是通过化学反应把其他化合物与甘油醛相关联或相对照的方法来确定的。即将未知构型的化合物，经过某些化学反应转化成甘油醛。或者由甘油醛转化成未知构型的化合物。在这些化学转化中，一般是利用反应过程中与手性碳原子直接相连的键不发生断裂的反应，以保证手性碳原子在构型中不发生变化。例如图 7-14 所列出的各反应都不涉及手性碳原子上的键，通过这些转化可以确定左旋乳酸具有与右旋甘油醛相同的构型。即在左旋乳酸的投影式中也是羟基在手性碳原子的右边，氢原子在左边。通过这样的化学方法确定的各种旋光化合物的构型，是以甘油醛指定的构型为标准的，因此都是相对构型。那么两种甘油醛的真正构型，即绝对构型是否如所指定的，还是正好相反，这个问题直到直接测定了右旋酒石酸铷钠的绝对构型之后，才得到了解答。1951 年人们通过 X 射线衍射法直接确定了右旋酒石酸铷钠的绝对构型，证实了它的由化学关联比较法所确定的相对构型与其绝对构型正巧是一致的。从而也证明了过去人为任意指定的甘油醛的构型也正是其绝对构型。因此，以甘油醛为标准所确定的各种旋光化合物的相对构型，就是它们的绝对构型（见图 7-14）。虽然用 X 射线衍射法可以直接确定一些化合物的构型，但这个方法并不方便。故化合物的构型一般仍常用上述间接方法来确定。

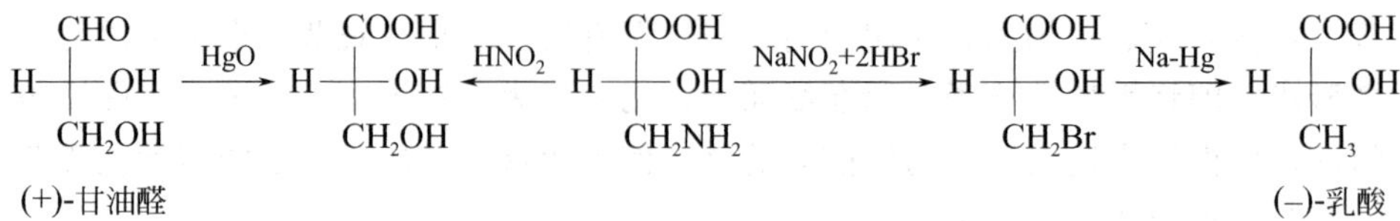

图 7-14　左旋乳酸构型的确定

7.4.3　构型的标记

构造相同，构型不同的异构体在命名时，有必要对它们的构型分别给予一定的标记。例如，构造为 $CH_3CHOHCOOH$ 的化合物有两种构型，它们的俗名都是乳酸。对于它们的构型上的不同，通常是在“乳酸”这一名称之前，再加上一定的标记以示区别。构型的标记法有很多种，过去常用的是 D，L 标记法，现在广为采用的是 R，S 标记法。

D，L 标记法是以甘油醛的构型为对照标准来进行标记的。右旋甘油醛的构型被定为 D 型，左旋甘油醛的构型被定义为 L 型。凡通过实验证明其构型与 D-甘油醛相同的化合物，都叫做 D 型的，命名时标以“D”，而构型与 L-甘油醛相同的，都叫做 L 型的，命名时标以“L”。“D”和“L”只表示构型，不表示旋光方向。命名时，若既要表示构型，又要表示旋光方向，则旋光方向用“（＋）”或“（－）”表示，而不用“*d*”或“*l*”。例如，前已证明左旋乳酸的构型与右旋甘油醛（即 D-甘油醛）相同，所以左旋乳酸的名称为 D-(－)-乳酸。相应地，右旋乳酸就是 L-(＋)-乳酸。

D，L 标记法应用已久，也较为方便。但是这种标记只表示出分子中一个手性碳原子的构型，对于含有多个手性碳原子的化合物，用这种标记法并不合适，有时甚至会产生名称上的混乱。

R，S 标记法是根据手性碳原子所连四个基团在空间的排列来标记的。其方法是，先把手性碳原子所连的四个基团设为 a、b、c、d，将它们按次序规则排队（参见 3.1.2 节）。若 a、b、c、d 四个基团的顺序是 a 最先，b 其次，c 再次，d 最后。将该手性碳原子在空间作如下安排：把排在最后的基团 d 置于离观察者最远的位置，然后按先后次序观察其他三个基团。即从排在最先的 a 开始，经过 b，再到 c 轮着看。如果轮转的方向是顺时针的，则将该手性碳原子的构型标记为“*R*”（拉丁文 Rectus 的缩写，“右”的意思）；如果是反时针的，则标记为“*S*”（拉丁文 Sinister 的缩写，“左”的意思）。

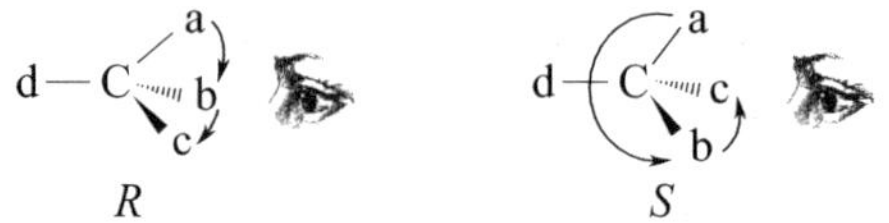

R，*S* 标记法也可直接应用于费舍尔投影式。先将次序排在最后的基团 d 放在一个竖立的（即指向后方的）键上，然后依次轮看 a、b、c。如果是顺时针方向轮转的，该投影式所代表的构型即为 *R* 型，如果是反时针方向轮转的，则为 *S* 型。

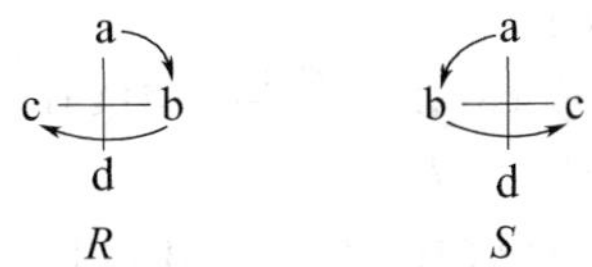

基团次序为:a>b>c>d

如果在带标记分子的费舍尔投影式中，d 是在横着的键上，则因这个键是伸出于前方的（即不在远离观察者的位置上），因此依次轮看 a、b、c 时，如果是顺时针方向轮转的，所代表的构型是 *S* 型，反时针方向轮转的是 *R* 型。这与 *d* 在竖立键上时的结论正好相反。

R c—b（上 a，下 d）≡ d—c（上 a，下 b）　　*S* b—c（上 a，下 d）≡ c—d（上 a，下 b）

基团次序为:a>b>c>d

以乳酸为例，先将手性碳原子的四个基团进行排队，它们的先后次序 OH>COOH>CH_3>H，因此乳酸的两种构型可分别作如下识别和标记。

S　H—C(COOH)(OH)(CH_3) ≡ CH_3—OH（上 COOH，下 H）（≡ HO—H（上 COOH，下 CH_3））

R　H—C(COOH)(CH_3)(OH) ≡ HO—CH_3（上 COOH，下 H）（≡ H—OH（上 COOH，下 CH_3））

右旋乳酸是 *S* 型，左旋乳酸是 *R* 型。所以这两种乳酸的名称分别是（*S*）-（+）-乳酸和（*R*）-（−）-乳酸。

分子中含有多个手性碳原子的化合物，命名时可用 *R*，*S* 标记法将每个手性碳原子的构型一一标出。例如：

1 CH_3
H—2—OH
H—3—OH
4 CH_2CH_3

C-2所连基团的次序是OH>$CHOHCH_2CH_3$>CH_3>H

C-3所连基团的次序是OH>$CHOHCH_2CH_3$>CH_2CH_3>H

所以 C-2 和 C-3 的构型分别为 *S* 和 *R*：

S　H—$\overset{2}{C}$(CH_3)($CHOHCH_2CH_3$)(OH)　　*R*　H—$\overset{3}{C}$($CHOHCH_3$)(CH_2CH_3)(OH)

命名时，将手性碳原子的位次连同其构型写在括号内。因此，这个化合物的名称是（2*S*，3*R*）-戊-2，3-二醇。

R 和 *S* 是手性碳原子的构型根据其所连基团的排列顺序所做的标记。在一个化学反应中，如果手性碳原子构型保持不变，产物的构型与反应物的相同，但它的 *R* 或 *S* 标记却不一定与反应物的相同。反之，如果反应后手性碳原子的构型转化了，产物构型的 *R* 或 *S* 标记也不一定与反应物的不同。因为经过化学反应，产物的手性碳原子所连基团与反应物的不一样了，产物和反应物的相应基团的排列顺序可能相同，也可能不同。产物构型的 *R* 或 *S* 标记，决定于它本身四个基团的排列顺序，与反应时构型是否保持不变无关。例如：

$$CH_3CH_2\text{—}\underset{H}{\overset{OH}{\oplus}}\text{—}CH_2Br \ (R) \xrightarrow{\text{还原}} CH_3CH_2\text{—}\underset{H}{\overset{OH}{\oplus}}\text{—}CH_3 \ (S)$$

$OH > CH_2Br > CH_2CH_3 > H$　　$OH > CH_2CH_3 > CH_3 > H$

在还原时，手性碳原子的键未发生断裂，故反应后构型保持不变，但是还原后 CH_2Br 变成了 CH_3，在反应物分子中，CH_2Br 排在 CH_2CH_3 之前；而在产物分子中，与 CH_2Br 相应的 CH_3 却排在了 CH_2CH_3 之后。所以反应物构型的标记是 R，产物构型的标记却是 S。

7.5 含有多个手性碳原子化合物的立体异构

含有一个手性碳原子的化合物有一对对映体。分子中如果含有多个手性碳原子，立体异构体的数目就要多些。因为每个手性碳原子可以有两种构型，所以，含有两个手性碳原子的化合物就有四种构型。例如 2-氯-3-羟基丁二酸 $HOOC\text{—}\overset{*}{C}H(OH)\text{—}\overset{*}{C}H(Cl)\text{—}COOH$，有下列四种立体异构体：

	(Ⅰ)	(Ⅱ)	(Ⅲ)	(Ⅳ)
上	COOH	COOH	COOH	COOH
C2	HO—+—H	H—+—OH	HO—+—H	H—+—OH
C3	Cl—+—H	H—+—Cl	H—+—Cl	Cl—+—H
下	COOH	COOH	COOH	COOH
	(2R,3R)	(2S,3S)	(2R,3S)	(2S,3R)

这四种立体异构体中，（Ⅰ）与（Ⅱ）是对映体，（Ⅲ）与（Ⅳ）是对映体，（Ⅰ）和（Ⅱ）的等量混合物是外消旋体，（Ⅲ）和（Ⅳ）的等量化合物也是外消旋体。即两对对映体可以组成两种外消旋体。

（Ⅰ）与（Ⅲ）或（Ⅳ），以及（Ⅱ）与（Ⅲ）或（Ⅳ）也是立体异构体。但它们不是互为镜像，不是对映体。这种不对映的立体异构体叫做非对映体。对映体除旋光方向相反外，其他物理性质都相同。非对映体旋光度不相同，而旋光方向则可能相同，也可能不同，其他物理性质都不相同（见表 7-1）。因此非对映体混合在一起，可以用一般的物理方法将它们分离开来。

表 7-1　2-羟基-3-氯丁二酸的物理性质

构型	熔点/℃	[α]
(Ⅰ)(2R,3R)-(−)	173 } 外消旋体 146	−31.3°(乙酸乙酯)
(Ⅱ)(2S,3S)-(+)	173	+31.3°(乙酸乙酯)
(Ⅲ)(2R,3S)-(−)	167 } 外消旋体 153	−9.4°(水)
(Ⅳ)(2S,3R)-(+)	167	+9.4°(水)

分子中含有的手性碳原子愈多，异构体的数目愈多。含有两个手性碳原子的，有四种异构体，含有三个手性碳原子的，就有八种异构体。一般，含有 n 个手性碳原子的化合物，最多可以有 $2n$ 种立体异构体。但有些分子异构体的数目小于这个最大可能数。例如酒石酸含有两个手性碳原子。

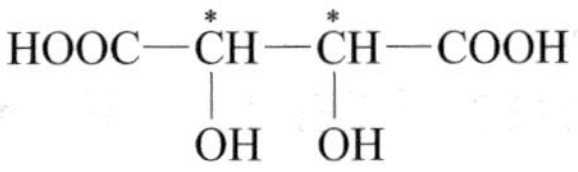

$$HOOC-\overset{*}{C}H-\overset{*}{C}H-COOH$$

OH　OH

可能有如下四种构型：

COOH　H—OH　HO—H　COOH　(Ⅰ)　(2*R*,3*R*)

COOH　HO—H　H—OH　COOH　(Ⅱ)　(2*S*,3*S*)

COOH　H—OH　H—OH　COOH　(Ⅲ)　(2*R*,3*S*)

COOH　H—H　HO—H　COOH　(Ⅳ)　(2*S*,3*R*)

（Ⅰ）和（Ⅱ）是对映体。（Ⅲ）和（Ⅳ）也好像是对映体，但实际上（Ⅲ）和（Ⅳ）是同一种分子，因为它们可以互相叠合。只要把（Ⅲ）以通过 C2-C3 键中点的垂直线为轴旋转 180°，就可以看出来它是可以与（Ⅳ）叠合的。也就是说，（Ⅲ）和（Ⅳ）是相同的。

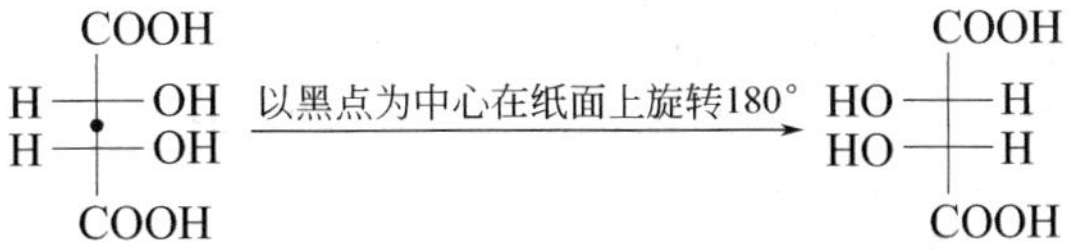

COOH　H—OH　H—OH　COOH　(Ⅲ)

以黑点为中心在纸面上旋转180°

COOH　HO—H　HO—H　COOH　(Ⅳ)

（Ⅲ）既然能与其镜像相叠合，它就不是手性分子。在它的全重叠式构象中可以找到一个对称面，在它的对位交叉式构象中可以找到一个对称中心。

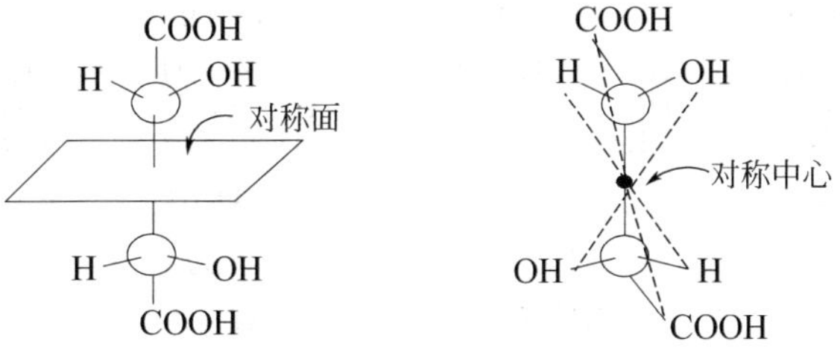

COOH　H　OH　对称面　H　OH　COOH

COOH　H　OH　对称中心　OH　H　COOH

这种虽然含有手性碳原子，但却不是手性分子，因而也没有旋光性的化合物，叫做内消旋体。酒石酸的立体异构体中有一个内消旋体，因此异构体的数目就比 2^n 少——总共只有三种异构体，而不是四种。

酒石酸之所以有内消旋体，是因为它的两个手性碳原子所连的基团的构造完全相同，当这两个手性碳原子的构型相反时，它们在分子内可以互相对映，因此，整个分子不再具有手性。由此可见，虽然含有一个手性碳原子的分子必有手性，但是含有多个手性碳原子的分子却不一定都有手性。所以，不能说凡是含有手性碳原子的分子都是手性分子。

内消旋酒石酸（Ⅲ）和有旋光性的酒石酸（Ⅰ）或（Ⅱ）是不对映的立体异构体，即非对映体，所以（Ⅲ）不仅没有旋光性，并且物理性质也与（Ⅰ）或（Ⅱ）不相同（见表 7-2）。

表 7-2　酒石酸的物理性质

构型	熔点/℃	[α]
（Ⅰ）右旋	170 } 外消旋体 206	+12°
（Ⅱ）左旋	170 }	−12°
（Ⅲ）内消旋	146	0°

内消旋体和外消旋体都没有旋光性，但它们本质不同。前者是一个单纯的非手性分子，而后者是两种互为对映体的手性分子的等量混合物。所以外消旋体可以用特殊方方法拆分成

两个组分，而内消旋体是不可分的。

含有三个手性碳原子的化合物最多可能有 $2^3=8$ 种立体异构体。例如戊醛糖（2,3,4,5-四羟基戊醛，$HOCH_2-\overset{*}{C}H(OH)-\overset{*}{C}H(OH)-\overset{*}{C}H(OH)-CHO$）就有如下八构型：

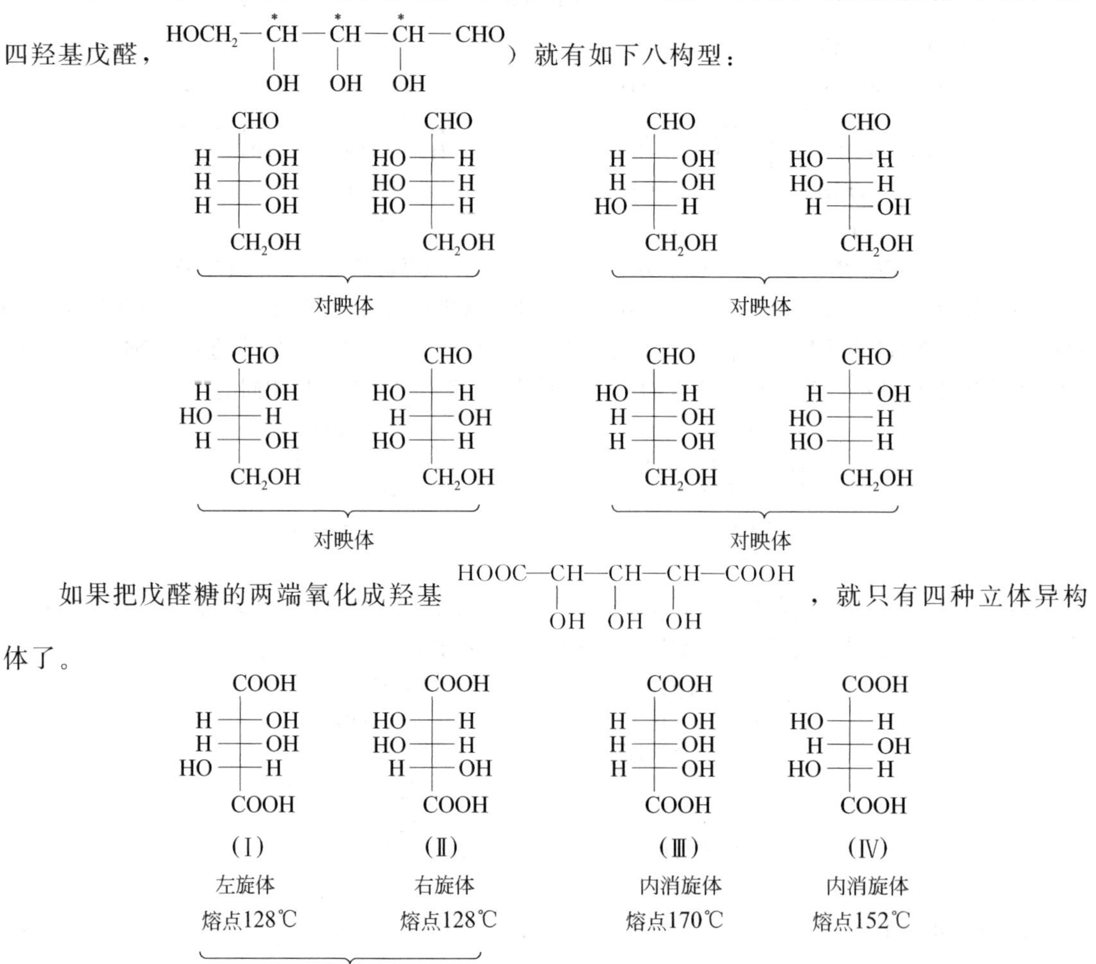

如果把戊醛糖的两端氧化成羧基 $HOOC-CH(OH)-CH(OH)-CH(OH)-COOH$，就只有四种立体异构体了。

（Ⅰ）和（Ⅱ）是一对对映体，可以组成外消旋体。（Ⅰ）、（Ⅱ）的 C-2 和 C-4 所连基团构造相同，构型也相同，因此（Ⅰ）和（Ⅱ）的 C-3 不是手性碳原子。（Ⅲ）、（Ⅳ）与（Ⅰ）、（Ⅱ）不同。（Ⅲ）、（Ⅴ）的 C-2 和 C-4 所连基团虽然构造相同，但是构型不同。因此（Ⅲ）和（Ⅳ）的 C-3 是手性碳原子。（Ⅲ）、（Ⅳ）虽然有手性碳原子，却是非手性分子。因为它们都有一个通过 C-3 及其所连的 H 和 OH 的对称面，都是内消旋体。像（Ⅲ）、（Ⅳ）分子中 C-3 这样的不能对分子的手性起作用的手性碳原子，叫做假手性碳原子。

在立体化学中，含有多个手性碳原子的立体异构体中，只有一个手性碳原子的构型不相同，其余的构型都相同的非对映体，又叫做差向异构体。内消旋酒石酸与有旋光性的酒石酸只有一个手性碳原子的构型相同，所以它们是差向异构体。又如下列化合物中，（Ⅰ）和（Ⅱ），（Ⅰ）和（Ⅲ），（Ⅰ）和（Ⅳ）也都是差向异构体。

(Ⅰ)	(Ⅱ)	(Ⅲ)	(Ⅳ)
CHO	CHO	CHO	CHO
H—OH	H—OH	H—OH	HO—H
H—OH	H—OH	HO—H	H—OH
H—OH	HO—H	H—OH	H—OH
CH_2OH	CH_2OH	CH_2OH	CH_2OH

7.6 环状化合物的立体异构

环状化合物的立体化学与其相应的开链化合物类似。环烷烃只要在环上有两个碳原子各连有一个取代基，就有顺反异构现象。如环上有手性碳原子，则还有对映异构现象。例如2-羟甲基环丙烷-1-羧酸有下列四种立体异构体。

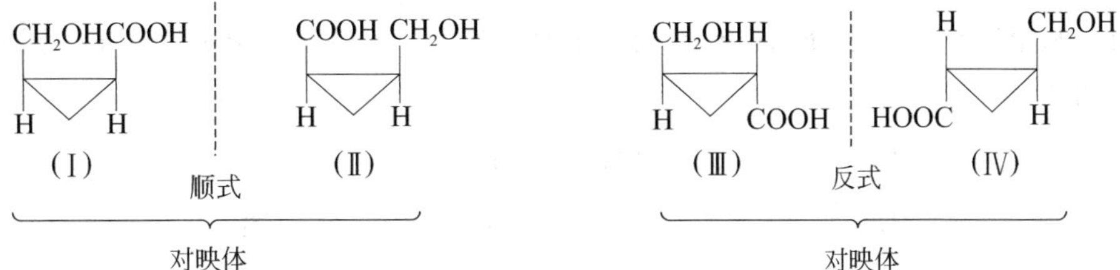

（Ⅰ）和（Ⅱ）是顺式异构体，它们是一对对映体。（Ⅲ）和（Ⅳ）是反式异构体，它们是又一对对映体。顺式和反式是非对映体。

将2-羟甲基环丙烷-1-羧酸氧化成环丙烷二羧酸后，分子中的两个手性碳原子所连基团都是相同的。立体异构体中有一个内消旋体。于是，立体异构体就只有三个了。(Ⅰ)是顺式，(Ⅱ)和(Ⅲ)是反式。(Ⅰ)虽然有两个手性碳原子，但分子中有一个对称面，故是非手性分子，它是一个内消旋体。(Ⅱ)和(Ⅲ)是一对对映体。(Ⅰ)和(Ⅱ)或(Ⅲ)是非对映体。

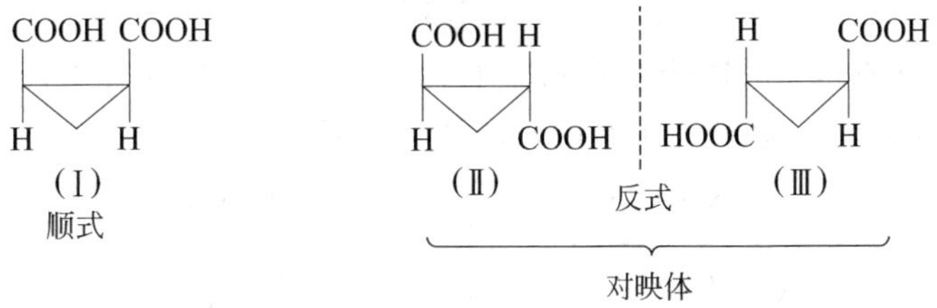

(Ⅰ) 顺式　(Ⅱ) (Ⅲ) 反式 对映体

二元取代环丁烷的立体异构体的数目与取代基的位置有关。例如环丁烷-1,2-二羧酸像环丙烷二羧酸一样，有一个顺式的内消旋体和一对反式的对映体。但是环丁烷-1,3-二羧酸只有顺式和反式两种立体异构体。它们是非对映体，并且都是内消旋体。

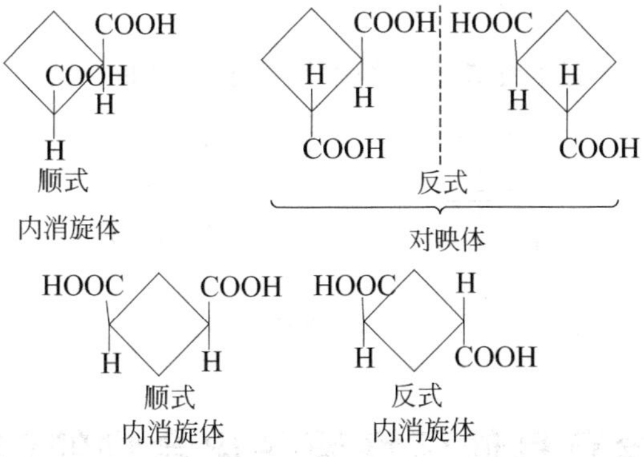

顺式 内消旋体　反式 对映体

顺式 内消旋体　反式 内消旋体

7.7 不含手性碳原子化合物的对映异构

前面讨论的各种手性分子都含有手性碳原子。但在有机化合物中，也有一些手性分子并不含有手性碳原子。这些手性分子都有对映体存在。有些已可拆分成旋光体。

丙二烯分子中的三个碳原子由两个双键相连，这两个双键互相垂直。因此第一个碳原子和它相连的两个氢原子所在的平面，与第三个碳原子和与它相连的两个氢原子所在的平面，正好互相垂直。

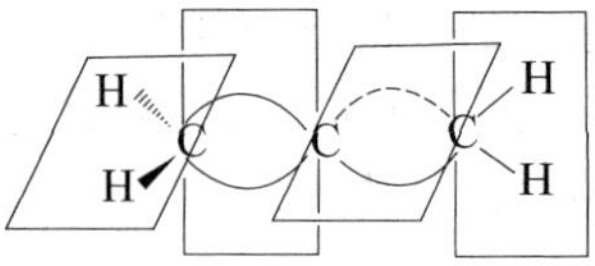

当第一和第三个碳原子分别连有不同基团时，整个分子就是一个手性分子，因而有对映体存在。例如：

对映体

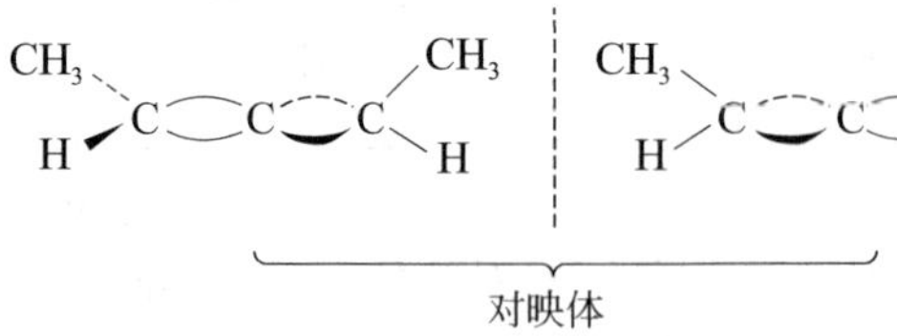

联苯分子中两个苯环通过一个单键相连，当苯环邻位上连有体积较大的取代基时，两个苯环之间单键的自由旋转受到阻碍，致使两个苯环不能处在同一个平面上。

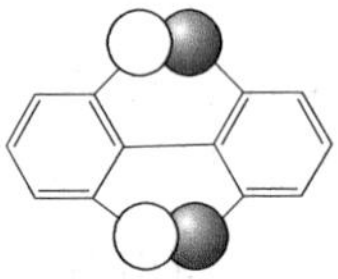

此时，如果两个苯环上的取代基分布不对称，整个分子就具有手性，因而有对映体存在。例如 6,6′-二硝基-2,2′-联苯二甲酸的对映体如下所示：

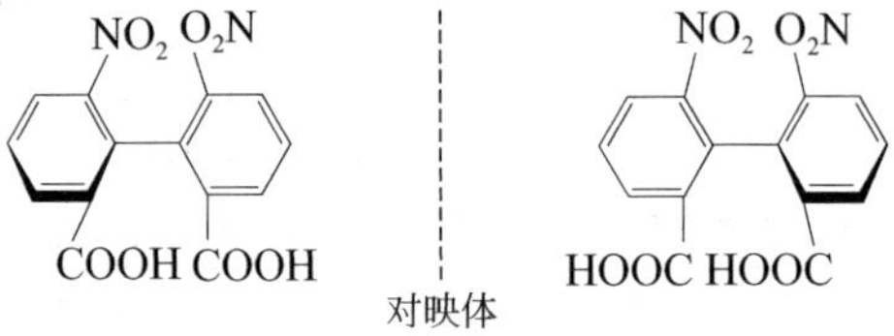

对映体

这一对对映体实际上是构象异构体，它们的互相转换只要通过键的扭转，并不需要对换取代基的空间位置。

反式大环烯烃也是不含有手性碳原子的手性分子。例如，反环辛烯就有一对对映体。

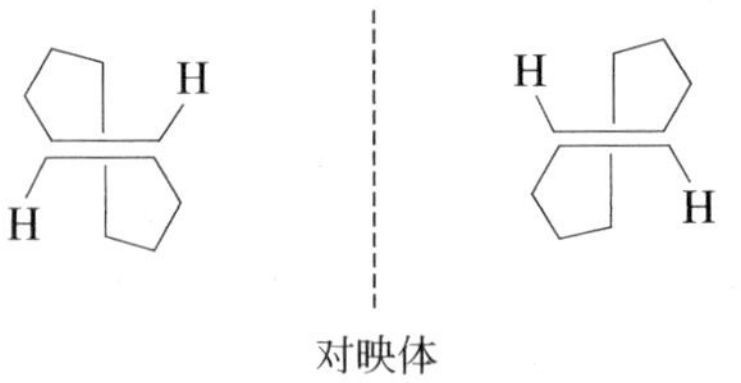

对映体

7.8 含有其他手性原子化合物的对映异构

除碳之外，还有一些元素（如 Si、N、S、P、As 等）的共价化合物也是四面体结构，当这些元素的原子所连基团互不相同时，该原子也是手性原子。含有这些手性原子的分子也可能是手性分子。例如：

$$CH_3CH_2CH_2—Si(CH_2C_6H_5)(CH_3)(CH_2C_6H_4SO_3H)$$

$$[CH_3—N(CH_2C_6H_5)(CH_2CH=CH_2)(C_6H_5)]^+$$

它们都是手性分子，都有对映体存在。

7.9 外消旋体的拆分

外消旋体是由一对对映体等量混合而组成的。对映体除旋光方向相反外，其他物理性质都相同，因此，虽然外消旋体是由两种化合物组成，但用一般的物理方法（例如分馏、分布结晶等）不能把一对对映体分离开来，必须用特殊的方法才能把它们拆开。将外消旋体分离成旋光体的过程通常叫做“拆分”。

拆分的方法很多，一般有下列几种。

① 机械拆分法　利用外消旋体中对映体的结晶形态上的差异，借肉眼直接辨认或通过放大镜辨认，而把两种结晶挑拣分开。此法要求结晶形态有明显的不对称性，且结晶大小适宜。此法比较原始，目前极少应用，只在实验室中少量制备时偶然采用。

② 微生物拆分法　某些微生物或它们所产生的酶，对于对映体中的一种异构体有选择性地分解作用。利用微生物或酶的这种性质可以从外消旋体中把一种旋光体拆分出来。此法的缺点是在分离过程中，外消旋体至少有一半被消耗掉了。

③ 选择吸附拆分法　用某种旋光性物质作为吸附剂，使之选择性地吸附外消旋体中的一种异构体，这样就可以达到拆分的目的。

④ 诱导结晶拆分法　在外消旋体的过饱和溶液中，加入一定量的一种旋光体的纯晶体作为晶体，于是溶液中该种旋光体含量较多，且在晶体的诱导下优先结晶析出。将这种结晶滤出后，则另一种旋光体在滤液中相对较多。再加入外消旋体制成过饱和溶液，于是另一种旋光体优先结晶析出。如此反复进行结晶，就可以把一对对映体完全分开。

⑤ 化学拆分法　这种方法应用最广。其原理是将对映体转变成非对映体，然后用一般方法分离。外消旋体与无旋光性的物质作用并结合后，得到的仍是外消旋体。但若使外消旋体与旋光性物质作用，得到的就是非对映体的混合物了。非对映体具有不同的物理性质，可以用一般的分离方法把它们分开。最后再把分离所得两种衍生物分别变回原来的旋光化合物，即达到了拆分的目的。用来拆分对映体的旋光性物质，通常称为拆分剂。不少拆分剂是由天然产物中分离提取获得的。化学拆分法最适用于酸或碱的外消旋体的拆分。例如，对于酸，拆分的步骤可用通式表示如下：

$$\underbrace{\begin{matrix}(+)\text{-RCOOH}\\(-)\text{-RCOOH}\end{matrix}}_{\text{外消旋体}} + 2(-)\text{-R}'\text{NH}_2 \longrightarrow \underbrace{\begin{matrix}(+)\text{-RCOOH}+(-)\text{-R}'\text{NH}_2\\(-)\text{-RCOOH}+(-)\text{-R}'\text{NH}_2\end{matrix}}_{\text{非对映体混合物}}$$

$$\text{重结晶}\begin{cases}(+)\text{-RCOOH}+(-)\text{-R}'\text{NH}_2 \xrightarrow{\text{HCl}} (+)\text{-RCOOH} + (-)\text{-R}'\text{NH}_2\cdot\text{HCl}\\(-)\text{-RCOOH}+(-)\text{-R}'\text{NH}_2 \xrightarrow{\text{HCl}} (-)\text{-RCOOH} + (-)\text{-R}'\text{NH}_2\cdot\text{HCl}\end{cases}$$

拆分酸时，常用的旋光性碱主要是生物碱，如（－）-奎宁、（－）-马钱子碱、（－）-番木鳖碱等。拆分碱时，常用的旋光性酸是酒石酸、樟脑-β-磺酸等。

拆分既非酸又非碱的外消旋体时，可以设法在分子中引入酸性基团，然后按拆分酸的方法拆分之。也可选用适当的旋光性物质与外消旋体作用形成非对映体的混合物，然后分离。例如拆分醇时可使醇先与丁二酸酐或邻苯二甲酸酐作用生成酸性酯：

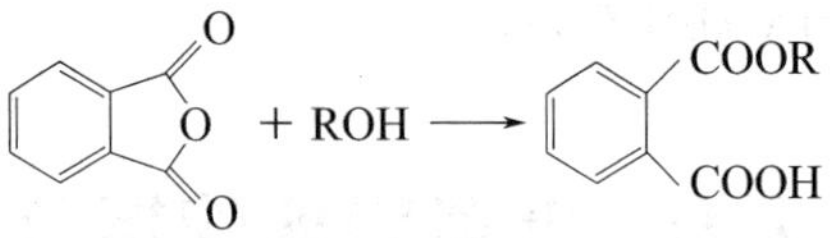

(邻苯二甲酸酐) + ROH ⟶ (邻位 COOR / COOH 取代苯)

再将这种含有羧基的酯与旋光性碱作用生成非对映体后分离。或者使醇与如下的旋光性酰氯作用，形成非对映的酯的混合物，然后分离。

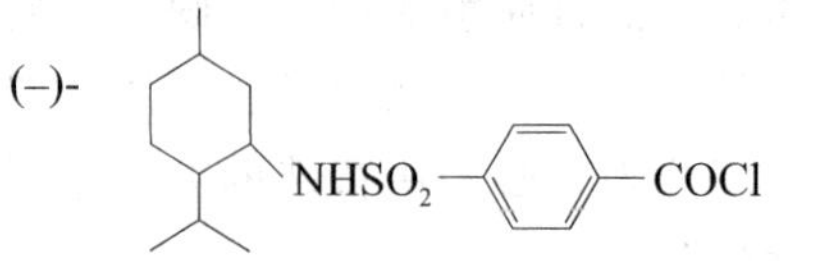

(–)- (薄荷基)$NHSO_2$—(对亚苯基)—COCl

又如拆分醛、酮时，可使醛、酮与如下旋光性的肼作用，然后分离。

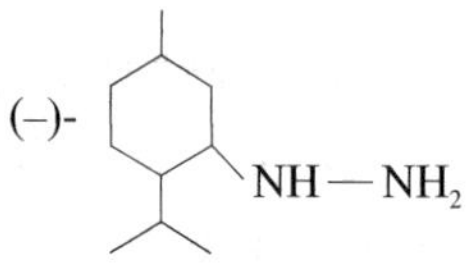

(–)- (薄荷基)NH—NH_2

7.10 手性合成（不对称合成）

通过化学反应可以在非手性分子中形成手性碳原子。例如，由于烷氯化可以生成含有一个手性碳原子的2-氯丁烷，由于丙酮酸还原可以生成一个含有手性碳原子的2-羟基丙酸。

$$CH_3CH_2CH_2CH_3 \xrightarrow[\text{光或热}]{Cl_2} CH_3CH_2\overset{*}{C}H(Cl)CH_3$$

$$CH_3COCOOH \xrightarrow{\text{还原}} CH_3\overset{*}{C}H(OH)COOH$$

2-氯丁烷和2-羟基丙酸都是手性分子，但是反应后得到的产物并不具有旋光性。这是因为手性碳原子有两种构型，在反应过程中生成两种构型的机会是均等的，所以它们的生成量相等。这样，通过反应所得到的就总是对映体的等量混合物——外消旋体，故没有旋光性。总之，由非手性分子合成手性分子时，产物是外消旋体。换句话说，由无旋光性的反应物在一般条件下进行反应不经过拆分不可能得到具有旋光性的物质。但是，若在反应时存在某种手性条件，则新的手性碳原子形成时，两种构型的生存机会不一定相等。这样，最后得到的就可能是有旋光性的物质。但必须指出，由此得到的旋光性物质，并非单纯的一种旋光性化合物，它仍然是对映体的混合物，只不过对映体之一的含量多些而已。这种不经过拆分直接合成出具有旋光性的物质的方法，叫做手性合成或不对称合成。

例如，由α-酮酸直接还原，只能得到外消旋的α-羟基酸。但若将酮酸先与旋光性的醇作用，生成旋光性的酮酸酯后再还原，最后水解，就可以得到有旋光性的羟基酸了。

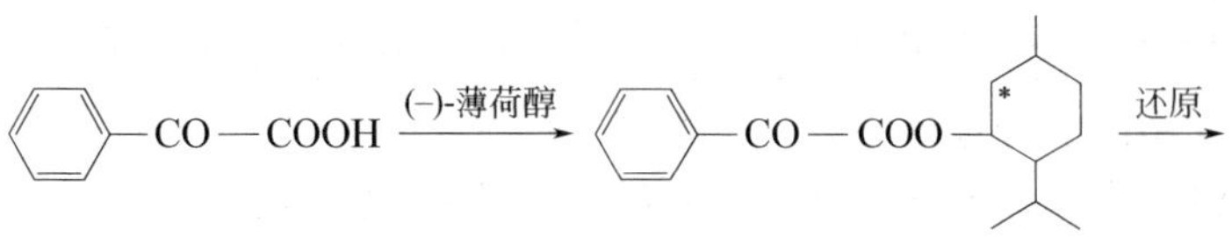

C_6H_5—CO—COOH $\xrightarrow{\text{(–)-薄荷醇}}$ C_6H_5—CO—COO—(薄荷基*) $\xrightarrow{\text{还原}}$

$$\text{C}_6\text{H}_5-\overset{*}{\text{C}}\text{HOHCOO}-\text{(menthyl)}^{*} \xrightarrow{\text{水解}} \text{C}_6\text{H}_5-\text{CHOHCOOH}$$

(有左旋性的混合物)

这是因为，在酮酸分子中引入旋光性基团后，在这手性基团的影响下，酮酸酯的羰基还原成仲醇基时，新的手性碳原子两种构型的生成机会不是均等的。因此还原后再水解所得到的羟基酸也就不是外消旋体，而是左旋体含量多于右旋体的混合物，即产物具有左旋性。

不对称合成的方法很多，除可利用各种手性化学试剂外，也可利用某些微生物或酶的高度选择性来进行不对称合成。在这些手性合成中，虽然起始原料是非手性分子，但合成过程中有手性分子参加反应，故这些手性合成叫做部分手性合成。如果在整个反应过程中没有手性分子参加，例如，只是在某物理因素的影响下进行手性合成，则叫做绝对手性合成。

阅读材料：2001 年诺贝尔化学奖——手性催化氢化反应和手性催化氧化反应

威廉·斯坦迪什·诺尔斯

野依良治

巴里·夏普莱斯

瑞典皇家科学院于 2001 年 10 月 10 日宣布，将 2001 年诺贝尔化学奖奖金的一半授予美国科学家威廉·诺尔斯与日本科学家野依良治，以表彰他们在“手性催化氢化反应”领域所作出的贡献；奖金另一半授予美国科学家巴里·夏普莱斯，以表彰他在“手性催化氧化反应”领域所取得的成就。

威廉·诺尔斯的贡献是，他发现可以使用过渡金属来对手性分子进行氢化反应，以获得具有所需镜像形态的最终产品。他的研究成果很快便转化成工业产品，如治疗帕金森的药 L-DOPA 就是根据诺尔斯的研究成果制造出来的。

Di PAMP

$$\text{C} \;(\text{Me}=\text{CH}_3,\ \text{Ac}=\text{CH}_3\text{CO}) + \text{H}_2 \xrightarrow[100\%]{\text{Rh[DiPAMP] 催化剂}} \text{D}(97.5\%\ ee) \xrightarrow{\text{H}_3\text{O}^+} \text{L-DOPA}\ (S\text{-DOPA})$$

诺尔斯所发展的 L-DOPA 工业合成

（其中化合物 C 作为起始物，不对称氢化所得 D 具有 97.5%的镜像 ee 值，进一步水解得到 L-DOPA）

而野依良治的贡献是进一步完善了用于氢化反应的手性催化剂的工艺。

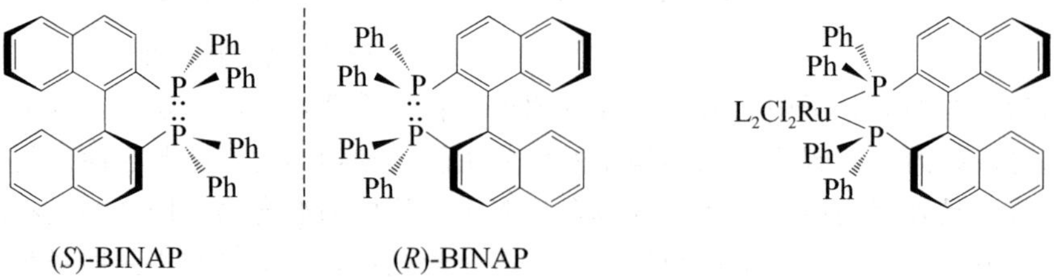

(*S*)-BINAP　　(*R*)-BINAP

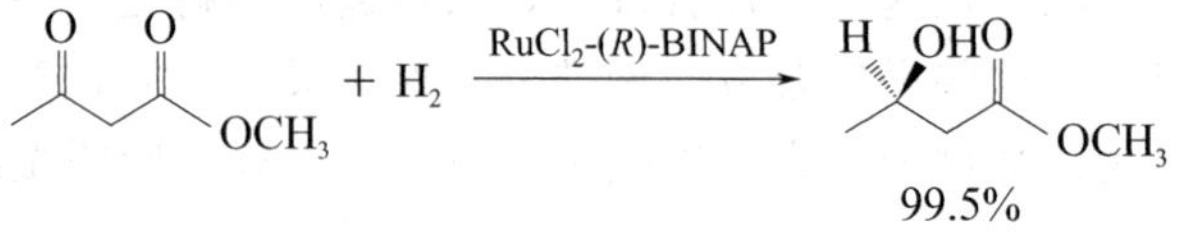

$$\text{CH}_3\text{COCH}_2\text{COOCH}_3 + H_2 \xrightarrow{RuCl_2\text{-}(R)\text{-BINAP}} \text{CH}_3\text{CH(OH)CH}_2\text{COOCH}_3 \quad 99.5\%$$

由野依良治所发展的 BINAP 的两个异构物示于上方，下方所示为一个酮的立体选择性还原，酯官能团并未受到影响。

巴里·夏普莱斯的成果是开发出了用于氧化反应的手性催化剂。

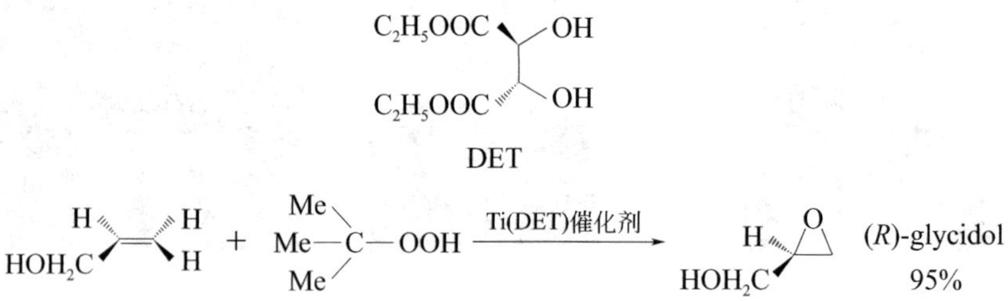

DET

$$\text{HOH}_2\text{C-CH=CH}_2 + (Me)_3\text{C-OOH} \xrightarrow{\text{Ti(DET)催化剂}} (R)\text{-glycidol} \quad 95\%$$

丙烯醇氧化成为环氧化物（*R*）-glycidol，氧化剂是第三丁基过氧化氢搭配催化剂 Ti（DET），真正的催化剂在反应中生成，配位基 DET 是（D）-酒石酸的二乙酯，反应中 Ti 与 DET 配位体、过氧化氢以及双键化合物接在一起，然后不对称环氧化才发生。

许多分子具有两种形态，这两种形态互为镜像，我们可以将这两种形态比喻成人的左手和右手，因此具有这样形态的分子称为“手性分子”或“手征性分子”。在自然状态下，其中一种镜像形态通常居支配地位。但是，手性分子所具有的两种形态，在毒性等方面往往存在很大差别。比如，在人体细胞中，手性分子的一种形态可能对人体合适有用，但另一种却可能有害。

药物中常常含有手性分子，这些手性分子两种镜像形态之间的差别甚至关系到人的生与死，如 20 世纪 60 年代就曾因此造成过沙利度胺（一种孕妇使用的镇静剂，已被禁用）灾难，导致 1.2 万名婴儿的生理缺陷。因此，能够独立地获得手性分子的两种不同镜像形态极为重要。

而 2001 年诺贝尔化学奖三名得主所作出的重要贡献就在于开发出可以催化重要反应的分子，从而能保证只获得手性分子的一种镜像形态。这种催化剂分子本身也是一种手性分子，只需一个这样的催化剂分子，往往就可以产生数百万个具有所需镜像形态的分子。据瑞典皇家科学院评价说，这三位获奖者为合成具有新特性的分子和物质开创了一个全新的研究领域。现在，像抗生素、消炎药和心脏病药物等许多药物，都是根据他们的研究成果制造出来的。

习　题

7-1　下列化合物各有多少种立体异构体？

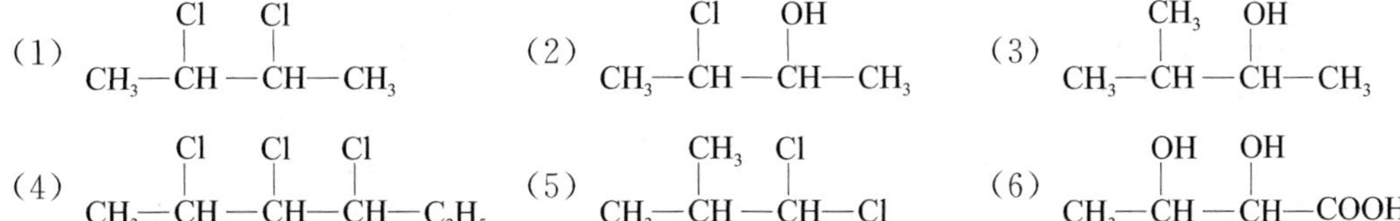

（7）β-溴丙醛　　（8）庚-3,4-二烯　　（9）1,3-二甲基环戊烷

7-2　画出下列分子式的有手性的结构式。

（1）氯代烷（$C_5H_{11}Cl$）　　（2）醇（$C_6H_{14}O$）　　（3）烯（C_6H_{12}）

（4）烷（C_8H_{18}）　　（5）内消旋 2,3-二苯基丁烷

7-3　7.0mg 某信息素溶于 1mL 氯仿中，25℃下在 2cm 长的旋光管中测得旋光度为+0.087°，该化合物的比旋光度为多少？

7-4　下列化合物哪些是手性分子？

（1）Cl, CH_3　（2）CH_3, CH_3, Cl, CH_3　（3）CH_3, CH_3　（4）Cl, CHOHCH$_3$, H, H

（5）

7-5　下列各组化合物哪些是相同的，哪些是对映体，哪些是非对映体？

（1）CH_3, H, Br, H, CH_3, H　和　CH_3, Br, H, H, CH_3, H　（2）Br, CH_3, OH, Br, H, H　和　OH, H, Br, H, CH_3, Br

（3）CH_3, CH_3　和　CH_3, CH_3　（4）Br, H, C_2H_5, Br, H, CH_3　和　C_2H_5, Br, H, CH_3, H, Br

（5）Cl　和　Cl　（6）CH_3, Br, H, C, C, H, Br, CH_3　和(2R,3S)-2,3-二溴丁烷

7-6　命名或写出下列化合物结构式。

（1）CH_3, H, C_2H_5　（2）OHC, H, CH_3, H　（3）H, H, C=C, CH_3, Et, CH_3, H

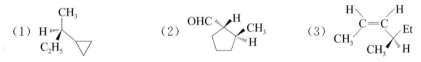

（4）（R）-3-甲基戊炔　（5）（R）-α-溴代乙苯　（6）L-甘油酸

7-7　画出下列化合物的费舍尔投影式，并对每个手性碳原子的构型标以（R）或（S）。

(1) 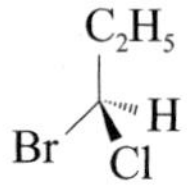 C_2H_5 Br H Cl　　(2) 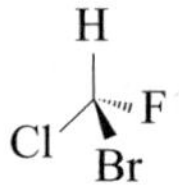 H Cl F Br　　(3) C_2H_5 H D C—C Br CH_3 CH_3

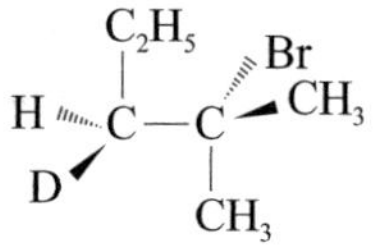

(4) 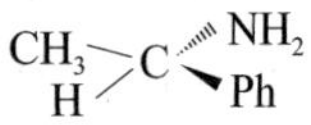 CH_3 H C NH_2 Ph　　(5) 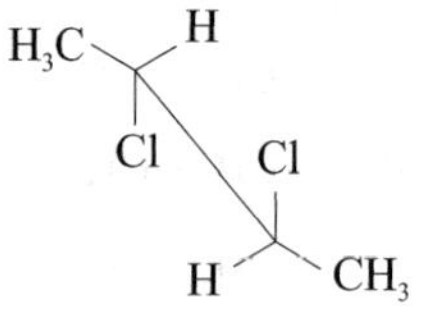 H_3C H Cl Cl H CH_3　　(6) 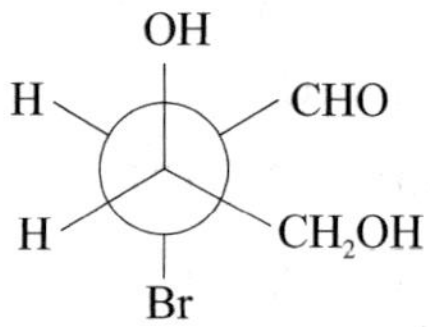 OH H CHO H CH_2OH Br

7-8　用适当的立体式表示下列化合物的结构，并指出其中哪些是内消旋体。

(1)（*R*）-戊-2-醇　　(2)（2*R*，3*R*，4*S*）-2，3-二溴-4-氯己烷

(3)（*S*）-CH_2OH—CHOH—CH_2NH_2　　(4)（2*S*，3*R*）-丁-1，2，3，4-四醇

(5)（*S*）-α-溴代乙烷　　(6)（*R*）-甲基仲丁基醚

7-9　写出3-甲基戊烷进行氯化反应时可能生成一氯代物的费舍尔投影式，指出其中哪些是对映体，哪些是非对映体？

7-10　某醇 $C_5H_{10}O$（A）具有旋光性，催化加氢后生成的醇 $C_5H_{12}O$（B）没有旋光性，试写出（A）、（B）的结构式。

7-11　开链化合物（A）和（B）的分子式都是 C_7H_{14}，它们都有旋光性，且旋光方向相同。分别催化加氢后得到（C），（C）也有旋光性。试推测（A）、（B）、（C）的结构。

7-12　某旋光化合物（A）和 HBr 作用后，得到两种分子式为 $C_7H_{12}Br$ 的异构体（B）和（C），（B）具有旋光性，而（C）无旋光性。（B）和一分子叔丁醇钾作用得到（A）。（C）和一分子叔丁醇钾作用，则得到的是没有旋光性的混合物。（A）和一分子叔丁醇钾作用，得到分子式为 C_7H_{16} 的（D）。（D）经臭氧化再在锌粉作用下水解，得到两分子甲醛和一分子1，3-环戊二酮。试写出（A）、（B）、（C）、（D）的立体结构式及各步反应式。

第8章
卤代烃

知识要点：

本章主要介绍卤代烃的分类、命名、物理性质和化学性质，亲核取代反应机理和消除反应机理，卤代烃的制备方法。重点内容为卤代烃的分类、命名和化学性质，亲核取代反应机理和消除反应机理；难点内容为亲核取代反应机理和消除反应机理。

烃类分子中一个或多个氢原子被卤原子取代后生成的化合物称为卤代烃（halohydrocarbon），可用通式 RX 表示。绝大多数卤代烃是人工合成的产物，自然界中卤代烃的种类不多，已知的天然卤代烃主要存在于海洋生物中。例如，从海兔体内分离得到一种多卤代烯：

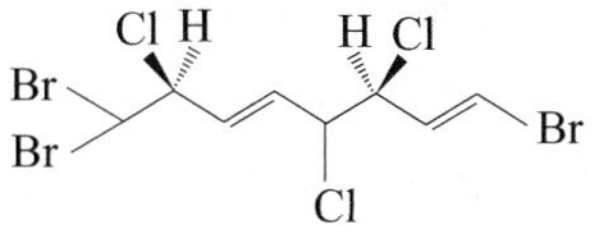

卤代烃有很多独特的性质和作用，如氯霉素、金霉素等具有杀菌作用。

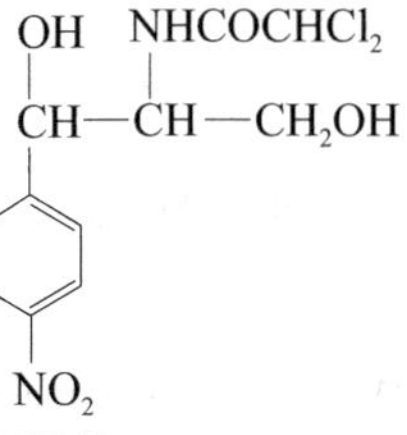

氯霉素 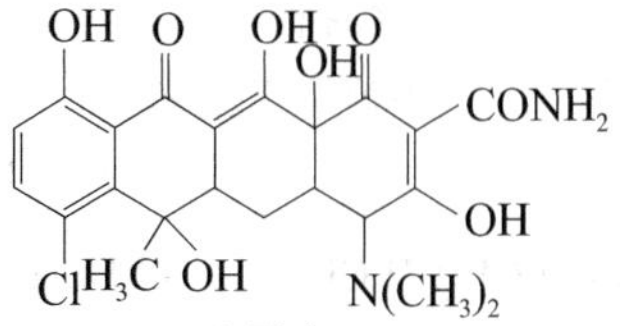　　金霉素

一些多卤代烃，如 DDT 和六六六等都是强力杀虫剂。

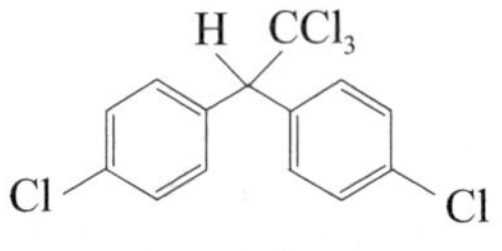

DDT 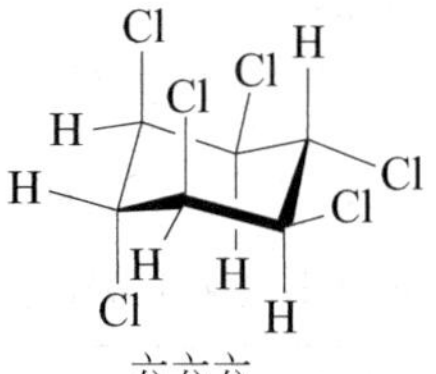　　六六六

几乎所有的卤代烃都具有毒性，长时间吸入会造成肝中毒。但是，很多卤代烃是重要的反应中间体，应用很广，在有机合成中占有重要地位。

8.1 卤代烃的分类和命名

根据分子中卤素的不同，卤代烃可分为氟代烃（RF）、氯代烃（RCl）、溴代烃（RBr）、碘代烃（RI）。由于氟代烃的性质和制备方法比较特殊，通常把它和其他三种卤代烃分开讨论。

根据分子中卤素的数目，卤代烃可分为一卤代烃、二卤代烃和多卤代烃。

根据分子中与卤素原子相连的母体烃的类别，卤代烃又可分为卤代烷烃、卤代烯烃和卤代芳烃等。根据分子中与卤素相连的碳原子的不同类型（伯、仲、叔碳），卤代烃又可分为伯卤代烃（一级卤代烃）、仲卤代烃（二级卤代烃）、叔卤代烃（三级卤代烃）。

RCH_2X	R_2CHX	R_3CX
伯卤代烃	仲卤代烃	叔卤代烃

卤代烃的命名分为普通命名法和系统命名法两种。

简单的卤代烃可用普通命名法命名，一卤代烃可根据与卤原子相连的烃基称为“某某卤”。例如：

$CH_3CH_2CH_2CH_2Br$	C_6H_5—CH_2Br	CH_2═$CHCH_2Cl$
正丁基溴	苄基溴	烯丙基溴

某些卤代烃常使用俗名，例如氯仿（$CHCl_3$）、碘仿（CHI_3）等。

卤代烃系统命名原则是选择含有卤素原子的最长碳链作为主链，把卤素和支链都当作取代基，按照主链上所含的碳原子数目叫做“某烷”，主链上碳原子编号从靠近支链的一端开始；主链上的支链和卤原子根据顺序规则（参见 3.1.2），以“较优”基团排在后面的原则排列，由于卤素优于烷基，所以命名时按烷基、卤素的顺序依次写在烷烃的前面。当有两个或多个相同卤素时，在卤素前冠以二、三等。例如：

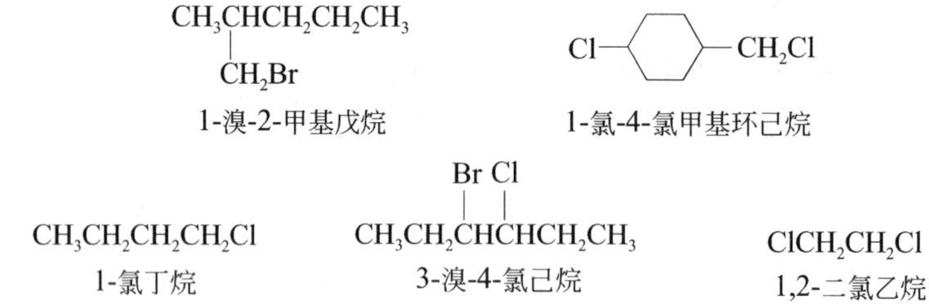

1-溴-2-甲基戊烷　　1-氯-4-氯甲基环己烷

1-氯丁烷　　3-溴-4-氯己烷　　1,2-二氯乙烷

如果含有不饱和键，编号应使不饱和键的位次最低。若有立体构型，应把立体构型写在化合物名称的最前面。例如：

Cl　Br　CH_3　　H　Br

6-溴-3-氯-4-甲基环己-1-烯　　(*S*)-4-溴-5-甲基己-1-炔

> ★ **练习 8-1**　写出下列化合物的结构式。
>
> （1）5-氯-1-环戊基-3,4-二甲基己烷　　（2）*cis*-3,6-二氯环己-1-烯

★ **练习 8-2** 命名下列化合物。

(1)
$$\mathrm{CH_3(H)C{=}C(H)CH_2Br}$$
（CH_3、H 在双键同侧；H、CH_2Br 在双键同侧）

(2)
$$\mathrm{CH_3—C(Br)(H)—C_6H_5}$$
（费歇尔投影式：上 Br，左 CH_3，右 H，下 C_6H_5）

8.2 卤代烃的物理性质

在常温常压下，除四个碳以下的氟代烷、两个碳以下的氯代烷及溴甲烷外，大部分卤代物为液体，十五个碳以上的卤代烷为固体。

卤代烃的沸点不仅随碳原子数的增加而升高，而且随着卤原子数的增加而升高。同一烃基的卤代烷，以碘代烷沸点最高，其次是溴代烷和氯代烷。另外，在卤代烃的同分异构体中，直链异构体的沸点最高，支链越多，沸点越低。

所有卤代烃均不溶于水，但能溶于醇、醚、烃等有机溶剂。一卤代烃的相对密度大于含相同碳原子数的烃，且随着碳原子数的增加而降低。同一烃基的卤代烃的相对密度按 Cl，Br，I 次序升高，一卤代烷的相对密度小于 1，一溴代烷和一碘代烷的相对密度大于 1。

纯净的卤代烃是无色的，但碘代烷易分解产生游离的碘，久放后逐渐变成棕红色。大部分卤代烃蒸气有毒，应防止吸入。卤代烃在铜丝上燃烧能产生绿色火焰，这是鉴定卤素的简便方法。一些卤代烃的物理常数见表 8-1。

表 8-1 一些卤代烃的物理性质

卤代烃的结构式	氯化物		溴化物		碘化物	
	沸点/℃	ρ(20℃)/$g \cdot mL^{-1}$	沸点/℃	ρ(20℃)/$g \cdot mL^{-1}$	沸点/℃	ρ(20℃)/$g \cdot mL^{-1}$
$CH_3—X$	−24		3.6		42	2.279
$CH_3CH_2—X$	12		38	1.440	72	1.933
$CH_3CH_2CH_2—X$	47	0.890	71	1.353	102	1.747
$(CH_3)_2CH—X$	37	0.860	60	1.310	89	1.705
$CH_3(CH_2)_2—X$	78	0.884	102	1.276	130	1.617
$(CH_3)_2CHCH_2—X$	69	0.875	91	1.264	121	1.605
$(CH_3)_3C—X$	51	0.842	73	1.222	100 分解	
$CH_3(CH_2)_4—X$	108	0.883	130	1.223	157	1.517
$CH_3(CH_2)_5—X$	134	0.882	156	1.173	180	1.441
CH_2X_2	40	1.336	99	2.490	180 分解	3.325
CHX_3	61	1.489	151	2.89	升华	4.008
CX_4	77	1.597	189	3.42	升华	4.32

在卤代烃质谱图中，分子离子峰强度随 F、Cl、Br、I 顺序增大，随碳链增长和 α-支链的存在而丰度变小。分子离子峰的同位素峰对推断分子的元素组成有重要作用，氯代物和溴代物有典型的同位素峰，氯的同位素之间比值 $^{35}Cl : {}^{37}Cl = 3 : 1$，溴的同位素之间比值 $^{79}Br : {}^{81}Br = 1 : 1$，在质谱图中很容易判别。

由于卤素电负性较强，使与之直接相连的碳和邻近碳上的质子的屏蔽降低，质子的化学位移向低场移动。卤素的电负性越大，这种影响越强。例如：

$$CH_3—CH_2—CH_2—Cl$$
$$\gamma \qquad \beta \qquad \alpha$$
$$\delta_{H_\alpha}=3.47 \qquad \delta_{H_\beta}=1.81 \qquad \delta_{H\gamma}=1.06$$

	CH_3F	CH_3Cl	CH_3Br	CH_3I	CH_2Cl_2	$CHCl_3$
δ_H	4.26	3.05	2.68	2.16	5.33	7.24

8.3 炔烃的化学性质

卤代烃的许多化学性质是由卤素引起的。在卤代烃分子中，由于卤原子电负性较大，C—Cl 键为极性共价键，卤素带部分负电荷，且随着卤素电负性的增大，C—X 键的极性也增大。此外，C X 键比 C—C 键、C—H 键具有更大的可极化性，具有更强的反应性能。

C—X 键的键能较小，因此，卤代烃的化学性质比较活泼，可以与多种物质反应，生成各类有机化合物，在有机合成中具有重要意义。

8.3.1 亲核取代反应

卤代烃分子中，与卤原子成键的碳原子带部分正电荷，是一个缺电子中心，易受负离子或具有孤对电子的中性分子如 OH^-，RNH_2 的进攻，使 C—X 键发生异裂，卤素以负离子形式离去，称为离去基团（leaving group，简写作 L）；这种类型的反应是由亲核试剂引起的，故又叫亲核取代反应（nucleophilic substitution，简写作 S_N）。其通式为

$$Nu^- + R—X \longrightarrow R—Nu + X^-$$

亲核取代反应中，亲核试剂的一对电子与碳原子形成新的共价键，而离去基团是能够稳定存在的弱碱性分子或离子。

卤代烃可以与很多种亲核试剂，如 RNH_2、OH^-、CN^-、RO^-、X^- 反应，常见的亲核取代反应如下。

（1）水解得醇

伯卤代烷与氢氧化钠的水溶液作用得到相应的醇，该反应也称为水解反应。

$$CH_3X + NaOH \xrightarrow{\triangle} CH_3OH + NaX$$

通常情况下，卤代烃的直接水解（hydrolysis）为可逆反应，而且很慢，为了加快反应速率和使反应进行完全，可将卤代烃和强碱的水溶液共热或用乙醇水溶液来进行水解。

卤代烃与水的反应中，因作溶剂的水同时又是亲核试剂，故这种反应又叫溶剂分解（solvolysis）。

（2）与氰化钠作用得腈

卤代烃与氰化钠在乙醇水溶液中回流，生成腈：

$$RX + NaCN \longrightarrow RCN + NaX$$

通过该反应可得到增加一个碳原子的产物，腈通过水解等方法可转变为含羧基（—COOH）、酰氨基（—$CONH_2$）等官能团的化合物（参见 12.7 节）。

（3）与醇钠作用得醚

伯卤代烃与醇钠在相应醇为溶剂情况下反应可得到相应的醚，该反应称为威廉姆森（Williamson A W）合成法，该反应较适用于伯卤代烃，如用叔卤代烃得到的主要是消除产

物烯烃，如采用仲卤代烃，取代反应产率较低。该反应可用于制备单醚和混合醚（参见9.16.1节）。

$$\underset{\text{卤代烷}}{RX} + \underset{\text{醇钠}}{NaOR'} \longrightarrow \underset{\text{醚}}{ROR'} + NaX$$

（4）与氨作用

氨比水或醇具有更强的亲核性，卤代烃与过量的氨作用可制备伯胺（参见12.2节）。

$$\underset{\text{卤代烷}}{RX} + \underset{\text{氨}}{NH_3} \longrightarrow \underset{\text{胺}}{RNH_2} + HX$$

（5）与硝酸银-乙醇溶液作用

卤代烃与硝酸银-乙醇溶液作用可得到卤化银沉淀和烷基硝酸酯。不同结构的卤代烃的反应活性次序为：叔卤代烷＞仲卤代烷＞伯卤代烷，因此，利用这一反应可鉴别不同结构的卤代烃。

$$\underset{\text{卤代烷}}{RX} + \underset{\text{硝酸银}}{AgNO_3} \longrightarrow \underset{\text{硝酸酯}}{RONO_2} + AgX\downarrow$$

（6）与炔化钠作用

卤代烃与炔化钠反应生成炔烃，此反应可用于由简单的炔烃来制备碳链较长的炔烃。

$$RX + NaC\equiv CR' \longrightarrow R{-}C\equiv C{-}R' + NaX$$

（7）与碘化钠作用

一些不易制备的碘代烷可由氯代烃或溴代烃与碘化钠（钾）在丙酮溶液中反应来得到。

$$RBr + NaI \xrightarrow{\text{丙酮}} RI + NaBr\downarrow$$

★ **练习 8-3** 如何鉴别苄氯、氯苯和氯代环己烷。

8.3.2 消除反应

卤代烃的消除反应和取代反应同样重要，卤代烃和强碱的乙醇溶液在加热条件下反应，会在邻近的碳上消去一分子HX，并形成双键。这种从分子中失去一个简单分子生成不饱和键的反应称为消除反应（elimination reaction，简写作E）。

从卤代烃中脱去一分子或两分子卤化氢是制备烯烃或炔烃的重要方法。

在一卤代烃分子中与卤素直接相连的碳原子称为α-碳原子，再相连的碳原子依次分别称为β-，γ-…碳原子。由卤代烃生成烯烃的反应中，脱去卤原子和β-碳原子上的氢，因此，这种消除又称为β-消除反应。

$$-\underset{H}{\overset{|}{C}}^{\beta}-\underset{X}{\overset{|}{C}}^{\alpha}- + CH_3CH_2ONa \xrightarrow{CH_3CH_2OH} >C=C< + CH_3CH_2OH + NaX$$

卤代烃脱卤化氢的难易与烃基结构有关，叔卤代烃最易脱卤化氢，仲卤代烃次之，伯卤代烃最难。另外，在仲卤代烃和叔卤代烃脱卤化氢时，有可能得到两种不同的产物。例如，2-溴丁烷与氢氧化钾的乙醇溶液反应，生成的烯烃含有81%的丁-2-烯和19%的丁-1-烯，同样，2-溴-2-甲基丁烷和乙醇钠的乙醇溶液反应得到71%的2-甲基丁-2-烯和29%的2-甲基丁-1-烯。

$$\underset{\underset{Br}{|}}{CH_3CH_2CHCH_3} + KOH \xrightarrow{CH_3CH_2OH} \underset{81\%}{CH_3CH{=}CHCH_3} + \underset{19\%}{CH_3CH_2CH{=}CH_2}$$

卤代烃的消除反应常和取代反应同时进行，相互竞争，究竟哪一种反应占优势，则与反应物的结构和反应条件有关。

8.3.3 与金属反应

卤代烃与 Mg、Li、Na 等金属反应生成的一类金属直接与碳原子相连的化合物叫金属有机化合物（organometallic compound）。这类化合物的一个共同性质就是具有很强的亲核性，可以与很多有机化合物发生一些重要的反应，在有机合成领域占有重要地位。

（1）与钠作用

卤代烃可直接与钠反应生成有机钠化合物（RNa），RNa 容易进一步与 RX 反应生成烷烃，此反应称为 Wurtz 反应。

$$RX + 2Na \longrightarrow \underset{\text{烷基钠}}{RNa} + NaX$$

$$RX + RNa \longrightarrow R{-}R + NaX$$

这个反应常用来合成碳原子数比原来的卤代烃碳原子数多一倍的对称烷烃，产率很好。

（2）与镁作用

1900 年，法国化学家格林尼亚[1]（Grignard V）发现卤代烃在无水乙醚或 THF 中与镁屑作用生成烃基卤化镁 RMgX，这一产物常称为格氏试剂。格氏试剂是一种重要试剂，在有机合成中具有广泛的应用。Grignard 因发明该试剂而获得 1912 年度诺贝尔化学奖。

$$RX + Mg \xrightarrow{\text{无水乙醚}} \underset{\text{烷基卤化镁}}{R{-}Mg{-}X}$$

卤代烃与镁的反应活性与卤代烃结构及卤素种类有关，一般而言，RI＞RBr＞RCl＞RF，三级＞二级＞一级。

格氏试剂非常活泼，在制备和保存格氏试剂时，要求严格干燥且隔绝空气。

① 格氏试剂与含活泼氢化合物的反应　遇到含活泼氢化合物就分解为烷烃。例如：

$$R{-}MgX + \begin{array}{l} H{-}OH \\ H{-}OR' \\ H{-}OOCR' \\ H{-}NH_2 \\ H{-}C{\equiv}CR' \end{array} \longrightarrow R{-}H + \begin{array}{l} MgX(OH) \\ MgX(OR') \\ MgX(OOCR') \\ XMg{-}NH_2 \\ XMg{-}C{\equiv}CR' \end{array}$$

由于此类反应是定量完成的，所以在有机分析中，常用一定量的甲基碘化镁（CH_3MgI）和一定数量的含活泼氢的化合物作用，通过反应中生成甲烷的体积，可定量分析活泼氢的含量，称为活泼氢测定法。

② 格氏试剂与其他试剂的作用　格氏试剂与 CO_2、醛、酮等多种试剂作用，生成羧酸、醇等一系列化合物，这是一类极为重要且有价值的合成方法。其中格氏试剂与 CO_2 作用生

---

[1] 格林尼亚（Grignard V，1871-1935）法国化学家。在里昂大学，格林尼亚得到了有机化学家巴比埃的培养，开始研究烷基卤化镁。1901 年他出色地完成了“格氏试剂”的研究论文，获得了里昂大学博士学位。1906 年他被聘为里昂大学教授，1910 年被聘为南希大学教授。在第一次世界大战期间，他主要从事有关光气和芥子气的研制。1912 年，由于格林尼亚在发明“格氏试剂”和“格氏反应”中所做的重大贡献而获得诺贝尔化学奖。

成羧酸的反应常用来制备比卤代烃多一个碳原子的羧酸。

$$RMgX \xrightarrow{CO_2} RCOOMgX \xrightarrow[H_2O]{H^+} RCOOH$$

8.4 亲核取代反应机理

亲核取代反应是卤代烃的一种重要反应，通过这类反应，卤代烃可以转化为多种类型的化合物，在有机合成中具有广泛的应用。1937 年，英国化学家 Ingold C 和 Hughes E D 系统研究了卤代烃反应动力学、立体化学和影响反应的各种因素，提出了亲核取代的反应机理。一种是亲核试剂与碳卤键的断裂同时进行，其反应速率不仅与卤代烃的浓度有关，还与试剂（如碱）的浓度有关，称为双分子亲核取代（S_N2）。另一种过程是反应底物先解离成碳正离子，然后碳正离子再与试剂结合生成产物，其反应速率只与卤代烃的浓度有关，称为单分子亲核取代（S_N1）。

8.4.1 单分子亲核取代

在反应机理的研究中要用到多种实验技术，其中很重要的一种是反应动力学研究，由反应动力学研究得到的数据可以推测反应的本质和过程。例如：

$$(CH_3)_3C—Cl + OH^- \xrightarrow[H_2O]{\text{丙酮}} (CH_3)_3C—OH + Cl^-$$

动力学研究表明，叔丁基氯在碱性丙酮水溶液中水解的速率仅与叔丁基氯的浓度成正比，而与亲核试剂的浓度无关，在动力学上表现为一级反应：

$$v=k[(CH_3)_3CCl]$$

这是由于叔丁基氯在碱性溶液中的水解反应是分两步进行的：第一步是叔丁基氯在溶液中首先经过一个C—Cl键将断未断的能量较高的过渡态，然后解离成叔丁基碳正离子和氯负离子：

$$(CH_3)_3C—Cl \xrightarrow{\text{慢}} \left[(CH_3)_3C\cdots Cl\right]^{\ddagger} \longrightarrow (CH_3)_3C^+ + Cl^-$$

过渡态

第二步是生成的碳正离子迅速与 OH^- 作用生成产物叔丁醇。

$$(CH_3)_3C^+ \xrightarrow{\text{快}} \left[(CH_3)_3C\cdots OH\right]^{\ddagger} \longrightarrow (CH_3)_3C—OH$$

过渡态

在上述反应中，第一步反应是决定整个反应速率的步骤，而这一步的反应速率仅仅与反应底物卤代烃的浓度成正比，所以整个反应的速率只与卤代烃的浓度有关，而与试剂浓度（OH^-）无关。即在决定反应速率的步骤里发生共价键变化的只有叔丁基氯一种分子，所以称为单分子亲核取代反应（unimolecular nucleophilic substitution，简写为 S_N1）。单分子亲核取代反应（S_N1）的通式为

$$R—X \xrightarrow{慢} R^+ + X^- \xrightarrow[:Nu^-]{快} R—Nu$$

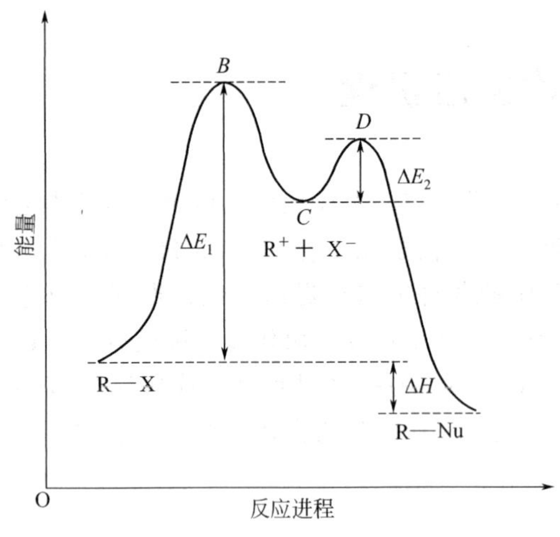

图 8-1　单分子亲核取代反应能量曲线

单分子亲核取代反应过程中能量变化如图 8-1 所示。图中，C—X 键解离需要活化能 ΔE_1，能量最高点 B 对应的是第一过渡态，然后能量降低，C—X 键解离成活性中间体碳正离子，能量位于 C 点。当亲核试剂与碳正离子接触形成新键时需要活化能 ΔE_2，能量点 D 对应的是第二过渡态，然后释放出能量，得到产物。从活化能可以判断反应的难易，$\Delta E_1 > \Delta E_2$，故第一步反应困难，反应速率较小，是决定整个反应速率的一步。

在 S_N1 反应中第一步叔丁基氯首先解离成叔丁基碳正离子，碳正离子是由 sp^3 四面体结构转化为 sp^2 三角形平面结构，带正电荷的碳原子上一个空的 p 轨道，当亲核试剂与碳正离子作用时，从前后两面进攻的机会是相等的：

$$(CH_3)_3C—Cl \longrightarrow (CH_3)_3C^+ \;(OH^-) \longrightarrow HO—C(CH_3)_3 + (CH_3)_3C—OH$$

因此，如果一个卤素连在手性碳原子上的卤代烃发生 S_N1 水解反应，就会得到“构型保持”和“构型转化”几乎等量的两种化合物，即外消旋体。

$$C_6H_5(CH_3)(H)C—Br \xrightarrow[-Br^-]{慢} C_6H_5(CH_3)(H)C^+ \xrightarrow[OH^-]{快} HO—C(H)(C_6H_5)(CH_3) + C_6H_5(H_3C)(H)C—OH$$

(*S*)-α-溴代乙苯　　(*R*)-1-苯基乙醇 51% 构型翻转　　(*S*)-1-苯基乙醇 49% 构型保持

S_N1 反应时还经常观察到重排产物的生成：

$$CH_3—C(CH_3)_2—CH_2Br \xrightarrow{CH_3CH_2OH} \underset{\mathbf{1}}{CH_3—C(CH_3)_2—CH_2OC_2H_5} + \underset{\mathbf{2}}{CH_3—C(CH_3)(OC_2H_5)—CH_2CH_3}$$

产物 **2** 是由反应中生成的伯碳正离子重排为更稳定的叔碳正离子所形成的。

$$CH_3—C(CH_3)_2—{}^+CH_2 \longrightarrow CH_3—\overset{+}{C}(CH_3)—CH_2CH_3 \longrightarrow \mathbf{2}$$

综上所述，S_N1 反应的特点是：反应分两步进行，反应速率只与反应底物的浓度有关，而与亲核试剂无关，反应过程中有活性中间体碳正离子的生成，如果碳正离子连接的三个基团不同，得到的产物基本上是外消旋体。

8.4.2 双分子亲核取代反应

双分子亲核取代反应机理（S_N2）的通式为

$$Nu^- + \overset{\delta^+}{R}-X \longrightarrow \left[\overset{\delta^-}{Nu}\cdots R\cdots\overset{\delta^-}{X}\right]^{\ddagger} \longrightarrow R-Nu + X^-$$

以氯甲烷与氢氧化钠在水溶液中的反应为例加以说明。

$$CH_3-Cl+OH^- \xrightarrow[H_2O]{60℃} CH_3-OH+Cl^-$$

在这个反应中反应速率不仅与卤代烷的浓度成正比，也与碱的浓度成正比，该反应为二级反应，即在该反应中［CH_3Cl］和［OH^-］发生碰撞，反应才能发生，因此该反应为双分子反应，称为双分子亲核取代反应（bimolecular nucleophilic substitution，简写为 S_N2）。

$$\upsilon=k[CH_3Cl][OH^-]$$

S_N2 反应为一步反应过程，进攻氯甲烷中碳原子的 OH^-，在 Cl^- 完全脱离氯甲烷之前就已经与碳原子部分成键，在反应的过渡态中氧原子和氯原子都与碳原子相连，即新键的生成和旧键的断裂是同时进行的：

$$OH^- + H_3C-Cl \longrightarrow [HO\cdots CH_3\cdots Cl] \longrightarrow HO-CH_3 + Cl^-$$

该反应是亲核试剂 OH^- 从离去基团（氯）的后面进攻带正电荷的碳原子，在接近碳原子的过程中，逐渐部分形成 O—C 键，同时 C—Cl 键由于受到 OH^- 的影响而逐渐伸长和变弱，Cl 带一对电子逐渐离开碳原子，与此同时中心碳原子上的三个氢原子由于受到亲核试剂的排斥向 Cl 方向偏转。到达过渡态时，O—C 键部分断裂，亲核试剂、中心碳原子和离去基团处在一条直线上，而三个氢处于垂直于这条直线的平面上，HO 和 Cl 分别在平面的两边；OH^- 继续接近碳原子，Cl^- 继续远离碳原子；最后，OH^- 与中心碳原子形成 O—C 键，C—X 键断裂，碳原子的构型翻转。

氯甲烷碱性水解过程的能量曲线如图 8-2 所示。由图可见，在反应过程中体系的能量不断变化，到达过渡态 B 点时，五个原子同时挤在碳原子的周围，能量到达最高点。

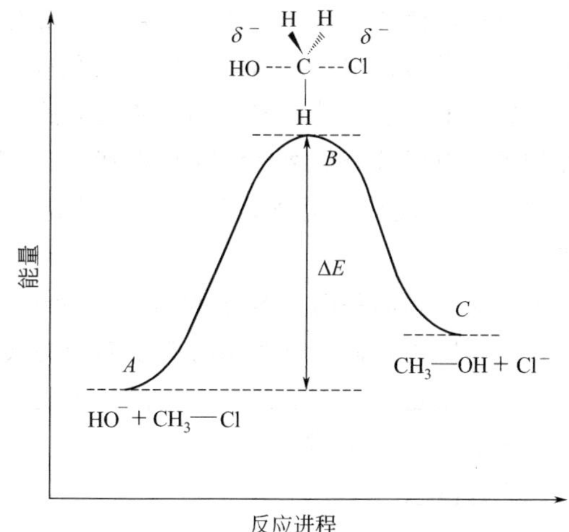

图 8-2 氯甲烷碱性水解反应能量曲线

因为在 S_N2 反应中取代基团从离去基团的背后进攻碳原子，如果卤素连在手性碳原子上的卤代烃发生完全的 S_N2 反应，则得到的产物和原来的底物构型相反，就像伞被吹翻了一样，该过程又称为瓦尔登（Walden P）反转。

$$(S)\text{-}C_6H_{13}CH(CH_3)Br + NaOH \longrightarrow (R)\text{-}C_6H_{13}CH(CH_3)OH + NaBr$$

综上所述，S_N2 反应的特点是：反应速率不仅与反应底物的浓度有关，还与亲核试剂有关；反应中旧键的断裂和新键的形成是同步进行的，共价键的变化发生在两种分子之间，称为双分子亲核取代。S_N2 反应得到的产物通常发生构型翻转。

8.4.3 影响亲核取代反应的因素

为什么 CH_3Cl 发生 S_N2 反应，而 $(CH_3)_3CCl$ 发生 S_N1 反应呢？实验表明，很多因素影响亲核取代反应历程，其中最重要的有底物结构、亲核试剂的浓度和活性、溶剂、离去基团等。

（1）底物结构的影响

选用不同烃基的卤代物在极性很强的甲酸水溶液中进行水解，这些反应是按 S_N1 机理进行的，其相对反应速率为

$$R{-}Br + H_2O \xrightarrow{HCOOH} R{-}OH + HBr$$

	CH_3Br	CH_3CH_2Br	$(CH_3)_2CHBr$	$(CH_3)_3CBr$
相对速率	1.0	1.7	45	10^8

在 S_N1 反应中，生成碳正离子的第一步是决速步骤，因为碳正离子的稳定性 3°＞2°＞1°＞甲基，所以卤代烃进行 S_N1 反应的活性顺序为叔卤代烷＞仲卤代烷＞伯卤代烷＞卤甲烷。

卤代烃在极性较小的丙酮中与碘化钾生成碘代烷的反应都是按照 S_N2 机理进行的，其相对速率为

$$R{-}Br + I^- \xrightarrow{CH_3COCH_3} R{-}I + Br^-$$

	CH_3Br	CH_3CH_2Br	$(CH_3)_2CHBr$	$(CH_3)_3CBr$
相对速率	150	1	0.01	0.001

在 S_N2 反应中，反应是一步完成的，反应速率的快慢取决于反应活化能的大小，即活化过渡态稳定性的大小。亲核试剂要进攻带有离去基团的碳原子，该碳原子周围大的基团会起到很大的阻碍作用，提高了反应的活化能，影响了反应速率。因此，卤代烃的 α-位和 β-位的碳原子上的取代基增多，都会使反应的空间位阻增大，反应速率降低。因此，S_N2 反应活性如下：卤甲烷＞伯卤代烷＞仲卤代烷＞叔卤代烷。卤甲烷 S_N2 反应很快，而叔卤代烷不能进行 S_N2 反应。另外，尽管新戊烷是一级卤代烃，但因 β-位的位阻很大，也非常不活泼。

苄基卤、烯丙基卤在 S_N1 和 S_N2 反应中都很活泼。苄基卤、烯丙基卤在 S_N2 反应中很活泼，这是因为它们在过渡态时有了初步的共轭体系结构，使过渡态的负电荷得到分散，所以过渡态比较稳定，易于到达。烯丙基碳正离子和苄基碳正离子因 p-π 共轭而较易生成，故也有利于 S_N1 反应的进行。

S_N2 过渡态

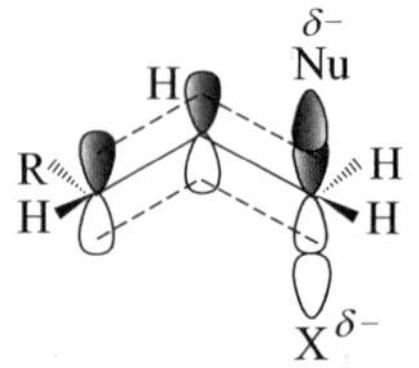

$$RCH{=}CH{-}\overset{+}{C}H_2 \longleftrightarrow R\overset{+}{C}H{-}\underset{H}{C}{=}CH_2$$

S_N1 中间体 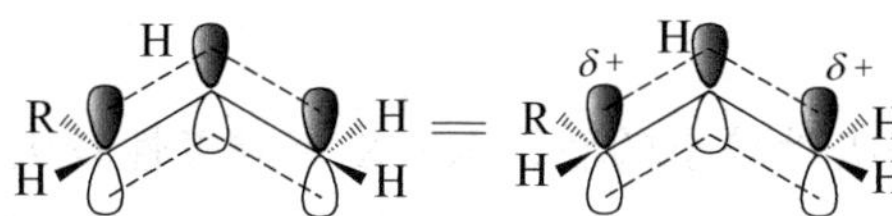

氯苯和氯乙烯在 S_N1 和 S_N2 反应中都不活泼，这是因为在氯苯和氯乙烯中卤素与双键或大 π 键发生 p-π 共轭，电子云分布平均化，C—Cl 键之间电子云密度增大，结合更紧密，具有部分双键特征，键能增高，氯原子难以离去。即使卤素离去以后，氯苯和氯乙烯形成的烯基碳正离子也高度不稳定；而在 S_N2 反应中，双键和苯环排斥亲核试剂从后面进攻带部分正电荷的碳原子，故氯苯和氯乙烯难以发生亲核取代反应。

p-π共轭

$$\text{RHC}{=}\text{CHX} \not\longrightarrow \text{RCH}{=}\overset{+}{\text{C}}\text{H} + \text{X}^-$$

很不稳定

从上述讨论可以看出，卤代烷分子中烃基结构对反应按何种历程进行有很大影响。叔卤代烷易于失去卤原子而形成稳定的碳正离子，所以，它主要按 S_N1 历程进行亲核取代反应；伯卤代烷则反之，主要按 S_N2 历程进行亲核取代反应；仲卤代烷处于二者之间，反应可同时按 S_N1 和 S_N2 两种历程进行。

（2）亲核试剂的浓度和强度

S_N1 反应的决速步骤中没有亲核试剂的参与，故 S_N1 的反应速率不受亲核试剂的影响。在 S_N2 反应中，反应速率随亲核试剂浓度和亲核能力的增加而增加。那么，亲核试剂的亲核性又受哪些因素影响呢？一般来说，亲核试剂的亲核性与它的碱性、可极化性等有关。

① 亲核试剂的亲核性与碱性　亲核性与碱性有关，但它们并不完全相同。试剂的亲核性是指试剂与带正电荷碳原子结合的能力，它是根据试剂对取代反应速率的影响来衡量的；而碱性是用 pK_a 来表示的，它是指试剂与质子或 Lewis 酸结合的能力。一般地，亲核试剂都是 Lewis 碱，碱性强的试剂亲核性也强。当亲核试剂的亲核原子相同时，则其亲核性和碱性是一致的。例如：

$$RO^- > HO^- > RCO_2^- > ROH > H_2O$$

当试剂的亲核原子是周期表中同一周期元素时，则其亲核性也呈对应关系。例如：

$$R_3C^- > R_2N^- > RO^- > F^-$$

② 亲核试剂的亲核性与可极化性　试剂的亲核性除与碱性有关外，还与可极化性有关。卤素原子的碱性强弱顺序为 $F^- > Cl^- > Br^- > I^-$，而在质子性溶剂中，亲核性强弱顺序与碱性正好相反，为 $I^- > Br^- > Cl^- > F^-$。这是由于离子半径小的负离子如 F^-，电荷集中，不易极化，尽管碱性强却很难与碳原子结合；而离子半径大的负离子如 I^-，原子核对核外电子的束缚力较差，容易极化，当碳原子与它靠近时，变形的电子云伸向碳原子，显示出较强的亲核性。即当试剂的亲核原子是周期表中同一族的元素时，从上到下，体积依次增大，亲核性也依次增强。例如：

$$F^- < Cl^- < Br^- < I^-$$

在质子性溶剂中一些常用的亲核试剂的相对亲核性如下：

$$RS^- > CN^- > I^- > NH_3 > OH^- > N_3^- > Br^- > CH_3CO_2^- > Cl^- > H_2O > F^-$$

(3) 溶剂效应

在 S_N1 反应中，由原来极性较小的底物 R—X 变成极性较大的过渡态 R^+ 和 X^-，极性较大的质子溶剂可以与反应中产生的负离子通过氢键溶剂化，这样负电荷分散，使负离子更加稳定，有利于解离反应，从而有利于 S_N1 反应的进行。而在 S_N2 反应中形成过渡态时，由原来极性较大的电荷分离状态变成极性较小的过渡态，极性大的质子溶剂会使亲核试剂被溶剂分子包围，亲核试剂必须脱去溶剂才能与底物接触发生反应，因此不利于 S_N2 反应中过渡态的形成。

非质子极性溶剂，如二甲基亚砜（DMSO）、*N*,*N*-二甲基甲酰胺（DMF）和六甲基磷酰三胺（HMPT）对 S_N2 反应是有利的。它们的偶极负端暴露在外，正极隐蔽在内，因此不会对富电的亲核试剂溶剂化，较少溶剂化的亲核试剂有更强的亲核性，因此 S_N2 反应在这些溶剂中进行比在质子性溶剂中进行要快得多。

$(H_3C)_2S^{\delta+}{=}O^{\delta-}$ DMSO　　$(H_3C)_2N^{\delta+}{-}C(=O^{\delta-}){-}H$ DMF　　$[(CH_3)_2N]_3P^{\delta+}{=}O^{\delta-}$ HMPT

(4) 离去基团的影响

亲核取代反应中离去基团的离去倾向越大，反应越容易进行，反应速率也越快。亲核取代反应决定反应速率的步骤中都涉及 C—X 键的断裂，因此离去基团的离去对 S_N1 和 S_N2 反应都很重要。C—X 键弱，X^- 容易离去，C—X 键强，X^- 不易离去。C—X 键的强弱主要与 X 的电负性即碱性有关。离去基团的碱性越弱，形成的负离子就越稳定，这样的离去基团就是好的离去基团，如 I^-、Br^-、Cl^- 都是弱碱，很稳定，容易离去，所以都是好的离去基团。卤素负离子离去能力的大小次序为 $I^- > Br^- > Cl^-$。而 OH^-、OR^-、NH_2^-、NHR^- 等碱性较强，一般不容易被置换，是差的离去基团。

总之，有利于 S_N1 反应的因素包括能形成稳定的碳正离子的反应底物、弱的亲核试剂及强极性溶剂等。有利于 S_N2 反应的因素包括位阻小的卤代烃、强的亲核试剂及弱极性质子溶剂或极性的非质子溶剂等。在 S_N1 和 S_N2 反应中离去基团的影响相同，离去基团的碱性越弱，离去能力越强，因此 RI 反应最快。另外，烯丙基卤代烃和苄基卤代烃在 S_N1 和 S_N2 反应中都很活泼，而苯基和乙烯基卤代烃都不活泼。

★ **练习 8-4**　比较烯丙基卤代烃和正丙基卤代烃发生 S_N1 或 S_N2 反应的速率大小。

8.5 消除反应机理

卤代烃消除反应也可分为单分子消除反应（E1）和双分子消除反应（E2）两种。

8.5.1 单分子消除反应（E1）

单分子消除反应（unimolecular elimination）是分两步进行的，和 S_N1 相似，卤代烃首先解离为碳正离子，然后 *β*-碳原子和 *α*-碳原子之间形成一个双键。反应机理如下：

$$\text{—}\overset{\text{H}}{\underset{|}{\overset{|}{\text{C}}}}\text{—}\underset{\text{X}}{\underset{|}{\overset{|}{\text{C}}}}\text{—} \xrightarrow[\text{慢}]{-X^-} \overset{\delta+}{}\overset{\text{H}}{\underset{|}{\overset{|}{\text{C}}}}\text{—}\overset{|}{\text{C}^+}\text{—} \xrightarrow[\text{快}]{B:^-} \text{C}=\text{C} + \text{H—B}$$

该反应的第一步为慢反应，决速步骤，第二步为快反应。在决速步骤中，只有一种分子参与反应，即其反应速率取决于卤代烃的浓度，而与碱试剂无关。故该反应称为单分子消除反应，以 E1 表示。

E1 和 S_N1 相似，都是首先形成碳正离子，在第二步中如果亲核试剂或碱进攻 β-氢，则发生消除反应；如果进攻 α-碳原子，则发生亲核取代反应。因此，E1 和 S_N1 常常同时发生，相互竞争，哪种反应占优势，与反应条件、底物结构等有关。

另外，和 S_N1 反应一样，因为 E1 反应的中间体也是碳正离子，故也常有重排产物生成。例如：

$$CH_3-\underset{CH_3}{\overset{CH_3}{C}}-\underset{Br}{CH}-CH_3 \xrightarrow{EtOH} \underset{\mathbf{3}}{CH_3-\overset{CH_3}{C}=\underset{CH_3}{C}-CH_3} + \underset{\mathbf{4}}{CH_2=\overset{CH_3}{C}-\underset{CH_3}{\overset{H}{C}}-CH_3}$$

3,**4** 的生成过程如下：

$$CH_3-\underset{CH_3}{\overset{CH_3}{C}}-\underset{Br}{CH}-CH_3 \xrightarrow{-Br^-} CH_3-\underset{CH_3}{\overset{CH_3}{C}}-\overset{+}{CH}-CH_3 \xrightarrow{-CH_3\text{迁移}} \underset{H}{CH_2}-\overset{CH_3}{\overset{+}{C}}-\underset{CH_3}{\overset{H}{C}}-CH_3$$

$$\longrightarrow \underset{\mathbf{3}}{CH_3-\overset{CH_3}{C}=\underset{CH_3}{C}-CH_3} + \underset{\mathbf{4}}{CH_2=\overset{CH_3}{C}-\underset{CH_3}{\overset{H}{C}}-CH_3}$$

由于碳正离子的形成与发生反应有密切关系，所以通常把重排反应作为 E1 或 S_N1 历程的标志。

8.5.2 双分子消除反应（E2）

双分子消除反应（bimolecular elimination）是指碱性的亲核试剂进攻卤代烃分子中 β-氢原子，使氢原子成为质子和试剂结合而离去，同时分子中的卤原子在溶剂作用下带着一对电子离去，在 β-碳原子和 α-碳原子之间形成双键。例如，溴乙烷和乙醇钠在乙醇溶液中反应，除生成取代产物外还生成消除产物——乙烯。

$$CH_3CH_2O^- + H-CH_2-CH_2-Br \xrightarrow{EtOH} CH_2=CH_2 + Br$$

烯烃的生成速率与溴乙烷和乙醇钠的浓度成正比：

$$\upsilon = k[CH_3CH_2O^-][CH_3CH_2Br]$$

反应机理如下：

$$Z^- + H-\underset{R}{CH}-CH_2-X \longrightarrow \left[Z\text{---}H-\underset{R}{CH}-CH_2\text{---}X\right]^{\ddagger} \longrightarrow R-CH=CH_2 + X^-$$

在上述反应中，新键的形成和旧键的断裂是同时进行的，而且 β-氢与离去基团是反式共平面的。反应速率与反应底物及碱的浓度有关，表明该反应的决速步骤为双分子反应，因此这种类型的反应叫双分子消除反应，以 E2 表示。

从反应机理可以看出 E2 反应的过渡态与 S_N2 相似，亲核试剂或碱如果进攻 β-氢，则消除反应发生；如果进攻 α-碳，则发生亲核取代反应。

8.5.3 影响消除反应历程的因素

（1）反应底物结构的影响

单分子消除反应历程的决速步骤是碳卤键（C—X）断裂，反应的快慢取决于碳正离子的稳定性，所以不同烃基结构的卤代烃发生 E1 反应的活性顺序为叔＞仲＞伯。而在双分子消除反应中，碱性试剂进攻的是 β-氢，与 α-碳原子所连基团数目所引起的空间障碍关系不大，反而因 α-碳上烃基增多而增加了 β-氢的数目，对碱进攻更有利，并且 α-碳上烃基增多对产物烯烃的稳定性也是有利的。所以，E2 反应的活性顺序与 E1 是一致的，即叔＞仲＞伯。同理，伯卤代烷发生消除反应较难，但当伯卤代烷的 β-碳原子上支链增多时，则 E2 消除反应活性也可相应增大。

（2）试剂的影响

对于 E1 反应来说，在反应的决速步骤中没有亲核试剂的参加，故 E1 的反应速率不受试剂的影响。而对 E2 反应来说，反应速率与反应底物及碱试剂的浓度呈正比，因此，增加碱试剂的强度和浓度对 E2 反应有利。

（3）溶剂的影响

一般来说，极性大的溶剂有利于 E1，而不利于 E2，因为极性大的溶剂有利于 E1 过渡态中的电荷集中，而不利于 E2 过渡态的电荷分布。极性小的溶剂，则反之。

8.5.4 消除反应历程的取向

当卤代烃分子中的两个 β-碳原子上都有氢时，消除反应可以有不同的取向，消除反应的择向规律与其反应历程有关。例如，2-溴-2-甲基丁烷的 E1 反应：

$$CH_3CH_2\underset{\displaystyle Br}{\underset{|}{C}}(CH_3)_2 \xrightarrow[\text{慢}]{C_2H_5OH,25℃} \underset{\text{主要产物}}{CH_3CH{=}C(CH_3)_2} + CH_3CH_2\underset{\displaystyle CH_3}{\underset{|}{C}}{=}CH_2$$

在 E1 反应中，生成产物的组成与产物的稳定性有关，烯烃双键上的烷基越多，烯烃越稳定，相应达到过渡态所需的活化能越低，反应速率越快，产物所占的比例也越大，因此卤代烃的消除反应一般遵守 Saytzeff 规则，即脱去含氢较少的碳原子上的 β-氢，生成含取代基较多的烯烃。

卤代烃的 E2 消除反应一般也遵守 Saytzeff 规则，生成取代基较多的烯烃。例如，2-溴丁烷与乙醇钾的 E2 反应。

$$CH_3-\underset{\displaystyle H}{\underset{|}{CH}}-\underset{\displaystyle Br}{\underset{|}{CH}}-\underset{\displaystyle H}{\underset{|}{CH_2}} \xrightarrow{KOC_2H_5} \underbrace{\begin{matrix} CH_3 & & CH_3 \\ & C{=}C & \\ H & & H \end{matrix} + \begin{matrix} CH_3 & & CH_3 \\ & C{=}C & \\ H & & H \end{matrix}}_{4} + \underset{1}{CH_3CH_2CH{=}CH_2}$$

$$4 : 1$$

当卤代烃分子中含有的不饱和键能与新生成的双键形成共轭时，消除反应以形成稳定共轭烯烃为主。例如：

$$CH_2{=}CH{-}\underset{\underset{Br}{|}}{CH}{-}CH_3 \xrightarrow[C_2H_5OH]{NaOH} CH_2{=}CH{-}CH{=}CH_2$$

另外，用体积大的强碱作试剂有利于末端双键的形成，这时 Saytzeff 规则也不再适用。这是因为仲碳原子和叔碳原子上的烷基对体积大的碱接近仲氢和叔氢原子有阻碍作用，因此试剂优先进攻没有位阻的伯氢原子，生成 1-烯烃。

E1 反应是完全没有立体选择性的，生成两种构型的烯烃几乎相等。

在 E2 反应中双键的形成和基团的离去是协同进行的。反应过程中 α-碳原子和 β-碳原子的杂化轨道 sp^3 转换为 sp^2，要使它们之间形成 π 键，必须使新形成的 p 轨道相互平行，即消去的 H 和 X 必须在同一平面上，才能满足逐渐生成的 p 轨道最大限度的重叠。符合此要求的构象只能是对位交叉式和重叠式构象。以交叉式构象进行的消除反应为反式消除，以重叠式构象消除时，进攻的碱试剂与离去基团处于同一侧，对反应不利，所以 E2 消除反应主要采用反式消除。例如：

H Br H CH₃ H H —NaOH/△→ H CH₃

★ **练习 8-5** 写出 C_2H_5OK 的乙醇溶液与下列化合物发生 E2 消除反应的产物。

（1）H H CH₃ H H Br　　（2）CH₃ H H H H Br

8.5.5 消除反应与取代反应的竞争

卤代烃既可以与亲核试剂发生亲核取代反应，又可以与碱发生消除反应，而且亲核试剂和碱都是富电子试剂，亲核试剂具有碱性，碱也具有亲核性。因此，消除反应和取代反应常常同时发生并相互竞争。消除反应和取代反应的竞争主要和反应底物的结构、试剂、溶剂、温度等因素有关。

（1）反应底物结构的影响

没有支链的伯卤代烷与位阻小的强亲核试剂作用，主要发生 S_N2 反应，而如果伯卤代烷 α-碳原子支链增加，对 α-碳原子进攻的位阻增大，则不利于 S_N2，而利于 E2。当伯卤代烷的 β-碳原子上有支链时，也会妨碍试剂从背后进攻 α-碳原子，同样不利于 S_N2 反应，而有利于 E2。例如，一些溴代烃和乙醇钠在乙醇中作用，得到消除产物和取代产物的百分比见表 8-2。

表 8-2　一些溴代烃结构对消除产物和取代产物的影响

溴代烃	温度/℃	S_N2 产率/%	E2 产率/%
CH_3CH_2Br	55	99	1
$(CH_3)_2CHBr$	25	19.7	80.3
$(CH_3)_3CBr$	25	<3	>97

续表

溴代烃	温度/℃	S_N2 产率/%	E2 产率/%
$CH_3CH_2CH_2Br$	55	91	9
$(CH_3)_2CHCH_2Br$	55	40.4	59.6

叔卤代烃在没有强碱存在时，发生 S_N1 和 E1 两种反应；在强碱如 RO^- 存在时，以 E2 反应为主。

仲卤代烃反应情况介于伯卤代烃和叔卤代烃之间，当 β-碳原子上烷基增加时，利于消除反应而不利于亲核取代反应。

总的来说，卤代烃在亲核取代中反应倾向为 $CH_3X > RCH_2X > R_2CHX > R_3CX$，而在消除反应中反应倾向为 $CH_3X < RCH_2X < R_2CHX < R_3CX$。

(2) 试剂的影响

S_N1 和 E1 的反应速率都不受亲核试剂影响

在 S_N2 反应中，反应速率随亲核试剂浓度和亲核能力的增加而增加，而且亲核性强的试剂有利于取代反应，亲核性弱的试剂有利于消除反应；碱性强的试剂有利于消除反应，碱性弱的试剂有利于取代反应。如果试剂碱性加强或碱的浓度增大，消除反应产物增加。例如，RO^- 和 OH^- 都是亲核试剂，也都是碱，但 RO^- 的碱性比 OH^- 强，所以，当伯或仲卤代烷用 NaOH 水解时，得到取代和消除两种产物；而当卤代烷与 NaOH 醇溶液作用时，由于试剂是碱性更强的 RO^-，故主要产物为烯烃。另外，碱的浓度增加，消除产物的量也相应增加。

$$(CH_3)_3C-Br + NaOH \xrightarrow[55℃]{C_2H_5OH} CH_3-\underset{\displaystyle CH_3}{C}=CH_2 + (CH_3)_3C-OC_2H_5$$

OH^-浓度/$mol\cdot L^{-1}$	消除产物产率/%	取代产物产率/%
0	28(E1)	72
0.05	34(E1+E2)	66
2.00	93(E2)	7

另外，试剂分子的大小对反应也有影响，分子体积大的碱如叔丁氧基负离子，它的大位阻阻止了亲核取代，而利于消除反应。例如：

	卤代烃碱试剂	S_N2 产物产率/%	E2 产物产率/%
$CH_3(CH_2)_{15}CH_2CH_2Br$	CH_3O^-	99	1
	$(CH_3)_3CO^-$	15	85

(3) 反应物温度的影响

因为消除反应比取代反应需要断裂的键多，反应的活化能更高，因此高温有利于消除反应。

总之，卤代烃可以发生亲核取代反应，也可以发生消除反应，这些反应可以是双分子的，也可以是单分子的。一般来说，直链的一级卤代烃，很容易发生 S_N2 反应，消除反应很少。β-碳原子上有侧链的一级卤代烃和二级卤代烃，S_N2 反应速率较慢，低极性溶剂和强亲核试剂有利于 S_N2 反应，而低极性溶剂和强碱有利于 E2 反应。叔卤代烷一般不发生 S_N2 反应，在没有强碱存在时主要为 S_N1 和 E1 两种单分子反应的混合物，且低温利于 S_N1；强碱存在（如 RO^-）时，E2 反应为主，且增加碱的浓度，E2 消除产物增加。

8.6 卤代烃的制备

卤代烃的主要制法有两类：一是直接向烃类分子中引入卤原子；二是将分子中其他官能团转化为卤原子。常用的合成方法有以下几种。

8.6.1 烃类的卤化反应

(1) 烷烃和环烷烃的卤化

在光照或加热的条件下，烷烃和环烷烃可以直接和卤素（主要为 Cl_2、Br_2，与 I_2 反应困难）作用，产物通常为一元和多元卤代物的混合物。此法主要用于工业生产，调节原料比例可使其中某一化合物成为主要产物（参见 2.6.4 节）。

烷烃的溴代比氯代困难，碘代反应更难。

(2) α-H 的卤化

烯烃的 α-H 特别活泼，可以发生自由基取代反应，生成 α-卤代烯烃（参见 3.4.6 节）。

$$CH_2{=}CH{-}CH_3 + Cl_2 \xrightarrow[\text{或高温}]{h\nu} CH_2{=}CH{-}CH_2Cl$$

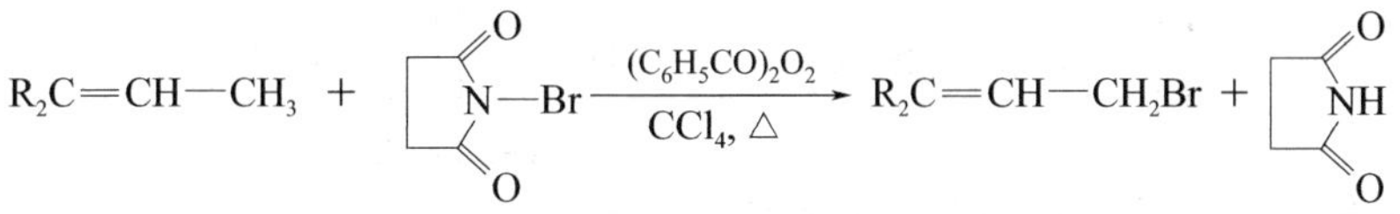

$$R_2C{=}CH{-}CH_3 + \text{NBS (N-溴代丁二酰亚胺)} \xrightarrow[CCl_4,\ \triangle]{(C_6H_5CO)_2O_2} R_2C{=}CH{-}CH_2Br + \text{丁二酰亚胺 (NH)}$$

(3) 芳烃的卤化

在 $FeCl_3$ 或 $AlCl_3$ 等 Lewis 酸的催化下，苯与氯、溴等作用生成苯基氯或苯基溴。需要指出的是用该法合成一卤代苯时，常有邻位和对位二取代物的生成（参见 6.5.1 节）。

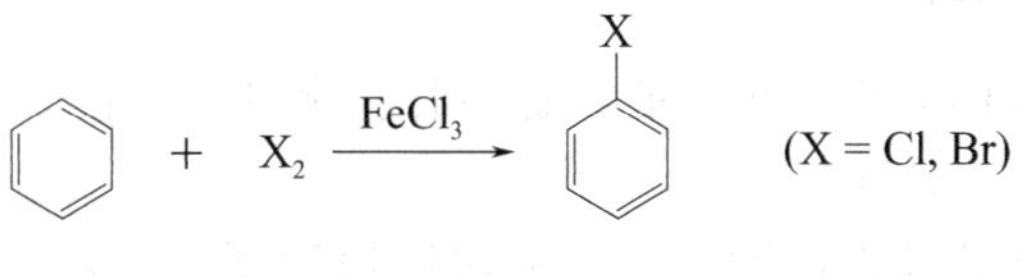

$$C_6H_6 + X_2 \xrightarrow{FeCl_3} C_6H_5X \qquad (X = Cl, Br)$$

8.6.2 由醇制备

醇与氢卤酸反应，分子中羟基被卤原子取代得到相应的卤代烃，这是制备卤代烃的最常用方法，实验室和工业上都可采用。

$$R{-}OH + HCl \rightleftharpoons RCl + H_2O$$

各种醇的反应活性是叔＞仲＞伯。氢卤酸的反应活性是 HI＞HBr＞HCl。伯醇与浓盐酸反应需在无水氯化锌存在下才能进行。除氢卤酸外，其他常用的卤化剂有卤化磷和氯化亚砜等（参见 9.3.2）。

8.6.3 不饱和烃与卤化氢或卤素的加成

不饱和烃与卤化烃或卤素加成得到卤代烃，这也是制备卤代烃的一种常用方法，可用于制备一卤代物和多卤代物（参见 3.4.1 和 4.4.2）。

8.6.4 卤素的置换

卤代烷或溴代烷与 NaI 或 KI 在无水丙酮中共热，生成碘化物。碘化钠能溶于丙酮，而生成的氯化钠和溴化钠不溶，所以碘离子可以取代氯代烷或溴代烷的氯或溴，得到碘代物。

$$RCl + NaI(\text{丙酮溶液}) \longrightarrow RI + NaCl$$

8.7 重要的卤代烃

(1) 三氯甲烷

三氯甲烷（chloroform）的商品名氯仿，为无色有甜味的透明液体，不溶于水，是一种不燃性的有机溶剂。三氯甲烷溶解性很好，纯的三氯甲烷还是一种麻醉剂，但对肝有严重伤害，现已很少使用。

三氯甲烷在光照下能产生剧毒物——光气，故应保存在封闭的棕色瓶中，以防止和空气接触，也可以在三氯甲烷中加入 1%乙醇，乙醇可与光气生成无毒的碳酸二乙酯。

$$2CHCl_3 + O_2 \xrightarrow{h\nu} 2\,\underset{\text{光气}}{Cl_2C{=}O} + 2HCl$$

$$Cl_2C{=}O + 2HOC_2H_5 \longrightarrow \underset{\text{碳酸二乙酯}}{O{=}C(OC_2H_5)_2} + 2HCl$$

工业上三氯甲烷是通过甲烷或四氯化碳还原制取的。

(2) 四氯化碳

四氯化碳（carbon tetrachloride）不燃烧，不导电，且其蒸气比空气重，能阻绝燃烧物与空气的接触，适宜扑灭油类的燃烧和电源附近的火灾。但它在高温下能与水反应，产生毒性极大的光气，现在已经禁用。

四氯化碳是一种良好的有机溶剂，能溶解脂肪、涂料、橡胶等。四氯化碳又是一种干洗剂，但其对肝毒性较大，应慎用。

四氯化碳是甲烷氯化的最终产物，工业上用甲烷和氯混合，在 440℃下制备四氯化碳，产量可达到 96%。此外，也可以通过二硫化碳和氯在 $SbCl_5$ 或 $AlCl_3$ 等催化下制取。

(3) 氯乙烯

氯乙烯（vinyl chloride）是无色液体，由于氯乙烯分子中的双键和氯原子之间存在 p-π 共轭作用，氯乙烯分子中的氯原子不能发生亲核取代反应；它与卤化氢的加成及脱去卤化氢也都比一般烯烃困难。

氯乙烯在少量过氧化物的作用下，能聚合成白色粉状固体高聚物——聚氯乙烯（PVC）。聚氯乙烯化学性质稳定，耐酸、耐碱、不易燃烧、不被空气氧化、不溶于一般溶剂，常用于制备塑料制品、合成纤维、薄膜等，在工业上具有广泛应用。

$$nCH_2{=}CHCl \xrightarrow{\text{过氧化物}} \left[\!-CH_2-\underset{\underset{Cl}{|}}{CH}-\!\right]_n$$

氯乙烯可由乙烯或乙炔来制备。

（4）**氯苯**

氯苯（chlorobenzene）为无色液体，常用做溶剂和有机合成原料。氯苯分子中氯原子与氯乙烯分子中的氯原子很相似，也是不活泼的，一般情况下不发生亲核取代反应。

氯苯可由苯直接氯化来制备。工业上用苯蒸气、空气及氯化氢通过氯化铜催化剂来制备。

（5）**氯化苄**

氯化苄（benzyl chloride）又称苯氯甲烷或苄氯。它是一种催泪性的液体，不溶于水，沸点为179℃。工业上制备氯化苄是在日光或较高温度下把氯气通入沸腾的甲苯中，也可以由苯的氯甲基化来制备。该反应用三聚甲醛-HCl在氯化锌、氯化铝、氯化锡、硫酸等催化剂存在下进行。

$$3\,C_6H_6 + (HCHO)_3 + 3HCl \xrightarrow[60℃]{ZnCl_2} 3\,C_6H_5CH_2Cl + 3H_2O$$

氯化苄容易水解为苯甲醇，是工业上制备苯甲醇的方法之一。氯化苄分子中的氯原子和烯丙基分子中的氯原子地位十分相似，具有较大的活泼性，容易进行S_N1和S_N2反应。苯氯甲烷可发生水解、醇解、氨解等反应，在室温下与硝酸银的乙醇溶液作用立即出现氯化银沉淀。

（6）**多氟代烃**

如果用烃直接氟化制备氟代烃，反应异常剧烈，放出大量热，而使碳碳键断裂。虽然可使用氮气稀释等方法来缓和反应，但直接氟化得到的产物非常复杂。因此氟代烷或多氟代烷常用卤烷和无机氟化物进行置换反应得到。常用的无机氟化物有HF、SbF_5、CoF_3等。

工业上最重要的氟化物是氟氯代烃，其商品名为氟利昂（Freon）。氟利昂是一类甲烷或乙烷含氟、氯、溴的衍生物，大多无臭、无毒、不燃烧，对金属无腐蚀性并有适当的沸点范围。自1930年杜邦公司生产F11、F12以来，各类氟利昂的合成迅速发展，应用十分广泛，可用作制冷剂、气雾剂、发泡剂、清洗剂、灭火剂等。

氟利昂简写作FXXX。F后的第一个阿拉伯数字代表分子中碳原子数减去1，第二个数字等于分子中氢原子数加1，第三个数代表分子中氟原子数，如CCl_2F_2为F12，第一个数字为0，这里不写，故$CHCl_2F$、$CClF_2CCl_2F$、$CClF_2CClF_2$分别表示F21、F113、F114。溴原子用B表示，置于整个名字后面，如$CBrF_3$、$CBrF_2CBrF_2$分别用F13B1和F114B2表示；环状物加C，如全氟环丁烷FC318；异构体用字母a放在数字最后，如CCl_3CF_3为F113a。

氟利昂性质极为稳定，在大气中可长期不发生化学反应，但在大气高空积聚后，可通过一系列光化学降解反应，产生氯自由基而破坏高空的臭氧层。高空臭氧层具有保护地球免受宇宙强烈紫外线侵害的作用。臭氧层被破坏后产生“臭氧空洞”，丧失原来的保护作用，而使地球气候以及整个环境发生巨大变化。因此我国以及许多工业发达国家正在研究氟利昂的替代品，其中很多仍是氟代烷，但分子中不含或少含氯原子F32、F125、F143和F134a，还有一些替代品则是一些不含F和Cl的有机物，如精制石油气和二甲醚、烷烃、氮气、二氧化碳等。但由于受到可燃、有毒、工艺、价格等影响。氟利昂的替代工作是一个十分复杂的工程，需要全世界科学家的共同努力。

聚四氟乙烯$\text{+}CF_2CF_2\text{+}_n$是自1946年开始工业化生产的全氟高分子化合物，具有优良的耐高低温性、优异的耐化学腐蚀性、摩擦系数低及优异的介电性能，这是其他材料不能比拟的，所以聚四氟乙烯有塑料王的称号。

氟橡胶是一种有机氟高分子的弹性体，由于氟原子存在，具有优良的耐高低温、耐腐蚀的性能，主要用于汽车工业，其次是化工、石油、航空、军事等。

阅读材料：保罗·约瑟夫·克鲁岑

保罗·约瑟夫·克鲁岑（Paul Jozef Crutzen，1933—），荷兰大气化学家，于1933年12月3日生于荷兰阿姆斯特丹，1973年获斯德哥尔摩大学气象学博士学位，目前在位于德国美因茨的马克斯·普朗克化学研究所大气化学部工作。由于证明了氮的氧化物会加速平流层中保护地球不受太阳紫外线辐射的臭氧的分解而与莫利纳、罗兰共同获得1995年诺贝尔化学奖，虽然他的研究成果一开始没有被广泛接受，但为以后的其他化学家的大气研究开通了道路。

因为臭氧研究成果的警示，1987年联合国在加拿大蒙特利尔召开了国际会议，签订了“有关臭氧层保护条约的协议书”，有力地推动了人类对大气环境的共同保护。

克鲁岑是以研究臭氧层的破坏机理而闻名的，其研究兴趣为研究“平流层和对流层臭氧在生物地球化学循环和气候中的作用”。他也是核冬天理论的创始人之一。

克鲁岑重点研究平流层和对流层臭氧的自然光化学模式和受到人为破坏的光化学模式。在研究过程中，他还发现生物质燃烧，尤其是干季赤道地区的生物质燃烧，是广泛的大气污染的重要原因，并且可能对地球气候造成影响。克鲁岑还引进了“人类世”的概念，即环境越来越受到人类活动影响的一个新的地质时期。“人类世”的提出不仅是地质学的一个飞跃，更是人类生存与发展哲学的一个飞跃。

习　题

8-1　命名下列化合物，若有构型确定的手性中心，指出其绝对构型。

（1）$CH_2ClCH_2CH_2CH_2Cl$

（2）$CH_2{=}\underset{CH_3}{\overset{Cl}{C}}CHCH{=}CHCH_2Br$

（3）Cl

（4）$CH_3CHBr\overset{CH_2CH_3}{CH}\underset{CH_3}{CH}CH_3$

（5）Br　H_3C

（6）Br　H_3C　SO_3H

（7）$CH(CH_3)CH_2CH_3$　H—|—Cl　CH_3

（8）CH_2CH_3　H　C_6H_5　Br

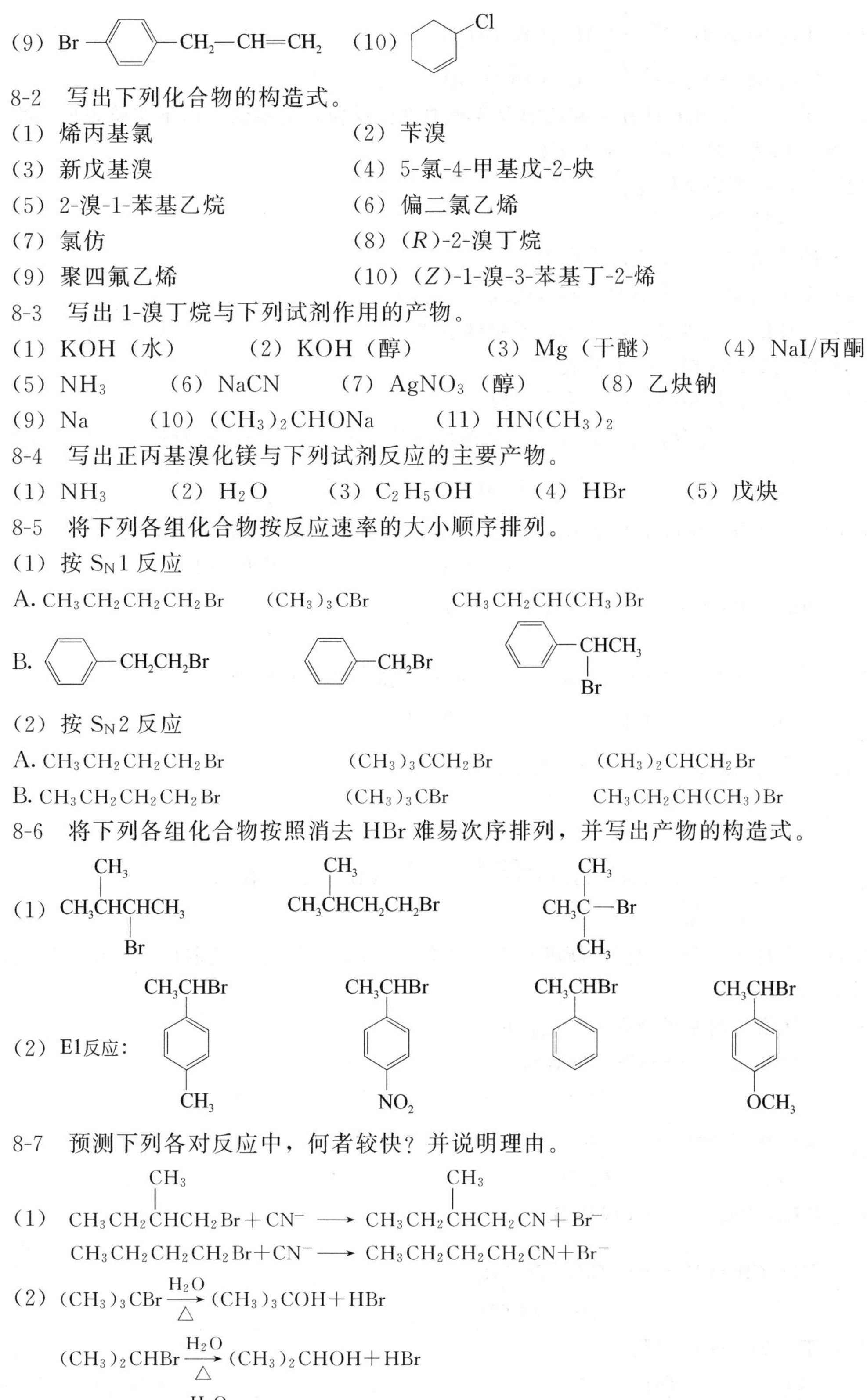

(9) Br—C_6H_4—$CH_2—CH=CH_2$ （10）3-氯环己烯结构式（Cl）

8-2 写出下列化合物的构造式。

（1）烯丙基氯 （2）苄溴

（3）新戊基溴 （4）5-氯-4-甲基戊-2-炔

（5）2-溴-1-苯基乙烷 （6）偏二氯乙烯

（7）氯仿 （8）(*R*)-2-溴丁烷

（9）聚四氟乙烯 （10）(*Z*)-1-溴-3-苯基丁-2-烯

8-3 写出1-溴丁烷与下列试剂作用的产物。

（1）KOH（水） （2）KOH（醇） （3）Mg（干醚） （4）NaI/丙酮

（5）NH_3 （6）NaCN （7）$AgNO_3$（醇） （8）乙炔钠

（9）Na （10）$(CH_3)_2CHONa$ （11）$HN(CH_3)_2$

8-4 写出正丙基溴化镁与下列试剂反应的主要产物。

（1）NH_3 （2）H_2O （3）C_2H_5OH （4）HBr （5）戊炔

8-5 将下列各组化合物按反应速率的大小顺序排列。

（1）按 S_N1 反应

A. $CH_3CH_2CH_2CH_2Br$ $(CH_3)_3CBr$ $CH_3CH_2CH(CH_3)Br$

B. $C_6H_5CH_2CH_2Br$ $C_6H_5CH_2Br$ $C_6H_5CH(Br)CH_3$

（2）按 S_N2 反应

A. $CH_3CH_2CH_2CH_2Br$ $(CH_3)_3CCH_2Br$ $(CH_3)_2CHCH_2Br$

B. $CH_3CH_2CH_2CH_2Br$ $(CH_3)_3CBr$ $CH_3CH_2CH(CH_3)Br$

8-6 将下列各组化合物按照消去 HBr 难易次序排列，并写出产物的构造式。

（1）$CH_3CH(CH_3)CH(Br)CH_3$ $CH_3CH(CH_3)CH_2CH_2Br$ $CH_3C(CH_3)_2Br$

（2）E1反应：CH_3CHBr—C_6H_4—CH_3（对位） CH_3CHBr—C_6H_4—NO_2（对位） CH_3CHBr—C_6H_5 CH_3CHBr—C_6H_4—OCH_3（对位）

8-7 预测下列各对反应中，何者较快？并说明理由。

（1）$CH_3CH_2CH(CH_3)CH_2Br + CN^- \longrightarrow CH_3CH_2CH(CH_3)CH_2CN + Br^-$

$CH_3CH_2CH_2CH_2Br + CN^- \longrightarrow CH_3CH_2CH_2CH_2CN + Br^-$

（2）$(CH_3)_3CBr \xrightarrow[\triangle]{H_2O} (CH_3)_3COH + HBr$

$(CH_3)_2CHBr \xrightarrow[\triangle]{H_2O} (CH_3)_2CHOH + HBr$

（3）$CH_3I + NaOH \xrightarrow{H_2O} CH_3OH + NaI$

$CH_3I + NaSH \xrightarrow{H_2O} CH_3SH + NaI$

(4) $(CH_3)_2CHCH_2Cl \xrightarrow{H_2O} (CH_3)_2CHCH_2OH$

$(CH_3)_2CHCH_2Br \xrightarrow{H_2O} (CH_3)_2CHCH_2OH$

8-8　卤代烷与 NaOH 在水和乙醇混合物中进行反应，观察到了以下实验现象，指出哪些属于 S_N2 历程，哪些属于 S_N1 历程。

(1) 产物构型完全转化。

(2) 有重排产物

(3) 碱浓度增加，反应速率增加

(4) 叔卤代烷反应速率大于仲卤代烷

(5) 增加溶剂的含水量，反应速率明显增加。

(6) 反应部分阶段，一步完成

(7) 试剂亲核性愈强，反应速率愈快

8-9　下列三个化合物与硝酸银的乙醇溶液反应，其反应速率大小顺序如何？为什么？

(1) 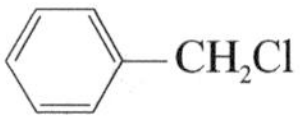 $C_6H_5-CH_2Cl$　　(2) $CH_3CH_2CH_2CH_2Cl$　　(3) 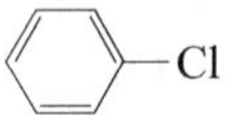 C_6H_5-Cl

8-10　下列各步反应中有无错误（孤立地看）？如有，试指出其错误的地方。

(1) 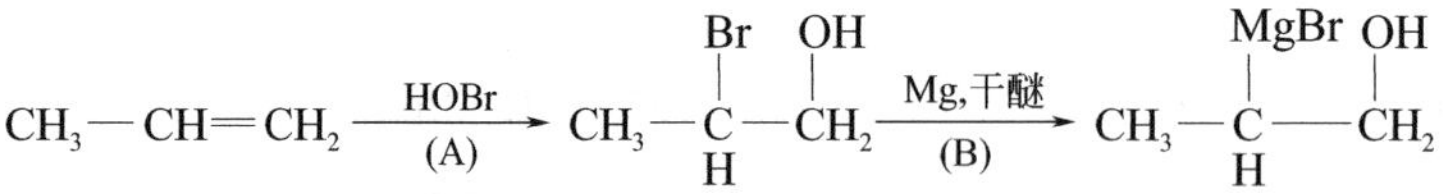 $CH_3-CH=CH_2 \xrightarrow[(A)]{HOBr} CH_3-CH(Br)-CH_2(OH) \xrightarrow[(B)]{Mg,干醚} CH_3-CH(MgBr)-CH_2(OH)$

(2) $CH_2=C(CH_3)_2 + HCl \xrightarrow[(A)]{过氧化物} (CH_3)_3CCl \xrightarrow[(B)]{NaCN} (CH_3)_3CCN$

(3) 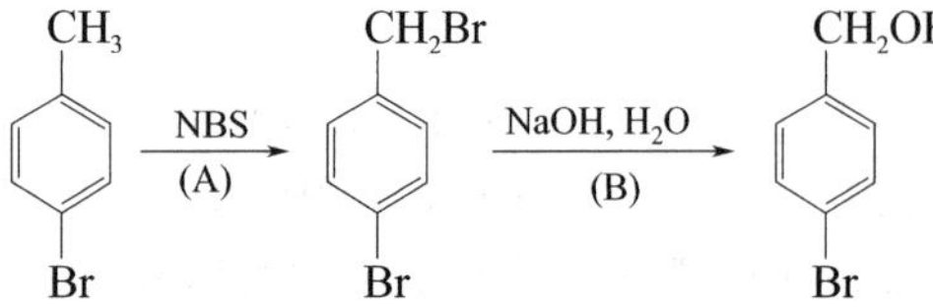 $p\text{-}Br-C_6H_4-CH_3 \xrightarrow[(A)]{NBS} p\text{-}Br-C_6H_4-CH_2Br \xrightarrow[(B)]{NaOH,\ H_2O} p\text{-}Br-C_6H_4-CH_2OH$

(4) (环戊烯-1-基)$-CH_2-CH(Br)-CH_2-CH_3 \xrightarrow{KOH,\ 醇}$ (环戊烯-1-基)$-CH_2-CH=CH-CH_3$

8-11　不管反应条件如何，新戊基卤［$(CH_3)_3CCH_2X$］在亲核取代反应中，反应速率都很小，为什么？

8-12　从指定的原料合成下列化合物。

(1) 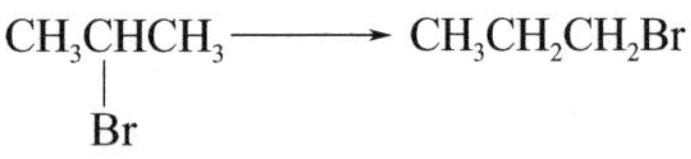 $CH_3CH(Br)CH_3 \longrightarrow CH_3CH_2CH_2Br$

(2)  $CH_3CH(Br)CH_3 \longrightarrow CH_2(Cl)CH(Cl)CH_2(Cl)$

(3) $CH_2ClCH_2Cl \longrightarrow Cl_2CHCH_3$

(4) 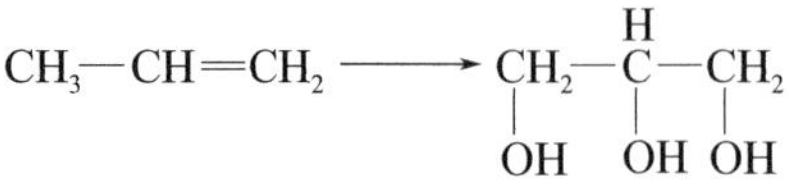 $CH_3-CH=CH_2 \longrightarrow CH_2(OH)-CH(OH)-CH_2(OH)$

(5) 丁二烯⟶己二腈

(6) 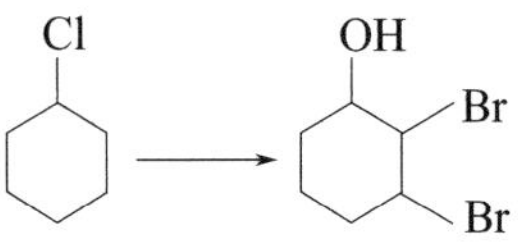 氯代环己烷 ⟶ 2,3-二溴环己醇

(7) [toluene $\longrightarrow$ 2-bromo-4-nitrobenzyl alcohol: benzene ring with CH_3 → benzene ring with CH_2OH, Br, NO_2]

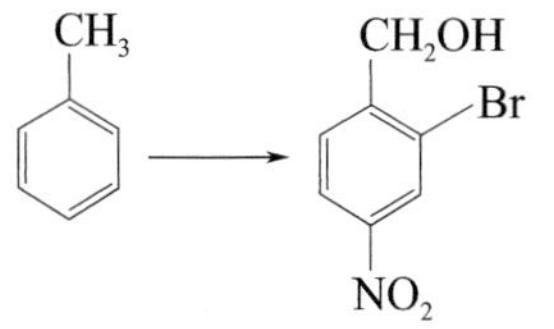

(8) 1-溴丙烷⟶己-2-炔

8-13 用化学方法区别下列化合物。

(1) 丙烯基氯、烯丙基氯、1-氯代丙烷　　(2) 苄氯、氯苯、氯代环己烷

(3) 1-氯戊烷、2-溴丁烷、1-碘丙烷

8-14 某烃 A，分子式为 C_5H_{10}，它与溴水不反应，在紫外线照射下与溴作用只得到一种产物 B（C_5H_9Br）。将化合物 B 与 KOH 的醇溶液作用得到 C（C_5H_8），化合物 C 经臭氧化并在 Zn 粉存在下水解得到戊二醛。写出化合物 A 的构造式及各步反应方程式。

8-15 某开链烃 A 的分子式为 C_6H_{12}，具有旋光性，加氢后生成相应的饱和烃 B。A 与溴化氢反应生成 $C_6H_{13}Br$。试写出 A、B 可能的构造式和各步反应式，并指出 B 有无旋光性。

8-16 化合物 A 的分子式为 C_3H_7Br，A 与氢氧化钾（KOH）醇溶液作用生成 B（C_3H_6），用高锰酸钾氧化 B 得到 CH_3COOH、CO_2 和 H_2O，B 与 HBr 作用得到 A 的异构体 C。写出 A、B、C 的结构式及各步反应式。

8-17 化合物 A 具有旋光性，能与 Br_2/CCl_4 反应，生成三溴化物 B，B 亦具有旋光性；A 在热碱的醇溶液中反应生成化合物 C；C 也能使 Br_2/CCl_4 褪色，经测定 C 无旋光性；C 与丙烯醛反应可生成 4-环己烯基甲醛。试写出 A、B、C 的结构式。

第9章

醇、酚和醚

知识要点：

本章主要介绍醇、酚、醚的分类、命名、结构和理化性质，醇、酚、醚的制备方法，环醚的性质。重点内容为醇、酚、醚的分类、命名、结构和理化性质；难点内容为醇、酚、醚的化学性质。

醇、酚和醚都是烃的含氧衍生物。醇一般可看做是烃分子中的氢原子被羟基（—OH）取代的化合物，羟基是醇的官能团。芳香烃苯环上的氢原子被羟基取代的化合物称为酚，酚的官能团也是羟基。醚是醇或酚的衍生物，它可看做是醇或酚羟基上的氢被烃基取代的化合物。

硫和氧同属于周期表中第ⅥA族，因此，含硫有机化合物与含氧有机化合物有一些相似的性质，所以也把硫醇和硫醚放在本章中一并讨论。

9.1 醇的结构、分类和命名

9.1.1 醇的结构

醇分子中的氧原子采取不等性 sp^3 杂化，O—H 键是氧原子以一个 sp^3 杂化轨道与氢原子的 1s 轨道相互重叠成键的，C—O 键是氧原子的另一个 sp^3 杂化轨道与碳原子的一个 sp^3 杂化轨道相互重叠而成的，此外，氧原子还有两对孤对电子分别占据其他两个 sp^3 杂化轨道，具有四面体结构。图 9-1是甲醇分子的结构示意图。

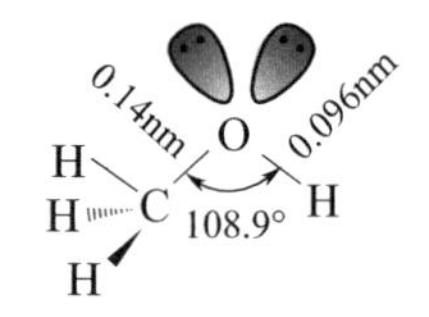

图 9-1 甲醇分子的结构

由于氧的电负性大于碳，醇分子中的 C—O 键是极性键，故醇是极性分子。醇的偶极矩约为 6.67×10^{-30} C·m。

当—OH 与 sp^2 杂化的碳相连时则形成烯醇（enols），烯醇极不稳定，很容易异构化为酮式。

$$-\overset{|}{C}=\overset{|}{C}-\underset{H}{\underset{|}{O}} \longrightarrow -\overset{|}{\underset{H}{\underset{|}{C}}}-\overset{|}{C}=O$$

当碳原子上同时连有两个—OH，或同时连有—OH 和—X 时，其化合物不稳定，很容易失去一个小分子转化为羰基化合物。

$$\mathrm{HO{-}\underset{|}{\overset{|}{C}}{-}OH \xrightarrow{-H_2O} {-}\underset{|}{C}{=}O}$$

$$\mathrm{X{-}\underset{|}{\overset{|}{C}}{-}OH \xrightarrow{-HX} {-}\underset{|}{C}{=}O}$$

9.1.2 醇的分类

醇可以根据羟基所连的烃基不同分为脂肪醇、脂环醇和芳香醇；根据羟基所连烃基的饱和程度，又可把醇分为饱和醇和不饱和醇。例如：

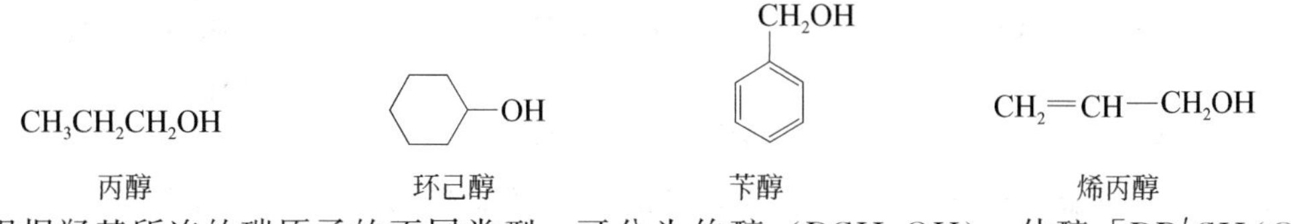

丙醇　环己醇　苄醇　烯丙醇

根据羟基所连的碳原子的不同类型，可分为伯醇（RCH_2OH）、仲醇［$RR'CH(OH)$］和叔醇（$RR'R''COH$）；根据醇分子中所含的羟基数目的不同，可分为一元醇和多元醇。

9.1.3 醇的命名

醇的命名有普通命名法和系统命名法。

（1）普通命名法

低级的一元醇可按烃基的传统命名法后加醇字来命名，有时也可把其他醇看做是甲醇的烷基衍生物来命名。例如，丁醇的四种构造异构体的习惯命名如下：

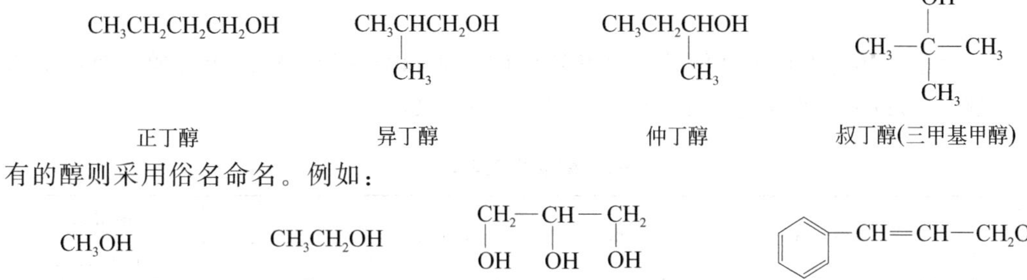

正丁醇　异丁醇　仲丁醇　叔丁醇(三甲基甲醇)

有的醇则采用俗名命名。例如：

CH_3OH　CH_3CH_2OH　$CH_2(OH){-}CH(OH){-}CH_2(OH)$　$C_6H_5{-}CH{=}CH{-}CH_2OH$

木醇(甲醇)　酒精(乙醇)　甘油(丙三醇)　肉桂醇(3-苯基烯丙醇)

（2）系统命名法

对于结构复杂的醇，则采用系统命名法，其原则如下。

① 选择连有羟基的碳原子在内的最长碳链为主链，按主链的碳原子数称为“某醇”。

② 从靠近羟基的一端将主链的碳原子依次用阿拉伯数字编号，使羟基所连的碳原子的位次尽可能小。

③ 命名时把取代基的位次、名称写在母体名称“某醇”的前面，羟基的位次写在“某”与“醇”之间，并在位次前后用“-”相连。例如：

2-甲基戊-3-醇　3-碘甲基-2-异丙基戊-1-醇

④ 含有不饱和键的醇命名时应选择连有羟基最长的碳链做主链，不饱和键作为取代基（根据 IUPAC—2013 建议在链状烃时主链的选择取决于链长，而不是不饱和度），从靠近羟基的一端开始编号。例如：

$$\underset{\displaystyle CH{=}CH_2}{CH_3CH_2CH_2\overset{}{C}HCH_2CH_2CH_2OH}$$

4-甲亚基庚-1-醇　　　环己-2-烯-1-醇

⑤ 命名芳香醇时，可将芳基作为取代基加以命名。例如：

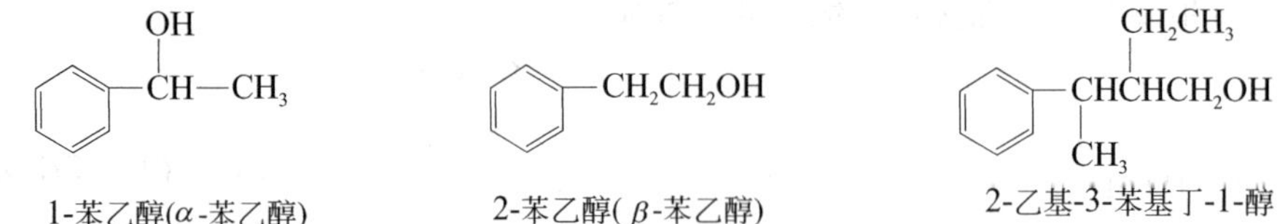

1-苯乙醇(α-苯乙醇)　　2-苯乙醇(β-苯乙醇)　　2-乙基-3-苯基丁-1-醇

⑥ 多元醇的命名应选择包括尽可能多的羟基的碳链做主链，依羟基的数目称二醇（diol）、三醇（triol）等，并在名称前面标上羟基的位次。因羟基是连在不同的碳原子上，所以当羟基数目与主链的碳原子数目相同时，可不标明羟基的位次。例如：

$$\underset{OH\quad OH}{CH_2{-}CH_2}\qquad \underset{OH\quad\ OH\quad\ OH}{CH_2{-}CH{-}CH_2}\qquad \underset{OH\quad OH}{CH_2{-}CH{-}CH_3}\qquad \underset{OH\qquad\qquad OH}{CH_2{-}CH_2{-}CH_2}$$

乙二醇　　丙三醇(甘油)　　丙-1,2-二醇　　丙-1,3-二醇

9.2 醇的物理性质

低级一元饱和醇为无色中性液体，具有特殊的气味和辛辣味，较高级的醇为黏稠的液体，高级醇（C_{12}以上）为无色无味的蜡状固体（见表 9-1）。

表 9-1　醇的物理常数

名称	结构式	熔点/℃	沸点/℃	相对密度(d_4^{20})	溶解度/g·(100g H_2O)$^{-1}$
甲醇	CH_3OH	−97	64.7	0.792	∞
乙醇	CH_3CH_2OH	−114	78.3	0.789	∞
丙醇	$CH_3CH_2CH_2OH$	−126	97.2	0.804	∞
异丙醇	$(CH_3)_2CHOH$	−88	82.3	0.786	∞
丁醇	$CH_3CH_2CH_2CH_2OH$	−90	117.7	0.810	7.90
异丁醇	$CH_3CH(CH_3)CH_2OH$	−108	108.0	0.802	10.0
仲丁醇	$CH_3CH_2CH(OH)CH_3$	−114	99.5	0.808	12.5
叔丁醇	$(CH_3)_3COH$	25	82.5	0.789	∞
戊醇	$CH_3(CH_2)_3CH_2OH$	−78.5	138	0.817	2.4
己醇	$CH_3(CH_2)_4CH_2OH$	−52	156.5	0.819	0.6
庚醇	$CH_3(CH_2)_5CH_2OH$	−34	176	0.822	0.2
辛醇	$CH_3(CH_2)_6CH_2OH$	−15	195	0.825	0.05
壬醇	$CH_3(CH_2)_7CH_2OH$	−5	212	0.827	
癸醇	$CH_3(CH_2)_8CH_2OH$	6	228	0.829	
十二醇	$CH_3(CH_2)_{10}CH_2OH$	24	259	0.831(熔点时)	
烯丙醇	$CH_2{=}CHCH_2OH$	−129	97	0.855	∞

续表

名称	结构式	熔点/℃	沸点/℃	相对密度(d_4^{20})	溶解度 /g·(100g H_2O)$^{-1}$
环己醇	—OH	24	161.5	0.962	3.6
苯甲醇	—CH_2OH	−15	205	1.046	4
乙-1,2-二醇	CH_2OHCH_2OH	−16	197	1.113	∞
丙-1,2-二醇	$CH_3CHOHCH_2OH$	−59.5	187	1.040	∞
丙-1,3-二醇	$CH_2OHCH_2CH_2OH$		215	1.060	∞
丙三醇	$CH_2OHCHOHCH_2OH$	18	290	1.261	∞
季戊四醇	$C(CH_2OH)_4$	260	276 (3999.6Pa)	1.05	

由于低级醇分子与水分子之间可以形成氢键（见图 9-2），使得低级醇能与水无限混溶，四个碳到十一个碳的醇是油状液体，部分溶于水。随着分子量的增大，烃基部分比重增大，使醇中羟基与水形成氢键的能力下降，溶解度也随之下降。

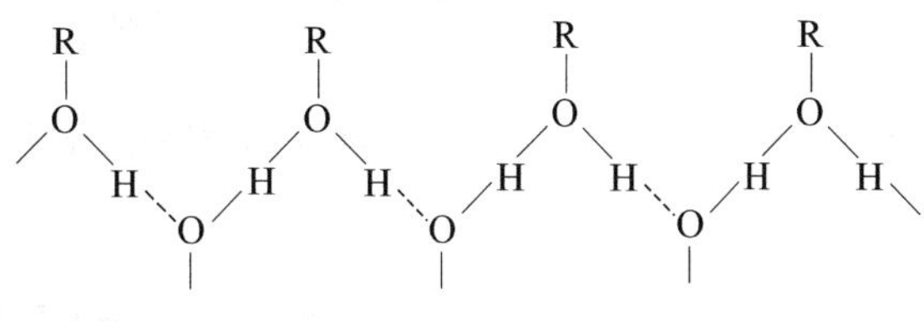

图 9-2　醇和水分子间氢键

直链饱和一元醇的熔点和密度除甲醇、乙醇、丙醇外，其余醇均随分子量的增加而升高，且相对密度比水小，比烷烃大。醇的沸点比相应的烃的沸点高得多，这是由于醇分子间有氢键，使液态醇汽化时，不仅要破坏醇分子间的范德华力，而且还需额外的能量破坏氢键。多元醇分子中含有两个以上的羟基，可以形成更多的氢键，沸点更高（见图 9-3）。

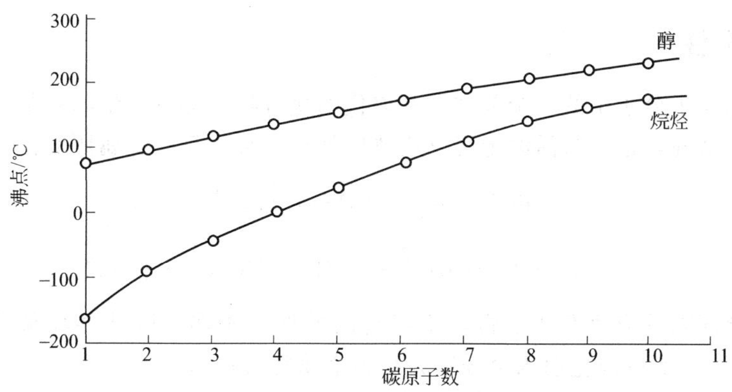

图 9-3　直链伯醇和直链烷烃的沸点比较

低级醇与无机盐如 $CaCl_2$、$MgCl_2$、$CuSO_4$ 等能形成结晶的分子化合物，这些结晶醇叫醇化物。例如 $MgCl_2·6CH_3OH$、$CaCl_2·4CH_3CH_2OH$。结晶醇能溶于水，不溶于有机溶剂。因此，醇类产品不能用这些无机盐干燥。但也可以根据这一性质将醇与其他有机物分开或除去醇类杂质，如乙醚中含少量乙醇，可以加入 $CaCl_2$ 使醇从乙醚中沉淀出来。

醇的质谱中分子离子峰峰强度很小，出现 M^+-18 特征峰。

醇的红外光谱在 3650～3590cm^{-1}区域有典型的 O—H 键伸缩振动峰，氢键缔合的羟基在 3520～3100cm^{-1}区域有 O—H 键伸缩振动峰。从图 9-4 可以看到氢键缔合的羟基吸收峰（3333cm^{-1}）。

活泼氢的化学位移与溶剂、温度、浓度和氢键都有很大关系，因而在一个比较宽的范围内变化，δ 值一般在 0.5～5.5 范围内。加入重水后，羟基峰消失。

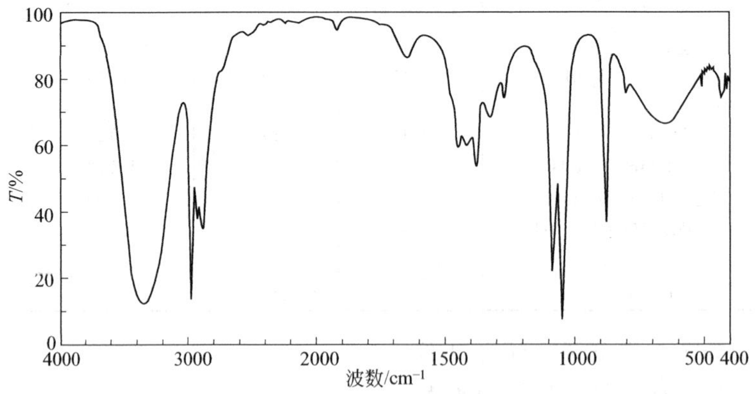

图 9-4　乙醇的红外吸收光谱图（液膜法）

9.3　醇的化学性质

醇分子中的 C—O 键和 O—H 键都是较强极性键，对醇的性质起着决定性的作用。此外由于羟基的影响，使 α-位和 β-位上的氢也具有一定的活性。因此醇的化学反应主要发生在以下几个部位：O—H 键断裂，氢原子被取代；C—O 键断裂，羟基被取代；α-H 的氧化和 β-H的消除反应。

9.3.1　醇的酸性

醇也可看做是水分子中的一个氢被烃基取代的化合物，醇分子中的羟基氢由于氧的吸电子作用也有一定活性，也可与活泼金属反应放出氢气，羟基氢被金属所取代。

$$ROH + Na \longrightarrow RONa + \frac{1}{2}H_2\uparrow$$

$$3(CH_3)_2CHOH \xrightarrow{Al} [(CH_3)_2CHO]_3Al + \frac{3}{2}H_2\uparrow$$

醇与活泼金属的反应速率比水慢，说明它的酸性比水弱，则其共轭碱烷氧基（RO^-）的碱性比 OH^- 强，所以醇盐遇水会分解为醇和金属氢氧化物。

$$RCH_2ONa + H_2O \rightleftharpoons RCH_2OH + NaOH$$

醇钠具有强碱性，可溶于过量的醇中，常被当做碱性试剂或亲核试剂使用。工业上生成乙醇钠时，为了避免使用昂贵的金属钠，就利用上述反应原理，采用乙醇和氢氧化钠反应，并加入苯形成苯-乙醇-水共沸物，带走反应中生成的水，以促使平衡向产物方向移动。

$$CH_3CH_2OH + NaOH \longrightarrow CH_3CH_2ONa + H_2O\uparrow\text{（苯带水）}$$

不同的醇和金属反应的活性取决于醇的酸性，酸性越强，反应速率越快。

	$(CH_3)_3COH$	CH_3CH_2OH	H_2O	CH_3OH	CF_3CH_2OH	$(CF_3)_3COH$	HCl
pK_a	18.00	16.00	15.74	15.54	12.43	5.4	−7.0

取代烷基越多，醇的酸性越弱，故醇的反应速率是：CH_3OH>伯醇>仲醇>叔醇。

9.3.2 生成卤代烃

醇羟基是一个极差的离去基团，不能直接发生亲核取代反应，一般是将醇在强酸下变成质子化的羟基，或转变成磺酸酯再进行亲核取代，把极差的离去基团转换成较好的离去基团，使碳氧键容易发生断裂。

（1）与氢卤酸反应

醇与氢卤酸反应生成相应的卤代烃。这是制备卤代烃的重要方法之一。

$$ROH + HX \rightleftharpoons RX + H_2O$$

这个反应为可逆反应，通常使一种反应物过量或将一种生成物从平衡混合物中移去，使反应向有利于生成卤代烃的方向进行，以提高产量。

酸的性质和醇的结构都影响这个反应的速率，由于卤素的亲核能力为：$I^- > Br^- > Cl^-$，且 HX 的酸性为：HI>HBr>HCl，故 HX 的反应活性为：HI>HBr>HCl，醇的反应活性为：烯丙醇、苄醇>叔醇>仲醇>伯醇。

HI 是强酸，很容易与伯醇反应；HBr 需要加入硫酸增强酸性，浓盐酸需用无水 $ZnCl_2$ 催化。用无水 $ZnCl_2$ 和浓盐酸配成的溶液称卢卡斯（Lucas）试剂。叔醇容易反应，将 HCl 或 HBr 气体在 0℃通过叔醇，反应可在几分钟内完成，此法可用于制备叔卤代烃。由伯醇制备伯溴代烃时常用溴化钠和硫酸代替氢溴酸来反应。

大多数伯醇 ROH 和氢卤酸反应按 S_N2 机理进行，在强酸下把醇羟基质子化后以水分子的形式易于离去。

$$RCH_2OH + HX \longrightarrow RCH_2\overset{+}{O}H_2 + X^-$$

$$X^- + RCH_2-\overset{+}{O}H_2 \longrightarrow RCH_2X + H_2O$$

仲醇、叔醇和空间位阻大的伯醇按 S_N1 机理进行，反应会有重排产物产生（参见 8.4.1）。

$$CH_3-\underset{CH_3}{\overset{CH_3}{C}}-CH_2OH \xrightarrow{HBr} CH_3-\underset{Br}{\overset{CH_3}{C}}-CH_2CH_3$$

Lucas 试剂与伯、仲、叔醇反应的速率不同，这个性质可用于鉴别醇。当试剂加入醇中，开始形成单一的均相，一旦形成卤代烃，则分离为两相，现象非常明显。在室温下，与 Lucas 试剂作用，叔醇、烯丙醇和苄醇几乎是立即反应，仲醇片刻发生反应，伯醇则需要加热反应。

醇	结构	条件	现象
烯丙醇	$>C=\overset{\mid}{C}-\underset{OH}{\overset{\mid}{C}}-$	浓盐酸, 无水$ZnCl_2$ / 室温	立刻浑浊或分层
苄醇	$C_6H_5-\overset{\mid}{\underset{\mid}{C}}-OH$	浓盐酸, 无水$ZnCl_2$ / 室温	立刻浑浊或分层
叔醇	R_3COH	浓盐酸, 无水$ZnCl_2$ / 室温	立刻浑浊或分层
仲醇	R_2CHOH	浓盐酸, 无水$ZnCl_2$ / 室温	片刻出现浑浊
伯醇	RCH_2OH	浓盐酸, 无水$ZnCl_2$ / 室温	不反应(加热后变浑浊)

★ **练习 9-1** 如何用简单的化学方法区别下列各组化合物？并说明所观察到的现象。

(1) 异丙醇、叔丁醇和乙醇　　(2) 苄醇、环己醇和己-1-醇

(2) 与卤化磷反应

醇与三卤化磷（三碘化磷或三溴化磷）或五氯化磷反应生成相应的卤代烃。

$$3C_2H_5OH + PX_3 (X=Br, I) \longrightarrow 3C_2H_5X + H_3PO_3$$

由于生成的亚磷酸沸点较高，故和三卤化磷反应常用于制备低沸点的卤代烃。

在实际操作中，常用赤磷与溴或碘代替三卤化磷。如：

$$C_2H_5OH + I_2/P \longrightarrow C_2H_5I$$

醇与五氯化磷反应生成的三氯化磷沸点较低，故常用于制备高沸点卤代烃。

$$ROH + PCl_5 \longrightarrow RCl + HCl + POCl_3$$

(3) 与氯化亚砜（亚硫酰氯）反应

醇与氯化亚砜反应是得到氯代烷的一个好方法。

$$ROH + SOCl_2 \longrightarrow RCl + SO_2\uparrow + HCl\uparrow$$

该反应条件温和，反应速率快，产率高，副产物是气体，构型保持。若在体系中加入吡啶，则得到构型转化的氯代物。这是由于中间物氯代亚硫酸酯和反应中生成的氯化氢均可与吡啶作用生成自由的氯离子，它从离去基团的背面进攻碳原子，而使碳原子的构型转变。

$$\xrightarrow[CHCl_3]{SOCl_2} \quad O-S(=O)-Cl \quad \xrightarrow{\text{构型保持}}$$

$$\xrightarrow[\text{吡啶}]{SOCl_2} \quad O-S(=O)-Cl \; + Cl^- \; \xrightarrow[\text{构型翻转}]{S_N2}$$

★ **练习 9-2** 怎样将反-4-乙基环己-1-醇转化成下列化合物？

(1) 反-1-氯-4-乙基环己烷　　(2) 顺-1-氯-4-乙基环己烷

9.3.3 生成酯

醇与含氧的无机酸、有机酸及它们的酰卤、酸酐反应都生成酯（esters）。例如：

$$ROH \xrightarrow{HNO_3} RONO_2$$

$$ROH \xrightarrow{H_2SO_4} ROSO_3H \xrightarrow{ROH} (RO)_2SO_2$$

$$ROH \xrightarrow{p\text{-}CH_3C_6H_4SO_2Cl} p\text{-}CH_3C_6H_4SO_2OR$$

$$ROH \xrightleftharpoons{CH_3COOH/H^+} CH_3COOR$$

羟基不是一个好的离去基团，故不易发生亲核取代反应，当羟基质子化后就变成了好的离去基团，如醇和氢溴酸反应。还有一个方法是把醇转化为磺酸酯，磺酸酯中的酸根部分是

很好的离去基团，和卤代烃类似，通过磺酸酯可发生各种亲核取代反应：

$$p\text{-}CH_3C_6H_4SO_2OR \text{（对甲苯磺酸酯）} \begin{cases} \xrightarrow{OH^-} ROH + p\text{-}CH_3C_6H_4SO_2O^- \\ \xrightarrow{CN^-} RCN + p\text{-}CH_3C_6H_4SO_2O^- \\ \xrightarrow{X^-} RX + p\text{-}CH_3C_6H_4SO_2O^- \\ \xrightarrow{R'O^-} ROR' + p\text{-}CH_3C_6H_4SO_2O^- \\ \xrightarrow{NH_3} RNH_2 \\ \xrightarrow{LiAlH_4} RH \end{cases}$$

机理通常为 S_N2 反应。例如：

$$CH_3CH_2CH_2CH(D)OH + CH_3\text{-}C_6H_4\text{-}SO_2Cl \xrightarrow{\text{构型保持}} CH_3CH_2CH_2CH(D)\text{-}O\text{-}SO_2\text{-}C_6H_4\text{-}CH_3$$

$$\xrightarrow[\text{构型翻转}]{NaI} CH_3CH_2CH_2CH(D)I$$

> ★ **练习 9-3** 写出下列反应的主要产物。
>
> （1）对甲苯磺酸异丁酯＋碘化钠
>
> （2）(*R*)-对甲苯磺酸-2-己酯＋NaCN
>
> （3）对甲苯磺酸正丁酯＋$HC\equiv CNa$

9.3.4 脱水反应

按反应条件的不同，醇可以发生分子内或分子间的脱水（dehydration），形成烯烃或醚。

$$CH_3CH(OH)CH_2CH_3 \xrightarrow[100℃]{60\%H_2SO_4} CH_3CH=CHCH_3$$

$$CH_2=CHCH_2CH(OH)CH_2CH_3 \xrightarrow[\triangle]{Al_2O_3} CH_2=CHCH=CHCH_2CH_3$$

$$2CH_3CH_2OH \xrightarrow[350\sim400℃]{Al_2O_3} CH_3CH_2OCH_2CH_3 + H_2O$$

醇脱水的反应活性为：叔醇＞仲醇＞伯醇。当有多个不同的 β-H 时，主要产物符合 Saytzeff 规则（参见 8.5.4），即生成双键碳上连有较多取代基的烯烃或共轭烯烃。如果醇失水生成的烯烃有顺、反异构体时，主要得到反式烯烃。

醇分子内脱水反应通过碳正离子中间体进行（E1 机理），因此当伯醇或仲醇酸催化下失水时常常会发生重排。

$$CH_3CH_2CH_2CH_2OH \xrightarrow[-H_2O]{H_2SO_4} CH_3CH_2CH_2CH_2^+ \rightleftharpoons CH_3CH_2\overset{+}{C}HCH_3$$

$$CH_3CH_2CH_2CH_2^+ \longrightarrow CH_3CH_2CH{=}CH_2$$

$$CH_3CH_2\overset{+}{C}HCH_3 \longrightarrow (CH_3)HC{=}CH(CH_3)\ (\text{反式}) + (CH_3)HC{=}CH(CH_3)\ (\text{顺式})$$

醇分子间脱水成醚，反应按 S_N2 机理进行。

$$CH_3CH_2OH \xrightarrow{H^+} CH_3CH_2OH_2^+ \xrightarrow[-H_2O]{CH_3CH_2\ddot{O}H} CH_3CH_2\overset{+}{O}HCH_2CH_3 \xrightarrow{-H^+} CH_3CH_2OCH_2CH_3$$

醇脱水成烯或成醚的反应是一对竞争反应，较低温度有利于成醚，较高温度有利于成烯。叔醇消除倾向大，主要生成烯烃。

> ★ **练习 9-4** 推测下列醇在硫酸催化下脱水反应的主要产物。
> （1）1-甲基环己醇 （2）新戊醇 （3）戊-1-醇

9.3.5 氧化和还原

在有机反应中，氧化（oxidation）和脱氢（dehydrogenation）从广义上讲都是氧化反应。在伯醇和仲醇分子中，与羟基直接相连的碳原子都连有氢原子，这些氢原子由于受到相邻羟基的影响，比较活泼，易于被氧化，生成不同的氧化产物。伯醇先氧化为醛，醛继续氧化生成羧酸。仲醇氧化则生成酮。这些产物的碳原子数与原来的醇相同。叔醇由于和羟基相连的碳原子上无氢原子，不易被氧化，在剧烈氧化条件下（如在硝酸作用下），则碳链断裂，形成含碳原子数较少的产物。

$$RCH_2OH \xrightarrow[KMnO_4/H_2SO_4]{[O]} RCHO \xrightarrow{[O]} \underset{\text{羧酸}}{RCOOH}$$

$$R{-}\overset{R'}{\overset{|}{C}}HOH \xrightarrow{[O]} \underset{\text{酮}}{R{-}\overset{R'}{\overset{|}{C}}{=}O}$$

常用的氧化剂有高锰酸钾、二氧化锰、重铬酸钠或重铬酸钾、铬酸、硝酸等，以及其他特殊的氧化试剂与脱氢试剂，如异丙醇铝/丙酮、二甲亚砜/二环己基碳二亚胺（DCC）、铜铬氧化物等。

在酸或碱性溶液中，伯醇被高锰酸钾先氧化成醛，醛很容易被氧化成羧酸；仲醇被氧化成酮，反应有 MnO_2 沉淀析出，因此可用于鉴别醇。

新制得的二氧化锰可选择性地氧化 α,β-不饱和的伯醇成醛，仲醇成酮，双键不被氧化，其他位置的-OH 也不被氧化。

$$CH_2{=}CHCH_2OH \xrightarrow{MnO_2} CH_2{=}CHCHO$$

$$\underset{\displaystyle HO}{CH_2}CH_2CH{=}CHCH_2OH \xrightarrow{MnO_2} \underset{\displaystyle HO}{CH_2}CH_2CH{=}CHCHO$$

重铬酸盐酸性溶液的氧化性能与 $KMnO_4$ 相同。铬酐（CrO_3）与吡啶形成的铬酐-吡啶络合物是易吸潮的红色结晶，称沙瑞特（Sarett）试剂，它可使伯醇氧化为醛，仲醇氧化为酮，产率很高。反应一般在二氯甲烷中于 25℃ 左右反应，分子中的碳碳重键不受影响。

例如：

$$CH_3(CH_2)_4C\equiv CCH_2OH \xrightarrow[CH_2Cl_2, 25℃]{CrO_3 \cdot py} CH_3(CH_2)_4C\equiv CCHO \quad 84\%$$

PCC（pyridinium chlorochromate）试剂是三氧化铬和吡啶盐酸盐的络合物，氧化反应性能和 Sarett 试剂类似。

不饱和的二级醇也可用琼斯（Jones）试剂氧化成相应的酮而双键不受影响，该试剂是将铬酐溶于稀硫酸中，然后滴加到要被氧化的醇的丙酮溶液中，反应在 15～20℃进行，产率较高。例如：

$$\text{HO-(八氢萘衍生物)} \xrightarrow[\text{丙酮, 15～20℃}]{CrO_3/\text{稀}H_2SO_4} \text{O=(八氢萘酮衍生物)}$$

伯醇可被稀硝酸氧化成羧酸，仲醇和叔醇需在较浓的硝酸中氧化，同时发生碳碳键的断裂，生成小分子羧酸。例如：

$$\text{CHO—CH(OH)—}CH_2OH \xrightarrow{\text{稀}HNO_3} \text{COOH—CH(OH)—COOH}$$

$$\text{环己醇} \xrightarrow[V_2O_5,\ 55～60℃]{50\%\ HNO_3} \text{HOOC}(CH_2)_4\text{COOH}$$

在叔丁醇铝或异丙醇铝的存在下，二级醇被丙酮（或甲乙酮、环己酮）氧化成酮，并通过溶液被还原成异丙醇，这一反应称为欧芬脑尔氧化（Oppenauer P V）氧化反应，这是一种选择性地氧化仲醇成酮的方法。反应只在醇和酮之间发生 H 原子的转移，不涉及分子其他部分，所以在分子中含有碳碳双键或其他对酸不稳定的基团时，利用此法较为适宜。Oppenauer 氧化反应是一个可逆反应，为使反应向生成酮的方向进行，需加入过量的丙酮。

$$CH_3CH_2CH_2CH=CHCH(OH)CH_3 \underset{CH_3COCH_3}{\overset{Al[OC(CH_3)_3]_3}{\rightleftharpoons}} CH_3CH_2CH_2CH=CHC(=O)CH_3$$

伯醇、仲醇可以在脱氢试剂的作用下，失去氢形成羰基化合物，醇的脱氢一般用于工业生产。常用铜或铜铬氧化物等作脱氢剂，在 300℃下使醇蒸气通过催化剂即可生成醛或酮。

$$2CH_3CH_2OH + O_2 \underset{550℃}{\overset{Cu\text{或}Ag}{\rightleftharpoons}} 2CH_3CHO + 2H_2O$$

$$2\ \text{环己醇} \underset{250～300℃}{\overset{CuCrO_4}{\rightleftharpoons}} \text{环己酮} + H_2$$

★ **练习 9-5** 写出实验室中合成下列化合物的最适合的方法。

（1）丁-1-醇→丁醛　　（2）丁-1-醇→丁酸　　（3）2-丁烯-1-醇→2-丁烯醛

9.4 多元醇的反应

多元醇（polyol）具有醇羟基的一般性质，邻位二醇具有一些特殊的性质。

9.4.1 螯合物的生成

如甘油和氢氧化铜反应生成蓝色的甘油铜。

$$\begin{array}{l} CH_2-OH \\ | \\ CH-OH \\ | \\ CH_2-OH \end{array} + Cu(OH)_2 \longrightarrow \begin{array}{l} CH_2-O \\ | \\ CH-O \\ | \\ CH_2-OH \end{array}\!\!\!>Cu + 2H_2O$$

甘油铜(蓝色)

9.4.2 氧化反应

邻二醇被高碘酸（HIO_4）、高碘酸钾（KIO_4）、高碘酸钠（$NaIO_4$）或四醋酸铅氧化，邻羟基之间的碳碳键发生断裂，醇羟基转化为醛或酮。

$$\begin{array}{c} | \\ -C-OH \\ | \\ -C-OH \\ | \end{array} \xrightarrow{HIO_4} >C{=}O + O{=}C< + H_2O + HIO_3$$

这一反应是定量进行的，因此，可根据氧化剂的消耗量推知邻二醇的量。例如：

$$\text{(环戊烷-1,2-二醇)} \xrightarrow[20\sim25℃]{(CH_3COO)_4Pb} OHCCH_2CH_2CH_2CHO$$

戊二醛

在上面反应中顺式二醇的反应速率远远大于反式二醇，因顺式可形成环状中间体。

在有少量水或醇存在时，α-羟基醛或酮、1,2-二酮及α-氨基酸也能发生氧化断裂反应。

9.4.3 *α*,*β*-不饱和醛酮

邻二醇在酸的作用下发生重排生成酮的反应称频哪醇重排（pinacol rearrangement）。

$$\underset{\text{OH}\ \ \text{OH}}{(CH_3)_2C-C(CH_3)_2} \xrightarrow{H^+} (CH_3)_3C-\underset{\underset{O}{\|}}{C}-CH_3$$

频哪醇　　　　频哪酮

反应机理如下：

$$CH_3-\underset{OH}{\overset{CH_3}{C}}-\underset{OH}{\overset{CH_3}{C}}-CH_3 \xrightarrow{H_2SO_4} CH_3-\underset{OH}{\overset{CH_3}{C}}-\underset{^+OH_2}{\overset{CH_3}{C}}-CH_3 \xrightarrow{-H_2O} CH_3-\underset{OH}{\overset{CH_3}{C}}-\overset{CH_3}{\overset{|}{C^+}}-CH_3 \xrightarrow{CH_3\text{迁移}}$$

$$CH_3-\underset{OH}{\overset{+}{C}}-\underset{CH_3}{\overset{CH_3}{C}}-CH_3 \longleftrightarrow CH_3-\underset{^+OH}{\overset{}{\underset{\|}{C}}}-\underset{CH_3}{\overset{CH_3}{C}}-CH_3 \xrightarrow{-H^+} CH_3-\underset{O}{\underset{\|}{C}}-\underset{CH_3}{\overset{CH_3}{C}}-CH_3$$

★ **练习 9-6** 写出下列反应机理。

（1）1-(羟基二苯甲基)环戊醇（含 OH、OH、Ph、Ph）$\xrightarrow{H_2SO_4}$ 2,2-二苯基环己酮（含 O、Ph、Ph）

（2）1-乙烯基环丁醇（含 OH）$\xrightarrow{H_2SO_4}$ 2-甲基环戊酮（含 O、CH_3）

9.5 醇的制备

醇的制备方法有以下几种。

9.5.1 由烯烃制备

烯烃经直接或间接水合法（hydration）或通过硼氢化氧化法生成醇（参见 3.4.1，3.4.3）。

烯烃与醋酸汞在水存在下反应，首先生成羟烷基汞盐，然后用硼氢化钠还原，脱汞生成醇，该方法称为羟汞化-还原脱汞法（oxymercuration-demercuration）。例如：

$$CH_3CH_2CH_2CH{=}CH_2 \xrightarrow[H_2O]{Hg(OAc)_2} CH_3CH_2CH_2\underset{\underset{OH}{|}}{CH}-\underset{\underset{HgOAc}{|}}{CH_2} \xrightarrow{NaBH_4} CH_3CH_2CH_2\underset{\underset{OH}{|}}{CH}-CH_3 \quad 93\%$$

总反应相当于烯烃与水按马氏规则进行加成。此反应具有条件温和、反应速率快、不重排和产率高的特点，是实验室制备醇的好方法。

9.5.2 由格氏试剂制备

格氏试剂法是制备醇的重要方法。格氏试剂和甲醛或环氧乙烷反应可以分别合成增加一个碳原子和两个碳原子的伯醇。

$$RMgX \xrightarrow{HCHO} \xrightarrow{H_3O^+} RCH_2OH \quad \text{增加一个碳原子的伯醇}$$

$$RMgX \xrightarrow{\text{环氧乙烷}} \xrightarrow{H_3O^+} RCH_2CH_2OH \quad \text{增加两个碳原子的伯醇}$$

例如：

$$CH_3CH_2CH_2CH_2MgBr \xrightarrow{HCHO} \xrightarrow{H_3O^+} \underset{\text{戊-1-醇(92\%)}}{CH_3CH_2CH_2CH_2CH_2OH}$$

$$CH_3CH_2CH_2CH_2MgBr \xrightarrow{\text{环氧乙烷}} \xrightarrow{H_3O^+} \underset{\text{己-1-醇(61\%)}}{CH_3CH_2CH_2CH_2CH_2CH_2OH}$$

格氏试剂与醛、取代环氧乙烷或甲酸酯反应生成仲醇。

$$RMgX \xrightarrow{R'CHO} \xrightarrow{H_3O^+} R\overset{\overset{R'}{|}}{C}HOH$$

$$RMgX \xrightarrow{\text{R'-取代环氧乙烷}} \xrightarrow{H_3O^+} RCH_2\overset{\overset{R'}{|}}{C}HOH$$

$$RMgX \xrightarrow{HCOOCH_3} \xrightarrow{H_3O^+} R_2CHOH$$

例如：

$$\underset{}{CH_3CH_2MgBr} + \underset{\text{乙醛}}{CH_3CHO} \xrightarrow[2)H_3O^+]{1)\text{干醚}} \underset{\text{丁-2-醇(85\%)}}{CH_3CH_2\overset{\overset{CH_3}{|}}{C}HOH}$$

格氏试剂与酮或酯反应生成叔醇。

$$RMgX \begin{cases} \xrightarrow{R'COR''} \xrightarrow{H_3O^+} R'-\underset{R}{\overset{R''}{C}}OH \\ \xrightarrow{R'COOR''} \xrightarrow{H_3O^+} R'-\underset{R}{\overset{R}{C}}OH \end{cases}$$

例如：

$$CH_3CH_2MgBr + \underset{\text{戊-2-酮}}{CH_3CH_2CH_2COCH_3} \xrightarrow[2)H_3O^+]{1)\text{干醚}} \underset{\text{3-甲基己-3-醇(90\%)}}{CH_3CH_2-\underset{CH_3}{\overset{CH_2CH_2CH_3}{C}}-OH}$$

因为卤代烃常常由醇来制备，故格氏试剂法提供了一条由简单醇和卤代烃合成复杂醇的有效路线。

★ **练习 9-7** 完成下列转化（无机试剂和小于 C_4 的有机化合物任选）。

（1）由乙醇合成丙醇和丁醇 （2）由氯苯合成二苯甲醇

9.5.3 由卤代烃制备

卤代烃一般由醇制备，所以只有在相应的卤代烃容易得到时才采用此法。由于烯丙基氯和苄氯很容易从丙烯和甲苯分别经高温氯化得到，所以烯丙基氯、苄氯可用来制备烯丙醇和苄醇。

$$CH_2=CHCH_2Cl \xrightarrow[H_2O]{Na_2CO_3} CH_2=CHCH_2OH$$

$$C_6H_5CH_2Cl \xrightarrow[\triangle]{NaOH\text{水溶液}} C_6H_5CH_2OH$$

9.5.4 由羰基化合物还原制备

醛、酮、羧酸和酯的分子中都含有羰基，可经化学还原或催化加氢还原成相应的醇，催化氢化常用的催化剂为 Ni、Pt 和 Pd 等。醛、羧酸和酯还原得伯醇，酮还原得仲醇。例如：

$$\left.\begin{matrix} RCHO \\ RCOOH \\ RCOOR' \end{matrix}\right\} \xrightarrow[\text{还原剂}]{[H]} \underset{\text{伯醇}}{RCH_2OH}$$

$$R-\overset{O}{\overset{\|}{C}}-R' \xrightarrow[\text{还原剂}]{[H]} \underset{\text{仲醇}}{R-\underset{H}{\overset{OH}{C}}-R'}$$

金属氢化物 $LiAlH_4$ 和 $NaBH_4$ 也可以还原羰基化合物。例如：

$$\underset{\text{丁醛}}{CH_3CH_2CH_2CHO} \xrightarrow[2)H_2O]{1)NaBH_4} \underset{\text{丁醇(85\%)}}{CH_3CH_2CH_2CH_2OH}$$

$$\underset{\text{丁-2-酮}}{CH_3CH_2COCH_3} \xrightarrow[2)H_2O]{1)NaBH_4} \underset{\text{丁-2-醇(87\%)}}{CH_3CH_2\underset{\displaystyle OH}{\underset{|}{C}}HCH_3}$$

羧酸只能被 $LiAlH_4$ 还原成醇。例如：

$$CH_3-\overset{\displaystyle CH_3}{\underset{\displaystyle CH_3}{\overset{|}{\underset{|}{C}}}}-COOH \xrightarrow[2)H_3O^+]{1)LiAlH_4} CH_3-\overset{\displaystyle CH_3}{\underset{\displaystyle CH_3}{\overset{|}{\underset{|}{C}}}}-CH_2OH$$

酯可以在高温、高压下催化氢化，用化学还原剂还原，最常用的是金属钠和醇，也可被 $LiAlH_4$ 还原成醇。例如：

$$RCOOC_2H_5 \xrightarrow[C_2H_5OH]{Na} RCH_2OH + C_2H_5OH$$

当 $NaBH_4$ 或 $Al[OCH(CH_3)_2]_3$（异丙醇铝）作还原剂时，可使不饱和醛、酮还原为不饱和醇而不影响碳碳双键。例如：

$$CH_3CH=CHCHO \xrightarrow{Ni/H_2} \underset{\text{正丁醇}}{CH_3CH_2CH_2CH_2OH}$$

$$CH_3CH=CHCHO \xrightarrow[(CH_3)_2CHOH]{Al[OCH(CH_3)_2]_3} \underset{\text{巴豆醇}}{CH_3CH=CHCH_2OH}$$

★ **练习 9-8** 推测下列化合物与 $NaBH_4$ 及 $LiAlH_4$ 反应的产物。

(1) 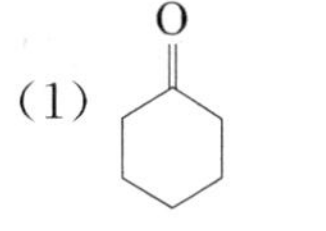　(2) 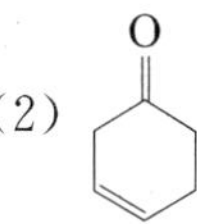　(3) $CH_3COCH_2COOC_2H_5$

9.6 重要的醇

工业上除甲醇外的其他简单饱和一元醇多数是以石油裂解气中的烯烃为原料合成的，有的是用发酵法（fermentation）生产的。

9.6.1 甲醇

最早用木材干馏制得，故俗称木醇（wood alchohol）。甲醇可用合成气（synthesis gas）即一氧化碳和氢气在催化剂作用下生产。

$$CO + 2H_2 \xrightarrow[250℃,\ 5\sim10MPa]{ZnO/Cr_2O_3/CuO} CH_3OH$$

甲醇是无色可燃液体，与有机溶剂互溶。从水中分馏得甲醇，纯度可达99%，要除去1%的水分可加入适量的镁，再经蒸馏得99.9%以上的无水乙醇。甲醇溶于水，毒性强，误饮后会导致失明，甚至死亡。

甲醇是重要的工业原料，也是常用的溶剂，可用于制备甲醛和甲基化试剂等。另外还可混入汽油中或单独用做汽车或喷气式飞机的燃料。

9.6.2 乙醇

乙醇为无色液体，具有特殊气味，易燃。目前工业上大量生产采用乙烯为原料，用直接水合或间接水合法生产。此法的优点是乙醇产率高，但要用大量的硫酸，存在对设备有强烈的腐蚀作用和对废酸的回收利用问题。乙醇的另一种生产方法是发酵法。发酵法所用原料为含有大量淀粉的物质（如甘薯、谷物）或制糖工业的副产物——糖蜜。发酵是一个复杂的通过微生物进行的生物化学过程，大致步骤如下：

$$\underset{\text{淀粉}}{(C_8H_{10}O_5)_n} \xrightarrow{\text{糖化酶}} \underset{\text{麦芽糖}}{C_{12}H_{22}O_{11}} \xrightarrow{\text{麦芽糖酶}} \underset{\text{葡萄糖}}{C_6H_{12}O_6} \xrightarrow{\text{酒化酶}} C_2H_5OH + CO_2$$

发酵液含10%～15%的乙醇，分馏最高可得95.6%的乙醇，主要因为乙醇与水形成沸点为78.15℃的共沸混合物（95.6%的乙醇和4.4%的水），因此不能采用蒸馏法得到无水乙醇。工业上通常加入一定量的苯与之形成共沸物蒸馏，先蒸出苯、乙醇和水的三元共沸物（沸点64.85℃，含苯74.1%、乙醇18.5%、水7.4%），然后蒸出苯和乙醇的共沸物（沸点68.25℃，含苯67.59%、乙醇32.41%），最后得到无水乙醇。实验室中要制备无水乙醇，可将95.6%的乙醇先与生石灰（CaO）共热，蒸馏得99.5%的乙醇，再用镁或分子筛处理除去微量的水而得99.95%的乙醇。检验乙醇中是否有水，可加入少量无水硫酸铜，如呈蓝色（生成五水硫酸铜），则表明有水存在。

乙醇的用途很广，是各种有机合成工业的重要原料，也是常用的溶剂。70%～75%的乙醇的杀菌能力最强，可用做消毒剂、防腐剂。乙醇也是酒类的原料，为了防止将工业廉价的乙醇用于配制酒类，常加入少量有毒、有臭味或有色物质（如甲醇、吡啶或燃料），掺有这些物质的酒精，叫做变性酒精（denatured alcohol）。

乙醇对人体的作用是先兴奋，后麻醉，大量乙醇对人体有毒。在实验室中可通过碘仿反应（参见10.4.3）鉴定乙醇。

9.6.3 丙醇

工业上生产丙醇是将乙烯、一氧化碳和氢气在高压及加热下，用钴为催化剂进行反应得到丙醛，此反应称羰基合成，在催化剂作用下丙醛进一步还原为丙醇。这也是在工业上生产醛和醇的极为重要的方法。

$$CH_2{=}CH_2 + CO + H_2 \xrightarrow[15\text{MPa}，100\sim115℃]{Co} \underset{72\%}{CH_3CH_2CHO} \xrightarrow[Pt]{H_2} CH_3CH_2CH_2OH$$

若用羰基合成反应生产高级醛和醇，则得到两种异构体。

$$RCH{=}CH_2 + CO + H_2 \xrightarrow[15\text{MPa}, 130℃]{CO} \xrightarrow[Pt]{H_2} \underset{\text{主要产物}}{RCH_2CH_2CH_2OH} + \underset{\text{次要产物}}{R-\underset{\substack{|\\ CH_2OH}}{CH}-CH_3}$$

这种高级醇（C_{12}～C_{18}）是制备洗涤剂 $CH_3(CH_2)_nCH_2OSO_3^-Na^+$ 的一种原料。

9.6.4 乙二醇

乙二醇是无色具有甜味的黏稠液体，由于分子中有两个羟基存在氢键，其熔点与沸点比一般碳原子数相同的碳氢化合物高得多，常用做高沸点溶剂。它在乙醚中几乎不溶，但能与水混溶，可降低水的冰点。如乙二醇40%（体积分数）的水溶液冰点为－25℃，乙二醇60%（体积分数）的水溶液冰点为－49℃，因此可用于汽车发动机的防冻剂。由于乙二醇的吸水性能好，还可用于染色等。乙二醇也是合成树脂、合成纤维和涤纶等的重要原料，如聚对苯二甲酸乙二醇酯（PET），具有刚性好、耐高温、延伸度小等优点。乙二醇的一甲醚、二甲醚、一乙醚、二乙醚等均是很有用的溶剂。

工业上生产乙二醇的方法是由环氧乙烷加压水合或酸催化水合。

$$\text{环氧乙烷} + H_2O \xrightarrow[\text{或}0.5\%H_2SO_4,\ 50\sim70^\circ C]{2.2MPa,\ 190\sim220^\circ C} \underset{OH}{CH_2}-\underset{OH}{CH_2}$$

在微量 H^+ 或 OH^- 存在下，乙二醇可与环氧乙烷作用生成一缩二乙二醇（二甘醇）和二缩三乙二醇（三甘醇）。如在继续与多个环氧乙烷分子反应，则生成更多乙二醇分子缩合而成的高聚体的混合物，称为聚乙二醇（polyethylene glycol）。

$$\underset{\text{乙二醇(甘醇)}}{\underset{OH}{CH_2}-\underset{OH}{CH_2}} \xrightarrow[H^+\text{或}OH^-]{\text{环氧乙烷}} \underset{\text{一缩二乙二醇(二甘醇)}}{HOCH_2CH_2OCH_2CH_2OH} \xrightarrow[H^+\text{或}OH^-]{\text{环氧乙烷}} \underset{\text{二缩三乙二醇(三甘醇)}}{HOCH_2CH_2OCH_2CH_2OCH_2CH_2OH} \xrightarrow[H^+\text{或}OH^-]{n\ \text{环氧乙烷}}$$

$$\underset{\text{聚乙二醇}}{HOCH_2CH_2O\left[CH_2CH_2O\right]_{n+1}CH_2CH_2OH}$$

按反应条件的不同，得到的聚乙二醇的平均分子量也不同。聚乙二醇在工业上可用作软化剂、乳化剂和气体净化剂（如脱硫、脱二氧化碳）等。聚乙二醇醚则是一类非离子型表面活性剂。

9.6.5 丙三醇

丙三醇俗称甘油（glycerol），以成酯的形式广泛存在于自然界中。油脂的主要成分就是丙三醇的高级脂肪酸酯，丙三醇最早是由油脂水解来制备的。近代工业上以石油热裂解气中的丙烯为原料，用氯丙烯法（氯化法）或丙烯氧化法（氧化法）来生产。例如：

$$CH_3-CH=CH_2 \xrightarrow[500^\circ C]{Cl_2} \underset{Cl}{CH_2}-CH=CH_2 \xrightarrow{HOCl} \underset{Cl}{CH_2}-\underset{OH}{CH}-\underset{Cl}{CH_2} + \underset{Cl}{CH_2}-\underset{Cl}{CH}-\underset{OH}{CH_2} \xrightarrow[60^\circ C]{Ca(OH)_2}$$

$$\underbrace{CH_2-\overset{H}{C}}_{O}-\underset{Cl}{CH_2} \xrightarrow[0^\circ C]{10\%NaOH} \underset{OH}{CH_2}-\underset{OH}{CH}-\underset{OH}{CH_2}$$

$$CH_3-CH=CH_2 \xrightarrow[350^\circ C,\ 0.2\sim0.5MPa]{Cu_2O,\ O_2} OHC-CH=CH_2 \xrightarrow[MgO/ZnO,\ 400^\circ C]{(CH_3)_2CHOH} CH_2=CH-CH_2OH + (CH_3)_2C=O$$

$$CH_2=CH-CH_2OH \xrightarrow[H_2WO_4,\ 60\sim70^\circ C]{H_2O_2,\ (\text{或过氧乙酸})} \underbrace{CH_2-\overset{H}{C}}_{O}-CH_2OH \xrightarrow[H_2O]{H^+} \underset{OH}{CH_2}-\underset{OH}{CH}-\underset{OH}{CH_2}$$

甘油是高黏度的无色液体，因分子中三个羟基都可形成氢键，所以它的沸点比乙二醇更高。甘油易溶于水，吸水性强，能吸收空气中的水分，不溶于乙醚、氯仿等有机溶剂。甘油在工业上用途极为广泛，可用来合成三硝酸甘油酯，后者用做炸药或药物；也可用来合成树脂；在印刷、化妆品等工业上用做润湿剂。

$$\begin{matrix}CH_2OH\\|\\CHOH\\|\\CH_2OH\end{matrix} \xrightarrow{HNO_3} \begin{matrix}CH_2ONO_2\\|\\CHONO_2\\|\\CH_2ONO_2\end{matrix} \xrightarrow{\triangle} 3/2N_2 + 3CO_2 + 1/2O_2$$

三硝酸甘油酯为无色、有毒的油状液体，经加热或撞击立即发生强烈爆炸，产生大量的气体，由于大量气体迅速膨胀而产生极大的爆炸力。将硝酸甘油酯吸入硅藻土中，即可避免因撞击而爆炸，只有用引爆剂才能使之爆炸。硝酸甘油酯中溶入 70%～80%的硝化纤维混合物，称为硝酸甘油火药，能做枪弹的弹药。

9.6.6 苯甲醇

苯甲醇俗称苄醇，存在于茉莉花等香精油中。工业上可用苄氯在碳酸钾或碳酸钠存在下水解而得。

$$C_6H_5CH_2Cl + H_2O \xrightarrow{12\%Na_2CO_3} C_6H_5CH_2OH + HCl$$

苄氯　　　　苯甲醇(苄醇)

苯甲醇为无色液体，微溶于水，溶于乙醇、甲醇等有机溶剂，具有芳香味。苯甲醇具有脂肪族醇羟基的一般性质，但因分子中的羟基连接在苯环侧链上，受苯环的影响性质比一般醇活泼，易发生取代反应。苯甲醇具有微弱的麻醉作用，在医药上用于医药针剂中的添加剂，如青霉素稀释液就含有 2%的苄醇，可减轻注射时的疼痛。此外还用于调配酒精；用做尼龙丝、合成纤维及塑料薄膜的干燥剂，药膏剂或药液的防腐剂及染料、纤维素酯的溶剂。

9.7 硫　醇

醇分子中的氧原子被硫原子取代而形成的化合物叫硫醇（thiol）。硫醇（R—SH）也可以看成是烃分子中的氢原子被巯基—SH 取代的产物。

由于硫原子的价电子层和氧原子类似，所以硫原子可以形成与氧原子相类似的共价键化合物。在硫醇中，硫采取 sp^3 杂化状态，硫原子的两个孤对电子各占据一个 sp^3 杂化轨道，剩下两个 sp^3 杂化轨道一个与碳形成 σ 键，另一个与氢形成 σ 键，键角∠CSH 为 96°。

硫醇命名与醇相似，只需在“醇”前面加上“硫”字。例如：

CH_3SH	C_2H_5SH	$CH_3-CH(SH)-CH_3$	$CH_3CH_2CH_2CH_2SH$
甲硫醇	乙硫醇	异丙硫醇	正丁硫醇

9.7.1 硫醇的性质

硫与氧同属周期表ⅥA 族，它们的电负性不同，所以硫醇的性质和醇虽相似，但也有差别。醇易形成氢键，有缔合现象；而硫的电负性比氧小，又由于外层电子距核较远，所以硫醇的巯基之间相互作用弱，难形成氢键，不能缔合，故其沸点比相应醇的沸点低。例如，甲硫醇沸点 6℃，甲醇沸点 65℃。巯基与水难形成氢键，所以硫醇在水中的溶解度比相应的醇小，乙醇能与水以任何比例混溶，而乙硫醇在 100g 水中的溶解度为 1.5g。

低级醇有酒的气味，而低级硫醇却具有恶臭，所以硫醇是一种臭味剂，可以把它加入有毒气体，如煤气中，以检测管道是否漏气。臭鼬用做防御武器的分泌液中也含有多种硫醇，散发出恶臭气味，以防天敌接近。

在化学性质上，硫醇与醇也有所区别。

(1) 弱酸性

醇不能与氢氧化钠（钾）溶液反应，而硫醇能与之反应生成硫醇钠（钾），称为硫醇盐，说明硫醇的酸性比醇大，但硫醇的酸性比碳酸弱，不能溶于碳酸钠溶液。

	乙硫醇	乙醇	苯硫酚	苯酚
pK_a	9.5	17	7.8	9.95

硫醇酸性比醇强的原因，可能是硫原子大于氧原子而比较容易极化，使质子容易解离。在石油炼制中常用氢氧化钠来洗涤，以除去所含有的硫醇。硫醇还可以与重金属汞、铜、银、铅等形成不溶于水的硫醇盐。例如：

$$2C_2H_5SH + HgO \longrightarrow \underset{\text{二乙硫醇汞(白色)}}{(C_2H_5S)_2Hg\downarrow} + H_2O$$

汞中毒或铅中毒实质上是生物体内酶的巯基与汞盐或铅盐发生反应，使酶失去活性引起的。临床上常用的一种汞中毒的解毒剂也含有巯基。例如 2,3-二巯基丙醇，它能与汞离子反应，汞离子被螯合剂由尿中排出，不再与酶的巯基反应。

$$\underset{\text{2,3-二巯基丙醇}}{2CH_2(OH)-CH(SH)-CH_2SH} \xrightarrow{Hg^{2+}} HOCH_2-CH-S\diagdown Hg \diagup S-CH_2\ \ (CH_2-S \diagup\ \ \diagdown S-CH-CH_2OH)$$

(2) 氧化反应

硫有空的 d 轨道，硫氢键又易断裂，因此硫醇远比醇易被氧化，但与醇不同的是硫醇的氧化反应发生在硫原子上。强氧化剂如过氧化氢、硝酸、高锰酸钾等总是把硫醇先氧化成亚磺酸再氧化成磺酸。弱氧化剂如三氧化二铁、二氧化锰、碘、氧气等可把硫醇氧化成二硫化物。

$$R-SH \xrightarrow{\text{强氧化剂}} \underset{\text{烷基亚磺酸}}{R-\overset{\overset{O}{\|}}{S}-OH} \xrightarrow{\text{强氧化剂}} \underset{\text{烷基磺酸}}{R-\underset{\underset{O}{\|}}{\overset{\overset{O}{\|}}{S}}-OH}$$

$$2RSH + 1/2O_2 \longrightarrow RSSR + H_2O$$

9.7.2 硫醇的制备

(1) 卤代烷与氢硫化钾作用

$$RX + KSH \xrightarrow{\triangle} RSH + KX$$

进行该反应时，必须用大量的硫氢盐，因该盐的硫氢负离子和所形成的硫醇成下列平衡关系，增加硫氢盐的用量，可减少 RX 的浓度，从而抑制副产物硫醚生成。

$$RSH + HS^- \rightleftharpoons RS^- + H_2S$$

$$RS^- + RX \longrightarrow \underset{\text{硫醚}}{RSR} + X^-$$

(2) 硫脲法

实验室常用硫脲法制备硫醇，以避免硫醚的产生。

$$RX + S{=}C\begin{matrix}NH_2\\NH_2\end{matrix} \xrightarrow[\triangle]{C_2H_5OH} R{-}S{-}C\begin{matrix}{=}NH\\NH_2\end{matrix} + HX \xrightarrow[OH^-]{H_2O} RSH + \left[\!\!\begin{array}{c}C{=}N\\|\\NH_2\end{array}\!\!\right]_n$$

9.8 酚的结构、分类和命名

羟基直接连在芳环上的化合物称为酚（phenol）。

酚类按酚羟基的数目多少，可分为一元酚和多元酚。酚命名时一般以苯酚为母体，苯环上其他基团作为取代基。羟基直接连在稠环上的化合物，它们的命名与苯酚相似（见表 9-2）。

9.9 酚的物理性质

酚因能形成分子间氢键，大多为低熔点固体或高沸点的液体。酚具有杀菌防腐作用。邻硝基苯酚形成分子内氢键，因此分子间不发生缔合，沸点相对较低。一些酚的物理常数见表 9-2。

表 9-2 酚的物理常数

名称	结构	熔点/℃	沸点/℃	溶解度 /g·(100g H_2O)$^{-1}$	pK_a
苯酚	C_6H_5—OH	41	182	9.3	10
邻甲苯酚	(OH, CH_3 邻位)	31	191	2.5	10.29
间甲苯酚	(OH, CH_3 间位)	12	202	2.6	10.09
对甲苯酚	(OH, CH_3 对位)	35	202	2.3	10.26
邻氯苯酚	(OH, Cl 邻位)	9	173	2.3	8.48
间氯苯酚	(OH, Cl 间位)	33	214	2.5	9.02
对氯苯酚	(OH, Cl 对位)	43	217	2.6	9.38
邻硝基苯酚	(OH, NO_2 邻位)	45	214	0.2	7.22

续表

名称	结构	熔点/℃	沸点/℃	溶解度 /g·(100g H_2O)$^{-1}$	pK_a
间硝基苯酚	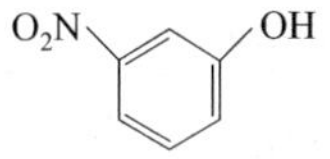	96	194/9.3×10^3Pa	1.4	8.39
对硝基苯酚	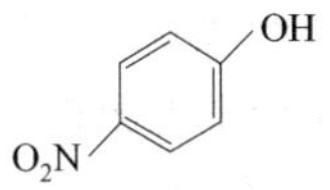	114	279/分解	1.7	7.15
2,4-二硝基苯酚	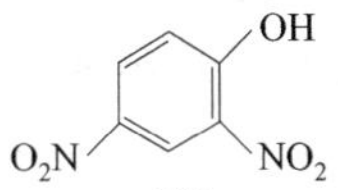	113	分解	0.6	4.09
2,4,6-三硝基苯酚	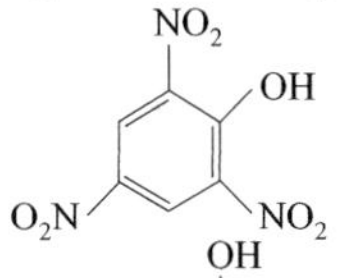	122	分解(300℃爆炸)	1.4	0.25
α-萘酚	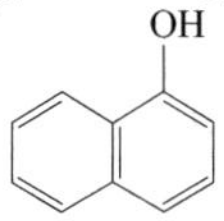	94	279	难	9.31
β-萘酚	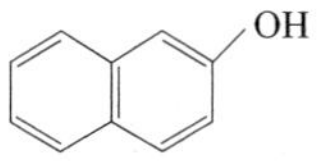	123	286	0.1	9.55
邻苯二酚	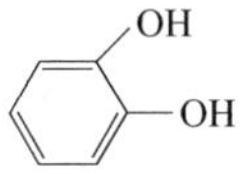	105	245	45.1	9.48
间苯二酚	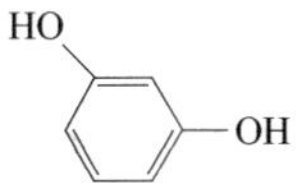	110	281	111	9.44
对苯二酚	 HO—C₆H₄—OH	170	286	8	9.96

酚的红外光谱与醇相似，有羟基的特征吸收峰，在极稀溶液中测定，未缔合羟基在3640～3600cm^{-1}区域有一尖锐的伸缩振动峰，缔合羟基在3500～3200cm^{-1}区域有一宽的吸收带。

酚羟基氢的化学位移受温度、浓度、溶剂的影响很大，约为4～8。

9.10 酚的化学性质

羟基与芳环相连，羟基与苯环共轭，两者相互影响，其结果是芳环使羟基酸性增强，酚羟基使其邻、对位电子云密度增大，故酚的芳环易于发生亲电取代，且主要发生在羟基的邻、对位。酚的衍生物还能发生一些特殊的重要反应。

9.10.1 酸性

酚具有酸性，其pK_a值约为10，介于水（15.7）和碳酸（6.4）之间。当在浑浊的苯酚水溶液中加入 5% NaOH 溶液时，则溶液澄清，在此澄清溶液中通入 CO_2 后，溶液又变浑浊。利用这一现象可鉴别苯酚，还可用于工业上回收和处理含酚污水。

$$C_6H_5\text{—}OH \xrightarrow{NaOH} C_6H_5\text{—}ONa + H_2O \xrightarrow{CO_2} C_6H_5\text{—}OH + NaHCO_3$$

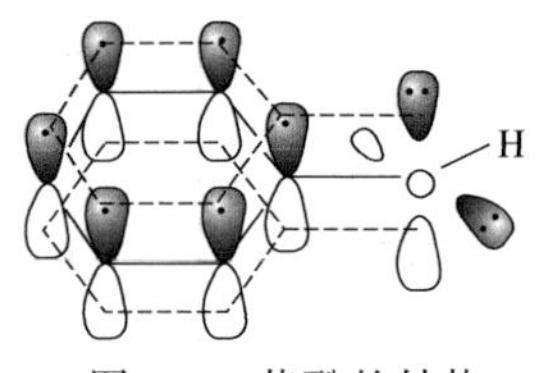

图 9-5　苯酚的结构

酚羟基的氧原子处于 sp^2 杂化状态，氧上有两对孤对电子，一对占据 sp^2 杂化轨道，另一对占据 p 轨道，p 电子云正好能与苯环的大 π 键电子云发生侧面重叠，形成 p-π 共轭体系（见图 9-5），结果增加了苯环上的电子云密度和羟基上氢的解离能力。

苯酚的羟基对苯环有吸电子诱导和给电子共轭作用，偶极矩为 5.34×10^{-30} C·m。苯酚的共振式表示如下：

OH ⟷ OH ⟷ $\overset{+}{O}H$ ⟷ $\overset{+}{O}H$ ⟷ $\overset{+}{O}H$

共振的结果使酚羟基容易解离出 H^+：

OH ⇌ [O^- ⟷ O^- ⟷ O ⟷ O ⟷ O] + H^+

不同的苯酚衍生物有不同的酸性，影响因素主要有以下两方面。

① 取代基的电子效应（参见 12.1.4）　例如：

	苯酚	邻硝基苯酚	间硝基苯酚	对硝基苯酚	2,4-二硝基苯酚
pK_a	9.94	7.22	8.39	7.15	4.09

	2,4,6-三硝基苯酚	间氯苯酚	对氯苯酚	间甲氧基苯酚	对甲氧基苯酚
pK_a	0.25	9.02	9.38	9.65	10.21

苯环上的吸电子基减少了苯环上的电子云密度，酚解离后形成的负离子电荷可以得到有效的分散而稳定；而给电子基则增大了苯环上的电子云密度，使酚解离后形成的负离子电荷不能有效分散，酚盐负离子不稳定，氢不易于解离，酸性减弱。

② 酚羟基邻位取代基的空间位阻　酚羟基邻位有空间位阻很大的取代基，由于酚氧负离子 ArO^- 的溶剂化受阻而使其酸性减弱，如 2,4,6-三新戊基苯酚的酸性很弱，不能与强碱 Na/NH_3 溶液反应。

2,4,6-三新戊基苯酚［OH；$(CH_3)_3CCH_2$；$CH_2C(CH_3)_3$；$CH_2C(CH_3)_3$］ $\xrightarrow{Na/NH_3}$ 不反应

★ **练习 9-9** 比较下列酚类化合物的酸性大小，并加以解释。

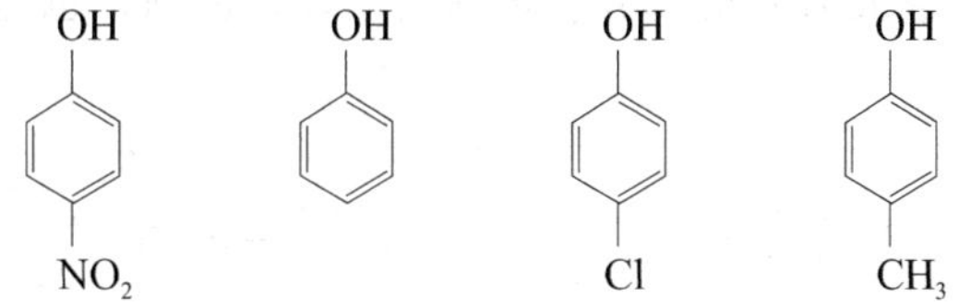

OH / NO_2（对硝基苯酚）　OH（苯酚）　OH / Cl（对氯苯酚）　OH / CH_3（对甲苯酚）

9.10.2 酯化反应和弗里斯重排

与醇不同，酚在酸、碱催化下，与活泼的酰化试剂（酰卤或酸酐）反应形成酯。例如：

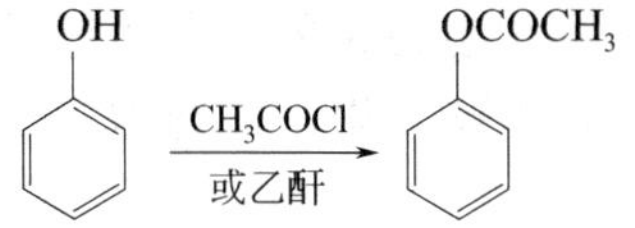

$$C_6H_5OH \xrightarrow[\text{或乙酐}]{CH_3COCl} C_6H_5OCOCH_3$$

酚酯类化合物在 $AlCl_3$、$ZnCl_2$、$FeCl_3$ 等 Lewis 酸催化下，发生酰基重排，生成邻、对位酚酮的混合物的反应称弗里斯（Fries K）重排。

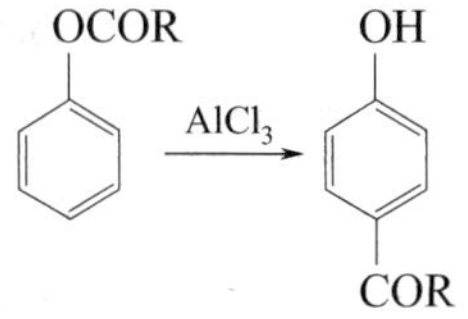

$$C_6H_5OCOR \xrightarrow{AlCl_3} p\text{-}HOC_6H_4COR$$

9.10.3 亲电取代反应

由于羟基的给电子共轭效应，使苯环邻、对位电子云密度增大，易于发生卤化、磺化、硝化、烷基化等亲电取代反应。

（1）卤化反应

酚很容易卤化。如苯酚与溴水反应，立即生成 2,4,6-三溴苯酚的白色沉淀，邻、对位有磺酸基团存在时，也可同时被取代。如溴水过量，则生成黄色的四溴苯酚衍生物沉淀。三溴苯酚在水中溶解度极小，含有 $10\mu g \cdot g^{-1}$ 苯酚的水溶液和溴水反应也能生成三溴苯酚而析出。这个反应常用于苯酚的定性检验和定量测定。

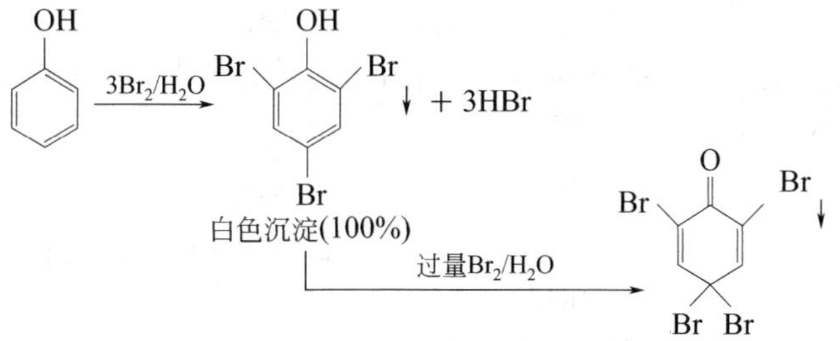

$$C_6H_5OH \xrightarrow{3Br_2/H_2O} 2,4,6\text{-}Br_3C_6H_2OH\downarrow + 3HBr$$

白色沉淀(100%)

$$\xrightarrow{\text{过量}Br_2/H_2O} 2,4,4,6\text{-四溴环己-2,5-二烯酮}\downarrow$$

酚在酸性条件下或在 CS_2、CCl_4 等非极性溶液中进行氯化或溴化，可得到一卤代产物。例如：

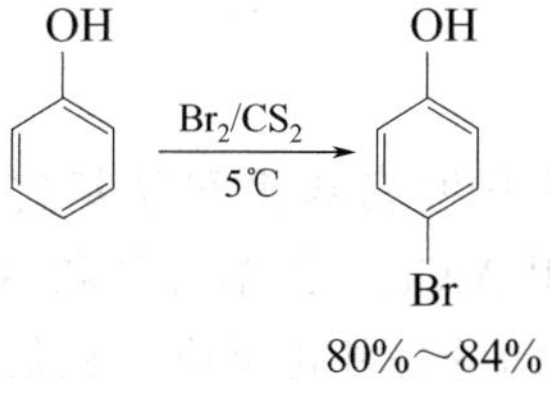

$$C_6H_5OH \xrightarrow[5℃]{Br_2/CS_2} p\text{-}BrC_6H_4OH$$

80%～84%

在水溶液中，当 pH＝10 时苯酚氯化能得到 2,4,6-三氯苯酚。在三氯化铁催化下，2,4,6-三氯苯酚能进一步氯化成五氯苯酚。五氯苯酚是一种杀菌剂，也是灭钉螺、防止血吸虫病的药物。

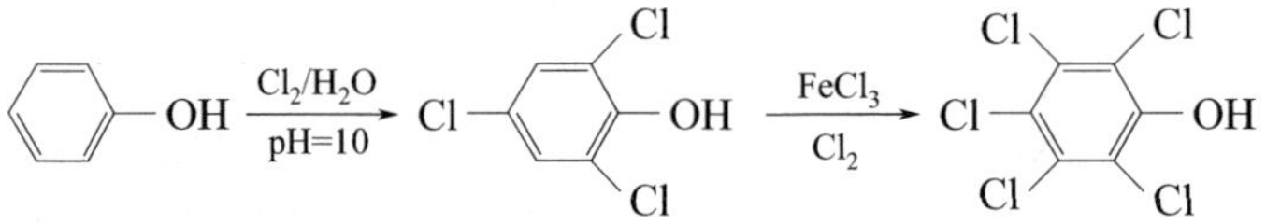

（2）磺化反应

苯酚与浓硫酸作用，在较低温度下（15～25℃）主要得到邻羟基苯磺酸，在较高温度（60～100℃）时反应，主要产物是对羟基苯磺酸。两者均可进一步磺化，得到 4-羟基苯-1,3-二磺酸。反应是可逆的，苯磺酸衍生物在稀酸中加热回流可除去磺酸基。苯酚分子中引入两个磺酸基后，苯环因钝化而不易被氧化，再与浓硝酸作用可生成 2,4,6-三硝基苯酚（苦味酸）。

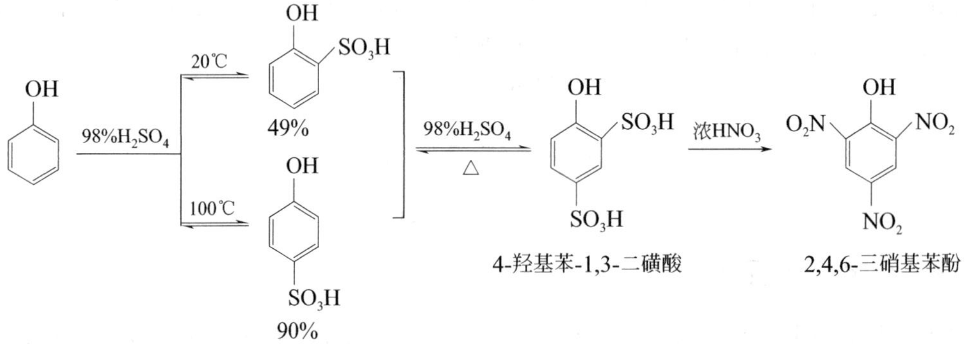

（3）硝化反应

苯酚很活泼，用稀硝酸即可硝化，生成邻、对位硝化产物的混合物。如用浓硝酸进行硝化，则生成 2,4-二硝基苯酚和 2,4,6-三硝基苯酚。但因酚羟基和苯环易被浓硝酸氧化，产率不高。

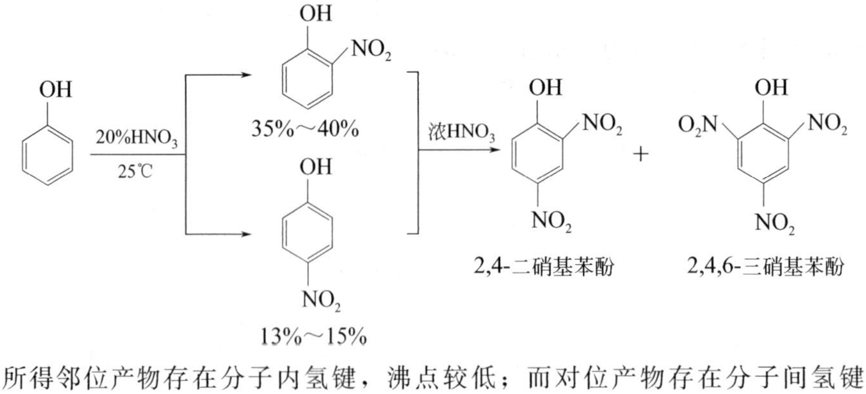

反应所得邻位产物存在分子内氢键，沸点较低；而对位产物存在分子间氢键，沸点较高，因此可利用沸点差异，用水蒸气蒸馏法分离。

（4）傅-克反应

由于酚羟基的影响，酚很容易发生烷基化和酰基化。常用的催化剂有 HF、H_3PO_4、BF_3 和多聚磷酸 PPA 等，一般不用 $AlCl_3$，因酚羟基和 $AlCl_3$ 易形成络合物 $PhOAlCl_2$ 而使催化剂失去催化能力而降低收率。酚的烷基化反应一般是用醇或烯烃作为烷基化试剂。

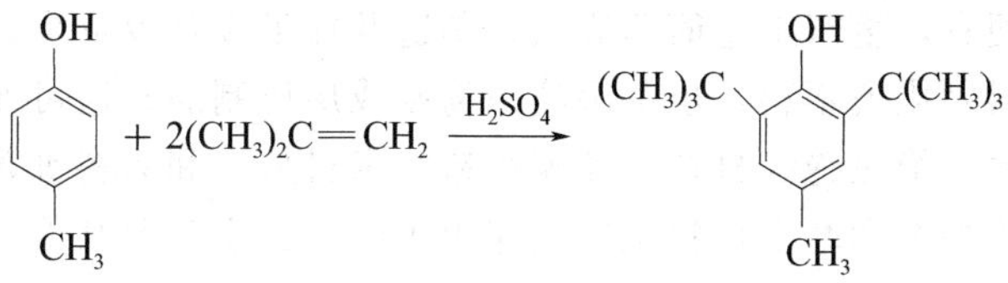

$$\text{4-甲基苯酚} + 2(CH_3)_2C{=}CH_2 \xrightarrow{H_2SO_4} \text{4-甲基-2,6-二叔丁基苯酚}$$

4-甲基-2,6-二叔丁基苯酚(简称：二六四抗氧剂)

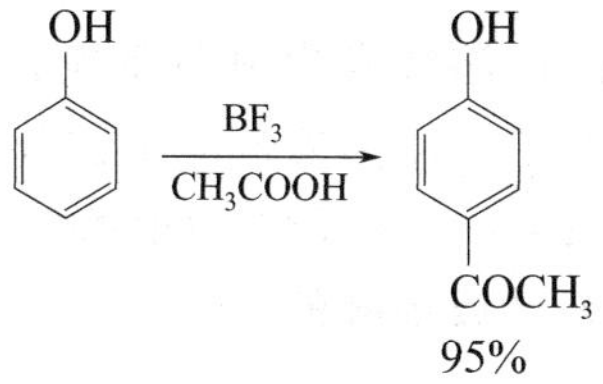

$$C_6H_5OH \xrightarrow[CH_3COOH]{BF_3} p\text{-}HOC_6H_4COCH_3\ (95\%)$$

(5) 与醛的缩合反应——酚醛树脂

酚醛树脂（phenolic resin）是以酚类化合物与醛类化合物缩聚而成的。其中，以苯酚和甲醛缩聚制得的酚醛树脂最为重要，应用最广。根据酚和醛的配比、反应条件及催化剂类型的不同，酚醛树脂的性质和用途也各不相同。苯酚在酸或碱催化下均可与甲醛发生缩合，按酚和醛的用量比例不同，可得到不同结构的高分子量的酚醛树脂。

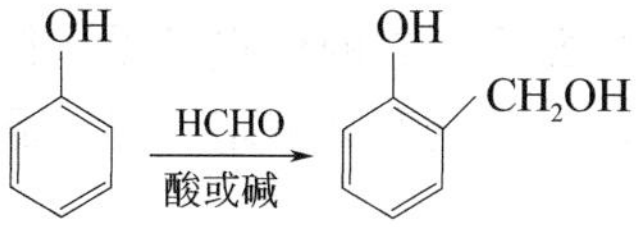

$$C_6H_5OH \xrightarrow[\text{酸或碱}]{HCHO} o\text{-}HOC_6H_4CH_2OH$$

当醛过量时，生成 2,6-二羟甲基苯酚和 2,4-二羟甲基苯酚。

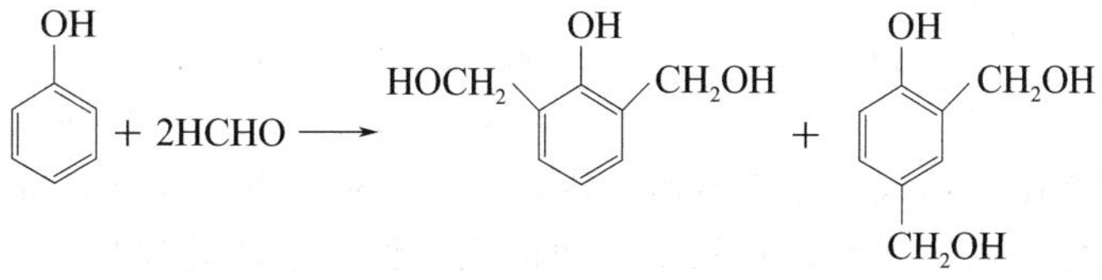

$$C_6H_5OH + 2HCHO \longrightarrow \text{2,6-(HOCH}_2)_2C_6H_3OH + \text{2,4-(HOCH}_2)_2C_6H_3OH$$

当酚过量时，生成 2,2′-二羟基二苯甲烷和 4,4′-二羟基二苯甲烷。

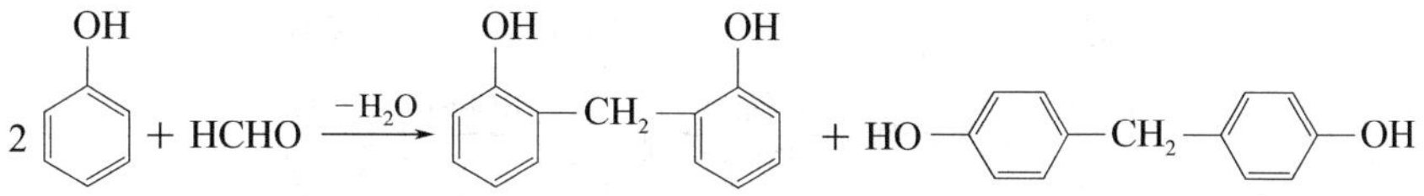

$$2C_6H_5OH + HCHO \xrightarrow{-H_2O} \text{2,2'-}(HOC_6H_4)_2CH_2 + HO{-}C_6H_4{-}CH_2{-}C_6H_4{-}OH$$

上述中间产物与甲醛、苯酚继续反应并相互缩合，就可得到线型或体型的酚醛树脂。

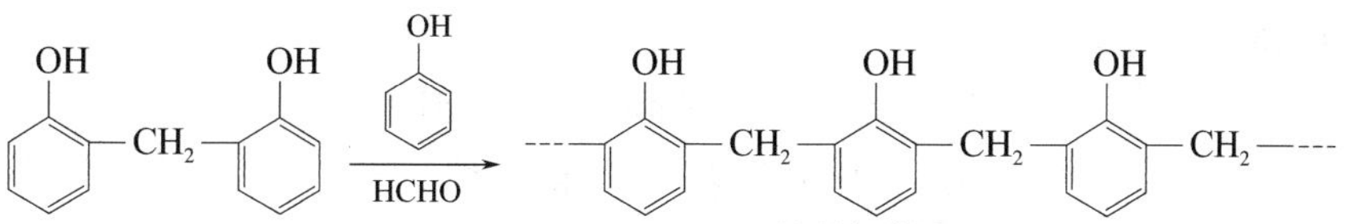

$$\text{2,2'-}(HOC_6H_4)_2CH_2 \xrightarrow[HCHO]{C_6H_5OH} \cdots{-}C_6H_3(OH){-}CH_2{-}C_6H_3(OH){-}CH_2{-}C_6H_3(OH){-}CH_2{-}\cdots$$

线型酚醛树脂

$$\text{羟甲基酚} \xrightarrow[HCHO]{C_6H_5OH} \text{网状体型酚醛树脂}$$

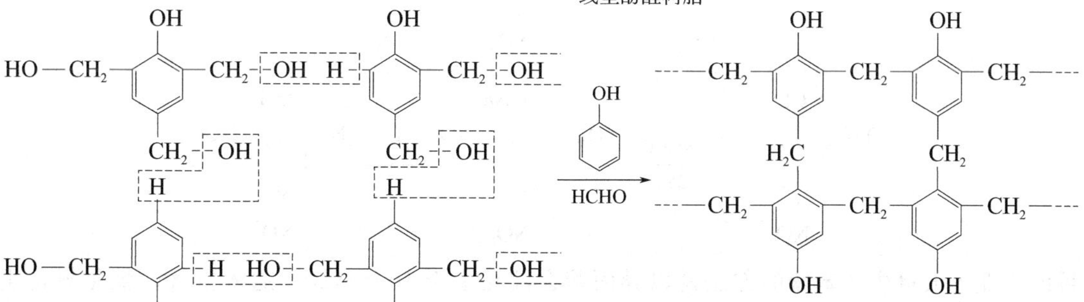

网状体型酚醛树脂

酚醛树脂原料价格便宜，生产工艺简单成熟，制造及加工设备投资少，成型容易。树脂既可混入无机或有机填料制成模塑料，也可湿渍织物制成层压制品，还可作工业用树脂广泛用于摩擦材料、研磨材料、绝热绝缘材料、壳模铸造、木材加工和涂料等领域。经过改性的酚醛树脂作为耐高温的胶黏剂和基本材料正广泛应用于航空、宇航及其他尖端技术领域。

9.10.4 显色反应

大多数酚或烯醇化合物能与 $FeCl_3$ 溶液发生显色反应，不同结构的酚呈现不同的颜色。一般认为是生成了配合物，如苯酚与 $FeCl_3$ 溶液反应呈蓝紫色。

$$6PhOH + FeCl_3 \longrightarrow H_3[Fe(OPh)_6] + 3HCl$$

这种特殊的显色反应可用来检验酚羟基或烯醇的存在。

9.11 酚的制备

煤焦油分馏所得的酚油和萘油中含有苯酚和甲苯酚约 28%～40%，可先经碱、酸处理，再减压蒸馏而分离，但产量有限，已远远不能满足工业需要。用合成法生产酚主要有以下几种方法。

苯磺酸盐碱熔法是最早的制酚方法，它的优点是设备简单，产率高，产品纯度好，但污染大，同时因反应在高温下进行，当环上有其他基团时，副反应多，所以此法的应用有一定的限制。

$$C_6H_5SO_3H \xrightarrow{Na_2SO_3} C_6H_5SO_3Na \xrightarrow[300\sim320℃]{NaOH} C_6H_5ONa \xrightarrow{SO_2/H_2O} C_6H_5OH$$

由卤代苯亦可制酚。卤代苯不易水解，因卤原子直接与苯环相连，能与苯环发生共轭作用，使得碳卤键更加牢固，需要在强烈条件和催化剂作用下才能发生。例如，氯苯在高温、高压和催化剂作用下，才可用稀碱（6%～8%）水解得苯酚钠，再酸化得苯酚：

$$C_6H_5Cl + NaOH \xrightarrow[28MPa]{Cu,\ 300℃} C_6H_5ONa \xrightarrow{HCl(aq)} C_6H_5OH$$

但当卤素的邻、对位有强吸电子基时，水解反应则可在较温和的条件下进行，得到取代的苯酚（参见 12.1.4）。

$$p\text{-}ClC_6H_4NO_2 \xrightarrow[130℃]{Na_2CO_3} p\text{-}NaOC_6H_4NO_2 \xrightarrow{H^+} p\text{-}HOC_6H_4NO_2$$

$$2,4,6\text{-}(O_2N)_3C_6H_2Cl \xrightarrow[35℃]{Na_2CO_3} 2,4,6\text{-}(O_2N)_3C_6H_2ONa \xrightarrow{H^+} 2,4,6\text{-}(O_2N)_3C_6H_2OH$$

目前工业上大量生产苯酚的方法是以异丙苯在液相中于 100～120℃ 通入空气，催化氧化生成过氧化氢异丙苯（CHP），再与稀硫酸作用发生重排，分别生成苯酚和丙酮。

$$\text{C}_6\text{H}_5\text{CH}(\text{CH}_3)_2 \xrightarrow[\text{过氧化物}]{O_2,\ 110\sim120^\circ\text{C}} \text{C}_6\text{H}_5\text{C}(\text{CH}_3)_2\text{OOH} \xrightarrow[75\sim85^\circ\text{C}]{\text{稀}H_2SO_4} \text{C}_6\text{H}_5\text{OH} + CH_3COCH_3$$

9.12 重要的酚

9.12.1 苯酚

苯酚是最简单的酚，为无色固体，具有特殊气味，显酸性。该化合物是1834年龙格（Lunge F）在煤焦油中发现的，故也叫石炭酸。在空气中放置，因被氧气氧化很快变成粉红色，经长时间放置会变为深棕色。在冷水中的溶解度较低，而与热水可互溶，在醇、醚中易溶。苯酚有强腐蚀性及一定的杀菌能力，用做防腐剂和消毒剂。在工业上可用于制备酚醛树脂及其他高分子材料、染料、药物、炸药等。

9.12.2 甲（苯）酚

甲苯酚简称甲酚，它有邻、间、对位三种异构体，煤焦油和城市煤气生产的副产物中的酚约含邻甲苯酚10%～13%，间甲苯酚14%～18%，对甲苯酚9%～12%。由于它们的沸点相近，不易分离。工业上应用的往往是三种异构体的混合物，目前，邻、间甲苯酚工业上主要采用苯酚甲醇烷基化法进行生产。

$$\text{C}_6\text{H}_5\text{OH} \xrightarrow[Al_2O_3,\ 300\sim400^\circ\text{C}]{CH_3OH} o\text{-}CH_3\text{C}_6\text{H}_4\text{OH}$$

甲酚主要用做合成树脂、农药、医药、香料、抗氧剂等的原料。甲酚的杀菌力比苯酚大，可做木材、铁路枕木的防腐剂，医药上用做消毒剂。

9.12.3 对苯二酚

对苯二酚为无色晶体，又称氢醌，溶于水、乙醇、乙醚。它具有还原性，可用做显影剂，也可用做抗氧剂和阻聚剂。

$$p\text{-HOC}_6\text{H}_4\text{OH} + 2AgBr + 2OH^- \longrightarrow \text{O}{=}\text{C}_6\text{H}_4{=}\text{O} + 2Ag + 2Br^- + 2H_2O$$

9.12.4 萘酚

萘酚有两种异构体：α-萘酚和β-萘酚，两者都少量存在于煤焦油中，都可用萘磺酸碱熔法制备，α-萘酚还可由α-萘胺水解得到。α-萘胺可用萘硝化还原得到（参见6.8.1）。

$$\underset{\alpha,\beta\text{-}}{\text{C}_{10}\text{H}_7\text{SO}_3\text{Na}} \xrightarrow[300^\circ\text{C}]{NaOH} \text{C}_{10}\text{H}_7\text{ONa} \xrightarrow{H^+} \underset{\alpha,\beta\text{-}}{\text{C}_{10}\text{H}_7\text{OH}}$$

α-萘酚为针状结晶，β-萘酚为片状结晶。萘酚的化学性质与苯酚相似，易发生硝化、磺化等反应。萘酚的羟基比苯酚的羟基活泼，易生成醚和酯。萘酚是重要的染料中间体。β-萘酚还可以用做杀菌剂、抗氧剂。

9.12.5 环氧树脂

环氧树脂（epoxide resin）是高分子链结构中含有两个或两个以上环氧基团的高分子化合物的总称，属于热固性树脂。其代表性树脂是双酚 A 型环氧氯丙烷树脂。

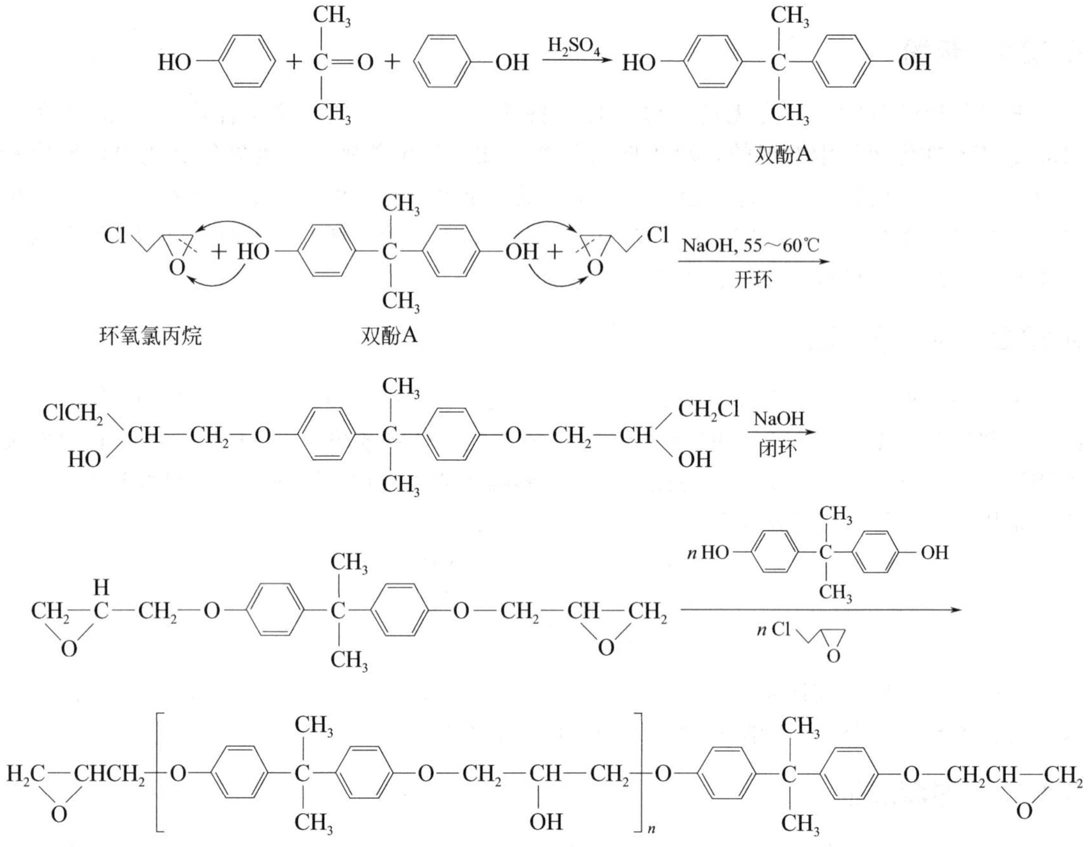

H_2SO_4

双酚A

NaOH, 55～60℃

开环

环氧氯丙烷　　双酚A

NaOH

闭环

环氧树脂

线型环氧树脂再加固化剂，就可生成体型网状结构，固化剂的作用就是把两端活泼的环氧键打开，这样就可以使线型分子交联而形成体型结构。常用的固化剂有乙二胺、间苯二酚、均苯四甲酸二酐等。环氧树脂具有极强的黏结性，俗称“万能胶”，这是由于羟基和醚键等强极性基团使环氧分子和相邻界面间产生较强的黏附力。

环氧树脂机械强度高，电绝缘性能好，耐酸碱。环氧树脂主要用于涂料工业、电子工业、建筑工业胶黏剂、密封剂、复合材料领域等。

9.12.6 离子交换树脂

离子交换树脂（ion exchange resin）是一类带有功能基的网状结构高分子化合物，其结构由三部分组成：不溶性的三维空间网状骨架、连接在骨架上的功能基团和功能基团所带的相反电荷的可交换离子。

目前，工业上和实验室应用最广泛的离子交换树脂是由苯乙烯和二乙烯苯共聚而成的。

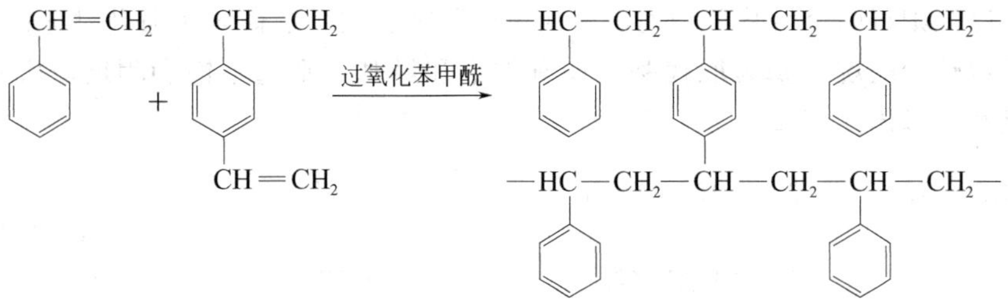

$$\text{styrene} + \text{divinylbenzene} \xrightarrow{\text{过氧化苯甲酰}} \text{cross-linked polystyrene}$$

将苯乙烯和二乙烯苯聚合所生成的树脂进行磺化，得含磺酸基的苯乙烯型树脂。

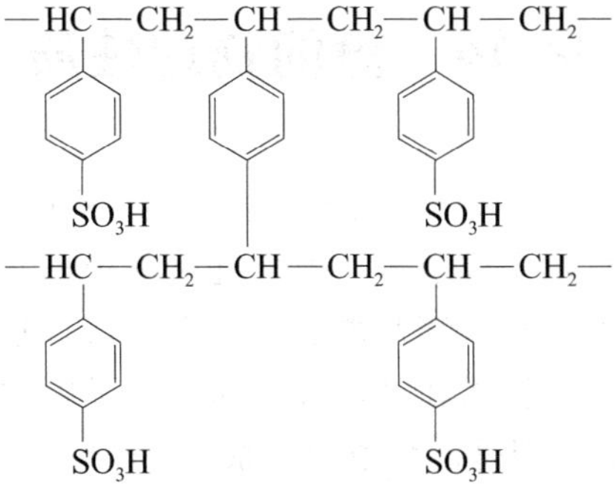

（含 $-SO_3H$ 基的交联聚苯乙烯树脂结构式）

含磺酸基的树脂基能解离出氢离子，并与溶液中的金属离子进行交换，可以分离除去这些金属离子。由于交换的是金属阳离子，所以叫做阳离子交换树脂（cation exchange resin）。例如：

$$\underset{\text{阳离子交换树脂}}{2R-SO_3H} + \underset{\text{来自硬水}}{Ca^{2+}} \underset{\text{再生}}{\overset{\text{交换}}{\rightleftharpoons}} (R-SO_3)_2Ca + 2H^+$$

如在树脂中引进的是碱性基团，如季铵基团（$-N^+R_3OH$），它们在水溶液中解离的是 OH^-，可与溶液中阴离子进行交换，由于交换的是阴离子，所以称为阴离子交换树脂（anion exchange resin）。例如：

$$\underset{\text{阴离子交换树脂}}{R-\overset{+}{N}(CH_3)_3OH^-} + NaCl \underset{\text{再生}}{\overset{\text{交换}}{\rightleftharpoons}} R-\overset{+}{N}(CH_3)_3Cl^- + NaOH$$

利用强酸性阳离子交换树脂和强碱性阴离子交换树脂，可把水中所含有的阳离子和阴离子杂质除去而得到去离子的纯水。使用后的阴、阳离子交换树脂可分别用酸或碱处理，恢复原来的形态和性质，可反复使用。

离子交换树脂应用很广，主要用于硬水软化，脱盐水、纯水与高纯水的制备，湿法冶金，稀有元素分离，抗生素提取等，广泛用于电力、石化、化工、冶金、医药、食品、电子等行业。

9.13 醚的结构、分类和命名

醚（ether）可看成是水分子中的两个氢被烃基取代的化合物，或两分子醇或酚之间失水的生成物。醚的通式为：R—O—R′、Ar—O—R 或 Ar—O—Ar，醚分子中的氧基—O—也叫醚键。图 9-6 所示为甲醚的分子结构。

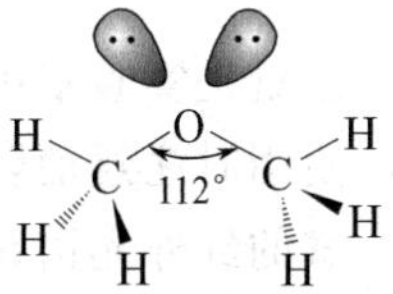

在醚中，两个烃基相同时称为简单醚，不同时称为混合醚，当氧和碳成环时称为环醚。或者通过使用取代基前缀“氧桥”或“氧杂”，并与其他取代基前缀按字母顺序排列。

H C O C H H H H H 112°

图 9-6　甲醚的结构

对简单的烷基醚命名时可在“醚”字前面写出两个烃基的名称，

混合醚按次序规则将两个烃基分别列出后加“醚”字。按系统命名法命名时选较长的烃基为母体，含碳数较少的烷氧基为取代基。如有不饱和烃基，则选不饱和程度较大的烃基为母体，即烷氧基+母体。例如：

$CH_3OCH_2CH_2CH_3$ 1-甲氧基丙烷

$CH_3OCH_2CH_2OCH_3$ 1,2-二甲氧基乙烷

(环戊基—O—苯基) 环戊氧基苯

$CH_2(OH)—CH(OH)—CH_2(OCH_3)$ 3-甲氧基丙-1,2-二醇

9.14 醚的物理性质

除甲醚、甲乙醚在常温下为气体外，其他大多数醚为液体。醚的沸点比相同分子量的醇低得多。醚分子中氧原子可与水生成氢键，但氢键大都较弱，水溶性不大，多数醚不溶于水。例外的是四氢呋喃和 1,4-二氧六环却能和水完全互溶，常用做溶剂。这是由于四氢呋喃和 1,4-二氧六环分子中氧原子裸露在外，容易和水分子中的氢原子形成氢键。乙醚的碳氧原子数虽和四氢呋喃的相同，但是乙醚中的氧原子“被包围”在乙醚分子之中，难以和水成氢键，所以乙醚只能稍溶于水，而多数有机物易溶于乙醚，故常用乙醚从水溶液中提取易溶于乙醚的物质。

一些醚的名称和物理常数见表 9-3。

表 9-3　醚的名称和物理常数

化合物	习惯命名法	系统命名法	沸点/℃	相对密度(d_4^{20})
CH_3OCH_3	(二)甲醚	甲烷基甲烷	−24.9	0.661
$CH_3OC_2H_5$	甲乙醚	甲氧基乙烷	7.9	0.691
$C_2H_5OC_2H_5$	(二)乙醚	乙氧基乙烷	34.6	0.741
$(CH_3CH_2CH_2)_2O$	(二)丙醚	丙氧基丙烷	90.5	0.736
$(CH_3)_2CHOCH(CH_3)_2$	(二)异丙醚	2-异丙氧基丙烷	68	0.735
$CH_3OCH_2CH_2CH_3$	甲正丙醚	甲氧基丙烷	39	0.733
$CH_3CH_2OCH{=}CH_2$	乙烯基乙醚	乙氧基乙烯	36	0.763
$CH_3OCH_2CH_2OCH_3$	乙二醇二甲醚	1,2-二甲氧基乙烷	83	0.863
$H_2C—CH_2$ (—O—环)	氧化乙烯,氧丙环,噁烷	环氧乙烷	10.7	0.897
(四氢呋喃结构, O)	四氢呋喃	氧杂环戊烷	66	0.889
(1,4-二氧六环结构, O O)	1,4-二氧六环,二噁烷	1,4-二氧杂环己烷	101	1.04
(苯基)—OCH_3	茴香醚,苯甲醚	甲氧基苯	154	0.994
(苯基)—O—(苯基)	二苯醚	苯氧基苯	258	1.073

乙醚是实验室中常用的溶剂，极易挥发、易燃，乙醚气体和空气可形成爆炸性混合气体，使用时注意消防安全。

醚的红外光谱在 1275～1020cm^{-1}区域有 C—O 的伸缩振动，核磁共振谱中与氧相连碳上氢的化学位移在 3.54 左右有吸收，该峰很易识别。

9.15 醚的化学性质

醚化学性质相对不活泼，分子中无活泼氢，在常温下不能与活泼金属反应，对酸、碱、氧化剂和还原剂都十分稳定，但是在一定条件下，醚也能发生反应。

9.15.1 醚的自动氧化

许多烷基醚与空气接触或经光照，α-位上的 H 会慢慢被氧化生成不易挥发的过氧化物。醚的过氧化物有极强的爆炸性，在使用和处理醚类溶剂时要注意。

$$CH_3CH_2OCH_2CH_3 \xrightarrow{O_2} CH_3\underset{}{\overset{OOH}{\overset{|}{C}}}HOCH_2CH_3$$

氢过氧化乙醚

9.15.2 𬭩盐的生成

醚中的氧原子提供孤对电子，作为 Lewis 碱与其他原子或基团（Lewis 酸）结合而成的物质称为𬭩盐（oxonium salt）。

醚与无机酸和 Lewis 酸能形成𬭩盐。例如：

$$R_2O \xrightarrow{HCl} R_2\overset{+}{O}HCl^-$$

$$R_2O \xrightarrow{H_2SO_4} R_2\overset{+}{O}HSO_3H^-$$

$$R_2O \xrightarrow{BF_3} R_2O^+BF_3^- \xrightarrow{R'F} R_2O^+R'BF_4^-$$

三级𬭩盐

$$R_2O \xrightarrow{AlCl_3} R_2O^+AlCl_3^-$$

$$R_2O \xrightarrow{R'MgX} R'—\underset{\underset{R_2\ddot{O}}{\vdots}}{\overset{\overset{R_2\ddot{O}}{\vdots}}{Mg}}—X$$

𬭩盐是强酸弱碱盐，只在强酸中稳定，在水中分解得醚。𬭩盐或络合物的形成，使醚的 C—O 键变弱。尤其是三级𬭩盐极易分解出烷基正离子 R^+，并与亲核试剂反应，因此是一种很有用的烷基化试剂。例如：

$$(CH_3CH_2)_3O^+BF_4^- + ROH \longrightarrow CH_3CH_2OR + (C_2H_5)_2O + HBF_4$$

9.15.3 醚键的断裂

醚虽然稳定，但与氢碘酸一起加热时，醚键会发生 C—O 键断裂生成醇和碘代烃。醚断裂的反应机理主要取决于醚的烃基结构，但 R 为一级烷基时，按 S_N2 机理进行，三级烷基则容易按 S_N1 机理进行。

$$CH_3OCH_3 \xrightarrow{HI} CH_3\overset{H}{\underset{+}{O}}CH_3I^- \xrightarrow{S_N2} CH_3I + CH_3OH \xrightarrow{HI} CH_3I$$

$$(CH_3)_3COCH_3 \xrightarrow{HI} (CH_3)_3C\overset{+}{\underset{H}{O}}CH_3 \xrightarrow{S_N1} (CH_3)_3C^+ + CH_3OH \xrightarrow{HI} CH_3I$$

$$(CH_3)_3C^+ \xrightarrow{I^-} (CH_3)_3CI$$

HI 常用于断裂醚键，或用 KI/H_3PO_4 代替 HI；HBr 需用浓酸和较高的反应温度；HCl 断裂醚键的效果较差。

混合醚 C—O 键断裂的顺序为：三级烷基>二级烷基>一级烷基>甲基>芳基，由于 p-π 共轭，Ar—O 键不易断裂，醚键总是优先在脂肪烃的一边断裂。二芳基醚很难发生断键反应。例如：

$$PhOCH_3 + HI \longrightarrow PhOH + CH_3I$$

环醚在酸作用下开环生成卤代醇，酸过量时生成二卤代烷，不对称环醚开环，得到两种产物的混合物。

$$\text{(四氢呋喃)} \xrightarrow{HBr} HOCH_2CH_2CH_2CH_2Br \xrightarrow{HBr} BrCH_2CH_2CH_2CH_2Br$$

9.15.4 1,2-环氧化合物的开环反应

一般的醚是较稳定的化合物，故常用做溶剂，尤其对碱稳定。但环氧乙烷和一般醚完全不同，它不仅可与酸反应，同时还能与不同的碱反应。原因是其三元环结构的分子中存在较强的环张力，极易与多种试剂反应后开环，在有机合成中通过它可以制备多种化合物。

（1）酸催化开环

$CH_3CH—CH_2$（环氧丙烷）：

- $\xrightarrow[H^+]{H_2O}$ $CH_3CH(OH)CH_2OH$
- $\xrightarrow[H^+]{CH_3OH}$ $CH_3CH(OCH_3)CH_2OH$
- $\xrightarrow[H^+]{PhOH}$ $CH_3CH(OPh)CH_2OH$
- $\xrightarrow{HX}$ $CH_3CH(X)CH_2OH$
- $\xrightarrow{RCOOH}$ $CH_3CH(OCOR)CH_2OH$

亲核能力较弱的亲核试剂需用酸来帮助开环，酸的作用是使氧质子化，氧上带正电荷，削弱 C—O 键，并使环碳原子带部分正电荷，增强了与亲核试剂的结合能力。反应是 S_N2 反应，但具有部分 S_N1 的性质，由电子效应控制产物，空间因素不重要，亲核试剂进攻取代基多的环碳原子。

（2）碱催化开环

$CH_3CH—CH_2$（环氧丙烷）：

- $\xrightarrow{HO^-}$ $CH_3CH(OH)CH_2OH$
- $\xrightarrow{RO^-}$ $CH_3CH(OH)CH_2OR$
- $\xrightarrow{ArO^-}$ $CH_3CH(OH)CH_2OAr$
- $\xrightarrow{RMgX}$ $CH_3CH(OMgX)CH_2OR$ $\xrightarrow{H_2O}$ $CH_3CH(OH)CH_2OR$
- $\xrightarrow{NH_3}$ $CH_3CH(OH)CH_2NH_2$
- $\xrightarrow{LiAlH_4}$ $[(CH_3)_2CHO)]_4AlLi$ $\xrightarrow{H_2O}$ $(CH_3)_2CHOH + LiAlO_2$

碱催化开环是一个 S_N2 反应，C—O 键的断裂与亲核试剂和环碳原子之间键的形成几乎同时进行，试剂选择进攻取代基较少的环碳原子，因为这个碳的空间位阻较小。

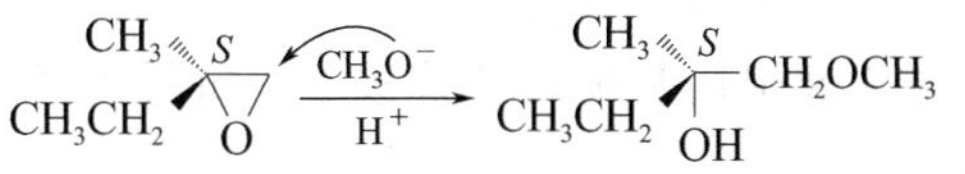

$$CH_3CH_2C(CH_3)(S)\text{-环氧乙烷} \xrightarrow[H^+]{CH_3O^-} CH_3CH_2C(CH_3)(OH)(S)CH_2OCH_3$$

手性构型不变

9.16 醚的制备

9.16.1 威廉姆森合成

威廉姆森（Williamson）醚合成法是在无水条件下用卤代烃与醇钠或酚钠反应，从而得到对称或不对称的醚。

$$(CH_3)_3CONa + CH_3I \xrightarrow{S_N2} (CH_3)_3COCH_3$$

上述反应如果由甲醇钠和叔丁基溴反应，则得不到醚产物，而只是发生消除反应生成烯烃。故制备具有叔烃基的混醚时，应采用叔醇钠与伯卤代烷反应。

除卤代烷外，磺酸酯、硫酸酯也可用于合成醚，芳香醚可用苯酚钠与卤代烷或硫酸酯反应制备。

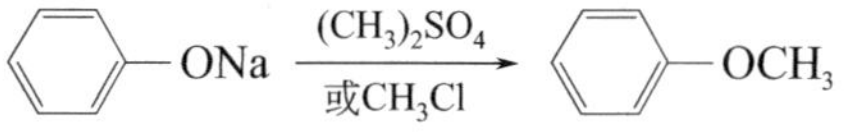

$$C_6H_5ONa \xrightarrow[\text{或}CH_3Cl]{(CH_3)_2SO_4} C_6H_5OCH_3$$

苯甲醚(茴香醚)

> ★ **练习 9-10** 叔丁基丙基醚能用丙醇钠和叔丁基溴来合成吗？为什么？请指出叔丁基丙基醚的一个较好的合成方法。

9.16.2 醇分子间失水

将醇和硫酸共热，在控制温度（不超过 150℃）时，两分子醇间脱水生成对称醚。除硫酸外，也可用芳香族磺酸、氯化锌、氯化铝、氟化硼等作催化剂。

$$2ROH \xrightarrow[-H_2O]{H_2SO_4} R—O—R$$

工业上生成乙醚采用 Al_2O_3 作脱水剂。

$$2CH_3CH_2OH \xrightarrow[300℃]{Al_2O_3} CH_3CH_2OCH_2CH_3 + H_2O$$

9.16.3 酚醚的生成和克莱森重排

酚羟基的碳氧键比较牢固，故酚醚一般不能通过酚分子间脱水来制备，通常由酚负离子作为亲核试剂参与反应。例如，与卤代烃或硫酸二烷基酯等反应生成酚醚。

二芳基酚醚可用酚钠与芳卤衍生物在铜催化下加热制备。

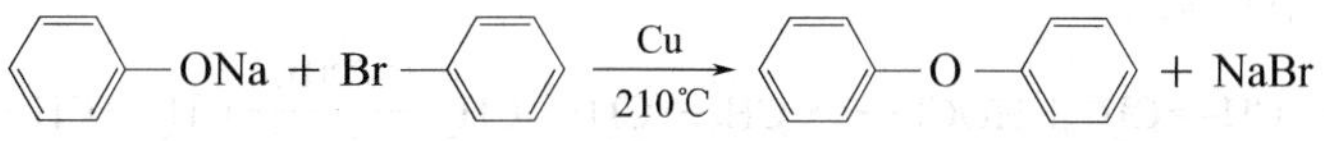

$$C_6H_5ONa + Br—C_6H_5 \xrightarrow[210℃]{Cu} C_6H_5—O—C_6H_5 + NaBr$$

酚醚化学性质比酚稳定，不易氧化，但易被氢碘酸 HI 分解，生成原来的酚和碘代烷。在有机合成上，常利用这一方法来保护酚羟基，以免羟基在反应中被破坏，待反应终了再脱保护恢复原来的酚。

$$\text{C}_6\text{H}_5\text{—OCH}_3 \xrightarrow{\text{HI}} \text{C}_6\text{H}_5\text{—OH} + \text{CH}_3\text{I}$$

烯丙基芳基醚在高温下先重排为邻烯丙基酚，接着进一步重排为对烯丙基酚，这一重排反应称克莱森（Claisen L）重排。

$$\text{C}_6\text{H}_5\text{—OCH}_2\text{CH}=\overset{*}{\text{C}}\text{H}_2 \xrightarrow{200℃} o\text{-HO—C}_6\text{H}_4\text{—}\overset{*}{\text{C}}\text{H}_2\text{CH}=\text{CH}_2 \xrightarrow{200℃} p\text{-HO—C}_6\text{H}_4\text{—CH}_2\text{CH}=\overset{*}{\text{C}}\text{H}_2$$

9.17 环　醚

碳链两端或碳链中间两个碳原子与氧原子形成环状结构的醚，称为环醚。小的环氧化合物称环氧某烷，较大的环可看作是含氧杂环的环醚，习惯上按杂环规则命名（见表 9-3）。

五元环和六元环的环醚性质比较稳定。三元环的环醚，由于环易开裂，与不同试剂发生反应而生成各种不同的产物，在合成上应用广泛。

9.17.1 环氧乙烷

环氧乙烷为无色、有毒的气体，可与水混溶，与空气形成爆炸混合物。工业上可由乙烯在银催化下用空气氧化得到。

环氧乙烷绝大多数（70%）用来生产乙二醇。乙二醇是制造涤纶——聚对苯二甲酸乙二醇酯的原料。

$$\underset{\diagdown\text{O}\diagup}{\text{H}_2\text{C}\text{—}\text{CH}_2} + \text{H}_2\text{O} \xrightarrow[\text{或加压}]{\text{H}^+} \underset{\text{OH}\quad\text{OH}}{\text{H}_2\text{C}\text{—}\text{CH}_2}$$

环氧乙烷在催化剂如四氯化锡及少量水存在下，聚合成水溶性的聚乙二醇（或称聚环氧乙烷）。

$$n\,\underset{\diagdown\text{O}\diagup}{\text{H}_2\text{C}\text{—}\text{CH}_2} \xrightarrow{\text{SnCl}_4} \xrightarrow{\text{少量H}_2\text{O}} \underset{\text{聚乙二醇}}{\text{HO}\text{+}\text{CH}_2\text{—CH}_2\text{O}\text{+}_n\text{H}}$$

聚乙二醇可用做聚氨酯的原料，聚氨酯可制人造革、泡沫塑料、医用高分子材料等。

环氧乙烷还可用于制备非离子性表面活性剂——聚乙二醇甲烷基苯醚，这一表面活性剂可用做洗涤剂、乳化剂、分散剂、加溶剂、纺织工业的润湿剂、匀染剂等。

9.17.2 环氧丙烷

环氧丙烷是无色具有醚味的液体，沸点 34℃，溶于水。用丙烯与次氯酸加成再失氯化氢成环，即可得环氧丙烷。

$$\text{CH}_3\text{—CH}=\text{CH}_2 + \text{HOCl} \longrightarrow \text{CH}_3\text{—}\underset{\text{HO}}{\text{CH}}\text{—}\underset{\text{Cl}}{\text{CH}_2} \xrightarrow{\text{Ca(OH)}_2} \text{CH}_3\text{—}\underset{\diagdown\text{O}\diagup}{\text{CH}\text{—}\text{CH}_2}$$

环氧丙烷的性质与环氧乙烷类似，但反应性稍低，其主要用于生产丙-1,2-二醇和聚丙-1,2-二醇。

$$CH_3-\underset{\diagdown O \diagup}{CH-CH_2} + H_2O \longrightarrow CH_3-\underset{HO}{\underset{|}{CH}}-\underset{OH}{\underset{|}{CH_2}}$$

$$n\,CH_3-\underset{\diagdown O \diagup}{CH-CH_2} \xrightarrow[H_2O]{\text{Lewis酸}} \left[O-\overset{H_3C}{\overset{|}{CH}}-CH_2O\right]_n$$

聚丙-1,2-二醇

聚丙-1,2-二醇与聚乙二醇类似，也可用做聚氨酯的原料，但产品的硬度较用聚乙二醇的大。

环氧丙烷与丁烯二酸酐反应生成不饱和聚酯。不饱和聚酯可用苯乙烯固化，用于制造塑料（如玻璃钢）、涂料等。

$$n\,CH_3-\underset{\diagdown O \diagup}{CH-CH_2} + n\begin{matrix} HC-\overset{O}{\overset{\|}{C}} \\ \| \qquad\quad O \\ HC-\underset{O}{\underset{\|}{C}} \end{matrix} \longrightarrow \left[O-CH_2-\overset{CH_3}{\overset{|}{CH}}-O-\overset{O}{\overset{\|}{C}}CH=CH\overset{O}{\overset{\|}{C}}\right]_n$$

不饱和聚酯

9.17.3 3-氯-1,2-环氧丙烷

3-氯-1,2-环氧丙烷也称环氧氯丙烷，是无色液体，沸点 116℃，可用于制造环氧树脂。环氧树脂可用于黏合剂、塑料与涂料等。

$$HO-C_6H_4-\overset{CH_3}{\overset{|}{\underset{CH_3}{\underset{|}{C}}}}-C_6H_4-OH \xrightarrow[2\ H_2\underset{Cl}{\underset{|}{C}}-\underset{\diagdown O \diagup}{CH-CH_2}]{NaOH} \underset{\diagdown O \diagup}{H_2C-HC}-H_2CO-C_6H_4-\overset{CH_3}{\overset{|}{\underset{CH_3}{\underset{|}{C}}}}-C_6H_4-OCH_2-\underset{\diagdown O \diagup}{CH-CH_2}$$

双酚A　　　　双酚A失水甘油醚

9.17.4 1,4-二氧六环

1,4-二氧六环又称二噁烷，或 1,4-二氧杂环已烷，可由乙二醇或环氧乙烷二聚制备。

1,4-二氧六环为无色液体，能与水和多种有机溶剂混溶，由于它是六元环，故较稳定，是一种优良的有机溶剂。

9.17.5 冠醚

冠醚（crown ether）是 20 世纪 60 年代末合成得到的多氧大环醚。它们的结构特征是分子中具有重复$\left(OCH_2CH_2\right)_n$单位。由于它们状似皇冠，故称冠醚。冠醚可看做是多分子乙二醇缩聚而成的大环化合物。

冠醚命名时将环上的烃基名称和数目作为词头，将组成大环的原子总数写在烃基词头之后，前后用一短横连接，并缀以“冠”字；“冠”字后面再用一短横把多醚环中所含的氧原子数目作为词尾写出。例如：

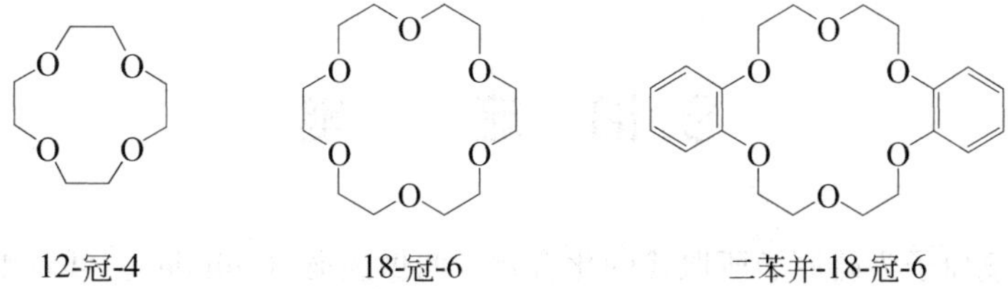

12-冠-4　　18-冠-6　　二苯并-18-冠-6

冠醚的重要特点是具有特殊的络合能力，在冠醚的大环结构中有空穴，且氧原子上含孤

对电子，因此可以与不同的金属离子络合，如 12-冠-4 可以络合 Li^+，但不能络合 K^+；而 18-冠-6 可以络合 K^+，但不络合 Li^+ 或 Na^+。冠醚的这一性质可用来分离金属正离子，也可用来加速进行某些反应。例如：

$$\text{环己烯} + KMnO_4 \xrightarrow[\text{反应迅速}]{\text{18-冠-6}} HOOC(CH_2)_4COOH$$

这是由于冠醚能与 K^+ 络合，使高锰酸钾能以络合物形式溶于环己烯中，能很好地和反应物接触。因而氧化反应速率大大加快，产率也大为提高。在这个反应中，冠醚实际上是促使氧化剂由水相转移到有机相，是相转移剂，所以冠醚是一种相转移催化剂。

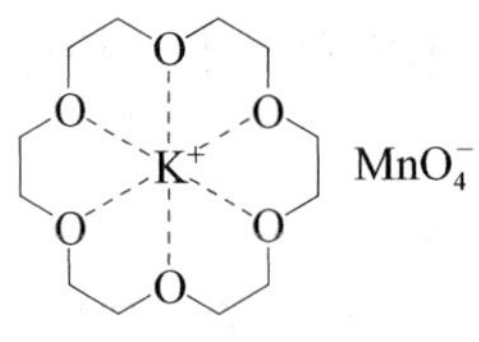

紫色溶液

相转移催化（phase transfer catalysis，缩写 PTC）是 20 世纪 60 年代发展起来的一种新方法，该法能使传统方法难以实现或不能发生的反应顺利进行。其反应条件温和，操作简单，反应时间短，反应选择性高，副反应少，并可避免使用价格高昂的试剂或溶剂。

在两相体系中的物质发生反应时，相转移催化剂把参加反应的一种试剂从一相转移到另一相，以便使它与在该相中的底物相遇而发生反应。

卤代烃与氰化钠的反应，前者溶于有机溶剂相，后者溶于水相，故反应极慢。加入相转移催化剂后，发生如下所示的反应过程：

$$\underset{\text{反应物}}{Na^+CN^-} + Q^+X^- \rightleftharpoons [Q^+CN^-] + Na^+X^- \qquad \text{水相}$$

PTC ↑ ↓ 相界面

$$\underset{\text{产物}}{RCN} + Q^+X^- \rightleftharpoons [Q^+CN^-] + \underset{\text{反应物}}{RX} \qquad \text{有机相}$$

PTC 中溶于有机相的部分 Q^+ 携带反应负离子 CN^- 从水相到有机相，参加反应，随后催化剂正离子携带 X^- 返回水相。相转移催化剂连续不断地穿梭于水相与有机相的界面传递负离子，从而促进反应的发生。

除了冠醚外，常用的相转移催化剂（PTC）还有季铵盐（参见 12.2.5）。

冠醚的合成一般可用 Williamson 醚合成法制备得到。例如：

$$HO(CH_2CH_2O)_2CH_2CH_2OH + Cl(CH_2CH_2O)_2CH_2CH_2Cl \xrightarrow[\triangle,18h]{KOH} \text{18-冠-6}$$

9.18 硫　　醚

醚分子中的氧原子为硫原子所取代的化合物，叫做硫醚（sulfide）。可以用通式R—S—R′、R—S—Ar 或 Ar—S—Ar′来表示。硫醚的命名和醚类似，只需在“醚”字前加“硫”字即可。例如：

CH_3SCH_3 甲硫醚　　$CH_3CH_2SCH_2CH_3$ 乙硫醚　　$CH_3SCH_2CH_3$ 甲乙硫醚

9.18.1 硫醚的性质

硫醚分子中的硫处于 sp^3 杂化状态，硫原子的两对孤对电子各占据一个 sp^3 杂化轨道，另两个 sp^3 杂环轨道分别与碳形成碳硫 σ 键。低级硫醚为无色液体，有臭味，沸点比相应的醚高（如甲醚沸点为－23℃，甲硫醚的沸点为 37.5℃），不能与水形成氢键，不溶于水。

硫醚的化学性质相当稳定，但硫原子易形成高价化合物，故硫醚可发生氧化反应。硫醚分子中的硫有较强的亲核性，还可以作为亲核试剂与其他化合物反应。

（1）氧化反应

硫醚用适当的氧化剂氧化，可分别生成亚砜（sulfoxide）和砜（sulfone）。

$$(CH_3)_2S \xrightarrow{H_2O_2\text{或}HNO_3} (CH_3)_2\overset{+}{S}-\overset{-}{O}\ \text{（亚砜）}$$

$$(CH_3)_2S \xrightarrow[\text{或}RCO_3H]{\text{发烟}HNO_3} CH_3-\overset{O^-}{\underset{O^-}{S^{2+}}}-CH_3\ \text{（砜）}$$

二甲亚砜为无色具有强极性的液体，沸点 188℃，熔点 18.5℃，与水互溶，吸潮性强。二甲亚砜 130℃以上可发生热分解，在酸催化下更易分解。它是工业和实验室常用的优良溶剂。此外，环丁砜是吸收 CO_2、H_2S、RSH 等的气体净化剂，苯丙砜是一种治疗麻风病的药物。

环丁砜　　苯丙砜

（2）亲核取代反应

硫醚在适当溶剂中与有机卤化物的亲核取代反应可用来制备锍盐 $R_3S^+X^-$，锍盐较稳定，易溶于水，能导电。

常用的有机卤化剂有一级卤代烷、烯丙基卤、卤化苄、α-卤代乙酸乙酯等。溶剂可选用丙酮、苯、乙腈、二氯甲烷及硝基甲烷等，反应一般在室温下进行。例如：

$$CH_3SCH_3+BrCH_2COOC_2H_5 \xrightarrow[25℃]{\text{丙酮}} (CH_3)_2S^+CH_2COOC_2H_5Br^-$$

9.18.2 硫醚的制备

硫醚的制备和醚相似，对称硫醚可用卤代烷和硫化钾反应来制备。

$$2CH_3I+K_2S \xrightarrow{\triangle} CH_3SCH_3+2KI$$

不对称硫醚常用硫醇盐与卤代烷来制备。

$$RSNa+R'X \xrightarrow{\triangle} RSR'+NaX$$

阅读材料：乔治·安德鲁·欧拉

乔治·安德鲁·欧拉(George Andrew Olah，Oláh György)(1927—)，1927 年 5 月 22 日出生于布达佩斯，是一个美籍匈牙利化学家。1949 年在布达佩斯工业大学获博士学位；1957 年移居美国进入道氏化学公司工作，1967 年在凯斯西部大学任教，1977 年进入南加州大学洛克尔碳氢化合物研究所工作，1991 年出任该所主任。他在超强酸稳定碳正离子的研究中有杰出贡献。他曾获得 1994 年诺贝尔化学奖，并在不久后获得普利斯特理奖章——美国化学会所颁发的最高荣誉。

碳正离子是一种带正电的极不稳定的碳氢化合物。分析这种物质对发现能廉价制造几十种当代必需的化工产品是至关重要的。欧拉教授发现了利用超强酸使碳正离子保持稳定的方法，能够配制高浓度的碳正离子和仔细研究它，研究范畴属有机化学。他的这项基础研究成果对炼油技术做出了重大贡献，彻底改变了对碳正离子这种极不稳定的碳氢化合物的研究方式，揭开了人们对正离子结构认识的新一页。他的发现已用于提高炼油的效率、生产无铅汽油和研制新药物，对改善人民生活起着重要作用。

欧拉教授的主要的研究方向有：亲电反应；反应机理；锌的合成方法；有机金属化学；反应中间体；稳定的碳正离子；傅瑞德尔-克拉夫茨(Friedel-Crafts Chemistry)烷基化反应；超强酸化学等。他独自或以第一作者发表论文 707 篇。其中，稳定的碳正离子系列文章有 282 篇。

习 题

9-1 命名下列化合物。

(1) $CH_3CH{=}C(CH_3)CH_2OH$ (2) $CH_3CHClCH_2CH_2OH$ (3) $HOCH_2CH_2CH_2OH$

(4) HO, OH（环己烷-1,2-二醇结构式） (5)（异丙基苯结构式） (6) $CH_3-C(CH_3)(OH)-CH_3$

(7) $CH_3O-C_6H_4-CH_2OH$（对位） (8) $C_2H_5OCH_2CH_2OC_2H_5$ (9) OH, Br, Br, Br（2,4,6-三溴苯酚结构式）

(10) $HO-C_6H_4-SO_3H$（对位） (11) NO_2, OH（萘环结构式） (12) C_2H_5, OH, OH（苯环结构式）

9-2 写出下列化合物的构造式。

(1) 2-甲基丁-2,3-二醇　(2) 2-氯环戊醇　(3) 2-丁烯-1-醇
(4) 苦味酸　(5) 2,6-二硝基-1-萘酚　(6) β-萘酚
(7) 邻羟基苯乙酮　(8) 对氨基苯酚　(9) 乙二醇二甲醚
(10) 二苯并 12-冠-4　(11) 乙硫醚　(12) 环氧乙烷
(13) 1,4-二氧六环　(14) 二苯醚

9-3　预测下列化合物与 Lucas 试剂反应速率的顺序。

(1) 正丙醇　(2) 异丙醇　(3) 苄醇

9-4　比较下列化合物在水中的溶解度大小。

(1) $CH_3CH_2CH_2OH$　(2) $CH_2OHCH_2CH_2OH$　(3) $CH_3OCH_2CH_3$
(4) $CH_2OHCH_2OHCH_2OH$　(5) $CH_3CH_2CH_3$

9-5　用化学方法区别下列各组化合物。

(1) $CH_2=CHCH_2OH$　$CH_3CH_2CH_2OH$　$CH_3CH_2CH_2Cl$
(2) 溴代正丁烷　丙醚　烯丙基异丙基醚
(3) 苄醇　苯甲醚　β-苯乙醇　邻甲基苯酚

9-6　如何分离下列各组化合物。

(1) 苯甲醚和苯酚　(2) 乙醇中有少量水　(3) 异丙醇和异丙醚
(4) 乙醚中有少量乙醇　(5) 戊烷　戊-1-炔　1-甲氧基戊-3-醇

9-7　比较下列各组醇和 HBr 反应的相对速率。

(1) 苄醇　对甲基苄醇　对硝基苄醇　(2) 苄醇　α-苯基乙醇　β-苯基乙醇

9-8　比较下列化合物的酸性强弱，并解释。

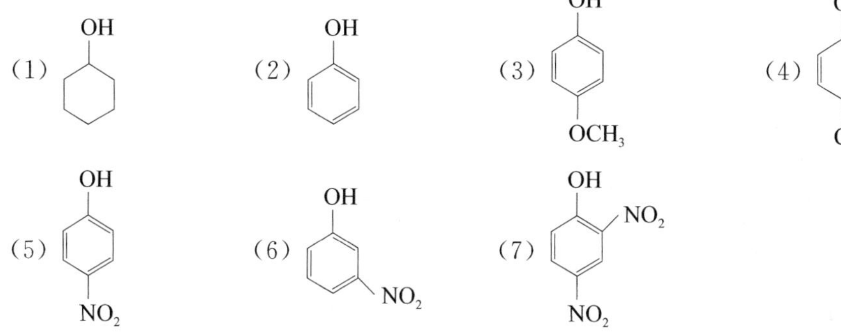

9-9　写出邻甲苯酚与下列各种试剂作用的反应式。

(1) $FeCl_3$　(2) Br_2 水溶液　(3) NaOH　(4) CH_3COCl
(5) $(CH_3CO)_2$　(6) 稀 HNO_3　(7) Cl_2 过量　(8) 浓 H_2SO_4
(9) $NaOH/(CH_3)_2SO_4$　(10) HCHO，酸或碱

9-10　如何能够证明邻羟基苯甲醇（水杨醇）中含有一个酚羟基和一个醇羟基？

9-11　以指定的化合物为原料，合成目标化合物。

(1) $CH_3CH=CH_2 \longrightarrow H_2C(ONO_2)-CH(ONO_2)-CH_2(ONO_2)$

(2) $C_6H_6 \longrightarrow C_6H_5-CH_2-CH=C(CH_3)-CH_3$

（3）$C_2H_5-\underset{OH}{\overset{H}{C}}-\underset{CH_3}{CHCH_3} \longrightarrow C_2H_5-CH_2-\underset{CH_3}{\overset{Cl}{C}}CH_3$

（4）$\underset{CH_3}{CH_3CH}CH_2CH_2OH \longrightarrow \underset{CH_3}{CH_3C}=CHCH_2CH_3$

（5）H_2C-CH_2（环氧乙烷，O桥连）$\longrightarrow (CH_3)_3CCH_2CH_2OH$

（6）环己酮 $\longrightarrow$ 2-($CH_2CH_2CH_3$)环己醇（OH）

（7）苯酚（OH）$\longrightarrow$ 苯环上含 OCH_3、$\underset{OH}{CHCH_2CH_3}$、$CH_3$ 的化合物

（8）C_5以下的有机物 $\longrightarrow$ 环己基$-\underset{CH_3}{\overset{OH}{C}}-CH_3$

（9）甲苯（CH_3）$\longrightarrow$ 苯环上含 OH、$COCH_3$、CH_3 的化合物

9-12　完成下列反应式。

（1）C_2H_5-环己基（1-OH，1-苯基）$\xrightarrow[\triangle]{\text{硫酸}}$

（2）$CH_3CH_2\underset{OH}{C}(CH_3)_2 \xrightarrow[\triangle]{Al_2O_3}$

（3）$(CH_3)_2\underset{OH}{C}CH_2CH_2OH \xrightarrow[\text{脱一分子水}]{H_2SO_4,\triangle}$

（4）$C_6H_5-CH_2\underset{OH}{CH}CH_3 \xrightarrow{H^+,\triangle}$

（5）$C_6H_5-CH_2\underset{OH}{CH}CH(CH_3)_2 \xrightarrow{H^+,\triangle}$

（6）$CH_3CH_2\underset{OH}{C}(CH_3)\underset{OH}{C}(CH_3)CH_2CH_3 \xrightarrow[\triangle]{Al_2O_3}$

（7）C_6H_5-环己烯 $\xrightarrow[2)\ H_2O_2,\ OH^-]{1)\ B_2H_6}$

(8) C_6H_5—OH + C_6H_5—CH_2Cl $\xrightarrow{NaOH}$

(9) CH_3COCH_3 $\xrightarrow[\text{干醚}]{C_6H_5MgBr}$ $\xrightarrow{H_3O^+}$

(10) 2-甲基环己醇 $\xrightarrow[0℃]{Na_2Cr_2O_7,\ H_2SO_4}$

(11) C_6H_5—$CH_2CH_2CH_2OH$ $\xrightarrow{SOCl_2}$

(12) 1,2-环己二醇 $\xrightarrow{HIO_4}$

(13) $C_6H_5OCH_2CH_3$ $\xrightarrow{HI}$

(14) $CH_3CH_2CH_2Cl + H_3C—C(CH_3)(ONa)—CH_2CH_3 \longrightarrow$

(15) $CH_3C(CH_3)(Cl)CH_3 + CH_3CH_2CH_2ONa \longrightarrow$

(16) C_6H_5—$OCH_2CH_3 + HNO_3$ $\xrightarrow{H_2SO_4}$

9-13　有一化合物 A 分子式为 $C_5H_{11}Br$，和 NaOH 水溶液反应共热后生成 B($C_5H_{12}O$)。B 有旋光性，能和钠作用放出氢气，和浓硫酸共热生成 C(C_5H_{10})。C 经臭氧化和在还原剂存在下水解，则生成丙酮和乙醛。试推测 A、B、C 的结构，并写出各步反应式。

9-14　由化合物 A($C_6H_{13}Br$) 所制得的格氏试剂与丙酮作用可生成 2,4-二甲基戊-3-醇以及 2,4-二甲基戊-2-醇。A 可发生消除反应生成两种互为异构体的产物 B 和 C。将 B 臭氧化后，再在还原剂存在下水解，则得到相同碳原子数的醛 D 和酮 E。试写出各步反应式以及 A～E 的构造式。

9-15　有一化合物的分子式为 $C_6H_{14}O$，常温下不与金属钠作用，和过量的浓氢碘酸共热生成碘烷，此碘烷与氢氧化银作用则生成丙醇。试推测此化合物的结构，并写出反应式。

9-16　某化合物 A 分子式为 C_7H_8O，A 不溶于 NaOH 水溶液，但与浓 HI 水溶液反应生成化合物 B 和 C；B 能溶于 NaOH 水溶液，且与 $FeCl_3$ 水溶液发生颜色反应，C 与 $AgNO_3$ 的乙醇溶液作用生成黄色沉淀。试写出 A、B、C 的结构式，并写出各步反应式。

9-17　化合物 A($C_5H_{10}O$)，用 $KMnO_4$ 小心氧化得到化合物 B(C_5H_8O)。A 与无水 $ZnCl_2$ 的浓盐酸溶液作用时，生成化合物 C(C_5H_9Cl)；C 在 KOH 的乙醇溶液中加热得到唯一的产物 D(C_5H_8)；D 再用 $KMnO_4$ 的硫酸溶液氧化，得到一个直链二羧酸。试推导出 A、B、C、D 的结构式，并写出各步反应式。

9-18　叔丁醇中加入金属钠，当钠消耗后，在反应混合液中加入溴乙烷，这是可得到 $C_6H_{14}O$。如在乙醇与金属钠反应的混合物中加入 2-溴-2-甲基丙烷，则有气体产生，在留下的混合物中仅有乙醇一种有机物。试写出所有的反应式，并解释这两个实验为什么不同。

第10章 醛和酮

知识要点：

本章主要介绍醛酮的命名、结构、理化性质，醛基和酮基保护和去保护的方法，醛酮的制备方法，不饱和醛酮的性质。重点内容为醛酮的命名、结构、理化性质，醛基和酮基保护和去保护的方法；难点内容为醛酮的化学性质、醛基和酮基保护和去保护的方法。

羰基（carbonyl group）是碳原子以双键与氧原子相连的基团（$\overset{\displaystyle O}{\overset{\|}{—C—}}$），醛和酮（常统称为醛酮）就是一类含有羰基的化合物。羰基碳上连有两个氢原子的化合物是甲醛；连有一个烃基和一个氢原子的是醛（aldehyde）。醛的通式为 RCHO（注意，勿写出易与羟基化合物混淆的 ROH），醛的羰基也称为醛基。羰基碳上连有两个烃基的是酮（ketone），酮的通式为 RCOR′，酮的羰基也称为酮基。

10.1 羰基的特征

羰基的碳氧双键与烯烃相似，由一个 σ 键和一个 π 键组成。羰基碳原子以 sp^2 杂化轨道形成三个 σ 键，并且分布在同一个平面上，键角接近于 120°，其中一个 sp^2 杂化轨道和氧形成一个 σ 键，另外两个 sp^2 杂化轨道和其他两个原子形成 σ 键。羰基碳原子上还剩下的一个 p 轨道和氧原子上的一个 p 轨道垂直于三个 σ 键形成的平面，侧面重叠形成 π 键。

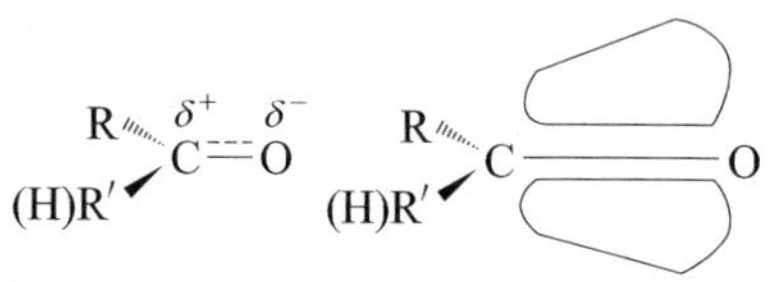

图 10-1 羰基 π 电子云分布示意

碳氧双键与碳碳双键不同之处在于碳氧双键是极性键。这是因为氧的电负性较大，有较强的吸电子的能力，π 电子云偏向氧原子，氧原子周围的电子云密度增加，所以氧原子带有部分负电荷，碳原子周围的电子云密度减少，而带有部分正电荷，如图 10-1 所示。由于羰基是一个极性基团，故羰基化合物是一个极性分子，具有一定的偶极矩。

10.2 醛和酮的命名

醛酮的命名一般以含有羰基的最长碳链作为主链，再从靠近羰基的一端开始依次标明碳原子的位次。醛基总是处于第一位，以醛为母体命名，而酮分子的羰基位次必须标明，既可以用阿拉伯数字，也可以用希腊字母。例如：

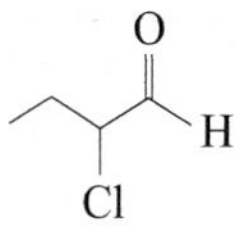

2-氯丁醛（或称 α-氯丁醛）　3-苯基丙醛（或称 β-苯基丙醛）　4-羟基戊-2-酮 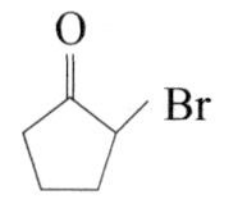　2-溴代环戊酮（或称 α-溴代环戊酮）

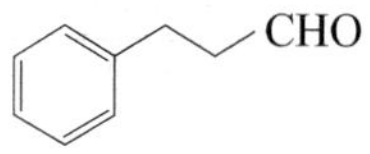

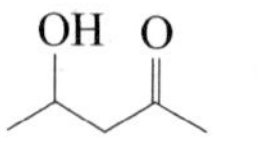

简单酮有时也可按普通命名法即用羰基两旁的烃基名称来命名，而且遵守英文字母顺序前后的原则，称某基某基甲酮。“基”和“甲”可省略。

羰基也可作取代基看待，此时酮基称为羰基或用氧亚基（oxo-）来命名：醛基官能团HCO—又称甲酰基（formyl），CH_3CO—和 C_6H_5CO—分别称乙酰基（acetyl，Ac）和苯甲酰基（benzoyl）。芳基烷基酮有较为特殊的习惯名称，命名时将芳基名称加上与羧酸（RCOOH）碳原子数相同的烷基酮而得。例如：

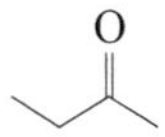

乙(基)甲(基)(甲)酮 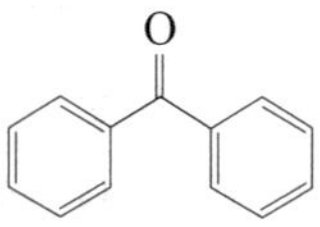　二苯(甲)酮 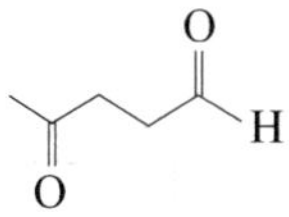　4-氧亚基戊醛（或γ-氧亚基戊醛）　苯丙酮或苯基乙基(甲)酮

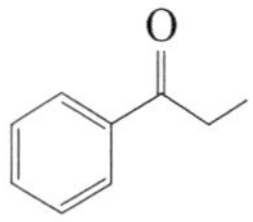

许多天然醛、酮都有俗名。例如：

茴香醛 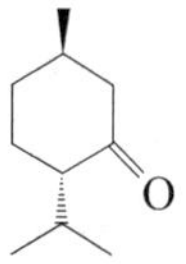　薄荷酮 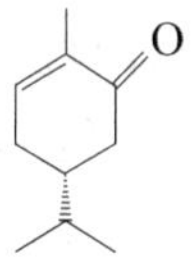　香芹酮 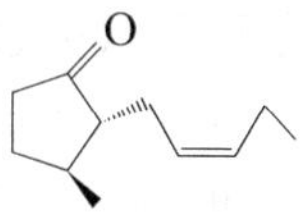　茉莉酮

10.3 醛和酮的物理性质

常温下除了甲醛是气体外，C_{12} 以下的醛、酮为液体，高级的醛、酮是固体。低级的脂肪族醛具有较强的刺激气味，但中级的醛、酮（C_8～C_{12}）则具有果香味，常常用于香料工业。

由于羰基是极性基团，所以醛、酮的沸点一般比分子量相近的非极性化合物（如烃类）高；但由于羰基分子之间不能形成氢键，所以醛、酮的沸点比分子量相近的醇要低很多。例如，甲醇的沸点为 64.7℃，甲醛的沸点为－21℃，乙烷的沸点为－88.6℃。醛、酮沸点上的差距随着分子中碳链的增加而逐渐减少。

因为醛、酮中的羰基能与水分子中的氢形成氢键，所以低级的醛、酮可溶于水，如甲醛、乙醛、丙酮都能与水混溶。但芳香族的醛、酮微溶或不溶于水。醛、酮都能溶于有机溶剂中。有的醛、酮本身就是一个很好的有机溶剂，如丙酮能溶解很多有机物。一些常见醛、酮的物理常数见表 10-1。

醛、酮的质谱图上通常可看到分子离子峰，其碎裂峰主要包括 α-断裂、i-断裂和麦氏重排（McLafferty rearrangement），它们均是由羰基引发的。R^+、R'^+ 以及 α-断裂生成的两个酰基正离子的相对丰度大小取决于这些离子的相对稳定性。

表 10-1　常见醛、酮的物理常数

名称	熔点/℃	沸点/℃	相对密度(d_4^{20})
甲醛	−92	−21	0.815(−20℃)
乙醛	−121	21	0.7951(10℃)
丙醛	−81	49	0.8071
丁醛	−99	76	0.8170
丙烯醛	−87	52	0.8410
丁-2-烯醛	−74	104	0.8495
丙酮	−95	56	0.7899
丁酮	−86	80	0.8054
环己酮	−45	155	0.9478
苯甲醛	−56	170	1.046
苯乙酮	21	202	1.024
二苯酮	48.5	305	1.083

$$R-\overset{\overset{\large O^{+\cdot}}{\|}}{C}-R' \xrightarrow{\alpha\text{-断裂}} \overset{\overset{\large O^{+}}{\|}}{C}-R' + R\cdot + R-\overset{\overset{\large O^{+}}{\|}}{C} + R'\cdot$$

$$R-\overset{\overset{\large O^{+\cdot}}{\|}}{C}-R' \xrightarrow{i\text{-断裂}} \overset{\overset{\large O\cdot}{\|}}{C}-R' + R^{+} + R-\overset{\overset{\large O\cdot}{\|}}{C} + R'^{+}$$

McLafferty F W 发现，一个含有羰基（或其他不饱和官能团）的化合物在质谱分析时，γ-位上的氢原子可通过一个六元环过渡态转移到分子离子的羰基氧上。过程中一个碳氢键发生了断裂，同时又生成了新的氢氧键和新的游离基。新的游离基发生 α-断裂，导致处于羰基 α,β-位上的碳碳键断裂，失去一个中性碎片分子烯烃（或其他稳定分子），并生成一个可以出现在质谱中的奇电子碎片离子峰。该过程称麦氏重排反应。如，α-位上没有取代基的脂肪醛和甲基酮分别生成 m/z 为 44 和 m/z 为 58 的特征离子峰。

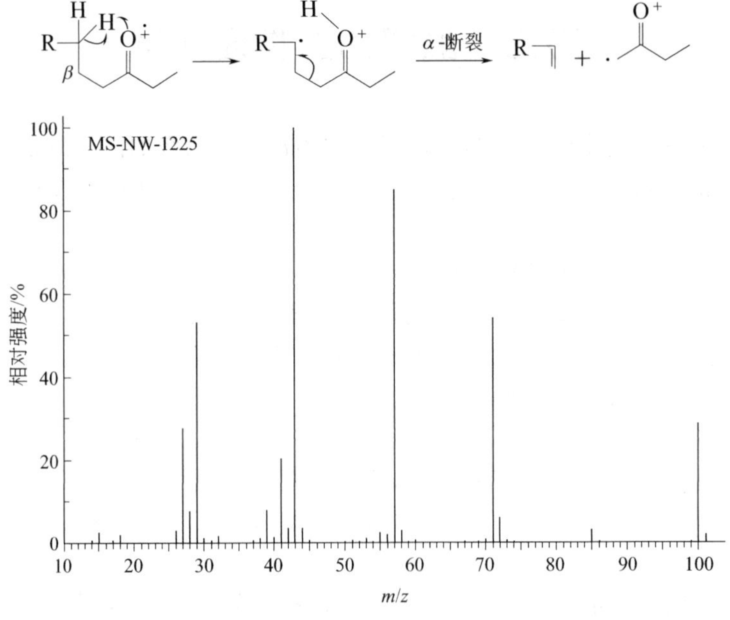

图 10-2　己-3-酮的质谱图

图 10-2 是己-3-酮的质谱，可见 m/z 为 100（M^+）、72、71、57、43、29 等特征峰。

羰基化合物的红外光谱在 1850～1680cm^{-1}处有一个强的羰基伸缩振动吸收峰，这是羰基化合物的一个特征，是鉴别羰基存在的一个非常有效的方法。醛基（—CHO）的 C—H 键在 2720cm^{-1}处有一个中等（或偏弱）强度且尖锐的特征吸收峰，可以用来鉴别醛基的存在。羰基的吸收峰位置与其邻近的基团有关，若羰基与邻近的基团发生共轭，则吸收峰的波数向低频移动。例如：

	$(CH_3)_2CHCH_2\overset{O}{\overset{\|}{C}}CH_3$	环己酮（环己基=O）	$(CH_3)_2C{=}CH\overset{O}{\overset{\|}{C}}CH_3$	$C_6H_5\overset{O}{\overset{\|}{C}}{-}H$
ν/cm^{-1}	1717	1715	1690	1700

图 10-3 和图 10-4 分别是正辛醛和苯乙酮的红外光谱图。

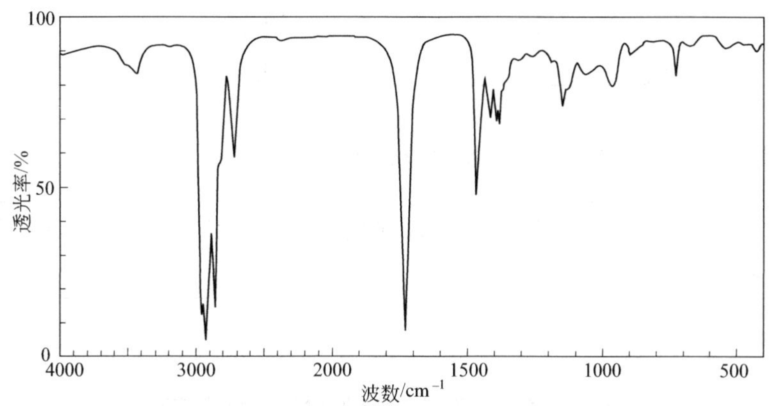

图 10-3　正辛醛的红外光谱图

2720cm^{-1}，醛基 C—H 键伸缩振动；1725cm^{-1}，C═O 键伸缩振动

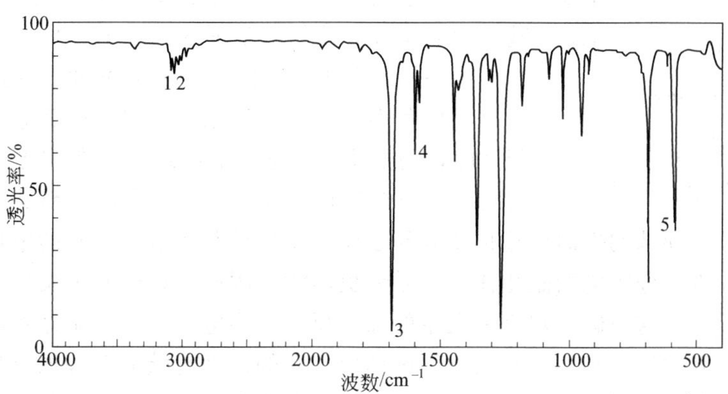

图 10-4　苯乙酮的红外光谱图

1—苯环 C—H 键伸缩振动；2—CH_3 伸缩振动；3—C═O 键伸缩振动；

4—苯环 C═C 键伸缩振动；5——取代苯

醛基上的氢由于受与该氢相连接的羰基的去屏蔽效应的影响，其化学位移在 9～10 之间的低场里出现特征吸收峰，利用这个特征吸收峰可以鉴别醛基的存在。羰基碳上的氢也会受到一定的羰基去屏蔽效应的影响，其化学位移通常在 2～3 区域内。羰基碳的化学位移在 150～180 区域内。下面是几个醛、酮化合物上氢的化学位移值。

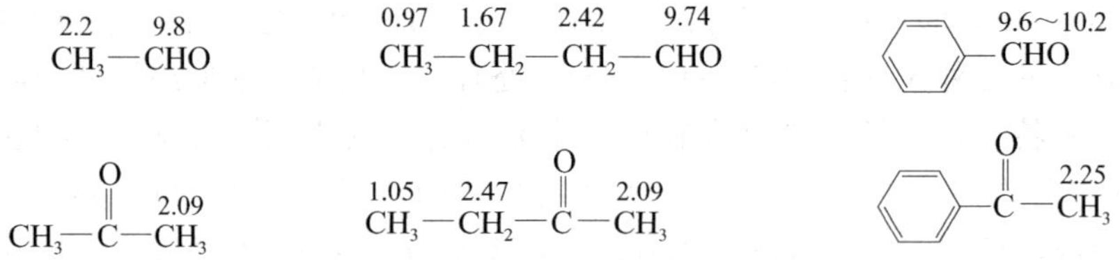

$\overset{2.2}{CH_3}-\overset{9.8}{CHO}$　　$\overset{0.97}{CH_3}-\overset{1.67}{CH_2}-\overset{2.42}{CH_2}-\overset{9.74}{CHO}$　　$C_6H_5-\overset{9.6\sim10.2}{CHO}$

$CH_3-\overset{O}{\overset{\|}{C}}-\overset{2.09}{CH_3}$　　$\overset{1.05}{CH_3}-\overset{2.47}{CH_2}-\overset{O}{\overset{\|}{C}}-\overset{2.09}{CH_3}$　　$C_6H_5-\overset{O}{\overset{\|}{C}}-\overset{2.25}{CH_3}$

图 10-5 是丁酮的核磁共振氢谱。

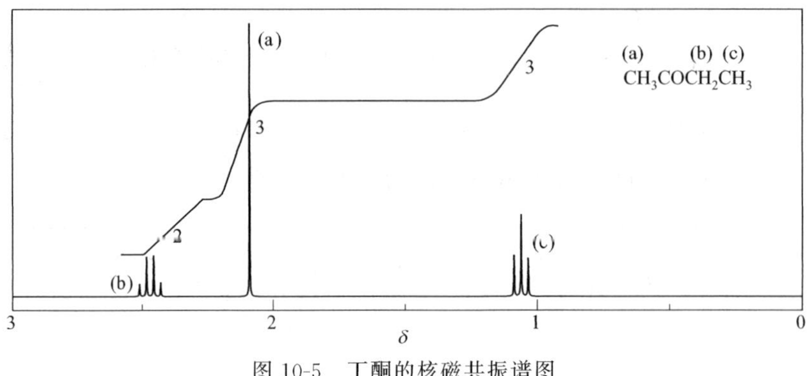

图 10-5　丁酮的核磁共振谱图

★ **练习 10-1**　利用什么波谱分析可以区别化合物 $PhCH=CHCH_2OH$ 和 $PhCH=CHCHO$？简述原因。

10.4　醛和酮的化学性质

醛、酮的化学反应点主要表现在羰基官能团三个区域上：酸性的 α-氢、Lewis 碱性的羰基氧和 Lewis 酸性的羰基碳（见图 10-6）。

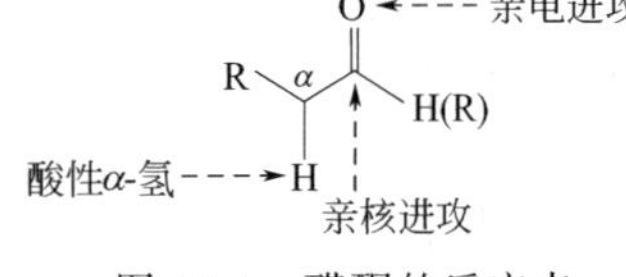

图 10-6　醛酮的反应点

羰基的吸电子效应使 α-氢具有酸性，在强碱的作用下可生成 α-碳负离子。羰基氧原子一端带有负电，可以和亲电试剂反应，例如质子和羰基氧的结合就非常迅速有效。羰基中的碳原子一端带有正电，可以和亲核试剂反应，发生羰基的亲核加成反应，而羰基的平面构型也使其易于受到亲核试剂的进攻。氧的电负性比较大，带部分负电的氧和带部分正电的碳相比较，后者更活泼。因此，在羰基上发生的重要的典型反应是亲核加成反应，这与碳碳双键上发生的加成反应以亲电加成为主正好相反。所以，有些试剂可以和碳碳双键加成却不能和碳氧双键加成，有的试剂与碳氧双键加成却不与碳碳双键作用。碳氧双键和碳碳双键对试剂的亲电或亲核性要求是不一样的（见图 10-7）。

$>C=C< \xrightarrow{E^+} E-\overset{|}{C}-\overset{|}{C}^+$　　　$>C=O \xrightarrow{Nu^-} Nu-\overset{|}{C}-O^-$

图 10-7　碳碳双键和碳氧双键对试剂的电性要求

10.4.1　羰基的亲核加成反应

醛、酮羰基上的亲核加成反应的难易程度与羰基碳原子的亲电性大小、亲核试剂的亲核性大小及羰基和试剂的位阻大小密切相关。一般而言，羰基的活性顺序为：HCHO＞RCHO＞$RCOCH_3$＞RCOR′。这是由于从氢到甲基到烃基的体积依次变大，使亲核试剂不易接近羰基碳原子。给电子性能也是依氢到甲基到烃基的顺序变大，因此羰基碳原子的电正性依次变小，这自然不利于带负电的亲核试剂的进攻。综合这两方面因素，羰基的活性是醛为最大，甲基酮次之，一般酮较小。位阻大的酮是相当稳定的，芳香酮的活性最低。

开链酮中的羰基受到相连烃基较大的体积屏蔽效应的影响。环酮的羰基突出在外，活性也较大。反应后中心碳原子由 sp^2 变为 sp^3，对小环酮而言，角张力得到部分解除而有利于反应，但在产物中又新产生环上非键的扭转张力而不利于反应。故环酮的亲核加成反应活性受到电子、立体、键角和非键张力等几方面的综合影响。包括环酮在内，各种不同类型醛酮的羰基亲核加成反应的活性顺序为：甲醛＞脂肪醛＞环己酮＞环丁酮＞环戊酮＞甲基酮＞脂肪酮＞芳基脂肪酮＞二芳基酮。

亲核试剂对醛、酮碳氧双键的亲核加成反应根据反应条件不同有两种不同的反应过程。在碱性或中性条件下，亲核试剂 Nu^- 进攻羰基碳原子，生成烷氧负离子后，再从溶剂质子化得到产物：

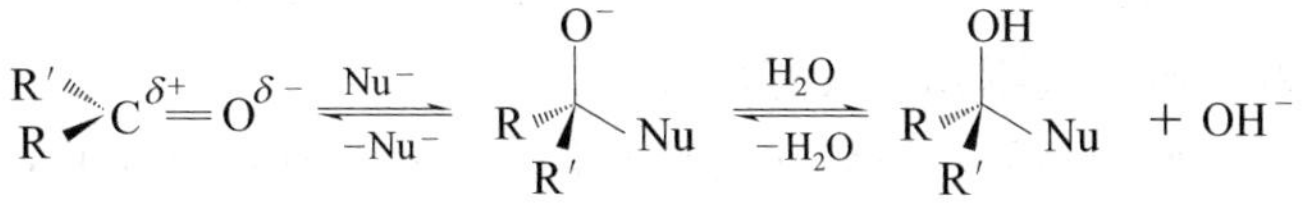

$$RR'C^{\delta+}{=}O^{\delta-} \underset{-Nu^-}{\overset{Nu^-}{\rightleftharpoons}} RR'C(O^-)Nu \underset{-H_2O}{\overset{H_2O}{\rightleftharpoons}} RR'C(OH)Nu + OH^-$$

在酸性条件下，羰基氧原子先发生质子化而成为活性很大的亲电物种后接受亲核试剂进攻得到产物：

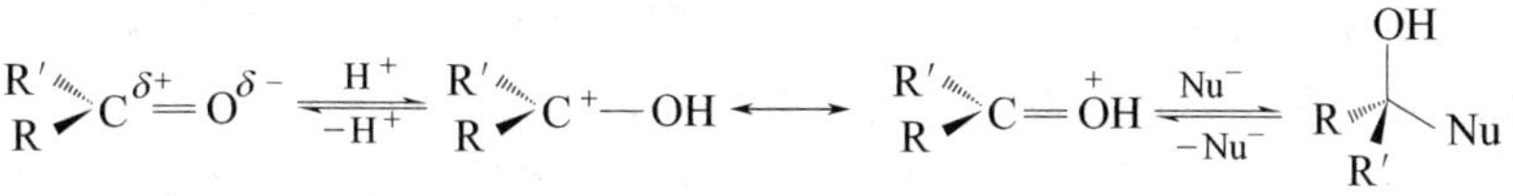

$$RR'C^{\delta+}{=}O^{\delta-} \underset{-H^+}{\overset{H^+}{\rightleftharpoons}} RR'C^+{-}OH \longleftrightarrow RR'C{=}\overset{+}{O}H \underset{-Nu^-}{\overset{Nu^-}{\rightleftharpoons}} RR'C(OH)Nu$$

醛、酮羰基亲核加成反应后生成的中间体有两条后续路径：一是中间体氧负离子质子化成醇，另一条则是质子化成醇后再脱水生成双键结构（见图 10-8）。

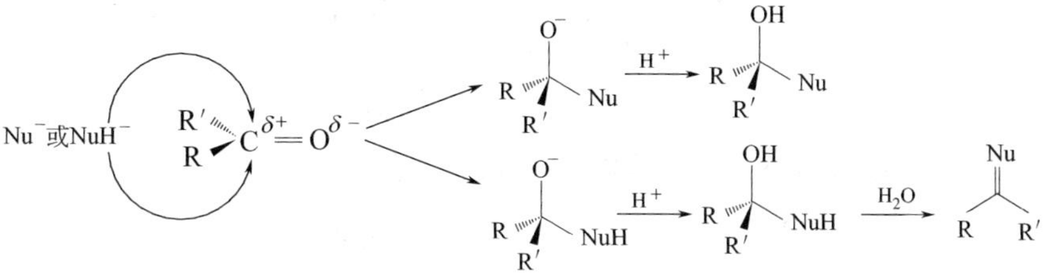

$$Nu^-\text{或}NuH^- + RR'C^{\delta+}{=}O^{\delta-} \longrightarrow \begin{cases} RR'C(O^-)Nu \xrightarrow{H^+} RR'C(OH)Nu \\ RR'C(O^-)NuH \xrightarrow{H^+} RR'C(OH)NuH \xrightarrow{H_2O} RR'C{=}Nu \end{cases}$$

Nu^-: OH^-, RO^-, H^-, C^-, RHN^-, CN^-, H_2O, ROH, RNH_2…

图 10-8　羰基亲核加成反应的两条后续路径

（1）与氢氰酸加成

醛、脂肪族的甲基酮以及 C_8 以下的环酮都能与氢氰酸发生加成反应，生成 α-羟基腈（又名氰醇）。腈水解生成羧酸，故这是制备 α-羟基酸和 α,β-不饱和羧酸的主要原料，该反应也是在碳链上增加一个碳原子的方法之一。例如：

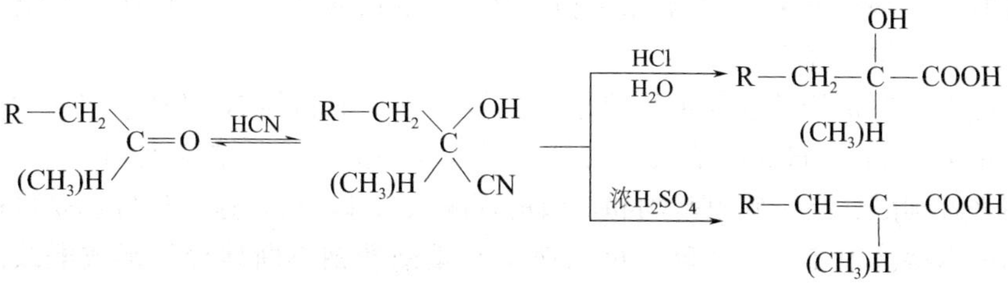

$$R{-}CH_2(CH_3)HC{=}O \underset{}{\overset{HCN}{\rightleftharpoons}} R{-}CH_2(CH_3)HC(OH)CN \longrightarrow \begin{cases} \xrightarrow[H_2O]{HCl} R{-}CH_2{-}C(OH)((CH_3)H){-}COOH \\ \xrightarrow{\text{浓}H_2SO_4} R{-}CH{=}C((CH_3)H){-}COOH \end{cases}$$

氢氰酸在碱性催化剂的存在下，与醛酮的反应进行得很快，产率也很高。例如，在氢氰酸与丙酮的反应中，没有催化剂的存在下，3～4h 只有一半的原料起反应；若滴入一滴氢氧化钾溶液，则反应在 2min 内即完成；如果加入酸，则反应速率减慢，加入大量的酸，则反应几天也不能进行。以上事实表明，在氢氰酸与羰基的加成反应中，关键的亲核试剂是 CN^-。氢氰酸是弱酸，加碱能促进氢氰酸的电离，增加 CN^- 的浓度，有利于反应的进行；加酸则降低 CN^- 的浓度，不利于反应的进行。

$$HCN \underset{H^+}{\overset{OH^-}{\rightleftharpoons}} H^+ + CN^-$$

一般认为碱催化氢氰酸与羰基的加成反应的反应机理如下：

$$\mathrm{R(CH_3)HC{=}O} + CN^- \underset{}{\overset{慢}{\rightleftharpoons}} \mathrm{R(CH_3)HC(O^-)CN} \underset{快}{\overset{HCN}{\rightleftharpoons}} \mathrm{R(CH_3)HC(OH)CN} + CN^-$$

反应分两步进行，首先是亲核试剂 CN^- 进攻羰基，是反应中最慢的一步，也是决定反应速率的一步；然后是负离子中间体的质子化过程。

由于芳香酮位阻大的取代基的立体效应和电子效应不利于亲核试剂氢氰酸在羰基上的加成，所以二苯甲酮和二叔丁基酮几乎没有反应。

氢氰酸是剧毒品，使用不便，所以在与羰基化合物进行加成反应时，通常是将羰基化合物与氰化钠（钾）混合，加入无机酸，使生成的氢氰酸立即与醛酮反应。但在加无机酸时要注意控制溶液的 pH，pH 为 8 时，有利于反应的进行。

这一反应在有机合成上有很大的用途。如丙酮与氢氰酸作用生成丙酮氰醇，然后在酸性条件下与甲醇作用，发生水解、酯化、脱水等反应，生成 α-甲基丙烯酸甲酯，α-甲基丙烯酸甲酯在自由基引发剂的作用下聚合成聚 α-甲基丙烯酸甲酯，俗称有机玻璃，它具有良好的光学性质，可用做光学仪器上的透镜等。

$$\mathrm{(CH_3)_2C{=}O} \overset{CN^-}{\rightleftharpoons} \mathrm{(CH_3)_2C(OH)CN} \xrightarrow[H_2SO_4]{CH_3OH} \mathrm{CH_2{=}C(CH_3)CO_2CH_3}$$

$$\mathrm{CH_2{=}C(CH_3)CO_2CH_3} \xrightarrow{引发剂} \mathrm{{+}CH_2{-}C(CH_3)(CO_2CH_3){+}_n}$$

（2）与亚硫酸氢钠加成

醛、脂肪族的甲基酮以及 C_8 以下的环酮都能与亚硫酸氢钠加成，生成 α-羟基磺酸钠。

$$\mathrm{R(CH_3)HC{=}O} \overset{NaHSO_3}{\rightleftharpoons} \mathrm{R(CH_3)HC(OH)SO_3Na}$$

HSO_3^- 的亲核性与 CN^- 接近，羰基与 $NaHSO_3$ 的加成反应机理也和 HCN 的加成相似，在加成时，羰基与 HSO_3^- 中硫原子相结合，生成磺酸盐。由于 HSO_3^- 的体积较大，因此非甲基酮类很难与 $NaHSO_3$ 加成。

加成反应生成的 α-羟基磺酸钠易溶于水，但不溶于饱和的 $NaHSO_3$ 溶液中。将醛、甲基酮等与过量的饱和 $NaHSO_3$ 溶液（40%）混合在一起，α-羟基磺酸钠经常会结晶出来。此法可以用来鉴别醛、脂肪族甲基酮和低级的环酮（C_8 以下）。这个反应也是可逆的，在 α-羟基磺酸钠的水溶液中加入酸或碱，可以使 α-羟基磺酸钠不断地分解形成醛或酮。因此利

用 $NaHSO_3$ 与羰基的加成和分解，可以用来分离或提纯醛、脂肪族甲基酮和 C_8 以下的环酮。

例如，在工业生产上制备抗真菌药十一烯酸的过程中，通常以蓖麻油酸甲酯为原料，经高温裂解得到庚醛和十一烯酸甲酯的混合物。将该混合物与饱和 $NaHSO_3$ 溶液反应，庚醛与 $NaHSO_3$ 反应生成加成物，十一烯酸甲酯则不反应。向反应中加水，庚醛 $NaHSO_3$ 加成物溶于水而与十一烯酸甲酯分离，而后将十一烯酸甲酯分离、水解得到抗真菌药十一烯酸。

$$\underset{\text{蓖麻油酸甲酯}}{CH_3(CH_2)_5CHOHCH_2CH{=}CH(CH_2)_7COOCH_3} \xrightarrow[\text{裂解}]{540\sim560^{\circ}C} \underset{\text{庚醛}}{CH_3(CH_2)_5CHO} + \underset{\text{十一烯酸甲酯}}{CH_2{=}CH(CH_2)_8COOCH_3}$$

$$\xrightarrow[\text{裂解}]{NaHSO_3} \begin{cases} \underset{\text{庚醛}NaHSO_3\text{加成物}}{CH_3(CH_2)_5CH(OH)SO_3Na} \text{ —— 加水后在水层} \\ \underset{\text{十一烯酸甲酯有机层}}{CH_2{=}CH(CH_2)_8COOCH_3} \xrightarrow[2)\ H_2SO_4]{1)\ NaOH} \underset{\text{十一烯酸}}{CH_2{=}CH(CH_2)_8COOCH_3} \end{cases}$$

将 α-羟基磺酸钠与 NaCN 反应，则磺酸基可被氰基取代，生成 α-羟基腈，此法的优点是可以避免使用有毒的氢氰酸，而且产率也比较高。

$$R-\underset{H(CH_3)}{\overset{OH}{C}}-SO_3^-Na^+ \xrightarrow{NaCN} R-\underset{H(CH_3)}{\overset{OH}{C}}-CN + Na_2SO_3$$

> ★ **练习 10-2** 将下述化合物与饱和 $NaHSO_3$ 溶液的反应速率大小进行排序，并解释原因。
>
> (1) 丙醛（CH_3CH_2CHO） (2) 丁酮（$CH_3CH_2COCH_3$） (3) 丁烯酮（$CH_2{=}CHCOCH_3$）

(3) 与醇加成

在干燥的氯化氢或硫酸的催化作用下，一分子的醛或酮能与一分子的醇发生加成反应，生成半缩醛（semi-acetal）或半缩酮（semi-ketal）。

$$\begin{matrix}R\\R'(H)\end{matrix}\!\!>C{=}O + R''OH \underset{}{\overset{HCl}{\rightleftharpoons}} R-\underset{R'(H)}{\overset{OH}{C}}-OR''$$

半缩醛或半缩酮一般是不稳定的，它容易分解成原来的醛或酮，一般很难分离得到，但环状的半缩醛（酮）较稳定，能够分离得到。例如，γ-和 δ-羟基醛（酮）易发生分子内的半缩醛（酮）反应。

$$HO(CH_2)_4CHO \overset{HCl}{\rightleftharpoons} \text{2-羟基四氢吡喃（环上 C 连 OH 和 H）}$$

半缩醛（酮）中的羟基很活泼，在酸的催化下能继续与另一分子醇反应，生成稳定的缩醛或缩酮，并且能从过量的醇中分离得到。所以醛（酮）在酸性的过量醇中反应，得到的是与两分子醇作用的产物——缩醛（酮）。

$$\text{R}-\underset{\text{R}'(\text{H})}{\overset{\text{OH}}{\text{C}}}-\text{OR}'' + \text{R}''\text{OH} \overset{\text{HCl}}{\rightleftharpoons} \text{R}-\underset{\text{R}'(\text{H})}{\overset{\text{OR}''}{\text{C}}}-\text{OR}''$$

反应机理如下：

$$\text{R}(\text{R}'(\text{H}))\text{C}=\text{O} \overset{\text{H}^+}{\rightleftharpoons} \text{R}(\text{R}'(\text{H}))\text{C}=\overset{+}{\text{O}}\text{H} \overset{\text{R}''\text{OH}}{\rightleftharpoons} \text{R}-\underset{\text{R}'(\text{H})}{\overset{\text{OH}}{\text{C}}}-\overset{+}{\text{O}}\text{R}''(\text{H}) \overset{-\text{H}^+}{\rightleftharpoons} \text{R}-\underset{\text{R}'(\text{H})}{\overset{\text{OH}}{\text{C}}}-\text{OR}'' \overset{\text{H}^+}{\rightleftharpoons} \text{R}-\underset{\text{R}'(\text{H})}{\overset{\overset{+}{\text{O}}\text{H}_2}{\text{C}}}-\text{OR}'' \overset{-\text{H}_2\text{O}}{\rightleftharpoons}$$

$$\left[\text{R}-\underset{\text{R}'(\text{H})}{\overset{+}{\text{C}}}-\text{OR}'' \longleftrightarrow \text{R}(\text{R}'(\text{H}))\text{C}=\overset{+}{\text{O}}\text{R}''\right]^{\ddagger} \overset{\text{R}''\text{OH}}{\rightleftharpoons} \text{R}-\underset{\text{R}'(\text{H})}{\overset{\text{R}''\overset{+}{\text{O}}\text{H}}{\text{C}}}-\text{OR}'' \overset{-\text{H}^+}{\rightleftharpoons} \text{R}-\underset{\text{R}'(\text{H})}{\overset{\text{OR}''}{\text{C}}}-\text{OR}''$$

缩醛（酮）可以看做是同碳二元醇的醚，性质与醚有相似之处，不受碱的影响，对氧化剂及还原剂也很稳定。但在酸存在下，缩醛（酮）可以水解成原来的醛（酮）。在有机合成中常利用生成缩醛（酮）的反应来保护醛酮的羰基（参见 10.5）。

$$\text{R}-\underset{\text{R}'(\text{H})}{\overset{\text{OR}''}{\text{C}}}-\text{OR}'' + \text{H}_2\text{O} \overset{\text{H}^+}{\rightleftharpoons} \text{R}(\text{R}'(\text{H}))\text{C}=\text{O} + 2\text{R}''\text{OH}$$

醛容易与醇反应生成缩醛，但酮与醇反应比较困难，制备缩酮可以采用其他的方法。例如，丙酮缩二乙醇，不是利用两分子乙醇与丙酮的反应，而是采用原甲酸酯和丙酮的反应来得到的。

$$(\text{CH}_3)_2\text{C}=\text{O} + \text{HC}(\text{OC}_2\text{H}_5)_3 \xrightarrow{\text{H}^+} \text{CH}_3-\underset{\text{CH}_3}{\overset{\text{OC}_2\text{H}_5}{\text{C}}}-\text{OC}_2\text{H}_5 + \text{HCOOC}_2\text{H}_5$$

酮在酸催化下与乙二醇反应，可以得到环状的缩酮。

$$\text{环己酮} + \underset{\text{CH}_2\text{OH}}{\overset{\text{CH}_2\text{OH}}{|}} \xrightarrow{\text{对甲基苯磺酸}} \text{环己酮缩乙二醇（螺环缩酮）} + \text{H}_2\text{O}$$

醛或酮与二醇的缩合产物在工业上有重要的应用。例如，在制造合成纤维维尼纶时就用甲醛和聚乙烯醇进行缩合反应，使其提高耐水性。

$$\left[\text{CH}_2\underset{\text{OH}}{\text{CH}}-\text{CH}_2-\underset{\text{OH}}{\text{CH}}\right]_n + n\text{HCHO} \xrightarrow{\text{H}_2\text{SO}_4} \left[\text{CH}_2-\text{HC}\overset{\text{H}_2\text{C}}{}\text{CH}(\text{O}-\text{CH}_2-\text{O})\right]_n + n\text{H}_2\text{O}$$

★ **练习 10-3** 写出下面反应的机理。

$$\underset{\text{OH}}{\text{CH}_2}\text{CH}_2\text{CH}_2\text{CHO} + \text{CH}_3\text{OH} \xrightarrow{\text{HCl(干)}} \text{2-甲氧基四氢呋喃（H}_2\text{C}-\text{CH}_2-\text{CH}_2-\text{O}-\text{CH}(\text{OCH}_3)\text{ 环）}$$

(4)与氨及其衍生物加成

醛、酮与氨的反应一般比较困难，很难得到稳定的产物，个别的可以分离得到。例如，甲醛与氨的反应，先生成不稳定的甲醛、氨，失水并很快聚合生成俗称乌洛托品的笼状化合物六亚甲基四胺，这是一个无色的晶体，常用做消毒剂、有机合成中的氨化剂以及酚醛树脂的固化剂。

$$HCHO + NH_3 \underset{NH_3}{\overset{3HCHO}{\rightleftharpoons}} (CH_2)_6N_4$$

这个笼状结构的化合物和金刚烷一样具有相当高的对称性和熔点，用硝酸氧化后可生成威力巨大的旋风炸药RDX（环三亚甲基三硝胺）。

$$(CH_2)_6N_4 \xrightarrow{HNO_3} \text{RDX} + 3HCHO + NH_3$$

RDX

如果用伯胺替代NH_3，生成的是取代亚胺，又名希夫碱（Schiff base）。

$$RCHO + R'NH_2 \rightleftharpoons RCH{=}NR' + H_2O$$

取代亚胺也不太稳定，但若是芳香族的醛和芳香族伯胺生成的希夫碱是稳定的化合物。例如：

$$C_6H_5{-}CHO + H_2N{-}C_6H_5 \longrightarrow C_6H_5{-}CH{=}N{-}C_6H_5 + H_2O$$

苯亚甲基苯胺

仲胺与含α-氢的醛、酮反应，先发生加成反应，然后脱去一分子水生成烯胺，即氨基取代的烯烃（参见12.2.5）。

$$-\overset{H}{\underset{|}{\overset{|}{C}}}-\overset{O}{\overset{\|}{C}}- \xrightarrow{R_2NH} -\overset{H}{\underset{|}{\overset{|}{C}}}-\overset{OH}{\underset{|}{\overset{|}{C}}}-NR_2 \xrightarrow{-H_2O} -\underset{|}{C}{=}\underset{|}{C}-NR_2$$

醛、酮能与氨的衍生物，如羟胺（NH_2OH）、肼（NH_2NH_2）、2,4-二硝基苯肼（$NH_2NH{-}C_6H_3(NO_2)_2$）、氨基脲（$NH_2NH{-}\overset{O}{\overset{\|}{C}}{-}NH_2$）等作用，分别生成肟、腙、2,4-二硝基苯腙和缩氨脲等。例如：

$$\text{环己酮} + H_2NOH \longrightarrow \text{环己酮肟}(C{=}NOH) + H_2O$$

环己酮肟

$$CH_3CH_2CHO + H_2NNH{-}C_6H_3(NO_2)_2 \longrightarrow CH_3CH_2CH{=}N{-}NH{-}C_6H_3(NO_2)_2 + H_2O$$

丙醛-2,4-二硝基苯腙

$$C_6H_5{-}CHO + H_2NNH{-}\overset{O}{\overset{\|}{C}}{-}NH_2 \longrightarrow C_6H_5{-}CH{=}NNH{-}\overset{O}{\overset{\|}{C}}{-}NH_2$$

苯甲醛缩氨脲

反应通式如下：

$$\rangle C{=}O + NH_2{-}Z \longrightarrow \left[\rangle C(OH){-}\overset{+}{N}H_2{-}Z \right] \xrightarrow[-H^+]{-H_2O} \rangle C{=}N{-}Z$$

Z= —OH，—NH_2，—C_6H_5，—NH—$C_6H_3(NO_2)_2$（2,4-二硝基苯基），—NHCONH$_2$···

上述反应首先发生的是氨衍生物上的氮对羰基的亲核加成，生成的加成产物不稳定，失去一分子的水，得到最终产物。所以醛、酮与氨衍生物的反应实际上是亲核加成-消除反应。氨衍生物与羰基的加成反应一般需要在弱酸（pH=4.5）的催化下进行，其反应历程与醇和羰基的加成相类似。

上面所讲的醛和酮的含氮衍生物有非常重要的实际用途，例如用于提纯和鉴定。很多醛、酮在提纯时比较困难，在实验室中常把醛和酮制成上述的一种衍生物。因为这些衍生物多半是固体，很容易结晶，并具有一定的熔点，所以经常用来鉴别醛、酮。经提纯后，再进行酸性水解，就得到原来的醛和酮。

醛或酮与羟胺反应形成肟（英文名称为 oxime，如苯甲醛肟称 benzaldoxime，丙酮肟称 acetoxime）。肟与亚硝基化合物能互变异构，存在下列平衡：

$$R_2CHNO \rightleftharpoons R_2C{=}N{-}OH$$

亚硝基化合物　　　　肟

亚硝基化合物只在没有 α-氢时是稳定的，如果有 α-氢，平衡有利于肟。

肟有 Z、E 异构体，但经常得到一种异构体。Z-构型一般不稳定，容易变为 E-构型，例如苯甲醛肟，有两种异构体，Z-构型异构体的熔点为 35℃，将其溶于醇后加一点酸，就可变为 E-构型异构体，熔点 132℃。

$$C_6H_5CHO \xrightarrow[Na_2CO_3]{NH_2OH \cdot HCl} PhCH{=}NOH\ (Z) \rightleftharpoons PhCH{=}NOH\ (E)$$

(Z)-苯甲醛肟　mp 35℃　　(E)-苯甲醛肟　mp 132℃

(E)-苯甲醛肟不能用化学试剂转为 Z-构型，只有在光的作用下，才能转为（Z）-苯甲醛肟。

酮肟在酸性催化剂中如硫酸、多聚磷酸以及能产生强酸的五氯化磷、三氯化磷、苯磺酰氯和亚硫酰氯等作用下重排成酰胺的反应称为贝克曼重排（Beckmann rearrangement）。

$$R'RC{=}N{-}OH \xrightarrow{H^+} R'C(=O)NHR$$

反应机理如下：

$$(C_6H_5)(p\text{-}NO_2C_6H_4)C{=}N{-}OH \underset{}{\overset{H^+}{\rightleftharpoons}} (C_6H_5)(p\text{-}NO_2C_6H_4)C{=}N{-}\overset{+}{O}H_2 \xrightarrow{-H_2O} \left[C_6H_5{-}N{=}\overset{+}{C}{-}C_6H_4NO_2 \longleftrightarrow C_6H_5{-}\overset{+}{N}{\equiv}C{-}C_6H_4NO_2 \right]^{\ddagger} \xrightarrow[-H^+]{H_2O}$$

Z-构型

$$\text{PhN=C(OH)-C}_6\text{H}_4\text{-NO}_2 \xrightarrow{\text{互变异构}} \text{PhNH-C(=O)-C}_6\text{H}_4\text{-NO}_2$$

反应机理表明：酸的催化作用是帮助羟基离去。Beckmann 反应的特点是：①离去基团与迁移基团处于反式，这是根据产物推断的；②基团的离去与基团的迁移是同步的，如果不是同步，羟基以水的形式先离开，形成氮正离子，这时相邻碳上两个基团均可迁移，得到混合物，但实验结果只有一种产物，因此反应是同步的；③迁移基团在迁移前后构型不变，例如：

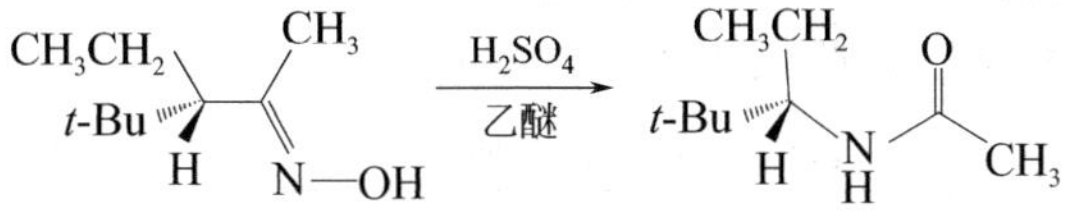

$$CH_3CH_2(t\text{-Bu})(H)C-C(CH_3)=N-OH \xrightarrow[\text{乙醚}]{H_2SO_4} CH_3CH_2(t\text{-Bu})(H)C-NH-C(=O)CH_3$$

Beckmann 重排的一个重要用途是能方便地由酮来制备酰胺。

工业上的一个重要应用是从环己酮肟重排为己内酰胺，其过程如下：

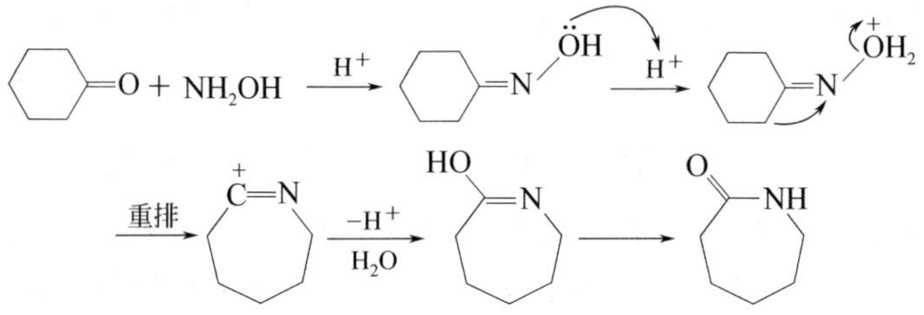

$$\text{环己酮}=O + NH_2OH \xrightarrow{H^+} \text{环己基}=N-\ddot{O}H \xrightarrow{H^+} \text{环己基}=N-\overset{+}{O}H_2$$

$$\xrightarrow{\text{重排}} \overset{+}{C}=N\text{(七元环)} \xrightarrow[H_2O]{-H^+} HO-C=N\text{(七元环)} \longrightarrow O=C-NH\text{(七元环)}$$

己内酰胺

内酰胺（lactam）是分子中的羧基和胺（氨）基失水的产物。己内酰胺在硫酸或三氯化磷等作用下可开环聚合：

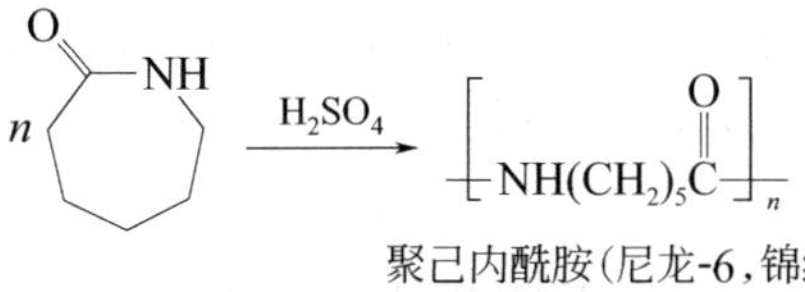

$$n\ \text{己内酰胺} \xrightarrow{H_2SO_4} \left[NH(CH_2)_5\overset{O}{\overset{\|}{C}}\right]_n$$

聚己内酰胺(尼龙-6，锦纶)

★ **练习 10-4** 完成下列反应，写出主要产物。

（1）邻-(CH_2CHO)(CH_2Cl)苯 $+ H_2NNH\overset{O}{\overset{\|}{C}}NH_2 \xrightarrow{HOAc}$

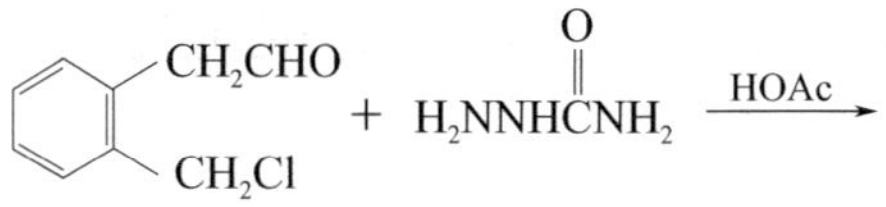

（2）1,3-二乙酰基苯 $+ 2PhNHNH_2\cdot HCl \xrightarrow{NaOAc}$

（3）丁酮 $+ NH_2OH \xrightarrow{HOAc}$

（4）$\diagup\!\diagdown\!\diagup CHO + PhNH_2 \longrightarrow$

（5）3,3-二甲基-2-丁酮 $+$ 哌啶(HN) $\xrightarrow[\text{苯},\triangle]{CH_3-C_6H_4-SO_3H}$

（6）H_3C, H 取代的双环酮 $\xrightarrow[HOAc]{NH_2OH} \xrightarrow[\triangle]{H^+}$

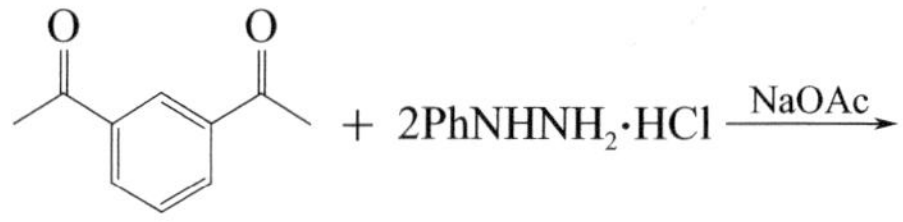

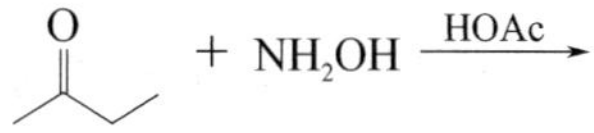

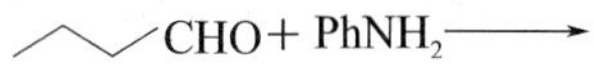

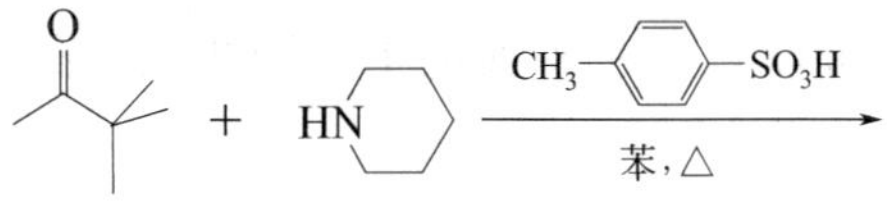

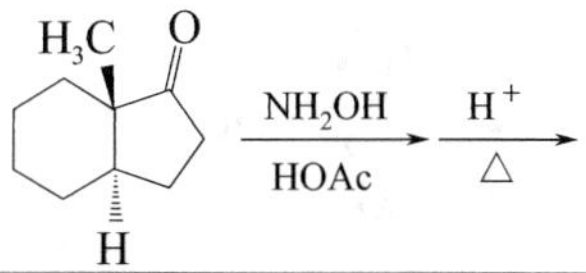

(5) 与金属有机试剂加成

醛、酮能与格氏试剂加成，加成产物水解后生成醇（参见 9.5.2）。

$$\underset{(R')H}{\overset{(R)H}{>}}\overset{\delta+}{C}=\overset{\delta-}{O} + \overset{\delta-}{R''}-\overset{\delta+}{MgX} \xrightarrow{\text{干醚}} R''-\underset{H(R')}{\overset{H(R)}{C}}-OMgX \xrightarrow{H_2O} R''-\underset{H(R')}{\overset{H(R)}{C}}-OH + Mg\langle^{X}_{OH}$$

醛、酮还可以与有机锂化合物进行加成反应生成醇，反应机理与格氏试剂相似。

醛、酮也可以与炔钠反应，形成炔醇。例如：

$$\text{环己酮} \xrightarrow[(2)\ H_3^+O]{(1)\ CH\equiv C^-Na^+,\ \text{液}NH_3,\ -33℃} \text{1-乙炔基环己醇（}C(OH)C\equiv CH\text{）}$$

(6) 与 Wittig 试剂

Wittig 试剂中存在着较强极性的 π 键，可以与醛、酮的羰基发生亲核加成反应生成烯烃，这种反应称为 Wittig 反应。

$$>C=O + (C_6H_5)_3P=CR_2 \longrightarrow >C=CR_2 + O=P(C_6H_5)_3$$

Wittig 反应是在醛、酮羰基碳所在处形成碳碳双键的一个重要方法，产物中没有双键位置不同的异构体。反应条件温和，产率也较好，但产物双键的构型较难控制。Wittig 也因该工作与 Brown H C 共享了 1979 年的诺贝尔化学奖。例如：

$$\text{环己酮} + (C_6H_5)_3\overset{+}{P}=\overset{-}{C}H_2 \xrightarrow{DMSO} \text{亚甲基环己烷}(=CH_2)$$

另一种类型的磷叶立德试剂是霍纳（Horner L）提出的：用亚磷酸酯为原料来代替三苯基膦与溴代乙酸酯得到的试剂膦酸酯，后者在强碱作用下形成 Horner 试剂。

$$P(OC_2H_5)_3 + BrCH_2CO_2Et \longrightarrow (C_2H_5O)_2\overset{OC_2H_5}{\underset{+}{P}}CH_2CO_2EtBr^- \xrightarrow{-C_2H_5Br} (C_2H_5O)_2\overset{O}{\overset{\|}{P}}CH_2CO_2Et$$

Horner 试剂和醛、酮化合物反应可以生成 α,β-不饱和酸酯。Horner 试剂与羰基化合物反应活性较大，较容易反应，而且反应后生成的另一个产物是磷酸酯的盐，溶于水，易除去，分离方便。

$$(C_2H_5O)_2\overset{O}{\overset{\|}{P}}CH_2CO_2Et + \text{环己酮} \xrightarrow{NaH} \text{环己叉基}=CHCO_2Et$$

10.4.2 羰基加成反应的立体化学

羰基与它直接相连的两个原子在同一个平面内，发生加成反应时，亲核试剂可以从羰基平面的上方或下方进攻，在非手性环境下，这两个方向进攻的反应活化能是一样的，亲核加成反应后得到的是外消旋体的混合物。

甲醛用氘化铝锂（$LiAlD_4$）还原，试剂可以从羰基平面的上下面进攻，得到同一个化合物。

$$\text{DHHC}-OD \longleftarrow \underset{D^-\uparrow}{\overset{D^-\downarrow}{H_2C=O}} \cdots C_2 \cdots\rightarrow \text{HHDC}-OD$$

在乙醛分子中，羰基所在平面也是乙醛分子的对称面，但平面内没有 C_2 轴，上下面不能互换。这种面称为对映面（enantiotopic face）。对映面也可以按次序规则来命名构型。

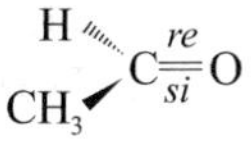

对映面

如果从上面看，与羰基碳相连的三个原子（团）从大到小是按顺时针方向排列的，用 *re* 来表示其构型；从下面看，将是按反时针方向排列的，则用 *si* 表示。用氘化铝锂还原乙醛时，试剂从 *re* 面进攻，产物的构型为 *R*，从 *si* 面进攻，则为 *S*（产物的构型 *R*、*S* 与 *re*、*si* 面没有必然的对应关系）。例如：

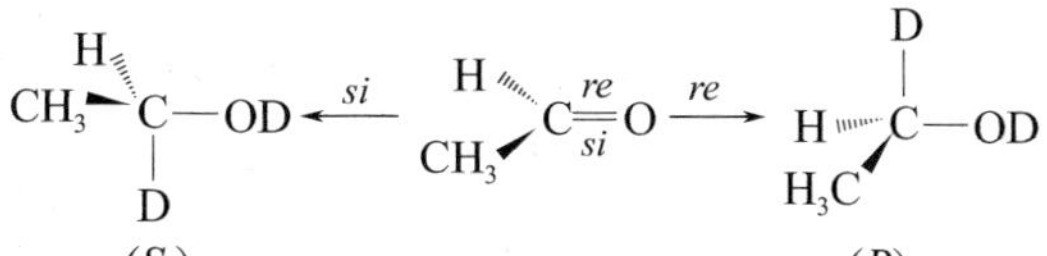

(*S*) (*R*)

由于试剂从 *re* 面或 *si* 面进攻羰基平面的机会是均等的，因此，得到的产物是等量 *R*-型和 *S*-型，即外消旋体。

但是，当羰基的 α-位为不对称碳原子时，羰基平面的上、下空间位阻不同，得到的异构体的量也不相同，产物分布满足克拉姆（Cram）规则。

Cram 规则是判断含有不对称 α-碳原子的羰基化合物的加成产物的经验规则，由美国化学家 Cram 于 1952 年提出。他认为对羰基碳原子发生加成反应时，反应物的优势构象（最大基团远离羰基）决定主要产物的构型，如图 10-9 所示。主要有两条规则。

① 当 α-碳原子上连接着具有微弱极性因素而又不能与金属原子配位的 L，M，S 三个基团（L 为最大基团，M 为中等基团，S 为最小基团），进攻试剂对羰基碳原子发生加成作用时，将倾向于从空间位阻较小的 S 基团一侧进攻羰基碳原子。

② 当不对称 α-碳原子上结合着一个可以与羰基氧原子形成氢键的基团（如羟基或氨基）时，则进攻试剂将从含氢键的环的空间位阻较小的一侧对羰基进行加成。Cram 规则是不对称合成的基础理论之一。

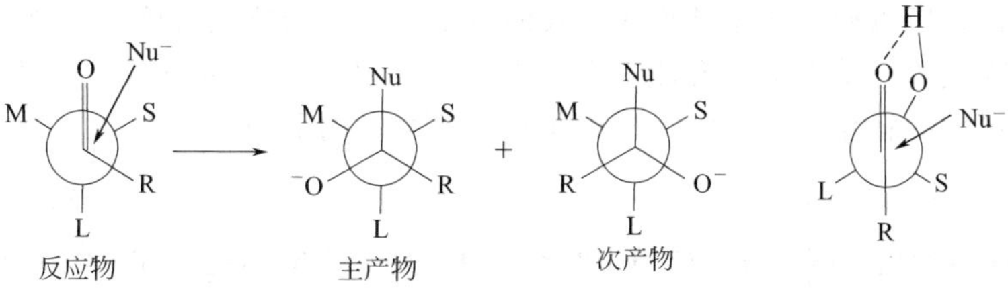

反应物 主产物 次产物

(a) 无氢键时 (b) 有氢键时

图 10-9 判断醛、酮亲核加成反应的 Cram 规则

2-甲基环戊酮有一个不对称的碳原子，羰基所在的平面不是分子对称面，这种面叫做非对映面（diastereotopic face）。

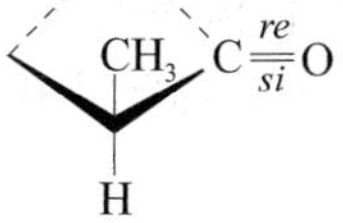

非对映面

(S)-2-甲基环戊酮与甲基锂加成后水解，由于甲基的位阻效应，试剂从环上甲基的反面

进攻所得的产物，产率可到90%，这种立体选择性也称为非对映选择。

$$\text{2-甲基环戊酮} \xrightarrow[\text{2) } H_3O^+]{\text{1) } CH_3Li} \underset{90\%}{trans\text{-1,2-二甲基环戊醇}} + \underset{10\%}{cis\text{-1,2-二甲基环戊醇}}$$

生物酶对羰基的反应有极强的立体专一性。例如，用含烟酰胺的酶使氘代乙醛还原，得到旋光的（S）-氘代乙醇，反应是定量的；如先使酶用氘水进行同位素交换，然后再来还原乙醛，则得到（R）-氘代乙醇，反应也是定量的。

$$\underset{\text{酶}}{NaD\cdot H} + CH_3CDO \longrightarrow H-C(OH)(D)CH_3 \quad (S)100\%$$

$$\underset{\text{酶}}{NaD\cdot D} + CH_3CHO \longrightarrow D-C(OH)(H)CH_3 \quad (R)100\%$$

NaD·D（酶）= 4,4-二氘代（H、D）-3-CONH$_2$-1,4-二氢吡啶，N连酶

10.4.3 α-氢原子的活泼性

（1）酮-烯醇互变异构

由于羰基的影响，醛、酮的α-氢原子具有一定的酸性，容易在强碱的存在下作为质子离去，简单的醛、酮 pK_a 约为17～20，比乙炔的酸性还大。

醛、酮的α-碳原子失去一个α-氢原子后形成的负离子，可以用两个共振式表示：

$$R-\overset{O}{\overset{\|}{C}}-\overset{H}{\overset{|}{C}}HR' \xrightarrow{B^-} \left[\underset{\mathbf{1}}{R-\overset{O}{\overset{\|}{C}}-\bar{C}HR'} \longleftrightarrow \underset{\mathbf{2}}{R-\overset{\bar{O}}{\overset{|}{C}}=CHR'}\right]$$

这两个共振结构式中，氧原子或α-碳原子分别带有负电荷。因氧原子的电负性较大，能更好地容纳负电荷，所以两个共振结构式**2**式的贡献较大。当负电荷接受一个质子时就有两种可能：若碳接受质子，就形成醛和酮；若接受质子，就形成烯醇（enol）。负离子接受质子生成醛、酮或烯醇的转化是可逆的。这种相互转化可以用下列式子表示：

$$\underset{\text{酮}}{R-\overset{O}{\overset{\|}{C}}-\overset{H}{\overset{|}{C}}HR'} \underset{+H^+}{\overset{-H^+}{\rightleftharpoons}} R-\overset{O}{\overset{\|}{C}}-\bar{C}HR' \longleftrightarrow R-\overset{\bar{O}}{\overset{|}{C}}=CHR' \underset{-H^+}{\overset{+H^+}{\rightleftharpoons}} \underset{\text{烯醇}}{R-\overset{OH}{\overset{|}{C}}=CHR'}$$

由此可见，酮失去α-氢原子所形成的负离子与烯醇失去羟基氢所形成的负离子是同样的，所以常叫这种负离子为烯醇负离子（enolate ion）。

酮和相应的烯醇是官能团异构体，可以相互转化。在微量的酸和碱存在下，酮和烯醇相互转变，很快就能达到动态平衡，这种能够相互转变而又同时存在的异构体叫互变异构体（tautomerism）。酮和烯醇的这种互变异构体叫酮-烯醇互变异构。

含有一个羰基的结构较简单的醛、酮的烯醇式在互变异构的混合物中比例很少。例如：

$$\underset{\text{丙酮}}{CH_3-\overset{O}{\overset{\|}{C}}-CH_3} \rightleftharpoons \underset{0.00015\%}{CH_2=\overset{OH}{\overset{|}{C}}-CH_3}$$

对于有两个羰基的，中间只相隔一个饱和碳原子的β-二羰基化合物来说，生成的烯醇式有共轭结构，能量较低，稳定性大，所以在互变异构的混合物中含量要高得多。例如：

$$\underset{\substack{\text{酮式}\\24\%}}{CH_3-\overset{\overset{\large O}{\|}}{C}-CH_2-\overset{\overset{\large O}{\|}}{C}-CH_3} \rightleftharpoons \underset{\substack{\text{烯醇式}\\76\%}}{CH_3-\overset{\overset{\large OH}{|}}{C}=CH-\overset{\overset{\large O}{\|}}{C}-CH_3}$$

（2）羟醛缩合反应

在稀碱的存在下，一分子醛、酮的α-氢原子加到另一分子醛、酮的羰基氧原子上，其余部分通过α-碳加到羰基的碳原子上，生成β-羟基醛、酮，这类反应称为羟醛缩合或醇醛缩合。羟醛缩合又常称为 aldol 反应，表示产物包括 ald（英文醛 aldehyde 的词首）和 ol（英文醇 alcohol 的词尾）。以乙醛的羟醛缩合反应为例：

$$CH_3-\overset{\overset{\large O}{\|}}{C}-H + \overset{\overset{\large H}{|}}{C}H_2-\overset{\overset{\large O}{\|}}{C}-H \xrightarrow[5℃]{10\%\ NaOH} CH_3-\overset{\overset{\large OH}{|}}{C}H-CH_2-\overset{\overset{\large O}{\|}}{C}-H$$

其反应历程表示如下：

$$CH_3CHO \xrightarrow{\text{稀}\ OH^-} {}^-CH_2CHO \xrightarrow{CH_3CHO} CH_3\overset{\overset{\large O^-}{|}}{C}HCH_2CHO \xrightarrow[-OH^-]{H_2O} CH_3\overset{\overset{\large OH}{|}}{C}HCH_2CHO$$

反应主要分两步进行：第一步是稀碱夺取一分子乙醛中的α-氢原子，生成碳负离子；第二步是这一碳负离子作为亲核试剂与另外一分子乙醛发生亲核加成反应，生成一个烷氧负离子，后者夺取一个质子而生成β-羟基醛。

一般来说，凡是α-碳原子上有氢原子的β-羟基醛受热都容易失去一分子水，生成α,β-不饱和醛，这是因为α-氢原子较活泼，并且失去水后生成的α,β-不饱和醛具有共轭双键，比较稳定。例如：

$$CH_3\overset{\overset{\large OH}{|}}{C}HCH_2CHO \xrightarrow[\triangle]{} CH_3CH=CHCHO + H_2O$$

含有α-氢原子的酮也能发生类似的羟醛缩合反应，最后生成α,β-不饱和酮。例如，两分子丙酮的缩合反应：

$$CH_3-\overset{\overset{\large O}{\|}}{C}-CH_3+H-CH_2-\overset{\overset{\large O}{\|}}{C}-CH_3 \xrightleftharpoons{\text{稀}OH^-} CH_3-\underset{\underset{\large CH_3}{|}}{\overset{\overset{\large OH}{|}}{C}}-\overset{\overset{\large H}{|}}{C}H-\overset{\overset{\large O}{\|}}{C}-CH_3 \xrightarrow[\triangle]{} CH_3-\underset{\underset{\large CH_3}{|}}{C}=CH-\overset{\overset{\large O}{\|}}{C}-CH_3+H_2O$$

因为含有α-氢原子的两种不同产物的混合物，所以这种交叉羟醛缩合没有实用意义。但是，如果其中一个羰基化合物不含有α-氢原子（如甲醛、三甲基乙醛、苯甲醛等），这些羰基化合物不可能脱去质子成为亲核试剂进行进攻，所以产物的种类很少，在有机合成上仍有重要的意义。例如，与甲醛反应可以得到增加一个碳原子的相应化合物。

$$CH_3-\overset{\overset{\large CH_3}{|}}{C}HCHO + HCHO \xrightarrow{\text{稀}\ OH^-} CH_3-\underset{\underset{\large CHO}{|}}{\overset{\overset{\large CH_3}{|}}{C}}-CH_2OH$$

苯甲醛与含有α-氢原子的脂肪族醛、酮缩合，可得到芳香族的α,β-不饱和醛、酮。例如，与乙醛缩合后生成肉桂醛。

$$C_6H_5CHO + CH_3CHO \xrightarrow{\text{稀}OH^-} \underset{\text{肉桂醛}}{C_6H_5CH{=}CHCHO}$$

α,β-不饱和醛、酮进一步转化可制备许多其他的各类芳香族化合物，如肉桂醛进行选择性氧化可得到肉桂酸；选择性还原可以得到肉桂醇等。

★ **练习 10-5** 完成下列反应，写出主要产物。

（1）$(CH_3)_2CHCH_2CHO \xrightarrow[H_2O]{NaOH} \qquad \xrightarrow[\triangle]{H^+}$

（2）$CH_3\overset{O}{\overset{\|}{C}}(CH_2)_4\overset{O}{\overset{\|}{C}}CH_3 \xrightarrow[\triangle]{NaOH,\ H_2O}$

（3）$(CH_3)_3CCHO + CH_3\overset{O}{\overset{\|}{C}}CH(CH_3)_2 \xrightarrow[\triangle]{NaOH}$

（4）$(CH_3)_2CH\overset{O}{\overset{\|}{C}}CH_2CH_2CHO \xrightarrow{OH^-}$

★ **练习 10-6** 试由（1-四氢萘酮结构式）合成（茚-2-基）$-CH_2OH$。

（3）卤化反应和卤仿反应

由于α-氢原子的活泼性，醛、酮分子中的α-氢原子容易在酸或碱催化下被卤素取代，生成α-单卤代或多卤代醛、酮。

当用酸作催化剂时，醛、酮的羰基氧原子接受质子变成烯醇是决定反应速率的一步，α-卤代后使形成烯醇的反应速率变慢，因而酸催化的醛、酮卤化反应可以停留在一卤代物的阶段。

$$C_6H_5-\underset{\underset{O}{\|}}{C}-CH_3 + Br_2 \xrightarrow{H^+} C_6H_5-\underset{\underset{O}{\|}}{C}-CH_2Br + HBr$$

在碱催化下，一卤代醛或酮可以继续卤化为二卤代、三卤代产物。例如：

$$CH_3CHO \xrightarrow[H_2O]{X_2} \underset{X}{\underset{|}{CH_2}}CHO \xrightarrow{X_2} \overset{X}{\overset{|}{\underset{X}{\underset{|}{C}}}}HCHO \xrightarrow{X_2} X-\overset{X}{\overset{|}{\underset{X}{\underset{|}{C}}}}CHO$$

当醛、酮的一个α-氢原子被取代后，由于卤原子是吸电子的，使它所连的α-碳原子上第二个或第三个α-氢原子的酸性更强，在碱的作用下更容易被卤素取代，生成同碳的三卤代物，因此，在碱性的条件下，多个α-氢原子的醛或酮的卤化反应难以停留在一卤代物的阶段，得到的产物是多卤代的醛或酮。因此，若要制备一卤代物的α-卤代醛或酮，则选择在酸性条件下用等物质的量的卤素反应；若要得到α-多卤代醛或酮，则选择在碱性条件下用过量的卤素来反应。

具有$CH_3\overset{O}{\overset{\|}{C}}-$结构的醛、酮（在碱性条件下）与卤素（也可用次卤酸盐溶液）作用，则很

快地生成同碳三卤代物。例如：

$$CH_3-\overset{O}{\overset{\|}{C}}-CH_3 + 3NaOX \longrightarrow CH_3-\overset{O}{\overset{\|}{C}}-CX_3 + 3NaOH$$

由于同碳三个卤原子的吸电子作用强，同碳三卤代物在碱的存在下，三卤甲基和羰基碳之间的键容易断裂，而得到羧酸盐和三卤甲烷。

$$CH_3-\overset{O}{\overset{\|}{C}}-CX_3 + OH^- \rightleftharpoons CH_3-\underset{OH}{\underset{|}{\overset{O^-}{\overset{|}{C}}}}-CX_3 \rightleftharpoons CH_3COOH + {}^-CX_3 \rightleftharpoons CH_3COO^- + HCX_3$$

上述反应由于有三卤甲烷（俗称卤仿）生成，所以这个反应也叫做卤仿反应。卤仿反应的通式如下：

$$(H)R\overset{O}{\overset{\|}{C}}-CH_3 + 3NaOX \longrightarrow HCX_3 + (H)RCOONa + 2NaOH$$

含有$CH_3\overset{OH}{\overset{|}{C}}H-$基团的化合物也能发生卤仿反应。这是因为基团首先被卤素的碱溶液氧化成含有$CH_3\overset{O}{\overset{\|}{C}}-$基团的化合物，然后发生卤仿反应。例如：

$$CH_3CH_2OH \xrightarrow{NaOX} CH_3CHO \xrightarrow{NaOX} HCOOH + CHX_3\downarrow$$

卤仿反应可用于制备其他方法难以制备的比原料醛或酮少一个碳原子的羧酸。碘仿是不溶于水的亮黄色固体，具有特殊的气味，很容易判别，所以碘仿反应可用来鉴别含有$CH_3\overset{O}{\overset{\|}{C}}-$基团的乙醛、甲基酮以及含有$CH_3\overset{OH}{\overset{|}{C}}H-$基团的醇。

★ **练习 10-7** 乙酸中也含有 CH_3CO-基团，但不发生碘仿反应，为什么？

（4）曼尼希反应

在酸性或碱性条件下，含有 α-氢原子的化合物（如醛、酮等）与醛和氨（或伯胺、仲胺）之间发生的缩合反应称为曼尼希（Mannich C）反应。例如：

$$C_6H_5-\underset{O}{\underset{\|}{C}}-CH_3 + HCHO + HN(CH_3)_2 \xrightarrow{HCl} C_6H_5-\underset{O}{\underset{\|}{C}}-CH_2CH_2-N(CH_3)_2\cdot HCl$$

上述反应是一种氨甲基化反应。苯乙酮分子中甲基上的一个氢原子被二甲氨甲基所取代，生成 β-氨基酮。由于 β-氨基酮容易分解为氨（或胺）和 α，β-不饱和酮，所以 Mannich 反应提供了一个间接合成 α，β-不饱和酮的方法。例如：

$$C_6H_5-\underset{O}{\underset{\|}{C}}-CH_2CH_2-N(CH_3)_2 \xrightarrow{\triangle} C_6H_5-\underset{O}{\underset{\|}{C}}-\underset{H}{C}=CH_2 + HN(CH_3)_2$$

利用 Mannich 反应合成颠茄醇是有机化学史上的一件重要事情。1933 年，以环庚酮为原料，经 14 步反应才合成目标产物；而采用 Mannich 反应只需两步反应就得到目标化合物。

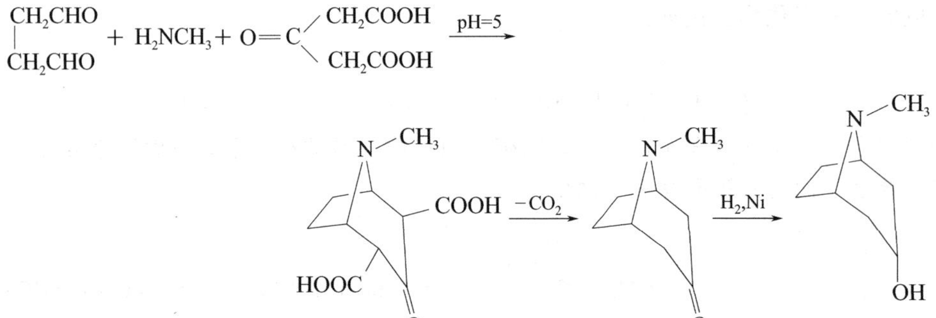

$$CH_2CHO-CH_2CHO + H_2NCH_3 + O{=}C(CH_2COOH)_2 \xrightarrow{pH=5}$$

$$\xrightarrow{-CO_2} \xrightarrow{H_2,Ni}$$

颠茄醇

10.4.4 氧化和还原

醛与酮在氧化反应中有很大的差异。由于醛的羰基碳上连有一个氢原子，因而醛非常容易被氧化，弱的氧化剂即可将醛氧化成相同碳原子数的羧酸。而酮的羰基碳上不连有氢原子，所以一般的氧化剂不能使酮氧化，这样使用弱的氧化剂可以将醛和酮区分开来。常用的弱氧化剂是菲林（Fehling）试剂及托伦（Tollens）试剂。

Tollens 试剂是氢氧化银的氨溶液，它与醛的反应如下式：

$$RCHO+2Ag(NH_3)_2OH \xrightarrow[\triangle]{} RCOONH_4+2Ag\downarrow+H_2O+3NH_3$$

醛被氧化成羧酸（实际得到的是羧酸铵盐），Tollens 试剂则被还原为金属银，如果试管是很干净的，则析出的金属银在试管壁上形成银镜，所以这个反应也称为银镜反应。

Fehling 试剂是以酒石酸钾钠作为络合剂的碱性氢氧化铜溶液，二价铜离子为氧化剂，与醛反应时被还原成砖红色的氧化亚铜沉淀。

$$RCHO+2Cu^{2+}+NaOH+H_2O \xrightarrow[\triangle]{} RCOONa+Cu_2O\downarrow+4H^+$$

但 Fehling 试剂不能将芳香醛氧化为相应的酸。

所以上述两个氧化反应可用来鉴别醛、酮，以及脂肪醛和芳香醛。这两种试剂还是很好的有化学选择性的氧化剂，它们对碳碳双键或碳碳三键是不起作用的。例如：

$$CH_3CH_2CH{=}CHCHO \xrightarrow[\triangle]{Ag(NH_3)_2OH} CH_2CH_2CH{=}CHCOOH$$

> ★ **练习 10-8** 前面学过的哪一类化合物也会与银氨络离子反应？该反应与本章中醛与银氨络离子的反应有什么不同？

酮不易被氧化，但遇强的氧化剂（$K_2Cr_2O_7$、$KMnO_4$、HNO_3 等）则可被氧化而发生羰基与 α-碳原子之间的碳碳键断裂，生成多种低级的羧酸混合物。例如：

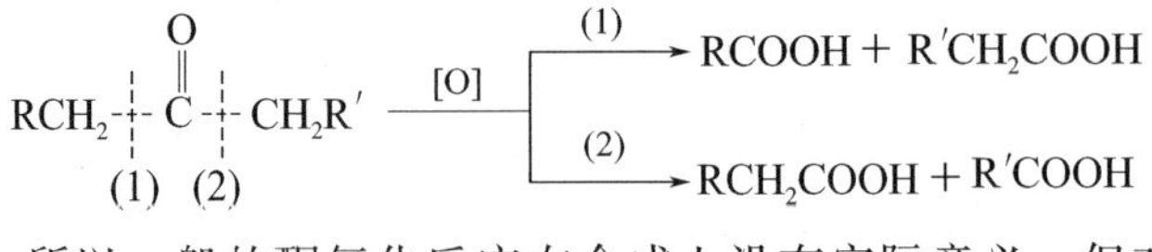

$$RCH_2\overset{(1)}{\vdots}\underset{\|}{\overset{O}{C}}\overset{(2)}{\vdots}CH_2R' \xrightarrow{[O]} \begin{cases} \xrightarrow{(1)} RCOOH + R'CH_2COOH \\ \xrightarrow{(2)} RCH_2COOH + R'COOH \end{cases}$$

酮的氧化产物复杂，所以一般的酮氧化反应在合成上没有实际意义。但对称的酮，如环己酮的氧化却只生成单一的己二酸，这是制备己二酸的工业方法，己二酸是生产合成纤维尼龙-66 的原料。

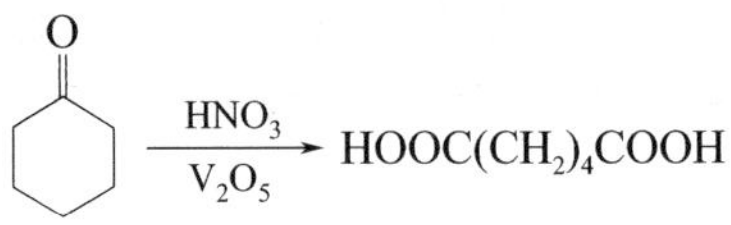

$$\text{环己酮} \xrightarrow[V_2O_5]{HNO_3} HOOC(CH_2)_4COOH$$

酮类化合物被过酸氧化，与羰基直接相连的碳链断裂，插入一个氧形成酯的反应称为拜耳（Baeyer）-魏立格（Villiger）氧化重排。

$$RCOR' + CH_3COOOH \xrightarrow[40℃]{CH_3COOEt} RCOOR' + CH_3COOH$$

常用的过酸有过乙酸、过苯甲酸、间氯过苯甲酸和三氟过乙酸等。

其中三氟过乙酸是最好的氧化剂，这类氧化剂的特点是反应速率快，产率高。该反应的过程是首先酮羰基生成锌盐，然后过酸对羰基进行亲核加成。加成产物发生如下的重排得到产物。

$$RCOR' + RCOOH \longrightarrow R(R')C(OH)\text{—}O\text{—}O\text{—}C(=O)R \longrightarrow RCOOR' + RCOOH$$

对于不对称酮，羰基两边的基团不同，两个基团均可迁移，但有一定的选择性，迁移能力的顺序为

$$R_3C\text{—} > R_2CH\text{—},\ C_6H_{11}\text{—} > PhCH_2\text{—} > Ph\text{—} > RCH_2\text{—} > CH_3\text{—}$$

如迁移基团是手性碳，手性碳的构型保持不变。Baeyer-Williger 反应常用于由环酮来合成内酯。例如：

$$\text{环己酮} + CH_3CO_3H \xrightarrow[40℃]{CH_3COOEt} \text{己内酯}$$

己内酯90%

醛、酮可以被还原，在不同条件下，用不同的还原剂，可以得到不同的产物。

（1）催化加氢

在金属催化 Pt、Ni、Pd、Cu 等存在下，醛或酮与氢气作用，发生加成反应，分别生成伯醇或仲醇。例如：

$$CH_3CH_2CH_2CHO \xrightarrow[Pd]{H_2} CH_3CH_2CH_2CH_2OH$$

$$CH_3CH_2CH_2\text{—}\overset{O}{\overset{\|}{C}}\text{—}CH_2CH_3 \xrightarrow[Pd]{H_2} CH_3CH_2CH_2\text{—}\underset{H}{\overset{OH}{C}}\text{—}CH_2CH_3$$

醛、酮催化加氢产率高，后处理简单，是工业上常用的加氢方法。但是，如果分子中还有其他不饱和基团，如 $\rangle C{=}C\langle$、—C≡C—、—NO_2、—CN 等，则这些不饱和基团同时也会被还原。例如：

$$CH_3CH_2CH{=}CHCHO \xrightarrow[Pd]{H_2} CH_3CH_2CH_2CH_2CH_2OH$$

（2）用金属氢化物还原

醛和酮可以被金属氢化物硼氢化钠（$NaBH_4$）和氢化铝锂（$LiAlH_4$）等还原成相应的醇（参见 9.5.4）。

硼氢化钠在水或醇溶液中是一种缓和的还原剂，具有选择性强、还原性好的特点，它只对醛、酮分子中的羰基有还原作用，而不还原分子中其他不饱和基团。例如：

$$CH_3CH_2CH=CHCHO \xrightarrow[2)H^+]{1)NaBH_4} CH_3CH_2CH=CHCH_2OH$$

氢化铝锂的还原性比硼氢化钠强，不仅能将醛、酮还原成醇，而且还能还原羧酸、酯、酰胺、腈等化合物。不影响分子中 $\rangle C=C\langle$、$-C\equiv C-$，产率也很高。氢化铝锂能与质子溶剂发生反应，因此要在乙醚等非质子溶剂中使用。

（3）克莱门森还原法

醛或酮在锌汞齐加盐酸的条件下还原，羰基被还原成亚甲基，这个反应叫做克莱门森（Clemmensen E）还原。例如：

$$C_6H_5-\overset{O}{\overset{\|}{C}}-CH_2CH_2CH_2CH_2CH_3 \xrightarrow[HCl]{Zn-Hg} C_6H_5-CH_2CH_2CH_2CH_2CH_2CH_3$$

这是将羰基还原成亚甲基的较好的方法之一，在有机合成中常来合成直链烷基苯（参见 6.5.1）。

（4）沃尔夫-基西诺-黄鸣龙反应

沃尔夫（Wolff L）-基西诺（Kishner N M）还原法是先将醛或酮与无水肼反应生成腙，然后在高压釜中将腙和乙醇钠及无水乙醇加热到 180℃，得到还原产物烃。这也是一种将醛或酮还原成烃的方法。但是上述还原法条件比较苛刻，不仅需要高压，还要无水条件、无水肼等。我国科学家黄鸣龙对上述反应做了改进：即先将醛或酮、氢氧化钠、水合肼和一个高沸点的溶剂（如二甘醇、三甘醇）一起加热，生成腙，然后在碱性条件下脱氮，结果醛或酮中的羰基还原成亚甲基。例如：

$$C_6H_5-\overset{O}{\overset{\|}{C}}-CH_2CH_2CH_3 \xrightarrow[(HOCH_2CH_2)_2O,\ \triangle]{NH_2NH_2\cdot H_2O,\ NaOH} C_6H_5-CH_2CH_2CH_2CH_3$$

黄鸣龙对改进使反应不再需要压力，在常压下就能反应；并且使用水合肼，不用高价的纯肼，不再需要无水的条件，就能得到较高的产率。这一改进的还原法称为 Wolff-Kishner-黄鸣龙反应。

Clemmensen 还原法和 Wolff-Kishner-黄鸣龙反应都是将羰基还原成亚甲基的反应。前者是在酸性条件下的还原，后者是在碱性条件下的还原，两种反应相互补充，可以根据醛或酮分子中所含有其他基团对酸、碱性的要求，有选择地使用还原方法。

不含 α-氢原子的醛或酮在浓碱的存在下，能发生歧化反应，即一分子醛被氧化成羧酸（碱溶液中实际为羧酸盐），另外一分子醛被还原为醇，这种反应叫康尼扎罗（Cannizzaro S）反应。例如：

$$2HCHO \xrightarrow{浓NaOH} HCOONa + CH_3OH$$

$$2\,C_6H_5-CHO \xrightarrow{浓NaOH} C_6H_5-COONa + C_6H_5-CH_2OH$$

在浓碱存在下两种不同的不含 α-氢原子的醛也能发生 Cannizzaro 反应，称为交叉歧化反应，产物有四种，比较复杂，没有较大的应用价值。但若其中一种醛是甲醛，则因为甲醛的还原性较强，所以歧化反应结果甲醛总是被氧化为甲酸，而另外一分子醛被还原为醇。所以有甲醛参与的交叉歧化反应在有机合成上有较好的应用。例如，由甲醛和乙醛制备季戊四醇的反应中，首先是三分子的甲醛和一分子的乙醛发生交叉羟醛缩合反应，生成的产物再与一分子的甲醛发生交叉 Cannizzaro 反应。

$$3HCHO + CH_3CHO \xrightarrow{Ca(OH)_2} HOCH_2-\underset{CH_2OH}{\overset{CH_2OH}{C}}-CHO$$

$$HOCH_2-\underset{CH_2OH}{\overset{CH_2OH}{C}}-CHO + HCHO \xrightarrow{Ca(OH)_2} HOCH_2-\underset{CH_2OH}{\overset{CH_2OH}{C}}-CH_2OH + HCOO^-$$

这是实验室和工业上制备重要的化工原料季戊四醇的方法。

一些难以制备的芳香醇也可利用交叉 Cannizzaro 反应来制备。例如：

$$p\text{-}CH_3OC_6H_4CHO + HCHO \xrightarrow{\text{浓}NaOH} p\text{-}CH_3OC_6H_4CH_2OH + HCOONa$$

10.5 醛基和酮基的保护和去保护

从上述醛和酮的化学性质可知，羰基是较活泼的基团，当醛和酮分子中还含有其他基团，并且这些基团要发生某些反应时，羰基往往也会随之发生一些反应。所以为保留羰基不变，需要先将羰基保护起来，然后再进行分子中其他基团的转化反应，最后去保护回到醛或酮。常用的羰基保护是将醛和酮转化为缩醛或缩酮，然后水解回到醛或酮。例如，对甲基苯甲醛的氧化，不采取保护的话，则氧化成对苯二甲酸；先对醛基进行保护，则可以保留醛基生成下列化合物：

$$p\text{-}CH_3C_6H_4CHO + HOCH_2CH_2OH \xrightarrow{H^+} p\text{-}CH_3C_6H_4\text{-}CH(OCH_2CH_2O) \xrightarrow[H^+]{KMnO_4} p\text{-}HOOCC_6H_4\text{-}CH(OCH_2CH_2O) \xrightarrow{H_3\overset{+}{O}} p\text{-}HOOCC_6H_4CHO$$

从 3-溴丙醛合成丙烯醛不能采用碱性条件下脱溴化氢的方法，因为丙烯醛在碱性条件下会发生聚合。但如果先保护醛基变成缩醛，用碱脱去溴化氢，再水解，就可以得到丙烯醛。

$$CH_2BrCH_2CHO \xrightarrow[H^+]{CH_3CH_2OH} CH_2BrCH_2CH(OC_2H_5)_2 \xrightarrow{OH^-} CH_2=CHCH(OCH_5)_2 \xrightarrow{H_3^+O} CH_2=CHCHO$$

缩醛或缩酮也属醚类化合物，暴露在空气中容易生成易爆炸的过氧化物，故操作与存放时注意安全。

★ **练习 10-9** 完成下列合成。

（1）从 $CH_3COCH_2CH_2CH_2COOR$ 合成 $CH_3COCH_2CH_2CH_2C(OH)R_2$。

（2）从 $HOCH_2CH(OH)CH_2OH$ 合成 $HOCH_2CH(OH)CH_2OCOR$。

10.6 不饱和醛、酮

不饱和醛、酮一般指分子中含有碳碳双键的醛、酮。最小的不饱和醛、酮为乙烯酮碳碳双键的位置在 α,β-碳原子之间的，称为 α,β-不饱和醛、酮。除乙烯酮、α,β-不饱和醛、酮有其特殊性质外，其余的不饱和醛、酮兼有孤立的烯烃和羰基的性质。

10.6.1 乙烯酮

乙烯酮（ketene）是低沸点的无色有毒气体，通常由乙酸或丙酮热解得到，能溶于乙醚等有机溶剂。

$$\underset{\text{H}}{\underset{|}{\text{CH}_2}}-\underset{\text{OH}}{\underset{|}{\text{C}}}=\text{O} \xrightarrow[700℃]{\text{磷酸三乙酯}} \text{CH}_2=\text{C}=\text{O}+\text{H}_2\text{O}$$

乙烯酮很不稳定，常以二聚体双乙烯酮形式存在，其加热即分解为乙烯酮。

$$2\text{CH}_2=\text{C}=\text{O} \underset{500℃}{\rightleftharpoons} \begin{array}{l}\text{CH}_2=\text{C}-\text{O}\\ \quad\;\;\;|\quad\;\;|\\ \;\;\text{H}_2\text{C}-\text{C}=\text{O}\end{array}$$

双乙烯酮

乙烯酮分子中两个累积双键相互垂直，不成共轭体系，不稳定，能与许多具有活泼氢的化合物如 H_2O、HX、RCOOH、ROH、RNH_2 等进行加成反应，生成相应的酸、酰卤、酯、酸酐和酰胺等产物。例如：

$$\text{CH}_2=\text{C}=\text{O}+\text{H}_2\text{O}\longrightarrow \text{CH}_3\overset{\text{O}}{\overset{\|}{\text{C}}}-\text{OH}$$

$$\text{CH}_2=\text{C}=\text{O}+\text{HOC}_2\text{H}_5\longrightarrow \text{CH}_3\overset{\text{O}}{\overset{\|}{\text{C}}}-\text{OC}_2\text{H}_5$$

乙烯酮与格氏试剂反应，生成甲基酮。

$$\text{H}_2\text{C}=\text{C}=\text{O}+\text{RMgX}\longrightarrow \text{CH}_2=\overset{\text{OMgX}}{\overset{|}{\text{C}}}-\text{R}\longrightarrow \text{CH}_3\text{COR}$$

这些加成反应都是活泼氢加到乙烯酮的氧原子上，余下的部分加到乙烯酮的羰基碳上形成烯醇，然后重排形成羰基结构的羧酸及其衍生物等。反应通式如下：

$$\text{CH}_2=\text{C}=\text{O}\xrightarrow{\text{H}^+}\text{CH}_2=\overset{+}{\text{C}}-\text{OH}\xrightarrow{\text{Nu}^-}\text{CH}_2=\overset{\text{Nu}}{\overset{|}{\text{C}}}-\text{OH}\longrightarrow \text{CH}_3-\overset{\text{Nu}}{\overset{|}{\text{C}}}=\text{O}$$

乙烯酮向具有活泼氢的化合物中引入乙酰基，生成羧酸及其衍生物，所以乙烯酮是一种优良的乙酰化试剂。

10.6.2 *α*,*β*-不饱和醛、酮

α,β-不饱和醛、酮主要通过羟醛缩合反应得到 β-羟基醛、酮，再失水得到。由于碳碳双键与羰基的碳氧双键是共轭的，受羰基吸电子作用的影响，这两种官能团除具有各自的性质外，还具有独特的性质：发生加成反应时能进行 1,2-加成或 1,4-加成，而且与亲电试剂或亲核试剂均能加成。由于羰基的吸电性，可以预期其烯烃官能团上发生亲电加成时不如一般的烯烃。

（1）1,4-亲电加成

在 α,β-不饱和醛、酮中，分子中碳碳双键有一定的极性。其共振结构可以表示为

$$CH_2=CH-\overset{\overset{\ddot{O}:}{\|}}{CH} \longleftrightarrow CH_2=CH-\overset{\overset{:\ddot{O}:^-}{|}}{\underset{+}{C}H} \longleftrightarrow \overset{+}{C}H_2-\overset{H}{C}=\overset{\overset{:\ddot{O}:^-}{|}}{CH}$$

加成反应和共轭二烯烃一样，有 1,2-或 1,4-加成两种方式。

$$\underset{4}{\overset{\delta^+}{C}H_2}=\underset{3}{\overset{\delta^-}{C}H}-\underset{2}{\overset{\overset{1\,O^{\delta^-}}{\|}\,\delta^+}{CH}} \xrightarrow[1,2\text{-加成}]{HNu} CH_2=CH-\underset{\underset{Nu}{|}}{\overset{\overset{OH}{|}}{CH}}$$

1,4-加成得到的烯醇式不稳定，经重排形成稳定的酮式结构。例如：

$$CH_2=CH-\overset{\overset{O}{\|}}{CH} \xrightarrow[1,4\text{-加成}]{HCl} \overset{\overset{Cl}{|}}{CH_2}-CH_2-\overset{\overset{O}{\|}}{CH}$$

$$\text{2-环己烯酮} \xrightarrow{HBr} \text{3-溴环己酮}$$

羰基降低了共轭双键对亲电加成的活性，1,4-加成的结果是正性基团加到 α-碳原子上，负性基团加到 β-碳原子上，好像发生了 3,4-加成反应。

（2）1,4-亲核加成

一般碳碳双键是不受亲核试剂进攻的，但在 α,β-不饱和醛、酮中，亲核试剂可以加成到碳氧双键上，也可以加成到碳碳双键上。例如：

$$CH_2=CH-\overset{\overset{O}{\|}}{C}-CH_3 \xrightarrow{HCN} \underset{\mathbf{3}}{CH_2=CH-\underset{\underset{CN}{|}}{\overset{\overset{OH}{|}}{C}}-CH_3} + \underset{\mathbf{4}}{\underset{\underset{NC}{|}}{CH_2}-CH_2-\overset{\overset{O}{\|}}{C}-CH_3}$$

产物 **3** 是一般的羰基亲核加成（1,2-加成）。产物 **4** 是亲核试剂 CN^- 进攻 β-碳原子，然后 H^+ 进攻羰基上的氧原子，发生 1,4-加成产生烯醇式结构，重排形成稳定的酮式结构产物 **4**：

$$CH_2=CH-\overset{\overset{O}{\|}}{C}-CH_3 \xrightarrow{CN^-} \left[\underset{\underset{NC}{|}}{CH_2}-\underline{C}H-\overset{\overset{O}{\|}}{C}-CH_3 \longleftrightarrow \underset{\underset{CN}{|}}{H_2C}-CH=\overset{\overset{O^-}{|}}{C}-CH_3\right] \overset{HCN}{\rightleftharpoons}$$

$$CN^- + \left[\underset{\underset{CN}{|}}{H_2C}-CH=\overset{\overset{OH}{|}}{C}-CH_3\right] \rightleftharpoons \underset{\mathbf{4}}{\underset{\underset{CN}{|}}{H_2C}-CH_2-\overset{\overset{O}{\|}}{C}-CH_3}$$

连接羰基基团和进攻试剂的大小及性质决定了亲核试剂的进攻方向。亲核试剂进攻空间位阻小的地方，醛的羰基比酮的羰基空间位阻小，所以亲核试剂进攻醛的羰基碳原子，主要得到 1,2-加成产物，而对酮来说，主要得到 1,4-加成产物。

通常，强碱性的亲核试剂如 RMgX 或 $LiAlH_4$ 主要进攻羰基碳原子，为 1,2-加成反应。

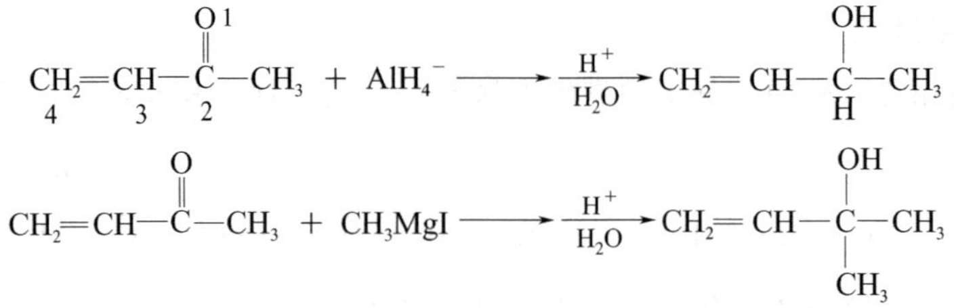

$$CH_2{=}CH{-}\overset{O}{\overset{\|}{C}}{-}CH_3 + AlH_4^- \xrightarrow{} \xrightarrow[H_2O]{H^+} CH_2{=}CH{-}\underset{H}{\overset{OH}{C}}{-}CH_3$$

(碳原子编号：CH_2 为 4，CH 为 3，C 为 2，O 为 1)

$$CH_2{=}CH{-}\overset{O}{\overset{\|}{C}}{-}CH_3 + CH_3MgI \xrightarrow{} \xrightarrow[H_2O]{H^+} CH_2{=}CH{-}\underset{CH_3}{\overset{OH}{C}}{-}CH_3$$

弱碱性的亲核试剂如 CN^- 或 RNH_2 进攻碳碳双键，为 1,4-加成反应。

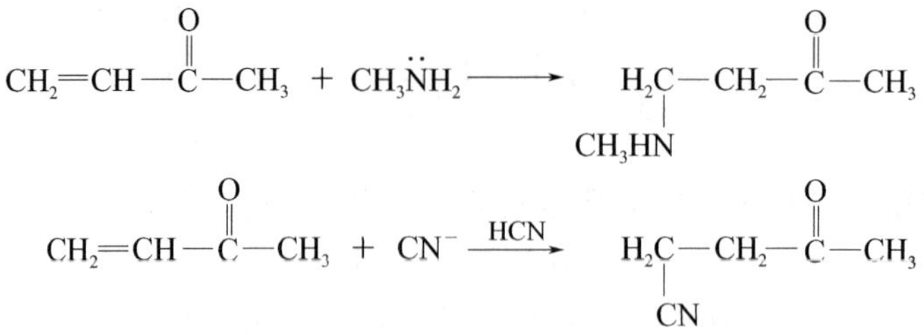

$$CH_2{=}CH{-}\overset{O}{\overset{\|}{C}}{-}CH_3 + CH_3\ddot{N}H_2 \longrightarrow \underset{CH_3HN}{H_2C}{-}CH_2{-}\overset{O}{\overset{\|}{C}}{-}CH_3$$

$$CH_2{=}CH{-}\overset{O}{\overset{\|}{C}}{-}CH_3 + CN^- \xrightarrow{HCN} \underset{CN}{H_2C}{-}CH_2{-}\overset{O}{\overset{\|}{C}}{-}CH_3$$

★ **练习 10-10** 完成下列反应，写出主要产物，并指出此反应亲核加成还是亲电加成；1,2-加成还是 1,4-加成。

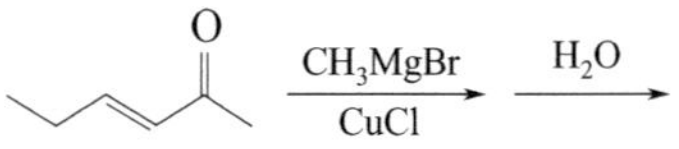

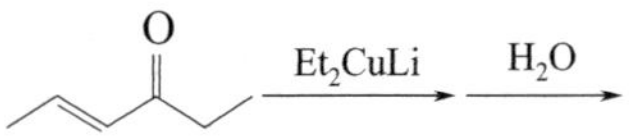

(1) 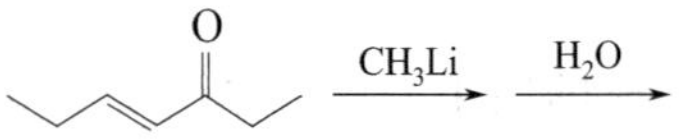 庚-4-烯-3-酮 $\xrightarrow{CH_3Li}\xrightarrow{H_2O}$

(2) 己-3-烯-2-酮 $\xrightarrow[CuCl]{CH_3MgBr}\xrightarrow{H_2O}$

(3) 己-4-烯-3-酮 $\xrightarrow{Et_2CuLi}\xrightarrow{H_2O}$

(4) $(CH_3)_2C{=}CH{-}CHO \xrightarrow[-10℃]{HCl(g)}$

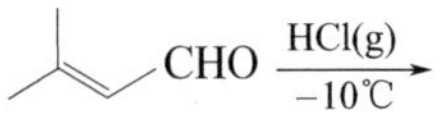

(5) 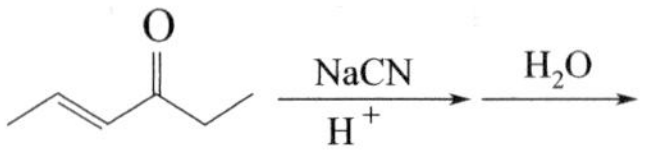 己-4-烯-3-酮 $\xrightarrow[H^+]{NaCN}\xrightarrow{H_2O}$

(6) 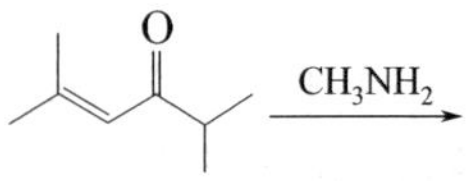 2,5-二甲基己-4-烯-3-酮 $\xrightarrow{CH_3NH_2}$

(7) 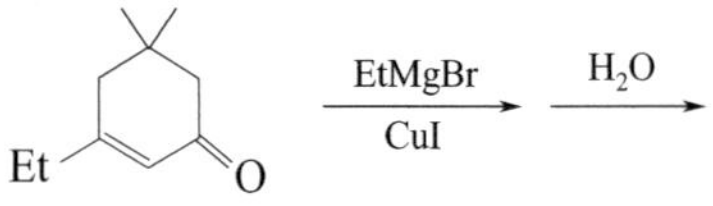 3-乙基-5,5-二甲基环己-2-烯-1-酮（Et，O） $\xrightarrow[CuI]{EtMgBr}\xrightarrow{H_2O}$

(8) 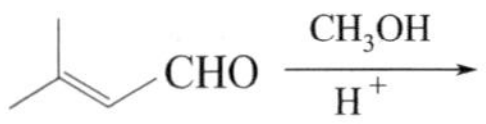 $(CH_3)_2C{=}CH{-}CHO \xrightarrow[H^+]{CH_3OH}$

10.6.3 Michael 加成反应和 Robinson 增环反应

烯醇碳负离子可对 α,β-不饱和醛、酮进行 1,4-加成反应，这在有机合成反应中占有很重要的地位，称 Michael 加成反应（参见 11.13.6）。

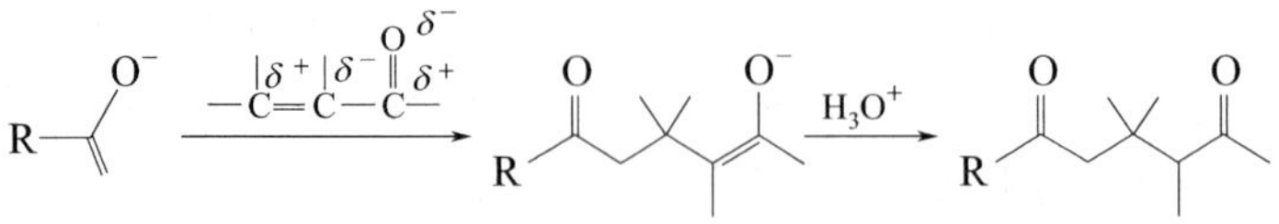

$$R{-}C(O^-){=}CH_2 \xrightarrow{-\overset{|\delta^+}{C}{=}\overset{|\delta^-}{C}{-}\overset{O^{\delta^-}}{\overset{\|}{C}}{}^{\delta^+}-} R{-}CO{-}CH_2{-}C(CH_3)_2{-}C(CH_3){=}C(O^-){-}CH_3 \xrightarrow{H_3O^+} R{-}CO{-}CH_2{-}C(CH_3)_2{-}CH(CH_3){-}CO{-}CH_3$$

通过 Michael 加成反应得到的 1,5-二羰基化合物在碱的作用下能进一步发生分子内羟醛缩合反应，得到六元环状 α,β-不饱和酮。这个反应在有机合成上用途极为广泛，称为 Robinson 增环（annulation）反应。

$$\text{2-甲基-1,3-环己二酮} \xrightarrow[\text{HAc}]{CH_2=CHCOCH_3} \text{三酮} \longrightarrow \text{羟基酮} \longrightarrow \text{双环烯酮}$$

10.7 醛和酮的制备

醛和酮的制备一般有以下几种。

10.7.1 炔烃的水合

在汞盐的催化下，炔烃可以与水反应生成羰基化合物（参见 4.4.2）。

$$R-C\equiv C-R + H_2O \xrightarrow[H_2SO_4]{Hg^{2+}} \left[R-\underset{\underset{OH}{|}}{C}=\underset{H}{C}-R\right] \xrightarrow{\text{重排}} R-\underset{\underset{O}{\|}}{C}-CH_2R$$

10.7.2 羰基合成

在八羰基二钴 $[Co(CO)_4]_2$ 催化剂作用下，烯烃可以与一氧化碳、氢生成比原烯烃多一个碳原子的醛。此方法称为羰基合成，也称烯烃的氢甲酰化反应（hydroformylation）。例如：

$$\underset{\text{丙烯}}{CH_3CH=CH_2} + CO + H_2 \xrightarrow[100\sim200℃,\ 20\sim30MPa]{[Co(CO)_4]_2} \underset{\substack{\text{丁醛}\\75\%}}{CH_3CH_2CH_2CHO} + \underset{\substack{\text{异丁醛}\\25\%}}{CH_3\underset{\underset{CH_3}{|}}{C}HCHO}$$

10.7.3 傅瑞德尔-克拉夫茨酰基化反应

芳烃在无水三氯化铝的存在下与酰氯或酸酐发生 Friedel-Crafts 反应生成芳香酮（参见 6.5.1）。

$$C_6H_6 + CH_3CH_2CH_2CH_2COCl \xrightarrow{AlCl_3} C_6H_5-COCH_2CH_2CH_2CH_3 + HCl$$

10.7.4 盖特曼-科赫反应

用甲酸的酰氯与芳烃发生酰基化反应，可以得到芳醛。但甲酰氯是不稳定的化合物，所以在反应时直接通入一氧化碳和氯化氢的混合物，在催化剂（无水氯化铝和氯化亚铜的混合物）的存在下，与环上带有甲基、甲氧基等活化基团的芳烃反应，可以得到相应的芳醛，这个反应称为盖特曼（Gattermann L）-科赫（Koch J A）反应。例如：

$$\underset{\text{甲苯}}{C_6H_5CH_3} + CO + HCl \xrightarrow[20℃]{AlCl_3\text{-}CuCl} \underset{\substack{\text{对甲基苯甲醛}\\50\%\sim55\%}}{p\text{-}CH_3C_6H_4CHO}$$

10.7.5 芳烃的侧链氧化

芳烃侧链上的 α-氢原子受芳环影响，容易被氧化。由于醛能继续氧化成酸，所以必须选择适当的氧化剂。控制反应条件，则可以使氧化停留在生成芳醛或芳酮的阶段。例如，可以用二氧化锰及硫酸作氧化剂，氧化剂不能过量，需分批加入且迅速搅拌，硫酸可适当地过量一些。

$$C_6H_5CH_3 \xrightarrow[65\%\ H_2SO_4]{MnO_2} C_6H_5CHO$$

也可以用氧化铬和乙酐作为氧化剂。例如：

$$C_6H_5CH_3 \xrightarrow[(CH_3CO)_2O]{CrO_3} C_6H_5CH(OCOCH_3)_2 \xrightarrow{H_2O} C_6H_5CHO$$

反应中生成的中间体二乙酸酯不容易继续被氧化，分离后水解就可得到醛。

工业上制备苯乙酮的方法是将乙苯经空气氧化得到。

$$C_6H_5CH_2CH_3 \xrightarrow[120\sim130℃]{\text{硬脂酸钴}} C_6H_5COCH_3$$

10.7.6 同碳二卤化物的水解

同碳二卤化物水解能生成相应的羰基化合物。例如：

$$C_6H_5CH_2CH_3 \xrightarrow[\text{光}]{2Cl_2} C_6H_5CCl_2CH_3 \xrightarrow[H_2O]{OH^-} C_6H_5COCH_3$$

由于芳烃侧链上的 α-氢原子容易发生卤素的自由基取代反应，所以这个方法主要用于芳香醛、酮的制备。

10.7.7 醇的氧化与脱氢

伯醇和仲醇通过氧化或脱氢反应，可得到醛或酮（参见 9.3.5）。叔醇分子中由于没有 α-氢原子，在相同的条件下是不能被氧化的。实验室中常用的氧化剂是重铬酸钾或重铬酸钠加硫酸，用于对仲醇的氧化，效果较好，产率较高；但对伯醇的氧化则产率很低，这是因为生成的醛还容易继续被氧化成羧酸，所以采用相对较弱的氧化剂（三氧化铬和吡啶的络合物）对伯醇进行氧化，能得到较高产率的醛。例如：

$$CH_3CH_2CH_2CH(OH)CH_3 \xrightarrow[H_2O]{K_2Cr_2O_7+H_2SO_4} CH_3CH_2CH_2COCH_3$$

$$CH_3CH_2CH_2CH_2CH_2OH \xrightarrow[CH_2Cl_2]{CrO_3(C_5H_5N)_2} CH_3CH_2CH_2CH_2CHO$$

如果要从不饱和醇氧化成不饱和醛或酮，常需要采用特殊的氧化剂，如欧芬脑尔氧化法。因为常规的氧化剂会将碳碳双键也一起氧化。选用催化剂丙酮-异丙醇铝（或叔丁醇铝）或三氧化铬和吡啶的络合物可以完成这个反应。例如：

$$CH_2{=}CHCH_2CH_2\underset{\underset{OH}{|}}{C}HCH_3 + CH_3\underset{\underset{O}{\|}}{C}CH_3 \xrightleftharpoons{\text{异丙醇铝}} CH_2{=}CHCH_2CH_2\underset{\underset{O}{\|}}{C}CH_3 + CH_3\underset{\underset{OH}{|}}{C}HCH_3$$

将醇的蒸气通过加热的铜或氧化锌等催化剂，醇则会脱去一分子氢，生成醛或酮。例如：

$$CH_3CH_2CH_2CH_2OH \xrightarrow[250℃]{Cu} CH_3CH_2CH_2CHO + H_2\uparrow$$

$$CH_3CH_2\underset{\underset{OH}{|}}{C}HCH_3 \xrightarrow[380℃]{ZnO} CH_3CH_2\underset{\underset{O}{\|}}{C}CH_3 + H_2\uparrow$$

由于脱氢反应吸热，需要供给大量的热，所以工业上常用醇蒸气与空气混合后通过催化剂，这样，生成的氢与氧结合生成水，放出大量的热，足以使脱氢反应继续进行。工业上常用催化脱氢和氧化的方法来制备低级醛、酮。芳醇不容易得到，而且芳醇和相应的芳醛或芳酮的挥发性都较小。所以，氧化和脱氢一般适用于制备脂肪族醛、酮，不适用于芳香族醛、酮的制备。

10.7.8 羧酸衍生物的还原

酰氯及酯等羧酸衍生物可以控制还原生成相应的醛（参见 11.8），这是实验室制备醛的一个重要方法。例如：

$$CH_3CH_2(CH_2)_8COOC_2H_5 \xrightarrow[\text{2) } H_2O,\ H^+]{\text{1) } Al(n\text{-}Bu)_2H,\ \text{己烷},\ -78℃} CH_3CH_2(CH_2)_8CHO$$

$$m\text{-}CH_3C_6H_4COCl \xrightarrow[\text{2) } H_2O,\ H^+]{\text{1) } LiAl(OBu\text{-}t)_3H,\ \text{乙醚},\ -78℃} m\text{-}CH_3C_6H_4CHO$$

10.8 重要的醛和酮

10.8.1 甲醛

常温下，甲醛是带有特殊刺激性气味的气体，无色，沸点－21℃，易溶于水。常用的甲醛水溶液叫“福尔马林”，其中含 37%～40%的甲醛和 8%甲醇，可作为杀菌剂和防腐剂。甲醛易氧化、易聚合，室温下长期放置的甲醛浓溶液（60%左右）能聚合为三分子的环状聚合物——三聚甲醛。

$$3HCHO \xrightleftharpoons{H^+} \text{(CH}_2\text{O)}_3\ \text{环状：}-CH_2-O-CH_2-O-CH_2-O-$$

三聚甲醛

三聚甲醛是白色晶体，熔点 62℃，沸点 112℃，三聚甲醛在酸性介质中加热可以解聚生成甲醛。

甲醛与水加成生成甲醛的水合物甲二醇。甲二醇分子间脱水还可以生成链状聚合物。这就是为什么久置的甲醛水溶液中有白色固体——多聚甲醛存在。多聚甲醛加热至 180～200℃时，重新分解生成甲醛，所以常用多聚甲醛作为甲醛的储存和运输形式。n 为 500～5000 的聚甲醛是性能优异的工程塑料。

$$HCH(=O) + H_2O \longrightarrow HO-CH_2-OH \xrightarrow{nHCHO} \left[CH_2O \right]_n$$

甲醛主要是由甲醇氧化脱氢得到的。甲醛常用于制造酚醛树脂、脲醛树脂、合成纤维、季戊四醇和乌洛托品等，是重要的有机合成原料。

甲醛具有使蛋白质凝固的作用，可使细菌死亡，起到消毒作用。甲醛气体强烈地刺激黏膜，对眼、鼻、喉有刺激作用。长期低剂量接触甲醛，可引起各种慢性呼吸道疾病，高浓度甲醛对神经系统、免疫系统、肝等都有较大伤害。当室内甲醛含量为 $0.1mg\cdot m^{-3}$时，人即感到异味和不适，达到 $230mg\cdot m^{-3}$时可立即致人死亡。世界卫生组织已将甲醛确定为致癌和致畸性物质，其代谢产物甲酸也是有害的。

因为胶合板、细木工板等人造装饰板材在生产中使用以脲醛树脂为主的胶黏剂，未完全参与反应的残余甲醛就成为现代居室环境的一个主要污染源。我国的国家标准《居室空气中甲醛的卫生标准》规定，居室内空气中甲醛的最高容许浓度为 $0.08mg\cdot m^{-3}$。经常保持室内空气的流通能够有效消除残余的少量甲醛。

10.8.2 乙醛

乙醛是有刺激性气味的无色低沸点液体，溶于水、乙醇和乙醚中，易氧化、易聚合。在少量硫酸存在下，乙醛能聚合生成环状三聚乙醛。

$$3CH_3CHO \xrightleftharpoons{H_2SO_4} \text{(三聚乙醛)}$$

三聚乙醛

三聚乙醛是沸点 124℃的液体，在硫酸存在下加热可以发生解聚，故乙醛也常以三聚体形式保存。

乙醛可以由乙烯在空气中催化氧化来制备。乙醛也是一种重要的有机合成原料。

$$CH_2=CH_2 + 1/2O_2 \xrightarrow{PdCl_2\text{-}CuCl_2} CH_3CHO$$

10.8.3 丙酮

丙酮是带有令人愉快香味的液体，易溶于水以及能溶解各种有机物。丙酮是常用的有机溶剂和有机合成原料，应用范围很广，如生产有机玻璃、环氧树脂等。

丙酮可以通过玉米等发酵、苯酚的异丙苯法制备、丙烯的氧化得到。丙酮重要的一个工业生产方法是异丙苯空气氧化法，丙烯在 $PdCl_2$-$CuCl_2$ 催化下氧化也能得到丙酮（Wacker-Hoechst 工艺）。

$$CH_3CH=CH_2 + 1/2O_2 \xrightarrow{PdCl_2\text{-}CuCl_2} CH_3C(=O)CH_3$$

10.9 醌

醌（quinone）是一类环状不饱和二酮化合物，它没有芳香性，有两个异构体对苯醌和邻苯醌。从结构来看，醌类化合物和二元酚在结构和性质上都有密切关系。

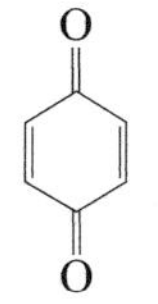

对苯醌(简称苯醌) 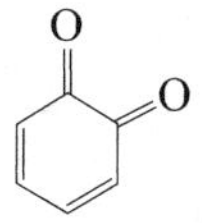　　邻苯醌

醌都是有色物质，如对苯醌为黄色结晶，邻苯醌是红色结晶，1,4-萘醌为挥发性黄色固体，蒽醌为淡黄色固体。故染料的一大分支是醌型染料，如阴丹士林、分散染料等。

醌类化合物在自然界分布很广，如维生素 K，多种动植物色素茜素（1,2-二羟基蒽醌）、大黄素（3-甲基-1,6,8-三羟基蒽醌）、辅酶 Q_{10} 等。

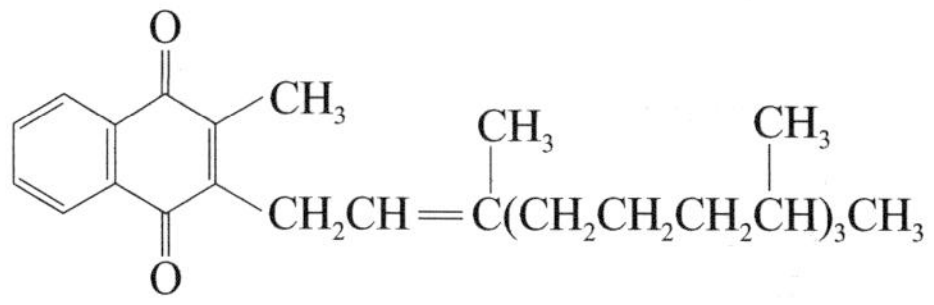

维生系K_1 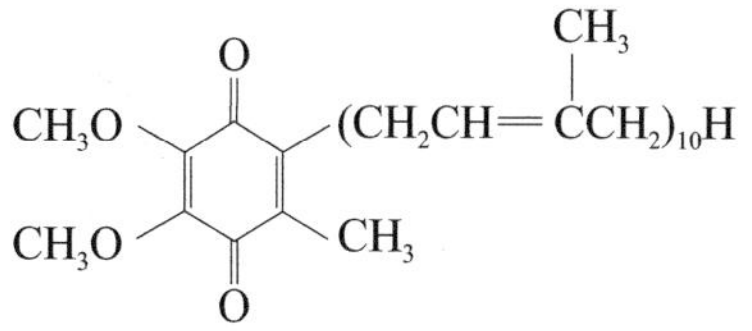　　辅酶Q_{10}

辅酶 Q_{10} 广泛存在于细胞中，在体内新陈代谢中起十分重要的作用。它可以改善心脏及其他器官的功能，有助于维持血压正常，提高锻炼耐力，是一种抗氧化剂，可以增强免疫力。用作充血性心力衰竭、冠心病、高血压、心律不齐的辅助治疗药物。1000kg 猪心中可提取 37g 纯辅酶 Q_{10}。

10.9.1 醌的命名

醌以醌羰基所在位置和相应的芳香母体命名。

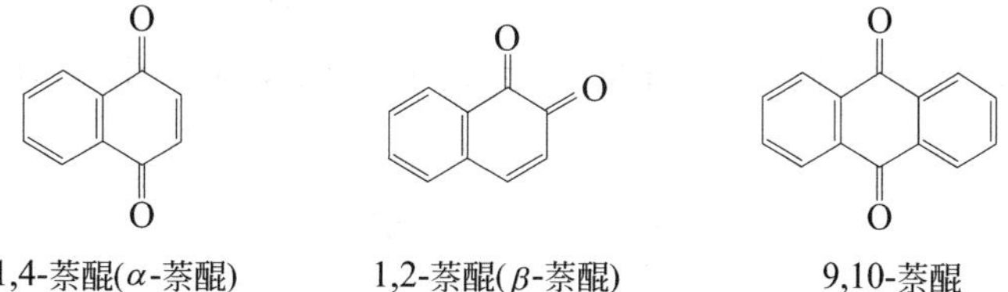

1,4-萘醌(α-萘醌)　　1,2-萘醌(β-萘醌)　　9,10-萘醌

10.9.2 醌的反应

醌类可以发生亲核加成反应。如对苯醌能与一分子羟胺或两分子羟胺生成单肟或双肟，对苯醌单肟与对亚硝基苯酚是互变异构体。

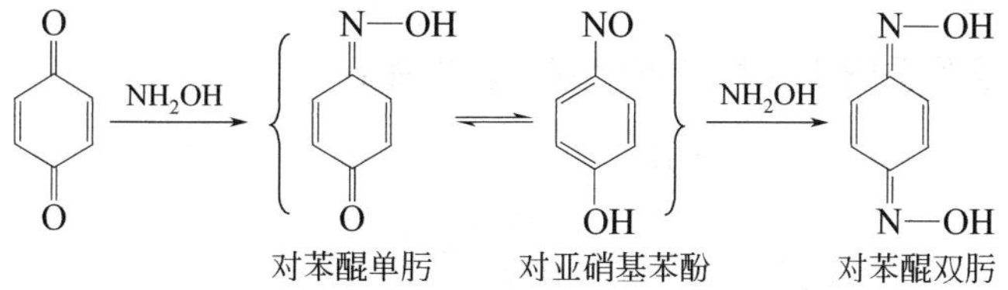

对苯醌单肟　　对亚硝基苯酚　　对苯醌双肟

醌中的碳碳双键可与卤素等亲电试剂发生加成反应，也可作为亲双烯体与共轭二烯发生［4＋2］环加成反应。例如：

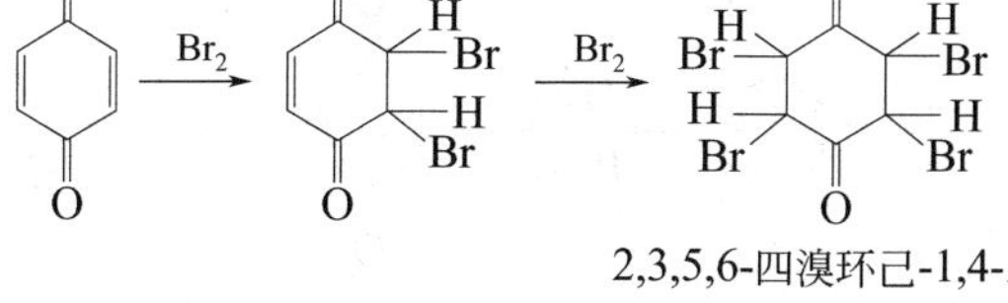

2,3,5,6-四溴环己-1,4-二酮

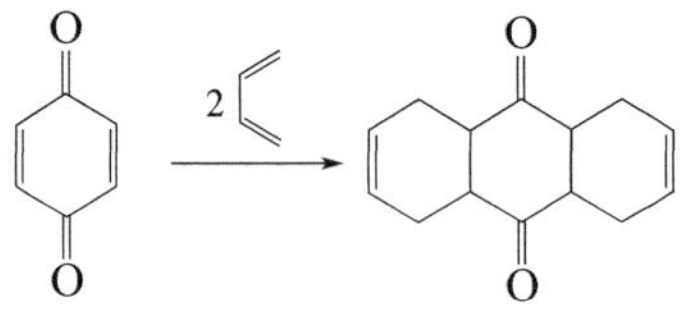

1,4,5,8-四氢-9,10-蒽醌

对苯醌易被还原成氢醌，是氢醌氧化成对苯醌的逆反应。两者可组成一可逆的氧化还原体系。醌与氢醌可形成暗绿色的电荷转移络合物，称为对苯醌合对苯二酚，又称醌氢醌(quinhydrone)。

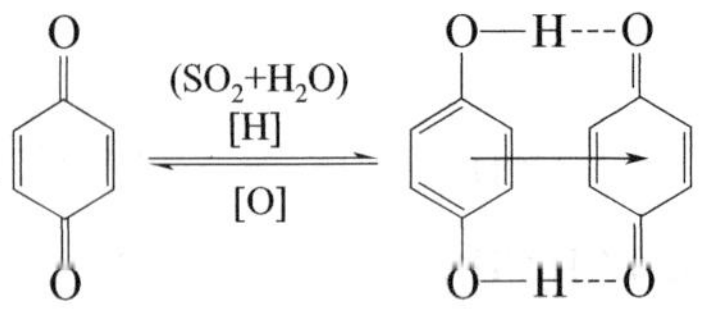

(SO_2+H_2O) [H] ⇌ [O]

醌氢醌

对苯醌易挥发、有毒、气味与臭氧相似。醌氢醌有固定的熔点（171℃），溶于热水。其缓冲液可用做标准参比电极。

蒽醌也能被还原，例如蒽醌在适当的溶剂中和金属易发生分步还原，最终生成 9,10-二羟基蒽。

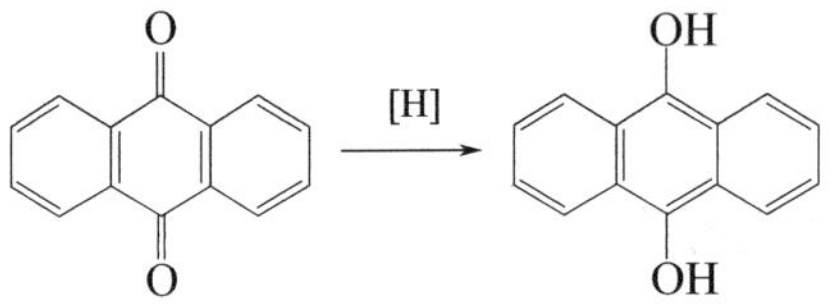

[H]

苯醌还可与氯化氢、氰化氢和胺发生 1,4-加成反应，生成对苯二酚的衍生物。例如：

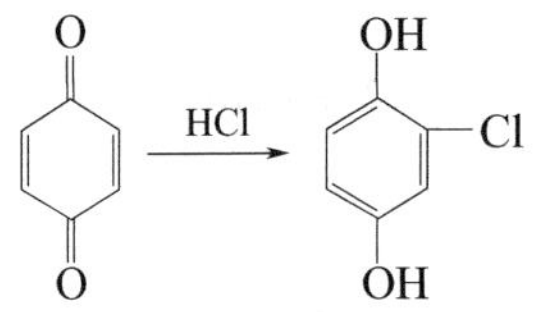

HCl

10.9.3 醌的制备

醌一般由苯酚或芳香胺化合物经氧化制备。例如：

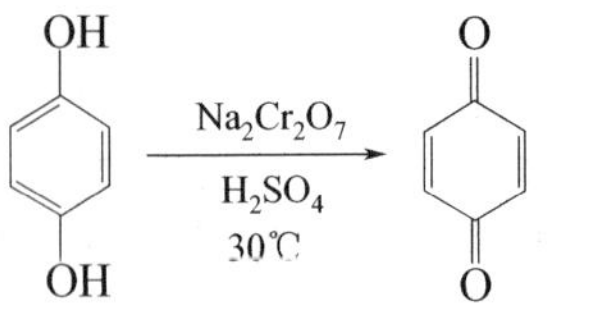

$Na_2Cr_2O_7$, H_2SO_4, 30℃

86%～92%

MnO_2, H_2SO_4, 3～10℃

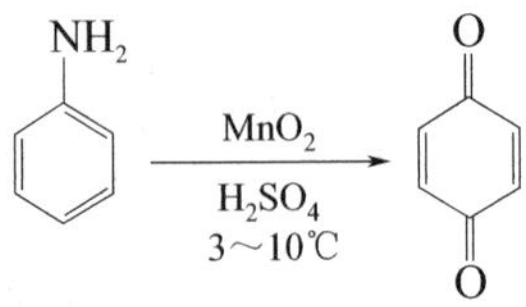

阅读材料：邢其毅

邢其毅（1911-2002），于1911年11月24日出生于天津市，原籍贵州省贵阳市，著名有机化学家、教育家。北京大学化学学院教授，有机化学专业博士生导师，中国科学院院士。他早年在美国完成了联苯立体化学博士论文，后在德国完成了芦竹碱合成与结构测定方面的工作，该化合物后在有机合成上得到广泛应用。回国后，曾从事不饱和脂肪酸测定方法、仿生物碱、迈克尔反应、普林斯反应等研究。提出了合成氯霉素的新方法，获1978年全国科学大会奖。还参加领导了牛胰岛素全合成工作，此成果与其他有关单位共获1982年国家自然科学一等奖。多年从事多肽合成及人参肽、花果头香等天然产物和立体化学的研究。长期从事化学教育工作，多年主讲"有机化学"，曾任中国化学会理事，兼任中国化学会化学教育专业委员会主任多年。50年代编写的《有机化学》和以后的《基础有机化学》是在中国影响甚广的大学有机化学教科书。

邢其毅是一位造诣很深、洞察力敏锐的有机化学家，他早在50年代初就断言：在未来年代里蛋白质和多肽化学必将成为有机化学研究的前沿阵地。1951年他就提出并进行蝎毒素中多肽成分的研究，但是由于各种原因，这项研究未能正常开展，事后证明，这个计划比国外同行早15年。

多肽合成研究中，氨基酸的端基标记是一个重要问题，邢其毅是我国进行接肽方法和标记氨基酸研究的第一人。他提出用硝基苯甲酸酐与氨基酸发生德肯-威斯特（Dakin-West）反应使氨基酸末端生成一个带色的氨基酮化合物，这是一个识别氨基酸羧端的好方法。在多年的多肽化学研究中，邢其毅和他的助手们还成功地合成了九种多肽的新试剂，并因此获得了1988年科技进步二等奖。

习题

10-1 命名下列化合物。

(1) CH_3CHCH_2CHO（CH 上连 CH_2CH_3）

(2) $(CH_3)_2CH-\overset{O}{\overset{\|}{C}}-CH_2CH_3$

(3) 环戊基$-\overset{O}{\overset{\|}{C}}-CH_3$

(4) 间甲氧基苯甲醛（苯环上 CHO，间位 CH_3O-）

(5) $C_6H_5-\overset{O}{\overset{\|}{C}}-CH_2Br$

(6) $C_6H_5-\overset{O}{\overset{\|}{C}}-C_6H_5$

(7) $CH_3-\overset{O}{\overset{\|}{C}}-C_6H_4-CHO$（对位）

(8) 环己基$=N-OH$

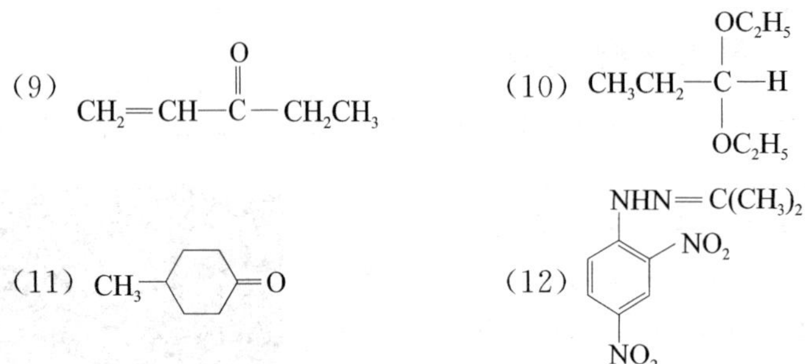

10-2　写出下列化合物的构造式。

（1）对羟基苯丙酮　（2）β-环己二酮　（3）2,2-二甲基环戊酮

（4）2-丁烯醛　（5）甲醛苯腙　（6）苄基丙酮　（7）丙酮缩氨脲

（8）3-(间羟基苯基）丙醛　（9）三聚甲醛　（10）α-溴丁醛

10-3　分子式为 $C_5H_{10}O$ 的醛和酮的同分异构体，并加以命名。

10-4　写出丙醛与下列试剂反应生成的主要产物。

（1）$NaBH_4$，在 NaOH 水溶液中　（2）C_6H_5MgBr，然后加 H_3O^+

（3）$LiAlH_4$，然后加 H_2O　（4）$NaHSO_3$

（5）$NaHSO_3$，然后加 NaCN　（6）稀 OH^-

（7）稀 OH^-，然后加热　（8）H_2，Pt

（9）$HOCH_2CH_2OH$，H^+　（10）Br_2 在乙酸中

（11）$Ag(NH_3)_2OH$　（12）NH_2OH

（13）$C_6H_5NHNH_2$

10-5　苯甲醛与上述试剂反应生成的主要产物，若不能反应，请写出原因。

10-6　用化学方法区别下列各组化合物。

（1）苯甲醇和苯甲醛　（2）己醛和己-2-酮

（3）己-2-酮和己-3-酮　（4）丙酮和苯乙酮

（5）己-2-醇和己-2-酮　（6）1-苯基乙醇和 2-苯基乙醇

（7）环己烯、环己酮和环己醇　（8）己-2-醇、己-3-酮和环己酮

10-7　将下列各组化合物按羰基加成的反应活性大小顺序排列。

（1）CH_3CHO，CH_3COCHO，$CH_3COCH_2CH_3$，$(CH_3)_3CCOC(CH_3)_3$

（2）$C_2H_5COCH_3$，CH_3COCCl_3

（3）$ClCH_2CHO$，$BrCH_2CHO$，$CH_2{=}CHCHO$，CH_3CH_2CHO

（4）CH_3CHO，CH_3COCH_3，CF_3CHO，$CH_3COCH{=}CH_2$

10-8　下列化合物中，哪些能发生碘仿反应？哪些能和饱和 $NaHSO_3$ 水溶液加成？写出各反应产物。

（1）$CH_3COCH_2CH_3$　（2）$CH_3CH_2CH_2CHO$

（3）CH_3CH_2OH　（4）$CH_3CH_2COCH_2CH_3$

（5）$CH_3CHOHCH_2CH_3$　（6）$CH_2{=}CHCOCH_3$

（7）C_6H_5-CHO　（8）$C_6H_5-COCH_3$

（9）$C_6H_{10}=O$

10-9　下列化合物中，哪些能进行银镜反应？

(1) $CH_3COCH_2CH_3$ (2) CH_3CHCHO（CHO 碳上连 CH_3）

(3) 环己基—CHO (4) 2-羟基四氢呋喃（H、OH 在 C-2 上）

(5) 2-甲氧基四氢呋喃（H、OCH_3 在 C-2 上） (6) 苯基—CHO

10-10 写出环己基—CHO和苯基—CH═CHCHO两个化合物在红外光谱吸收上有何共同点和不同点。

10-11 完成下列反应式。

(1) $CH_3CH_2CH_2CHO \xrightarrow{稀\ OH^-} ? \xrightarrow[H_2O]{LiAlH_4} ?$

(2) 苯酚（OH） $\xrightarrow[Ni]{H_2} ? \xrightarrow[H_2SO_4]{Na_2Cr_2O_7} ? \xrightarrow{稀OH^-} ?$

(3) $(CH_3)_2CHCHO \xrightarrow[乙酸]{Br_2} ? \xrightarrow[干HCl]{2C_2H_5OH} ? \xrightarrow[干醚]{Mg} ? \xrightarrow[2)\ H_3O^+]{1)\ (CH_3)_2CHCHO} ?$

(4) 环己酮 $\xrightarrow[干醚]{CH_3MgBr} ? \xrightarrow[\triangle]{H_3O^+} ? \xrightarrow[2)\ ?]{1)\ ?}$ 2-甲基环己醇（CH_3、OH）

(5) 环己酮 + $NH_2NH—C(=O)—NH_2 \longrightarrow ?$

(6) $2C_2H_5OH$ + 环戊酮 $\xrightarrow{干HCl} ?$

(7) $HOCH_2CH_2CH_2CH_2CHO \xrightarrow{干\ HCl} ?$

(8) 苯基—$CH═PPh_3$ + 环戊酮 $\longrightarrow ?$

(9) 苯基—$COCH_2CH_2COOH \xrightarrow[回流]{Zn\text{-}Hg,\ 浓HCl} ?$

(10) 4-叔丁基环己酮（椅式构象） $\xrightarrow{RLi} ?$

(11) C_6H_5、CH_3、H、CHO 连于手性 C 上 $\xrightarrow{PhMgBr} ?$

(12) CH_3—苯基—CHO $\xrightarrow{浓NaOH} ? + ?$

(13) CH_3—苯基—CHO + HCHO $\xrightarrow{浓NaOH} ? + ?$

(14) CH_3—苯基—CHO $\xrightarrow[\triangle]{KMnO_4,\ H^+}$

(15) $CH_3-C_6H_4-CHO \xrightarrow{KMnO_4}$ (对位)

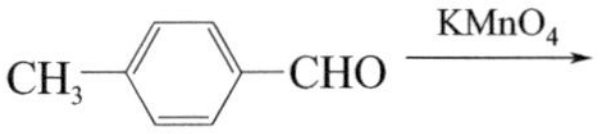

10-12 指定的化合物为原料，合成目标化合物。

(1) $CH_3CH=CH_2$, $CH\equiv CH \longrightarrow CH_3CH_2CH_2C(=O)CH_2CH_2CH_2CH_3$

(2) $CH_3CH=CH_2$, $CH_3CH_2CH_2C(=O)CH_3 \longrightarrow (CH_3)_2C=C(CH_3)CH_2CH_2CH_3$

(3) $CH_2=CH_2$, $BrCH_2CH_2CHO \longrightarrow CH_3CH(OH)CH_2CH_2CHO$

(4) 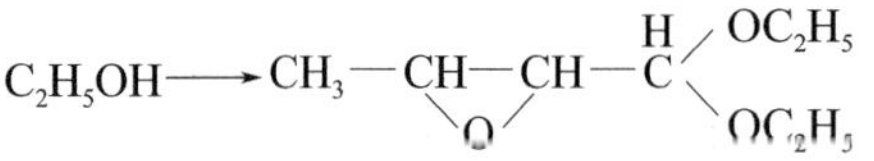 $C_2H_5OH \longrightarrow CH_3-\underset{\backslash O/}{CH-CH}-CH(OC_2H_5)_2$

10-13 如何用 Wittig 反应来制备下列各化合物。

(1) $C_6H_5CH=CHCH=CHC_6H_5$ (2) 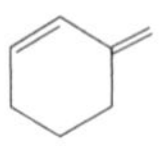 3-亚甲基环己烯 (3) 1-乙烯基环己烯

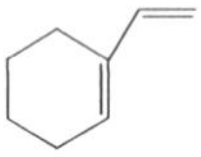

10-14 化合物 A（$C_5H_{12}O$）有旋光性。它在碱性 $KMnO_4$ 溶液作用下生成 B（$C_5H_{10}O$），无旋光性。化合物 B 与正丙基溴化镁反应，水解后得到 C，C 经拆分可得互为镜像关系的两个异构体。试推测化合物 A、B、C 的结构。

10-15 某化合物的分子式为 $C_6H_{12}O$，能与羟胺作用生成肟，但不起银镜反应，在铂催化下进行加氢则得到醇，此醇经脱水、臭氧化、水解等反应后，得到两种液体，其中之一能起银镜反应，但不起碘仿反应；另一种能起碘仿反应，而不能使菲林试剂还原。试写出该化合物的构造式。

10-16 有一化合物 A 分子式为 $C_8H_{14}O$，A 可使溴水迅速褪色，可以与苯肼反应，A 氧化生成一分子丙酮及另一化合物 B，B 具有酸性，与 NaOCl 反应生成一分子氯仿和一分子丁二酸。试写出 A、B 可能的构造式。

10-17 某化合物 A（$C_{12}H_{14}O_2$）可在碱存在下由芳醛和丙酮作用得到，红外光谱显示 A 在 $1675cm^{-1}$ 有一强吸收峰，A 催化加氢得到 B，B 在 $1715cm^{-1}$ 有强吸收峰。A 和碘的碱溶液作用得到碘仿和化合物 C（$C_{11}H_{12}O_3$），使 B 与 C 进一步氧化均得酸 D（$C_9H_{10}O_3$），将 D 和氢碘酸作用得到另一个酸 E（$C_7H_6O_3$），E 能用水汽蒸馏蒸出。试推测 E 的结构，并写出各步反应式。

10-18 化合物 A（$C_9H_{10}O$）不能起碘仿反应，其红外光谱表明在 $1690cm^{-1}$ 处有一强吸收峰。核磁共振氢谱：δ1.2（3H）三重峰，δ3.0（2H）四重峰，δ7.7（5H）多重峰，求 A 的结构。化合物 B 为 A 的异构体，能起碘仿反应，其红外光谱在 $1705cm^{-1}$ 处有一强吸收峰。核磁共振氢谱：δ2.0（3H）单峰，δ3.5（2H）单峰，δ7.1（5H）多重峰，求 B 的结构。

第11章

羧酸及其衍生物

知识要点：

本章主要介绍了羧酸的结构、分类和命名，制备方法，物理性质，化学性质以及一些重要的一元羧酸、二元酸酸、羟基酸；酰基碳上的亲核取代反应；各类羧酸衍生物及其重要代表物。重、难点内容为羧酸及其衍生物的化学性质和酰基碳上的亲核取代反应在合成上的应用。

羧酸（carboxylic acid）广泛存在于自然界中，是重要的有机化工原料。羧酸的官能团是羧基（carboxy group，$\overset{\overset{\large O}{\|}}{—C}—O—H$），简写作—COOH 或者—$CO_2H$。羧酸分子中羧基上的羟基（—OH）被卤原子（X）、酰氧基（$—O—\overset{\overset{\large O}{\|}}{C}—R$）、烷氧基（—OR）和氨基(—$NH_2$、—NHR等）取代后的化合物，分别称为酰卤、酸酐、酯和酰胺；它们均可由羧酸制得，经水解即可得到羧酸，因而称为羧酸的衍生物。羧酸衍生物的共同结构特征是分子由酰基与电负性强的离去基团键连。羧酸衍生物种类繁多，本章主要涉及其中最为普遍的几种：酰卤、酸酐、酯和酰胺。部分教材把腈类化合物也归属于羧酸衍生物，本教材将腈类化合物归属于第 12 章含氮化合物进行讲解。

11.1 羧酸的分类和命名

羧酸的种类很多，按羧基所连烃基的不同，可分为脂肪族羧酸和芳香族羧酸；按烃基是否饱和，又可分为饱和脂肪酸和不饱和脂肪酸；按分子中羧基个数，可分为一元酸、二元酸和多元酸。

早期从天然产物中分离和提纯得到的有机化合物中有许多是羧酸，所以很多羧酸都根据其来源命名（俗名）。如由食醋而来的乙酸称醋酸及来自植物的苹果酸、酒石酸等，由油脂水解得到的一些酸按其形状命名如硬脂酸、软脂酸等。一些常用的羧酸俗名列于表 11-1。

羧酸的系统命名法是，选择含羧基最长的碳链为主链，从羧基碳原子开始依次对主链编号，命名时按主链碳数称“某酸”，将取代基用阿拉伯数字（也可以用希腊字母，与羧基相连的碳原子编为 α，其余其次编为 β、γ、δ 等，碳链末端有时编为 ω）表明其位次，放在“某酸”前。

$$HOOC-\underset{CH_3}{\overset{H}{C}}-\underset{H}{\overset{CH_3}{C}}-CH_3 \qquad H_3C-HC=CH-COOH$$

2,3-二甲基丁酸　　　　2-丁烯酸(巴豆酸)

$$\underset{\delta}{-C}-\underset{\gamma}{C}-\underset{\beta}{C}-\underset{\alpha}{C}-\overset{O}{\overset{\|}{C}}-OH \qquad H_3C-\overset{CH_3}{CH}-\underset{CH_3}{CH}-COOH \qquad C_6H_5-CH=CH-COOH$$

α,β-二甲基丁酸　　　　β-苯基丙烯酸

羧酸与环直接相连的芳香族羧酸、脂环族羧酸命名时一般以甲酸为母体标明其位置，放在“某酸”前。

表 11-1　一些羧酸的俗名及物理化学性质

名称	俗名	结构式	熔点/℃	沸点/℃	溶解度	pK_a	
					g·(100g H_2O)$^{-1}$	pK_{a_1}	pK_{a_2}
甲酸	蚁酸	$HCOOH$	8.4	100.7	∞	3.77	
乙酸	醋酸	CH_3COOH	16.6	118	∞	4.76	
丙酸	初油酸	CH_3CH_2COOH	−21	141	∞	4.88	
丁酸	酪酸	$CH_3CH_2CH_2COOH$	−5	164	∞	4.82	
戊酸		$CH_3(CH_2)_3COOH$	−34	186	3.7	4.86	
己酸	羊油酸	$CH_3(CH_2)_4COOH$	−3	205	1	4.85	
丙烯酸	败脂酸	$CH_2=CH_2COOH$	13	141.6	溶	4.26	
乙二酸	草酸	$HOOCCOOH$	189.5	157(升华)	溶 10	1.23	4.19
丙二酸	胡萝卜酸	$CH_2(COOH)_2$	135.6	140(分解)	易溶 140	2.83	5.69
丁二酸	琥珀酸	$HOOC(CH_2)_2COOH$	188(185)	235(分解)	微溶 6.8	4.16	5.61
己二酸	凝脂酸	$HOOC(CH_2)_4COOH$	153	330.5(分解)	微溶 2	4.43	5.41
顺丁烯二酸	马来酸	$\begin{matrix}HCCOOH\\ \|\\ HCCOOH\end{matrix}$	130.5	135(分解)	易溶 78.8	1.83	6.07
反丁烯二酸	富马来酸	$\begin{matrix}HOOCCH\\ \|\\ HCCOOH\end{matrix}$	286～287	200(升华)	溶于热水 0.70	3.03	4.44
十二酸	月桂酸	$CH_3(CH_2)_{10}COOH$	44	225	不溶	6.37	
十四酸	肉豆蔻酸	$CH_3(CH_2)_{12}COOH$	54	251	不溶		
十六酸	软脂酸,棕榈酸	$CH_3(CH_2)_{14}COOH$	63	390	不溶		
十八酸	硬脂酸	$CH_3(CH_2)_{16}COOH$	71.5～72	360(分解)	不溶	6.37	
顺十八碳-9-烯酸	油酸	$\begin{matrix}CH(CH_2)_7COOH\\ \|\\ CH(CH_2)_7COOH\end{matrix}$	16	285.6 (13332Pa)	不溶		
十八碳-9-二烯酸	亚油酸	$\begin{matrix}CH_2CH=CH(CH_2)_7CH_3\\ \|\\ CH=CH(CH_2)_7COOH\end{matrix}$	−5	230 (2133Pa)	不溶		
苯甲酸	安息香酸	C_6H_5-COOH	122.4	100(升华)249	0.34	4.19	
邻苯二甲酸	酞酸	$o-C_6H_4(COOH)_2$	231(速热)		0.7	2.89	5.51
对苯二甲酸	对酞酸	$HOOC-C_6H_4-COOH$	300 升华		0.02	3.51	4.82

续表

名称	俗名	结构式	熔点/℃	沸点/℃	溶解度	pK_a	
					g•(100g H_2O)$^{-1}$	pK_{a_1}	pK_{a_2}
3-苯基丙烯酸(反式)	肉桂酸	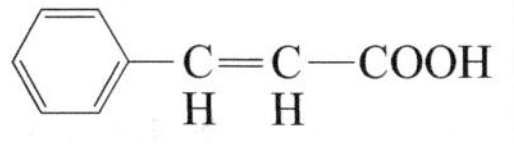 C_6H_5—CH=CH—COOH	133	300	溶于热水	4.43	

例如：

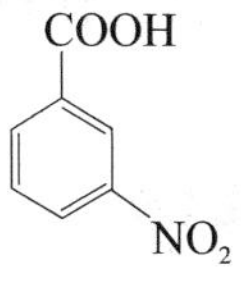

3-硝基苯甲酸 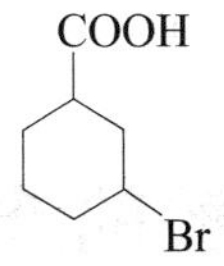　3-溴-环己(烷)基甲酸 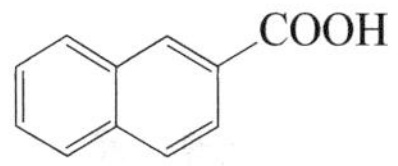　2-萘甲酸

11.2 羧酸的结构

羧酸的分子中都含有羧基官能团（R—C(=O)—OH），羧基是由羰基和羟基连接而成的，羰基中的碳原子是 sp^2 杂化，三个杂化轨道分别与 OH 的氧原子、>C=O的氧原子和一个烃基的碳原子（或氢原子）以 σ 键相结合，且这三个键处于同一平面，键角接近于 120°。羧基碳原子上未参与杂化的 p 轨道与>C=O氧原子中的 p 轨道侧面重叠，形成一个 π 键。同时，羧基中羟基氧上具有未共用电子对的 p 轨道与羰基的 π 电子可以发生一定的共轭交盖，互相影响，使得羧酸的化学性质既不同于醛、酮，也不同于醇。

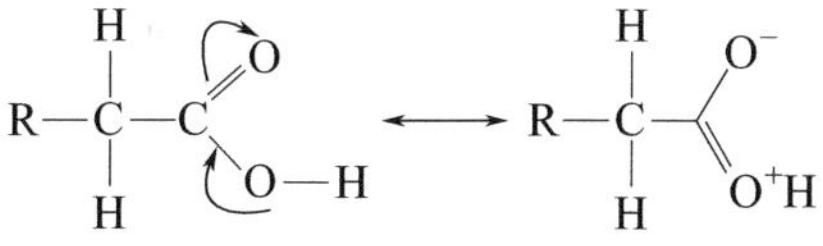

$$\mathrm{R-CH_2-C(=O)-O-H \longleftrightarrow R-CH_2-C(-O^-)=O^+H}$$

11.3 羧酸的物理性质

常温下，甲酸、乙酸和丙酸是具有刺激性气味的液体，丁酸至壬酸是具有腐败气味的液体，癸酸以上的正构羧酸是无臭的固体。脂肪族二元羧酸和芳香族羧酸是晶状固体。

饱和一元脂肪酸，除甲酸、乙酸的相对密度大于 1 外，其他羧酸的相对密度都小于 1。二元羧酸和芳酸的相对密度都大于 1。

羧基中的—OH 也如醇分子中的羟基，易于形成氢键，多数一元羧酸是以双分子缔合的环状二聚体的形式出现，双分子缔合体有相当的稳定性，所以羧酸的沸点比分子量相近的醇要高。羧基还可以与水分子形成氢键，使得低级羧酸水溶性很好，四个碳以下的羧酸都可以与水混溶。随分子量增加，水溶性迅速降低，10 个碳以上的羧酸难溶，芳香羧酸水溶性极微。脂肪族的一元羧酸一般都能溶于乙醇、乙醚、氯仿等有机溶剂。低级脂肪酸中由氢键导致的双分子缔合体使羧酸分子的极性降低，使之也能溶于有机溶剂，如乙酸就能溶于苯。

R—C(=O---H—O)(—O—H---O=)C—R

R—C(=O---H—O—H)(—O—H---O—H, H—O—H---)

羧酸的熔点随着碳原子数的增加呈锯齿状上升，含偶数碳原子羧酸的熔点比相邻的两个奇数碳羧酸的高。

芳酸一般具有升华性，有些能随水蒸气挥发。一些羧酸的物理常数参见表 11-1。

11.4 羧酸的波谱性质

羧酸在质谱中大多有可以识别的分子离子峰。主要的特征碎片离子为由羰基氧引发的 α-裂解和 i-裂解。长碳链的羧酸及其衍生物中，每一个碳碳键都会发生断裂，生成C_nH_{2n+1}⌉$^{+\cdot}$和$C_nH_{2n}COX$⌉$^{+\cdot}$两个系列离子。一元羧酸还有一个重要的裂解方式为麦氏（Mclafferty F W）重排。麦氏重排中，羰基 γ-位上的氢原子转移到羰基氧上，同时 α,β-键断裂，失去一个中性的烯烃分子和一个碎片离子。

$$\text{R}\!-\!\text{CH}\!-\!\text{CH}_2\!-\!\text{CH}_2\!-\!\text{C}(\text{=O}^{+}\cdots\text{H})\!-\!\text{OH} \longrightarrow \text{RCH}\!=\!\text{CH}_2 + \text{H}_2\text{C}\!=\!\text{C}(\overset{+\cdot}{\text{O}}\text{H})\text{OH}\quad m/z=60$$

由于羧酸甲酯的挥发性较大，一般常用羧酸甲酯代替羧酸进行质谱分析。图 11-1 是正丁酸的电子轰击质谱图。

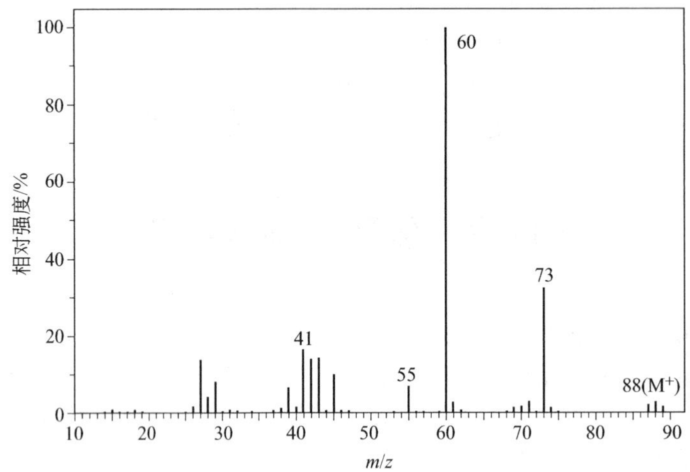

图 11-1 正丁酸的电子轰击质谱图

羧酸的官能团是羧基，因而羧酸的红外光谱有羰基和羟基的特征吸收。由于羧酸以氢键缔合成二聚体，其红外光谱是二聚体的谱图。只有在气态或稀的非极性溶剂中，才能观测到单体的谱图，可以看到 1760cm^{-1}附近羰基的伸缩振动和 3520cm^{-1}附近羟基的伸缩振动吸收峰。但在二聚体的谱图中羟基和羰基的伸缩振动均向低波数方向移动，在 1710cm^{-1}左右出现强的羰基伸缩振动吸收峰，该吸收峰较明显；在 3300～2500cm^{-1}区域出现羟基宽而强的伸缩振动峰（氢键缔合的醇或酚的羟基伸缩振动吸收在 3400～3300cm^{-1}），常覆盖了 C—H 键的伸缩振动吸收，形成独特的吸收谱带。

羧酸的 O—H 键在 1400cm^{-1}和 927cm^{-1}区域还有两个比较强的弯曲振动吸收峰，可以进一步确定羧酸的存在。图 11-2 是戊酸的红外光谱图。

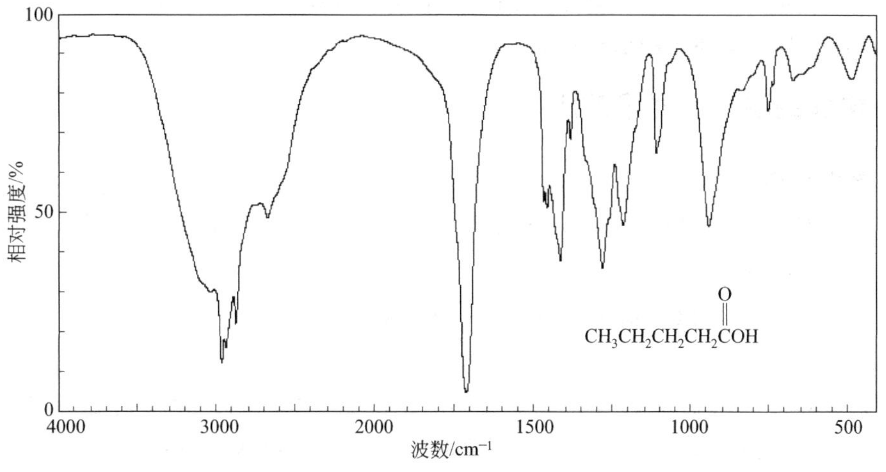

图 11-2　戊酸的红外光谱图

羧酸分子中羟基上的质子由于受氧影响，是已经遇到过的最具去屏蔽效应的质子，其核磁共振谱（^{1}H NMR）中羧基氢的化学位移在低场，大多为宽峰。同时由于氢键缔合，导致其化学位移变化较大（$\delta=10\sim13$），羧基 α-碳上质子的化学位移在 2.0～2.5，与醛或酮的 α-碳原子上的质子大致相同。图 11-3 是戊酸的核磁共振谱图。

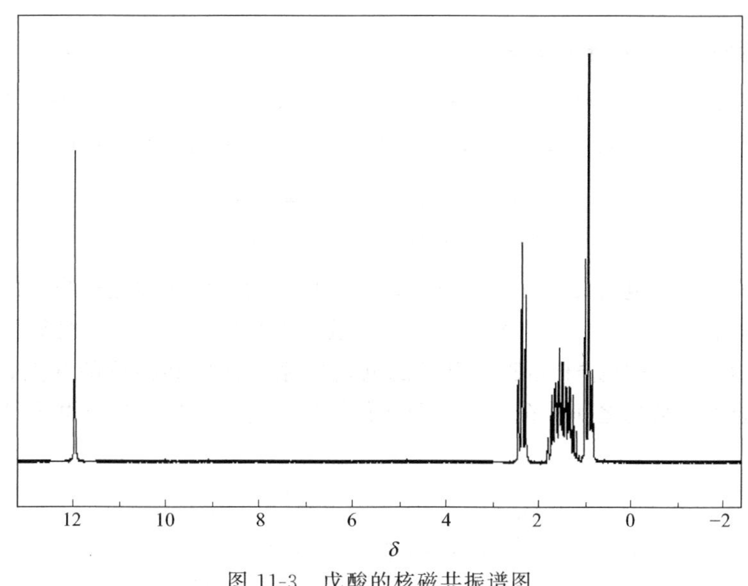

图 11-3　戊酸的核磁共振谱图

11.5 羧酸的化学性质

羧基由羰基和羟基直接相连，由于两种官能团的相互影响，羧基的性质并非两者的简单加和。根据羧酸分子结构的特点，羧酸的反应可在分子的四个部位发生：①反应涉及 O—H 键，主要是酸的解离作用；②反应发生在羰基上，如羰基被还原成亚甲基或亲核试剂（Nu:）进攻羰基碳原子，随之发生 C—O 键断裂的反应；③脱羧反应，R—C 键断裂失去 CO_2，生成 R—H；④α-氢原子或芳环上氢原子的取代反应。

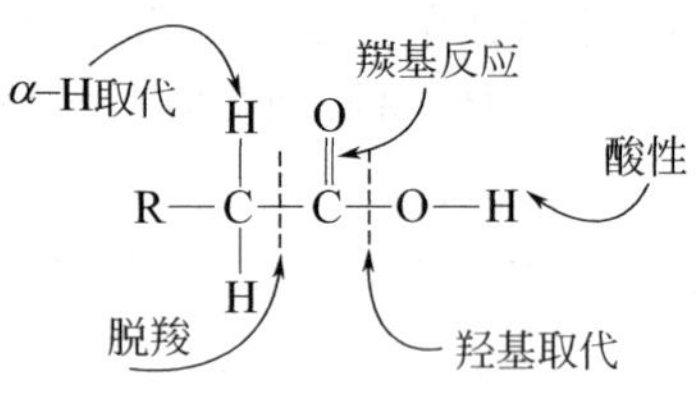

11.5.1 羧酸的酸性和诱导效应

(1) 羧酸的酸性

羧酸在水中能解离出氢质子，具有明显的酸性，通常能与 NaOH、$NaHCO_3$ 等碱作用生成羧酸盐 $RCO_2^- M^+$。

$$RCOOH + NaHCO_3 \longrightarrow RCOO^-Na^+ + CO_2 + H_2O$$

$$RCOOH + NaOH \longrightarrow RCOO^-Na^+ + H_2O$$

羧酸是弱酸，大多数无取代的羧酸的 pK_a 在 4～5 之间。在羧酸盐水溶液中用酸（HCl、H_2SO_4）调节溶液 pH，可使羧酸重新析出。常见羧酸的 pK_a 常数已在表 11-1 中列出。

$$RCOONa + HCl \longrightarrow RCOOH + NaCl$$

可见羧酸的酸性比一般无机强酸弱，但比碳酸（pK_a=6.36）强。尽管羧酸与无机酸相比是弱酸，但羧酸比大多数有机化合物的酸性要强：

	HC≡C—H	CH_3CH_2OH	C_6H_5OH	CH_3COOH	HCl
pK_a	25	16	9.8	4.75	−7

(2) 羧酸的结构与酸性的关系

为什么羧酸的酸性比较强？尤其与醇相比，都是—OH 上的氢，解离常数却相差极大。比较醇与羧酸的解离，它们最大的区别在于质子解离后产生的负离子不同。

$$ROH + H_2O \rightleftharpoons RO^- + H_3O^+$$

$$RCOOH + H_2O \rightleftharpoons RCOO^- + H_3O^+$$

烷氧基负离子的负电荷集中在氧原子上，为定域电荷。而在羧酸根中，氧原子的 p 轨道与羰基 π 键发生 p-π 共轭，负电荷可以进一步分散到羰基氧原子上。此时氧原子上的电子对是离域的，O—C—O 三个原子和四个电子的共轭体系。按照共振论的观点，$RCOO^-$ 负离子在两个等价的极限结构之间共振，其共振杂化体最稳定。可以用以下共振结构式来表示离域的情况：

$$\left[R\overset{\overset{O}{\|}}{C}-O^- \longleftrightarrow R\overset{\overset{O^-}{|}}{C}=O \right] \equiv -C\overset{O}{\underset{O}{\overset{\cdot\cdot}{\cdot\cdot}}}$$

羧基负离子的两个共振极限式在结构和能量上都是等价的，羧基负离子较烷基负离子要稳定得多，能量更低，使得羧酸更易解离出质子，具有相对较大的酸性。

X 射线衍射研究证实了这一观点，羧酸根负离子中的 C—O 键和 C═O 键并无不同。以甲酸为例，甲酸中的 C═O 键长为 0.123nm，C—O 键长为 0.136nm，而甲酸根负离子中，无论单双键，碳氧键长均为 0.127nm。键长的平均化，正是说明了电子的离域。

羧酸的酸性略大于碳酸（pK_a6.5），而酚的酸性比碳酸弱。在碱性溶液中通入二氧化碳，酚析出而羧酸仍以盐的形式存在于水溶液中。利用这一性质可以分离鉴别酚与羧酸。

六个碳以上的羧酸一般难溶于水。但它们的碱金属盐在水中通常呈离子状态，故能溶解于水。实验室常利用此性质来分离提纯羧酸。用碱性水溶液萃取羧酸，与有机物分离，而后将水层酸化析出羧酸，称为碱溶酸析。

(3) 羧酸的酸性和诱导效应的关系

烃基上有取代基时，对羧酸的解离程度会有影响，有时差别还很大。例如，三氯乙酸的酸性远远比乙酸大，表 11-2 为不同羧酸的解离常数。

表 11-2　一些羧酸的解离常数

化合物	K_a	pK_a	化合物	K_a	pK_a
HCOOH	1.77×10^{-4}	3.75	FCH_2COOH	2.6×10^{-3}	2.59
CH_3COOH	1.76×10^{-5}	4.75	$ClCH_2COOH$	1.4×10^{-3}	2.85
CH_3CH_2COOH	1.34×10^{-5}	4.87	$BrCH_2COOH$	1.3×10^{-3}	2.89
$HOCH_2COOH$	1.5×10^{-4}	3.83	ICH_2COOH	7.5×10^{-4}	3.12
$H_2C=CHCOOH$	5.6×10^{-5}	4.25	F_3CCOOH	0.59	0.23

羧酸的解离是一个可逆的平衡，任何有利于生成羧基负离子的因素都可以促使平衡向质子解离的方向移动，增加酸性。例如，与烃基相连的基团 G 为吸电子基时，可以使羧酸根负离子上的负电荷得以分散，负离子稳定，羧酸的酸性增加；当 G 为斥电子基时，情况正相反，羧酸的酸性减弱。

$$G\rightarrow\overset{\overset{\displaystyle O}{\|}}{C}-O^- \qquad G\leftarrow\overset{\overset{\displaystyle O}{\|}}{C}-O^-$$

以氯代羧酸为例，氯原子的吸电子诱导效应，可以使羧酸的酸性增强，氯原子越多，酸性越强。

	CH_3COOH	$ClCH_2COOH$	$Cl_2CHCOOH$	Cl_3CCOOH
pK_a	4.75	2.85	1.48	0.84

下面的数据可以说明，吸电子基离羧酸越远，其诱导效应对酸性的影响越小（参见 3.4.1）。

	$CH_3CH_2CHClCOOH$	$CH_3CHClCH_2COOH$	$ClCH_2CH_2CH_2COOH$	$CH_3CH_2CH_2CH_2COOH$
pK_a	2.86	4.05	4.52	4.82

(4) 羧酸的酸性和其他因素的关系

其他因素（共轭效应、场效应、空间效应、溶剂效应等）也会对酸的解离产生影响。以取代芳酸的酸性为例，由表 11-3 可见，芳酸的酸性与环上的取代基及取代基的位置有关。

表 11-3　对位或间位取代苯甲酸的 pK_a 值

化合物	间位	对位	化合物	间位	对位
H_2N-C_6H_4-COOH	4.36	4.86	Cl-C_6H_4-COOH	3.83	3.97
HO-C_6H_4-COOH	4.08	4.57	Br-C_6H_4-COOH	3.81	3.97
CH_3O-C_6H_4-COOH	4.08	4.47	I-C_6H_4-COOH	3.85	4.02
C_6H_5-COOH	4.20		NC-C_6H_4-COOH	3.64	3.54
F-C_6H_4-COOH	3.86	4.84	O_2N-C_6H_4-COOH	3.50	3.42

当苯甲酸的对位是 OH、OCH_3、NH_2 时，就诱导效应来说，它们都是电负性较大的吸电子（-I 效应）基团。但它们又都有一对孤对电子，可以与苯环共轭，产生给电子的共轭作

用（+C效应）。共轭效应的作用远比诱导效应强，综合的结果是取代苯甲酸的酸性减弱。当对位是—NO_2和—CN基团时，两种电子效应的作用方向是一致的，所以酸性增强。卤素的情况比较特殊，由于它们的强电子诱导作用超过了共轭效应，所以表现出增强的酸性。

上面讨论的是取代基在对位时的情况，如果在间位，共轭效应的作用小而诱导效应起主要的作用。所以间羟基苯甲酸的酸性要大于苯甲酸和对羟基苯甲酸。取代基在邻位时，诱导效应的作用更加明显，同时由于取代基的距离较近，所以空间立体作用、场效应等因素的作用都不可忽略，情况比较复杂。广义上说，诱导效应也包括通过空间传递的场效应。例如，邻位和对位氯代苯基丙炔酸。邻位的氯原子距离近，似乎诱导效应强一些，酸性较强，但实际上，对位的酸性更强，场效应就是原因之一。

δ^- Cl, $^+\delta$ —C≡C—COOH

邻位取代基中C—Cl键带负电荷的一端直接作用于羧基，趋向于减弱其酸性，而对位距离远，并无这种场效应的影响。

二元羧酸可以发生二级电离，通常$K_{a_1}>K_{a_2}$，—COOH具有吸电子效应，使另一个—COOH易于电离，电离后产生的—COO^-为强的给电子效应，故使第二个羧基电离困难。两羧基相距越近，此种影响越强，两氢的酸性差越明显。

★ **练习 11-1** 比较下列化合物的酸性强弱。

CH_3COOH　　CF_3COOH　　$ClCH_2COOH$　　CH_3CH_2OH　　C_6H_5—COOH

11.5.2 α-H卤代

饱和一元羧酸α-碳上的氢原子和醛、酮中的α-氢原子相似，比较活泼，可被卤素（氯或溴）取代，生成α-卤代酸。由于羧基为吸电子基，使α-H具有一定的活性，但由于羧基中羟基对羰基产生p-π共轭的给电子效应，使羧基的吸电子能力小于醛、酮的羰基，α-H的活性弱于醛、酮，需在催化条件下发生α-H取代。在少量红磷或三卤化磷存在下用羧酸与卤素作用可以顺利地得到α-卤代酸（halogenated acid）。

$$CH_3COOH \xrightarrow{Br_2,P} BrCH_2COOH$$

以上制备α-卤代酸的方法称赫尔-乌尔哈-泽林斯基反应。磷的作用是首先与卤素生成卤化磷，卤化磷与羧酸作用成为酰卤，酰卤的烯醇式互变异构体与卤素容易发生反应，所生成的α-卤代酰卤再与羧酸作用就得到卤代酸。三卤化磷的催化作用是让羧酸转变成α-H活性更大的酰卤，更易形成烯醇式而加快反应，反应机理为：

$$P + Br_2 \longrightarrow PBr_3$$

$$3RCH_2COOH + PBr_3 \longrightarrow 3RCH_2COBr + P(OH)_3$$

$$RCH_2COBr \rightleftharpoons RCH{=}C(OH){-}Br \xrightarrow{Br-Br} RCHBrCOBr \xrightleftharpoons{RCH_2COOH} RCHBrCOOH + RCH_2COBr$$

α-卤代酸中，卤素在羧基影响下活性相对增大，容易与亲核试剂反应转换为氰基、氨基、烃基等，也可作为制备其他α-取代酸的母体，可以发生消除反应得到α,β-不饱和羧酸，因此在合成上有重要的作用。

11.5.3 脱羧反应

从羧酸或其盐脱去羧基（失去二氧化碳）的反应，称为脱羧反应。饱和一元羧酸在加热下较难脱羧，当 α-碳原子上连有吸电子基时，如—NO_2、—C═N、>C═O、—Cl 等，或 β-C 为羰基、烯基、炔基等不饱和碳时，也使脱羧容易发生；某些芳香族羧酸也比饱和一元羧酸容易脱羧。

$$Cl_3CCOOH \xrightarrow{\triangle} CHCl_3 + CO_2\uparrow$$

$$CH_3COCH_2COOH \xrightarrow{\triangle} CH_3COCH_3 + CO_2\uparrow$$

$$H_3C-CH(COOH)_2 \xrightarrow{\triangle} CH_3CH_2COOH + CO_2\uparrow$$

$$\text{2,4,6-}(O_2N)_3C_6H_2COOH \xrightarrow[\triangle]{H_2O} \text{1,3,5-}(O_2N)_3C_6H_3$$

β-羰基酸的脱羧经过了一个环状过渡态的过程。

$$HOOC-CH_2-COOH \rightleftharpoons \left[HO-C(OH)=CH_2 + O=C=O \right] \longrightarrow CH_3COOH + CO_2$$

饱和一元羧酸的碱金属盐与碱石灰共热，可失去一分子二氧化碳，生成少一个碳原子的烃。

$$CH_3COONa \xrightarrow[\triangle]{NaOH(CaO)} CH_4 + CO_2$$

此反应是实验室制取少量甲烷的方法。由于这类反应副产物多，不易分离，一般不用来制备烷烃。

11.5.4 羧基的还原

羧酸中的羰基由于与羟基氧原子上的未共用电子对共轭，降低了羰基碳原子的亲电能力，因而难于与亲核试剂发生反应。如 $NaBH_4$ 可以还原醛、酮中的羰基，而无法还原羧基。羧酸可以用强还原剂如 $LiAlH_4$ 等还原，产物为伯醇。还原过程中不破坏碳碳不饱和键，产率高，但因其价格昂贵，工业上尚不能广泛应用。

$$CH_3(CH_2)_7CH═CH(CH_2)_7COOH \xrightarrow[(2)H_3O^+]{(1)LiAlH_4,THF} CH_3(CH_2)_7CH═CH(CH_2)_7CH_2OH$$

在未发现 $LiAlH_4$ 还原剂以前，常采用间接的还原方法。酯可以用 Na/C_2H_5OH 还原，将酸变成酯再还原，也是一个非常可行的还原羧酸的办法。

$$n\text{-}C_{11}H_{23}COOC_2H_5 + Na \xrightarrow[\triangle]{C_2H_5OH} n\text{-}C_{11}H_{23}CH_2OH + C_2H_5OH$$

月桂酸乙酯　　　　月桂醇 65%～75%

硼烷也是一个非常有用的还原羧基的还原剂，反应条件温和，选择性好，而且对硝基、酯基等官能团没有影响。

$$\text{O}_2\text{N-C}_6\text{H}_4\text{-CH}_2\text{COOH} \xrightarrow[\text{(2) H}_3\text{O}^+]{\text{(1) BH}_3\text{,THF}} \text{O}_2\text{N-C}_6\text{H}_4\text{-CH}_2\text{CH}_2\text{OH}$$

11.5.5 羧酸衍生物的生成

羧酸中的烃基可以被一些亲核基团置换，生成羧酸衍生物。酰卤、酸酐、酯和酰胺等羧酸衍生物均可由羧酸直接合成。

$$\underset{\text{酰卤}}{\text{R—}\overset{\text{O}}{\overset{\|}{\text{C}}}\text{—X}} \quad \underset{\text{酸酐}}{\text{R—}\overset{\text{O}}{\overset{\|}{\text{C}}}\text{—OCOR}'} \quad \underset{\text{羧酸酯}}{\text{R—}\overset{\text{O}}{\overset{\|}{\text{C}}}\text{—OR}'} \quad \underset{\text{酰胺}}{\text{R—}\overset{\text{O}}{\overset{\|}{\text{C}}}\text{—NH}_2}$$

$$\text{RCOOH} + \text{PCl}_5 \longrightarrow \text{RCOCl} + \text{ROCl}_3 + \text{HCl}$$

$$2\text{RCOOH} \xrightarrow[\text{脱水剂}]{-\text{H}_2\text{O}} \text{R}\overset{\text{O}}{\overset{\|}{\text{C}}}\text{O}\overset{\text{O}}{\overset{\|}{\text{C}}}\text{R}$$

$$\text{RCOOH} + \text{R}'\text{OH} \xrightleftharpoons{\text{H}^+} \text{RCOOR}' + \text{H}_2\text{O}$$

$$\text{RCOOH} + \text{NH}_3 \xrightarrow{\triangle} \text{RNH}_2 + \text{H}_2\text{O}$$

（1）酰氯的生成

羧酸与无机酸的酰氯（亚磷酸的酰氯 PCl_3、磷酸的酰氯 PCl_5 或亚硫酸的酰氯 $SOCl_2$）作用时，羧基中的羟基被氯原子取代生成羧酸的酰氯。例如：

$$3\text{CH}_3\text{COOH} + \text{PCl}_3 \xrightarrow[70\%]{\triangle} 3\text{CH}_3\text{COCl} + \text{H}_3\text{PO}_3$$

$$o\text{-NO}_2\text{C}_6\text{H}_4\text{—COOH} + \text{SOCl}_2 \longrightarrow o\text{-NO}_2\text{C}_6\text{H}_4\text{—COCl} + \text{HCl}\uparrow + \text{SO}_2\uparrow$$

亚硫酰氯是实验室制备酰氯最方便的试剂。因为亚硫酰氯与羧酸作用生成酰氯时的副产物是氯化氢和二氧化硫，都是气体，有利于分离，且酰氯的产率较高。

（2）酸酐的生成

除甲酸在脱水时生成一氧化碳外，其他一元羧酸在脱水剂（如 P_2O_5 等）作用下都可在两分子间脱去一分子水生成酸酐。

$$\begin{matrix}\text{R—}\overset{\text{O}}{\overset{\|}{\text{C}}}\text{—O}\boxed{\text{H}} \\ \text{R—}\underset{\text{O}}{\underset{\|}{\text{C}}}\text{—}\boxed{\text{OH}}\end{matrix} \xrightarrow[\triangle]{\text{P}_2\text{O}_5} \begin{matrix}\text{R—C}{=}\text{O} \\ \text{O} \\ \text{R—C}{=}\text{O}\end{matrix} + \text{H}_2\text{O}$$

由于乙酐便宜，且易吸水生成乙酸，容易除去，所以常用乙酐作脱水剂制取较高级的羧酸酐。

$$\begin{matrix}\text{CH}_2\text{COOH} \\ | \\ \text{CH}_2\text{COOH}\end{matrix} + \text{CH}_3\overset{\text{O}}{\overset{\|}{\text{C}}}\text{O}\overset{\text{O}}{\overset{\|}{\text{C}}}\text{CH}_3 \longrightarrow \text{(丁二酸酐)} + 2\text{CH}_3\text{COOH}$$

某些二元酸，如丁二酸、戊二酸、邻苯二甲酸只需加热便可生成五元环或六元环的酸酐。

$$\text{邻苯二甲酸} \xrightarrow[100\%]{230^\circ C} \text{邻苯二甲酸酐} + H_2O$$

酸酐还可利用酰卤和无水羧酸盐共热来制备，通常用此法来制备混合酸酐，例如：

$$CH_3CH_2-\overset{O}{\overset{\|}{C}}-Cl + NaO-\overset{O}{\overset{\|}{C}}-CH_3 \xrightarrow[60\%]{\triangle} CH_3CH_2-\overset{O}{\overset{\|}{C}}-O-\overset{O}{\overset{\|}{C}}-CH_3 + NaCl$$

（3）酯的生成和酯化反应机理

羧酸与醇作用生成酯的反应是羧酸最常见也是最重要的反应。酯化（esterification）反应在常温下进行得很慢，少量酸如硫酸、磷酸、盐酸、苯磺酸或强酸性离子交换树脂等可以催化加速反应。反应是可逆的，进行到一定程度时接近平衡。如乙酸乙酯的平衡常数为 4，等量的乙酸和乙醇反应，平衡时的产率为 66.7%。增加某个反应物的浓度，加入过量的酸或醇；或用加入脱水剂、共沸脱水等方法把生成的副产物水除去，可使平衡向产物方向移动，提高酯的产量。

从反应式看，酯化反应中化学键断裂的方式可以有两种：

$$R-\overset{O}{\overset{\|}{C}}-\boxed{OH + H}OR' \overset{H^+}{\rightleftharpoons} RCOOR' + H_2O \quad \text{酰氧键断裂}$$

$$R-\overset{O}{\overset{\|}{C}}-O\boxed{H + HO}R' \overset{H}{\rightleftharpoons} RCOOR' + H_2O \quad \text{烷氧键断裂}$$

实验证明，在大多数情况下，反应是按酰氧基断裂的方式进行的。例如，用含有氧同位素的醇 $R'^{18}OH$ 与普通酸 RCOOH 作用，主要生成含氧同位素的酯 $R'CO^{18}OR$，水分子中几乎不含有氧同位素：

$$R-\overset{O}{\overset{\|}{C}}-OH + H^{18}OR' \overset{H^+}{\rightleftharpoons} R-\overset{O}{\overset{\|}{C}}{}^{18}OR' + H_2O$$

又如，用光学活性的醇反应时，得到的酯仍具有光学活性。这些都是酰氧基断裂的证据：

$$R-\overset{O}{\overset{\|}{C}}-OH + HO-\underset{C_2H_5}{\underset{|}{\overset{CH_3}{\overset{|}{C}}}}-H \overset{H^+}{\rightleftharpoons} R-\overset{O}{\overset{\|}{C}}-O-\underset{C_2H_5}{\underset{|}{\overset{CH_3}{\overset{|}{C}}}}-H + H_2O$$

上面的反应结果可以用酸催化酯化的反应机理来解释：

$$R-\overset{O}{\overset{\|}{C}}-OH + H^+ \rightleftharpoons R-\overset{OH^+}{\overset{\|}{C}}-OH$$

$$\left[R-\overset{OH^+}{\overset{\|}{C}}-OH \longleftrightarrow R-\underset{+}{\overset{OH}{\overset{|}{C}}}-OH\right] + H\ddot{O}R' \rightleftharpoons R-\underset{OH}{\underset{|}{\overset{OH}{\overset{|}{C}}}}-\underset{H}{\overset{+}{O}}R' \rightleftharpoons R-\underset{\overset{+}{O}H_2}{\underset{|}{\overset{OH}{\overset{|}{C}}}}-OR'$$

$$\mathrm{R-\overset{OH}{\underset{\overset{+}{O}H_2}{C}}-OR'} \underset{}{\overset{-H_2O}{\rightleftharpoons}} \left[\mathrm{R-\overset{:\ddot{O}H}{\underset{+}{C}}-OR'} \longleftrightarrow \mathrm{R-\overset{\overset{+}{O}H}{\overset{\|}{C}}-OR'} \right] \overset{-H^+}{\rightleftharpoons} \mathrm{R-\overset{O}{\overset{\|}{C}}-OR'}$$

首先质子催化使羰基质子化，然后醇作为亲核试剂对羰基亲核进攻，生成四面体的中间体，同时质子转移至 OH 上；进一步脱水、脱质子生成产物。酸的作用是使羰基质子化，使羰基的碳原子带有更高的正电性，有利于亲核试剂醇的进攻。反应结果似乎是—OH 被—OR′亲核取代，但实际的机理如上述，为亲核加成-消除过程。

不同的酸和醇进行反应时，反应速率相差很大。酯化时，羰基碳原子必须由 sp^2 杂化变为中间体的 sp^3 杂化，更易受空间因素的影响。无论酸还是醇，烃基的结构越大，四面体中间体中基团空间拥挤程度增大，能量升高，反应活化能加大。亲核试剂醇对羰基的亲核进攻形成四面体中间体的反应较慢，是酯化反应的定速步骤。表 11-4 列出了各类醇与酸在 155℃下反应 1h 后的产率情况。

表 11-4　一些醇与酸在 155℃下反应 1h 后的产率

各类醇与乙酸反应		各类酸与异丁醇反应	
醇	产率/%	酸	产率/%
甲醇	56	乙酸	44
乙醇	47	丙酸	41
异丙醇	26	2-甲基丙酸	29
异丁醇	23	2,2-二甲基丙酸	8
叔丁醇	1		

羧酸与一级醇、二级醇酯化时，大多数反应是按酰氧键断裂的方式进行，但也有例外。叔醇反应时，由于体积过大，较难按上述酰氧键断裂的酯化反应进行，而可能是在强酸的作用下先断裂烷氧键生成碳正离子，而后与羧基反应：

$$R_3COH + H^+ \rightleftharpoons R_3C^+ + H_2O$$

$$\mathrm{R'-\overset{O}{\overset{\|}{C}}-OH} + R_3C^+ \rightleftharpoons \mathrm{R'-\overset{O}{\overset{\|}{C}}-\underset{CR_3}{\overset{+}{O}}-H} + \mathrm{R'-\overset{O}{\overset{\|}{C}}-O-CR_3} + H^+$$

但叔醇在反应过程中会有大量烯烃生成，影响酯的产率。也可采用羧酸与烯烃的加成方法代替。

酯类化合物与羧酸生成酚酯比较困难，通常用酰卤或酸酐代替羧酸。

11.6 羧酸的制备方法

羧酸的制备一般采用以下几种方法。

11.6.1 氧化

伯醇氧化得到醛，醛很容易继续氧化得到羧酸。由醇制备羧酸比制备醛容易，由伯醇或醛氧化制备羧酸是最普遍的方法。常用的氧化剂有 $K_2Cr_2O_7$-H_2SO_4、$KMnO_4/H^+$、CrO_3-HOAc、HNO_3 等。

对称的链状烯烃或环状烯烃、末端烯烃氧化可以得到较纯的羧酸，其他烯烃则得到混合物（参见 3.4.4）。例如：

$$RCH_2OH \xrightarrow{[O]} RCHO \xrightarrow{[O]} RCOOH$$

$$RCH{=}CHR' \xrightarrow[H_3O^+]{KMnO_4} RCOOH + R'COOH$$

$$CH_3(CH_2)_7CH{=}CH(CH_2)_7COOH \xrightarrow[H_3O^+]{KMnO_4} CH_3(CH_2)_7COOH + HOOC(CH_2)_7COOH$$

烷烃的氧化产物较复杂，一般在实验室不用于制备羧酸。工业上，用高级烷烃的催化氧化来制备高级脂肪酸，以取代油脂的水解，可用做肥皂等表面活性剂的原料：

$$RCH_2CH_2R' \xrightarrow[\text{锰盐},1.5\sim3MPa]{O_2,120℃} \underset{\text{高级脂肪酸钠盐}}{RCOOH + R'COOH}$$

利用丙烯催化氧化也可以得到丙烯酸。

$$CH_2{=}CHCH_3 \xrightarrow[550\sim750℃,0.7\sim1.4MPa]{\text{磷酸铋}} CH_2{=}CHCOOH$$

芳烃上带有苄位氢的烃基侧链氧化后得到苯甲酸（参见 6.5.3）。

11.6.2 腈水解

腈（R—CN）在酸性或碱性水溶液中水解可以得到羧酸（参见 12.7.1）。

$$RCH_2Br \xrightarrow[(S_N2)]{NaCN} RCH_2C{\equiv}N \xrightarrow{H_3O^+} RCH_2COOH + \overset{+}{N}H_4$$

$$RCH_2C{\equiv}N \xrightarrow[OH^-]{H_2O} RCH_2COO^- + NH_3$$

腈通常由伯卤代烃与氰化物（NaCN、KCN）经 S_N2 反应制得。用此法可得到比卤代烃增加一个碳的羧酸。仲、叔卤代烃在具有碱性的氰化物介质条件下易脱去卤化氢形成烯烃。用此法商业上可合成抗关节炎药物 Nalfon。

$$PhO\text{-}C_6H_4\text{-}CH(Br)CH_3 \xrightarrow[(2)OH^-,H_2O\ (3)H_3O^+]{(1)NaCN} PhO\text{-}C_6H_4\text{-}CH(CH_3)COOH$$

11.6.3 金属有机试剂 CO_2 作用

格氏试剂与 CO_2（干冰）反应，酯化、水解后得到羧酸，反应机理是典型的亲核加成。

$$RMgBr + \ddot{O}{=}C{=}\ddot{O} \longrightarrow R\text{—}\overset{O}{\overset{\|}{C}}\text{—}\ddot{O}^-\ \overset{+}{M}gBr \xrightarrow{H_3O^+} RCOOH$$

可以将二氧化碳通入冷的格氏试剂醚溶液中，或直接将格氏试剂溶液倒在干冰上反应，反应的产率很好。合成得到的羧酸比制备格氏试剂的烃基增加一个碳原子。

这种方法对伯、仲、叔及卤代烃形成的格氏试剂均适用，芳香族羧酸也可以通过该反应制备。

$$2,4,6\text{-}(CH_3)_3C_6H_2Br \xrightarrow[\text{醚}]{Mg} 2,4,6\text{-}(CH_3)_3C_6H_2MgBr \xrightarrow[(2)\ H_3O^+]{(1)\ CO_2,\text{乙醚}} 2,4,6\text{-}(CH_3)_3C_6H_2COOH$$

★ **练习 11-2** 实现下列转变。

$$CH_3COCH_2CH_2CH_2Br \longrightarrow CH_3COCH_2CH_2CH_2COOH$$

11.7 羟基酸

羧酸分子中烃基上的氢原子被其他原子或基团取代的衍生物称为取代酸（substituted acid）。重要的取代酸有羟基酸、羰基酸（包含酮酸与醛酸）、卤代酸（参见 11.5.2）、氨基酸（参见第 14 章）等，是有机合成和生物代谢过程中的重要物质，本节着重讨论羟基酸。

自然界中有许多羟基酸（hydroxy acid）存在，有些羟基酸还是生命活动的产物。从某些化合物的俗名可以了解它们的最初来源。例如：

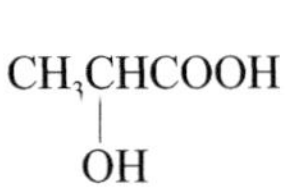

$CH_3CH(OH)COOH$ 乳酸　$HOOC-CH(OH)-CH(OH)-COOH$ 酒石酸 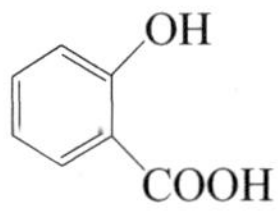　水杨酸（邻羟基苯甲酸）　$C_6H_5-CH(OH)-COOH$ 扁桃酸　$HOOCCH_2-C(OH)(COOH)-CH_2COOH$ 柠檬酸

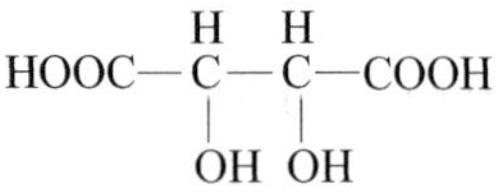

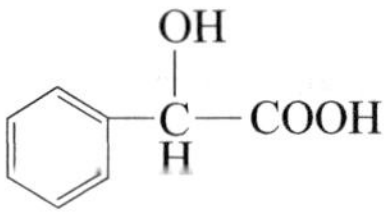

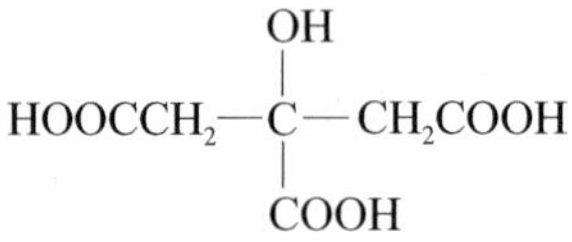

乳酸是最常见的羟基酸，为白色黏稠液体，存在于诸如酸牛乳、人体肌肉、水果等物质中。从乳糖、麦芽糖、葡萄糖发酵可以生产乳酸。乳酸的分子结构中存在手性中心，用不同的方式可以得到不同的旋光性乳酸。水杨酸为白色针状晶体或结晶粉末（熔点 159℃，76℃升华），同时具有酚和芳酸的性质，可做消毒剂、防腐剂，是重要的中间体原料。其衍生物乙酰水杨酸（阿司匹林）、对氨基水杨酸是重要的解热镇痛药和抗结核药。许多羟基酸分子都具有手性，它们在分离、合成手性分子时有着非常重要的作用。

羟基酸分子中含有羟基和羧基，这两个基团都易形成氢键，所以羟基酸比相应的醇及羧酸的溶解度都大，熔点高，多数为固体或黏稠的液体。低级羟基酸可与水混溶。

11.7.1 羟基酸的性质

羟基酸是双官能团化合物，兼具有羟基和羧基的性质，同时，两个基团互相影响，具有一些特殊的性质。

（1）酸性

羟基是吸电子基，所以一般羟基酸比母体羧酸的酸性强。但羟基弱于卤素的吸电子诱导效应，故羟基酸比相应的卤代酸的酸性弱。羟基离羧酸越远，对酸性的影响越小。

	CH_3CH_2COOH	$CH_3CH(OH)COOH$	$CH_2(OH)CH_2COOH$
pK_a	4.87	3.86	4.51

邻羟基苯甲酸（水杨酸）的酸性比苯甲酸的酸性强，这是由于形成分子内氢键的缘故。

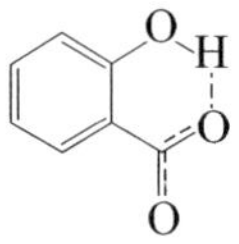

（2）脱水

在加热或有脱水剂存在时，羟基酸容易发生脱水反应。根据羟基与羧基的相对位置不同，脱水形式不同，但均生成相对稳定的不同产物。例如，α-羟基酸发生两分子间脱水反应生成六元交酯，β-羟基酸发生分子内脱水反应生成 α,β-不饱和酸，γ-和 δ-羟基酸脱水分别生成五、六元内酯。

$$\text{RCH(OH)COOH} + \text{HOOCCH(OH)R} \xrightarrow[\triangle]{-2H_2O} \text{交酯}$$

交酯

$$\underset{\text{OH}}{\text{RCHCH}_2\text{COOH}} \xrightarrow[\triangle]{\text{脱水}} \text{RCH}=\text{CHCOOH} + H_2O$$

α, β-不饱和酸

$$\underset{\text{OH}}{\text{RCHCH}_2\text{CH}_2\text{COOH}} \xrightarrow[\triangle]{-H_2O} \gamma\text{-内酯}$$

γ-内酯

$$\underset{\text{OH}}{\text{RCHCH}_2\text{CH}_2\text{CH}_2\text{COOH}} \xrightarrow[\triangle]{-H_2O} \delta\text{-内酯}$$

δ-内酯

当羟基与羧基间隔四个以上的亚甲基时，羟基酸在多分子间脱水，可以形成聚酯。

$$H-OCH_2(CH_2)_n-\overset{O}{\overset{\|}{C}}-OH + H-OCH_2(CH_2)_n-\overset{O}{\overset{\|}{C}}-OH + \cdots \longrightarrow H\!\left[OCH_2(CH_2)_n\overset{O}{\overset{\|}{C}}\right]_m OH$$

聚酯

(3) 脱羧

羟基酸受热脱水时，由于羟基和羧基的相对位置不同，产物也不同。α-羟基酸与无机酸共热时分解产生少一个碳的羰基化合物，与稀高锰酸钾共热氧化，分解生成少一个碳的酸：

$$R-\overset{H(R')}{\underset{OH}{C}}-COOH \xrightarrow{H_2SO_4} R-\overset{H(R')}{C}=O + HCOOH\ (\text{或}CO + H_2O)$$

$$RCH(OH)COOH \xrightarrow{KMnO_4} RCOOH + CO_2 + H_2O$$

这些反应在有机合成上有一定的用途，可以用来从高级羧酸经 α-溴代、水解，再通过上述反应制备少一个碳的醛、酮或羧酸。例如：

$$RCH_2COOH \xrightarrow[P]{Br_2} RCH(Br)COOH \xrightarrow{AgOH} RCH(OH)COOH \xrightarrow[\triangle]{H_2SO_4} RCHO \xrightarrow{KMnO_4} RCOOH$$

邻、对位羟基苯甲酸加热至熔点以上，则分解脱羧生成酚。

11.7.2 羟基酸的制备

羟基酸的制备，可在含有羟基的化合物中引入羧基；或在羧酸的分子中引入羟基而制得。

(1) α-羟基酸的制备

α-羟基酸可以由相应的卤代酸水解得到。由 α-卤代酸（制法见 11.5.2）制 α-羟基酸的产率很好。

$$\underset{Br}{CH_2COOH} + H_2O \longrightarrow \underset{OH}{CH_2COOH} + HBr$$

α-羟基酸也可以由羟基腈水解获得。羰基与 HCN 加成得到 α-羟基腈，水解产物即为 α-

羟基酸。

$$\text{C}_6\text{H}_5\text{—CHO} \xrightarrow{\text{HCN}} \text{C}_6\text{H}_5\text{—CH(OH)CN} \xrightarrow[100℃]{\text{HCl}} \text{C}_6\text{H}_5\text{—CH(OH)COOH}$$

(2) β-羟基酸、γ-羟基酸的制备

β-卤代酸、γ-卤代酸也可以水解，但β-卤代酸的水解产物易脱水生成α,β-不饱和羧酸，可以用烯烃经次卤酸加成后制得β-羟基卤代物后制备相应的β-羟基酸。γ-卤代酸、δ-卤代酸水解后易形成内酯，羟基酸的产率不高。

$$\text{RCH=CH}_2 \xrightarrow{\text{HOCl}} \text{RCH(OH)—CH}_2\text{Cl} \xrightarrow{\text{KCN}} \text{RCH(OH)—CH}_2\text{CN} \xrightarrow[\text{H}^+]{\text{H}_2\text{O}} \text{RCH(OH)CH}_2\text{COOH}$$

有一个很好的制备β-羟基酸或β-羟基酸酯的方法是有机锌试剂与羰基作用，称为雷弗马茨基（Reformatsky）反应。α-卤代酸酯在锌粉存在下与醛、酮亲核加成，产物水解后即得到β-羟基酸酯。反应的机理与格氏试剂与羰基的反应类似。脂肪族或芳香族醛、酮均可进行反应，羰基空间位阻大时反应困难。

$$\text{RCH(Br)COOC}_2\text{H}_5 \xrightarrow[\text{醚}]{\text{Zn}} \text{BrZnCH(R)COOC}_2\text{H}_5 \xrightarrow{\text{R}'\text{CHO}} \text{R}'\text{CH(OZnBr)CH(R)COOC}_2\text{H}_5 \xrightarrow[\text{H}^+]{\text{H}_2\text{O}}$$

$$\text{R}'\text{CH(OH)CH(R)COOC}_2\text{H}_5 \xrightarrow{\text{H}_2\text{O}} \text{R}'\text{CH(OH)CH(R)COOH} + \text{C}_2\text{H}_5\text{OH}$$

由于格氏试剂可以与酯加成生成叔醇（11.11.3），故该反应不能用活性大的格氏试剂代替有机锌试剂。活性相对稳定的有机锌可以与醛、酮中的羰基作用而不与酯作用，所以可以用α-卤代酸酯来制备有机锌试剂，并用于和醛、酮的反应。

11.8 羧酸衍生物的命名与结构

羧酸分子中的—OH 被—X、—OCOR、—OR、—NH(R) 置换的产物为羧酸衍生物，羧酸衍生物酰卤、酸酐、酯、酰胺都含有酰基，故也称为酰基化合物（acyl compound）。羧酸衍生物的命名举例如下。

① 酰卤是以所含的酰基来命名的。例如：

$\text{CH}_3\text{C(=O)—Cl}$	$\text{C}_6\text{H}_5\text{C(=O)—Cl}$	$\text{CH}_2\text{=CH—C(=O)—Cl}$	$\text{CH}_3\text{—CH(Br)—C(=O)—Br}$
乙酰氯	苯甲酰氯	丙烯酰氯	α-溴代丙酰溴

② 酸酐由羧酸脱水而来，通常就以它的来源酸命名。由两种不同的酸组成的酸酐也称混酐，一般将小的羧酸放在前面，苯基放在烷基的前面。例如：

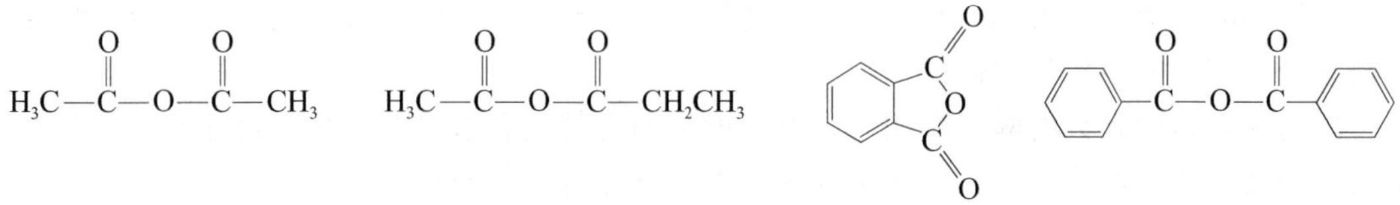

$$H_3C-\overset{O}{\overset{\|}{C}}-O-\overset{O}{\overset{\|}{C}}-CH_3$$

乙酸酐

$$H_3C-\overset{O}{\overset{\|}{C}}-O-\overset{O}{\overset{\|}{C}}-CH_2CH_3$$

乙丙酸酐

邻苯二甲酸酐

苯甲酸酐

③ 酯的命名与酸酐相似，根据形成酯的醇和酸来命名为“某酸某酯”，多元醇的命名为“某醇某酸酯”。例如：

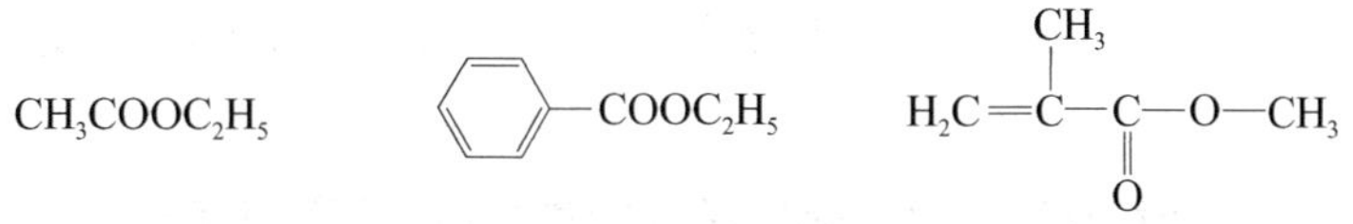

$CH_3COOC_2H_5$ 乙酸乙酯

$C_6H_5COOC_2H_5$ 苯甲酸乙酯

$H_2C=C(CH_3)-C(=O)-O-CH_3$ α-甲基丙烯酸甲酯

$CH_3COOCH=CH_2$ 乙酸乙烯酯

CH_2OCOCH_3—CH_2OCOCH_3 乙二醇二乙酸酯

$C_2H_5OOCCH_2COOC_2H_5$ 丙二酸二乙酯

④ 酰胺的命名与酰卤相似，也是以所含的酰基来命名的。两个酰基连在同一个氮原子上形成酰亚胺。由分子内的氨基和酰基形成的酰胺称为内酰胺。

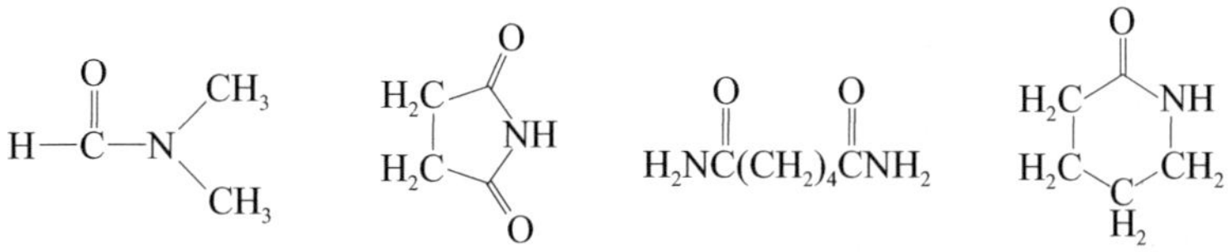

$H-C(=O)-N(CH_3)_2$ *N*,*N*-二甲基甲酰胺 (DMF)

丁二酰亚胺

$H_2N\overset{O}{\overset{\|}{C}}(CH_2)_4\overset{O}{\overset{\|}{C}}NH_2$ 己二酰胺

δ-戊内酰胺

酰基碳原子为 sp^2 杂化的平面式结构，卤素原子、氧原子、氮原子都有未成对电子，故与羰基键之间形成不同程度的共轭体系，使 C—Y 键带部分双键的性质。

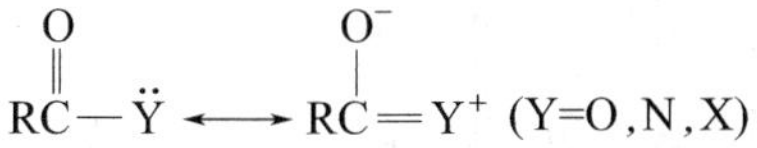

$$R\overset{O}{\overset{\|}{C}}-\ddot{Y} \longleftrightarrow R\overset{O^-}{\overset{|}{C}}=Y^+ \quad (Y=O,N,X)$$

卤素的电负性较大，基团吸电子的诱导效应强，共轭的情况相对较弱。而在酰胺分子中，羰基与氮的共轭作用较强，C—N 键的键长较胺中的 C—N 键短，酯和酸酐中的 C—O 键也较醇中的 C—O 键短。羰基的亲核加成反应活性与羰基碳原子上的正电荷密度有关，酰卤中的卤素吸电子的诱导作用使碳原子正电荷密度增加，有利于亲核试剂的进攻，酰胺中的氮原子相对较强的共轭作用导致碳原子正电荷密度减小，因此，亲核试剂进攻受到影响。由结构可以预测，酰卤、酸酐、酯和酰胺与亲核试剂的加成反应活性有所不同，其中酰卤的反应活性最大，而酰胺的活性最小。

11.9 羧酸衍生物的物理性质

羧酸衍生物的分子中都含有羰基，因此，它们都是极性化合物。酰卤、酸酐、酯分子中没有羟基，无法形成分子间氢键，分子间不能缔合。酰氯多为无色液体或白色低熔点固体；酰氯的沸点较相应的羧酸低；低级的酰氯遇水剧烈水解，放出氯化氢而具有强烈的刺激性气味，易溶于有机溶剂。

低级的酸酐为无色液体，具有不愉快的气味，沸点常比相应的羧酸高，但比分子量相当的羧酸低。高级的酸酐为固体。

酯的沸点与同碳数的醛、酮相近，低级的酯通常都具有水果的香味，可作香料。酯在水中的溶解度较小，但能与有机溶剂很好地相溶，常作为溶剂使用。

酰胺分子之间由于氮原子氢键的高度缔合作用，其沸点比相应的羧酸高，溶解度也较大。除甲酰胺外，大部分为固体。低级的酰胺能溶于水。氨基上的氢原子被烃基取代时，氢键的缔合减少或消失，沸点降低。一些液体的酰胺是性能优良的溶剂。如 *N*,*N*-二甲基甲酰胺，因分子极性大，是良好的非质子极性溶剂，不但可以溶解有机物，也可以溶解无机物。

11.10 羧酸衍生物的波谱性质

羧酸衍生物有着十分相似的质谱碎裂规则。它们大多也都有可以识别的分子离子及有羰基氧引发的 α-裂解产生的两个碎片离子 $[M-X]^+$ 和 $^+O{\equiv}C{-}X$（X＝OH，OR，NH_2，NHR，NR_2）和麦氏重排产生的峰。图 11-4 为乙酸癸酯的电子轰击质谱图。

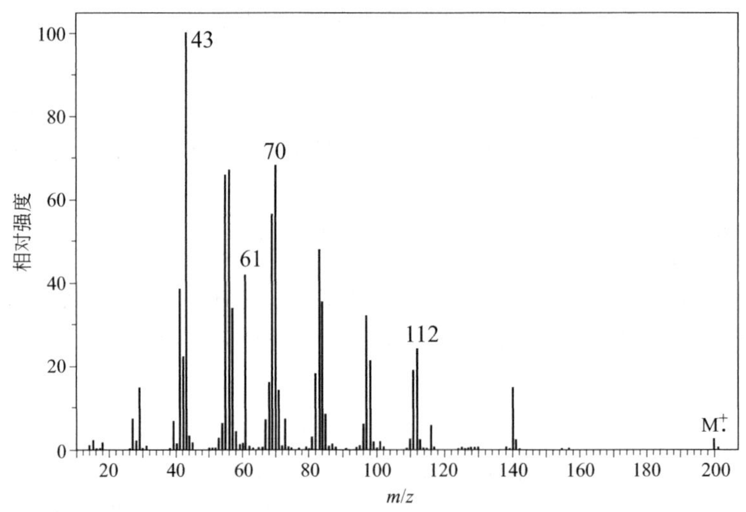

图 11-4　乙酸癸酯的电子轰击质谱

羧酸衍生物的红外光谱与羧酸类似，均含有 C＝O 伸缩振动吸收峰，但各种羧酸衍生物的红外光谱又有明显的区别。

酰氯的 C＝O 伸缩振动在 1815～1770cm^{-1}区域有强吸收，其 C—X 的面内弯曲振动在 645cm^{-1}附近，酸酐的 C＝O 伸缩振动吸收与其他羰基化合物明显不同，在 1850～1780cm^{-1}和 1790～1740cm^{-1}区域内有两个 C＝O 伸缩振动的强吸收峰，两峰相距约 60cm^{-1}。线型酸酐的高频峰强于低频峰，而环状酸酐则相反。酸酐的 C—O—C 伸缩振动在 1300～1050cm^{-1}区域产生强吸收。

酯的 C＝O 伸缩振动在 1750～1735cm^{-1}区域有强吸收，C—O 伸缩振动在 1300～1000cm^{-1}区域内有两个强吸收峰，其中较高波数吸收峰的位置及强度，可用于鉴定酯的类型（见图 11-5）。

羧酸衍生物的质子核磁共振谱，由于羰基碳原子带有部分正电荷，使 α-碳原子上的质子去屏蔽，其吸收峰稍向低场位移，$\delta=2\sim3$。酯中烷氧基上质子的化学位移 $\delta=3.7\sim4.1$（见

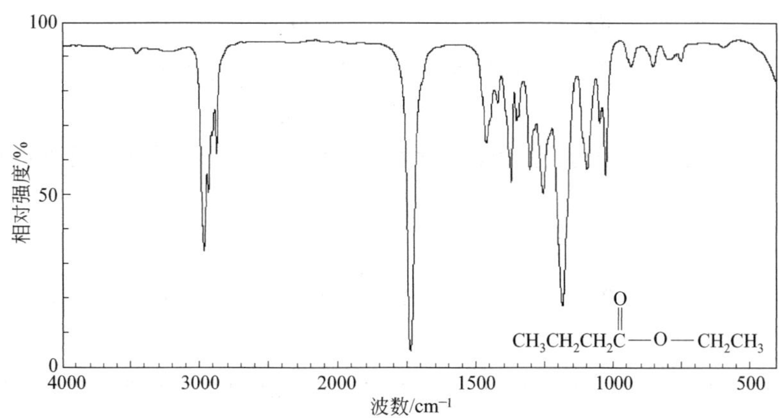

图 11-5　丁酸乙酯的红外光谱图

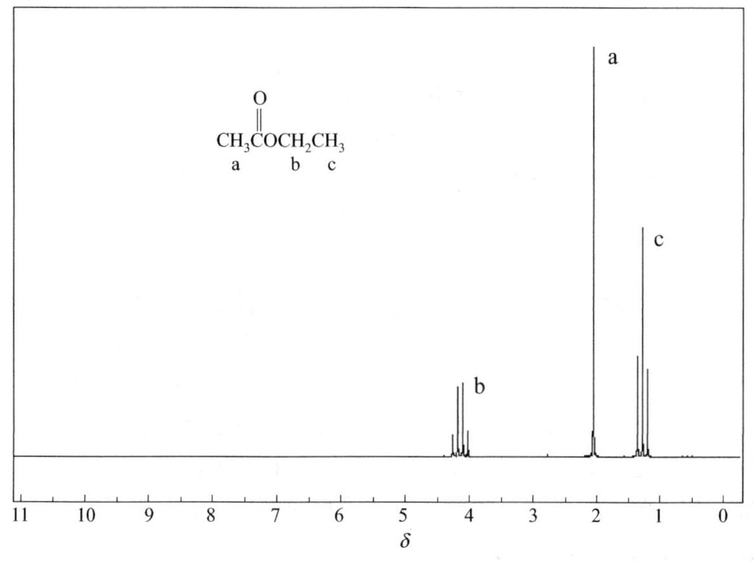

图 11-6　乙酸乙酯的核磁共振谱

图 11-6)；酰胺中氮原子上质子化学位移 $\delta=5\sim9.4$，往往给出宽而矮的峰。

11.11　羧酸衍生物的化学性质

羧酸衍生物中，一般都含有酰基，可统称为酰基化合物。羧酸衍生物的化学反应主要发生在酰基上。

11.11.1　羧酸衍生物的亲核取代（加成-消除）反应

羧酸衍生物都含有羰基，所以都能与某些亲核试剂发生反应，而且它们的 α-氢原子也都由于羰基的影响而具有活泼性。羧酸衍生物的反应有相似的反应机理，但活性有差异。反应实际上分为两步进行。第一步是酰基碳上发生亲核加成，先形成一个带负电的中间体，它的中心碳原子为 sp^3 杂化，因而是四面体结构：

$$R-\overset{\overset{\Large :\ddot{O}}{\|}}{C}-L + :Nu^- \rightleftharpoons \left[R-\overset{\overset{:\ddot{O}^-}{|}}{\underset{\underset{Nu}{|}}{C}}-L \right] \text{亲核加成}$$

第二步，中间体消除一个离去基团，以负离子（弱碱）的形式离去，可以将此看做消除的过程：

$$\left[R-\overset{\overset{:\ddot{O}^-}{|}}{\underset{\underset{Nu}{|}}{C}}-L \right] \longrightarrow R-\overset{\overset{:\ddot{O}}{\|}}{C}-Nu + :L^- \text{消除}$$

由此形成的产物就是另一种羧酸衍生物或羧酸。因此酰基化合物的亲核取代反应又叫做羰基的亲核加成-消除反应。

而醛、酮虽然也能发生亲核反应，但醛、酮上连接的 H 或 R 都是极强的碱，是不好的离去基团，四面体中间体氧负离子夺取质子，故只能生成加成产物，水解后生成羟基。

$$R-\overset{\overset{O}{\|}}{C}-H(R) \xrightarrow{Nu^-} R-\overset{\overset{O^-}{|}}{\underset{\underset{Nu}{|}}{C}}-H(R) \xrightarrow{H_3O^+} R-\overset{\overset{OH}{|}}{\underset{\underset{Nu}{|}}{C}}-(R')$$

显然，羧酸衍生物的亲核取代反应活性与其离去基团的能力有关。离去基团的碱性越弱，离去基团越稳定，越容易离去。碱性的强弱顺序是：$H_2N^- > RO^- > RCOO^- > X^-$。离去能力则相反：$X^- > RCOO^- > RO^- > H_2N^-$。

反应的第一步为亲核加成，羰基的活性是影响反应活性的主要因素。酰胺的亲核加成反应活性相对较小；而卤素的电负性较大，基团吸电子的诱导作用强，共轭作用相对较弱，酰氯的羰基亲核加成活性较大。羧酸衍生物的亲核取代能力为：$RCOCl > (RCO)_2O > RCOOR' > RCONR'_2$。羧酸衍生物反应性能的差异使得将一个活性高的化合物转化为一个活性低的化合物成为可能，酰氯能被转化为酯、酰胺，而酰胺、酯不能转化为酰氯。

酰卤、酸酐、酯、酰胺的水解、醇解、氨解等反应都属于这一亲核加成-消除反应机理。

11.11.2 水解、醇解和氨解反应

（1）水解反应

酰氯、酸酐、酯和酰胺都可以与水发生加成-消除反应生成相应的羧酸：

$$R-\overset{\overset{O}{\|}}{C}-L + H_2O \longrightarrow R-\overset{\overset{O}{\|}}{C}-OH_2 + HL$$

$$L=Cl, OCOR, OR, NH_2$$

水解反应的难易次序为：酰氯>酸酐>酯>酰胺。

乙酰胺在潮湿的空气中会水解，有氯化氢雾气产生，气味非常刺激；酸酐也很容易水解，但分子量较大的酰氯和酸酐因溶解度小而水解缓慢，若加热或加入互溶的溶剂使之成为均相，反应也可很快进行；酯的水解比酰氯和酸酐要困难，需要用酸催化或在碱溶液中加热进行，以使反应完全。酰胺的水解更困难，在酸或碱溶液中加热回流才能使水解完成，有空间位阻及 N 上有取代基的酰胺更难水解。由于酰胺在水中的稳定性，常可以用水作溶剂对它进行重结晶。活性相对较低的酰胺或酯需在质子酸催化下或在碱性水溶液中进行水解。酸的催化作用在于使羰基氧原子质子化、羰基碳原子的正电性增加，使弱酸的亲核试剂（H_2O）也可以与之反应：

$$R-\overset{O}{\overset{\|}{C}}-L \xrightleftharpoons{H^+} R-\overset{\overset{+}{O}H}{\overset{\|}{C}}-L \xrightarrow{H\ddot{O}H} R-\overset{OH}{\overset{|}{\underset{L}{\underset{|}{C}}}}-\overset{+}{O}H_2 \xrightarrow{-HL} R-\overset{\overset{+}{O}H}{\overset{\|}{C}}-OH \xrightarrow{-H^+} R-\overset{O}{\overset{\|}{C}}-OH$$

而在碱性溶液中，—OH 作为比水强的亲核试剂进攻羰基碳原子。

$$R-\overset{:O:}{\overset{\|}{C}}-L + \ddot{O}H^- \longrightarrow R-\overset{:\ddot{O}:^-}{\overset{|}{\underset{L}{\underset{|}{C}}}}-OH \longrightarrow R-\overset{O}{\overset{\|}{C}}-OH + L^-$$

$$R-\overset{O}{\overset{\|}{C}}-OH \xrightarrow{OH^-} R-\overset{O}{\overset{\|}{C}}-O^- + H_2O$$

人们对酯的水解历程研究得最多。酯在酸的催化下水解是酯化反应的逆反应，反应最后达到平衡，故水解作用不完全。但在强碱的作用下，生成的酸进一步与碱作用生成羧酸盐，使平衡向右移动，反应进行到底。所以酯的水解通常都在碱性溶液中进行。

$$RCOOR'+NaOH \longrightarrow RCOONa+R'OH$$

油脂水解制肥皂即为酯在碱性条件下的水解，所以该类反应也称为“皂化”反应。

$$\begin{array}{l} H_2C-O-\overset{O}{\overset{\|}{C}}-(CH_2)_{16}CH_3 \\ HC-O-\overset{O}{\overset{\|}{C}}-(CH_2)_{14}CH_3 \\ H_2C-O-\overset{O}{\overset{\|}{C}}-(CH_2)_{16}CH_3 \end{array} + 3NaOH \xrightarrow[\triangle]{\text{皂化}} \begin{array}{l} H_2C-OH \\ HC-OH \\ H_2C-OH \end{array} + \begin{array}{c} CH_3(CH_2)_{16}COONa \\ \text{硬脂酸钠} \\ CH_3(CH_2)_{14}COONa \\ \text{软脂酸钠} \\ CH_3(CH_2)_{16}COONa \\ \text{硬脂酸钠} \end{array}$$

酰胺的活性最弱。生物体内的蛋白质含有大量的酰胺键，水解时酰胺键的稳定性大约是酯中酰氧键的 100 倍，使得蛋白质在水溶液中能保持结构的完整性，仅在特定催化条件下水解。

酰胺在酸催化下的水解产生羧酸和无机铵盐；在碱作用下水解生成羧酸盐，并放出氨气。

$$RCONH_2 + H_2O \begin{cases} \xrightarrow{HCl} RCOOH + NH_4Cl \\ \xrightarrow{NaOH} RCOONa + NH_3\uparrow \end{cases}$$

（2）**醇解反应**

酰氯、酸酐、酯和酰胺都可以与醇发生加成-消除反应，生成相应的酯：

$$R-\overset{O}{\overset{\|}{C}}-L + R'OH \longrightarrow R-\overset{O}{\overset{\|}{C}}-OR' + HL$$

酰氯和酸酐进行醇解是制备酯的一种方法。酰氯或酸酐也可以与酚反应制备酚酯。

$$RCOCl + C_6H_5OH \longrightarrow R-\overset{O}{\overset{\|}{C}}-O-C_6H_5 + HCl$$

环状酸酐醇解后得到二元酸的单酯，是制备二元酸单酯常用的方法。例如：

$$\text{(丁二酸酐)} \xrightarrow[H^+]{C_2H_5OH} \begin{array}{l} H_2C-\overset{O}{\overset{\|}{C}}-OH \\ H_2C-\underset{O}{\underset{\|}{C}}-OC_2H_5 \end{array}$$

丁二酸单乙酯

过量醇存在下，单酯继续酯化生成二酯。

$$\begin{array}{l} H_2C-\overset{\displaystyle O}{\overset{\|}{C}}-OH \\ \quad| \\ H_2C-\underset{\displaystyle O}{\underset{\|}{C}}-OC_2H_5 \end{array} \xrightarrow[H^+]{C_2H_5OH} \begin{array}{l} H_2C-\overset{\displaystyle O}{\overset{\|}{C}}-OC_2H_5 \\ \quad| \\ H_2C-\underset{\displaystyle O}{\underset{\|}{C}}-OC_2H_5 \end{array}$$

丁二酸二乙酯

酯的醇解比较困难，必须在碱或酸的催化下进行。反应生成另一种醇的酯，故称为酯交换反应。反应是可逆的，用过量的醇或将产物移出反应体系，可得到较高的产率。反应常用于将低级醇的酯转化为高级醇的酯。

对于二酯化合物，要水解其中的一个酯基，常规方法难于实施，利用酯交换反应可选择性水解，例如：

$$RCOOR'+R''OH \longrightarrow RCOOR''+R'OH$$

酯交换反应在工业上经常应用。聚乙烯醇即是从聚乙酸乙烯酯通过酯交换反应制得的。聚乙烯醇分子中有许多羟基，可溶于水，可作为涂料和胶黏剂。它与甲醛的缩合产物聚乙烯醇缩甲醛即为维尼纶纤维的原料。

$$\left[\begin{array}{c} OCOCH_3 \\ | \\ -C-CH_2- \\ | \\ H \end{array}\right]_n + nCH_3OH \xrightarrow[H^+\text{或}OH^-]{H_2O} \left[\begin{array}{c} H \\ | \\ -C-CH_2- \\ | \\ OH \end{array}\right]_n + nCH_3COOCH_3$$

生产“涤纶”的原料对苯二甲酸乙二醇酯也是用二甲酯与二醇交换而来的。

$$H_3COOC-C_6H_4-COOCH_3 + 2HOCH_2CH_2OH \underset{H^+}{\overset{190℃}{\rightleftharpoons}} HOCH_2CH_2OOC-C_6H_4-COOCH_2CH_2OH$$

（3）氨解反应

羧酸衍生物与氨作用都生成酰胺。由于氨的亲核性强于水、醇，故氨解比水解、醇解容易。氨本身即为碱，氨解不需加入酸、碱等催化剂。

酰卤和酸酐与氨的反应相当快，酰氯遇冷的氨水即可反应，酯要在无水的条件下，用过量的氨才可反应。

环状酸酐与氨反应，可以开环得到 ω-酰胺羧酸铵，再高温加热可得到酰亚胺：

$$\text{邻苯二甲酸酐} + NH_3 \longrightarrow C_6H_4(CONH_2)(COONH_4) \xrightarrow{H^+} \underset{83\%}{C_6H_4(CONH_2)(COOH)} \xrightarrow[\triangle]{300℃} \text{邻苯二甲酰亚胺}$$

酰亚胺可以与溴反应，生成 N-溴代丁二酰亚胺（NBS）。

肼、羟胺等含氮化合物也能与羧酸衍生物发生反应，例如：

$$RCOOC_2H_5+H_2NNH_2 \longrightarrow \underset{\text{酰肼}}{RCONHNH_2}+C_2H_5OH$$

$$RCOOC_2H_5+NH_2OH\cdot HCl \longrightarrow \underset{\text{羟肟酸}}{RCONHOH}+C_2H_5OH$$

有机分析中常以羟肟酸铁实验来检验羧酸（先转换成酰卤）及羧酸衍生物：与羟胺作用生成羟肟酸，羟肟酸与三氯化铁在弱酸性溶液中形成红色的可溶性羟肟酸铁。

$$3RCO(NHOH)+FeCl_3 \longrightarrow (RCONHO)_3Fe+3HCl$$

酰胺与胺的反应，可看做胺的交换反应。例如：

$$CH_3CONH_2+CH_3NH_2\cdot HCl \xrightarrow{\triangle} \underset{75\%}{CH_3CONHCH_3}+NH_4Cl$$

酰卤和酸酐与水、醇、氨发生上述这些反应，结果是在这些化合物分子中引入了酰基，故酰卤和酸酐用于反应中也是很好的酰基化试剂。

11.11.3 羧酸衍生物与金属有机试剂的反应

羧酸衍生物可与有机镁试剂（Grignard 试剂）作用生成酮，后者可与 Grignard 试剂继续反应得到叔醇。

$$R-\overset{O}{\overset{\|}{C}}-L \xrightarrow{R'MgX} \left[R-\underset{R'}{\underset{|}{\overset{:\ddot{O}MgX}{\overset{|}{C}}}}-L \right] \xrightarrow{-MgXL} R-\overset{O}{\overset{\|}{C}}-R'$$

$$R-\overset{O}{\overset{\|}{C}}-R' \xrightarrow{R'MgX} R-\underset{R'}{\underset{|}{\overset{OMgX}{\overset{|}{C}}}}-R' \xrightarrow[H^+]{H_2O} R-\underset{R'}{\underset{|}{\overset{OH}{\overset{|}{C}}}}-R'$$

酮为反应的中间产物。但羧酸衍生物羰基的反应活性大多小于酮羰基，若格氏试剂过量，反应很难停留在酮的阶段。酰氯的反应活性较大，可以得到一部分酮，但产率不高。如果将格氏试剂反加到酰氯中，保持酰氯始终过量，或在低温下反应，可以得到较高产率的酮。当酮的空间位阻大时，产率相当令人满意。

$$(CH_3)_3C-MgCl \xrightarrow[-70℃]{(CH_3)_3C-\overset{O}{\overset{\|}{C}}-Cl} \xrightarrow{H_2O} \underset{80\%}{(CH_3)_3C-\overset{O}{\overset{\|}{C}}-C(CH_3)_3}$$

格氏试剂与氯化镉反应可得到有机镉试剂。

$$2RMgX + CdCl_2 \xrightarrow{纯醚} R_2Cd + 2MgXCl$$

有机镉试剂的活性比格氏试剂小，不与酮和酯反应，所以用有机镉试剂与酰氯反应制备酮更便于控制。例如：

$$CH_3CH_2-\overset{O}{\overset{\|}{C}}-Cl + (CH_3-\underset{CH_3}{\underset{|}{CH}})_2Cd \xrightarrow[(2)\ 水解,60\%]{(1)\ 纯醚} CH_3CH_2-\overset{O}{\overset{\|}{C}}-\underset{CH_3}{\underset{|}{CH}}CH_3$$

酰氯与二烷基铜锂反应也可用来制备酮。例如：

$$CH_3CH_2-\overset{O}{\overset{\|}{C}}-Cl + (CH_3)_2CuLi \xrightarrow[-78℃,60\%]{纯醚} CH_3CH_2-\overset{O}{\overset{\|}{C}}-CH_3$$

酰胺的氮原子上有活泼氢，要消耗掉相当物质的量的格氏试剂，同时反应活性低，所以很少使用。

11.11.4 酯缩合反应

具有 α-氢的酯在碱性试剂存在下，可以与另一分子酯作用，失去一分子醇得到缩合产物 β-羰基酯。该反应也称为 Claisen 酯缩合反应。例如，乙酸乙酯在乙醇钠或金属钠作用下发生酯缩合，生成乙酰乙酸乙酯：

$$CH_3COOC_2H_5 + CH_3COOC_2H_5 \xrightarrow{C_2H_5ONa} CH_3COCH_2COOC_2H_5 + C_2H_5OH$$

$$RH_2C-\overset{O}{\overset{\|}{C}}-OC_2H_5+H-\underset{R}{\underset{|}{\overset{H}{C}}}-\overset{O}{\overset{\|}{C}}-OC_2H_5\xrightarrow{C_2H_5ONa}\underset{R}{\underset{|}{CH_2}}\overset{O}{\overset{\|}{C}}\underset{R}{\underset{|}{CH}}\underset{O}{\underset{\|}{C}}OC_2H_5+C_2H_5OH$$

反应是由酯基 α-碳上的氢引起的。酯分子中 α-碳上的氢具有一定的酸性，在碱的作用下失去 α-氢生成碳负离子：

$$C_2H_5O^-+H-CH_2\overset{O}{\overset{\|}{C}}OC_2H_5\rightleftharpoons C_2H_5OH+\overset{-}{C}H_2COOC_2H_5$$

该碳负离子的活性很强，作为亲核试剂立即对另一酯分子的羰基进行亲核加成，然后失去 $C_2H_5O^-$ 得到乙酰乙酸乙酯，反应的每一步均为可逆的：

$$H_3C-\overset{O}{\overset{\|}{C}}-OC_2H_5+:\overset{-}{C}H_2COOC_2H_5\rightleftharpoons H_3C-\underset{CH_2COOC_2H_5}{\underset{|}{\overset{O^-}{\overset{|}{C}}}}-OC_2H_5$$

$$H_3C-\underset{CH_2COOC_2H_5}{\underset{|}{\overset{O^-}{\overset{|}{C}}}}-OC_2H_5\rightleftharpoons H_3C-\overset{O}{\overset{\|}{C}}-CH_2\overset{O}{\overset{\|}{C}}OC_2H_5+C_2H_5O^-$$

$$CH_3COCH_2COOC_2H_5+C_2H_5O^-\rightleftharpoons CH_3CO\overset{-}{C}HCOOC_2H_5+C_2H_5OH$$

生成的产物乙酰乙酸乙酯具有酸性，可与化学计量的乙醇钠或金属钠反应生成钠盐沉淀，促使各步平衡反应向产物方向进行，蒸除乙醇并用酸中和得到产物。

假如酯的 α-碳上只有一个氢，烃基的诱导效应使氢的酸性减弱，生成的碳负离子稳定性降低，就需要一个更强的碱（如氢化钠、三苯甲基钠）来促使形成碳负离子，反应变得不再可逆。

$$(CH_3)_2CHCOOC_2H_5+(C_6H_5)_3\overset{-}{C}\overset{+}{Na}\xrightarrow{\text{乙醚}}(CH_3)_2\overset{-}{C}COOC_2H_5+(C_6H_5)_3CH$$

理论上所有含 α-H 的酯都可以缩合，不同的酯之间也可以缩合。若用两个不同的都含 α-H 的酯来反应，则会产生至少四种缩合产物。由于混合物的分离困难，这种缩合在合成上并无用处。如用一种含活泼氢的酯去与另一种不含 α-H 的酯缩合，则可以得到单纯的产物。经常用到的无 α-H 的酯有：苯甲酸酯、甲酸酯和草酸二酯，它们分别可向酯的 α-位引入苯甲酰基、醛基和酯基。芳香酸酯的羰基活性小，反应需在较强的碱中进行，以保证有足够浓度的碳负离子。草酸酯缩合产物中有一个 α-羰基羧酸基团，经加热后易失去一氧化碳，得到取代丙二酸酯。

$$C_6H_5-COOCH_3+CH_3CH_2COOC_2H_5\xrightarrow[(2)H^+]{(1)NaOH}C_6H_5-\overset{O}{\overset{\|}{C}}-\underset{CH_3}{\underset{|}{\overset{H}{C}}}-COOC_2H_5$$

$$CH_3COOC_2H_5+HCOOC_2H_5\xrightarrow[(2)H_2O]{(1)C_2H_5ONa}\underset{CHO}{\underset{|}{CH_2}}COOC_2H_5+C_2H_5OH$$

$$C_2H_5O\overset{O}{\overset{\|}{C}}\overset{O}{\overset{\|}{C}}OC_2H_5+CH_3CH_2COOC_2H_5\xrightarrow[(2)H^+]{(1)C_2H_5ONa}C_2H_5O\underset{O}{\underset{\|}{C}}\overset{O}{\overset{\|}{C}}\underset{CH_3}{\underset{|}{C}}HCOOC_2H_5$$

Claisen 酯缩合反应也可以发生在分子内，这种反应称为 Dieckmann 缩合，也称 Dieckmann 闭环反应，可用来制备五元和六元环状 β-酮酸酯。例如：

$$\mathrm{EtOOC(CH_2)_4COOEt} \xrightarrow[(2)H_3O^+]{(1)EtONa,乙醇} \text{2-乙氧羰基环戊酮} + \mathrm{EtOH}$$

$$\mathrm{EtOOC(CH_2)_5COOEt} \xrightarrow[(2)H_3O^+]{(1)EtONa,乙醇} \text{2-乙氧羰基环己酮}$$

不对称的二元酸酯反应时，较稳定的碳负离子容易生成，发生亲核进攻后得到相应的产物。如下面的反应主要得到产物 2。由于酯缩合反应是可逆的，故若从其他途径得到产物 1，也可以通过逆向的反应重新开环、环合得到产物 2。

$$\mathrm{H_2C}\begin{cases}\mathrm{CH_2CH(CH_3)COOC_2H_5}\\ \mathrm{CH_2COOC_2H_5}\end{cases} \underset{二甲苯}{\overset{C_2H_5ONa}{\rightleftharpoons}} \begin{cases}\text{2-甲基-2-}(\mathrm{C_2H_5OOC})\text{环戊酮}\ \ 1\\ \text{2-甲基-5-}(\mathrm{COOC_2H_5})\text{环戊酮}\ \ 2\ \ 主要产物\end{cases}$$

酮的 α-H 比酯的 α-H 活泼，酮与酯缩合时得到 β-羰基酮。常用甲基酮和酯在乙醇钠的作用下进行反应。例如：

$$\mathrm{CH_3COCH_3 + C_2H_5O^- \rightleftharpoons CH_3CO\overset{-}{C}H_2 + C_2H_5OH}$$

$$\mathrm{CH_3CO\overset{-}{C}H_2 + CH_3COOC_2H_5 \rightleftharpoons CH_3COCH_2\overset{O^-}{\underset{OC_2H_5}{C}}CH_3 \xrightleftharpoons{-C_2H_5O^-} CH_3-\overset{O}{\overset{\|}{C}}-CH_2-\overset{O}{\overset{\|}{C}}-CH_3}$$

11.11.5 还原反应

羧酸衍生物的还原较羧酸容易，常用的方法有 $LiAlH_4$ 还原、金属钠-醇还原、Rosenmund 还原。

（1）用氢化铝锂还原

氢化铝锂亦称铝锂氢，是还原能力极强的化学还原试剂。除酰胺可能被还原成相应的胺外，酰卤、酸酐、酯等均被还原为伯醇。

$$\mathrm{C_{15}H_{31}-\overset{O}{\overset{\|}{C}}-Cl \xrightarrow[(2)H_2O,98\%]{(1)LiAlH_4,乙醚} C_{15}H_{31}CH_2OH}$$

$$\text{邻苯二甲酸酐} \xrightarrow[(2)H_2O,87\%]{(1)LiAlH_4,乙醚} \text{1,2-}\mathrm{C_6H_4(CH_2OH)_2}$$

$$\mathrm{CH_3CH{=}CHCH_2COOC_2H_5 \xrightarrow[(2)H_2O,75\%]{(1)LiAlH_4,乙醚} CH_3CH{=}CHCH_2CH_2OH}$$

$$\mathrm{C_6H_{11}-\overset{O}{\overset{\|}{C}}-N(CH_3)_2 \xrightarrow[回流,88\%]{LiAlH_4,乙醚} C_6H_{11}-CH_2-N(CH_3)_2}$$

氢化铝锂中的氢被烷氧基取代后，还原性能逐渐减弱。若烷基位阻加大，则还原性能更弱。利用这种试剂可进行选择性还原，例如，三叔丁氧基氢化铝锂、二乙氧基氢化铝锂、乙氧基氢化铝锂等试剂可把酰氯还原成相应的醛。

$$O_2N-C_6H_4-COCl \xrightarrow[(2)H_2O,H^+]{(1)LiAiH(OC_2H_5)_3} O_2N-C_6H_4-CHO$$

（2）用金属钠-醇还原

酯与金属钠在醇（常用乙醇、丁醇或戊醇等）溶液中加热回流，可被还原成相应的伯醇，此反应称为鲍维特-勃朗克反应。还原羰基时可以保留碳碳双键。工业上用这一反应生产不饱和醇。

$$H_3C(H_2C)_7HC{=}CH(CH_2)_7COOC_2H_5 \xrightarrow{Na/C_2H_5OH} H_3C(H_2C)_7HC{=}CH(CH_2)_7CH_2OH$$

（3）Rosenmund 还原

酰卤催化加氢时，若使用部分中毒的催化剂，可使还原反应停止在产物醛的阶段。在 H_2/Pd 催化体系中加入一些喹啉-硫，使催化剂部分中毒而降低活性，避免进一步还原，这个反应称为罗森蒙德还原法。

$$RCOCl + H_2 \xrightarrow{Pd} RCH_2OH$$

$$RCOCl + H_2 \xrightarrow[\text{喹啉-硫}]{Pd/BaSO_4} RCHO$$

11.12 碳酸衍生物

碳酸不游离存在，在结构上可以看做是羟基甲酸，是一个双羟基的二元酸。它的羟基被取代后的产物称为碳酸衍生物。它的一个羟基被取代的结构仍不稳定，两个羟基都被取代后得到的衍生物比较稳定，有着比较重要的应用。

$$Cl-\overset{O}{\overset{\|}{C}}-Cl \quad RO-\overset{O}{\overset{\|}{C}}-OR \quad H_2N-\overset{O}{\overset{\|}{C}}-NH_2 \quad Cl-\overset{O}{\overset{\|}{C}}-OR \quad RO-\overset{O}{\overset{\|}{C}}-NH_2$$

碳酰氯(光气)　碳酸酯　碳酰胺(尿素)　氯甲酸酯　氨基甲酸酯

11.12.1 碳酰氯

碳酰氯，也称光气，沸点 8.3℃，极毒，溶于苯、甲苯，可以由一氧化碳和氯气在日光照射下反应得到。

$$CO + Cl_2 \xrightarrow[\text{活性炭}]{200℃} Cl-\underset{O}{\underset{\|}{C}}-Cl$$

光气有酰氯的典型性质：

$$Cl-\underset{O}{\underset{\|}{C}}-Cl \xrightarrow{H_2O} Cl-\underset{O}{\underset{\|}{C}}-OH \longrightarrow CO_2 + HCl$$

$$Cl-\underset{O}{\underset{\|}{C}}-Cl \xrightarrow{NH_3} H_2N-\underset{O}{\underset{\|}{C}}-NH_2$$

脲

$$Cl-\underset{O}{\underset{\|}{C}}-Cl \xrightarrow{C_2H_5OH} Cl-\underset{O}{\underset{\|}{C}}-OC_2H_5 \longrightarrow C_2H_5O-\underset{O}{\underset{\|}{C}}-OC_2H_5$$

氯甲酸乙酯　碳酸二乙酯

光气是酰氯，含有活泼的氯原子，因此光气是有机合成的重要原料。

11.12.2 碳酰胺

碳酰胺也称脲，存在于人和哺乳动物的尿中，故俗称尿素。它是菱形或针状晶体，熔点132.4℃，易溶于醇和水，不溶于醚。工业上是在20MPa、180℃时，用二氧化碳和过量的氨作用来制备的。碳酰胺具有一般酰胺的性质。在碱性或酸性水溶液中加热可水解放出氨，故可作氮肥使用。在尿素酶催化下，常温时即可反应。

碳酰胺与次卤酸钠或亚硝酸反应，放出氮气。前者反应定量，用于测定尿液中尿素的含量，后者用于破坏反应体系中的亚硝酸及氮氧化物。

$$NH_2CONH_2 + 3NaOBr \longrightarrow CO_2\uparrow + N_2\uparrow + 2H_2O + 3NaBr$$

$$NH_2CONH_2 + 2HONO \longrightarrow 2N_2\uparrow + CO_2\uparrow + 3H_2O$$

固体尿素慢慢加热至熔点（190℃），两分子尿素脱去一分子氨生成缩二脲。

$$H_2N-\overset{O}{\overset{\|}{C}}-NH_2 + H-\overset{H}{N}-\overset{O}{\overset{\|}{C}}-NH_2 \xrightarrow[\triangle]{约190℃} H_2N-\overset{O}{\overset{\|}{C}}-\overset{H}{N}-\overset{O}{\overset{\|}{C}}-NH_2 + NH_3$$

缩二脲与碱及少量硫酸铜溶液反应呈紫红色，称缩二脲反应。凡分子结构中含有两个以上—CO—NH—基团的化合物发生此反应均呈阳性。

脲与酰氯、酸酐、酯作用生成相应的酰脲。

$$NH_2CONH_2 \xrightarrow{(CH_3CO)_2O} CH_3CONHCONH_2 \xrightarrow{(CH_3CO)_2O} CH_3CONHCONHCOCH_3$$

尿素是重要的化工原料。可用于制备尿素甲醛塑料及合成药物，如巴比妥酸类药物。

$$(C_2H_5)_2C(COOC_2H_5)_2 + (H_2N)_2C=O \xrightarrow[缩合]{C_2H_5ONa} \text{二乙基巴比妥酸} + 2C_2H_5OH$$

二乙基巴比妥酸

巴比妥酸的衍生物是一类镇静催眠的药物，在20世纪初期（1903年）便作为药物应用。

11.12.3 氨基甲酸酯

$$RO-\overset{O}{\overset{\|}{C}}-NH_2 \qquad RO-\overset{O}{\overset{\|}{C}}-NHR'$$

氨基甲酸酯　　*N*-取代氨基甲酸酯

氨基甲酸酯是一类重要的化合物，可以由氯代甲酸酯和氨反应制备。

$$Cl-\overset{O}{\overset{\|}{C}}-OR \xrightarrow{2NH_3} RO\overset{O}{\overset{\|}{C}}NH_2 + NH_4Cl$$

也可以由异氰酸酯和醇制备。氰酸、异氰酸和异氰酸酯都可以看做是羧酸的衍生物。

异氰酸酯是一类很活泼的化合物，遇水立即反应生成氨基甲酸，与氨生成取代脲，与醇生成*N*-取代的氨基甲酸酯。

$$R-N=C=O + H_2O \longrightarrow RNHCOOH$$

$$R-N=C=O + R'NH_2 \longrightarrow RNHCONHR'$$

$$R'N=C=O + ROH \longrightarrow R'NHCOOR$$

尿素在醇溶液中加热，也可以生成氨基甲酸酯，尿素先脱氨生成中间体异氰酸，立即与醇加成得氨基甲酸酯。

$$NH_2CONH_2 \xrightarrow[\triangle]{-NH_3} [NH=C=O] \xrightarrow{ROH} NH_2COOR$$

11.12.4 原甲酸酯

同一碳原子上的三元醇 $RC(OH)_3$ 称为原酸，其烷基衍生物 $RC(OR')_3$ 称为原酸酯。

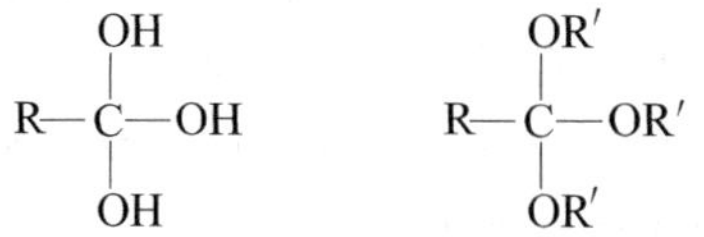

$$R-C(OH)_3 \qquad R-C(OR')_3$$

原酸极不稳定，原酸酯却是相当的稳定。原甲酸乙酯可以由氯仿和乙醇钠作用而得。

$$HCCl_3 + 3NaOC_2H_5 \longrightarrow HC(OC_2H_5)_3 + 3NaCl$$

原甲酸乙酯对碱稳定，在少量酸存在下，可以水解生成甲酸酯和乙醇。在酸催化下，原甲酸乙酯与酮反应生成缩酮，产率较高，是制备缩酮的良好试剂。

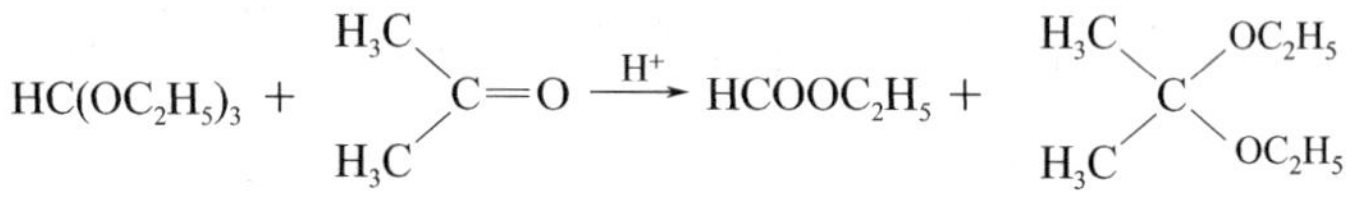

$$HC(OC_2H_5)_3 + (H_3C)_2C=O \xrightarrow{H^+} HCOOC_2H_5 + (H_3C)_2C(OC_2H_5)_2$$

11.13 *β*-二羰基化合物

凡两个羰基中间被一个碳原子相隔的化合物均称为 *β*-二羰基化合物，也叫 1,3-二羰基化合物，或 1,3-二氧代（oxo）化合物。。

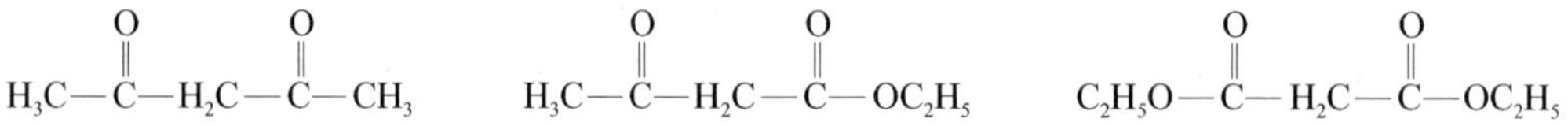

$$H_3C-\overset{O}{\overset{\|}{C}}-H_2C-\overset{O}{\overset{\|}{C}}-CH_3 \qquad H_3C-\overset{O}{\overset{\|}{C}}-H_2C-\overset{O}{\overset{\|}{C}}-OC_2H_5 \qquad C_2H_5O-\overset{O}{\overset{\|}{C}}-H_2C-\overset{O}{\overset{\|}{C}}-OC_2H_5$$

乙酰丙酮　　乙酰乙酸乙酯　　丙二酸二乙酯

这里所说的羰基化合物并不一定是醛或者酮，其含义较广，既包含简单的羰基，也包括酯基。

β-二羰基化合物中处于两个羰基之间的亚甲基上的 *α*-氢原子由于受到相邻两个羰基吸电子效应的影响，而有较强的酸性。因此，*β*-二羰基化合物也称为“含有活泼亚甲基的化合物”，其涉及的反应在有机合成中有着非常重要的作用。

11.13.1 β-二羰基化合物烯醇负离子的稳定性

乙酰乙酸乙酯可以与亚硫酸氢钠、氢氰酸及其他亲核试剂发生加成反应，说明分子中存在羰基；但它同时还可以使溴的四氯化碳溶液褪色，与金属钠或醇钠反应生成盐，尤其是能使三氯化铁溶液显色，似乎说明分子中存在烯醇型结构。

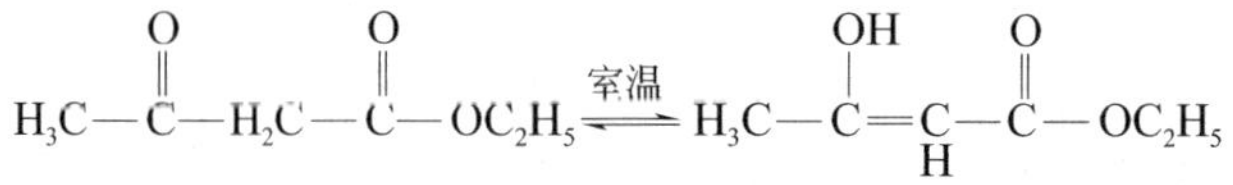

$$H_3C-\overset{O}{\overset{\|}{C}}-H_2C-\overset{O}{\overset{\|}{C}}-OC_2H_5 \xrightleftharpoons{\text{室温}} H_3C-\overset{OH}{\overset{|}{C}}=\underset{H}{\underset{|}{C}}-\overset{O}{\overset{\|}{C}}-OC_2H_5$$

对于单羰基化合物，达到平衡时，因烯醇式不稳定，其含量微乎其微。但对于 *β*-羰基及类似结构的化合物，烯醇式相对稳定，其含量并不少。

物理方法和化学方法都已证明了乙酰乙酸乙酯中的酮式-烯醇式互变异构平衡体系的存在，但两者互变的速率很快。低温时，两者互变速率变慢，可以通过一定的方法得到酮式的结晶或纯粹的烯醇。后来发现用石英器皿经蒸馏也可以将它们分开。酮式、烯醇式平衡混合物可以在 IR、^{1}H NMR 及 UV 谱上容易地予以鉴别。

从结构上看，β-二羰基化合物比较容易生成相应的烯醇式异构体。β-二羰基化合物的烯醇式中碳碳双键、酯基处于共轭位置，形成稳定的共轭体系。烯醇式可以通过分子内氢键，形成一个较稳定的六元闭合环，使体系能量降低。例如，乙酰乙酸乙酯在室温时就是以 92.5%的酮式和 7.5%的烯醇式的混合物存在的。

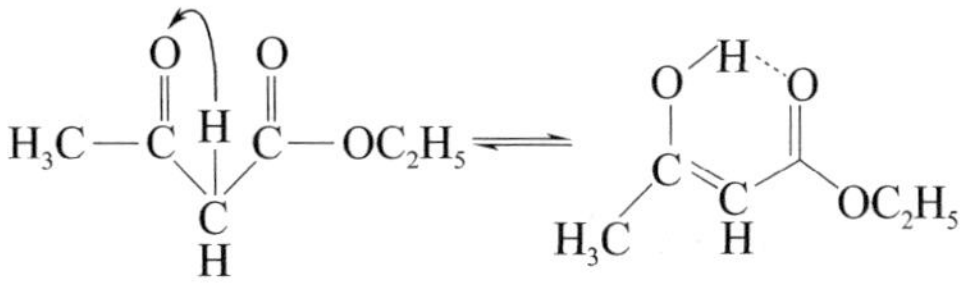

$$H_3C-\overset{O}{\overset{\|}{C}}-CH_2-\overset{O}{\overset{\|}{C}}-OC_2H_5 \rightleftharpoons H_3C-\overset{OH}{\overset{|}{C}}=CH-\overset{O}{\overset{\|}{C}}-OC_2H_5$$

典型的β-二羰基化合物如乙酰乙酸乙酯、丙二酸二乙酯等可以与金属钠或醇钠等碱生成稳定的盐。其中处于两个羰基中间的α-H 的酸性较强，pK_a 分别为 11 和 13，比简单的醛、酮（丙酮 pK_a≈20）和酯（乙酸乙酯 pK_a≈20）的酸性大得多，也比醇及水分子的酸性强。

β-二羰基化合物较强的酸性也可以归结为它的共轭碱——碳负离子的稳定性。仍以乙酰乙酸乙酯为例，相对稳定的烯醇负离子上的负电荷可以离域分散到左右两个羰基上，负离子共轭体系的存在，使活性亚甲基化合物具有酸性，能与碱作用生成盐。

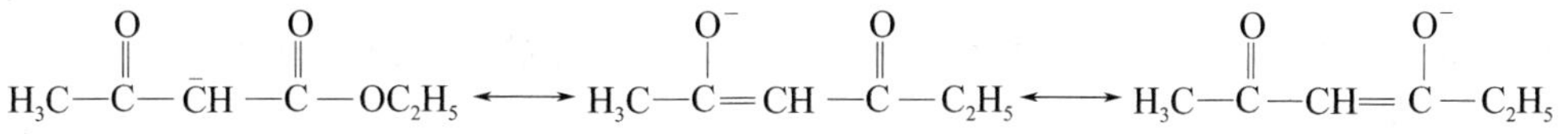

$$H_3C-\overset{O}{\overset{\|}{C}}-\overset{-}{C}H-\overset{O}{\overset{\|}{C}}-OC_2H_5 \longleftrightarrow H_3C-\overset{O^-}{\overset{|}{C}}=CH-\overset{O}{\overset{\|}{C}}-C_2H_5 \longleftrightarrow H_3C-\overset{O}{\overset{\|}{C}}-CH=\overset{O^-}{\overset{|}{C}}-C_2H_5$$

值得注意的是，在碱性作用下产生的碳负离子具有强的亲核性，可以与卤代烃、酰卤、羰基化合物等发生各类亲核取代反应。特别是乙酰乙酸乙酯和丙二酸二乙酯的烯醇负离子与卤代烃、酰卤反应，分别在活性亚甲基上引入烃基、酰基等，这些产物经水解、加热分解后可以得到增长碳链的甲基酮和取代乙酸。这便是在有机合成中有着很多用途的乙酰乙酸乙酯合成法、丙二酸酯合成法。

★ **练习 11-3** 用化学方法鉴别下列化合物。

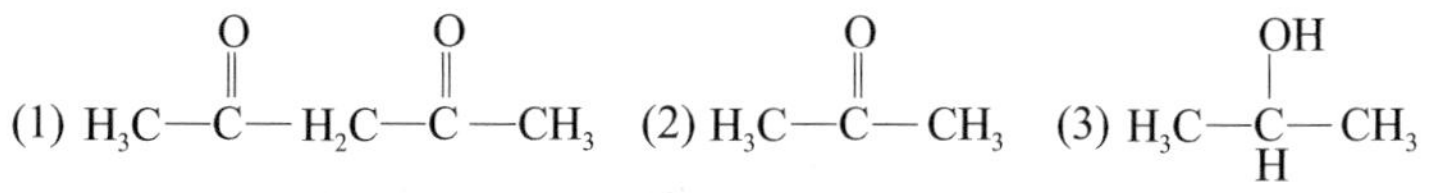

(1) $H_3C-\overset{O}{\overset{\|}{C}}-H_2C-\overset{O}{\overset{\|}{C}}-CH_3$ (2) $H_3C-\overset{O}{\overset{\|}{C}}-CH_3$ (3) $H_3C-\underset{H}{\underset{|}{\overset{OH}{\overset{|}{C}}}}-CH_3$

11.13.2 乙酰乙酸乙酯在合成中的应用

乙酰乙酸乙酯，沸点 180.4℃，无色水果香味的液体。由乙酸乙酯在醇钠的作用下经 claisen 酯缩合而得。工业上大多用二乙烯酮与乙醇加成制得。乙酰乙酸乙酯进行烷基化反应后，再进行碱式分解或酸式分解，在有机合成上有广泛的应用，主要用来合成甲基酮或烷基取代的乙酸。

反应基于下列两点：第一，乙酰乙酸乙酯亚甲基上的氢有相当的酸性，在碱的作用下产生的烯醇负离子具有较强的亲核性；第二，相应的β-羰基酸易于脱羧。

以乙酰乙酸乙酯与卤代烃的反应为例：

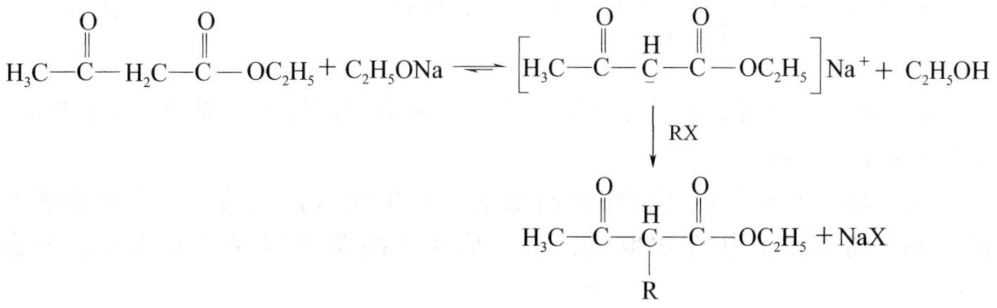

$$H_3C-\overset{O}{\overset{\|}{C}}-H_2C-\overset{O}{\overset{\|}{C}}-OC_2H_5+C_2H_5ONa \rightleftharpoons \left[H_3C-\overset{O}{\overset{\|}{C}}-\overset{H}{\underset{-}{C}}-\overset{O}{\overset{\|}{C}}-OC_2H_5\right]Na^+ + C_2H_5OH$$

$$\xrightarrow{RX} H_3C-\overset{O}{\overset{\|}{C}}-\underset{R}{\underset{|}{\overset{H}{C}}}-\overset{O}{\overset{\|}{C}}-OC_2H_5+NaX$$

烯醇负离子与卤代烃的作用通常为 S_N2 机制的烃基化反应。伯卤代烃（包括烯丙基、苄基卤代烃）、甲基卤代烃较易进行，仲卤代烃产率较低，叔卤代烃基本不反应。

反应后亚甲基上仍有一个氢原子，如果需要，可以继续反应，将它取代生成二取代的乙酰乙酸乙酯。通常一取代烃基的存在使亚甲基上氢的酸性减小，所以第二个烃基取代时要用比乙醇钠强一些的碱。若两个烃基不一样，原则上先引入较难的空间位阻大的烃基，利于后续反应的顺利进行。

$$H_3C-CO-CH(R)-CO-OC_2H_5 + (CH_3)_3COK \rightleftharpoons H_3C-CO-\bar{C}(R)-CO-OC_2H_5 + (CH_3)_3COH$$

$$\xrightarrow{R'X} H_3C-CO-C(R)(R')-CO-OC_2H_5 + KX$$

反应可以停留在第一步，得到一取代产物。将反应混合物依次在稀碱条件下水解、酸化，可生成 β-羰基酸。将 β-羰基酸在 100℃加热回流，可脱羧得到取代丙酮：

$$H_3C-CO-CH(R)-CO-OC_2H_5 \xrightarrow{\text{稀KOH}} H_3C-CO-CH(R)-CO-\bar{O}K^+ \xrightarrow{H_3O^+} H_3C-CO-CH(R)-CO-OH$$

$$\xrightarrow{100℃} H_3C-CO-CH_2R + CO_2$$

以上水解脱羧的方式称为酮式分解。β-羰基酸酯也可以在浓碱溶液中发生酸式分解生成取代乙酸：

$$H_3C-CO-CH(R)-CO-OC_2H_5 \xrightarrow{40\%NaOH} CH_3COO^- + RCH_2COO^- + C_2H_5OH$$

$$RCH_2COO^- \xrightarrow{H^+} RCH_2COOH$$

反应过程：

$$H_3C-CO-CH(R)-CO-OC_2H_5 \xrightarrow{OH^-} H_3C-C(O^-)(OH)-CH(R)-C(O^-)(OH)-OC_2H_5 \longrightarrow$$

$$H_3C-C(=O)-O^- + H-CH(R)-C(=O)-OH + C_2H_5O^- \rightleftharpoons CH_3COO^- + RCH_2COO^- + C_2H_5OH$$

在产物中，酮式分解得到的母体丙酮或酸式分解得到的母体乙酸来自于乙酰乙酸乙酯，烃基部分来自于引入基团。

采用乙酰乙酸乙酯在浓碱溶液中进行酸式分解生成取代乙酸时，往往伴随发生酮式分解，所以并不常用该方法合成取代乙酸。取代乙酸常采用丙二酸酯方法合成（参见11.13.3）。

$$H_3C-\overset{O}{\overset{\|}{C}}-\underset{R}{\underset{|}{\overset{H}{C}}}-\overset{O}{\overset{\|}{C}}-OC_2H_5 \xrightarrow[(2)\ CH_3CH_2CH_2CH_2Br]{(1)\ NaOC_2H_5/C_2H_5OH} H_3C-\overset{O}{\overset{\|}{C}}-\underset{CH_2CH_2CH_2CH_3}{\underset{|}{\overset{H}{C}}}-\overset{O}{\overset{\|}{C}}-OC_2H_5 \xrightarrow[(2)\ H_3O^+]{(1)\ 稀NaOH} H_3C-\overset{O}{\overset{\|}{C}}-\underset{CH_2CH_2CH_2CH_3}{\underset{|}{\overset{H}{C}}}-\overset{O}{\overset{\|}{C}}-OH$$

$$\xrightarrow[-CO_2]{\triangle} \underset{庚\text{-}2\text{-}酮}{CH_3COCH_2CH_2CH_2CH_2CH_3}$$

经过两次烃基化，乙酰乙酸乙酯的反应也可合成二取代丙酮。

$$H_3C-\overset{O}{\overset{\|}{C}}-\underset{R}{\underset{|}{\overset{H}{C}}}-\overset{O}{\overset{\|}{C}}-OC_2H_5 \xrightarrow[(2)\ n\text{-}C_4H_9Br]{(1)\ NaOC_2H_5/C_2H_5OH} H_3C-\overset{O}{\overset{\|}{C}}-\underset{C_4H_9}{\underset{|}{\overset{H}{C}}}-\overset{O}{\overset{\|}{C}}-OC_2H_5 \xrightarrow[(2)\ n\text{-}C_4H_9Br]{(1)\ (CH_3)_3COK/(CH_3)_3COH}$$

$$H_3C-\overset{O}{\overset{\|}{C}}-\underset{C_4H_9}{\underset{|}{\overset{C_4H_9}{\overset{|}{C}}}}-COOC_2H_5 \xrightarrow[(2)\ H_3O^+]{(1)\ 稀NaOH} H_3C-\overset{O}{\overset{\|}{C}}-\underset{C_4H_9}{\underset{|}{\overset{C_4H_9}{\overset{|}{C}}}}-COOH \xrightarrow[\triangle]{-CO_2} H_3C-\overset{O}{\overset{\|}{C}}-\underset{C_4H_9}{\underset{|}{\overset{H}{C}}}-C_4H_9$$

在乙酰乙酸乙酯合成中，用 α-卤代酸酯则可得到 γ-羰基酸：

$$H_3C-\overset{O}{\overset{\|}{C}}-H_2C-\overset{O}{\overset{\|}{C}}-OC_2H_5 \xrightarrow{C_2H_5ONa} H_3C-\overset{O}{\overset{\|}{C}}-\overset{H}{\underset{-}{C}}-\overset{O}{\overset{\|}{C}}-OC_2H_5 \xrightarrow{\underset{Br}{\underset{|}{H_2C}}-\overset{O}{\overset{\|}{C}}-OC_2H_5}$$

$$H_3C-\overset{O}{\overset{\|}{C}}-\underset{H_2C-\underset{O}{\underset{\|}{C}}-OC_2H_5}{\underset{|}{\overset{H}{C}}}-\overset{O}{\overset{\|}{C}}-OC_2H_5 \xrightarrow[(2)\ H_3O^+]{(1)\ 稀NaOH} H_3C-\overset{O}{\overset{\|}{C}}-\underset{H_2C-\underset{O}{\underset{\|}{C}}-OH}{\underset{|}{\overset{H}{C}}}-\overset{O}{\overset{\|}{C}}-OH \xrightarrow[\triangle]{-CO_2} H_3C-\overset{O}{\overset{\|}{C}}-H_2C-H_2C-\overset{O}{\overset{\|}{C}}-OH$$

用 α-卤代酮则可得到 γ-二酮。

$$H_3C-\overset{O}{\overset{\|}{C}}-H_2C-\overset{O}{\overset{\|}{C}}-OC_2H_5 \xrightarrow[\underset{Br}{\overset{}{}}H_2C-\underset{O}{\underset{\|}{C}}-R]{} H_3C-\overset{O}{\overset{\|}{C}}-\underset{CH_2-\underset{O}{\underset{\|}{C}}-R}{\underset{|}{\overset{H}{C}}}-\overset{O}{\overset{\|}{C}}-OC_2H_5 \xrightarrow[(2)\ H_3O^+]{(1)\ 稀NaOH} H_3C-\overset{O}{\overset{\|}{C}}-\underset{CH_2-\underset{O}{\underset{\|}{C}}-R}{\underset{|}{\overset{H}{C}}}-\overset{O}{\overset{\|}{C}}-OH$$

$$\xrightarrow{-CO_2} H_3C-\overset{O}{\overset{\|}{C}}-H_2C-H_2C-\overset{O}{\overset{\|}{C}}-R$$

乙酰乙酸乙酯的碳负离子与酰卤或酸酐反应可引入酰基。反应物经水解、酸化后可以得到 β-二酮。

11.13.3 丙二酸二乙酯在合成中的应用

丙二酸二乙酯通常以乙酸为原料，经过 α-卤代酸，与 NaCN 反应并水解酯化而得。

$$CH_3COOH \xrightarrow{Cl_2,P} ClCH_2COOH \xrightarrow{NaOH} ClCH_2COONa \xrightarrow{NaCN}$$

$$NCCH_2COONa \xrightarrow[H_2SO_4]{C_2H_5OH} C_2H_5OOCCH_2COOC_2H_5$$

丙二酸二乙酯同乙酰乙酸乙酯有相似的性质。可以用来合成各类取代的乙酸，在有机合成中称之为丙二酸酯法。丙二酸酯法的步骤与乙酰乙酸乙酯有些相似。第一步，丙二酸二乙酯在碱作用下生成相对稳定的烯醇负离子：

$$CH_2(COOC_2H_5)_2 + C_2H_5O^- \rightleftharpoons \left[{}^-CH(COOC_2H_5)_2 \longleftrightarrow C_2H_5OOC-CH=C(O^-)OC_2H_5 \longleftrightarrow C_2H_5OC(O^-)=CH-COOC_2H_5 \right] + C_2H_5OH$$

第二步，与卤代烃作用，使烯醇负离子烃基化：

$$[H\bar{C}(COOC_2H_5)_2]Na^+ + R-X \longrightarrow RCH(COOC_2H_5)_2 + NaX$$

如果合成需要的话，以上产物可以进一步烃基化：

$$RCH(COOC_2H_5)_2 \xrightleftharpoons{(CH_3)_3CONa^+} [R-\bar{C}(COOC_2H_5)_2]Na^+ \xrightarrow{R'-X} R-C(R')(COOC_2H_5)_2 + NaX$$

第三步，碱性水解、酸化后得到取代的丙二酸，加热脱羧后即得到相应的取代乙酸：

$$R-CH(COOC_2H_5)_2 \xrightarrow[(2)\ H_3O^+]{(1)\ HO^-/H_2O} R-CH(COOH)_2 \xrightarrow[\triangle]{-CO_2} RCH_2COOH$$

$$R-C(R')(COOC_2H_5)_2 \xrightarrow[(2)\ H_3O^+]{(1)\ HO^-/H_2O} R-C(R')(COOH)_2 \xrightarrow[\triangle]{-CO_2} R-CH(R')COOH$$

$$CH_2(COOC_2H_5)_2 \xrightarrow[(2)\ CH_3CH_2CH_2CH_2Br]{(1)\ C_2H_5ONa} CH_3CH_2CH_2CH_2CH(COOC_2H_5)_2 \xrightarrow[(2)\ H_3O^+,\text{回流}]{(1)\ \text{稀}HO^-,\text{回流}} CH_3CH_2CH_2CH_2CH_2COOH$$

$$CH_2(COOC_2H_5)_2 \xrightarrow[(2)\ CH_3CH_2CH_2Br]{(1)\ C_2H_5ONa} CH_3CH_2CH_2CH(COOC_2H_5)_2 \xrightarrow[(2)\ CH_3CH_2I]{(1)\ (CH_3)_3CONa}$$

$$CH_3CH_2CH_2C(CH_2CH_3)(COOC_2H_5)_2 \xrightarrow[(2)\ H_3O^+]{(1)\ HO^-/H_2O} CH_3CH_2CH_2C(CH_2CH_3)(COOH)_2 \xrightarrow{\triangle} CH_3CH_2CH_2CH(CH_2CH_3)COOH$$

产物中的母体乙酸来自于丙二酸二乙酯，烃基部分为引入的基团。

运用丙二酸酯法，可以得到不同的乙酸衍生物，如用二卤代烃与两倍物质的量的丙二酸二乙酯钠盐反应，在卤代烃上发生两次亲核取代，生成的四元羧酸酯中间体经水解、脱羧，可以得到二元羧酸。

$$CH_2I_2 + 2[\bar{C}H(COOC_2H_5)_2]Na^+ \xrightarrow{-2NaI} (C_2H_5OCO)_2CHCH_2CH(COOC_2H_5)_2 \xrightarrow[(2)\triangle,-CO_2]{(1)HCl/H_2O} HCOOCH_2CH_2CH_2COOH + 2C_2H_5OH$$

通过丙二酸酯法，还可以制备环烃的羧酸衍生物。

$$[H\bar{C}(COOC_2H_5)_2]Na^+ + BrCH_2CH_2CH_2Br \xrightarrow{-NaBr} BrCH_2CH_2CH_2CH(COOC_2H_5)_2 \xrightarrow[C_2H_5ONa]{} \square C(COOC_2H_5)_2 \xrightarrow[(2)-CO_2]{(1)\text{水解}} \square\!-COOH$$

11.13.4 其他活性亚甲基化合物的反应

由于亚甲基上的氢原子具有酸性，所以丙二酸二乙酯、乙酰乙酸乙酯以及具有类似结构的化合物称为“活性亚甲基化合物”。一般来讲，活性亚甲基化合物的亚甲基上会同时连有两个吸电子的基团［$Z(CH_2)Z'$］，它们的共同影响使亚甲基上的氢的酸性增大。吸电子基团 Z 和 Z' 可以是：$-\overset{O}{\overset{\|}{C}}R$，$-\overset{O}{\overset{\|}{C}}H$，$-\overset{O}{\overset{\|}{C}}OR$，$-\overset{O}{\overset{\|}{C}}OR_2$，$-C\equiv N$，$-NO_2$，$-\overset{O}{\overset{\|}{S}}-R$，$-SO_2-R$，$-SO_2-OR$，$-SO_2-NR_2$等。例如，氰基乙酸酯与碱作用生成一个共轭稳定的负离子：

$$:N\equiv C-H_2C-\overset{O}{\overset{\|}{C}}-OC_2H_5 \xrightarrow[-H^+]{\text{碱}} \left[:N\equiv C-\overset{H}{\underset{-}{C}}-\overset{O}{\overset{\|}{C}}-OC_2H_5 \longleftrightarrow :\ddot{\underset{..}{N}}=C=\underset{H}{C}-\overset{O}{\overset{\|}{C}}-OC_2H_5 \longleftrightarrow :N\equiv C-\underset{H}{C}=\overset{O^-}{\overset{|}{C}}-OC_2H_5\right]$$

这个负离子与烯醇负离子一样，可以与卤代烃作用发生亲核取代。

$$CH_3CH_2I + NC-CH_2COOC_2H_5 \xrightarrow[C_2H_5OH]{C_2H_5ONa} CH_3CH_2\underset{CN}{\underset{|}{C}}HCOOC_2H_5 \xrightarrow[(2)\ CH_3I]{(1)\ C_2H_5ONa/C_2H_5OH} H_3CH_2C-\overset{COOC_2H_5}{\overset{|}{\underset{CN}{\underset{|}{C}}}}-CH_3$$

11.13.5 克脑文格尔反应

活性亚甲基化合物与醛、酮类化合物发生的缩合反应称为克脑文格尔（Knoevenagel）反应。反应是活性甲基化合物在弱碱性催化下生成碳负离子与羰基进行的加成并脱水。

$$Cl-C_6H_4-CHO + H_3C-\overset{O}{\overset{\|}{C}}-H_2C-\overset{O}{\overset{\|}{C}}-OC_2H_5 \xrightarrow[C_2H_5OH]{\text{吡啶}}$$

$$\left[Cl-C_6H_4-\underset{H}{\overset{OH}{C}}-HC\begin{matrix}\diagup C(=O)-OC_2H_5 \\ \diagdown C(=O)-CH_3\end{matrix} \right] \xrightarrow{-H_2O} Cl-C_6H_4-\underset{H}{C}=C\begin{matrix}\diagup C(=O)-OC_2H_5 \\ \diagdown C(=O)-CH_3\end{matrix}$$

$$\begin{matrix}H_3CH_2C \\ H_3CH_2C\end{matrix}\rangle C=O + \langle\begin{matrix}CN \\ COOC_2H_5\end{matrix} \xrightarrow[\text{苯}]{\overset{+}{N}H_4CH_3COO^-} \begin{matrix}H_3CH_2C \\ H_3CH_2C\end{matrix}\rangle C=C\langle\begin{matrix}CN \\ COOC_2H_5\end{matrix} + H_2O \quad 65\%$$

$$\xrightarrow{150℃} \begin{matrix}H_3CH_2C \\ H_3CH_2C\end{matrix}\rangle C=\underset{H}{C}-CN + CO_2$$

反应常在弱碱性的吡啶、胺类等化合物中进行，避免醛、酮的自身缩合副反应。Knoevenagel 缩合与 Aldol 羟醛缩合反应的机理相似。

11.13.6 迈克尔加成反应

活性亚甲基化合物在碱催化下可以与 α,β-不饱和羰基化合物发生共轭的 1,4-加成，即迈克尔（Michael）加成反应。

$$H_3C-\overset{CH_3}{\overset{|}{C}}=\underset{H}{C}-\overset{O}{\overset{\|}{C}}-OC_2H_5 + H_2C\begin{matrix}\diagup C(=O)-OC_2H_5 \\ \diagdown C(=O)-OC_2H_5\end{matrix} \xrightarrow[C_2H_5OH,\ 25℃]{C_2H_5ONa} H_3C-\underset{CH(COOC_2H_5)_2}{\overset{CH_3}{C}}-H_2C-\overset{O}{\overset{\|}{C}}-OC_2H_5$$

$$\text{环己-2-烯酮} + CH_3COCH_2COOC_2H_5 \xrightarrow[(2)\ CH_3COOH]{(1)\ C_2H_5ONa} \text{3-[CH(COOC}_2\text{H}_5\text{)(COCH}_3\text{)]环己酮}$$

反应过程为活性亚甲基化合物在碱性条件下生成碳负离子，而后碳负离子对 α,β-不饱和羧酸酯进行共轭的 1,4-加成，产生烯醇式结构，再重排形成酮式结构产物：

$$C_2H_5O^- + H-\langle\begin{matrix}C(=O)-OC_2H_5 \\ C(=O)-OC_2H_5\end{matrix} \rightleftharpoons C_2H_5OH + H\bar{C}\begin{matrix}\diagup C(=O)-OEt \\ \diagdown C(=O)-OEt\end{matrix}$$

$$EtO-\overset{O}{\overset{\|}{C}}-\bar{C}H-\overset{O}{\overset{\|}{C}}-OEt + H_3C-\overset{CH_3}{\overset{|}{C}}=\underset{H}{C}-\overset{O}{\overset{\|}{C}}-OC_2H_5$$

$$\left[H_3C-\underset{CH(C(=O)OEt)_2}{\overset{CH_3}{C}}-\underset{H}{C}=\overset{O^-}{C}-OEt \longleftrightarrow H_3C-\underset{CH(C(=O)OEt)_2}{\overset{CH_3}{C}}-\overset{H}{\bar{C}}-\overset{O}{\overset{\|}{C}}-OEt \right] \overset{H^+}{\rightleftharpoons} H_3C-\underset{CH(COOEt)_2}{\overset{CH_3}{C}}-H_2C-\overset{O}{\overset{\|}{C}}-OEt$$

共轭加成得到的产物经水解、加热脱羧，最后可以得到1,5-二羰基化合物。

$$\mathrm{H_3C{-}\underset{CH(COOEt)_2}{\overset{CH_3}{C}}{-}H_2C{-}\overset{O}{\overset{\|}{C}}{-}OEt \xrightarrow[\triangle]{H_3O^+} H_3C{-}\underset{CH_2COOH}{\overset{CH_3}{C}}{-}H_2C{-}\overset{O}{\overset{\|}{C}}{-}OH}$$

$$\text{(环己酮-3-基)}\mathrm{{-}CH(COOC_2H_5)(COCH_3)} \xrightarrow[\triangle]{H_3O^+} \text{(环己酮-3-基)}\mathrm{{-}CH_2COCH_3}$$

许多共轭的不饱和化合物都可以与β-二羰基化合物发生Michael加成反应。

$$\mathrm{HC{\equiv}C{-}\overset{O}{\overset{\|}{C}}{-}OC_2H_5 + H_3C{-}\overset{O}{\overset{\|}{C}}{-}H_2C{-}\overset{O}{\overset{\|}{C}}{-}OC_2H_5 \xrightarrow[EtOH]{C_2H_5O^-} C_2H_5OOC{-}\underset{COCH_3}{CH}{-}\underset{H}{C}{=}CH{-}\overset{O}{\overset{\|}{C}}{-}OC_2H_5}$$

$$\mathrm{H_2C{=}\underset{H}{C}{-}C{\equiv}N + CH_2(COOC_2H_5)_2 \xrightarrow[EtOH]{C_2H_5O^-} \underset{CH(COOC_2H_5)_2}{H_2C}{-}CH_2C{\equiv}N}$$

阅读材料：卡尔·威尔海姆·舍勒

舍勒(Carl Wilhelm Scheele，1742-1786)：瑞典化学家，有机化学创始人之一。

1769年，舍勒通过分解酒石酸钾（来源于酒石）制得酒石酸，他推测，许多水果及植物液汁中也含有酸，于是分别用石灰、硫酸与液汁作用并提纯得到酒石酸、柠檬酸、苹果酸等十多种水果有机酸。1770年他先后制得了硝酸酯、盐酸酯、醋酸酯、苯甲酸酯。舍勒采用多种方法最早制备出氧气，是氧气的发现者之一。在他短暂的一生中有大量的发现，完成近千个实验，包括有毒气体氢氰酸、氯气的尝试实验。舍勒1775年当选为瑞典科学院成员，他的工作给人类带来巨大的利益，他一生尽瘁于化学事业，他认为化学“这种尊贵的学问，乃是奋斗的目标。”舍勒逝世后，瑞典人们十分怀念他，在他150周年和200周年诞辰时，人们给他举行了隆重的纪念会，这种会议也成了化学家们进行学术交流的场所。舍勒的遗作，大部分都整理出版了。在科平城和斯德哥尔摩都为他建立了纪念塑像，他的墓地前立有一块朴素的方形墓碑，碑上的浮雕是一位健美男子，高擎着一把燃烧的火炬。

习 题

11-1　用中文系统命名法命名或根据名称写出结构式。

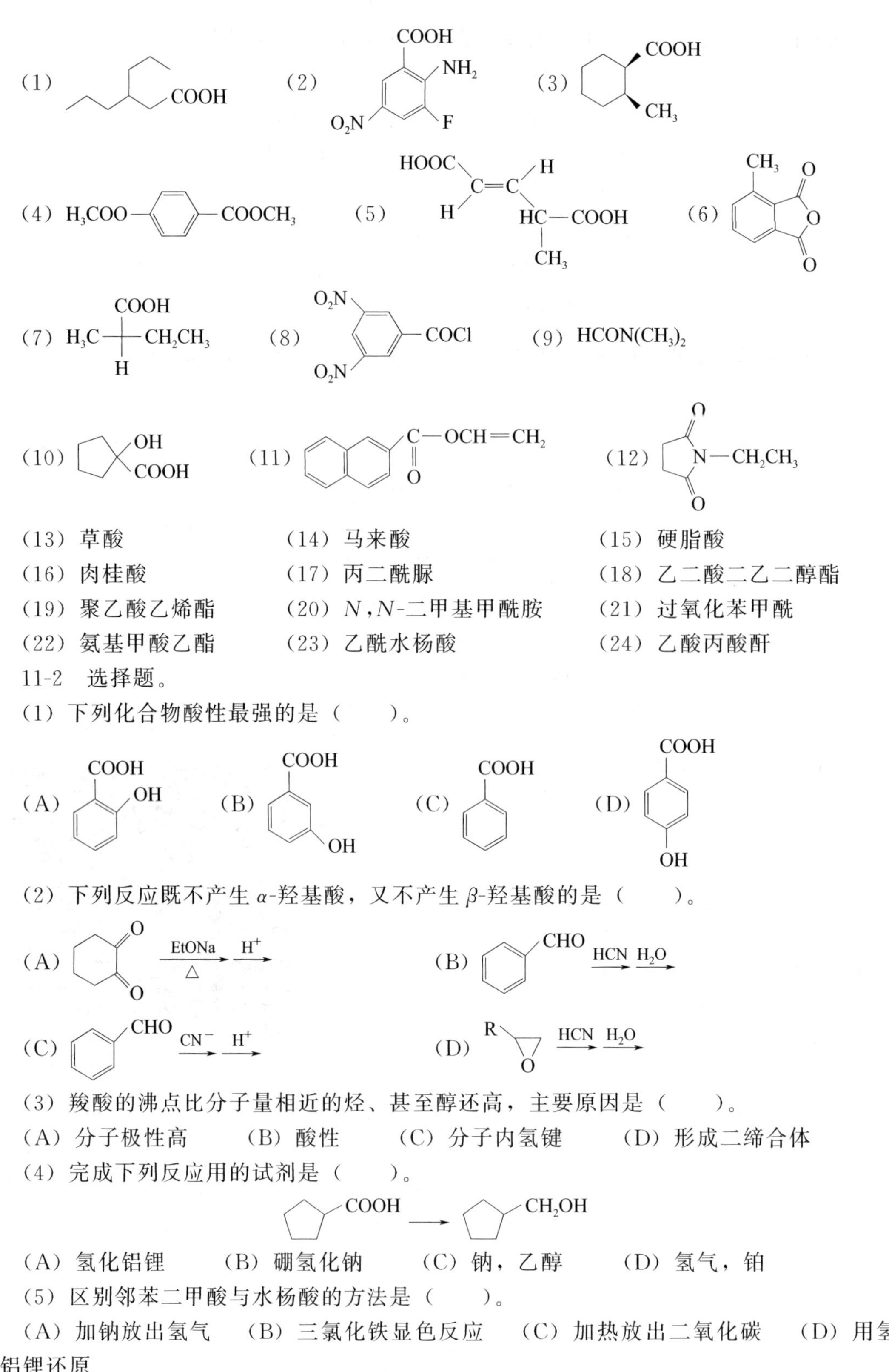

(13) 草酸　　(14) 马来酸　　(15) 硬脂酸

(16) 肉桂酸　　(17) 丙二酰脲　　(18) 乙二酸二乙二醇酯

(19) 聚乙酸乙烯酯　　(20) *N*,*N*-二甲基甲酰胺　　(21) 过氧化苯甲酰

(22) 氨基甲酸乙酯　　(23) 乙酰水杨酸　　(24) 乙酸丙酸酐

11-2　选择题。

(1) 下列化合物酸性最强的是（　　）。

(2) 下列反应既不产生 α-羟基酸，又不产生 β-羟基酸的是（　　）。

(3) 羧酸的沸点比分子量相近的烃、甚至醇还高，主要原因是（　　）。

(A) 分子极性高　　(B) 酸性　　(C) 分子内氢键　　(D) 形成二缔合体

(4) 完成下列反应用的试剂是（　　）。

(A) 氢化铝锂　　(B) 硼氢化钠　　(C) 钠，乙醇　　(D) 氢气，铂

(5) 区别邻苯二甲酸与水杨酸的方法是（　　）。

(A) 加钠放出氢气　　(B) 三氯化铁显色反应　　(C) 加热放出二氧化碳　　(D) 用氢化铝锂还原

11-3　排序题。

(1) 下列化合物酸性由大到小的顺序（　　）。

（A）乙酸　（B）乙炔　（C）乙醇　（D）苯磺酸　（E）苯酚

（2）下列化合物酸性从小到大的顺序（　）。

（A）苯酚　（B）对甲苯酚　（C）对硝基苯甲酸　（D）苯甲酸

（3）将下列 4 类氢原子酸性由强到弱排列成序（　）。

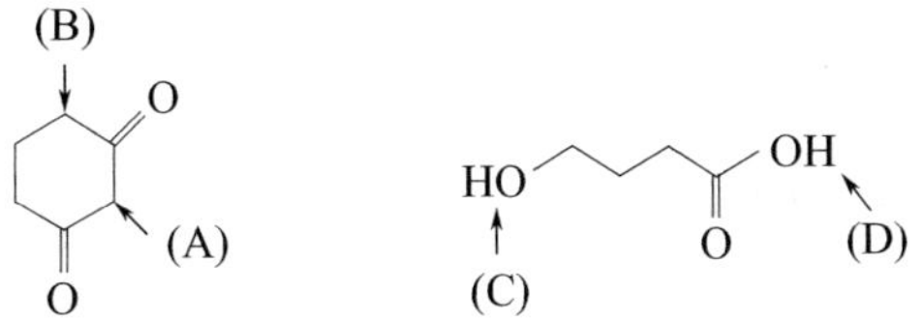

(B) (A) O O HO OH O (C) (D)

11-4　用化学方法区分下列化合物。

（1）（A）乙醇　（B）乙酸　（C）丙二酸　（D）乙二酸

（2）（A）三氯乙酸　（B）氯乙酸　（C）乙酸　（D）羟基乙酸

11-5　完成下列反应。

（1）$RCN \xrightarrow{H_3O^+}$（　）$\xrightarrow[\triangle]{过量\ NH_3}$（　）$\xrightarrow{Br_2,\ OH^-}$（　）

（2）$RCOOH \xrightarrow{SOCl_2}$（　）$\xrightarrow{NH_3}$（　）$\xrightarrow{LiAlH_4}$（　）

（3） 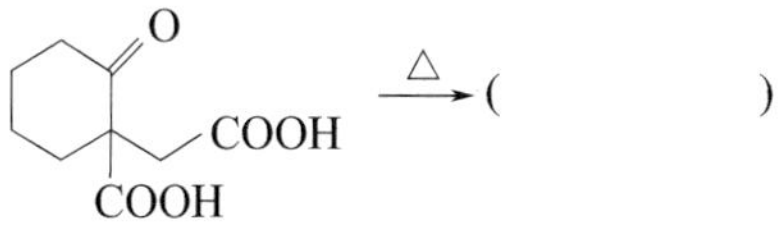 O COOH COOH $\xrightarrow{\triangle}$（　）

（4） 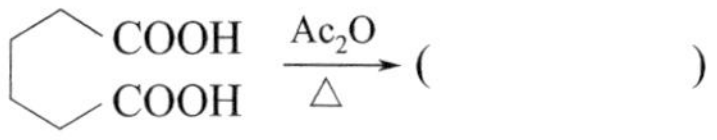 COOH COOH $\xrightarrow[\triangle]{Ac_2O}$（　）

（5） O O $\xrightarrow[EtOH]{EtONa}$（　）$\xrightarrow{Me_2NH}$（　）

（6） 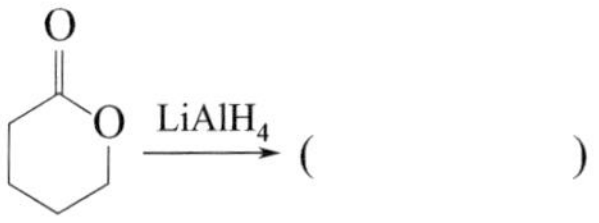 O O $\xrightarrow{LiAlH_4}$（　）

（7） O CH_3 OEt O $\xrightarrow[EtOH]{EtONa}$（　）

（8） 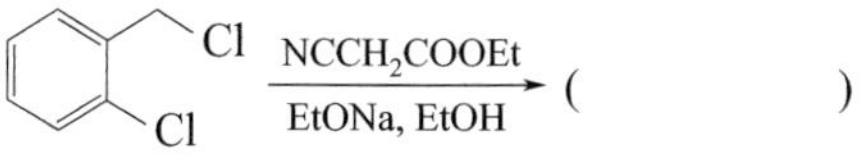 Cl Cl $\xrightarrow[EtONa,\ EtOH]{NCCH_2COOEt}$（　）

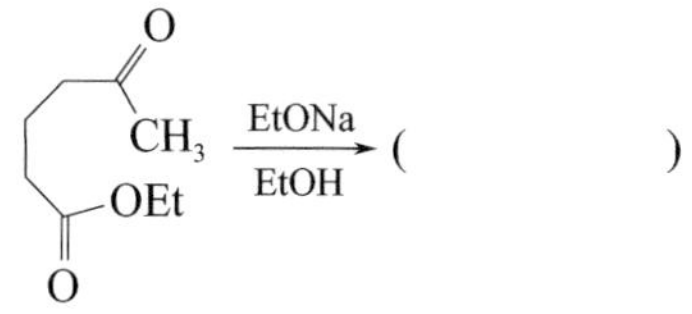

（9） MeOOC Ph H H D Ph $\xrightarrow{500℃}$（　）

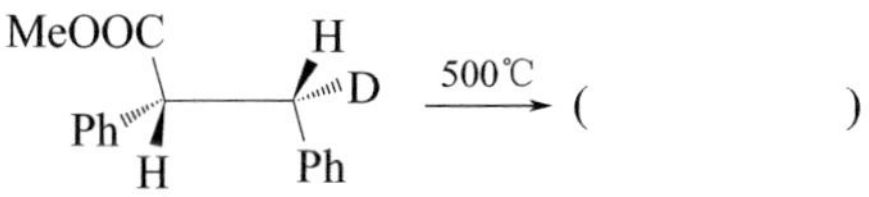

（10）$RCOCl \xrightarrow[乙醚]{(CH_2{=}CH_2)_2CuLi} \xrightarrow[H_2O]{NH_4Cl}$（　）

（11） O O $\xrightarrow{Br_2}$（　）$\xrightarrow{OH^-}$（　）

11-6　解释下列反应机理。

(1) [chemical structure: chloroacetone + ethyl acetoacetate] $\xrightarrow{\text{吡啶(碱)}}$ [product with COOEt, CH_3]

(2) [2-chlorocyclohexanone] $\xrightarrow{OH^-}$ [cyclopentyl COO^-]

(3) [2-chlorocyclohexanone] $\xrightarrow{OEt^-}$ [cyclopentyl COOEt]

(4) [cyclopropane with $COOCH_3$, OMe] $\xrightarrow{-OMe}$ [cyclopentenone with $COOCH_3$]

(5) [2-methyl-2-CO_2Et cyclopentanone] $\xrightarrow{EtONa}$ $\xrightarrow{H_3O^+}$ [H_3C ... CO_2Et cyclopentanone]

(6) [acetophenone] $\xrightarrow[OEt^-]{ClCH_2COOMe}$ [cyclopropane product with Ph and COOEt]

(7) [coumarin] $\xrightarrow{Br_2}$ $\xrightarrow{OH^-}$ $\xrightarrow{H_3O^+}$ [benzofuran-2-COOH]

(8) [benzylidene phthalide, CHPh] $\xrightarrow{MeO^-}$ [2-phenylindane-1,3-dione, Ph]

(9) [diethyl malonate, COOEt, COOEt] $\xrightarrow[MeOH]{MeONa}$ $\xrightarrow{\text{环氧乙烷}}$ [lactone with COOEt]

(10) [O, COOEt, COOEt] $\xrightarrow{CH_2=CH\overset{+}{P}Ph_3X^-}$ [cyclopentene with COOEt, COOEt]

(11) [pent-4-enoic acid, COOH] $\xrightarrow{I_2,\ H_2O\text{-}NaHCO_3}$ [iodolactone, O, I]

(12) [mesityl oxide] $\xrightarrow[EtONa]{CH_2(COOEt)_2}$ [cyclohexanedione with COOEt]

11-7 合成题（除特殊说明外均为用制定原料与必需的有机、无机原料合成）。

(1) $CH_3CH_2OH \longrightarrow CH_3CH_2COOH$

(2) [isobutyric acid] COOH $\longrightarrow$ [branched chain] COOH

(3) 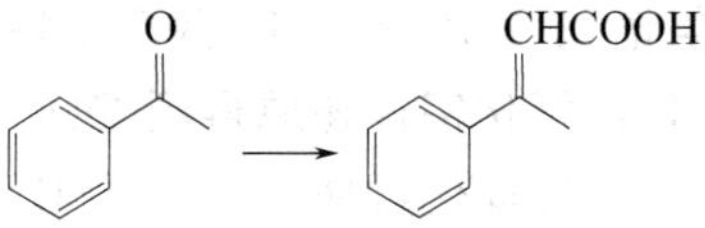 [苯乙酮] ⟶ [产物：CHCOOH]

(4) 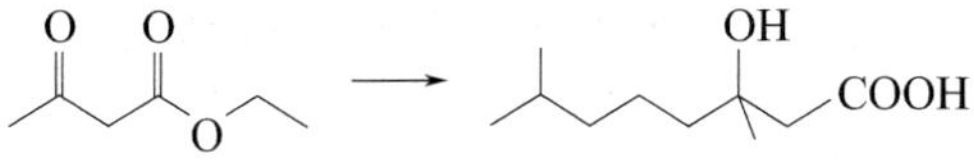 [乙酰乙酸乙酯] ⟶ [产物：OH, COOH]

(5) 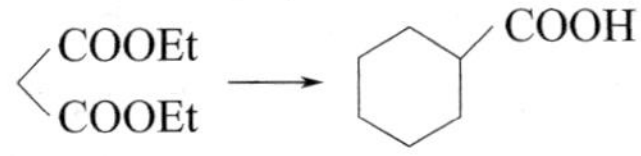 $CH_2(COOEt)_2$ ⟶ [环己基甲酸：COOH]

(6) 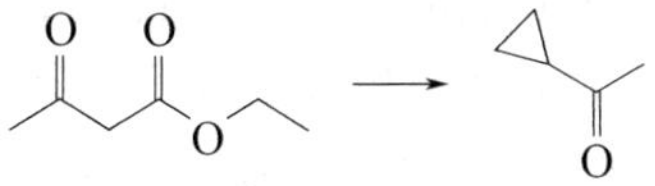 [乙酰乙酸乙酯] ⟶ [环丙基甲基酮]

(7) 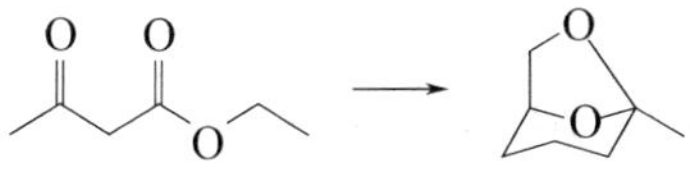 [乙酰乙酸乙酯] ⟶ [双环缩酮]

(8) 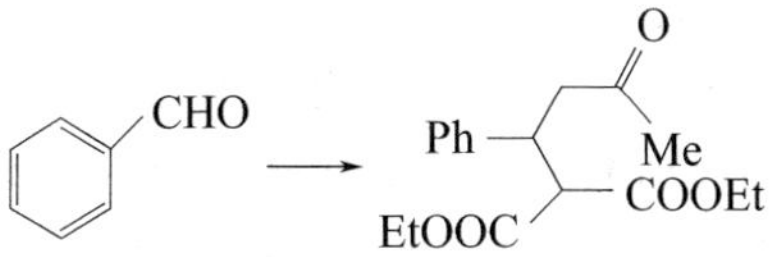 [苯甲醛：CHO] ⟶ [产物：Ph, Me, COOEt, EtOOC]

(9) 3个碳的有机物 $\xrightarrow{\text{必要试剂}}$ [环戊烷-1,2-二甲酸：COOH, COOH] 和 [环己烷-1,3-二甲酸：COOH, COOH]

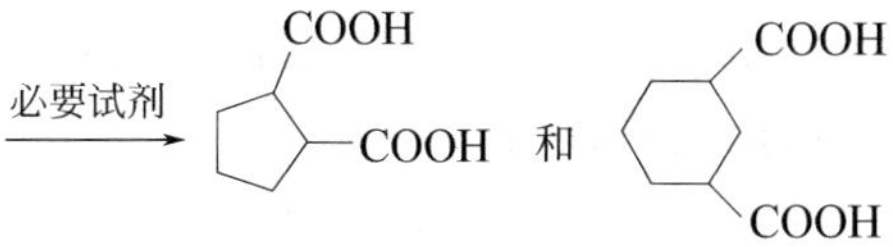

(10) 3个碳的有机物 ⟶ [产物：EtO, O, O, EtOOC, COOEt]

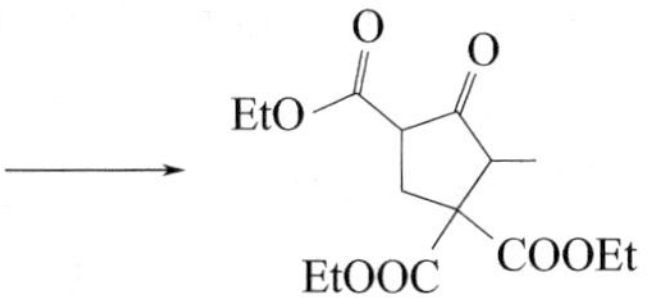

(11) 不大于3个碳的化合物 ⟶ [产物：O, O, $CO_2C_2H_5$]

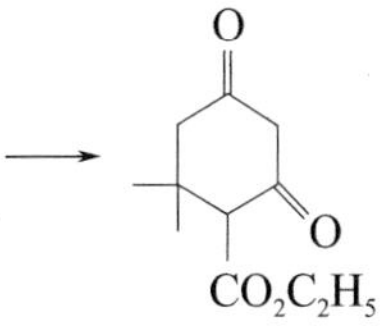

(12) 四个碳的有机物 ⟶ [产物：OMe, O]

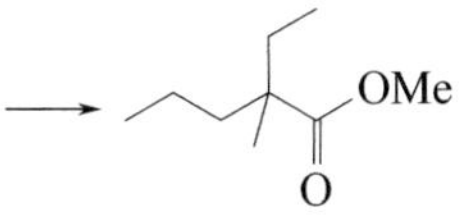

(13) 不大于6个碳的化合物 ⟶ [产物：O, O, HO]

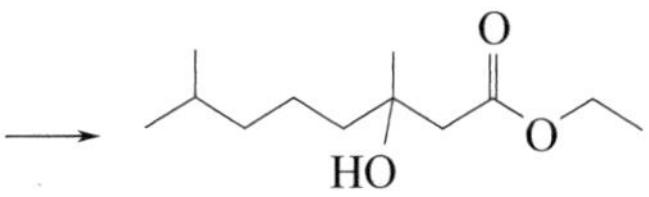

(14) 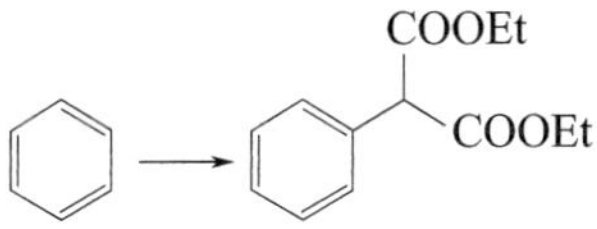 [苯] ⟶ [产物：COOEt, COOEt]

(15) 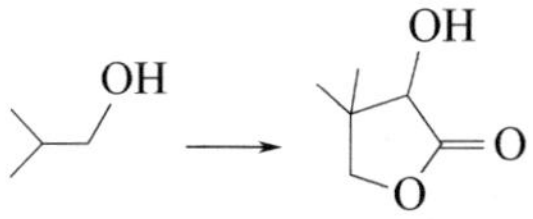 [异丁醇：OH] ⟶ [内酯：OH, O, O]

11-8 推断题

(1) 化合物 A($C_5H_8O_3$) IR $1710cm^{-1}$、$1760cm^{-1}$、$2400\sim3400cm^{-1}$处有吸收信号；

A 用碘/氢氧化钠处理得到化合物 B($C_4H_6O_4$)，B 的氢谱只有 δ2.3、δ12 两个单峰，面积比为 2∶1。A 用甲醇-干氯化氢处理得到 C($C_8H_{16}O_4$)，C 被氢化铝锂还原得到 D($C_7H_{16}O_3$)，D 的 IR3400cm^{-1}、1100cm^{-1}、1050cm^{-1}处有吸收信号。酸催化可使 D 转变为 E。E 的 MS m/z 值有 116 (M^+)、101；IR1120cm^{-1}、1170cm^{-1}处有吸收信号。试推测 A、B、C、D 的结构。

(2) 化合物 A 在酸性催化剂协助下与过量甲醇作用得 B，用氢化铝锂还原 A 和 B 都得到 C。A 与亚硫酰氯反应得出 D，D 与适当试剂作用得到 B 和 E。化合物 E 亦能使 D 变成 B，E 的试剂由 B 制得。B 的 IR 3000cm^{-1}、1740cm^{-1}、1600cm^{-1}；C 的^{1}H NMRδ 约 7.3 (s，5H)；3.9 (t，2H)；2.9 (t，2H)；1.5 (s，1H)；D 的 IR 有 1800cm^{-1}、1600cm^{-1}；E 的 IR (cm^{-1}) 有 3300、3000、2800、2670、750、700。试推测 A、B、C、D、E 的结构并归属各峰。

(3) 化合物 A($C_{10}H_{12}O_2$) 的 UV252nm (ε 约 50)；IR1735cm^{-1}；^{1}H NMRδ 约 7 (s，5H)；4.2 (t，2H)，3.0 (t，2H)；2.0 (s，3H)。试推测 A 的结构。

(4) 丁酸在乙醇中进行 Hell-Volhard-Zelinsky 反应，几种产物有一种 A。A 催化加氢生成 B，B 用氢化铝锂还原得到丁醇和乙醇。A 的波谱数据为 IR(cm^{-1})：2960、1720、1650、1450、1370、1200、960；^{1}H NMR (δ)：He6.7 左右 (m，1H)，Hd5.7 (两个四重峰)，Hc4.1(q，2H)，Hb1.8(d，3H)；Ha1.3(t，3H)；MS(m/z) 114，99.86，69 (基峰)。试推测 A 和 B 的结构，写出反应式并归属各峰。

(5) 化合物 A($C_5H_9BrO_2$) 的 IR (cm^{-1})：2800、1730、1200；^{1}H NMR (δ)：4.2 (q，2H)；3.5 (t，2H)；2.8 (t，2H)；1.1 (t，3H)。试推测 A 的结构。

(6) 某酸 A($C_6H_8O_4$) 与五氯化磷作用后转变成 B($C_6H_6Cl_2O_2$)，在三氯化铝催化下用苯处理 B 可得 C($C_{18}H_{16}O_2$)，A、C 都不跟高锰酸钾作用，但 C 能与羟胺作用生成二肟，此二肟在五氯化磷存在下转变为 D ($C_{18}H_{18}N_2O_2$)，D 酸性水解重新生成 A。试推测 A、B、C、D 的结构。

第12章 含氮化合物

知识要点：

本章主要介绍硝基化合物的结构、分类、命名；胺的定义、官能团、结构、命名，有关的化学反应；腈及其衍生物的定义、官能团、结构、命名，以及腈的制法与性质。重、难点内容为硝基化合物的制法、结构与性质的关系；重氮盐和偶氮化合物的制法、结构与性质的关系；重氮盐的性质及其合成上的应用。

从广义上讲，分子中含有氮元素的有机化合物统称为含氮有机化合物。常见的含氮有机化合物有：硝酸酯（$—ONO_2$）、亚硝酸酯（—ONO）、酰胺、肼、腙、肟、硝基（$—NO_2$）、亚硝基（—NO）、胺（$—NH_2$、—NHR、$—NR_2$）、腈（—C≡N）、异腈（—N≡C）、异氰酸酯（—N═C═O）、重氮化合物（—N≡N－Y）、偶氮化合物（—N═N—）。生命的基础物质——氨基酸和蛋白质，甚至连含氮的杂环化合物也认为是属于含氮化合物的范围，由于它们在天然化合物中占有重要地位，另有专章讨论。这类化合物种类众多，与生命活动和人类日常生活关系非常密切。

通常所说的含氮化合物是指含有碳氮键的化合物。它们可以看作是烃分子中氮原子被含氮官能团取代的产物。含氮有机物比含氧化合物的种类还要多。本章重点介绍硝基化合物、胺、重氮和偶氮化合物。表12-1列出常见的含氮有机化合物。

表12-1　常见的含氮有机化合物

化合物类型	官能团名称及结构	化合物举例
硝酸酯	硝酸基$—ONO_2$	$CH_3CH_2ONO_2$
亚硝酸酯	亚硝酸基—ONO	CH_3CH_2ONO
硝基化合物	硝基$—NO_2$	$C_6H_5—NO_2$
亚硝基化合物	亚硝基—NO	$CH_3CH_2CH_2NO$
腈	氰基—CN	$C_6H_5—CN$
胺	氨基—NHR	CH_3NH_2，CH_3NHCH_3，$(CH_3)_3N$
酰胺	酰胺基$—CONH_2$	$H_3C—C(=O)—NH_2$
季铵化合物		$(CH_3)_3N^+OH^-$
氨基酸	氨基$—NH_2$　羧基—COOH	$NH_2—CH_2—COOH$

化合物类型	官能团名称及结构	化合物举例
重氮化合物	重氮基$-N^+\equiv N$	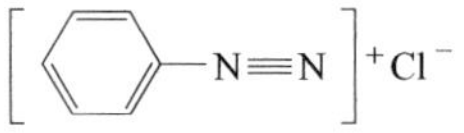 $[C_6H_5-N\equiv N]^+Cl^-$
偶氮化合物	偶氮基$-N=N-$	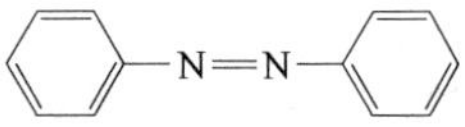 $C_6H_5-N=N-C_6H_5$

12.1 硝基化合物

12.1.1 硝基化合物的结构、分类和命名

烃分子中的氢原子被硝基取代后的衍生物，称作硝基化合物。一元硝基化合物的通式是RNO_2或$ArNO_2$，它与亚硝酸酯互为同分异构体：

$$R-NO_2 \qquad R-ONO$$

硝基化合物　　亚硝基酯

根据硝基数目，硝基化合物可分为一硝基化合物和多硝基化合物。根据硝基相连接的碳原子不同，又可分为伯、仲、叔硝基化合物（或称1°、2°、3°硝基化合物）。

和卤代烃相似，命名硝基化合物时以烃作为母体，硝基作为取代基。硝基在官能团次序排列中排在最后，因而硝基总是被当作取代基命名。例如：

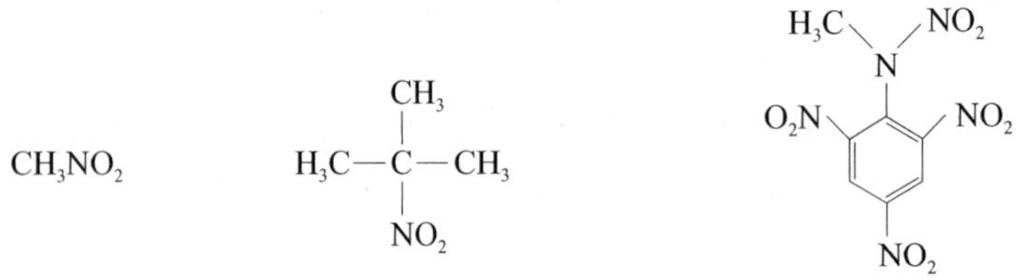

CH_3NO_2　　$(CH_3)_3C-NO_2$　　$C_6H_2(NO_2)_3-N(CH_3)NO_2$

硝基甲烷　2-甲基-2-硝基丙烷(叔硝基化合物)　*N*-甲基-*N*,2,4,6-四硝基苯胺

氮原子的电子层结构为$1s^2 2s^2 2p^3$。它的价电子层具有五个电子，而这一价电子层最多可以容纳八个电子，因此硝基化合物的结构可以表示如下：

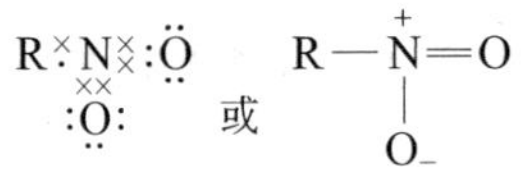

$$R\overset{\times}{\cdot}\underset{\times\times}{N}\overset{\times}{\times}:\ddot{O} \quad \text{或} \quad R-\overset{+}{N}(=O)-O^-$$

在上式各氧原子以共价键相结合，与另一个氧原子则以配价键相结合。按此，则这两种不同键长应该是不同的。但是电子衍射法的实验证明，硝基化合物中的硝基具有对称的结构；两个氮氧键的键长都是0.121nm，它们是等同的，这反映出硝基结构中存在着四电子三中心的p-π共轭体系。两个氮氧键发生了平均化。可用共振结构式表示如下：

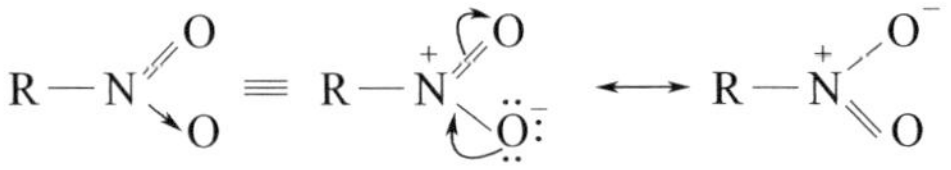

$$\underset{1}{R-N\overset{O}{\underset{O}{\lessgtr}}} \equiv \underset{2}{R-\overset{+}{N}(=O)-\ddot{O}:^-} \longleftrightarrow \underset{3}{R-\overset{+}{N}(-O^-)=O}$$

习惯上书写硝基结构时主要按1式表述。

12.1.2 硝基化合物的制备方法

烷烃和硝酸的混合蒸气可以在400～500℃气相中发生反应，烷烃中的氢原子被硝基

—NO_2取代，这叫做硝化反应（nitration）。例如：

$$CH_3CH_2CH_3 + HNO_3 \xrightarrow{420℃} \underset{32\%}{CH_3CH_2CH_2NO_2} + \underset{33\%}{CH_3\underset{\underset{NO_2}{|}}{C}HCH_3} + \underset{26\%}{CH_3CH_2NO_2} + \underset{9\%}{CH_3NO_2}$$

产物主要是多种一硝基化合物的混合物和因碳链断裂而生成的一些低级的硝基化合物，得到的混合物在工业上不需分离可直接应用。它是油脂、纤维素酯和合成树脂等的良好溶剂，但它们均是可燃的。

12.1.3 脂肪族硝基化合物

硝基是一个强电负性基团，具有强吸电子的诱导效应，极性较大，所以硝基化合物的沸点较高。脂肪族硝基化合物是无色而有香味的液体，难溶于水，易溶于有机溶剂。硝基化合物大多有毒，无论是吸入，还是皮肤接触都容易中毒，使用时应注意安全。

在硝基化合物的红外光谱图中，脂肪族伯硝基化合物和仲硝基化合物的不对称和对称N—O键伸缩振动在1500～1550cm^{-1}和1290～1360cm^{-1}。在硝基化合物的核磁共振谱图上，α-氢的化学位移在4.5左右。

具有α-氢的硝基化合物存在着硝基式和酸式之间的互变异构现象，酸式可以逐渐异构成硝基式，达到平衡时，就成为主要含有硝基式的硝基化合物。酸式的含量很低，但可以在碱的作用下使平衡偏向酸式一边，直到全部转化为酸式的钠盐。

$$\underset{\text{硝基式}}{H_3C-\overset{+}{N}(=O)O^-} \rightleftharpoons \underset{\text{酸式}}{H_2C=\overset{+}{N}(OH)O^-}$$

脂肪族硝基化合物中的α-氢具有明显的酸性。含有α-氢的伯或仲硝基化合物能溶解于氢氧化钠溶液而生成钠盐：

$$H_3C-\overset{+}{N}(=O)O^- + NaOH \rightleftharpoons \left[H_2C=\overset{+}{N}(O)O^-\right]^- Na^+ + H_2O$$

酸式分子有类似于烯醇式的结构，可以使溴的四氯化碳溶液褪色，与三氯化铁反应显色。

凡具有α-氢的脂肪族硝基化合物都存在互变异构现象，所以它们都呈现酸性。例如：

	CH_3NO_2	$CH_3CH_2NO_2$	$H_3C-CH(NO_2)-CH_3$	$CH_2(NO_2)_2$	$CH(NO_2)_3$
pK_a	10.2	8.5	7.8	4	强酸

在碱作用下，具有α-H的脂肪族硝基化合物，可以生成稳定的碳负离子并发生亲核加成反应：

$$RCH_2NO_2 + R'-\overset{O}{\overset{\|}{C}}-R''(H) \longrightarrow O_2N-\underset{R}{\overset{H}{C}}-\underset{R'}{\overset{OH}{C}}-R''(H)$$

12.1.4 芳香族硝基化合物

芳香族硝基化合物可由芳烃直接硝化得到（参见 6.5.1），但是硝化产物因反应物、试剂和反应条件不同而异。例如：

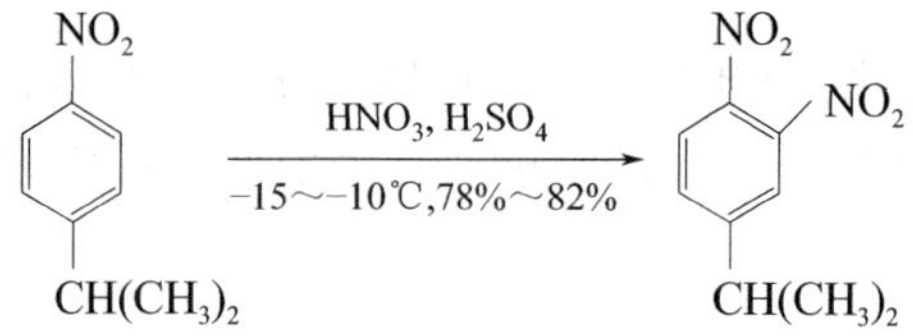

$$\text{4-}(CH(CH_3)_2)C_6H_4NO_2 \xrightarrow[-15\sim-10^\circ C,78\%\sim82\%]{HNO_3,\ H_2SO_4} \text{2,1-}(NO_2)_2\text{-4-}(CH(CH_3)_2)C_6H_3$$

芳烃的一硝基化合物是无色或淡黄色的高沸点液体或固体，有苦杏仁味；多硝基化合物多为黄色固体。它们的相对密度都大于 1，都不溶于水，而易溶于有机溶剂如乙醚、四氯化碳等。多硝基化合物具有极强的爆炸性，可用作炸药，如 2,4,6-三硝基甲苯（TNT）、1,3,5-三硝基苯等。液体硝基化合物能溶解许多无机盐，例如，无水三氯化铝能溶于硝基苯。所以在一些以三氯化铝为催化剂的反应中，能以硝基化合物作溶剂使用。有的多硝基化合物具有类似于天然麝香的香气，而被用作香水、香皂和化妆品等日用香精中的定香剂、调合剂和修饰剂等。

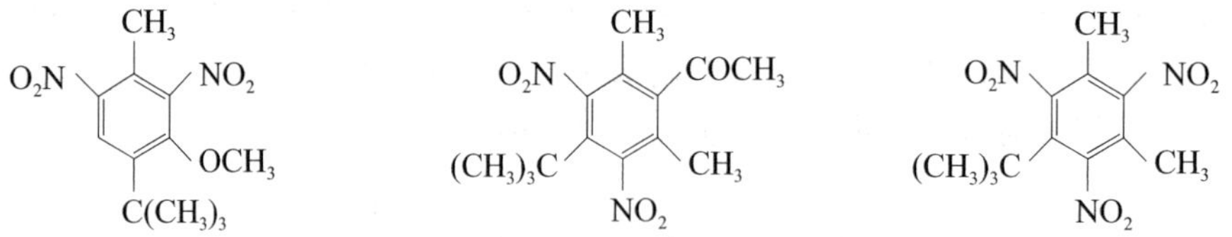

葵子麝香（CH_3，O_2N，NO_2，OCH_3，$C(CH_3)_3$）　酮麝香（CH_3，O_2N，$COCH_3$，$(CH_3)_3C$，CH_3，NO_2）　二甲苯麝香（CH_3，O_2N，NO_2，$(CH_3)_3C$，CH_3，NO_2）

此类合成麝香称为硝基麝香，年用量约为 1000t，约占目前世界上商品化人造麝香的 50%，其中葵子麝香是已知硝基麝香中使用最广泛的产品。

许多芳香族硝基化合物能使血红蛋白变性，因此过多地吸入它们的蒸气、粉尘或长期与皮肤接触，均能引起中毒。

在芳香族硝基化合物的红外光谱中，由于硝基中的氮氧键的不对称伸缩振动和对称伸缩振动，在 $1540cm^{-1}$ 和 $1350cm^{-1}$ 附近产生两个很强的吸收峰。C—N 键的伸缩振动吸收峰出现在 $870cm^{-1}$ 附近。图 12-1 是硝基苯的红外光谱图。

芳香族硝基化合物的重要化学性质有以下几个方面。

（1）还原反应

还原芳环上的硝基可通过多种方法还原成相应的氨基。还原一般经历如下过程，例如硝基苯的还原：

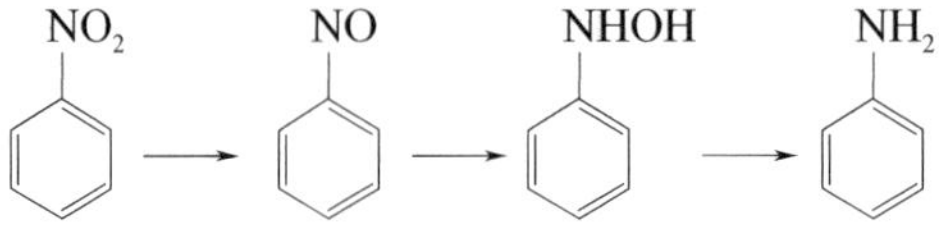

$$C_6H_5NO_2 \longrightarrow C_6H_5NO \longrightarrow C_6H_5NHOH \longrightarrow C_6H_5NH_2$$

亚硝基苯　*N*-羟基苯胺

所以，还原的产物因反应条件不同而异。下面是硝基苯在不同条件下的还原产物。

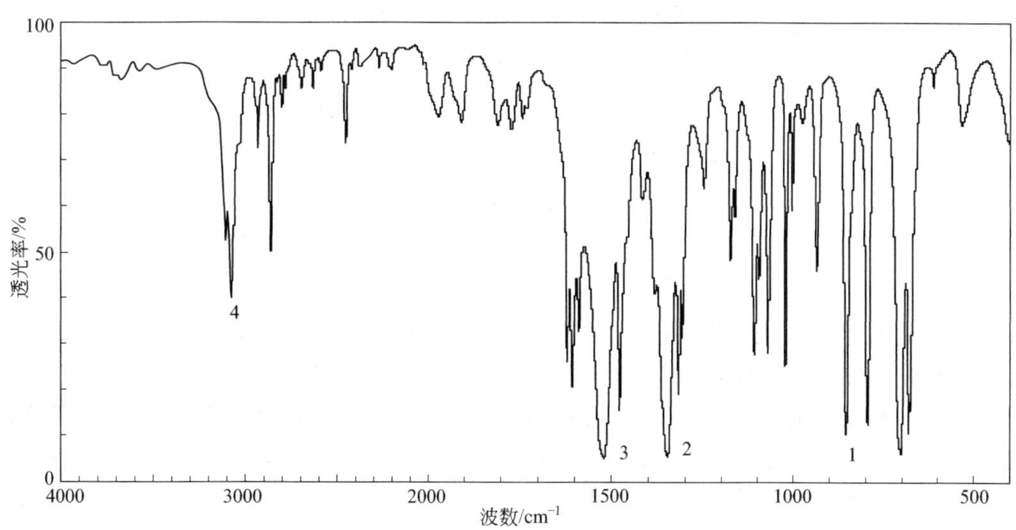

图 12-1　硝基苯的红外谱图

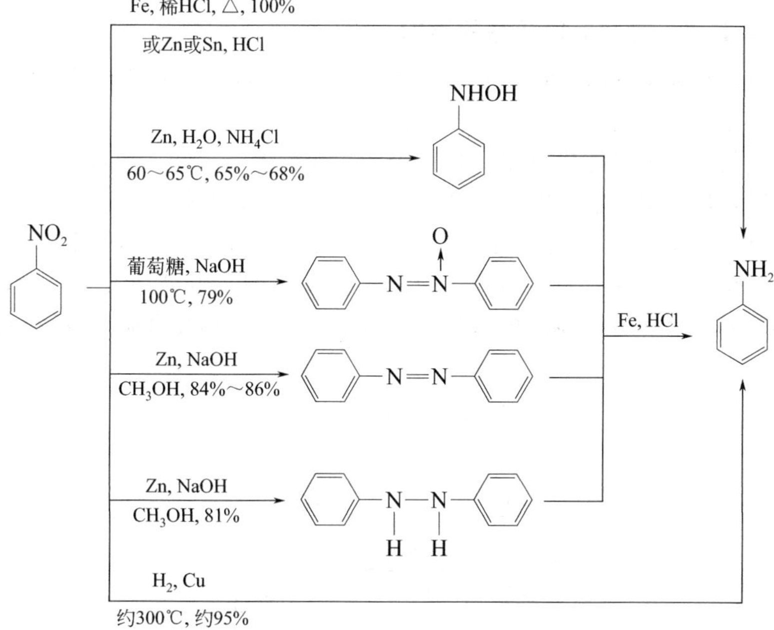

当芳环上还连有可被还原的羰基时，用氯化亚锡和盐酸还原时特别有效，因为它只还原硝基成为氨基。例如：

$$\text{间硝基苯甲醛}\xrightarrow[<100^\circ C,\ 85\%]{SnCl_2,\ \text{浓}HCl}\text{间氨基苯甲醛}$$

当芳环上连有多个硝基时，采用计量的硫化钠、硫化铵、硫氢化钠、硫氯化铵或氯化亚锡和盐酸，在适当条件下，可以选择性地将其中一个硝基还原成氨基，而具有一定的实用意义。例如：

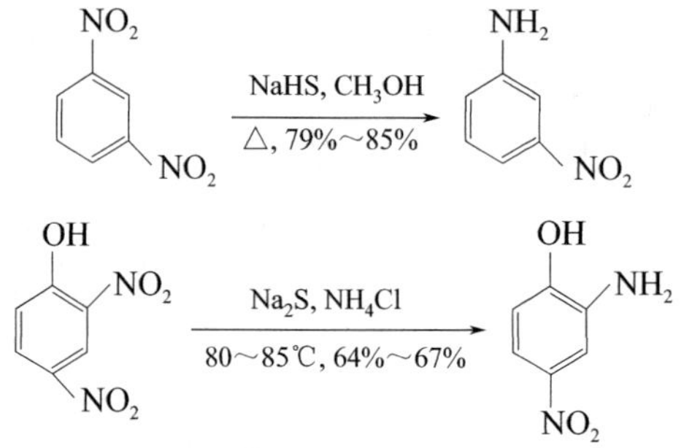

芳香族硝基化合物的还原，是制备芳香族伯胺的方法之一。所用还原方法有多种，当采用铁、锌、硫化物等作还原剂时，具有工艺简单、操作方便、投资少、使用范围较广等优点，但生产能力低、难连续化，而且“三废”排放量大（有些还在废渣中夹带有产品等），从而对环境造成严重污染。从绿色化学的角度来衡量很难符合要求。现代工业生产中，一般采用催化加氢的方法将硝基还原成氨基，该法使用的氢气对环境无污染，催化剂可多次使用，若能再生还可继续使用，同时具有工艺简单、可连续化生产、物质消耗低、产品纯度和产率均高等优点。采用无污染的合成方法，使用无害试剂，提高反应的原子利用率（即最大限度地将原料分子中的每一个原子结合到产物分子中，以便达到零排放）是绿色化学努力的目标。

（2）硝基对其邻、对位上取代基的影响

硝基是一个强吸电子基团，它的吸电子作用是通过诱导效应和共轭效应实现的。两种电子效应的方向一致，这使硝基邻、对位上的电子云密度比间位更加明显地降低。因此，硝基在芳环的亲电取代反应中起钝化作用，是一个间位定位基（参见 6.6.1），而在芳香族硝基化合物的亲核取代反应中，它的邻、对位成了易受亲核试剂攻击的中心。

① 使苯环亲电取代反应钝化　硝基是强致钝的间位定位基，因此硝基苯的亲电取代反应不仅发生在间位，而且比苯较难进行，以致不与较弱的亲电试剂发生反应，如不能发生 Friedel-Crafts 反应等。但在较剧烈的条件下，可发生硝化、卤化和磺化等反应。例如：

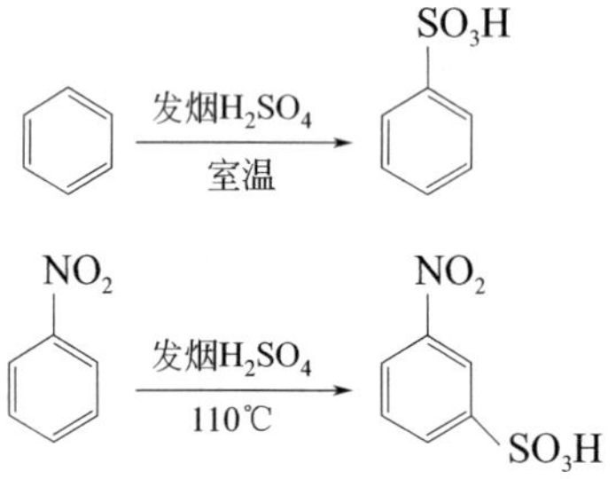

② 使苯环亲核取代反应变得容易　芳环上连有硝基时，虽然较难进行亲电取代反应，但较易进行亲核取代反应。例如，硝基氯苯的碱性水解比氯苯容易进行（参见 9.11）。

硝基氯苯的水解是分两步进行的芳香族亲核取代反应。第一步是亲核试剂加在苯环上生成碳负离子，和芳香族亲电取代反应的中间体或络合物相似，它的负电荷也是分散在苯环的各碳原子上：

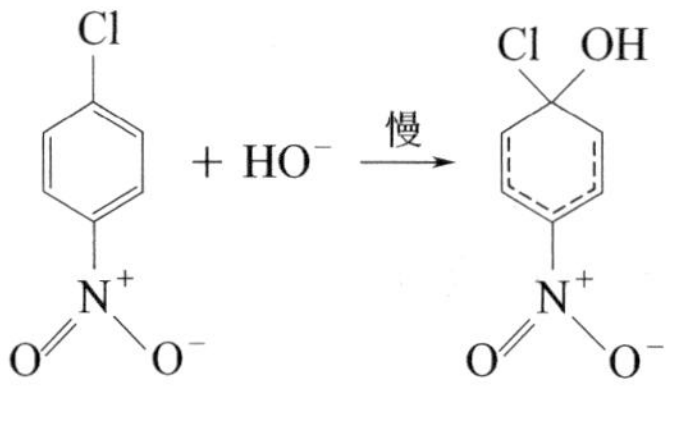

第二步是从中间体碳负离子中消去一个氯离子恢复苯环的结构：

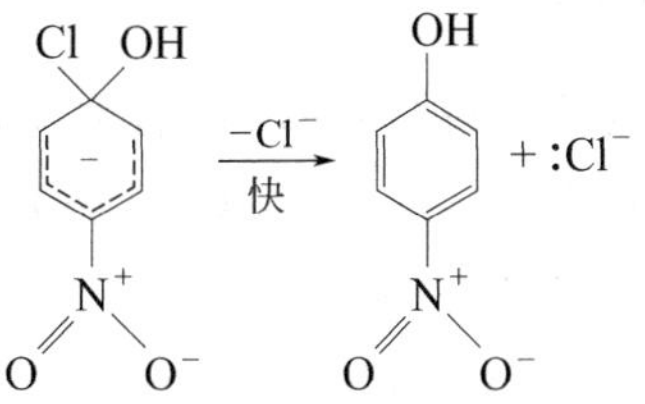

因此，这种芳香族亲核取代反应历程又叫做亲核加成-消除反应历程。

如果硝基在氯原子的间位，它的吸电子作用只有吸电子的诱导效应，硝基所引起的负电荷分散作用相应减少，所以它对卤素活泼性的影响不显著。

除了卤素，芳环上的其他取代基当其邻位、对位或邻对位都有吸电子基团时，也同样可以被亲核试剂取代。

③ 硝基酚的酸性（参见 9.10.1） 苯酚的酸性比碳酸弱，呈弱酸性。当苯环上引入硝基时，能增强酚的酸性。邻硝基苯酚或对硝基苯酚的酸性要强于间硝基苯酚，这是由于硝基处于间位时，只对苯环的电子云产生吸电子的诱导效应；邻硝基苯酚受分子内氢键影响，酸性略弱于对硝基苯酚。而 2,4,6-三硝基苯酚的酸性几乎与强无机酸相近。当硝基处在羟基的邻、对位时，可以通过共振生成负电荷更分散因而也更稳定的硝基苯氧负离子，所以酸性增强。

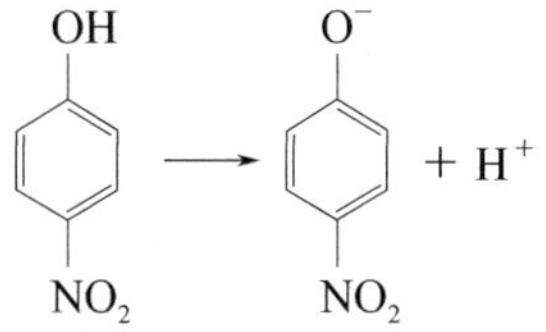

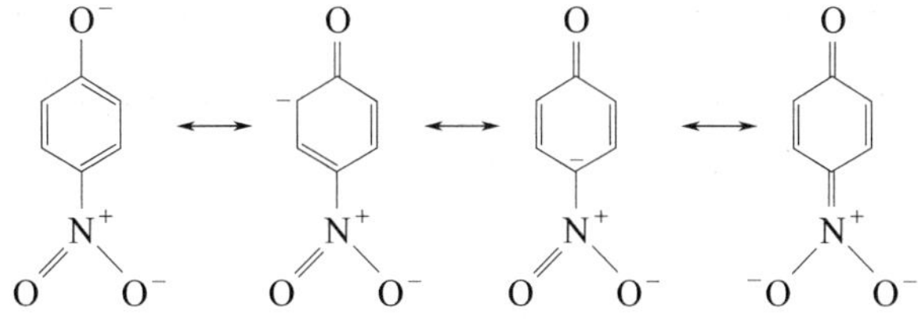

12.2 胺

氨分子中的氢原子部分或全部被烃基取代后的化合物，统称为胺。胺是一类最重要的含氮有机化合物，广泛存在于生物界。许多来源于植物的碱性含氮化合物（又称生物碱）具有很强的生理活性，而被用作药物。如主治感冒和咳喘的麻黄碱，具有解痉镇痛、解有机磷中毒和散瞳作用的莨菪碱（阿托品）等均是胺的衍生物：

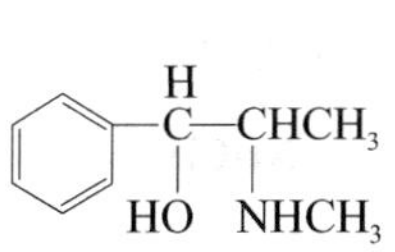

i-麻黄碱

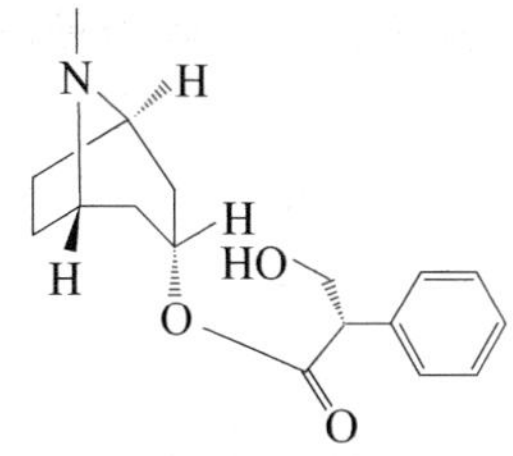

(1*R*,2*S*)-阿托品

12.2.1 胺的分类、命名和结构

氨分子中一个、两个或三个氢原子被烃基取代后的生成物，分别称为伯胺（第一胺或 1°胺）、仲胺（第二胺或 2°胺）或叔胺（第三胺或 3°胺）。胺的通式为 RNH_2、R_2NH 或 R_3N，其中 R 代表脂肪烃基或芳香烃基。例如：

CH_3NH_2　　$CH_3CH_2NHCH(CH_3)_2$　　$(CH_3)_3N$

伯胺　　仲胺　　叔胺

但要注意，这里的伯、仲、叔的含义与醇中的不同，它们分别是指氮原子上连有一个、两个或是三个烃基，而与连接氨基的碳是伯、仲、叔碳原子没有关系。例如，叔丁醇是叔醇，而叔丁胺却是伯胺。

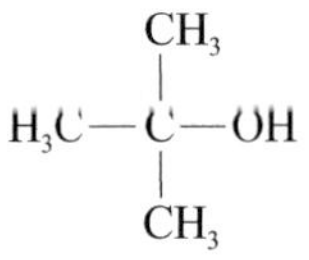

$(CH_3)_3C-OH$　　$(CH_3)_3C-NH_2$

叔丁醇　　叔丁胺

叔醇　　伯胺

胺类根据烃基的不同而分为脂肪胺和芳香胺。氨基与脂肪烃基相连的是脂肪胺，与芳香环直接相连的叫芳香胺；还可以根据分子中所含氨基数目的不同而分为一元胺、二元胺和多元胺。

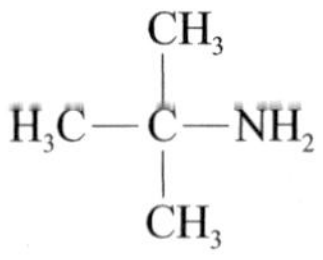

简单的胺常以习惯命名法命名，按照分子中烃基的名称及数目叫做某胺；若氮原子上连有两个或三个相同的烃基时，则需表示出烃基的数目。当胺分子中氮原子上所连的烃基不同时，用系统命名法来命名；按次序规则列出的“较优”基团在后。例如：

CH_3NH_2　　$CH_3CH(NH_2)CH_3$　　$CH_3CH_2NHCH(CH_3)_2$

甲胺　　异丙基胺　　乙基异丙基胺

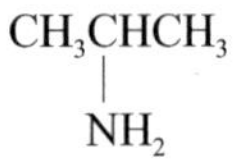

$(CH_3)_3N$　　$p\text{-}CH_3C_6H_4NH_2$　　$NH_2CH_2CH_2NH_2$

三甲胺　　对甲苯胺　　乙二胺(二级胺)

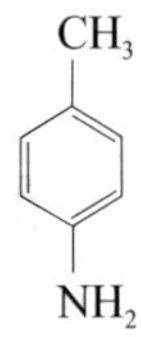

氮原子上同时连有芳香烃基和脂肪烃基的仲胺和叔胺的命名，则以芳香胺为母体，脂肪烃基作为芳胺氮原子上的取代基，将名称和数目写在前面，并在基团前冠以 N 字，每个 N 只能指示一个取代基的位置，以表示这个脂肪烃基是连在氮原子上，而不是连在芳香环上。烃基比较复杂的胺用系统命名法，以烃为母体，将氨基作为取代基命名。例如：

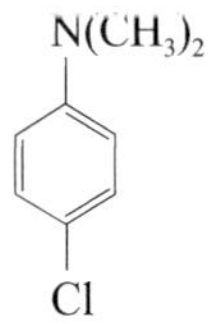

$p\text{-}ClC_6H_4N(CH_3)_2$　　$C_6H_{11}NHCH_3$　　$CH_3CH_2CH_2CH(NHCH_3)CH(CH_3)CH_3$　　$C_2H_5NHCH_2CH_2NH_2$

N, *N*-二甲基-4-氯苯胺 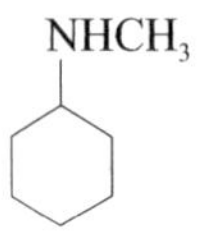　　*N*-甲基环己基胺 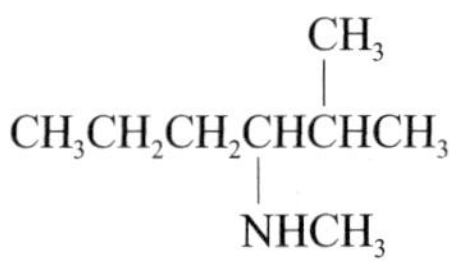　　2-甲基-3-甲氨基己烷　　*N*-乙基乙二胺

在这里，应注意“氨”、“胺”及“铵”的含义。在表示基（如氨基、亚氨基等）时，用

"氨"；表示 NH_3 的烃基衍生物时，用"胺"；而铵盐或季铵类化合物则用"铵"。季铵化合物的命名与无机铵的命名相似。例如：

$$\left[\begin{array}{c} CH_3 \\ | \\ H_3N-N-\underset{H}{C}=CH_2 \\ | \\ CH_3 \end{array}\right]^+ Br^- \qquad \left[\begin{array}{c} CH(CH_3)_2 \\ | \\ H_3CH_2C-N-\overset{H_2}{C}-C_6H_5 \\ | \\ C_6H_5 \end{array}\right]^+ OH^-$$

溴化三甲基乙烯基铵　　　　氢氧化苄基乙基异丙基苯基铵

季铵化合物可看作是铵盐（$NH_4^+X^-$）或氨的水合物（$NH_3·H_2O$）分子中氮原子上的四个氢原子都被烃基取代生成的化合物，它们分别称为季铵盐（quaternary ammonium salt）和季铵碱（quaternary ammonium base）。

氮原子的电子构型为 $1s^2 2s^2 2p_x^1 2p_y^1 2p_z^1$，其中三个 2p 轨道未完全填满，成键胺中的 N 是用 sp^3 杂化轨道和其他原子成键的。氮原子应为三价，因而键角似应互为 90°。但实际上氮原子和氢原子或碳原子形成的单键的键角为 109°左右。可见氮原子成键时，发生了轨道杂化，形成四个 sp^3 杂化轨道，三个 sp^3 轨道与其他原子轨道形成三个 σ 键，N 上还有一对孤对电子占据另一个 sp^3 杂化轨道，处于棱锥体的顶端，类似第四个基团。因此胺具有亲核性，是亲核试剂。

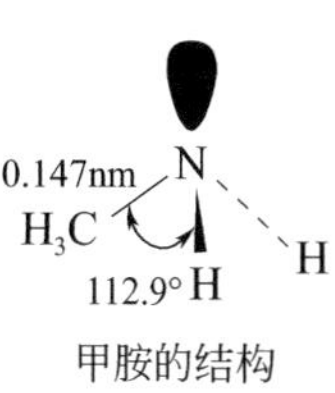

甲胺的结构

苯胺的氮仍取 sp^3 杂化，氮上有孤对电子的 sp^3 轨道比脂肪胺氮上孤对电子占有的 sp^3 轨道有更多的 p 轨道性质，和苯环 π 电子轨道重叠，具有共轭效应（见图 12-1）。苯胺中的 H—N—H 键角为 113.9°，H—N—H 平面与苯环平面之间的夹角为 39.4°。

图 12-1　苯胺的结构

由于胺是棱锥形结构，当氮原子上连有三个不同的基团时，它也是手性分子。换句话说，胺可以看做是近似的四面体结构，未共用电子对可看做氮原子上连接的第四个"取代基"。

在前面的章节中已介绍了手性碳化合物的对映体可以被拆开，并且每个对映体都是稳定的。但简单的手性胺则容易发生对映体的相互转变，不易分离得到其中某一个对映体，因为简单胺的构型转化只需约 $25kJ·mol^{-1}$ 的能量。转化时经一平面过渡态，这时氮呈 sp^3 杂化，未共用电子对处于 p_z 轨道。

当氮原子上所连接的三个基团不同，且不能翻转时，其对映体是可以拆分的。如下列化合物，氮原子是桥原子（Tröger 碱），其对映体已拆分出来。

含有四个不同烃基的季铵化合物与手性碳化合物相似，这种转化也是不可能的。手性季铵正离子可被拆分成对映体，它们是比较稳定的，例如，下列对映体就可以被拆分开。

$$
\begin{array}{c}
CH_3 \\
| \\
N \\
C_2H_5 \quad C_6H_5 \\
CH_2CH{=}CH_2 \\
S
\end{array}
\quad \vdots \quad
\begin{array}{c}
CH_3 \\
| \\
N \\
C_6H_5 \quad C_2H_5 \\
H_2C{=}HCH_2C \\
R
\end{array}
$$

12.2.2 胺的制备方法

（1）含氮化合物还原

选择适当的还原剂如 Pt/H_2、Fe/HCl、Sn/HCl、$SnCl_2/HCl$ 等，将硝基化合物、腈、酰胺、肟等含氮有机物还原可得到胺。例如：

$$
p\text{-}O_2N\text{-}C_6H_4\text{-}CO_2C_2H_5 \xrightarrow[\text{或}H_2/Pt]{SnCl_2/HCl} p\text{-}H_2N\text{-}C_6H_4\text{-}CO_2C_2H_5
$$

由腈通过 Ni/H_2 或 $NaBH_4(LiAlH_4)$ 还原得到比原料卤代烃多一个碳的伯胺。

$$
CH_3CH_2CH_2CH_2Br \xrightarrow{NaCN} CH_3CH_2CH_2CH_2CN \xrightarrow[(2)H_2O]{(1)LiAlH_4} CH_3CH_2CH_2CH_2CH_2NH_2
$$

酰胺可以用氢化铝锂还原为胺，本法特别适用于制备仲胺和叔胺。

$$
C_6H_5NHCH_3 \xrightarrow[(2)\ OH^-]{(1)\ CH_3\overset{O}{\overset{\|}{C}}Cl} C_6H_5\text{-}\underset{}{\overset{CH_3}{\overset{|}{N}}}\text{-}\underset{O}{\underset{\|}{C}}\text{-}CH_3 \xrightarrow[(2)\ H_2O]{(1)\ LiAlH_4} C_6H_5\text{-}N(CH_3)(C_2H_5)
$$

胺与醛、酮缩合得到亚胺，亚胺在氢及催化剂存在下，经加压还原为相应的伯胺、仲胺或叔胺。还原胺化是制备仲胺以及合成 R_2CHNH_2 类型伯胺较好的方法。

$$
\text{环己酮} + H_2NCH_2CH_3 \xrightarrow[\text{加压}]{Ni,\ H_2} C_6H_{11}\text{-}NHCH_2CH_3
$$

N-乙基环己胺　　　　*N*-乙基环己胺

$$
\begin{matrix}(R)H_3C \\ (R)H_3C\end{matrix}\!\!>\!C{=}O + NH_3 \xrightarrow[\text{加压}]{Ni,\ H_2} \begin{matrix}(R)H_3C \\ (R)H_3C\end{matrix}\!\!>\!CHNH_2
$$

（2）霍夫曼降级反应

酰胺与次卤酸盐共热，生成比原料酰胺少一个碳的伯胺。这个反应称为霍夫曼（Hofmann A W）重排反应。例如：

$$
(CH_3)_2CH\text{-}\overset{O}{\overset{\|}{C}}\text{-}NH_2 \xrightarrow{NaOCl} (CH_3)_2CH\text{-}NH_2
$$

$$
C_6H_5\text{-}\overset{O}{\overset{\|}{C}}\text{-}NH_2 \xrightarrow[NaOH]{Br_2} C_6H_5\text{-}NH_2 + Na_2CO_3 + NaBr + H_2O
$$

这个反应的产率很好，操作也简单，是制备胺的一个好方法，迁移基团 R 的构型在反应后保持不变。反应经过异氰酸酯中间体，其机理如下：

$$R-\overset{O}{\overset{\|}{C}}-NH_2+Br_2 \longrightarrow R-\overset{O}{\overset{\|}{C}}-\underset{H}{\underset{|}{N}}-Br \xrightarrow[-H^+]{OH^-} \left[R-\overset{O}{\overset{\|}{C}}-\bar{N}-Br\right]^- \xrightarrow{-Br^-}$$

$$R-\overset{O}{\overset{\|}{C}}-\ddot{N}: \longrightarrow R-N=C=O \longrightarrow R-\underset{H}{\underset{|}{N}}-\overset{O}{\overset{\|}{C}}-OH \longrightarrow RNH_2+CO_2$$

(3) 盖布瑞尔合成法

Gabriel 合成是由邻苯二甲酸酐和氨反应，首先生成邻苯二甲酰亚胺，亚胺氮原子上的氢原子受两个羰基的吸电子效应影响而具有较强的酸性（$pK_a=8.3$），能与 KOH 或 NaOH 溶液作用生成盐，该盐的负离子是一亲核试剂，与卤代烷可发生反应，生成 *N*-烷基邻苯二甲酰亚胺，然后水解得到伯胺。例如：

$$\text{邻苯二甲酸酐} \xrightarrow[\triangle]{NH_3} \text{邻苯二甲酰亚胺(NH)} \xrightarrow{KOH} \text{邻苯二甲酰亚胺}\ N^-K^+ \xrightarrow[DMF]{PhCH_2CH_2Br}$$

$$\text{N}(CH_2)_2Ph\text{-邻苯二甲酰亚胺} \xrightarrow[\triangle]{NaOH,\ H_2O} C_6H_4(COO^-)_2 + \underset{95\%}{PhCH_2CH_2NH_2}$$

此反应已被用来制备伯胺，不仅纯度高（不含仲、叔胺等杂质），且产率一般较高，但由于叔卤代烷在此条件下易发生消除反应，而不使用（可用叔烷基脲代替）。另外，也可用其他一些卤化物代替卤代烷进行反应，如常用卤代酸酯进行反应，用来制备氨基酸（见 14.3.1）。

利用 Gabriel 合成法制备伯胺时，断裂两个酰胺键更有效的方法是用水合肼使之分解（肼解）：

$$\underset{N\text{-羟基邻苯二甲酰亚胺}}{\text{NR-邻苯二甲酰亚胺}} \xrightarrow{NH_2NH_2} \left[C_6H_4(CONHNH_2)(CONHR)\right] \longrightarrow \underset{\text{伯胺}}{R\text{-}NH_2} + \underset{\text{邻苯二甲酰肼}}{C_6H_4(CO\text{-}NH)_2}$$

(4) 氨的烷基化

氨与烷基化剂作用。氨的烷基化反应是个亲核取代反应。氨是亲核试剂，卤素原子被氨基取代而生成伯胺。伯胺也是亲核试剂，它能继续与卤代烃作用得到仲胺。仲胺仍有亲核性，反应继续下去还可得到叔胺，最终得到季铵盐。所以胺的烷基化反应得到的是烷基胺的混合物，但对制取季铵盐是较为有效的。

$$RBr \xrightarrow{NH_3} RNH_2 \xrightarrow{RBr} R_2NH \xrightarrow{RBr} R_3N \xrightarrow{RBr} R_4\overset{+}{N}\overset{-}{Br}$$

工业上将醇或环氧乙烷与氨的混合蒸气通过加热的催化剂（氧化铝、氧化钍）生成伯、仲、叔混胺或醇胺。

$$ROH+NH_3 \xrightarrow[\triangle]{Al_2O_3} RNH_2+H_2O$$

$$RNH_2 + ROH \xrightarrow[\triangle]{Al_2O_3} R_2NH \xrightarrow[Al_2O_3,\triangle]{ROH} R_3N$$

萘酚和氨混合，在一定条件下也能生成萘胺。

$$\text{2-萘酚}(C_{10}H_7OH) + NH_3 \xrightarrow[150℃,\ 0.6MPa]{(NH_4)_2SO_3\text{或}NH_4HSO_3} \text{2-萘胺}(C_{10}H_7NH_2) + H_2O$$

12.2.3 胺的物理性质

胺与氨的性质有相似之处。低级脂肪胺是气体或易挥发的液体，具有氨的气味。高级胺为固体。伯、仲、叔胺都能与水分子形成氢键，所以胺易溶于水，其溶解度随分子量的增加而迅速降低，从六个碳原子的胺开始就难溶于水。一般胺能溶于醚、醇、苯等有机溶剂。芳香胺为高沸点的液体或低熔点的固体，具有特殊气味，难溶于水，易溶于有机溶剂，具有一定的毒性，某些胺有致癌作用。因此，在处理胺类化合物时应加以注意。

与醇相似，胺也是极性化合物。除叔胺外，伯胺和仲胺都能形成分子间氢键，但氮的电负性小于氧，伯胺或仲胺分子间形成的 N—H…N 氢键也弱于醇分子中的 O—H…O 氢键，故胺的沸点比分子量相近的非极性化合物高，比醇或羧酸的沸点低。叔胺由于不能形成分子间的氢键，其沸点比分子量相近的伯胺或仲胺低。

伯、仲和叔胺都能与水分子通过氢键发生缔合，因此低级胺易溶于水。一元胺溶解度的分界线在六个碳左右。胺也可溶于醚、醇、苯等有机溶剂。一些胺的物理常数见表 12-2。

表 12-2　一些胺的物理常数

名称	构造式	熔点/℃	沸点/℃	溶解度/g·(100g 水)$^{-1}$
甲胺	CH_3NH_2	−92	−7.5	易溶
乙胺	$CH_3CH_2NH_2$	−80	17	∞
正丙胺	$CH_3CH_2CH_2NH_2$	−83	49	∞
异丙胺	$(CH_3)_2CHNH_2$	−101	34	∞
正丁胺	$CH_3CH_2CH_2CH_2NH_2$	−50	78	易溶
异丁胺	$(CH_3)_2CHCH_2NH_2$	−85	68	∞
仲丁胺	$CH_3CH_2CH(CH_3)NH_2$	−104	63	∞
叔丁胺	$(CH_3)_3CNH_2$	−67	46	∞
二甲胺	$(CH_3)_2NH$	−96	7.5	易溶
二乙胺	$(CH_3CH_2)_2NH$	−39	55	易溶
乙二胺	$H_2N(CH_2)_2NH_2$	8.5	117	易溶
丁二胺	$H_2N(CH_2)_4NH_2$	27	158	易溶
苯胺	$C_6H_5NH_2$	−6	184	3.7
N-甲苯胺	$C_6H_5NHCH_3$	−5.7	196	难溶
N,*N*-二甲苯胺	$C_6H_5N(CH_3)_2$	3	194	1.4

12.2.4 胺的波谱性质

在质谱上脂肪族伯胺易发生 α-断裂，生成符合通式 $C_nH_{2n+2}N^+$ 的碎片离子。运用氮规则可判断分子或离子中氮原子的存在。图 12-2 是 2-丁胺的质谱图。

胺类的特征红外吸收主要与 N—N 键和 C—N 键有关。伯胺和仲胺的 N—H 伸缩振动吸收在 3500～3270cm^{-1}区域内。伯胺有两个吸收峰，两峰间隔为 100cm^{-1}，这是由于 NH_2 中的两个 N—H 键的对称伸缩振动和不对称伸缩振动所引起的，强度是中到弱（见图 12-3)；仲胺的 N—H 伸缩振动只出现一个吸收峰，脂肪仲胺此峰的吸收强度通常很弱，芳仲胺则要强得多，且峰形尖锐对称（见图 12-3)。

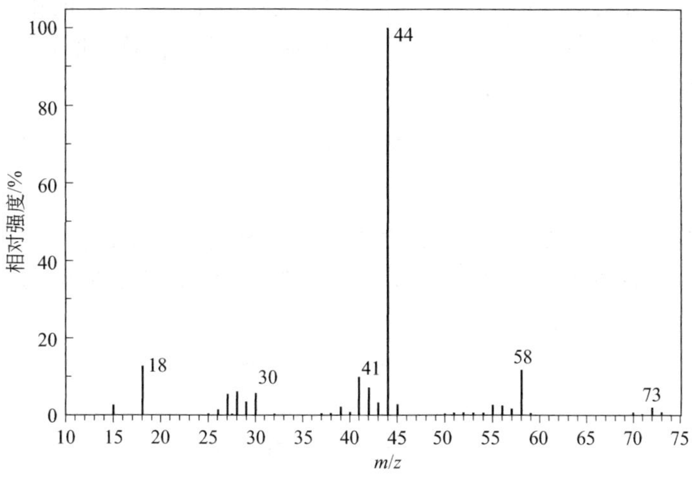

图 12-2　2-丁胺的电子轰击质谱图

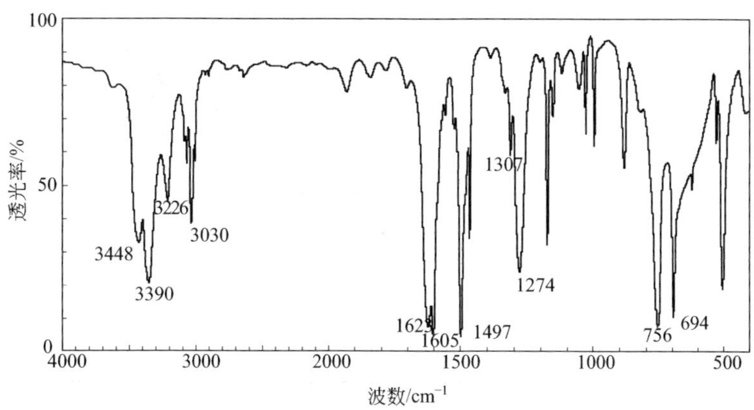

图 12-3　苯胺的红外光谱

C═C 伸缩振动（芳环）：1623cm^{-1}、1605cm^{-1}和 1497cm^{-1}。═C—H 伸缩振动（芳香族化合物）：3030cm^{-1}。N—H 伸缩振动（伯胺）：3448cm^{-1}和 3390cm^{-1}。N—H 伸缩振动（缔合）：3226cm^{-1}。C—N 伸缩振动（伯芳胺）：1307cm^{-1}和 1274cm^{-1}。一取代苯 C—H 弯曲振动：756cm^{-1}和 694cm^{-1}。

另外，具有鉴别意义的吸收是出现于 1650～1580cm^{-1}区域内的 N—H 弯曲振动和出现于 910～650cm^{-1}区域内的 N—H 摇摆振动吸收峰。脂肪伯胺的弯曲振动吸收在 1615cm^{-1}附近，是中或强吸收；摇摆振动吸收在 910～770cm^{-1}，该吸收峰宽而且强（见图 12-3）。而脂肪仲胺在 1600cm^{-1}附近的弯曲振动吸收很弱，多数观察不到；其摇摆振动吸收则与伯胺相似。对芳伯胺来说，由于 N—H 弯曲振动的吸收频率与芳环骨架的振动吸收频率相近，可能相互重叠或掩盖，故难以区分。

脂肪胺的 C—N 伸缩振动吸收在 1100cm^{-1}附近，而芳胺的在 1350～1250cm^{-1}区域内，均处于指纹区，故对鉴别而言，只有参考意义。

由于叔胺氮原子上没有氢原子，因此在 N—H 键的伸缩振动、弯曲振动及摇摆振动三个区域内均不存在吸收，故用红外光谱难以进行有效的鉴别。

胺的质子核磁共振谱类似于醇和醚。氮原子较大的电负性所造成的去屏蔽作用，使碳原子上的质子的化学位移移向低场，δ 为 2.2～2.8；β-碳原子上的质子的化学位移受氮的影响较小，所以处于高场，一般 δ 为 1.1～1.7。它们的精确化学位移，既取决于 H 的级别，也取决于其他化学环境的影响。例如：

CH_3NR_2	$R'CH_2NR$	R'_2CHNR_2
δ 2.2	2.4	2.8

在伯胺或仲胺分子中，直接连于氮原子上的质子的化学位移 δ 在 5～6 范围内变化，且通常不被邻近的质子裂分（见图 12-4 和图 12-5）。但也常常不在谱图中出现，此时只有通过计算质子数才能被检出。

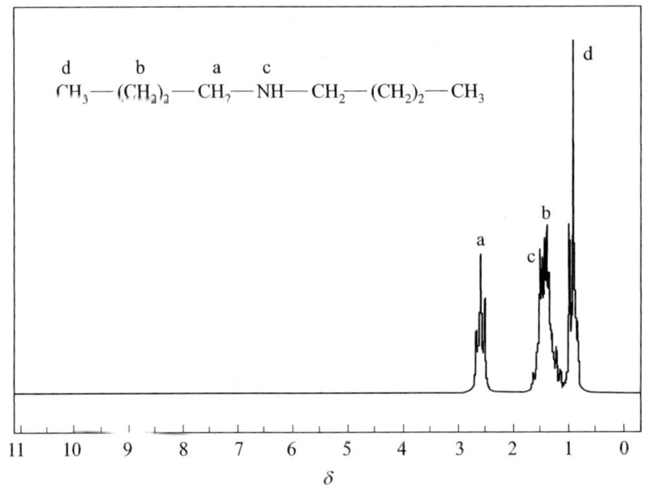

图 12-4　二丁胺的核磁共振谱

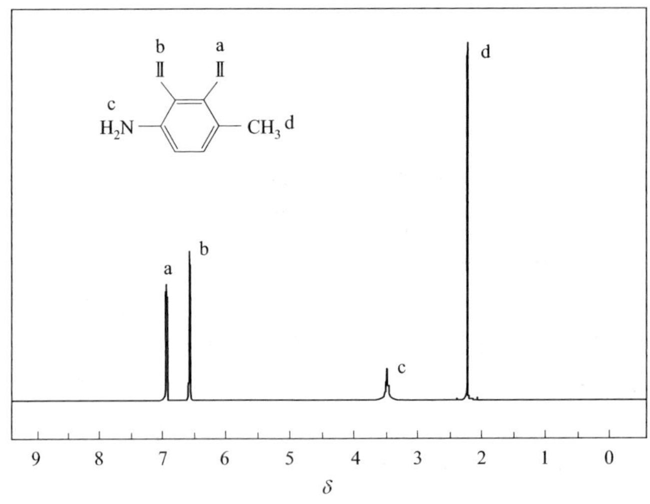

图 12-5　对甲基苯胺的核磁共振谱

近十年来，以咪唑盐为代表的季铵类离子液体引起化学工作者的极大兴趣。一般的无机盐都是固体，有很高的熔点，而一般的有机化合物固体在熔融状态并不是盐。离子液体是有机化合物，但是有较低的熔点和常温下较宽的液相范围，而且在液态下呈离子相。它们稳定性高，易于回收，不溶于水，黏度低，无挥发性，可像极性溶剂一样使用，又有高热容和离子传导性。对其所做的一些研究和应用工作表明，离子液体是符合绿色化学要求的一类新型反应介质，有着极为宽广的应用可能。

12.2.5 胺的化学性质

像氨一样，伯、仲、叔胺的氮原子上都具有未共用电子对，因此胺与氨在化学性质上很相似，即胺的最重要的化学性质亦是它们的碱性和亲核性，以及在芳胺分子中连于芳环上的氨基（或 N-取代氨基）对芳环上亲电取代反应高的致活性。

（1）胺的碱性和成盐反应

胺能与酸反应生成盐：

$$\geqslant N: + H—A \rightleftharpoons \geqslant \overset{+}{N}—H + :A^-$$

胺的碱性远远强于醇、醚和水。胺的水溶液和氨一样发生解离反应而呈碱性：

$$RNH_2 + H_2O \rightleftharpoons RNH_3^+ + OH^-$$

$$K_b = \frac{[RNH_3^+][OH^-]}{[RNH_2]} \qquad pK_b = -\lg K_b$$

胺的碱性以碱式解离常数 K_b 或其负对数 pK_b 表示。K_b 愈大或 pK_b 愈小，则碱性愈强；K_b 愈小或 pK_b 愈大，则碱性愈弱。

许多情况下，胺的碱性也可用其共轭酸铵离子的解离常数 K_a 或 pK_a 来表示：

$$RNH_3^+ + H_2O \rightleftharpoons RNH_2 + H_3O^+$$

$$K_b = \frac{[RNH_2][H_3O^+]}{[RNH_3^+]} \qquad pK_b = -\lg K_b$$

$$pK_a + pK_b = 14$$

K_a 愈小或 pK_a 愈大，则胺的碱性愈强。下面是几个胺的 pK_a 值：

	NH_3	$CH_3CH_2NH_2$	四氢吡咯（N—H）	$(CH_3)_3N$	苯胺（NH_2）	吡啶	吡咯（N—H）
pK_a	9.26	10.81	11.27	9.81	4.63	5.25	0.4

在水溶液中，脂肪胺一般以仲胺的碱性最强。但是，无论伯、仲或叔胺，其碱性都比氨强。芳香胺的碱性则比氨弱。在水溶液中，胺和 NH_3 的碱性强弱次序为

$$(CH_3)_2NH > CH_3NH_2 > (CH_3)_3N > NH_3 > \text{吡啶} > \text{苯胺} > \text{吡咯}$$

影响脂肪胺碱性强弱的因素有三个。

① 电子效应　胺分子中与氮原子相连的烷基具有给电子诱导效应（+I），使氮上的电子云密度增加，从而增强了对质子的吸引能力，生成的铵离子也因正电荷得到分散而比较稳定。因此，氮上烷基数增多，碱性增强。

② 溶剂化效应　在水溶液中，胺的碱性还与和质子结合后形成的铵离子发生溶剂化效应的难易有关。氮原子上所连的氢越多，则与水形成氢键的机会就越多，溶剂化程度就越大，铵离子就越稳定，胺的碱性也就增强。

$$R_2\overset{+}{N}\begin{matrix} H\text{---}\ddot{O}(H)—H \\ H\text{---}\ddot{O}(H)—H \end{matrix} > R_3\overset{+}{N}—H\text{---}\ddot{O}(H)H$$

③ 位阻效应　胺分子中的烷基数目越多、体积越大，则占据空间就越大，使质子不易靠近氮原子，因而胺的碱性就降低。

胺的碱性强弱是电子效应、溶剂化效应和位阻效应共同作用的结果。

芳香胺的碱性比脂肪胺弱得多。这是因为苯胺中氮原子的未共用电子对与苯环的 π 电子产生共轭作用，氮原子上的电子云部分地转向苯环，因此氮原子与质子的结合能力降低，故苯胺的碱性比氨弱得多。

芳香胺氮原子上所连的苯环越多，孤对电子与各个苯环的共轭效应越强，碱性也就越弱。所以，可以看到，在水溶液中，苯胺、二苯胺、三苯胺的碱性强弱次序是：苯胺＞二苯胺＞三苯胺。

芳环上的取代基对苯胺的碱性影响非常大，取代基的供电子诱导效应或共轭效应都使碱性增强。

胺有碱性，故能与许多酸作用生成盐。例如：

$$C_6H_5-NH_2 + HCl \longrightarrow C_6H_5-NH_2\cdot HCl \left(\text{或}\ C_6H_5-\overset{+}{N}H_3Cl^-\right)$$

苯胺盐酸盐(氯化苯铵)

季铵盐多为结晶形固体，易溶于水。胺的成盐性质在医学上有实用价值。有些胺类药物在制成盐后，不但水溶性增加，而且比较稳定。例如，局部麻醉剂普鲁卡因，在水中溶解度小且不稳定，常将其制成盐酸盐，以增加其在水溶液中的溶解性。

$$H_2N-C_6H_4-COOCH_2CH_2N(C_2H_5)_2\cdot HCl$$

盐酸普鲁卡因

胺是弱碱，它们的盐与强碱（如 NaOH）作用时，能使胺游离出来。利用胺的碱性及胺盐在不同溶剂中的溶解性，可以分离和提纯胺。例如，在含有杂质的胺（液体或固体）中加入无机强酸溶液使其呈强酸性，则胺就转变为铵盐溶解，这样就有可能与不溶的其他有机杂质分离。将铵盐的水溶液分离出来，再加以碱化，使游离胺析出。然后过滤或用水蒸气蒸馏，则可得到纯净的胺。

$$R\overset{+}{N}H_3X^- + NaOH \longrightarrow RNH_2 + NaX + H_2O$$

（2）烷基化和季铵碱的热反应

胺和氨一样可与卤代烃和醇等烷基化试剂反应得到季铵盐：

$$C_6H_5-NR_2 + RX \longrightarrow \left[R_3\overset{+}{N}-C_6H_5\right]X^-$$

季铵盐在有机相和水相中都有一定的溶解度，它可使某一负离子从一相转移到另一相中，促使反应发生。季铵盐只是起到一个“运输”负离子的作用，而其本身在整个反应过程中并没有消耗。因此，季铵盐也是一类相转移催化剂（见 9.17.5）。

季铵盐受热时分解，生成叔胺和卤代烃。

$$[R_4N^+]X^- \xrightarrow{\triangle} R_3N + RX$$

季铵盐与氢氧化钠等强碱作用时不能使胺游离出来，而是得到含有季铵碱的平衡混合物。在醇溶液中卤化季铵盐能与氢氧化钾反应得到季铵碱；与氢氧化钠或氢氧化钾相当，是强碱。季铵碱有相当强的吸潮性，能吸收空气中的二氧化碳。

$$Ag_2O + H_2O \rightleftharpoons 2AgOH$$

$$R_4N^+X^- + AgOH \longrightarrow R_4\overset{+}{N}OH^- + AgX\downarrow$$

含有β-氢原子的季铵碱受热分解时，发生 E2 反应，生成烯烃和叔胺。

$$\left[CH_3-\underset{CH_3}{\overset{CH_3}{N}}-CH_2CH_2CH_3 \right]^+ OH^- \xrightarrow{\triangle} H_2C=CHCH_3 + (CH_3)_3N$$

当季铵碱的一个基团上有两个β-位的氢时，消除就有两种可能，主要消除的是酸性较强的氢，也就是β-碳上取代基较少的β-氢。烯烃的结构与卤代烃或醇发生消除反应时所发生的 Saytzeff 规则正相反。

$$\underset{CH_3}{\overset{CH_3CHCH_2CH_3}{CH_3-\overset{|}{N^+}-CH_3}} \quad OH^- \xrightarrow{\triangle} \underset{5\%}{CH_3CH=CHCH_3} + \underset{95\%}{CH_3CH_2CH=CH_2} + (CH_3)_3N$$

Hofmann 根据很多实验结果发现这一个规则，称为 Hofmann 规则。在季铵碱的消除反应中，总是较少烷基取代的β-碳原子上的氢优先被消除。因此，季铵碱的消除反应也常称为 Hofmann 消除反应，生成的烯烃有的被称为 Hofmann 烯，以区别于根据 Saytzeff 规则形成的烯烃的结构。Hofmann 消除反应可被用来推测胺的结构。先用过量的碘甲烷与胺作用，使胺转变为季铵盐，即发生彻底甲基化。再用湿的氧化银处理，得到季铵碱；季铵碱受热分解生成叔胺和烯烃。根据烯烃的结构可推测出原来胺分子的结构。

(3) 酰化反应和兴斯堡反应及应用

伯、仲胺都能与酰氯、酸酐等酰化剂作用，氨基上的氢原子被酰基取代，生成酰胺，这种反应叫做胺的酰化。叔胺因氮上没有氢，故不发生酰化反应。

$$R'-\overset{O}{\overset{\|}{C}}-Cl + RNH_2 \longrightarrow R'-\overset{O}{\overset{\|}{C}}-NHR + HCl$$

$$R'-\overset{O}{\overset{\|}{C}}-Cl + \begin{matrix} R \diagdown \\ \quad NH \\ R \diagup \end{matrix} \longrightarrow R'-\overset{O}{\overset{\|}{C}}-NR_2 + HCl$$

$$R-\overset{O}{\overset{\|}{C}}-NHR \xrightarrow[\text{或}OH^-]{H_3O^+} RCOO^- + RNH_3^+$$

酰胺是晶形很好的固体，所以利用酰化反应可以鉴定伯胺和仲胺。因叔胺不起酰化反应，故用这一性质来区别叔胺，并可以从伯、仲、叔胺的混合物中把叔胺分离出来。此外，酰胺在酸或碱的催化下，可水解游离出原来的胺。因此在有机合成中可以用酰化的方法保护芳胺的氨基。例如：

$$C_6H_5NH_2 \xrightarrow{(CH_3CO)_2O} C_6H_5NHCOCH_3 \xrightarrow[15℃]{HNO_3,\ H_2SO_4} p\text{-}O_2NC_6H_4NHCOCH_3 \xrightarrow[\triangle]{H_3O^+} p\text{-}O_2NC_6H_4NH_2$$

磺酰氯，特别是苯磺酰氯及对甲苯磺酰氯，常用于伯胺、仲胺的酰化。例如：

$$RNH_2(R') + C_6H_5SO_2Cl \xrightarrow{\text{碱}} C_6H_5SO_2NHR(R') + HCl$$

磺酰化反应在碱性条件下进行，伯胺反应产生的磺酰胺的氮上还有一个氢，因受磺酰基影响，具有弱酸性（$PhSO_2NH_2$，$pK_a \approx 10$），可以溶于碱成盐；仲胺形成的磺酰胺，因氮上无氢不溶于碱；叔胺不发生磺酰化反应。这些性质上的不同，可用于三类胺的分离与鉴定，这个反应称为兴斯堡（Hinsberg O）反应：

$$RNH_2 + C_6H_5-SO_2Cl \longrightarrow C_6H_5-SO_2\overset{H}{N}R \xrightarrow{NaOH} C_6H_5-SO_2\bar{N}RNa^+$$

$$R_2NH + C_6H_5-SO_2Cl \longrightarrow C_6H_5-SO_2NR_2 \quad \text{不溶于NaOH}$$

$$R_3N + C_6H_5-SO_2Cl \longrightarrow \text{不发生反应}$$

（4）与醛、酮的反应

在弱酸性（pH3～4）条件下，伯胺与醛、酮的羰基发生加成，氮上还有氢发生消除反应，失去一分子水生成亚胺，亚胺氢化得到取代胺。例如：

$$RCH_2-\overset{O}{\overset{\|}{C}}H(R') + H_2NR'' \xrightarrow{-H_2O} RCH_2-\overset{NR''}{\overset{\|}{C}}-H(R') \xrightarrow{H_2,\ Ni} RCH_2\overset{NHR''}{\overset{|}{C}}H_2(R')$$

仲胺与醛、酮反应，若醛、酮 α-碳原子上还有氢，则采取另一种脱水方式而生成烯胺（enamine），烯胺和烯醇类似，也可以在双键碳上发生亲电取代反应，结果相当于在原醛、酮的 α-碳上发生了亲电取代反应，引入一个烃基或酰基。这一反应在有机合成上非常有用。

$$-\overset{|}{C}=\overset{|}{C}-\ddot{N}R_2 \longleftrightarrow -\underset{|}{\overset{|}{C}^-}-\overset{|}{C}=\overset{+}{N}R_2 \xrightarrow{R'X} -\underset{|}{\overset{R'}{\overset{|}{C}}}-\overset{|}{C}=\overset{+}{N}R_2 \xrightarrow{H_2O} -\underset{|}{\overset{R'}{\overset{|}{C}}}-\overset{|}{C}=O$$

烯胺与 α,β-不饱和醛酮、酯、腈也能进行 Michael 加成反应（参见 11.13.6）。

（5）与亚硝酸的反应

各类胺与亚硝酸反应可生成不同产物。由于亚硝酸不稳定，常用亚硝酸钠加盐酸（或硫酸）代替亚硝酸来进行反应。脂肪族伯胺与亚硝酸作用先生成极不稳定的脂肪族重氮盐，它立即分解成氮气和一个碳正离子，然后此碳正离子可发生各种反应生成醇、烯烃、卤代烃等混合物，所以这个反应没有合成价值。

$$RNH_2 + HNO_2 \longrightarrow [R\overset{+}{N}_2X^-] \longrightarrow N_2 + R^+ + X^-$$
$$R^+ \longrightarrow ROH,\ RCl,\ \text{烯烃}$$

由于此反应能定量地放出氮气，故可用来分析伯胺及氨基化合物。

芳香族伯胺与脂肪族伯胺不同，在低温和强酸存在下，与亚硝酸作用则生成芳香族重氮盐（diazo salt），这个反应称为重氮化反应（diazo reaction）。这是一个很重要的有机反应，应用广泛（参见 12.3）。

仲胺与亚硝酸作用生成 N-亚硝基胺。例如：

$$(H_3C)_2NH + HONO \longrightarrow (H_3C)_2N-N=O + H_2O$$

N-亚甲基二甲胺

$$C_6H_5-\underset{CH_3}{\underset{|}{N}H} + HONO \longrightarrow C_6H_5-\underset{CH_3}{\underset{|}{N}}-N=O + H_2O$$

N-甲基-N-亚硝基苯胺

N-亚硝基胺为黄色的中性油状物质，是较强的致癌物质，不溶于水，可从溶液中分离出来，与稀酸共热分解为原来的仲胺，故可利用这一性质鉴别、分离或提纯仲胺。

脂肪族叔胺因氮上没有氢，与亚硝酸作用时只能生成不稳定的亚硝酸盐，很易水解，加碱又得到游离的叔胺。

芳香族叔胺与亚硝酸作用，发生环上取代反应，在芳香环上引入亚硝基，生成对亚硝基取代物，在酸性溶液中呈黄色，若对位上已有取代基，则亚硝基取代在邻位。

由于三种胺与亚硝酸的反应不同，所以可利用与亚硝酸的反应鉴别伯、仲、叔胺。

（6）芳胺的亲电取代反应

氨基是强邻对位定位基，在邻对位上易发生亲电取代反应。苯胺在水溶液中与溴的反应是快速且定量的，得到三溴取代物。例如：

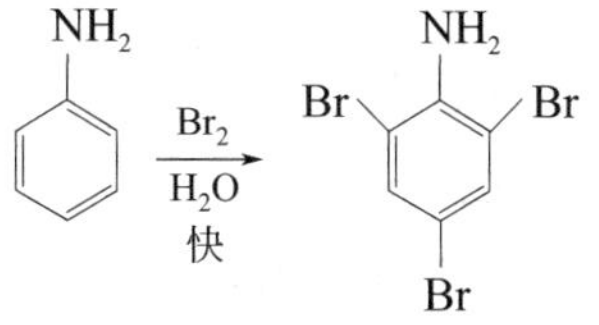

NH_2 $\xrightarrow[H_2O\ 快]{Br_2}$ NH_2 Br Br Br

2,4,6-三溴苯胺的碱性很弱，在水溶液中不能与氢溴酸成盐，因而生成白色沉淀，反应完全。此反应可用来鉴定苯胺和进行定量分析。要想得到一取代产物，可先对苯胺进行乙酰化，苯胺酰化后仍保持邻对位定位效应，但活化效应减弱。例如：

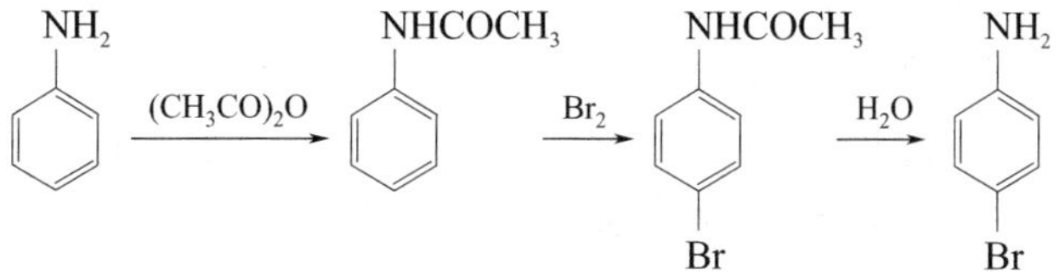

NH_2 $\xrightarrow{(CH_3CO)_2O}$ $NHCOCH_3$ $\xrightarrow{Br_2}$ $NHCOCH_3$ Br $\xrightarrow{H_2O}$ NH_2 Br

苯胺与硝酸/硫酸混酸作用生成间硝基苯胺，通常的做法是，先将苯胺溶于浓硫酸中生成苯胺硫酸盐，$—NH_3^+$是间位定位基，并能稳定苯环，再经硝化时氨基不会被硝酸氧化，主要得到间位取代产物。

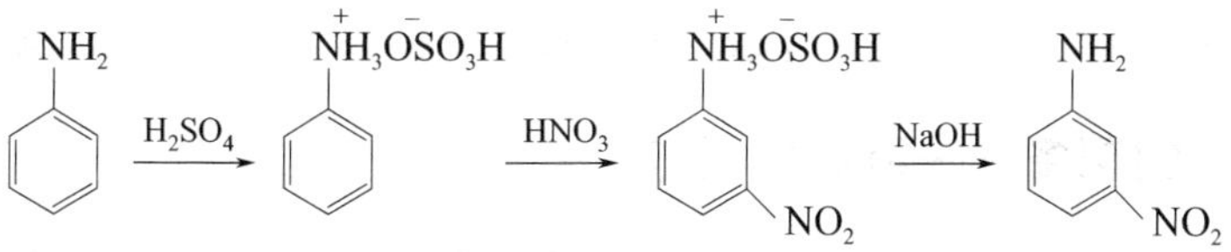

NH_2 $\xrightarrow{H_2SO_4}$ $\overset{+}{N}H_3\overset{-}{O}SO_3H$ $\xrightarrow{HNO_3}$ $\overset{+}{N}H_3\overset{-}{O}SO_3H$ NO_2 $\xrightarrow{NaOH}$ NH_2 NO_2

苯胺与浓硫酸混合形成苯胺硫酸盐后在 180～190℃烘焙，得到对氨基苯磺酸。对氨基苯磺酸是一种内盐。

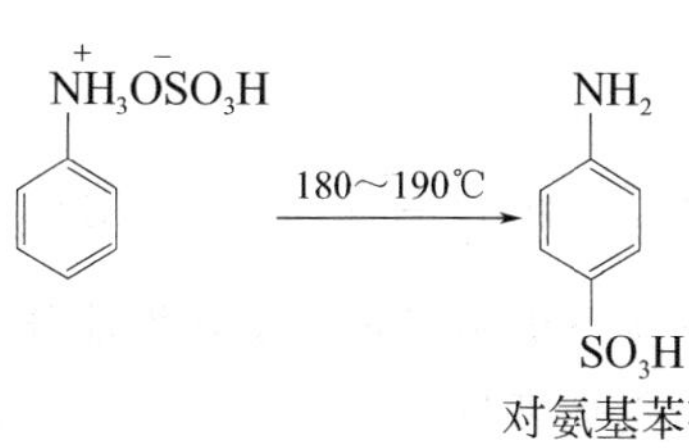

$\overset{+}{N}H_3\overset{-}{O}SO_3H$ $\xrightarrow{180～190℃}$ NH_2 SO_3H

对氨基苯磺酸

芳胺极易氧化，如苯胺遇漂白粉溶液呈紫色（含有醌型结构的化合物），可用来检验苯胺。芳胺的盐及 N,N-二取代的芳胺较难氧化。

12.3 重氮和偶氮化合物

分子中含有—N═N—原子团，而且这个原子团的两端都和碳原子相连的化合物叫做偶氮化合物（azoic compound）。它们可以用通式 R—N ═N—R′来表示，其中 R、R′可以是脂肪族烃基或芳香族烃基。例如：

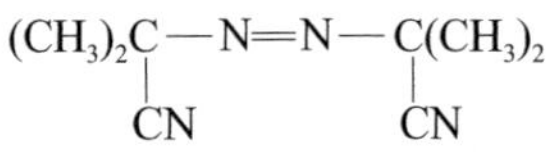

$$\underset{\text{CN}}{(CH_3)_2C}-N=N-\underset{\text{CN}}{C(CH_3)_2}$$

偶氮二异丁腈

$$C_6H_5-N=N-C_6H_5$$

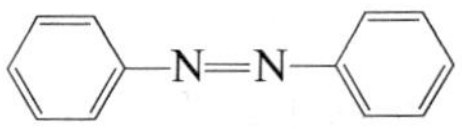

偶氮苯

R、R′均为脂肪族烃基的偶氮化合物，在光照或加热时容易分解，释放出氮气并产生自由基。故此类偶氮化合物是产生自由基的重要来源之一，可用作自由基引发剂。例如偶氮二异丁腈即是一种自由基聚合反应中常用的自由基引发剂，其特点是在较低温度或光照下便能分解产生自由基。

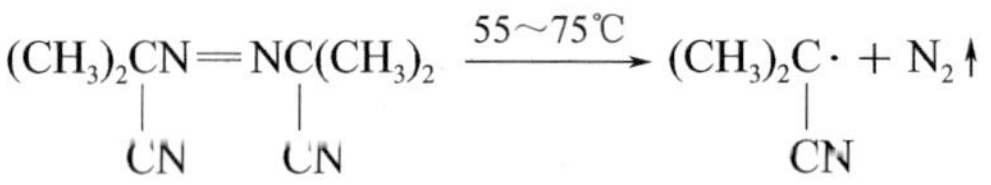

$$\underset{\text{CN}}{(CH_3)_2C}N=N\underset{\text{CN}}{C(CH_3)_2} \xrightarrow{55\sim75^{\circ}C} \underset{\text{CN}}{(CH_3)_2C\cdot} + N_2\uparrow$$

R、R′均为芳基时，这样的化合物十分稳定，光照或加热都不能使其分解，从而也不能产生自由基。许多芳香族偶氮化合物的衍生物，是一类重要的合成染料（参见 12.4）。

如果—N ═N—基中只有一个氮原子与烃基相连，而另一个氮原子连接的基团不是烃基，这样的化合物叫做重氮化合物。例如：

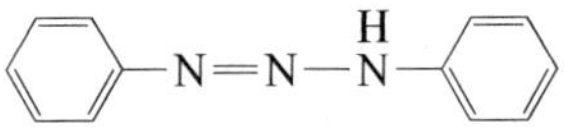

$$C_6H_5-N=N-NH-C_6H_5$$

苯重氮氨基苯

$$C_6H_5-N=N-NH-C_6H_4-CH_3$$

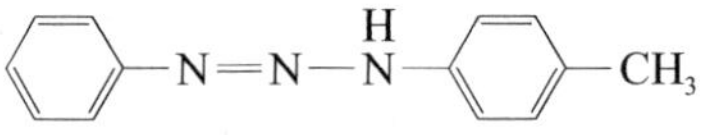

苯重氮氨基对甲苯

另一类更为重要的重氮化合物，叫做重氮盐，例如：

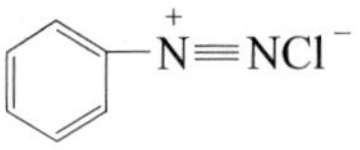

$$C_6H_5-\overset{+}{N}\equiv NCl^-$$

氯化重氮苯

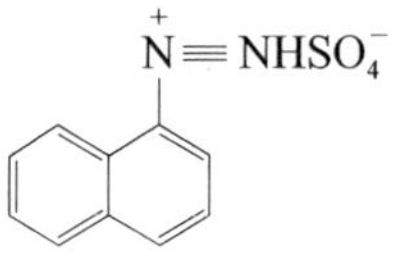

$$C_{10}H_7-\overset{+}{N}\equiv NHSO_4^-$$

α-萘基重氮硫酸盐

$$C_6H_5-\overset{+}{N}\equiv NBF_4^-$$

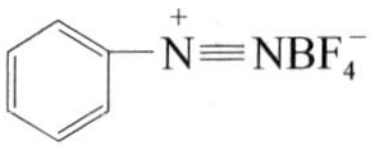

苯重氮氟硼酸盐

12.3.1 重氮盐的制备——重氮化反应

芳香族伯胺在低温（一般为 0～5℃）和强酸（通常为盐酸和硫酸）溶液中与亚硝酸钠作用，生成重氮盐的反应称为重氮化反应。例如：

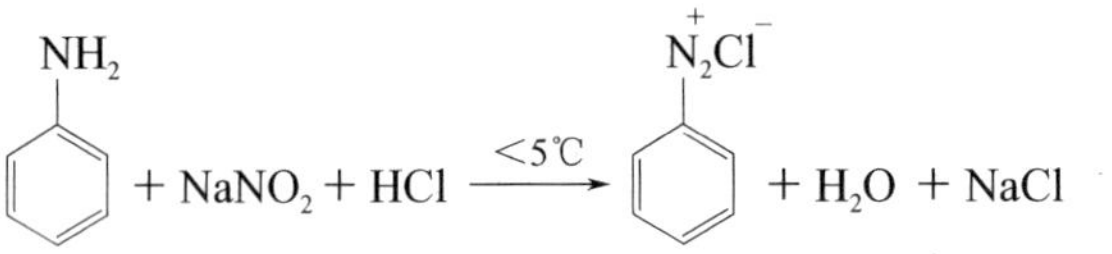

$$C_6H_5NH_2 + NaNO_2 + HCl \xrightarrow{<5^{\circ}C} C_6H_5\overset{+}{N_2}Cl^- + H_2O + NaCl$$

芳香族重氮盐是固体，干燥情况下极不稳定，爆炸性能强，但比脂肪族重氮盐稳定，一般不将它从溶液中分离出来，而是直接进行下一步反应。重氮盐不溶于醚，但能溶于水，水溶液呈中性。

重氮盐结构式可表示为：$[Ar\overset{+}{N}\equiv N]X^-$ 或简写成 $ArN_2^+X^-$，重氮正离子的两个氮原子和苯环相连的碳原子是线型结构，两个氮原子的 π 轨道与苯环的 π 轨道形成离域的共轭体系，重氮正离子可用下列共振式表示：

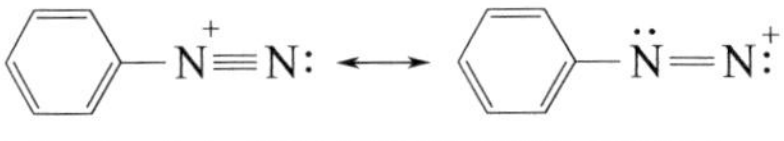

$$C_6H_5-\overset{+}{N}\equiv N: \longleftrightarrow C_6H_5-\ddot{N}=\overset{+}{N}:$$

由于重氮正离子中氮原子上的正电荷可以离域到芳环上，因此它是一个很弱的亲电试剂。重氮盐的稳定性受苯环上的取代基和酸根的影响，取代基为卤素、硝基、磺酸基等吸电子基团时能增强重氮盐的稳定性，硫酸根重氮盐要比盐酸盐稳定。通过重氮盐的反应，可以制备许多芳香族化合物。芳香族重氮盐的反应主要分为放氮（重氮基被取代的）反应和保留氮（偶合、还原）反应两大类。

12.3.2 重氮盐的反应及其在合成上的应用

（1）取代反应

重氮基（$—N^+≡N$）在不同条件下，可被羟基、卤素、氰基、氢原子等取代，生成相应的芳香族衍生物，放出氮气。因此，利用这些反应可以从芳香烃开始合成一系列芳香族化合物。

$$\text{Ar—H} \xrightarrow[\text{HNO}_3]{\text{H}_2\text{SO}_4} \text{Ar—NO}_2 \xrightarrow[\text{HCl}]{\text{Fe}} \text{Ar—NH}_2$$

$$\text{Ar—NH}_2 \xrightarrow[\text{HCl, 0～5℃}]{\text{NaNO}_2} \text{Ar—}\overset{+}{\text{N}}_2\overset{-}{\text{Cl}} \begin{cases} \xrightarrow[\triangle]{\text{H}_2\text{O}} \text{Ar—OH} \\ \xrightarrow[\text{HCl}]{\text{CuCl}} \text{Ar—Cl} \\ \xrightarrow{\text{KI}} \text{Ar—I} \\ \xrightarrow[\text{KCN}]{\text{CuCN}} \text{Ar—CN} \\ \xrightarrow[\text{或H}_3\text{PO}_2]{\text{C}_2\text{H}_5\text{OH}} \text{Ar—H} \end{cases}$$

加热芳香族重氮盐的酸性水溶液，即有氮气放出，同时生成酚，故又称重氮盐的水解反应。这是由氨基通过重氮盐制备酚的最普通的方法。例如：

$$\text{H}_3\text{C—C}_6\text{H}_3(\text{Br})\text{—NH}_2 \xrightarrow[<5℃]{\text{NaNO}_2,\ \text{H}_2\text{SO}_4} \text{H}_3\text{C—C}_6\text{H}_3(\text{Br})\text{—}\overset{+}{\text{N}}_2\text{HSO}_4^- \xrightarrow[\text{H}_2\text{O, 130～135℃}]{\text{Na}_2\text{SO}_4,\ \text{H}_2\text{SO}_4} \text{H}_3\text{C—C}_6\text{H}_3(\text{Br})\text{—OH}$$

80%～90%

利用重氮盐的水解反应，可用于制备无异构体的酚或用其他方法难以得到的酚。例如，由对二氯苯制备 2,5-二氯苯酚。

$$\text{Cl—C}_6\text{H}_4\text{—Cl} \xrightarrow[\triangle]{\text{HNO}_3,\ \text{H}_2\text{SO}_4} \text{Cl—C}_6\text{H}_3(\text{NO}_2)\text{—Cl} \xrightarrow[\triangle]{\text{Fe, HCl}} \text{Cl—C}_6\text{H}_3(\text{NH}_2)\text{—Cl} \xrightarrow[0～5℃]{\text{NaNO}_2,\ \text{H}_2\text{SO}_4}$$

$$\text{Cl—C}_6\text{H}_3(\overset{+}{\text{N}}_2\text{HSO}_4^-)\text{—Cl} \xrightarrow[\triangle]{\text{稀H}_2\text{SO}_4} \text{Cl—C}_6\text{H}_3(\text{OH})\text{—Cl}$$

重氮盐的水解反应分两步进行。首先是重氮盐分解失去氮生成苯基正离子，这是决定反应速率的一步。苯基正离子一旦生成，立即与溶液中亲核的水分子反应生成酚。这类反应为芳环上的单分子亲核取代反应（S_N1）。例如：

$$\text{C}_6\text{H}_5\text{—}\overset{+}{\text{N}}_2 \longrightarrow \text{C}_6\text{H}_5^+ + \text{N}_2$$

$$\text{C}_6\text{H}_5^+ + \text{H}_2\text{O} \longrightarrow \text{C}_6\text{H}_5\text{—OH}_2^+ \xrightarrow{-\text{H}^+} \text{C}_6\text{H}_5\text{—OH}$$

由于苯基正离子是因失去 σ 电子形成的。空轨道为 sp^2 杂化轨道，它与苯环的 π 轨道不能共轭，故正电荷集中在一个碳原子上，能量较高，却很活泼。

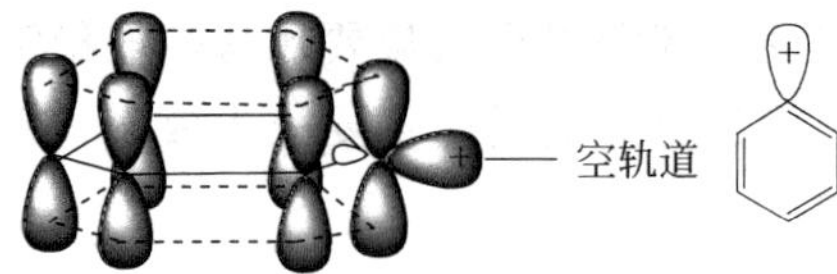

苯基正离子轨道图

虽然苯基正离子很不稳定，在通常情况下难以生成，但在重氮正离子中，由于 N_2^+ 是一个很好的离去基团，且离去后生成很稳定的氮分子（热力学推动力）和活泼的苯基正离子，所以重氮盐的水解反应很容易进行。

在用重氮盐制备酚时，通常用芳香族重氮硫酸盐，在强酸性的热硫酸溶液中进行。因为若采用重氮盐酸盐在盐酸溶液中进行，由于 Cl^- 的亲核性比 HSO_4^- 强，Cl^- 作为亲核试剂也能与苯基正离子反应，生成氯代副产物。另外，水解反应中已生成的酚易与尚未反应的重氮盐发生偶合反应，强酸性的硫酸溶液不仅可使偶合反应减少到最低程度，而且还可以提高分解反应的温度，使水解反应进行得更加迅速、彻底。

在氯化亚铜的盐酸溶液的作用下，芳香族重氮盐分解，放出氮气，同时重氮基被氯原子取代。如用重氮氢溴酸盐和溴化亚铜，则得到相应的溴化物。此反应称为 Sandmeyer 反应。例如：

$$C_6H_5N_2Cl \xrightarrow{CuCl} C_6H_5Cl + N_2\uparrow \qquad C_6H_5N_2Cl \xrightarrow{CuBr} C_6H_5Br + N_2\uparrow$$

在制备溴化物时，可用硫酸代替氢溴酸进行重氮化，因为它对溴化物的产率只有轻微的影响，且价格便宜。但不宜用盐酸代替，否则将得到氯化物和溴化物的混合物。将 CuI 或 CuF 用于 Sandmeyer 反应，不能得到相应的碘化物或氟化物。

用铜粉代替氯化亚铜或溴化亚铜，加热重氮盐，也可得到相应的卤化物，此反应称为 Gattermann 反应。例如：

$$o\text{-}CH_3C_6H_4NH_2 \xrightarrow{NaNO_2,\ HBr} o\text{-}CH_3C_6H_4N_2^+Br^- \xrightarrow{\text{Cu粉，}\triangle} o\text{-}CH_3C_6H_4Br$$

虽然该反应操作较 Sandmeyer 反应简单，但除个别反应外，产率一般不比 Sandmeyer 反应高，有的还要低一些。

芳环上直接碘化是困难的，但重氮基比较容易被 I 取代。加热重氮盐的碘化钾溶液，即可生成相应的碘化物，产率尚好。例如：

$$p\text{-}O_2NC_6H_4NH_2 \xrightarrow[HCl,\ 0\sim5^{\circ}C]{NaNO_2,\ H_2SO_4} p\text{-}O_2NC_6H_4N_2HSO_4 \xrightarrow[\triangle]{KI} p\text{-}O_2NC_6H_4I + N_2\uparrow$$

重氮盐溶液中加入氟硼酸生成氟硼酸重氮盐，小心加热，逐渐分解而制得相应的氟取代的芳香族化合物。这个反应又称希曼（Schiemann）反应。

$$m\text{-}CH_3C_6H_4NH_2 \xrightarrow[HCl]{NaNO_2} m\text{-}CH_3C_6H_4N_2Cl \xrightarrow{HBF_4} m\text{-}CH_3C_6H_4N_2BF_4 \xrightarrow{\triangle} m\text{-}CH_3C_6H_4F$$

在有机合成中，利用重氮基被卤原子取代的反应，可制备某些不易或不能用直接卤化法得到的卤代芳烃及其衍生物。

重氮盐与氰化亚铜的氰化钾水溶液作用，或在铜粉存在下，和氰化钾溶液作用，重氮基被氰基取代。前者属于 Sandmeyer 反应，后者属于 Gattermann 反应。例如：

$$p\text{-}O_2NC_6H_4NH_2 \xrightarrow[5\sim10℃]{NaNO_2,\ H_2SO_4} p\text{-}O_2NC_6H_4\overset{+}{N_2}HSO_4^- \xrightarrow[60\sim70℃]{CuCN,\ KCN} p\text{-}O_2NC_6H_4CN\ (75\%)$$

利用 Sandmeyer 反应所得到的产率，一般比 Gattermann 反应高。由于苯的直接氰化是不可能的，因此，由重氮盐引入氰基是非常重要的，氰基可以转变成羧基、氨甲基等，因此通过重氮盐可把芳环上的氨基转变成羧基、氨甲基等，这在有机合成中是很有意义的。例如，由甲苯合成对甲基苯甲酸：

$$C_6H_5CH_3 \xrightarrow[(2)\ H_2,\ Ni]{(1)\ HNO_3,\ H_2SO_4} p\text{-}CH_3C_6H_4NH_2 \xrightarrow[0\sim5℃]{NaNO_2,\ HCl} p\text{-}CH_3C_6H_4\overset{+}{N_2}Cl^- \xrightarrow[\triangle]{CuCN,\ KCN} p\text{-}CH_3C_6H_4CN \xrightarrow[\triangle]{H_2O,\ H^+} p\text{-}CH_3C_6H_4COOH$$

重氮盐与次磷酸（H_3PO_2）作用，重氮基可被氢原子取代。重氮盐是由伯胺制得的，这个反应提供了一个从芳环上除去氨基的方法。这一反应也称为脱氨基反应（deamination）。利用脱氨基反应，可以在苯环上先引入一个氨基，借助氨基的定位效应来引导亲电取代反应中取代基进入苯环的位置，然后再把氨基除去。例如，以苯为原料合成 1,3,5-三溴苯时，苯直接溴化是得不到这个化合物的，但苯胺溴化却容易得到 2,4,6-三溴苯胺。因此，可以先使苯通过硝化、还原得苯胺，苯胺溴化后再通过重氮盐而除去氨基，即可达到合成 1,3,5-三溴苯的目的。反应如下所示：

$$C_6H_5NH_2 \xrightarrow{Br_2(水)} 2,4,6\text{-}Br_3C_6H_2NH_2 \xrightarrow[H_2SO_4]{NaNO_2} 2,4,6\text{-}Br_3C_6H_2N_2HSO_4 \xrightarrow{H_3PO_2} 1,3,5\text{-}Br_3C_6H_3 + N_2\uparrow$$

（2）偶联反应

重氮盐是一个较弱的亲电试剂，可以和活泼的芳香族化合物（芳胺和酚）作用，发生苯环的亲电反应，失去一分子 HX，生成偶氮化合物。这个反应称为偶联反应（coupling reaction）。

$$C_6H_5N_2X + C_6H_5G \longrightarrow \left[C_6H_5-N=N-\overset{H}{C_6H_5^{\oplus}}-G\right]X^- \longrightarrow C_6H_5-N=N-C_6H_4-G$$

偶氮化合物

G= — OH, — NR_2, — NHR, — NH_2

重氮盐与酚偶联时，在微弱碱性溶液中进行最快。因为在碱性溶液中酚生成苯氧离子（ArO^-），苯氧离子比游离酚更容易发生环上的亲电取代反应，因而有利于偶联反应的进行。如果溶液的碱性太大（pH>10），重氮盐将与碱作用，生成不能进行偶合反应的重氮碱或重氮酸盐。因为在碱性溶液中，重氮离子存在下列平衡：

$$Ar\overset{+}{N}\equiv N \underset{H^+}{\overset{OH^-}{\rightleftharpoons}} Ar-N=N-OH \underset{H^+}{\overset{OH^-}{\rightleftharpoons}} Ar-N=N-O^-$$

重氮离子（能偶合）　重氮盐（不能偶合）　重氮酸离子（不能偶合）

重氮盐与芳胺偶联是在微酸性溶液（pH5～7）中进行最快，因为在这种条件下，重氮盐的浓度最大，如果酸性太强，则芳胺形成铵盐，氨基形成$-\overset{+}{N}-H$，这是一个吸电子基，使苯环钝化，不利于偶联反应的进行。重氮盐与酚或芳胺的偶联反应，一般是在羟基或氨基的对位上发生，如果对位上有其他取代基时，则在邻位上发生。例如：

$$C_6H_5N_2Cl + p\text{-}CH_3C_6H_4OH \xrightarrow{NaOH} C_6H_5-N=N-C_6H_3(OH)(CH_3)$$

重氮盐与芳胺或仲芳胺发生偶联反应时，氨基上的氢原子被取代。例如，重氮盐在弱酸性介质中与苯胺偶合时，首先发生氨基上的氢原子被取代的反应：

$$C_6H_5-N_2Cl + C_6H_5-NH_2 \xrightarrow{CH_3COONa} C_6H_5-N=N-NH-C_6H_5 + HCl$$

生成的重氮氨基苯，在稀盐酸存在下，受热则重排为对氨基偶氮苯：

$$C_6H_5-N=N-NH-C_6H_4-H \longrightarrow C_6H_5-N=N-C_6H_4-NH_2$$

用氯化亚锡和盐酸或亚硫酸钠还原重氮盐可得苯肼：

$$C_6H_5N_2Cl \xrightarrow[\text{或}Na_2SO_3]{SnCl_2+HCl} C_6H_5NHNH_2\cdot HCl \xrightarrow{NaOH} C_6H_5NHNH_2$$

用氯化亚锡和盐酸或硫代硫酸钠还原偶氮化合物，生成氢化偶氮化合物，继续还原则氮氮双键断裂而生成两分子芳胺。例如：

$$NaO_3S-C_6H_4-N=N-C_6H_4-OH \xrightarrow[\text{或}Na_2SO_4]{SnCl_2+HCl} HO-C_6H_4-NH_2 + H_2N-C_6H_4-SO_3Na$$

从生成的芳胺的结构，能推测原偶氮化合物的结构，因此可以用这一反应来分析偶氮染料（azo dye）的结构。这个还原反应还可以用来合成某些氨基酚或二胺。

12.4 偶氮化合物和偶氮染料

芳香族偶氮化合物都具有颜色，它们性质稳定，可广泛地用作染料，称作偶氮染料。其通式为：Ar—N═N—Ar，最简单的芳香族偶氮化合物是偶氮苯，它是芳香族偶氮化合物命名的母体。例如：

$$C_6H_5-N=N-C_6H_5$$　偶氮苯

$$C_6H_5-N=N-C_6H_4-N(CH_3)_2$$　对(*N*, *N*-二甲基)氨基偶氮苯

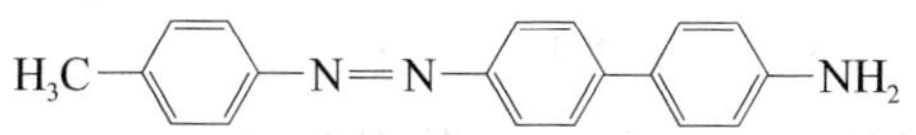

$$H_3C-C_6H_4-N{=}N-C_6H_4-C_6H_4-NH_2$$ 4-对氨基苯基-4′-甲基偶氮苯

复杂的偶氮化合物大多都有俗名。例如：

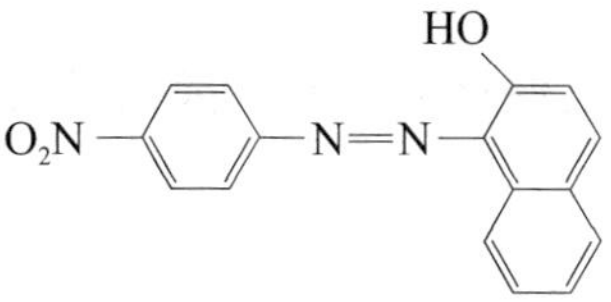

对位红 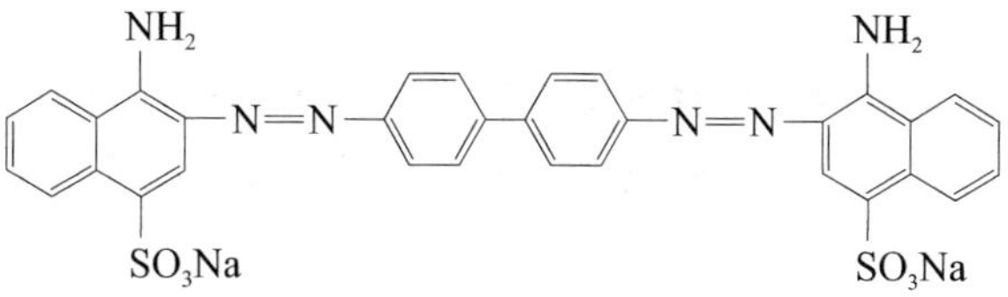　　　　刚果红

偶氮染料的分子中都具有偶氮基—N ═N—，这类化合物所以呈现颜色与这类基团有关，它们与苯环结构或其他共轭体系相结合，使分子的激发能降低，化合物的吸收光波向长波（即可见光）方向转移，因此使化合物产生颜色。这种官能团称为生色团(chromophore)。除偶氮基外，烯基、炔基、羰基和氰基也是生色团。

一些具有未共用电子对的原子团，如$—NR_2$、—NHR、$—NH_2$、—OH 等，它们本身不是生色团，但若把它们引入具有生色团的共轭体系之后，由于 p-π 共轭效应而使分子的激发能降低，导致生色或加深颜色，这种基团叫助色团（awxochrome）。此外偶氮染料分子中还含有磺酸基或羧基，它们能增加染料在水中的溶解度，以利于染色。

偶氮染料是印染工业上最主要的染料。它们的性质稳定，颜色齐全，使用方便，广泛用于棉、毛、丝、麻及合成纤维的染色。

12.5 重氮甲烷和卡宾

重氮甲烷 CH_2N_2 是脂肪族最简单也是最重要的重氮化合物。它是一个黄色有毒的气体，具有爆炸性，易溶于乙醚且稳定性增强。重氮甲烷非常活泼，能够发生多种类型的反应，在有机合成上是个重要的试剂。

重氮甲烷的结构比较特殊，根据测定，它是一个线性分子，但没有一个路易斯结构式能比较准确地表示它的结构。通常可用下列共振结构式来表示：

$$:\overset{-}{C}H_2—\overset{+}{N}{\equiv}N: \longleftrightarrow CH_2{=}\overset{+}{N}{=}\overset{-}{\underset{..}{N}}:$$

制备重氮甲烷的常用方法是将 *N*-甲基-*N*-亚硝基对甲苯磺酰胺在碱作用下分解：

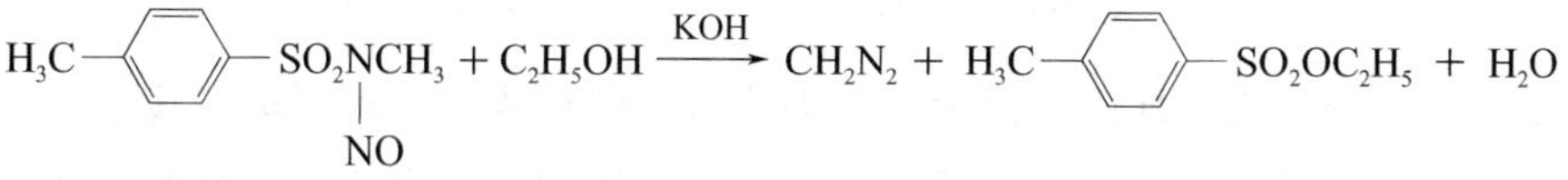

$$H_3C-C_6H_4-SO_2N(NO)CH_3 + C_2H_5OH \xrightarrow{KOH} CH_2N_2 + H_3C-C_6H_4-SO_2OC_2H_5 + H_2O$$

重氮甲烷的性质非常活泼，从共振式中可以看出，它的碳原子既有亲核性，又有亲电性，能发生多种类型的反应，而且反应条件温和，产量高，副反应少，因此它在有机合成上占有重要的地位。

重氮甲烷与羧酸作用生成羧酸甲酯，同时放出氮气：

$$RCOOH + CH_2N_2 \longrightarrow RCOOCH_3 + N_2\uparrow$$

其他酸性化合物也有类似的反应。例如：

$$ArOH + CH_2N_2 \longrightarrow ArOCH_3 + N_2\uparrow$$

$$RSO_3H + CH_2N_2 \longrightarrow RSO_3CH_3 + N_2\uparrow$$

醇或烯醇与重氮甲烷反应后生成甲基醚。例如：

$$ROH + CH_2N_2 \longrightarrow ROCH_3 + N_2\uparrow$$

$$CH_3COCH_2COOC_2H_5 + CH_2N_2 \longrightarrow H_3C\underset{\underset{OCH_3}{|}}{C}{=}CHCOOC_2H_5 + N_2\uparrow$$

重氮甲烷与酰氯反应生成重氮甲基酮。重氮甲基酮在氧化银催化下与水、醇或胺等作用，得到比原来酰氯多一个碳原子的羧酸或其衍生物。

$$R-\overset{\overset{O}{\|}}{C}-Cl + 2CH_2N_2 \longrightarrow R-\overset{\overset{O}{\|}}{C}-CHN_2 + CH_3Cl + N_2\uparrow$$

$$R-\overset{\overset{O}{\|}}{C}-CHN_2 \xrightarrow[H_2O]{Ag_2O} \left[R-\overset{\overset{O}{\|}}{C}-\ddot{C}H\right] \longrightarrow [RHC{=}C{=}O]$$

酰基卡宾　　　　烯酮

烯酮 $\xrightarrow{H_2O}$ RCH_2COOH；烯酮 $\xrightarrow{R'OH}$ RCH_2COOR'；烯酮 $\xrightarrow{NH_3}$ RCH_2CONH_2

重氮甲烷受光或热作用，分解生成卡宾，卡宾有时也称碳烯。

$$CH_2N_2 \xrightarrow{光或热} CH_2: + N_2\uparrow$$

卡宾结构中含有一个只有六个价电子的二价碳原子，这个碳原子带有一对未成键的电子，这对电子可以在一个轨道中，也可以分散在两个轨道中，因此碳烯存在单线态（singlet）和三线态（triplet）两种电子状态。

p轨道
sp²轨道
单线态
sp²杂化
100°～110°

p轨道
三线态
sp杂化
136°～180°

单线态卡宾能量较高，性质更活泼，失去能量后转变成能量较低的三线态卡宾。卡宾有很大的反应活性，一般生成后立即参与下一步反应。例如，当有烯烃存在时，光分解重氮甲烷，则得到环丙烷的衍生物。两种卡宾与烯烃加成的方式是不同的，单线态与烯烃加成是一步完成的，即亚甲基同时和双键的两个碳原子接近，形成过渡态，然后生成产物。因此烯烃与其作用后，生成的环丙烷上的取代基可以保持烯烃上的构型。例如：

$$CH_2: + \text{(顺-}H_3C(H)C{=}C(H)CH_3) \longrightarrow [\text{过渡态}]^{\ddagger} \longrightarrow \text{顺-1,2-二甲基环丙烷}$$

三线态卡宾是一个双自由基，按自由基加成，分两步进行：

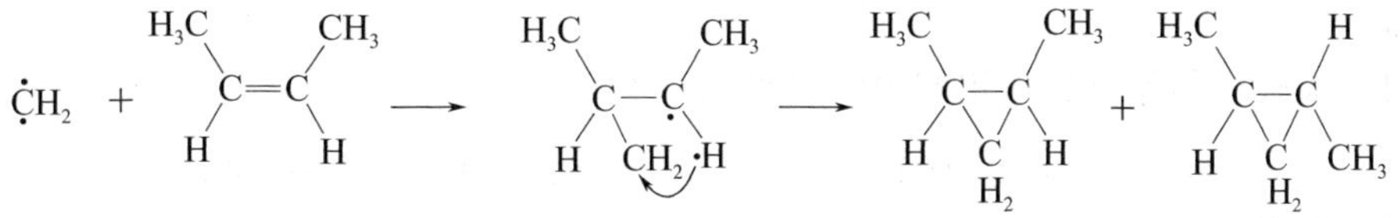

$$\dot{C}H_2 + (H_3C)HC{=}CH(CH_3) \longrightarrow H_3C(H)\dot{C}{-}\dot{C}H(CH_3)(CH_2\cdot H) \longrightarrow \text{顺式 1,2-二甲基环丙烷} + \text{反式 1,2-二甲基环丙烷}$$

因为生成的中间体有足够的时间沿着 C—C 键旋转，所以最后的生成物有顺式和反式两种异构体，即原料烯烃的构型不再保持。

12.6 叠氮化合物和胍

12.6.1 叠氮化合物

叠氮（azides）化合物 RN_3 可看作是叠氮酸（HN_3）的烃基衍生物，R 除了是烷基外，还可以是芳基或酰基。它们的结构可以用下列共振式表示：

$$RN_3(R-\ddot{\underset{..}{N}}-\overset{+}{N}{\equiv}N:) \longleftrightarrow R-\ddot{N}{=}\overset{+}{N}{=}\overset{-}{\underset{..}{N}}: \longleftrightarrow R-\overset{-}{\underset{..}{N}}-\underset{..}{N}{=}\overset{+}{N}:$$

烷基叠氮化合物是由卤代烷与叠氮化钠作用得到：

$$CH_3CH_2CH_2CH_2Br + NaN_3 \xrightarrow[H_2O]{CH_3OH} \underset{\text{丁基叠氮}}{CH_3CH_2CH_2CH_2N_3} + NaBr$$

酰氯与叠氮化合物作用得到酰基叠氮化合物：

$$RCOCl + NaN_3 \longrightarrow R-\overset{O}{\overset{\|}{C}}-N_3 + NaCl$$

12.6.2 胍

胍（uramine）是一个易潮解的晶体，有强碱性。胍主要以盐的形式保存，游离的胍不易分离得到。生物体内的胍以取代基的形式存在，在生理活动中有重要的意义。胍可以由氨基腈与氨发生加成反应得到。

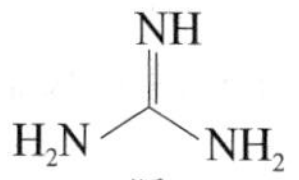

$$\underset{\text{胍}}{H_2N-\overset{NH}{\overset{\|}{C}}-NH_2}$$

12.7 腈、异腈和它们的衍生物

12.7.1 腈

腈可看作是氢氰酸分子中的氢原子被烃基取代后的化合物，其通式为（Ar)R—CN。氰基（—CN）是腈的官能团。氰基中的碳原子和氮原子以三键相连，与炔烃相似，也是由一个 σ 键和两个 π 键组成的。低级腈为无色液体，高级腈为固体。乙腈与水混溶，随分子量增加在水中的溶解度迅速降低，丁腈以上难溶于水。纯粹的腈没有毒性，但通常腈中都含有少量的异腈，而异腈是很毒的物质。由于腈分子的偶极矩大，腈的沸点比分子量相近的烃、醚、醛、酮和胺都要高得多；又因腈分子的极性大，乙腈（偶极矩 13.3×10^{-30} C·m)还能溶解许多盐类，因此乙腈是一个很好的溶剂。

腈的命名通常是根据分子中所含的碳原子数（氰基中的碳原子包括在内，且编号为 1）称为某腈；或以烃为母体、氰基作为取代基称为氰基某烷。例如，CH_3CH_2CN 称为丙腈或氰基乙烷。

腈可由卤代烷与氰化钠作用制得（参见 8.3.1）。

$$CH_3CH_2CH_2CH_2Br + NaCN \xrightarrow{\text{乙醇}} CH_3CH_2CH_2CH_2CN + NaBr$$

酰胺或羧酸的铵盐与五氧化二磷共热失水生成腈：

$$RCONH_2 \xrightarrow[\triangle]{P_2O_5} RCN + H_2O$$

腈在酸或碱催化下水解生成羧酸：

$$RCN + HOH \xrightarrow{H^+\text{或}OH^-} R-\overset{\overset{\displaystyle O}{\|}}{C}-NH_2 \xrightarrow[H^+\text{或}OH^-]{H_2O} R-\overset{\overset{\displaystyle O}{\|}}{C}-OH + NH_3$$

腈的水解分两步进行，第一步生成酰胺，第二步生成羧酸。一般情况下水解时，不易停留在酰胺阶段，但在浓的硫酸中并限制水量进行水解，则可以使水解停留在酰胺阶段。

腈加氢还原可制备伯胺。

12.7.2 异腈

异腈（isonitrile）又称为胩，它的通式是 RNC。腈和异腈是同分异构体。在腈分子中，氰基的碳原子和烃基相连，而在异腈分子中，氮原子和烃基相连。异腈具有下列结构：

$$R\overset{\times}{\cdot}N\overset{\times\times}{\underset{\times}{\vdots}}C\text{: 或 } R-\overset{+}{N}\equiv C^-$$

也可以用下列共振式来表示它的结构：

$$R-\overset{+}{N}\equiv\overset{-}{C}\text{:} \longleftrightarrow R-\ddot{N}=C\text{:}$$

异腈的命名是按照烷基中所含碳原子的数目而称为某胩（或称异氰基某烷）。命名异腈和腈时，它们对碳原子数的计数规则不一样，CH_3CH_2NC 为异氰基乙烷或乙胩；而 CH_3CH_2CN 称为丙腈。

异腈是具有恶臭和剧毒的无色液体，化学性质与腈有显著不同。异腈对碱相当稳定，但容易被稀酸水解，生成伯胺和甲酸：

$$RNC + 2H_2O \xrightarrow{H^+} RNH_2 + HCOOH$$

异腈催化加氢生成仲胺：

$$RNC \xrightarrow{250\sim300℃} RCN$$

12.7.3 异氰酸酯

一般认为氰酸和异氰酸是互变异构体，在平衡时以生成异氰酸为主。

异氰酸酯的结构为：R—N═C═O；而相当于氰酸的酯，至今尚未发现。

异氰酸酯的命名和羧酸酯的命名相似，即根据烃基的名称，称为异氰酸某酯。例如：

$$\underset{\displaystyle H_3C}{H_3C\underset{|}{H}CH_2C}-N=C=O$$

异氰酸异丁酯

（苯环：1-位 CH_3，2-位 N=C=O，4-位 N=C=O）

甲苯-2,4-二异氰酸酯

在异氰酸酯中，以芳香族异氰酸酯较为重要。

异氰酸酯为难闻的催泪性液体。异氰酸酯分子中有一个碳原子和两个双键相连，即

—N—C ═O，有类似烯酮的结构，化学性质活泼，可与具有活泼氢的化合物如水、醇、酚、胺和羧酸等发生反应。如异氰酸苯酯的反应：

$$C_6H_5N=C=O+\begin{cases} H_2O \longrightarrow C_6H_5NH_2+CO_2 \\ ROH \longrightarrow C_6H_5NH-\overset{\overset{\displaystyle O}{\|}}{C}-OR \quad \text{（}N\text{-苯基氨基甲酸酯）} \\ RCOOH \longrightarrow C_6H_5NH-\overset{\overset{\displaystyle O}{\|}}{C}-O-\overset{\overset{\displaystyle O}{\|}}{C}-R \longrightarrow C_6H_5HN-\overset{\overset{\displaystyle O}{\|}}{C}-R+CO_2 \quad \text{（酰基苯胺）} \\ RNH_2 \longrightarrow C_6H_5NH-\overset{\overset{\displaystyle O}{\|}}{C}-NHR \quad \text{（二取代脲）} \end{cases}$$

由异氰酸苯酯生成的 *N*-苯基氨基甲酸酯、二取代脲为结晶固体，具有一定熔点。在有机分析中常用来鉴定醇、酚和胺。异氰酸甲酯是制备 *N*-甲基氨基甲酸酯类农药的基本原料。甲苯-2,4-二异氰酸酯与二元醇作用可生成聚氨基甲酸酯类高分子化合物，简称为聚氨酯类树脂。

阅读材料：弗里茨·哈伯

弗里茨·哈伯（Fritz Haber，1868.12.9-1934.1.29），德国化学家，1909 年，成为第一个从空气中制造出氨的科学家，使人类从此摆脱了依靠天然氮肥的被动局面，加速了世界农业的发展，因此获得 1918 年诺贝尔化学奖。

1904 年，哈伯开始研究氨的平衡。当时，他担任维也纳马古里（Margulies）兄弟的科学顾问，兄弟俩对新的工业固氮方法很有兴趣。通过氮和氢的混合气体，在催化剂的作用下，可以连续合成氨。但是，最大产率总是受到氨平衡的制约。哈伯决定首先研究这个问题。曾有化学家作过氮化钙和氮化锰的还原和再生实验，但由于需要高的温度，表明钙和锰这些金属无法用做催化剂。1884 年，拉姆塞（Ramsay）和扬（Young）尝试氨的热合成法。他们发现，在 800℃下，用铁作催化剂，氨绝不会完全分解。于是，他们试图利用其逆反应合成氨，可是根本得不到氨。通常认为，氮的化学性质极不活泼，只有在高温下才能与氢化合，而实际上，高温下氨的分解又非常彻底。

他的第一个探索实验，是在 1020℃下，以铁作催化剂合成氨。虽然哈伯完全清楚高压对氨合成有利，他还是选择了一个大气压，因为需要的设备简单。出乎哈伯的预想，实验非常顺利，第一次就实现了氨的平衡。然而，氨的浓度很低，在 0.005%～0.012%之间，难以选择一个最接近真实的数据。当时，他倾向于上限值，但后来的研究表明下限值才接近于真实值，高的产率可能是新制铁催化剂的特殊作用。确定氨平衡状态的最初目的达到了，他用这段话描述了他的实验结果："将反应管加热到暗红色以上，在常压下，不用催化剂，顶多只有痕量的氨产生，即使极大地增大压力，平衡位置依然不理想。在常压下，使用催化剂，要获得实际成功，温度不能高于 300℃。"

合成氨是哈伯一生最大的成就，但是，它并没有马上得到工业界的青睐，他收获的是冷眼和怀疑。再经过哈伯的好友和同事、BASF 公司的顾问恩格耳（Car Engler）的极力推荐，BASF 公司的技术领导才开始关注哈伯的工作。在亲眼看见流动的液氨，完全相信哈伯法的价值。回到路德维希他们立即着手将哈伯的成果付诸大规模的工业试验。3年后，一座合成氨工厂正式投入运行。合成氨的大规模工业化的荣誉，一直属于波施。虽然，卡尔斯鲁厄实验室为工业化生产氨迈出了最重要的一步，但要实现工业化仍面临许多棘手的难题。在波施的领导下，对这些难题的成功解决，无疑是化学工程领域最卓越成就。

哈伯于1919年获得1918年度诺贝尔化学奖，1931年波施和贝吉乌斯（F. Bergius）获得同样的殊荣。哈伯在获奖演说中谦逊地说道："人们尚未充分认识到，卡尔斯鲁厄实验室其实并没有为合成氨法的工业化作出过什么贡献。"

习　题

12-1　用中文系统命名法命名或写出结构式。

（1）$CH_3CH_2CH(CH_3)NHMe$　（2）$HOCH_2CH_2CH_2NH_2$　（3）2-NH_2-C_6H_4-COOH

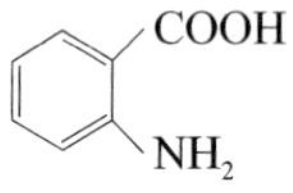

（4）2-NMe_2-萘　（5）H_2N-C_6H_4-$NHCH_2$-C_6H_5　（6）2-NH_2-C_6H_4-CO-C_6H_4-4-NO_2

（7）$[(H_3C)_3\overset{+}{N}-CH(CH_3)-CH_2-C_6H_5]OH^-$　（8）$(CH_3)_2CH\overset{+}{N}(CH_3)_3OH^-$

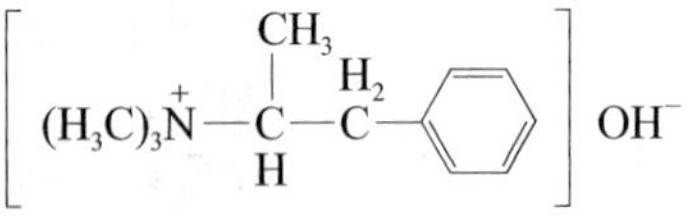

（9）3,5-$(O_2N)_2C_6H_3$-$\overset{+}{N}\equiv NCl^-$　（10）H_3COCNH-C_6H_4-$N_2^+Cl^-$

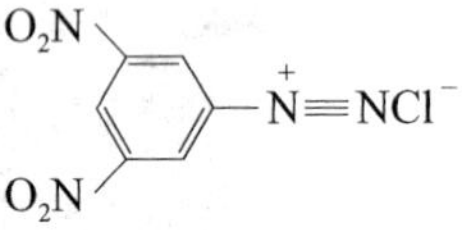

（11）HO-C_6H_4-N=N-C_6H_4-OH　（12）H_3C-C_6H_4-N=N-C_6H_4-$N(CH_3)_2$

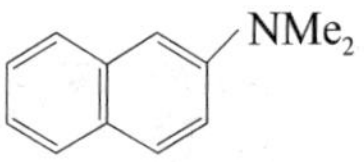

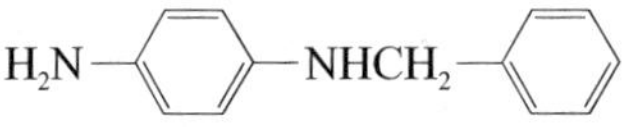

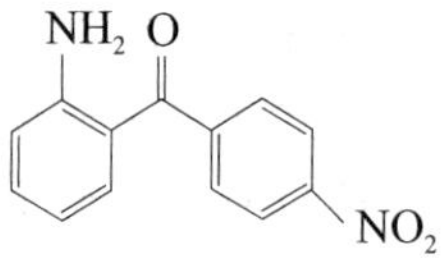

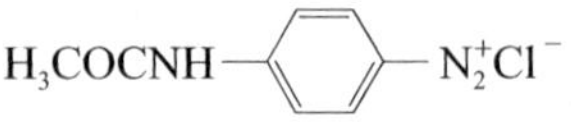

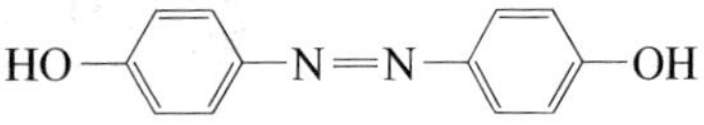

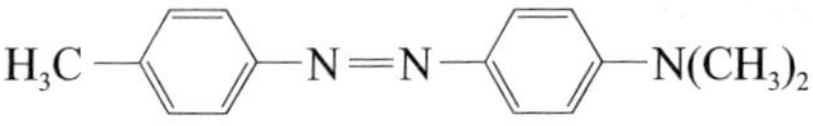

（13）$CH_2=CH-CN$　（14）O_2N-C_6H_4-CH_2CN　（15）$CH_2=CHNC$

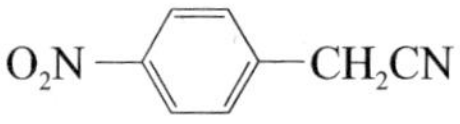

（16）3,5-$(NO_2)_2C_6H_3$-NC　（17）$(CH_3)_2CHCH_2NCO$

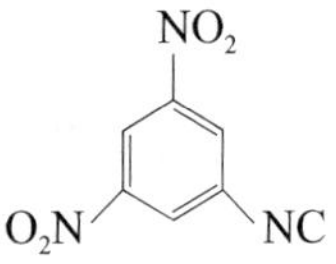

（18）2-CH_3-4-O_2N-C_6H_3-N=C=O　（19）CH_2N_2

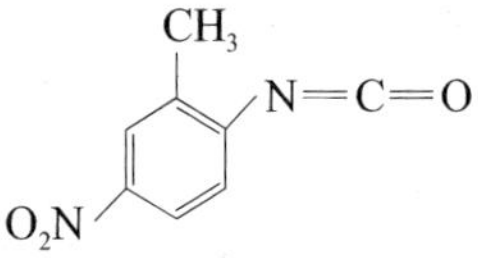

（20）$:CCl_2$　（21）仲丁胺

（22）对氨基-*N*,*N*-二甲苯　（23）溴化四正丁胺

（24）甲胺硫酸盐　（25）间硝基乙酰苯胺

（26）甲脎　（27）硝酸异戊酯

（28）（*Z*）-偶氮苯　（29）邻苯二甲酰亚胺

（30）氢氧化乙基二甲基丙基铵　　（31）N-环己基乙酰胺

（32）对甲苄胺

12-2　选择题。

（1）下列含氮化合物中，酸性最强的是（　　）。

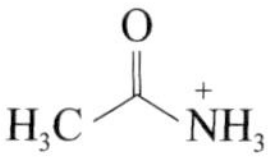

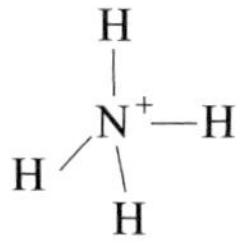

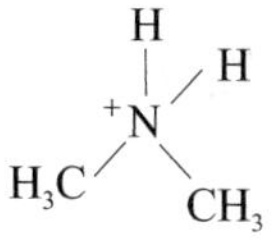

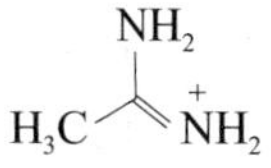

A $H_3C-C(=O)-\overset{+}{N}H_3$　　B NH_4^+　　C $(CH_3)_2\overset{+}{N}H_2$　　D $H_3C-C(NH_2)=\overset{+}{N}H_2$

（2）下列化合物碱性最强的是（　　）。

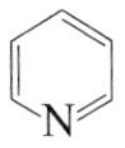

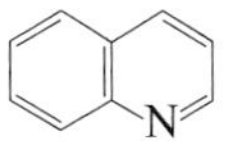

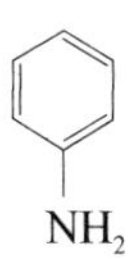

A 吡啶 (pyridine)　　B 喹啉 (quinoline)　　C 苯胺 ($C_6H_5NH_2$)　　D 吡咯 (pyrrole, N—H)

（3）下列化合物碱性最强的是（　　）。

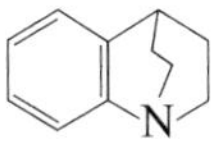

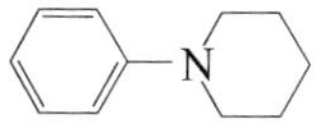

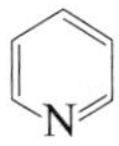

A (benzo-fused bicyclic amine, N)　　B (quinuclidine, N)　　C N-苯基哌啶　　D 吡啶 (pyridine)

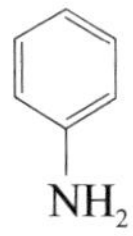

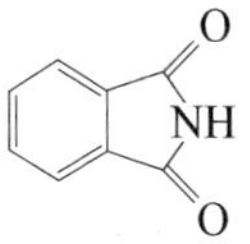

12-3　排序题。

（1）下列化合物按碱性从大到小排列是（　　）。

A CH_3NH_2　　B $(CH_3)_4N^+OH^-$　　C 苯胺 ($C_6H_5NH_2$)　　D 邻苯二甲酰亚胺 (O, NH, O)

（2）下列化合物碱性从强到弱的次序是（　　）。

A　三甲胺　　B　吡啶　　C　苯胺

（3）下列化合物碱性从强到弱的次序是（　　）。

A　苯胺　　B　苄胺　　C　苯甲酰胺

（4）下列化合物碱性从强到弱的次序是（　　）。

A　氨　　B　吡啶　　C　喹啉　　D　吡咯

12-4　简答题。

（1）比较化合物的碱性强弱并说明理由：

A　吡啶　　B　吡咯　　C　苯胺

（2）叔丁胺、新戊胺为什么不能由相应溴代烷与氨反应制得，如何由羧酸制得？

12-5　用化学方法区别下列各组化合物。

（A）哌啶 (NH)　　（B）$C_6H_5-NH_2$　　（C）环己基$-N(CH_3)_2$

（A）$C_6H_5-CH_2CH_2NH_2$　　（B）$C_6H_5-CH_2NHCH_3$　　（C）$C_6H_5-CH_2N(CH_3)_2$

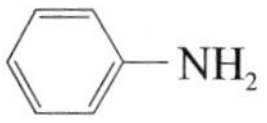

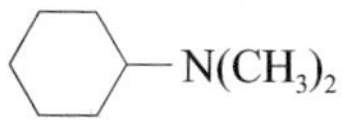

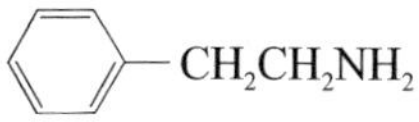

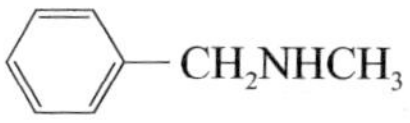

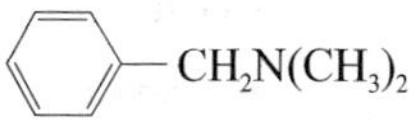

（D）对甲基苯胺　　（E）N,N-二甲苯胺

（A）硝基苯　　（B）苯胺　　（C）N-甲基苯胺　　（D）N,N-二甲苯胺

12-6　完成下列反应式。

(1) [phthalimide] $\xrightarrow{KOH}$ (　　　　　)

(2) [diethyl malonate] + H_2N–CO–NH_2 $\xrightarrow{EtONa}$ (　　　　　)

(3) [4-methylbenzophenone oxime] $\xrightarrow[\text{或}H_2SO_4]{PCl_5}$ (　　　　　)

(4) [3-methylnitrobenzene] $\xrightarrow[NaOH]{Zn}$ (　　　　　) $\xrightarrow{H^+}$ (　　　　　) $\xrightarrow[NaBF_4]{HNO_2}$ (　　　　　) $\xrightarrow[NaNO_2]{Cu}$ (　　　　　)

(5) [3,4-dibromotoluene] $\xrightarrow{MeNH_2/\triangle}$ (　　　　　)

(6) $F_4\bar{B}N_2^+$–[2,2'-dimethylbiphenyl]–$\overset{+}{N_2}\bar{B}F_4$ $\xrightarrow{\triangle}$ (　　　　　)

(7) [phthalimide] $\xrightarrow{NaOCl}$ (　　　　　)

(8) [cis-2-methylcyclohexylamine] $\xrightarrow{\text{过量}MeI}$ (　　　　　) $\xrightarrow{AgOH}$ (　　　　　) $\xrightarrow[\triangle]{OH^-}$ (　　　　　)

(9) [CH$_3$CH$_2$CH($\overset{+}{N}Me_3$)CH$_3$] $\bar{O}H$ $\xrightarrow{\triangle}$ (　　　　　)

(10) [2-nitrotoluene] $\xrightarrow[H^+]{KMnO_4}$ $\xrightarrow[HCl]{Fe}$ $\xrightarrow[HCl,\ 0\sim5℃]{NaNO_2}$ (　　　　　)

(11) $Et_3\overset{+}{N}$–CH_2CH_2–CO–O... $\bar{O}H$ $\xrightarrow{\triangle}$ (　　　　　)

(12) [2-carboxybenzenediazonium] $\overset{+}{N}\equiv NCl^-$ $\xrightarrow[pH\ 5\sim7]{HO\text{–naphthalene–}NMe_2}$ (　　　　　)

(13) [1,1,2-trimethylpiperidinium] $\bar{O}H$ $\xrightarrow{\triangle}$ (　　　　　)

(14) 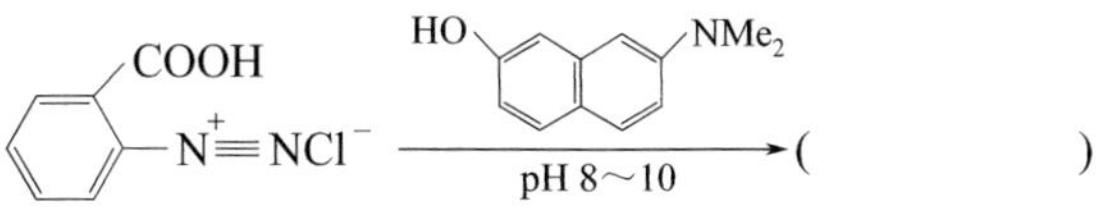 邻羧基苯重氮盐（COOH，$N^+\equiv NCl^-$）$\xrightarrow[\text{pH 8～10}]{\text{HO-萘-NMe}_2}$ (　　　　)

(15) 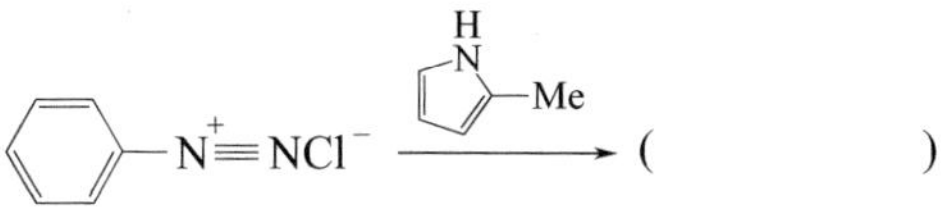 $PhN^+\equiv NCl^-$ $\xrightarrow{\text{2-甲基吡咯 (H, N, Me)}}$ (　　　　)

(16) 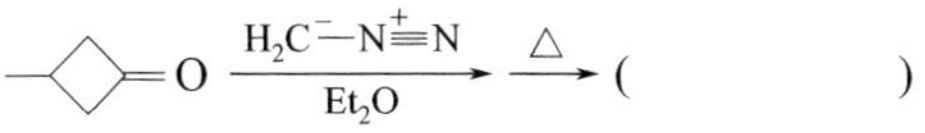 3-甲基环丁酮 $\xrightarrow[Et_2O]{H_2C^-—N^+\equiv N}$ $\xrightarrow{\triangle}$ (　　　　)

(17) 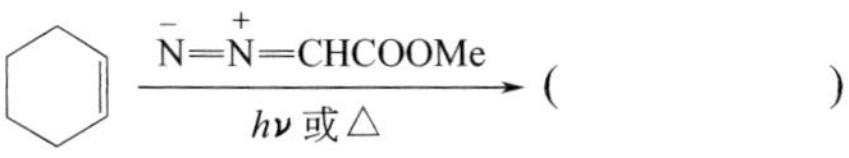 环己烯 $\xrightarrow[h\nu\text{ 或}\triangle]{\bar{N}=\overset{+}{N}=CHCOOMe}$ (　　　　)

(18) NH_2CH_2COOMe $\xrightarrow[HCl]{NaNO_2}$ $\xrightarrow{-H^+}$ (　　　　) $\xrightarrow[\triangle]{PhCH=CH_2}$ (　　　　)

(19) 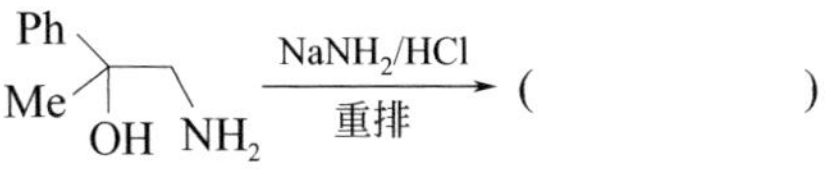 Ph(Me)C(OH)CH$_2$NH$_2$ $\xrightarrow[\text{重排}]{NaNH_2/HCl}$ (　　　　)

(20) 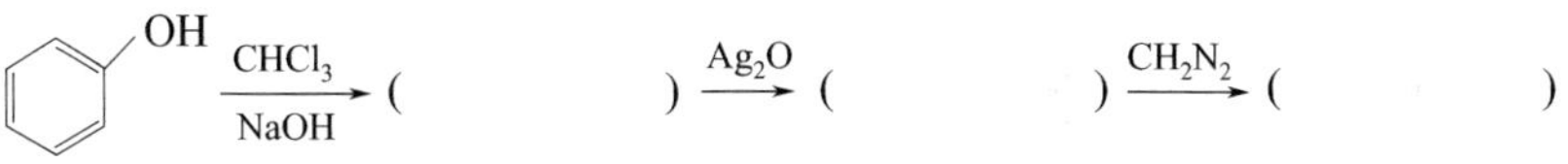 PhOH $\xrightarrow[NaOH]{CHCl_3}$ (　　　　) $\xrightarrow{Ag_2O}$ (　　　　) $\xrightarrow{CH_2N_2}$ (　　　　)

12-7　写出下列反应的机理。

(1) 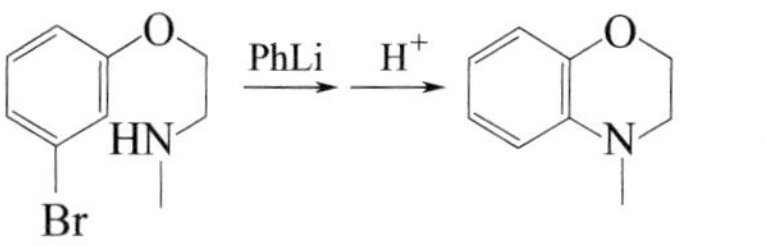 间溴苯氧基乙基甲胺（Br, O, HN, 甲基）$\xrightarrow{PhLi}$ $\xrightarrow{H^+}$ N-甲基苯并吗啉（O, N）

(2) 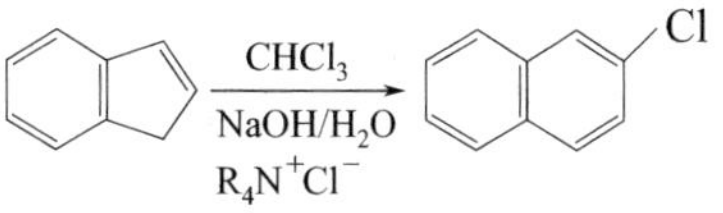 茚 $\xrightarrow[\text{NaOH/H}_2\text{O}, R_4N^+Cl^-]{CHCl_3}$ 2-氯萘（Cl）

(3) 环己基甲酰胺（O, NH_2）$\xrightarrow[MeO^-/MeOH]{Br_2}$ 环己基氨基甲酸甲酯（H, N, O, O）

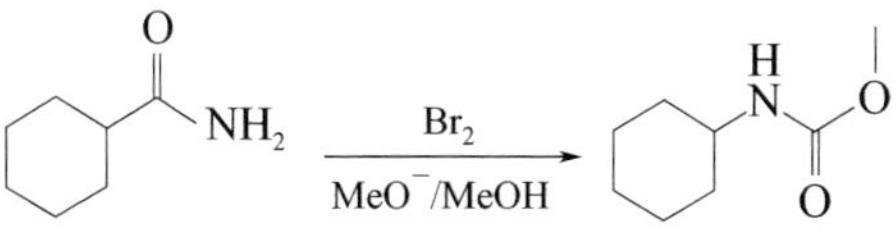

(4) 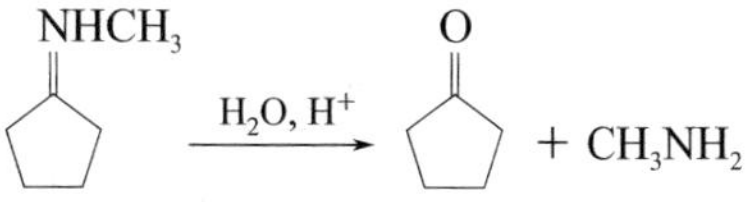 N-甲基环戊亚胺（$NHCH_3$）$\xrightarrow{H_2O, H^+}$ 环戊酮（O） + CH_3NH_2

(5) 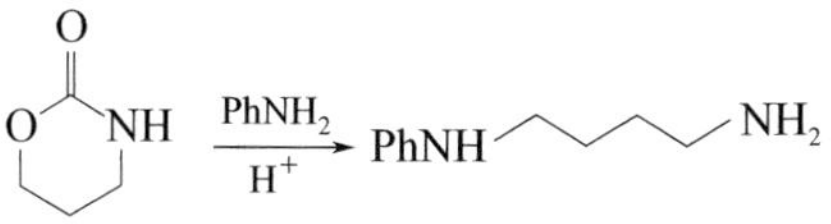 环状氨基甲酸酯（O, O, NH）$\xrightarrow[H^+]{PhNH_2}$ PhNH～～NH$_2$

(6) 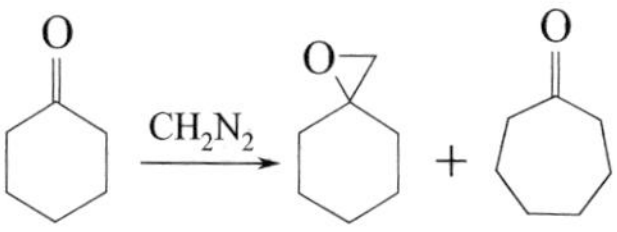 环己酮（O）$\xrightarrow{CH_2N_2}$ 螺环氧化物（O） + 环庚酮（O）

12-8　合成题。

(1) 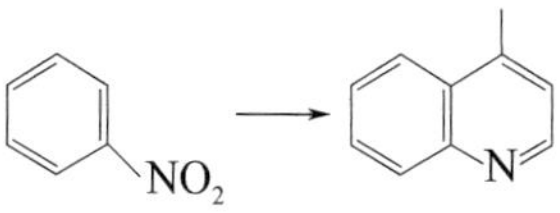 硝基苯（NO_2）⟶ 4-甲基喹啉（N）

(2) MeO—C$_6$H$_4$—CHO ⟶ 6-甲氧基异喹啉（MeO, N）

(3) 邻溴甲苯（CH_3, Br）⟶ 邻甲苯胺（CH_3, NH_2）

(4) O_2N—C$_6$H$_4$—Cl ⟶ H_2N—C$_6$H$_4$—SO$_2$—C$_6$H$_4$—NH_2

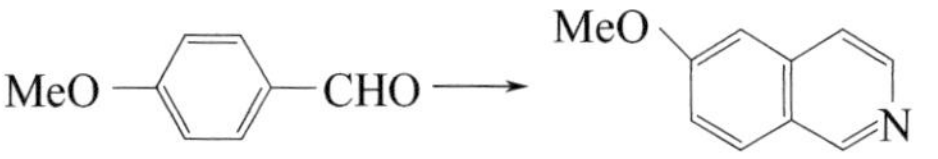

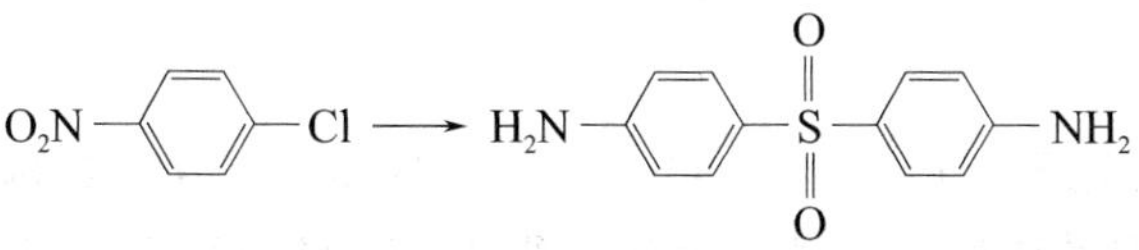

(5) 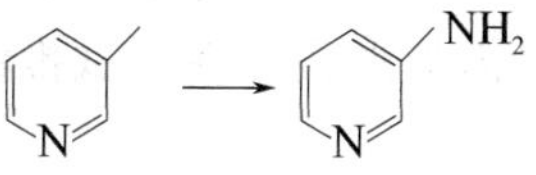 3-甲基吡啶（N）⟶ 3-氨基吡啶（NH_2, N）

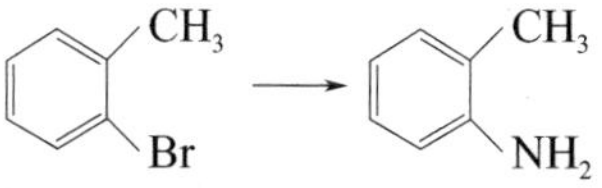

(6)

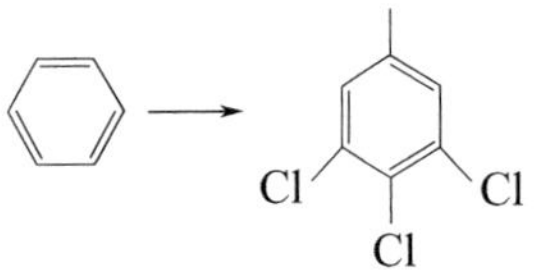

(7)

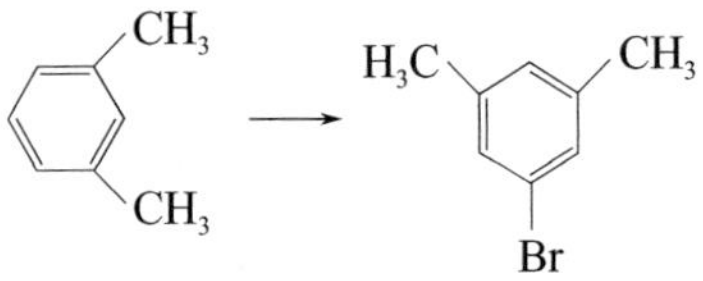

(8)

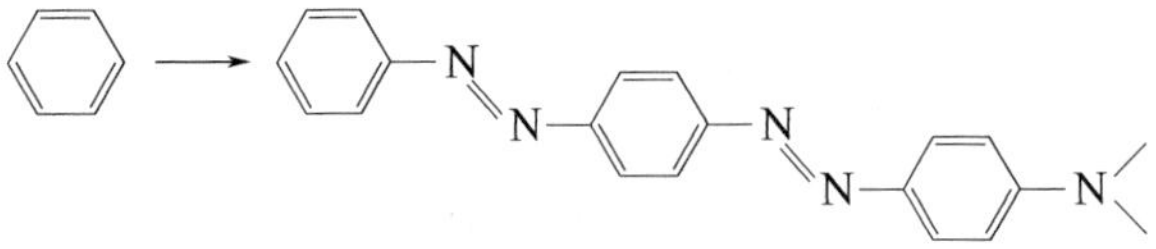

(9)

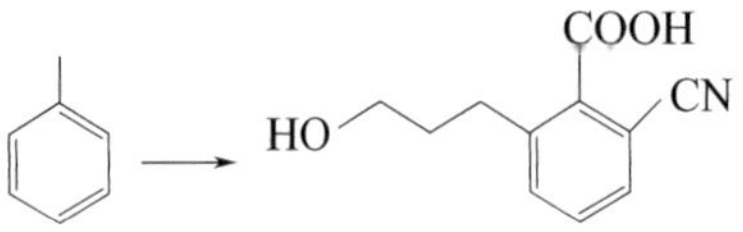

(10)

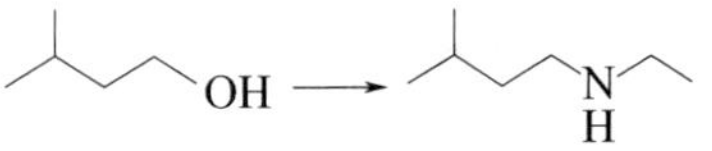

(11)

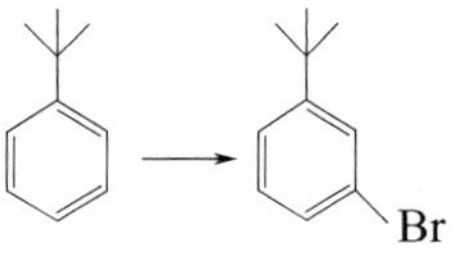

(12) 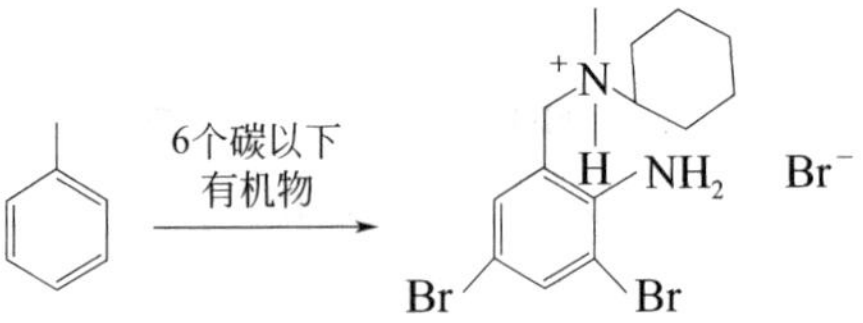 6个碳以下有机物

(13) 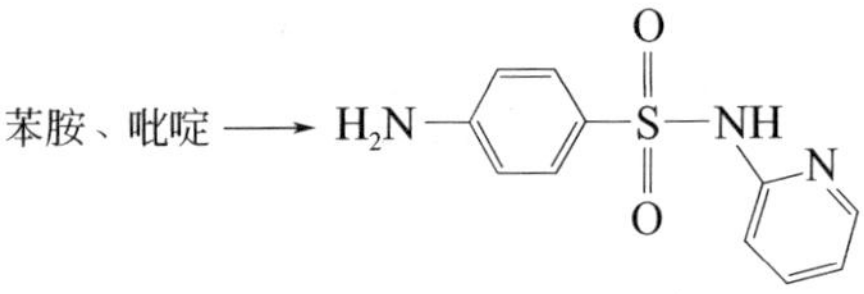 苯胺、吡啶

(14)

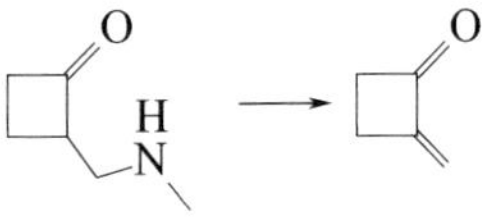

(15)

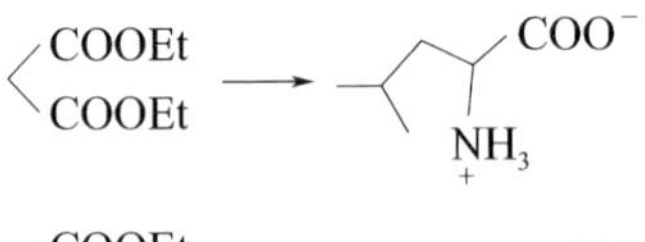

(16)

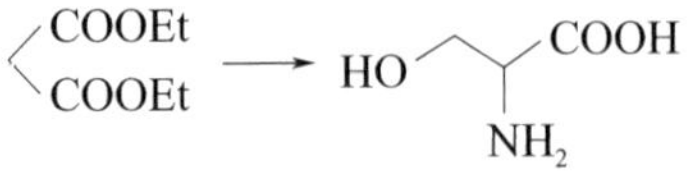

12-9 推断题。

(1) 化合物 A($C_7H_{12}O_4$) 与亚硝酸反应得 B($C_7H_{11}O_5N$)，B 和 C 是互变异构体，C 与乙酸酐反应得 D($C_9H_{15}O_6N$)；D 在碱作用下与苄氯反应，得 E($C_{16}H_{21}O_2N$)，E 用稀碱水解，再酸化加热得 F($C_9H_{11}O_2N$)，F 兼有氨基羧基，一般以内盐形式存在。试推测 A、B、C、D、E、F 的结构。

(2) 中性化合物 A($C_7H_{13}BrO_2$) 不产生肟或苯腙衍生物，波谱数据为 IR(cm^{-1})：2850～2950；1740(s)；3000cm^{-1}以上无吸收峰。^1H NMR (δ)：4.6 (m，1H)；4.2 (t，1H)；2.1 (m，2H)；1.3 (d，6H)；1.0 (t，3H)。试推测 A 的结构式并归属各峰。

(3) 化合物 A(C_3H_7NO) 波谱数据为 UV：222nm，ε=60；IR1600cm^{-1}；^1H NMR (δ)：8.05 (s，1H)；2.94 (s，3H)；2.80 (s，3H)。110℃时，δ2.94、δ2.80 合并成δ2.87 处一个单峰。试推测 A 的结构。

(4) 化合物 A($C_7H_7NO_2$) 与锡-盐酸反应生成 B(C_7H_9N)，B 在 0℃与亚硝酸钠、盐酸反应生成盐 C(C_7H_7ClN)，C 在氰化铜存在下与氰化钾共热转化为 D(C_8H_7N)，D 与稀盐酸回流得酸性物质 E($C_8H_8O_2$)，E 用高锰酸钾氧化并加热处理得白色固体 F($C_8H_4O_3$)，F 的 IR 谱在 1850cm^{-1}、1770cm^{-1}有两个强吸收带。试推测 A、B、C、D、E、F 的结构。

(5) 化合物 A($C_8H_9NO_2$) 能被锌-氢氧化钠还原为 B，B 用强酸处理得芳胺 C，C 先后用亚硝酸、次磷酸处理得 3,3′-二乙基联苯。试推测 A、B、C 的结构。

(6) 光学活性化合物 A($C_5H_{13}N$) 能溶于过量盐酸，此溶液中加亚硝酸钠得无色液体 B ($C_5H_{12}O$)，B 和 A 一样可拆分成光学异构体。B 用高锰酸钾氧化得 C($C_5H_{10}O$)，C 不能拆分。用重铬酸钾-硫酸混合物剧烈地氧化 B 或 C，主要得丙酮和乙酸。试推测 A、B、C 的结构。

(7) 碱性化合物 A($C_5H_{11}N$) 臭氧化还原水解产物中有醛。A 催化加氢得 B($C_5H_{13}N$)，B 亦可从己内酰胺在溴-氢氧化钠溶液中反应得到。A 与过量碘甲烷反应生成盐 C($C_8H_{18}IN$)，C 在氢氧化银作用下伴随热分解生成二烯 D(C_5H_8)，与丁炔二酸二甲酯反应生成酯 E ($C_9H_{14}O_4$)，E 在铂催化下脱氢生成 3-甲基邻苯二甲酸二甲酯。试推测 A、B、C、D、E 的结构。

(8) 化合物 A 为 $C_xH_yO_z$，MS 主要峰 (m/z) 为 73、58，^1H NMR 为 δ1.2 (s)，δ1.3 (s)，面积比为 9∶2。试推测 A 的结构。

第13章

糖

知识要点：

本章主要介绍单糖的结构、性质及其衍生物；二糖与三糖的结构、性质以及一些常见二糖与三糖；多糖的同聚与杂聚以及结合糖。重、难点内容为：单糖的环状结构与构象；单糖的物理性质、化学性质以及一些重要的单糖及其衍生物；多糖的同聚与杂聚。

糖也称为碳水化合物，是自然界分布最广泛、地球上含量最丰富的一类生物有机分子。从化学结构上看，糖类物质是一类多元醇的醛或酮，包括了多羟基醛、多羟基酮以及它们的缩聚物和衍生物。它是由碳、氢和氧三种元素组成的。人们最初发现，这类化合物，除碳原子外，氢与氧原子数之比与水相同，可用通式 $C_m(H_2O)_n$（m 和 n 为正整数）表示，故统称为碳水化合物。如葡萄糖的分子式为 $C_6H_{12}O_6$，可用 $C_6(H_2O)_6$ 表示。但后来发现，这类化合物并不是由碳和水结合而成，且有一些化合物如鼠李糖（$C_6H_{12}O_5$），其结构和性质虽与这类化合物相似，但分子式不符合上述通式。另外有一些化合物如乙酸（$C_2H_4O_2$）等，分子式虽然符合 $C_m(H_2O)_n$，但其结构和性质与碳水化合物不同。因此，碳水化合物这一名称已失去原有含义，但因延用已久，现仍在使用。从结构上看，碳水化合物是多羟基醛或多羟基酮，以及能水解生成多羟基醛或多羟基酮的一类化合物。碳水化合物按分子大小可分为三大类。

① 单糖　单糖（monosaccharide）是糖结构的单体，自身不能被水解成更简单的糖类物质，所有单糖都可以用一个通式（$CH_2O)_m$ 表示，其中 m 等于或大于 3。如葡萄糖和果糖等。

② 寡糖　寡糖（oligosaccharide）是 2～10 个单糖残基组成的聚合物。大多数寡糖是由两个单糖残基组成的二糖，如蔗糖、麦芽糖和纤维二糖等。

③ 多糖　多糖（polysaccharide）中单糖数目大于 20。寡糖和多糖水解后可形成若干个单糖。如淀粉和纤维素。

碳水化合物广泛存在于自然界，它是生物的主要能量来源，植物细胞壁的“建筑材料”，也是工业原料之一。碳水化合物在生理过程中也起着重要作用，例如，细胞之间的通讯、识别和相互作用，细胞的运动和黏附，以及癌症的发生和转移等。它在生命过程中与蛋白质和核酸同样重要。

13.1 单糖的结构

按分子中所含碳原子的数目，单糖可分为丙糖、丁糖、戊糖和己糖等。分子中含有醛基的叫醛糖，含有酮基的叫酮糖。自然界所发现的单糖，主要是戊糖和己糖。最重要的戊糖是核糖，己糖是葡萄糖和果糖。

13.1.1 单糖的构型和标记法

最简单的单糖是丙醛糖（即甘油醛）和丙酮糖（即二羟基丙酮）。除丙酮糖外，其他单糖分子中都含有一个或多个手性碳原子，因此都有立体异构体。例如：

```
 O    H              O    H
  ⟍  ⟋                ⟍  ⟋
   C                    C
   |                    |
H— C*—OH           HO — C*—H
   |                    |
  CH2OH                CH2OH
D-甘油醛              L-甘油醛
```

单糖所具有的对映异构体（enantiomer）个数与其分子中所含手性碳原子有关，如果一个单糖分子有 n（手性碳原子个数）个手性碳原子，那么这个物质具有 2^n 个对映异构体。以四碳糖为例，其分子中有 2 个手性碳原子，因此具有 4（2^2）个对映异构体：

```
    CHO              CHO              CHO              CHO
     |                |                |                |
H— C*—OH         HO—C—H           HO—C—H           H—C—OH
     |                |                |                |
H— C*—OH         HO—C—H           H —C—OH          HO—C—H
     |                |                |                |
    CH2OH            CH2OH            CH2OH            CH2OH
  D-赤藓糖          L-赤藓糖          D-苏阿糖          L-苏阿糖
```

单糖构型的确定是以甘油醛为标准。凡由 D-(＋)-甘油醛经过增碳反应转变成的醛糖称为 D 型；由 L-(－)-甘油醛经过增碳反应转变成的醛糖称为 L 型。自然界存在的单糖绝大部分是 D 型。表 13-1 列出了由 D-(＋)-甘油醛导出的 D 型醛糖。

由于 D 型糖与 L 型糖是对映体，故可根据上述 D 型糖推导出相应的 L 型糖。另外，单糖的构型还可通过与甘油醛对比来确定。即单糖分子中距羰基最远的手性碳原子（如己糖是第五个碳原子）与 D-(＋)-甘油醛的手性碳原子构型相同时，称为 D 型；与 L-(－)-甘油醛构型相同时，称为 L 型，例如：

```
                                           CHO
                          CHO           H —+— OH
                       H —+— OH        HO —+— H
      CHO              H —+— OH         H —+— OH
   H —+— OH            H —+— OH         H —+— OH
     CH2OH               CH2OH            CH2OH
D-(+)-甘油醛         D-(−)-核糖       D-(+)-葡萄糖
```

由表 13-1 可以看出，构型 D 和 L 与旋光方向（＋）和（－）不是固定关系。即 D 型单糖不一定是右旋的，L 型单糖也不一定是左旋的。

在糖的化学中，目前通常仍采用 D,L-标记单糖的构型，但 D,L-标记法不能照顾到所有的手性碳原子，这些手性碳原子需用 R,S-标记法来标记。例如，D-(＋)-葡萄糖是(2R,3S,4R,5R)-2,3,4,5,6-五羟基己醛。

13.1.2 单糖的氧环式结构及构象

(1) 氧环式结构

如果单糖的唯一结构是链状形式，那么醛糖应该属于醛类，其性质应与醛相同，而实际

表 13-1　D型醛糖的构型和名称

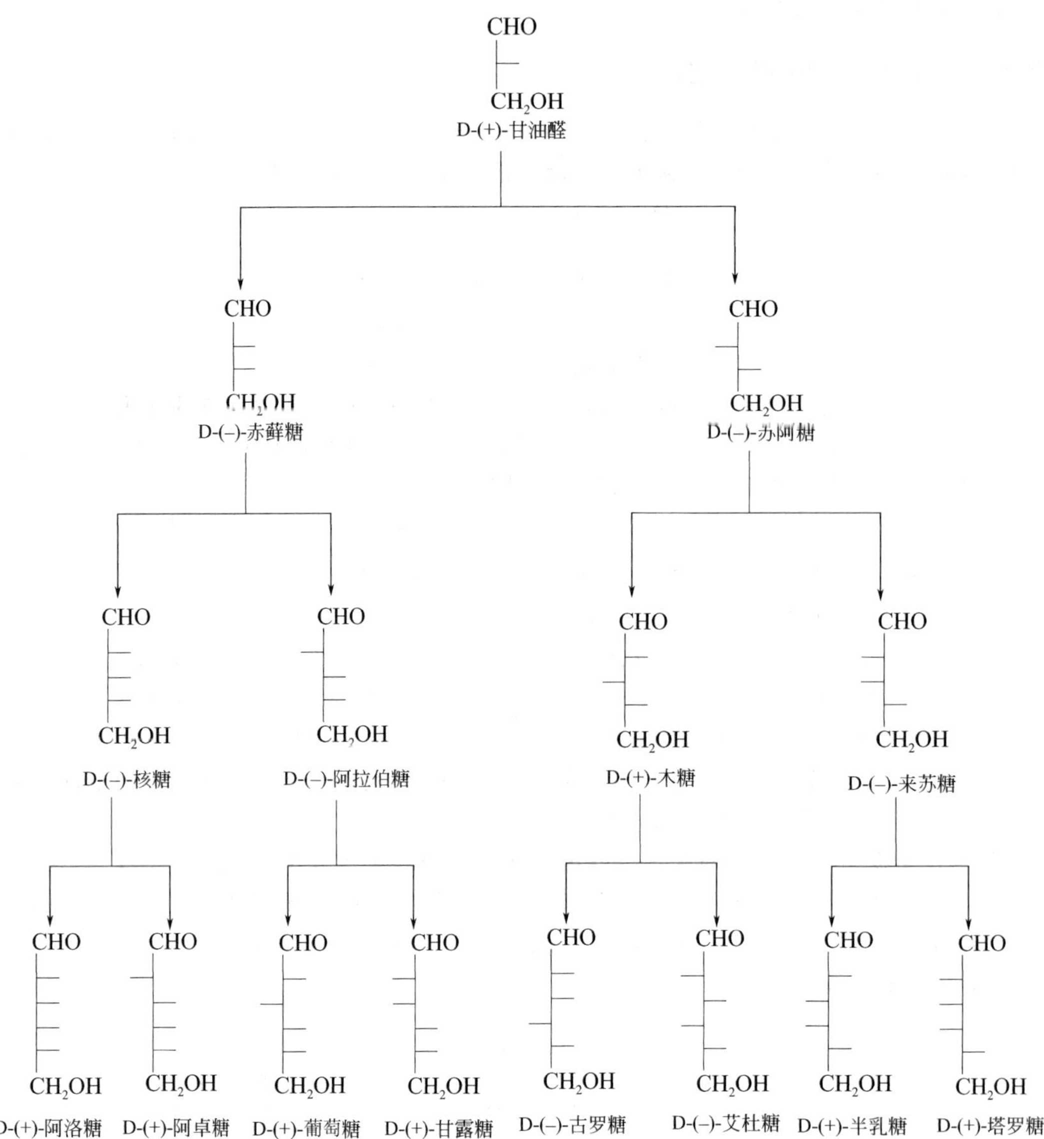

上单糖的性质与一般的醛有许多不同之处。例如，葡萄糖的醛基不如一般醛基活泼，不能与 $NaHSO_3$ 起加成反应；其次，新配制的单糖溶液，随时间的变化，其比旋光度逐渐增加或减小，最后达到恒定值，这种现象称为变旋光现象。例如，D-(＋)-葡萄糖能分离出两种结晶形式：其一熔点为 146℃，25℃时在水中的溶解度是 82g/100mL H_2O，比旋光度为＋112°，另一种熔点为 150℃：15℃时在水中的溶解度为 154g/100mL H_2O，比旋光度为＋19°。其中任何一种结晶溶于水后，其比旋光度都逐渐变成－52.5°。这种事实用开链式结构不能圆满解释。通过深入研究，如在单糖的红外光谱中没有羰基的特征吸收峰；根据醇与醛作用能生成半缩醛，以及 γ-和 δ-羟基醛主要以环状半缩醛的形式存在，得到启发，认为单糖如葡萄糖也可能以五或六元环状半缩醛的形式存在。实际上 D-(＋)-葡萄糖主要以氧环式存在。即 δ-碳原子（C_5）上的羟基与醛基作用生成了环状半缩醛。

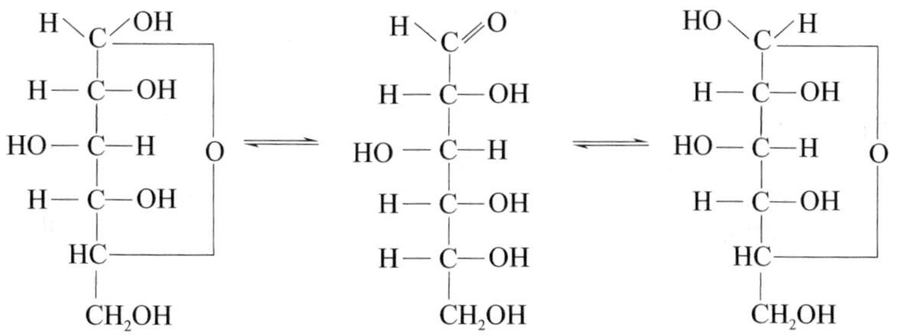

α-D-吡喃葡萄糖　　D-葡萄糖 (Fischer式)　　β-D-吡喃葡萄糖 (Fischer式)

(Ⅰ)

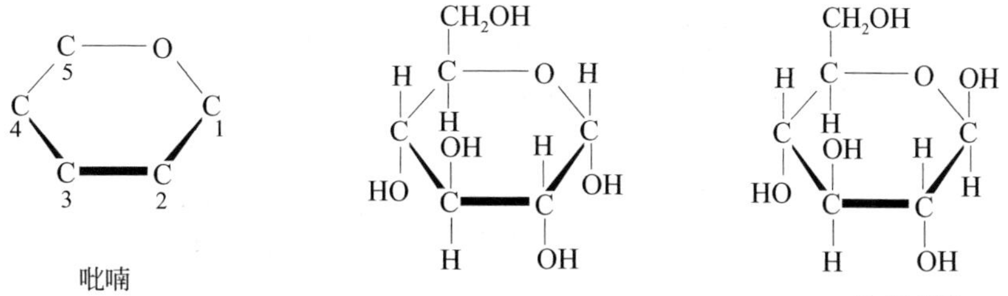

吡喃　　α-D-葡萄糖 (Haworth式)　　β-D-葡萄糖 (Haworth式)

(Ⅱ)

上式中的（Ⅰ）式是 Fischer 投影式，（Ⅱ）式称为 Haworth 式。Fischer 的半缩醛更接近真实和更能形象地表达糖的环氧结构，哈沃斯（Haworth）首先提出将直立的结构式也用平面环状结构式来表示，这对于观察糖的基团之间的立体化学关系更为方便了。

画出 Haworth 结构式时成环氧原子处于右后方的六元环，并将环顺时针编号。Fischer 开链式中，链右边的基团处于环下方，左边基团处于环上方。成环时，为使—OH 与 C═O 更接近，根据单键旋转不影响物质构型的原理，将 C4-C5 键旋转 109°28′（平面旋转 120°），因此，D 型糖碳链的末端—CH_2OH 必然处于环上方。

当形成环状结构时，C1 变成为手性碳原子，可形成 α 型和 β 型两种异构体，半缩醛羟基在平面下方与—CH_2OH 呈反式排列的为 α-型，反之为 β-型。α-型和 β-型并不是对映体，只是 C1 位上羟基的方向不同而已，因此称为异头物（anomer），它们可以通过直链式相互转换。

（2）构象

由于六元环不是平面型的，上述吡喃糖的 Haworth 式并不能真实地反映环状半缩醛的立体结构。吡喃糖中的六元环与环己烷环相似，具有椅型构象，环上取代基处于 e 键时是稳定构象。例如，在 β-D-(+)-葡萄糖分子中，所有的大基团（—CH_2OH、—OH）都处在平伏键上。在 α-D-(+)-葡萄糖分子中，其苷羟基处在直立键。由于羟基处在平伏键上要比处在直立键上的能量低且较稳定，因此，β-D-(+)-葡萄糖要比 α-D-(+)-葡萄糖稳定。在葡萄糖水溶液中，α-和 β-两种异构体通过开链式结构逐渐达到动态平衡，发生变旋光现象。由于异构体较稳定，在平衡时 β-异构体约占 64%，α-异构体约占 36%，开链式是极少的（<0.01%）。

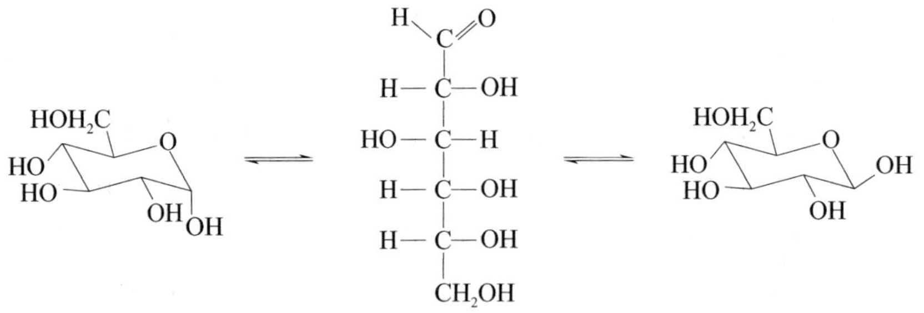

α-D-(+)-葡萄糖　　D-(+)-葡萄糖平衡混合物　　β-D-(+)-葡萄糖

其中D-己醛糖的构象与葡萄糖相似，且由葡萄糖的构象容易导出。在多数D-己醛糖的稳定构象式中，CH_2OH 处于e键上，但只有β-D-葡萄糖的构象式中，所有较大基团（$—CH_2OH$、—OH）均处于e键，这可能是葡萄糖比其他单糖在自然界中存在较广的原因之一，如淀粉、纤维素等是由葡萄糖单位组成的（见13.4）。

α-和β-吡喃果糖也可用构象式表示如下：

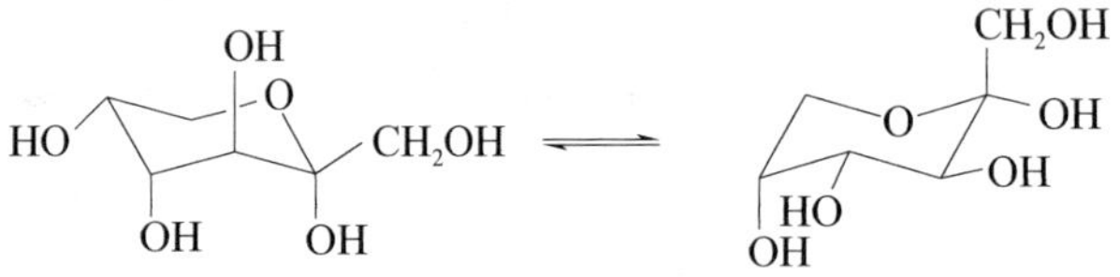

α-D-吡喃果糖

β-D-吡喃果糖

13.2 单糖的性质

13.2.1 单糖的物理性质

（1）旋光性和变旋性

几乎所有的糖类分子都有手性碳原子，都具有使偏振光的偏振面旋转的能力，即具有旋光性。使偏振面向左转的称左旋糖（laevulose），向右转的则称为右旋糖（dextrose）。

在溶液中其旋光度可发生变化，最终达到某一旋光度即恒定不变，这种现象称为变旋性（mutarotation），如葡萄糖在水溶液中的变旋现象就是α-型与β-型互变，当互变达到平衡时，比旋光度就不再改变，α-D-葡萄糖与β-D-葡萄糖平衡时其旋光度为+52.5°。

$$\underset{+112.2^\circ}{\alpha\text{-D-葡萄糖}} \rightleftharpoons \underset{+52.5^\circ}{\text{平衡}} \rightleftharpoons \underset{+18.7^\circ}{\beta\text{-D-葡萄糖}}$$

表13-2列出几种单糖的比旋光度。

表 13-2　几种单糖的比旋光度（20℃）/（°）

名称	α 型	平衡	β 型
D-(＋)-半乳糖	＋114	＋80.5	＋15.4
D-(＋)-甘露糖	＋34	＋14.6	－17
D-(－)-果糖	－21	－92.4	－133.5

（2）溶解度

单糖分子中含有多个羟基，易溶于水，尤其在热水中的溶解度极大，单糖不溶于乙醚、丙酮等有机溶剂。

13.2.2　单糖的化学性质

（1）氧化

单糖可被多种氧化剂氧化，表现出还原性。所用氧化剂不同，其氧化产物也不同。醛糖和酮糖都可被 Tollens 试剂、Fehling 试剂或 Benedict 试剂（由硫酸铜、碳酸钠和柠檬酸钠配制而成，溶液呈蓝色）氧化，分别有银镜或氧化亚铜的砖红色沉淀产生。例如：

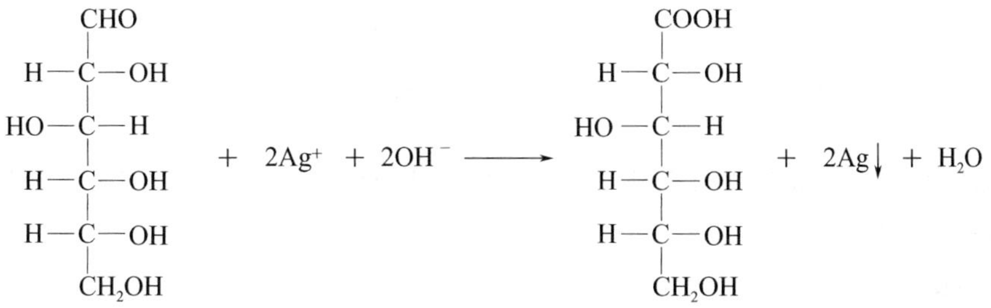

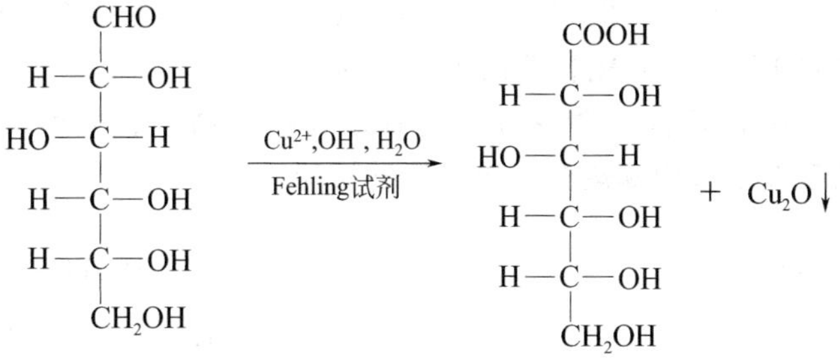

$$\begin{array}{c} CHO \\ | \\ H-C-OH \\ | \\ HO-C-H \\ | \\ H-C-OH \\ | \\ H-C-OH \\ | \\ CH_2OH \end{array} + 2Ag^+ + 2OH^- \longrightarrow \begin{array}{c} COOH \\ | \\ H-C-OH \\ | \\ HO-C-H \\ | \\ H-C-OH \\ | \\ H-C-OH \\ | \\ CH_2OH \end{array} + 2Ag\downarrow + H_2O$$

$$\begin{array}{c} CHO \\ | \\ H-C-OH \\ | \\ HO-C-H \\ | \\ H-C-OH \\ | \\ H-C-OH \\ | \\ CH_2OH \end{array} \xrightarrow[\text{Fehling试剂}]{Cu^{2+},OH^-,\ H_2O} \begin{array}{c} COOH \\ | \\ H-C-OH \\ | \\ HO-C-H \\ | \\ H-C-OH \\ | \\ H-C-OH \\ | \\ CH_2OH \end{array} + Cu_2O\downarrow$$

单糖在酸性条件下也具有还原性，其产物视氧化剂的强弱而有所不同。在弱氧化剂（如溴水）作用下，醛基被氧化成羧基，生成相应的糖酸；若在强氧化剂（如硝酸）作用下，醛基和伯碳上的羟基均被氧化成羧基，生成糖二酸。

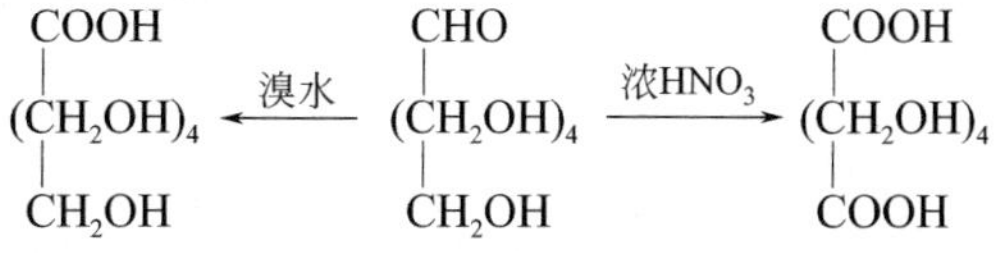

$$\begin{array}{c} COOH \\ | \\ (CH_2OH)_4 \\ | \\ CH_2OH \end{array} \xleftarrow{\text{溴水}} \underset{\text{葡萄糖}}{\begin{array}{c} CHO \\ | \\ (CH_2OH)_4 \\ | \\ CH_2OH \end{array}} \xrightarrow{\text{浓}HNO_3} \begin{array}{c} COOH \\ | \\ (CH_2OH)_4 \\ | \\ COOH \end{array}$$

（2）还原

与醛和酮的羰基相似，糖分子中的羰基也会被还原成羟基。实验室中常用的还原剂有硼氢化钠、Na-Hg 等，工业上则采用催化加氢，催化剂有铂、Raney 镍等。例如，工业上用 D-葡萄糖催化加氢生产山梨糖醇（或山梨醇）。

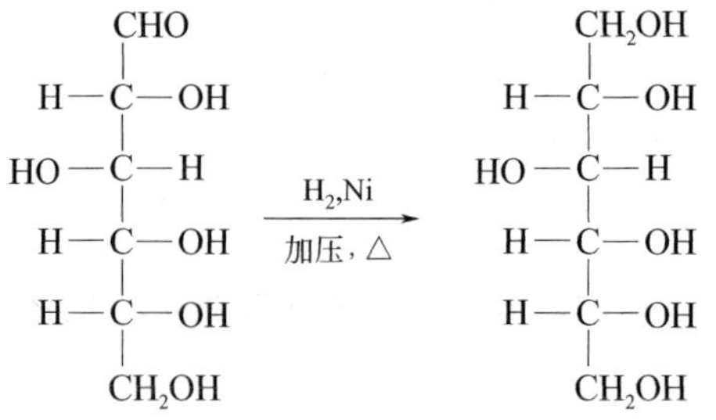

```
        CHO                                  CH2OH
    H — C — OH                           H — C — OH
   HO — C — H        H2,Ni              HO — C — H
    H — C — OH    ————————————→          H — C — OH
    H — C — OH       加压,△              H — C — OH
        CH2OH                                CH2OH
      D-葡萄糖                              山梨糖醇
```

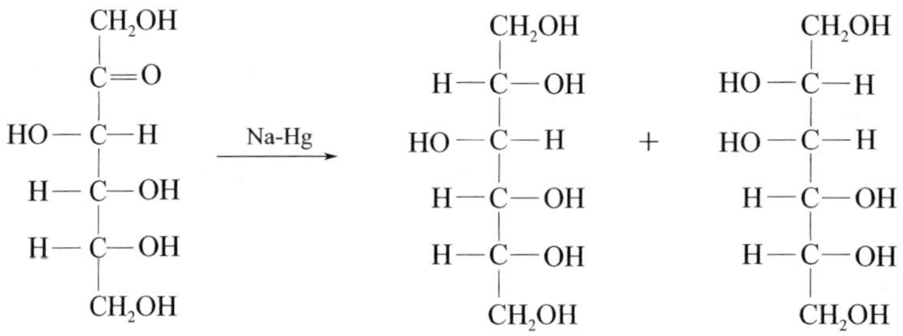

```
        CH2OH                         CH2OH                     CH2OH
        C=O                       H — C — OH               HO — C — H
   HO — C — H      Na-Hg         HO — C — H          +     HO — C — H
    H — C — OH   ————————→        H — C — OH                H — C — OH
    H — C — OH                    H — C — OH                H — C — OH
        CH2OH                         CH2OH                     CH2OH
       D-果糖                        D-山梨醇                  D-甘露醇
```

山梨糖醇无毒，为无色无臭晶体，略有甜味和吸湿性，是合成维生素 C、树脂、表面活性剂和炸药等的原料。

（3）成酯作用

单糖为多元醇，故具有醇的特性。醇的典型性质是能与酸缩合生成酯。糖的磷酸酯在生物体内有着重要的作用，它是糖代谢的中间产物。

在生物体中，除葡萄糖-6-磷酸外，还有葡萄糖-1-磷酸、果糖-6-磷酸、果糖-1,6-二磷酸、甘油醛-3-磷酸及二羟丙酮磷酸等重要磷酸糖酯。

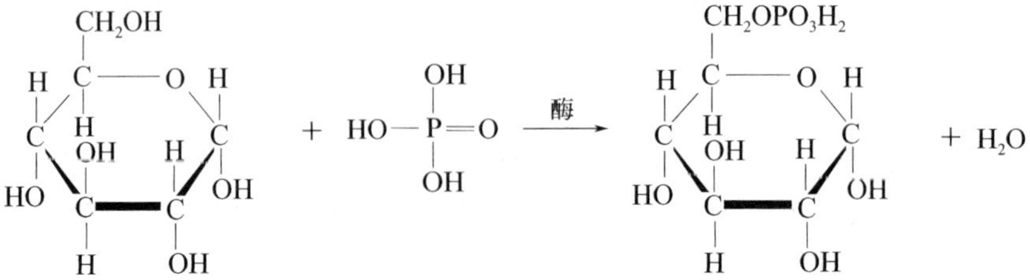

α-D-葡萄糖 + 磷酸（$HO-P(=O)(OH)_2$） $\xrightarrow{\text{酶}}$ α-D-葡萄糖-6-磷酸（6 位 $CH_2OPO_3H_2$） + H_2O

（4）成脎作用

醛糖或酮糖与苯肼作用，生成苯腙，当苯肼过量时，则生成一种不溶于水的黄色结晶，称为脎。例如：

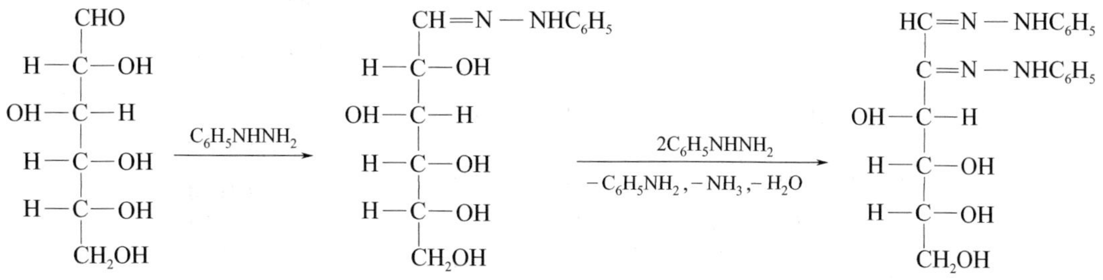

D-葡萄糖 $\xrightarrow{C_6H_5NHNH_2}$ D-葡萄糖苯腙 $\xrightarrow[-C_6H_5NH_2,\,-NH_3,\,-H_2O]{2C_6H_5NHNH_2}$ D-葡萄糖脎

脎的生成只发生在 C1 和 C2 上，因此，只有 C1 和 C2 不同的糖将生成相同的脎。换言之，凡能生成相同脎的己糖，C3、C4 和 C5 的构型是相同的。不同的糖一般生成不同的脎，即使能生成相同的脎，其反应速率和析出糖脎的时间也不相同，因此可利用脎的生成鉴别糖。

（5）成苷作用

在糖分子中，苷羟基上的氢原子被其他基团取代后的化合物称为配糖体，或叫做苷。例如，在氯化氢存在下，D-(＋)-葡萄糖与热的甲醇作用，生成甲基-D-(＋)-葡萄糖苷。

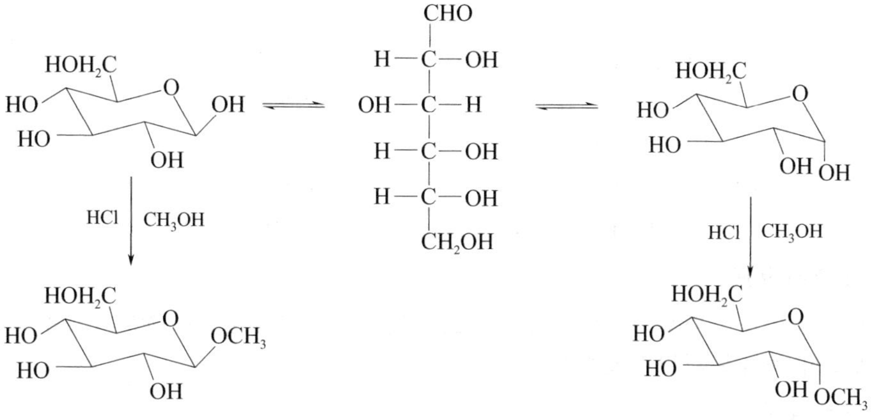

HCl, CH_3OH

甲基-β-D-(+)-吡喃葡萄糖苷　　　甲基-α-D-(+)-吡喃葡萄糖苷

α-D-(＋)-葡萄糖和 β-D-(＋)-葡萄糖通过开链式可以相互转变，但形成苷以后，因分子中已无苷羟基，不能再转变成开链式，故不能再相互转变。苷是一种缩醛（或缩酮），所以比较稳定，不易被氧化，不与苯肼、Tollens 试剂、Fehling 试剂等作用，也无变旋光现象，对碱也稳定。但在稀酸和酶的作用下，苷易水解生成原来的糖和甲醇。

苷广泛分布于自然界中，天然染料靛蓝和茜素就是两个例子。低聚糖和多糖也都是如此。第 15 章将要讨论的核酸分子中也有苷结构存在。

（6）异构化作用

弱碱条件下可引起单糖分子重排，发生异构化作用。如 D-葡萄糖、D-果糖及 D-甘露糖在 $Ba(OH)_2$ 溶液中均可通过烯醇式相互转换，产生葡萄糖、果糖和甘露糖的混合液。单糖在较浓的强碱溶液中会引起分子分裂，依条件不同得到不同的产物。

D-葡萄糖 $\xrightleftharpoons{Ba(OH)_2}$ 1,2-烯醇式葡萄糖 ⇌ D-甘露糖；1,2-烯醇式葡萄糖 ⇌ D-果糖

（7）强酸作用

单糖在稀酸溶液中是稳定的，但在稀酸中加热或在强酸作用下颜色变深。戊糖和己糖在酸中加热脱水环化，分别形成呋喃甲醛和羟甲基呋喃甲醛。

$$HOH_2C-CH(OH)-CH(OH)-CH(OH)-CHO \xrightarrow{-3H_2O}$$ 呋喃甲醛（糠醛）

$$HOH_2C-CH(OH)-CH(OH)-CH(OH)-CH(OH)-CHO \xrightarrow{-3H_2O}$$ 羟甲基呋喃甲醛

（8）过碘酸反应

单糖具有多个连二羟基的结构，在过碘酸作用下，连二羟基上的碳碳键断裂。两端羟基氧化成醛基，中间羟基断裂生成甲酸。

（9）递升反应

通过克利安尼（Kiliani H）合成法使糖的醛基和氢氰酸发生加成反应，生成氢氰化物，再经水解得到羟基酸。经过此类反应，分子中又增加了一个手性碳原子，但在原来分子中的手性碳原子，对新生的手性碳原子具有一定的诱导作用，所以形成两个不等量的差向异构体。例如，D-(＋)-甘油醛和氢氰酸加成，然后再进行水解，得到两个羟基酸。

$$CHO-CH(OH)-CH_2OH \xrightarrow{HCN} NC-CH(OH)-CH(OH)-CH_2OH + NC-CH(OH)-CH(OH)-CH_2OH \xrightarrow{H_2O} HOOC-CH(OH)-CH(OH)-CH_2OH + HOOC-CH(OH)-CH(OH)-CH_2OH$$

（10）递降反应

沃尔（Wohl A）递降反应，可以看作是 Kiliani 合成法的逆向反应。D-葡萄糖先成糖肟，与酸酐反应失去一分子水形成氰基。同时，分子中的羟基被乙酰化。在银氨作用下，失去氰基，同时乙酰基被氨解为乙酰胺，后者和生成的醛基反应变为二乙酰胺的衍生物，然后用稀盐酸水解。即总的结果是原料六碳葡萄糖失去一个碳原子成为五碳的 D-阿拉伯糖。

D-葡萄糖 $\xrightarrow{H_2NOH}$ 糖肟 $\xrightarrow[ZnCl_2,H_2O]{Ac_2O}$ CN-C(OAc)… $\xrightarrow[(Ag_2O,NH_3)\ -5CH_3CONH_2]{[Ag(NH_3)_2]^+}$ CHO… $\xrightarrow{2CH_3CONH_2}$ $CH(NHCOCH_3)_2$… $\xrightarrow{稀HCl}$ D-阿拉伯糖

D-葡萄糖

D-阿拉伯糖

糖酸如 D-葡萄糖酸的钙盐在 Fe^{3+} 或氧化汞的作用下，通过过氧化氢的氧化，得到一个不稳定的 α-羰基酸，失去二氧化碳后，也得到少一个碳的 D-阿拉伯糖。这个反应也称为鲁夫（Ruff）递降反应。

$[COO^- \cdots CH_2OH]_2Ca^{2+}$ $\xrightarrow{H_2O_2,Fe^{3+}}$ COOH–C=O… $\xrightarrow{-CO_2}$ CHO…

13.2.3 重要的单糖

（1）丙糖和丁糖

重要的丙糖有 D-甘油醛和二羟丙酮，自然界中常见的丁糖有 D-赤藓糖和 D-赤藓酮糖。它们的磷酸酯都是糖代谢的重要中间产物。

（2）戊糖

自然界存在的戊醛糖主要有 D-核糖、D-2-脱氧核糖、D-木糖和 L-阿拉伯糖，它们大多在自然界以多聚戊糖或糖苷的形式存在。戊酮糖有 D-核酮糖和 D-木酮糖，均是糖代谢的中间产物。

D-核糖（ribose）是所有活细胞的普遍成分之一，它是核糖核酸的重要组成成分。在核

苷酸中，核糖以其醛基与嘌呤或嘧啶的氮原子结合，而其 2,3,5-位的羟基可与磷酸连接。核糖在衍生物中总以呋喃糖形式出现。它的衍生物核醇是某些维生素（如维生素 B_2）和辅酶的组成成分。D-核糖的比旋光度是－23.7°。

细胞核中还有 D-2-脱氧核糖，它是 DNA 的组分之一。它和核糖一样，以醛基与含氮碱基结合，但因 C（2）位脱氧，只能以 3,5-位的羟基与磷酸结合。D-2-脱氧核糖的比旋光度是－60°。

L-阿拉伯糖在高等植物体内以半纤维素、树胶及阿拉伯树胶等结合状态存在，其熔点为 160℃，比旋光度为＋104.5°。

木糖在植物中分布很广，以结合状态的木聚糖存在于半纤维素中。木材中的木聚糖达 30%以上。陆生植物很少有纯的木聚糖，常含有少量其他的糖。动物组织中也有木糖的成分，其熔点为 143℃，比旋光度为＋18.8°。

（3）己糖

重要的己醛糖有 D-葡萄糖、D-甘露糖和 D-半乳糖；重要的己酮糖有 D-果糖、D-山梨糖。

葡萄糖（glucose，Glc）是生物界分布最广泛最丰富的单糖，多以 D 型存在。它是人体内最主要的单糖，是糖代谢的中心物质。在绿色植物的种子及果实中有游离的葡萄糖，蔗糖由 D-葡萄糖与 D-果糖结合而成，糖原、淀粉和纤维素等多糖也是由葡萄糖聚合而成的。在许多杂聚糖中也含有葡萄糖。D-葡萄糖的比旋光度为＋52.5°，呈片状结晶。

植物的蜜腺、水果及蜂蜜中存在大量果糖（fructose，Fru）。它是单糖中最甜的糖类，比旋光度为－92.4°，呈针状结晶。游离的果糖为 β-吡喃果糖，结合状态呈呋喃果糖。

甘露糖（mannose，Man）是植物黏质与半纤维素的组成成分，比旋光度为＋14.2°。

半乳糖（galactose，Gal）仅以结合状态存在。乳糖、蜜二糖、棉籽糖、琼脂、树胶、黏质和半纤维素等都含有半乳糖。它的 D 型和 L 型都存在于植物中，如琼脂中同时含有 D 型和 L 型半乳糖。D-半乳糖熔点为 167℃，比旋光度为＋80.2°。

山梨糖是酮糖，存在于细菌发酵过的山梨汁中，是合成维生素 C 的中间产物，在制造维生素 C 工艺中占有重要地位，又称清凉茶糖。其还原产物是山梨糖醇，存在于桃、李等果实中，熔点 159～160℃，比旋光度为－43.4°。

（4）庚糖

庚糖在自然界中较少，主要存在于高等植物中。最重要的有 D-景天庚酮糖和 D-甘露庚酮糖。前者存在于景天科及其他肉质植物的叶子中，以游离状态存在。它是光合作用的中间产物，呈磷酸酯态，在自然界的碳循环中占重要地位。后者以游离状态存在于某些水果中（见表 13-3）。

表 13-3　部分重要的单糖

丙糖	CHO H—C—OH CH_2OH D-甘油醛	
丁糖	CHO H—C—OH H—C—OH CH_2OH D-赤藓糖	CHO C═O H—C—OH CH_2OH D-赤藓酮糖

续表

<table>
<tr><td>戊糖</td><td>CHO
H—C—OH
H—C—OH
H—C—OH
CH_2OH
D-核糖</td><td>CHO
H—C—H
H—C—OH
H—C—OH
CH_2OH
2-脱氧-D-核糖</td><td>CHO
H—C—OH
HO—C—H
H—C—OH
CH_2OH
D-木糖</td><td>CHO
HO—C—H
H—C—OH
HO—C—H
CH_2OH
D-阿拉伯糖</td><td></td></tr>
<tr><td>己糖</td><td>CHO
H—C—OH
HO—C—H
H—C—OH
H—C—OH
CH_2OH
D-葡萄糖</td><td>CH_2OH
C=O
HO—H
H—OH
H—OH
CH_2OH
D-果糖</td><td>CH_2OH
HO—C—H
HO—C—H
H—C—OH
H—C—OH
CH_2OH
D-甘露醇</td><td>CHO
H—C—OH
HO—C—H
HO—C—H
H—C—OH
CH_2OH
D-半乳糖</td><td>CH_2OH
C=O
HO—C—H
H—C—OH
HO—C—H
CH_2OH
D-山梨糖</td></tr>
<tr><td>庚糖</td><td>CH_2OH
C=O
HO—H
H—OH
H—OH
H—OH
CH_2OH
D-景天庚酮糖</td><td>CH_2OH
C=O
HO—H
H—OH
HO—H
HO—H
CH_2OH
D-甘露庚酮糖</td><td></td><td></td><td></td></tr>
</table>

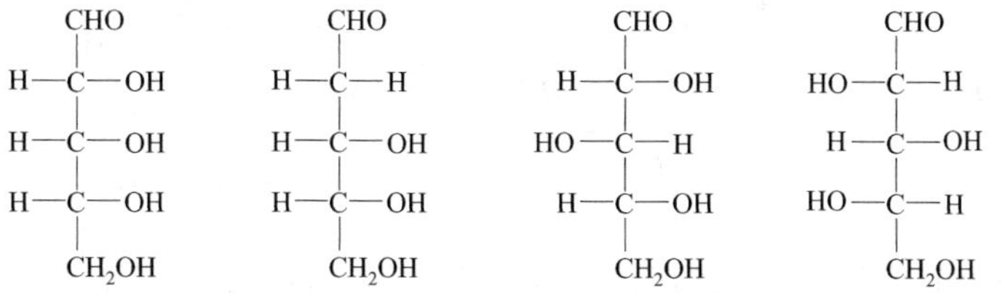

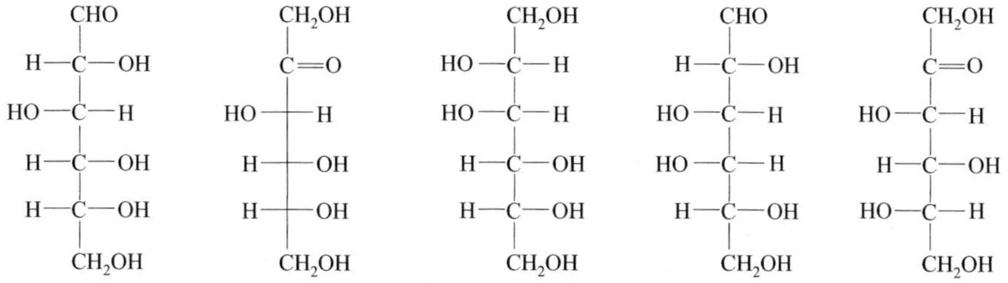

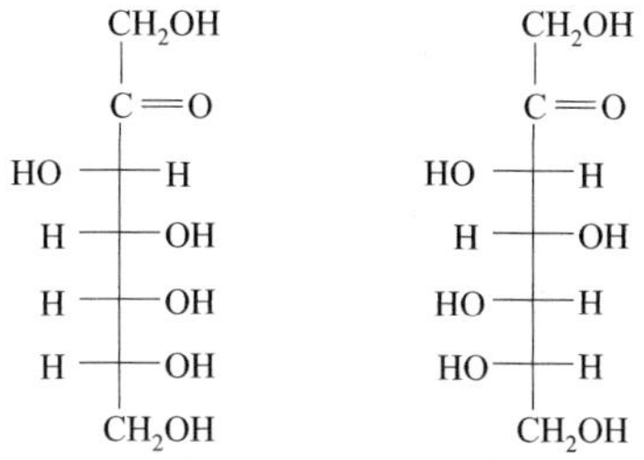

13.2.4 重要的单糖衍生物

所有活细胞中都有单糖的磷酸衍生物，它们是糖代谢的重要中间产物，有代表性的是己糖 C1 与 C6 上的羟基与磷酸构成的酯。例如：

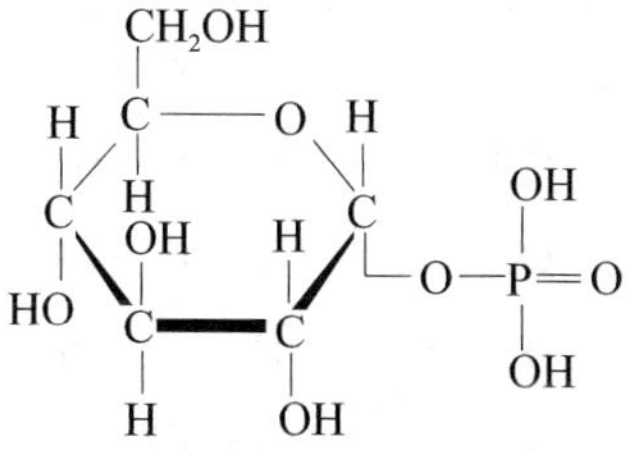

α-D-葡萄糖-1-磷酸 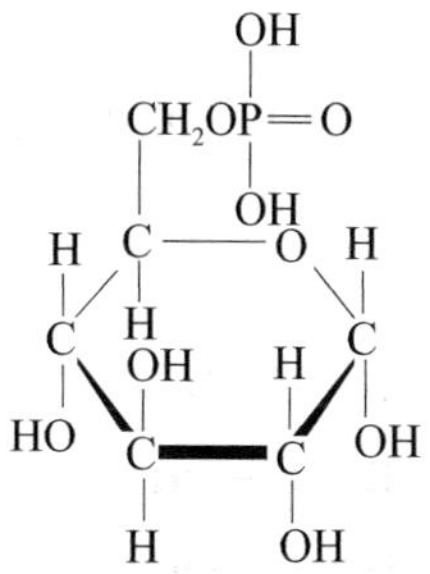　　　　α-D-葡萄糖-6-磷酸

重要的单糖衍生物还有下面几个。

（1）氨基糖（amino sugar）

又称糖胺，糖分子中除苷羟基外其他羟基被氨基或取代氨基取代后的化合物，称为氨基糖。多数天然氨基糖是己糖分子中 C2 上的羟基被氨基或取代氨基取代的产物。例如，2-氨

基-D-葡萄糖（Ⅰ）、2-氨基-D-半乳糖（Ⅱ）和 2-乙酰氨基-D-葡萄糖（Ⅲ），其结构式如下：

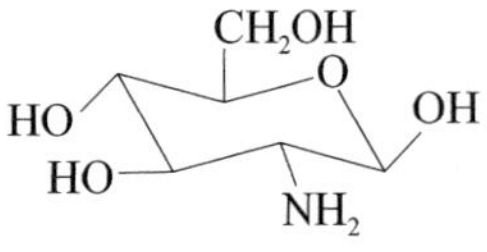

Ⅰ 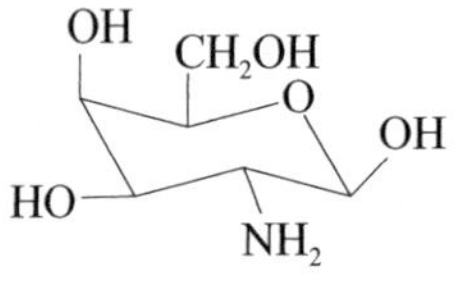　　Ⅱ 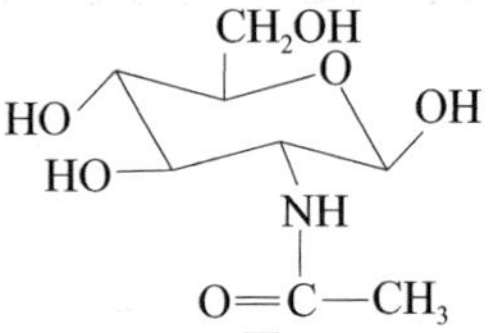　　Ⅲ

它们是很多糖和蛋白质的组成部分，广泛存在于自然界，具有重要的生理作用。例如，2-乙酰氨基-D-葡萄糖（Ⅲ）是甲壳质的组成单位。甲壳质存在于虾、蟹和某些昆虫的甲壳中，其天然产量仅次于纤维素，其结构类似于纤维素，如下所示：

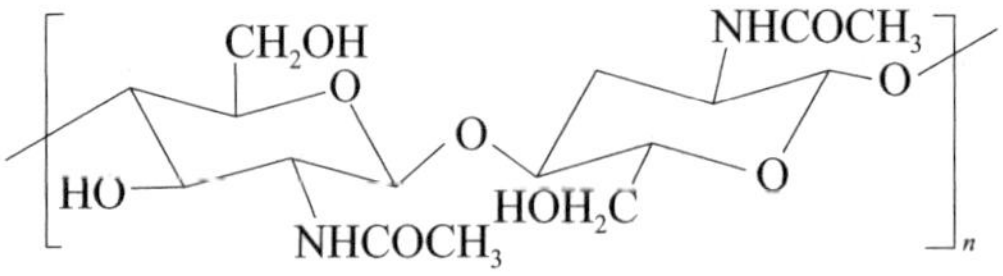

甲壳质又称甲壳素，与氢氧化钠溶液作用生成可溶性甲壳质，可用于纺织品的防缩和防皱处理，防雨篷布的上浆，直接染料和硫化染料的固色等，也可用作人造纤维和塑料的原料。甲壳质的用途仍在开发中。

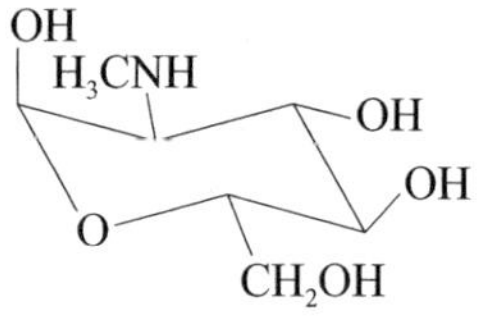

一些被称为氨基苷类的抗生素药物，如链霉素、庆大霉素、卡那霉素和新霉素等，主要对革兰阴性菌有杀灭作用，并对一些阳性球菌也有佳效，其分子中含有氨基糖组分。例如，链霉素分子中含有 2-甲氨基-α-L-葡萄糖（Ⅳ）。链霉素是最早的抗结核药，也是治疗鼠疫的首选药。

Ⅳ

（2）糖酸 Q（alduroic acid）

醛糖中距醛基最远的羟基被氧化成羧基而成的糖酸。天然存在的糖醛酸有 D-葡萄糖、D-甘露糖和 D-半乳糖衍生的 3 种己糖醛酸，它们分别是动物、植物和微生物多糖的重要组分，其中只有半乳糖醛酸可以游离状态存在于植物果实中。在动物体内，D-葡萄糖醛酸有解毒的功能。能和 D-葡萄糖醛酸结合的配糖基种类很多，一般都是小分子化合物，包括酚类、芳香酸、脂肪酸、芳香烃等。通常配糖基与 D-葡萄糖醛酸保持摩尔比为 1∶1，结合部位主要在肝脏。

（3）脱氧糖

单糖分子中的羟基脱去氧原子后的多羟基醛或多羟基酮，称为脱氧糖。例如：

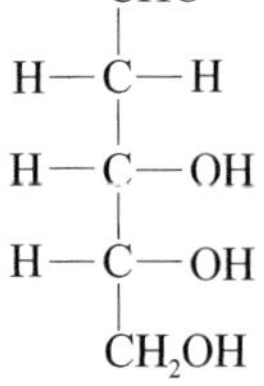

2-脱氧-D-核糖	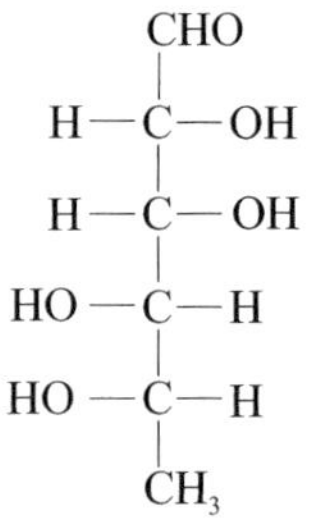 鼠李糖	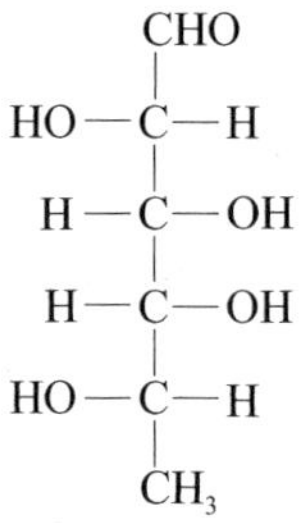 L-岩藻糖
CHO	CHO	CHO
H—C—H	H—C—OH	HO—C—H
H—C—OH	H—C—OH	H—C—OH
H—C—OH	HO—C—H	H—C—OH
CH_2OH	HO—C—H	HO—C—H
	CH_3	CH_3

上述脱氧糖都是单糖分子中的一个羟基脱氧后的产物，2-脱氧-D-核糖是 D-核糖 C_2 上羟基的脱氧产物，两者均是核酸的重要组成部分，是重要的戊糖；L-鼠李糖是 L-甘露糖 C_6 上羟基的脱氧产物，它是植物细胞壁的成分；L-岩藻糖是 L-半乳糖 C6 上羟基的脱氧产物，它

是藻类糖蛋白的成分。

（4）核苷二磷酸糖（nucleoside diphosphate sugar）

单糖与核苷二磷酸末端磷酸基以糖苷键连接构成的化合物。其中被活化的糖基参与许多代谢反应，特别是寡糖和多糖的生物合成。截至目前，研究过的天然核苷二磷酸糖已有一百多种，如核苷二磷酸葡糖就有UDP-葡糖、ADP-葡糖、CDP-葡糖、GDP-葡糖和TDP-葡糖5种。尿苷二磷酸葡糖（uridine diphosphate glucose，UDPG）可作核苷二磷酸糖的代表。

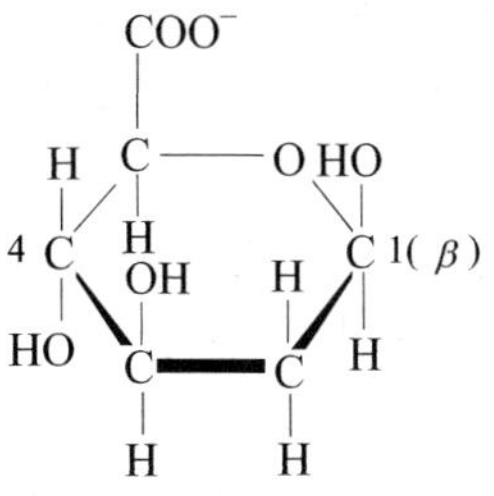

β-D-葡糖醛酸　　β-L-吡喃岩藻糖 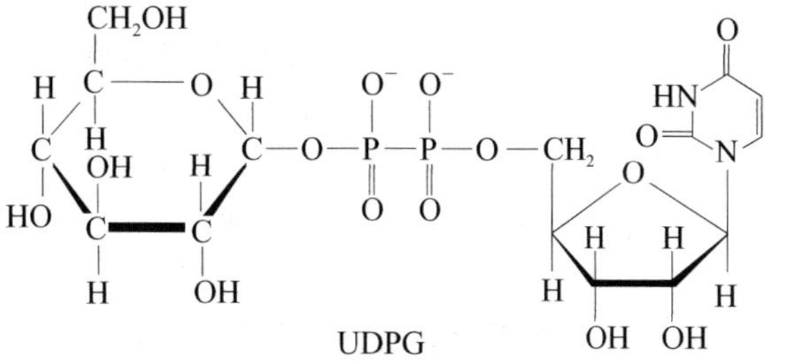　　UDPG

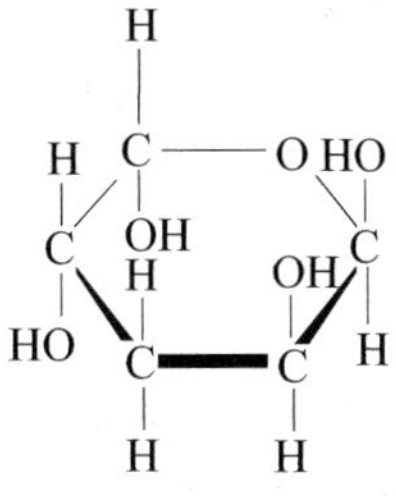

13.3 二　糖

由2个以上、约10个以内的单糖以葡糖苷键连接而构成的糖为寡糖，又称低聚糖。根据单糖的数目分成二糖、三糖、四糖、五糖、六糖等。其中以游离状态存在而起着独特功能的二糖有乳糖、海藻糖、蔗糖等几种，此外还有广泛分布于高等植物的棉籽糖、水苏糖等寡糖。天然的寡糖大部分在高等植物中的糖苷、动物的血浆糖蛋白和糖脂类中存在，作为具有比较复杂构造的生物体成分的构成因子而起作用。同时还参与这些生物体成分的异化酶分解过程。

13.3.1 常见寡糖的结构

二糖是两分子单糖失去一分子水缩合形成的。所生成的化学键为糖苷键，其结构由提供半缩醛（酮）羟基的构型决定。糖苷键的表示方法需要指出键连接两个碳原子的位置，由糖基的碳位用箭头指向配基的碳位，如1→4、1→6。自然界中最重要的二糖有蔗糖、麦芽糖等。

13.3.2 寡糖的性质

（1）旋光性和变旋性

寡糖分子中都存在手性碳原子，因而都有旋光性。例如，蔗糖具有右旋性，比旋光度为+66.5°；麦芽糖和乳糖都具有各自的比旋光度。但并非所有的寡糖都具有变旋性，蔗糖由于分子中不存在半缩醛羟基，所以不具有变旋性；麦芽糖和乳糖保留有半缩醛羟基，因而具有变旋性。

（2）还原性

单糖在形成寡糖时有两类成苷方式：一种是一个糖基的半缩醛（酮）羟基与另一个单糖（配基）的2,3,4,6-位羟基形成糖苷键；另一种则是两个糖的半缩醛（酮）羟基形成糖苷键。前者的配基保留有半缩醛羟基，所以具有还原性，称为还原糖（reducing sugar），如麦芽糖和乳糖；后者由于没有游离的半缩醛羟基，因而不具有还原性，称为非还原糖，如蔗糖（结构式参见 13.3.3）。

13.3.3 常见的寡糖

（1）蔗糖

蔗糖是自然界分布最广的二糖，在甘蔗和甜菜中含量很多，故又称甜菜糖。它是无色晶体，熔点 180℃，易溶于水。蔗糖的甜味超过葡萄糖，但不如果糖，其相对甜度是葡萄糖：蔗糖：果糖=1：1.45：1.65。

蔗糖的分子式为 $C_{12}H_{22}O_{11}$。在酸或酶的催化作用下，水解生成 D-(+)-葡萄糖和 D-(−）果糖的等量混合物。说明蔗糖是一分子葡萄糖和一分子果糖的缩水产物。它不能还原 Fehling 试剂和 Tollens 试剂，说明不是还原糖。它不与苯肼作用生成脎和腙，也没有变旋光现象。这些都说明蔗糖分子中没有苷羟基，不能转变成开链式。也说明它是由葡萄糖和果糖的苷羟基之间缩水而成的二糖，它既是葡萄糖苷，也是果糖苷。

蔗糖的构型可利用酶来确定，因为酶对糖类的水解是有选择性的。例如，麦芽糖酶只能使 α-葡萄糖苷水解，而对 β-葡萄糖苷无效；苦杏仁酶只能使 β-葡萄糖苷水解，而对 α-葡萄糖苷无效。由于蔗糖能用麦芽糖酶水解，说明它是一个 α-葡萄糖苷。另外，蔗糖也能用一种使 β-果糖苷水解的酶（转化糖酶）进行水解，说明它也是一个 β-果糖苷。上述事实说明蔗糖具有如下结构式：

蔗糖[葡萄糖 $\beta(2'\rightarrow1)$ 果糖苷]

蔗糖水解后生成一分子葡萄糖和一分子果糖。果糖是左旋的，比旋光度为−92.4°。葡萄糖是右旋的，比旋光度为+52.5°。因为果糖的比旋光度（绝对值）比葡萄糖大，所以蔗糖水解后的混合物是左旋的。在蔗糖水解过程中，比旋光度由右旋逐渐变到左旋，所以蔗糖的水解也称为转化反应，生成的葡萄糖和果糖的混合物称为转化糖。

$$\begin{array}{ccccc} C_{12}H_{22}O_{11} + H_2O & \xrightarrow{H^+} & C_6H_{12}O_6 & + & C_6H_{12}O_6 \\ \text{蔗糖} & & \text{D-(+)-葡萄糖} & & \text{D-(−)-果糖} \\ [\alpha]_D^{20}=+66^\circ & & [\alpha]_D^{20}=+52.5^\circ & & [\alpha]_D^{20}=-92.4^\circ \\ & & & \text{转化糖}[\alpha]_D^{20}=-20^\circ & \end{array}$$

蔗糖单硬脂酸酯是一种非离子表面活性剂。它是无毒、无臭、无味的物质，其最大的特点是对人体无害，进入人体后经消化转变为蔗糖和脂肪酸，成为营养物质，因此主要用于食品、医药和化妆品中。例如，可作为面包、糕点等的防老剂，糖果等的改性剂，冰激凌等以及化妆品的乳化剂，维生素 A、维生素 D 的增溶剂，维生素 K 的悬浮剂等。另外，还可用作食品用洗涤剂和纤维处理剂，但由于其价格较贵和去污能力比较差些，因此后两者用途较少。

（2）乳糖

乳糖存在于人与哺乳动物的乳汁中，它可被肠液中的乳糖酶水解，生成半乳糖和葡萄糖而被吸收。它是由一分子β-D-半乳糖的半缩醛羟基与另一分子葡萄糖C（4）上的醇羟基缩去一分子水通过β-1,4′-糖苷键缩合而成，属于还原糖。其结构式如下：

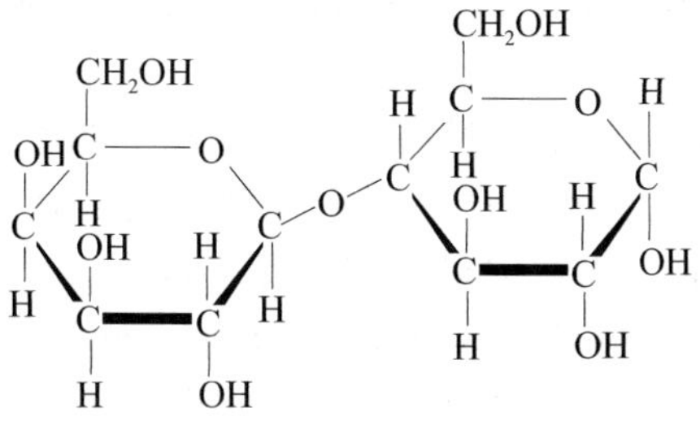

乳糖

（3）麦芽糖

淀粉经麦芽或唾液酶作用，可部分水解成麦芽糖。它是白色晶体，熔点160～165℃，甜味不如蔗糖。麦芽糖的分子式也是$C_{12}H_{22}O_{11}$，用无机酸水解，仅得到葡萄糖，说明它是由两分子葡萄糖缩水而得。它具有单糖的性质，有变旋光现象，能生成腙和脎，能还原Fehling试剂和Tollens试剂，是一个还原糖。通过许多事实说明，麦芽糖分子是由一分子葡萄糖的苷羟基与另一分子葡萄糖C_4上的羟基缩水而成（一般把以这种形式相连的苷键称为α-1,4-苷键）。由于一分子葡萄糖还存在苷羟基，故有α-和β-两种异头物，且两种异头物处于动态平衡，其结构式如下：

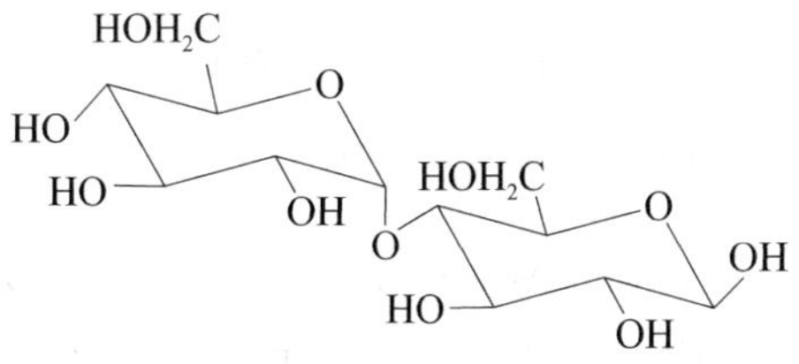

D-麦芽糖(β-异头物) 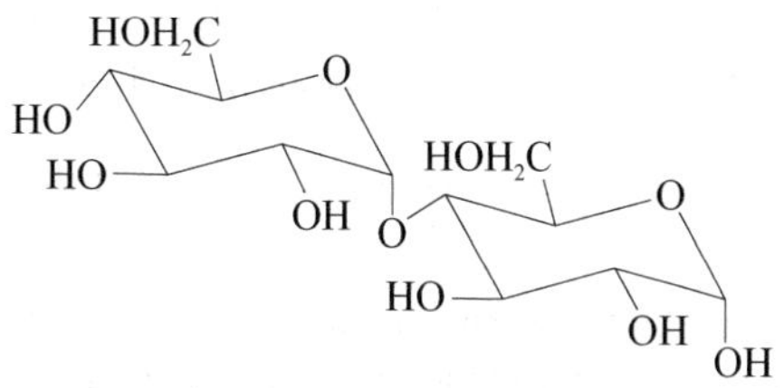　　D-麦芽糖(α-异头物)

麦芽糖的α-异头物的比旋光度为+168°，β-异头物的比旋光度为+112°，经变旋光达到平衡后，其比旋光度为+136°（表13-4）。

表13-4　其他常见寡糖及其部分性质

名称	重要来源	所含单糖组分	糖苷键	$[\alpha]_D^{20}$	还原性
二糖类					
海藻糖	海藻、酵母	2分子α-葡萄糖	$\alpha(1\leftrightarrow1')$	+18.7°	非还原糖
纤维二糖	纤维素	2分子β-葡萄糖	$\beta(1\rightarrow4')$	+14.2°→+36.2°	还原糖
龙胆二糖	龙胆属植物	β-葡萄糖，葡萄糖	$\beta(1\rightarrow6')$	+31°(α)→+9.6° +11°(β)→+9.6°	还原糖
蜜二糖	锦葵属植物	α-半乳糖，葡萄糖	$\alpha(1\rightarrow6')$	+111.7°(β)→+129.5°	还原糖
昆布二糖	海带、海藻	β-葡萄糖，葡萄糖	$\beta(1\rightarrow3')$	+24°(β)→+19°	还原糖
三糖类					
棉籽糖	棉籽、桉树、甜菜	α-半乳糖，α-葡萄糖，β-果糖	$\alpha(1\rightarrow6')$、$\alpha(1\rightarrow2')$	+105.7°	非还原糖
松籽糖	松、杉、杨属植物	α-葡萄糖，β-果糖，α-葡萄糖	$\alpha(1\rightarrow3')$、$\beta(2\leftrightarrow1')$	+33.2°	非还原糖
水苏四糖	大豆、甜菜	α-半乳糖，α-葡萄糖，β-果糖	$\alpha(1\rightarrow6')$、$\alpha(1\rightarrow2')$	+131°→+132°	非还原糖

13.4 多　　糖

多糖在自然界中广泛存在，它是动植物骨干的组成部分或养料，如纤维素和淀粉等。

多糖是高分子化合物，其水解的最终产物是单糖。当水解产物是一种单糖时，叫均（同）多糖，如淀粉和纤维素。水解产物不止一种单糖（有些还含有其他物质）时，叫异（杂）多糖，如阿拉伯胶（水解的最后产物是半乳糖、L-阿拉伯糖、L-鼠李糖和葡萄糖酸）。多糖是许多单糖分子彼此缩水而成的糖苷。与单糖和二糖不同，多糖没有甜味。某些多糖分子的末端虽含有苷羟基，但因分子量很大，其还原性极不显著。按多糖的组成成分，可将其分为同聚多糖（homopolysaccharides）和杂聚多糖（heteropolysaccharides）两种。

13.4.1 同聚多糖

同聚多糖是由一种单糖组成的多糖。常见的同聚多糖有淀粉、糖原、纤维素和甲壳质等。

（1）淀粉

淀粉存在于许多植物的种子、茎和块根中，它是无色无味的颗粒，没有还原性，不溶于一般有机溶剂，其分子式为 $(C_6H_{10}O_5)_n$。用酸处理淀粉使之水解，首先生成分子量较小的糊精，继续水解得到麦芽糖和异麦芽糖，水解的最终产物是 D-(+)-葡萄糖。

$$(C_6H_{10}O_5)_n \xrightarrow[H^+]{H_2O} \underset{n>m}{(C_6H_{10}O_5)_m} \xrightarrow[H^+]{H_2O} C_{12}H_{22}O_{11} \xrightarrow[H^+]{H_2O} C_6H_{12}O_6$$

淀粉由直链淀粉和支链淀粉组成。直链淀粉是一种线型聚合物，其结构呈卷绕着的螺旋形。这种紧密堆集的线圈式结构，不利于水分子接近，故难溶于水。直链淀粉遇碘呈蓝色。在稀酸中水解，得到麦芽糖和 D-(+)-葡萄糖，说明它是由葡萄糖单位通过苷键连接起来的。其结构式可表示如下：

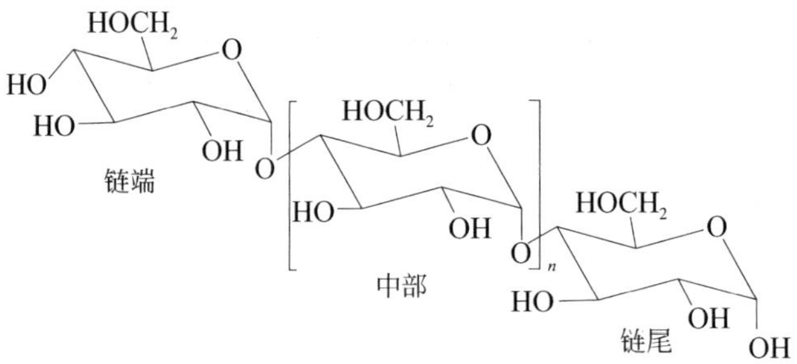

支链淀粉与直链淀粉相比，具有高度分支，容易与水分子接近，故溶于水。支链淀粉遇碘呈红紫色。与直链淀粉一样，支链淀粉在稀酸中水解，最后生成 D-(+)-葡萄糖。但部分水解时，产物除 D-(+)-葡萄糖外，还有麦芽糖和异麦芽糖。异麦芽糖是两个 D-(+)-葡萄糖单位通过 α-1,6-苷键连接而成。异麦芽糖的存在说明，支链淀粉分子中的葡萄糖单位，除了以 α-1,4-苷键相连外，还有以 α-1,6-苷键相连者。其结构式如下所示：

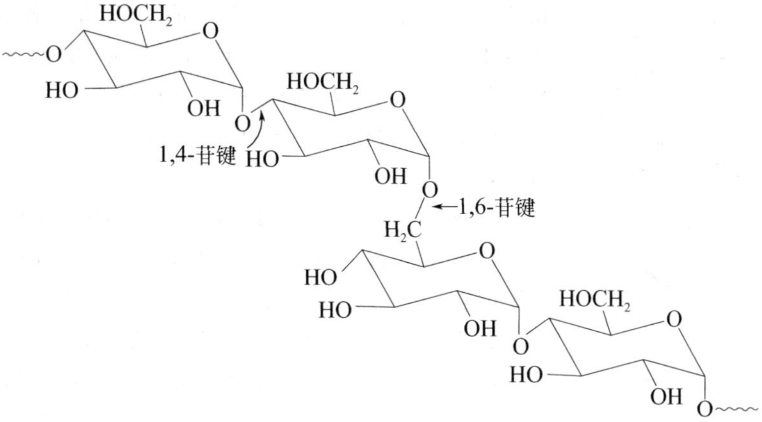

$$\sim\sim O-[\text{葡萄糖单元}, HOCH_2]-O-(\text{1,4-苷键})-[\text{葡萄糖单元}, HOCH_2]-O-(\text{1,6-苷键})-H_2C-[\text{葡萄糖单元}]-O-[\text{葡萄糖单元}, HOCH_2]-O\sim\sim$$

淀粉用热水处理后，约得到 20%的直链淀粉和 80%的支链淀粉。支链淀粉不仅有支链，且所含葡萄糖单位比直链淀粉多很多，故二者在性质上不完全相同。直链淀粉能够结合等于它的质量 20%的碘。由于直链淀粉的作用，淀粉遇碘呈蓝色。这两种淀粉可采用多种方法进行分离，从而得到单一纯品。

① 淀粉的改性

经水解、糊精化或化学试剂处理，改变淀粉分子中某些 D-吡喃葡萄糖基单元的化学结构，称为淀粉的改性。其中淀粉与化学试剂反应所得产物，亦称淀粉衍生物。现已有一些淀粉衍生物具有重要用途。例如，淀粉与丙烯腈的接枝共聚物（主链由一种结构单元构成，支链由另一种结构单元构成的共聚物）用碱处理，可得到分子内含有氨甲酰基（酰氨基）和羧基的共聚物：

$$\text{淀粉}{-}{-}{-}OH + mCH_2{=}\underset{\displaystyle CN}{\underset{|}{CH}} \longrightarrow \text{淀粉}{-}O{+}CH_2{-}\underset{\displaystyle CN}{\underset{|}{CH}}{\rightarrow_x}{+}CH_2{-}\underset{\displaystyle CN}{\underset{|}{CH}}{\rightarrow_y}H$$

$$\xrightarrow{NaOH,H_2O} \text{淀粉}{-}O{+}CH_2{-}\underset{\displaystyle COONa}{\underset{|}{CH}}{\rightarrow_x}{+}CH_2{-}\underset{\displaystyle COONa}{\underset{|}{CH}}{\rightarrow_y}H$$

这种共聚物具有很强的吸水能力（能够吸收本身质量 1000 倍以上的水），在农业上可用来处理种子，使种子在较干旱的条件下发芽生长；也可用来作吸水纸、小儿尿布和外科用纸巾等。另外，淀粉的某些接枝共聚物还可制成薄膜，在农田中用作地膜，由于其组成中的淀粉部分可被微生物降解，是一种可部分降解的地膜，它与合成的塑料薄膜相比，可减少环境污染。淀粉经改性后得到的产物，在工业、农业、食品和卫生等领域中均有一定用途。

② 环糊精

淀粉经某种特殊酶（如环糊精糖基转化酶）水解得到的环状低聚糖称为环糊精(cydodextrm，CD)。环糊精一般是由 6，7 或 8 个等单位 D-吡喃葡萄糖通过 α-1,4-糖苷键结合而成，根据所含葡萄糖单位的个数（6，7 或 8…）分别称为 α-、β-或 γ-环糊精（α-、β-或 γ-CD）。

环糊精的结构形似圆筒，略呈“V”字形，分子中所有的葡萄糖单元均为椅型构象。如 α-环糊精的结构如图 13-1 所示。

由图 13-1 可以看出，C3、C5 上的氢原子和 C4 上的氧原子构成了 α-环糊精分子的空腔内壁，且 C3、C5 上的氢原子对 C4 上的氧原子有屏蔽作用，故具有疏水（亲油）性；而羟基则分布在空腔的外边（上或下边），故具有亲水（疏油）性，从而构成比较固定的亲油空

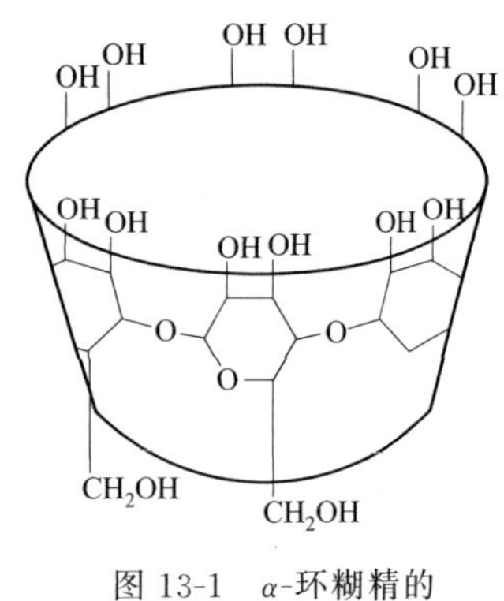

图 13-1　α-环糊精的结构示意图

腔和亲水外壁。另外，由于组成环糊精的葡萄糖单位不同，其空腔大小各异（α-，β-或 γ-CD 的孔径分别为 0.6nm、0.8nm 和 1nm），与冠醚相似，不同的环糊精可以包合不同大小的分子。例如，α-环糊精能与苯形成包合物，而 γ-环糊精能包合蒽分子。

环糊精空腔的大小和内壁与外壁的亲油性与亲水性的不同，在有机合成和医药等工业中具有重要应用价值。例如，苯甲醚在酸性溶液中用次氯酸（弱的氯化试剂）进行的氯化反应，生成邻和对氯苯甲醚的混合物，若加入少量 α-环糊精，则主要生成对位异构体。因为 α-环糊精与苯甲醚形成包合物后，甲氧基和其对位暴露在环糊精空腔之外，有利于试剂的进攻，故对位产物增多。

OCH_3 (苯甲醚) —HClO→ H_2O: 40% 邻氯苯甲醚 (OCH_3, Cl) + 60% 对氯苯甲醚 (OCH_3, Cl)；α-CD: 4% + 96%

环糊精能够包含中性无机和有机分子以及多肽和糖类等生物分子，形成稳定的配合物。这一性质在超分子化学的研究中，作为主体化合物占有重要位置，在模拟酶研究中已被采用。

超分子化学（supramolecdar chemistry）是化学与生物学、物理学、材料科学、信息科学和环境科学等多门学科交叉构成的边缘科学，是 20 世纪 60 年代末逐渐发展起来的，亦称主-客体化学（host-guest chemistry），它主要是研究分子间的弱作用力（静电力、氢键、van der Waals 力和疏水相互作用等）。研究这些内容对理解生命科学中的许多重要问题有很大帮助，如对了解生物膜的分子识别和分子运输、酶催化、DNA 和蛋白质等大分子的生物合成等过程均是有益的。

超分子化学研究的内容很广泛，其中一项重要内容，是寻找最有效的主体化合物，从而主要导致冠醚、环糊精和杯芳烃三代主体分子的产生和发展。并以它们为基础，通过化学修饰设计出具有不同性能的主体化合物，在超分子化学所研究的诸多领域取得了巨大成功，也促进了有机化学的研究向复杂体系方向发展。Cram D J、Lehn J M 和 Pedcrsen C J 因在超分子化学方面做出了杰出贡献，获得 1987 年诺贝尔化学奖。

（2）纤维素

纤维素在自然界中分布很广，是构成植物的主要成分，如棉花中约含 90%以上，木材中约含 50%。纤维素的纯品无色、无味、无臭，不溶于水和一般有机溶剂。与淀粉一样，纤维素也不具有还原性，其分子式也是 $(C_6H_{10}O_5)_n$，此处的 n 与淀粉中 n 不同。纤维素的分子量比淀粉大很多，其葡萄糖单位约为 500～5000。但纤维素比淀粉难于水解，一般需要在浓酸中或用稀酸在加压下进行。在水解过程中可以得到纤维四糖、纤维三糖和纤维二糖等，但水解的最后产物也是 D-(＋)-葡萄糖。

$$(C_6H_{10}O_5)_n \xrightarrow[H^+]{H_2O} (C_6H_{10}O_5)_4 \xrightarrow[H^+]{H_2O} (C_6H_{10}O_5)_3 \xrightarrow[H^+]{H_2O} C_{12}H_{22}O_{11} \xrightarrow[H^+]{H_2O} C_6H_{12}O_6$$

与淀粉水解所得二糖不同，纤维素水解所得二糖是纤维二糖。因为纤维二糖是苷，说明它是由许多葡萄糖单位通过 β-1,4-苷键连接起来的。其结构式可表示如下：

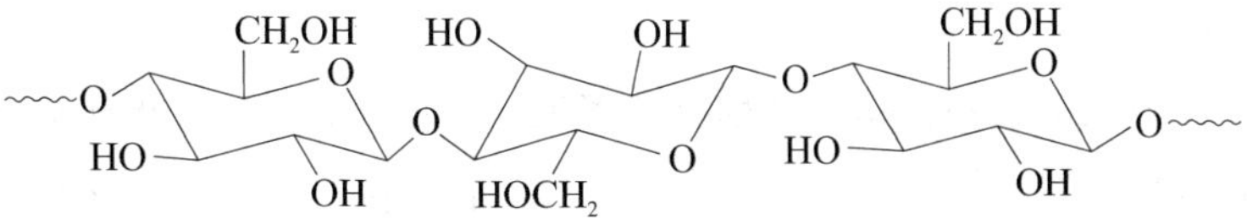

① 黏胶纤维　木浆或棉籽绒等纤维素用氢氧化钠水溶液处理，纤维素中的部分羟基形成钠盐，后者再与二硫化碳反应，则生成纤维素黄原酸酯的钠盐，然后将其通过细孔挤压到稀硫酸的盐溶液中进行水解，则得到黏胶纤维。

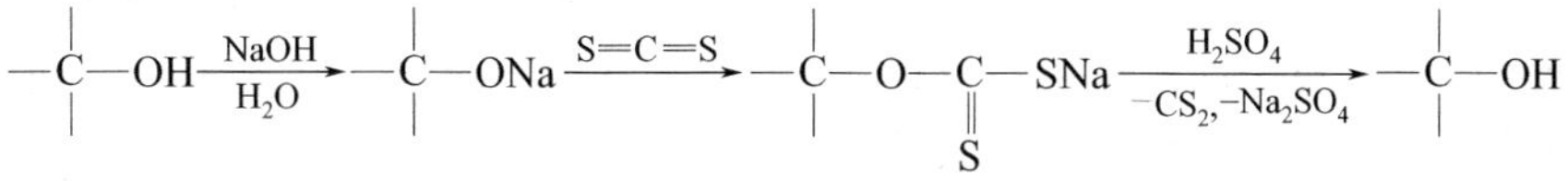

纤维素　纤维素黄原酸钠　再生纤维素

纤维素经上述处理后的再生纤维素，其长纤维称为人造丝，供纺织和针织用；其短纤维称为人造棉、人造毛，供纯纺或混纺用。

② 纤维素酯　纤维素分子中含有羟基，与醇相似，能与酸生成酯。例如，在少量硫酸存在下，用乙酐和乙酸的混合物与纤维素作用，则生成纤维素醋酸酯（亦称醋酸纤维素）。

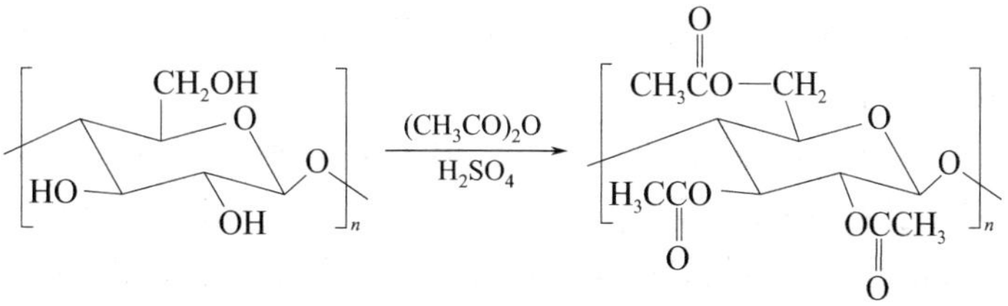

三醋酸纤维素部分水解可得二醋酸纤维素，后者溶于乙醇和丙酮，不易燃，可用来制造人造丝、胶片和塑料等。

纤维素与浓硫酸和浓硝酸作用生成纤维素硝酸酯（亦称硝酸纤维素），随酸的浓度和反应条件不同，酯化程度不同，所得酯的含氮量不同。含氮量在13%左右的叫火棉，它易燃且有爆炸性，是制造无烟火药的原料。含氮量在11%左右的叫胶棉，它易燃而无爆炸性，是制作喷漆和赛璐珞等的原料。

③ 纤维素醚　纤维素与碱作用生成纤维素钠盐，然后与卤代烷反应生成纤维素醚。最常见的有纤维素甲醚（甲基纤维素）和纤维素乙醚（乙基纤维素）。甲纤维素可用作分散剂、乳化剂和上浆剂等，在医药上用作灌肠剂。乙基纤维素用于制造塑料、涂料和橡胶的代用品等，也用作纺织品整理剂。

在上述反应中若用氯乙酸钠代替氯代烷，则得到羧甲基纤维素钠：

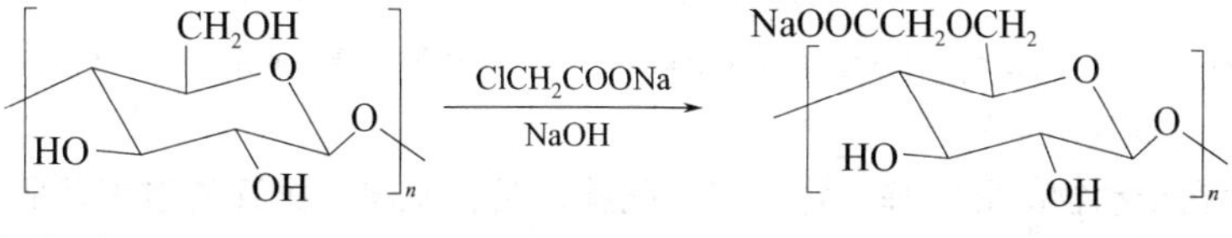

羧甲基纤维素钠大量用作油田钻井泥浆处理剂，还广泛用作纺织品浆料、造纸增强剂等。

13.4.2 杂聚多糖

杂聚多糖是由两种以上不同种类的单糖或者与非糖物质聚合而成的多糖。常见的杂聚多糖是糖胺聚糖（细胞的外基质成分）。琼脂（海藻多糖）、果胶、树胶（植物多糖）和细菌多糖等也是杂聚多糖。

糖胺聚糖（glycosaminoglycan）又称氨基多糖，一般是由 *N*-乙酰氨基己糖和糖尾酸聚合而成。因其溶液具有较大的黏性，故又称其为黏多糖（mucopolysach-aride）。有的糖胺聚糖还有硫酸酯的结构，因此具有酸性。糖胺聚糖直链的还原端半缩醛羟基与蛋白质结合形成蛋白聚糖。

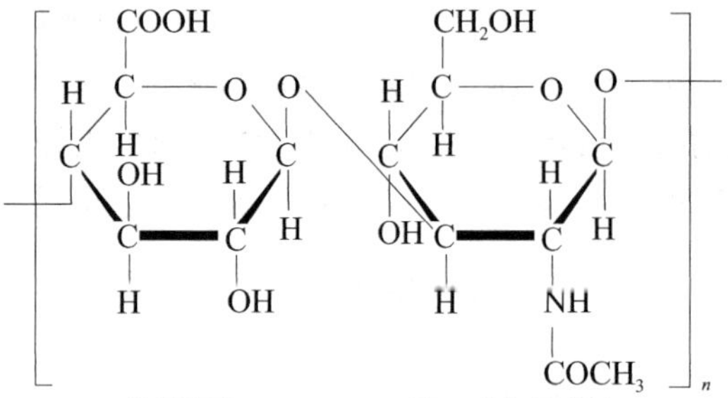

葡糖醛酸　*N*-乙酰氨基葡糖

透明质酸

糖胺聚糖广泛分布于动物体内，是许多结缔组织基质的重要成分，腺体与黏膜的分泌液、血及尿等体液中都含有少量的糖胺聚糖。常见的有透明质酸、硫酸软骨素、肝素及血型物质等。

透明质酸（hyaluronic acid）是由葡糖醛酸（GlcUA）和 *N*-乙酰氨基葡糖（GlcNAc）通过 β-(1→3)-和 β-(1→4)-糖苷键反复交替连接而成的多聚糖。

透明质酸是分布最广的糖胺聚糖，存在于一切结缔组织中，眼球玻璃体、角膜、脐带、细胞间质、关节液、某些细菌细胞壁及恶性肿瘤中均含有透明质酸。它与水形成黏稠凝胶，有润滑和保护细胞的作用。

硫酸软骨素（chondroitin sulfate）分为 A、B 和 C 三种，其中硫酸软骨素 A 是由葡糖醛酸和 *N*-乙酰氨基半乳糖-4-硫酸通过 β-(1→3)-和 β-(1→4)-糖苷键反复交替连接而成的二糖多聚体。硫酸软骨素是骨骼和软骨的重要成分，广泛存在于结缔组织中，肌腱、皮肤、心脏瓣膜、唾液中均含有硫酸软骨素。在机体中，硫酸软骨素与蛋白质结合形成糖蛋白。动脉粥样硬化病变时，硫酸软骨素 A 含量降低。因此，硫酸软骨素 A 可用于动脉粥样硬化的治疗。

肝素（heparin）是由二硫酸氨基葡萄糖和 L-2-硫酸艾杜糖醛酸通过 β-(1→4)-和 α-(1→4)-糖苷键交替连接而成的。

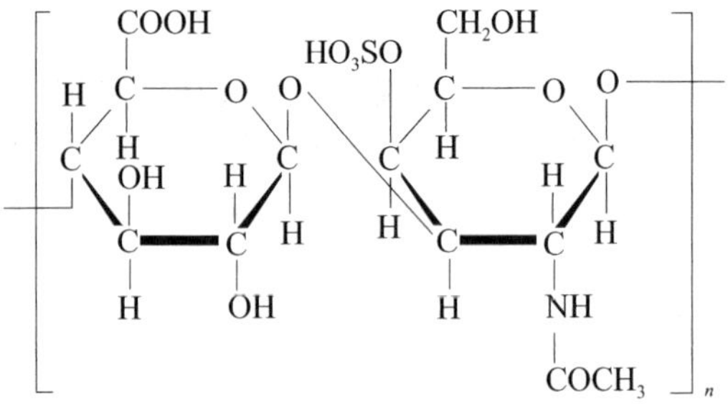

葡糖醛酸　*N*-乙酰氨基半乳糖-4-硫酸

硫酸软骨素A

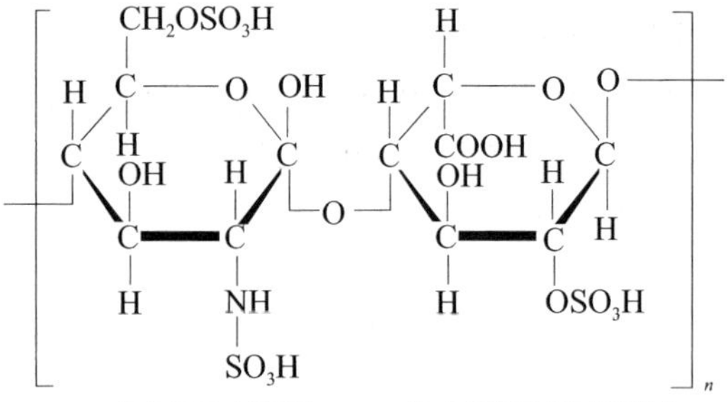

二硫酸氨基葡萄糖　L-2-硫酸艾杜糖醛酸

肝素

肝素广泛存在于动物的肝、肺、肾、脾、胸腺、肠、肌肉、血管的组织及肥大细胞中，因肝脏中含量最为丰富，且最早在肝脏中发现而得名。它具有阻止血液凝固的特点，是动物体内天然的抗凝血物质，在临床上可用作血液体外循环时的抗凝剂，也可用于防止血栓的形成。

13.4.3 结合糖

结合糖是指糖与非糖物质的结合物，常见的是与蛋白质的结合物。它们的分布很广泛，生物功能多种多样，且都含有一类含氮的多糖，即黏多糖。根据含糖多少，可分为以蛋白为主的糖蛋白和以糖为主的蛋白多糖。

（1）糖蛋白

糖蛋白（glycoprotein）是以蛋白质为主体的糖-蛋白质复合物，在肽链的特定残基上共价结合着一个、几个或十几个寡糖链。寡糖链一般由 2～15 个单糖构成。寡糖链与肽链的连接方式有两种：一种是它的还原末端以 *O*-糖苷键与肽链的丝氨酸或苏氨酸残基的侧链羟基结合，另一种是以 *N*-糖苷键与侧链的天冬酰胺残基的侧链氨基结合。

糖蛋白在体内分布十分广泛，许多酶、激素、运输蛋白、结构蛋白都是糖蛋白。糖成分的存在对糖蛋白的分布、功能、稳定性等都有影响。糖成分通过改变糖蛋白的质量、体积、电荷、溶解性、黏度等发挥着多种效应。

（2）蛋白聚糖

蛋白聚糖（proteoglycan）是以蛋白质为核心，以多糖为主体的糖-蛋白质复合物。在同一条核心蛋白肽链上，密集地结合着几十条至千百条聚糖链，形成瓶刷状分子。每条聚糖链由 100～200 个单糖分子构成，具有二糖重复序列，一般无分支。

蛋白聚糖是细胞外基质的主要成分，广泛存在于高等动物的一切组织中，对结缔组织、软骨、骨骼的构成至关重要。蛋白聚糖具有极强的亲水性，能结合大量的水，能保持组织的体积和外形并使之具有抗拉、抗压强度。蛋白聚糖链相互间的作用，在细胞与细胞、细胞与基质相互结合，维持组织的完整性中起重要作用。糖链的网状结构还具有分子筛效应，对物质的运送有一定意义。透明质酸是关节滑液的主要成分，具有很大的黏性，对关节面起润滑作用。类风湿性关节炎患者关节液的黏度降低与蛋白多糖的结构变化有关。

阅读材料：赫尔曼·埃米尔·费舍尔

艾米尔·费舍尔（Hermann Emil Fischer，1852-1919），德国有机化学家，因其对糖类的研究；对嘌呤类化合物的研究；对蛋白质（主要是氨基酸、多肽）的研究中取得的重大成就，于 1902 年获得第二届诺贝尔化学奖。

费舍尔最初的研究领域是染料，就在研究各种染料的过程中，他发现了化合物苯肼，它是联氨（NH_2NH_2）中氢原子被苯基取代而生成的化合物。通过进一步研究，费舍尔还发现它是鉴定醛和酮的更好试剂，为他以后的研究提供了一种重要的手段。

很早以前，化学家就有了关于糖类的知识。由于它是一种重要物质，所以对它的制法和用途的研究也发展得很快。但是对于纯化学方面对他的了解，还远比其他种类的有机物慢得多。这是因为它的精制很困难，分离和鉴别的方法也很不易掌握。费舍尔对糖类化合物开始研究时，科学家仅知道有四种单糖（葡萄糖、果糖、半乳糖、山梨糖），它们的分子式都为 $C_6H_{12}O_6$。双糖有蔗糖、乳糖，其分子式为 $C_{12}H_{22}O_{11}$，还知道淀粉、纤维素水解的最终产物也是糖类。

费舍尔发现苯肼与糖反应产生腙，腙在过量的苯肼中进一步形成脎，不同的糖可以形成不同结晶状态和熔点的脎，运用这一简单的机理便可以鉴别各种糖。在费舍尔之前，德国化学家吉里安尼已发现葡萄糖与氢氰酸（HCN）的加成反应，其产物经水解和还原后得到了正庚酸，并以此推断出葡萄糖是一种直链的五羟基醛；果糖是直链的五羟基酮，运用这一机理还可以将戊糖变成己糖、己糖变成庚糖。主要是运用上述两机理，费舍尔从1884年起，断断续续地花费了10年时间，系统地研究了各种糖类。通过研究，费舍尔确定了许多糖类的构型。例如己醛糖的16种旋光异构体中，有12种是他鉴定的，由于费舍尔的努力，终于探明了单糖类的本性及其相互间的关系。

他还发现并总结出将糖类还原为多元醇、将醛糖氧化为碳酸等研究糖类的新方法，在此基础上他得心应手地合成了50多种糖分子。他选择了甲醛和甘油为原料，或基于甲醛进行缩合，或基于甘油在一经氧化后就进行缩合。以此为基础，经过一系列转变之后，费舍尔制出了各种糖。基本方法是：

（1）把某种单糖还原，使其成为多元醇，再经氧化，则在许多情况下可生成两种醛糖。

（2）再把苯肼作用于某种醛糖，加入盐酸分解其生成物，然后进行还原则成为酮糖。

（3）把某种醛糖氧化首先生成一元酸，继续氧化生成二元酸。当把这种酸还原时在许多情况下就能生成像第二种方法的醛糖。

（4）以氢氰酸作用于某种糖类化合物，进一步经过两三次处理后，就能使其碳链逐渐增长。

（5）有左旋和右旋异构体混合而成的醛糖，经过氧化使其成为一元酸，再制成像马钱子碱、二甲马钱子碱那样的旋光性碱的盐时，就能分成左旋和右旋两种成分。

费舍尔根据他所掌握有关糖类的丰富知识，还提出了一个有关发酵机理的著名假说。他认为糖类物质由于酶的存在而发生分解，而不同的糖需要有不同的酶的作用才能分解，这可能因为糖和酶的分子结构有某些共同点，犹如锁头与钥匙的关系。

习　题

13-1　写出下列化合物的Haworth式。

（1）乙基-β-D-甘露糖苷　　（2）α-D-半乳糖醛酸甲酯

（3）α-D-葡萄糖-1-磷酸　　（4）β-D-呋喃核糖

13-2　写出下列化合物的构象式。

（1）β-D-吡喃葡萄糖　　（2）α-D-呋喃果糖

（3）甲基-β-D-吡喃半乳糖苷　　（4）α-D-吡喃甘露糖

13-3　选择题。

（1）下列化合物属于二糖的是（　　）。

（A）乳糖　（B）葡萄糖　（C）木糖醇　（D）半乳糖

（2）哪一种糖水解会生成两种不同的碳水化合物葡萄糖和果糖（　　）。

（A）麦芽糖　（B）蔗糖　（C）木糖　（D）乳糖

（3）下列化合物属于单糖的是（　　）。

（A）乳糖　（B）淀粉　（C）麦芽糖　（D）果糖

（4）下列糖属于非还原糖的是（　　）。

（A）蔗糖　（B）麦芽糖　（C）乳糖　（D）纤维二糖

（5）下列哪种糖不产生变旋作用（　　）。

（A）蔗糖　（B）纤维二糖　（C）乳糖　（D）果糖

（6）α-D-(＋)-吡喃葡萄糖的 Haworth 式是（　　）。

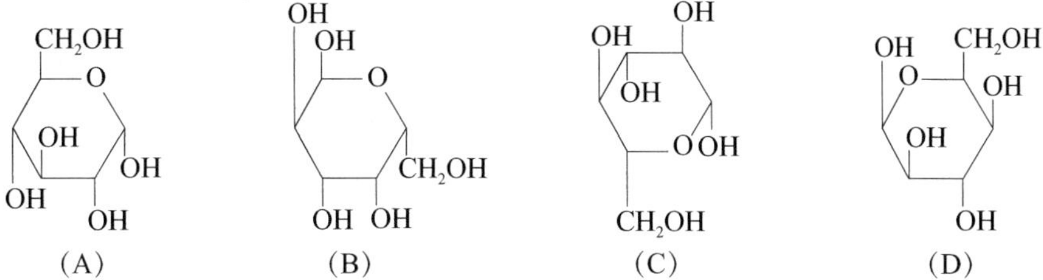

13-4　用化学方法鉴别下列各组化合物。

（1）甲基葡萄糖苷　葡萄糖　果糖　淀粉　　（2）麦芽糖　乳糖　蔗糖　甘露糖

13-5　完成下列反应式。

（1）HO—, HO—, O, OH, OH, OH $\xrightarrow[H_2SO_4]{Me_2CO}$（　　）$\xrightarrow{\text{Sarrett试剂}}$（　　）$\xrightarrow{HCl,H_2O}$（　　）

（2）CHO, —OH, —OH $\xrightarrow[\text{干HCl}]{Me_2CO}$（　　）$\xrightarrow{\text{CH}_2\text{=CH}-\text{MgCl}}$（　　）$\xrightarrow[\text{还原水解}]{\text{臭氧氧化后}}$（　　）

（3）（　）$\xleftarrow{Br_2}$D-葡萄糖$\xrightarrow{HNO_3}$（　）

（4）D-葡萄糖酸钙盐$\xrightarrow{H_2O_2,\ Fe^{3+}}$（　）$\xrightarrow{-CO_2}$（　）

（5）CHO; OH—H; H—OH; H—OH; CH_2OH $\xrightarrow{HCN}$（　　）$\xrightarrow{H_2O}$（　　）

（6）D-果糖$\xrightarrow[H_2]{Na\text{-}Hg}$（　）＋（　）

13-6　推断题

（1）己醛糖 A 被硝酸氧化为内消旋的糖二酸 B，A 经 Ruff 降级反应得到 C，C 被硝酸氧化为旋光性的糖二酸 D；C 的 Ruff 降级反应产物 E 被硝酸氧化生成 F［L-(＋)-酒石酸］。试推测 A、B、C、D、E、F 的结构。

（2）D-阿拉伯糖是一种 D-戊醛糖，用硝酸银氧化为光学活性糖二酸。D-阿拉伯糖用 Kiliani-Fischer 糖合成法（递升）得到新糖 A 和 B。A、B 用硝酸氧化均得到光学活性糖二酸。①用 Fischer 式写出 D-阿拉伯糖可能的立体结构。②写出 A、B 的 Fischer 式。

（3）戊醛糖 A 被硝酸氧化为光学活性糖二酸 B，A 与羟胺反应，再与乙酸酐、乙酸钠共热得 C，C 碱性水解得到丁醛糖 D，D 被硝酸氧化为无光学活性糖二酸 E。试推测 A、B、

C、D、E 的结构。

（4）D-己醛糖 A 被硝酸氧化为光学活性糖二酸 B，A 递降得到戊醛糖 C，被硝酸氧化为无光学活性糖二酸 D。若把 A 的 C（1）换成羟甲基，C（6）变成醛基，仍得到 A。试推测 A、B、C、D 的结构。

第14章

氨基酸、多肽与蛋白质

知识要点：

本章主要介绍氨基酸的结构、种类、物理性质、化学性质、制备合成、应用；多肽的物理性质与合成；蛋白质的元素组成、分类、结构、物理性质、化学性质。重、难点内容为氨基酸的化学合成、生物合成及其他方法制备；多肽的合成；蛋白质的性质及其分离纯化。

蛋白质（protein）是生命的物质基础。早在一百年前，恩格斯就已经对蛋白质的重要性作了正确的估价，他认为生命是蛋白体的存在方式。有机体中所含的化学成分及其所进行的生物化学变化虽然错综复杂，但蛋白质是参与其中的最重要的物质。生命的基本特征就是蛋白质的不断自我更新。一切基本的生命现象，例如，肌肉的收缩，消化道的蠕动，起保护作用的皮肤、毛发等都是从蛋白质的特有造型性质中产生出来的；再如有机体内起着催化作用的绝大多数酶是蛋白质；调节代谢的激素大多数是蛋白质或其衍生物，免疫作用的抗体是蛋白质；呼吸作用中运输 O_2 和 CO_2 的是血红蛋白。最近分子生物学的研究已表明，蛋白质不仅在遗传的信息传递与控制方面，而且对细胞膜的通透性及高等动物的记忆活动等方面，都起着重要的作用。

恩格斯早就预言“只要把蛋白质的化学成分弄清楚，化学就能着手制造活的蛋白质。”1965 年我国第一次用人工方法合成了具有生理活性的蛋白质——胰岛素。这是辩证唯物主义的生命起源理论的巨大胜利，为我国人民在化学的理论研究方面开创了世界纪录。

不论哪一类蛋白质，水解都生成 α-氨基酸的混合物。因此，α-氨基酸是构筑蛋白质的基石。要讨论蛋白质的结构和性质，首先要研究 α-氨基酸的化学。

14.1 氨基酸命名、构型和种类

氨基酸是羧酸分子中烃基上的一个或几个氢原子被氨基取代生成的化合物，氨基酸分子结构中含有氨基（$-NH_2$）和羧基（—COOH）两种官能团。与羟基酸类似，氨基酸可按照氨基连在碳链上的不同位置而分为 α-、β-、γ-、δ-氨基酸，但经蛋白质水解后得到的氨基酸都是 α-氨基酸，而且仅有二十几种，它们是构成蛋白质的基本单位。氨基酸的结构通式如下：

$$\begin{array}{c} R \\ |_{2} \\ H_2N-C-COOH \\ | \quad\ \ _1 \\ H \end{array}$$

氨基酸的系统命名法是将氨基作为羧酸的取代基命名的，但由蛋白质水解得到的氨基酸都有俗名，例如：

$$\underset{\substack{2\text{-氨基丙酸}\\(\text{俗名:丙氨酸})}}{H_3C-\underset{\underset{\displaystyle NH_2}{|}}{C}HCOOH} \qquad \underset{\substack{2\text{-氨基戊二酸}\\(\text{俗名:谷氨酸})}}{HOOCCH_2CH_2\underset{\underset{\displaystyle NH_2}{|}}{C}HCOOH} \qquad \underset{\substack{2,6\text{-二氨基己酸}\\(\text{俗名:赖氨酸})}}{NH_2(CH_2)_4\underset{\underset{\displaystyle NH_2}{|}}{C}HCOOH}$$

由蛋白质获得的氨基酸，除氨基乙酸（甘氨酸）外，分子中的 α-碳原子都是手性碳原子，都具有旋光性，其构型均属于 L 型，它们与 L-甘油醛之间的关系如下：

$$\underset{\text{L-丝氨酸}}{\begin{array}{c} COOH \\ H_2N-\!\!\!+\!\!\!-H \\ CH_2OH \end{array}} \qquad \underset{\text{L-氨基酸}}{\begin{array}{c} COOH \\ H_2N-\!\!\!+\!\!\!-H \\ R \end{array}} \qquad \underset{\text{L-甘油醛}}{\begin{array}{c} CHO \\ HO-\!\!\!+\!\!\!-H \\ CH_2OH \end{array}}$$

上面的 L-α-氨基酸是一个通式，其中 R 是分子中的可变部分，是蛋白质中各种 α-氨基酸的差别所在，如表 14-1 中的结构式所示。根据 R 的不同，可将氨基酸分为上述几种不同类型。氨基酸构型的标记，通常采用 D,L-标记法；分子中的手性碳原子则通常采用 R,S-标记法。例如：

$$\underset{\text{L-丙氨酸}}{\begin{array}{c} COOH \\ H_2N-\!\!\!+\!\!\!-H \quad 2S \\ CH_3 \end{array}} \qquad \underset{\text{L-苏氨酸}}{\begin{array}{c} COOH \\ H_2N-\!\!\!+\!\!\!-H \quad 2S \\ H-\!\!\!+\!\!\!-OH \quad 3R \\ CH_3 \end{array}}$$

在氨基酸分子中可以含有多个氨基或多个羧基，两种基团的数目不一定相等。根据所含氨基和羧基数目不同，氨基酸可以分为中性、酸性、碱性氨基酸。

中性氨基酸：氨基和羧基数目相等，如甘氨酸、丙氨酸、亮氨酸等。

碱性氨基酸：氨基数目多于羧基，如组氨酸、赖氨酸等。

酸性氨基酸：羧基数目多于氨基，如天冬氨酸、谷氨酸。

根据侧链极性，氨基酸可以分为：非极性、极性、酸性和碱性侧链氨基酸（表 14-1）。

表 14-1　蛋白质中存在的 α-氨基酸

α-氨基酸的侧链	名称(缩写)	pK_a 值		pI
		α-CO_2H	α-NH_3^+	
非极性侧链				
$H-\underset{H}{\overset{NH_2}{C}}-COOH$	甘氨酸(Gly)	2.34	9.60	5.97
$H_3C-\underset{H}{\overset{NH_2}{C}}-COOH$	丙氨酸(Ala)	2.34	9.69	6.00
$H_3C-\underset{H}{\overset{CH_3}{C}}-\underset{H}{\overset{NH_2}{C}}-COOH$	缬氨酸(Val)	2.32	9.62	5.96

α-氨基酸的侧链	名称(缩写)	pK_a 值		pI
		α-CO_2H	α-NH_3^+	
$H_3C-\underset{H}{\overset{CH_3}{C}}-CH_2-\underset{H}{\overset{NH_2}{C}}-COOH$	亮氨酸(Leu)	2.36	9.60	5.98
$H_3C-CH_2-\underset{H}{\overset{CH_3}{C}}-\underset{H}{\overset{NH_2}{C}}-COOH$	异亮氨酸(Ile)	2.36	9.60	6.02
$H_3CSCH_2CH_2-\overset{H_2}{C}-\underset{H}{\overset{CH_3}{C}}-\underset{H}{\overset{NH_2}{C}}-COOH$	蛋氨酸(Met)	2.28	9.21	5.74
$\overset{H}{N}$ COOH	脯氨酸(Pro)	1.99	10.60	6.30
$-CH_2-\underset{H}{\overset{NH_2}{C}}-COOH$	苯丙氨酸(Phe)	1.83	9.13	5.48
$-CH_2-\underset{H}{\overset{NH_2}{C}}-COOH$ $\underset{H}{N}$	色氨酸(Trp)	2.83	9.39	5.89
极性侧链				
$HOCH_2-\underset{H}{\overset{NH_2}{C}}-COOH$	丝氨酸(Ser)	2.21	9.15	5.68
$HO\overset{CH_3}{C}H-\underset{H}{\overset{NH_2}{C}}-COOH$	苏氨酸(Thr)	2.09	9.10	5.60
$H_2N\overset{O}{\overset{\|}{C}}CH_2-\underset{H}{\overset{NH_2}{C}}-COOH$	天冬酰胺(Asn)	2.02	8.80	4.1
$H_2N\overset{O}{\overset{\|}{C}}CH_2-CH_2-\underset{H}{\overset{NH_2}{C}}-COOH$	谷酰胺(Gln)	2.17	9.13	5.65
$HO-$ $-CH_2-\underset{H}{\overset{NH_2}{C}}-COOH$	酪氨酸(Tyr)	2.20	9.11	5.66
酸性侧链				
$HO\overset{O}{\overset{\|}{C}}-CH_2-\underset{H}{\overset{NH_2}{C}}-COOH$	天冬氨酸(Asp)	2.0	9.60	1.88
$HO\overset{O}{\overset{\|}{C}}-CH_2-CH_2-\underset{H}{\overset{NH_2}{C}}-COOH$	谷氨酸(Glu)	2.1	9.67	3.22

续表

α-氨基酸的侧链	名称(缩写)	pK_a值		pI
		α-CO_2H	α-NH_3^+	
碱性侧链				
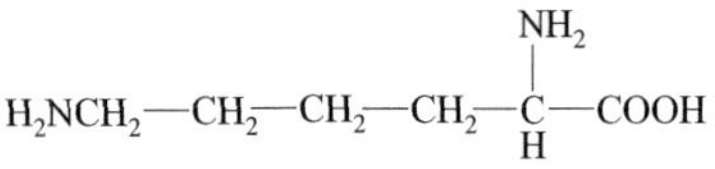 $H_2NCH_2-CH_2-CH_2-CH_2-CH(NH_2)-COOH$	赖氨酸(Lys)	2.18	8.95	9.74
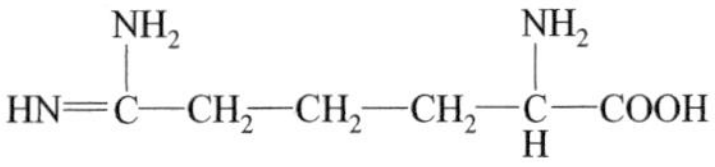 $HN=C(NH_2)-CH_2-CH_2-CH_2-CH(NH_2)-COOH$	精氨酸(Arg)	2.17	9.04	10.76
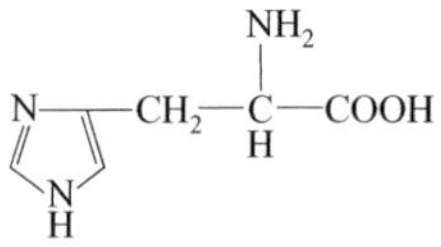 (咪唑-4-基)$-CH_2-CH(NH_2)-COOH$	组氨酸(His)	1.82	9.17	7.59

14.2 氨基酸的性质

14.2.1 氨基酸的物理性质

(1)物理和光谱性质

α-氨基酸都是白色晶体，每种氨基酸都有特殊的结晶形状，可以用来鉴别各种氨基酸。除胱氨酸和酪氨酸外，都能溶于水。脯氨酸和羟脯氨酸还能溶于乙醇或乙醚。氨基酸分子中既含有氨基又含有羧基，在水溶液中以偶极离子的形式存在。所以氨基酸晶体是离子晶体，熔点在200℃以上。

除甘氨酸外，α-氨基酸都有旋光性。苏氨酸和异亮氨酸有两个手性碳原子。从蛋白质水解得到的氨基酸都是L-型。但在生物体内特别是细菌中，D-氨基酸也存在。

三个带苯环的氨基酸，即苯丙氨酸、色氨酸和酪氨酸有紫外吸收，λ_{max}257nm（$\kappa_{max}=200$）；λ_{max}257nm（$\kappa_{max}=1400$）；λ_{max}280nm（$\kappa_{max}=5600$）。蛋白质的紫外吸收主要是后面两个氨基酸决定的，一般在280nm。

(2)等电点

氨基酸分子中存在的酸性基团羧基和碱性基团氨基，这两个官能团在分子内反应形成一个两极性的离子，称为偶极离子，如下所示：

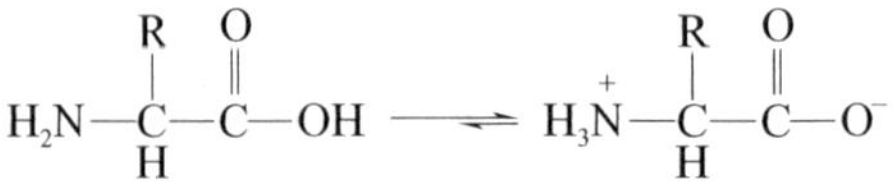

$$H_2N-CH(R)-C(=O)-OH \rightleftharpoons H_3\overset{+}{N}-CH(R)-C(=O)-O^-$$

偶极离子

上述平衡趋向偶极离子的原因是，羧酸是一个强酸（p$K_a\approx5$），它的酸性强于胺（p$K_a\approx9$）的共轭酸，并且这种化学平衡存在于固态氨基酸中。为此氨基酸的许多物理性质与盐更相似。尽管氨基酸以偶极离子的形式存在，通常还是常用氨基酸和羧基的非离子形式表示它。

在这个偶极离子中既存在酸性基团的氨基阳离子，又存在碱性基团的羧基阴离子，因此它可以作为酸，也可以作为碱。它在水溶液中的存在形式取决于 pH，在 pH 接近中性时，氨基酸以偶极离子的形式存在。在酸性溶液中，羧酸阴离子得到一个质子形成羧酸，此时氨基酸以阳离子的形式存在，而在碱性溶液中，氨基阳离子放出一个质子，此时分子以阴离子的形式存在。可以以甘氨酸为例来检查 pH 对各种离子的存在形式的影响：

$$\underset{\substack{\text{阳离子形式}\\ pK_{a_1}=2.3}}{H_3\overset{+}{N}-\underset{H}{\overset{R}{C}}-\overset{O}{\overset{\|}{C}}-OH} \underset{H^+}{\overset{OH^-}{\rightleftharpoons}} \underset{\substack{\text{两性离子}\\ pK_{a_2}=9.8}}{H_3\overset{+}{N}-\underset{H}{\overset{R}{C}}-\overset{O}{\overset{\|}{C}}-O^-} \underset{H^+}{\overset{OH^-}{\rightleftharpoons}} \underset{\text{阴离子形式}}{H_2N-\underset{H}{\overset{R}{C}}-\overset{O}{\overset{\|}{C}}-O^-}$$

在 pH 非常小时，甘氨酸几乎全部以阳离子形式存在。随着 pH 的增大，阳离子放出一个质子形成羧酸基团（羧酸的酸性强于氨基阳离子），并形成偶极离子。当 pH 等于 pK_{a_1} 2.3 时，阳离子的浓度等于偶极离子的浓度。随着 pH 进一步的增大，偶极离子的浓度不断增加，直至甘氨酸几乎全部以这种形式存在。然后氨基阳离子释放酸性质子形成羧酸阴离子。当 pH 等于 pK_{a_2} 9.8 时，偶极离子的浓度等于阴离子的浓度。在 pH 更高时，甘氨酸主要以阴离子形式存在。对甘氨酸而言，其偶极离子的最大浓度出现在 pH 等于 pK_{a_1} 和 pK_{a_2} 的平均值处，或 $pH=\frac{1}{2}\times(2.3+9.8)=6.1$ 处。此时的 pH 称为等电点（pI，isoelectric point），因为此时氨基酸已全部转化为偶极离子，也就是说它所带净电荷为零。不同 pH 时甘氨酸的存在形式如图 14-1 所示。

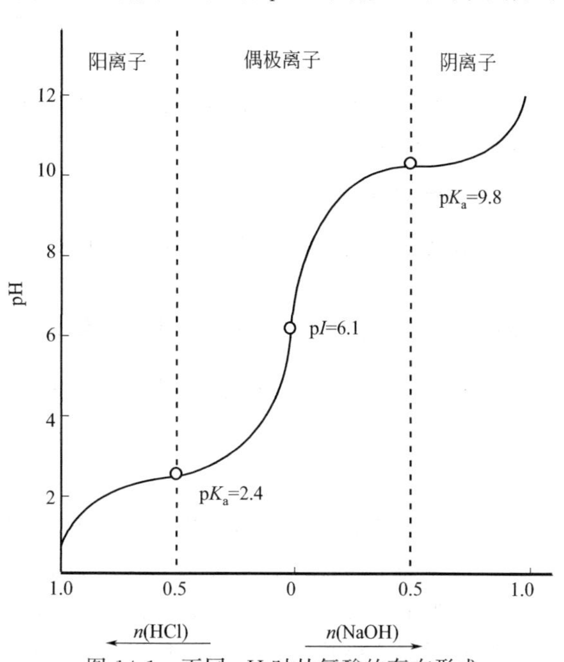

图 14-1 不同 pH 时甘氨酸的存在形式

14.2.2 氨基酸的化学性质

氨基酸的化学性质主要涉及 α-氨基、羧基以及主链上所参与的一些化学反应。

（1）羧基的反应

氨基酸分子中的羧基具有典型羧基的性质，如能与碱、五氯化磷、氨、醇、氢化铝锂等反应。例如：

$$R-\underset{NH_2}{\underset{|}{CH}}-COOH \xrightarrow[-POCl_3,\,-HCl]{PCl_5} R-\underset{NH_2}{\underset{|}{CH}}-COCl \quad ①$$

$$R-\underset{NH_2}{\underset{|}{CH}}-COOH \xrightarrow[-H_2O]{PhCH_2OH} R-\underset{NH_2}{\underset{|}{CH}}-COOCH_2Ph \quad ②$$

反应①在肽的合成中可用来活化羧基；反应②在肽的合成中可用来保护羧基。

（2）氨基的反应

α-氨基酸分子中的氨基具有典型氨基的性质，如能与酸、亚硝酸、烃基化试剂、酰基化试剂、甲醛、过氧化氢等反应。例如：

$$R-CH(NH_2)-COOH \xrightarrow[-N_2,-H_2O]{HNO_2} R-CH(OH)-COOH \quad ③$$

$$R-CH(NH_2)-COOH \xrightarrow[-HF]{2,4-(O_2N)_2C_6H_3F} R-CH(NH-C_6H_3-2,4-(NO_2)_2)-COOH \quad ④$$

$$R-CH(NH_2)-COOH \xrightarrow[HCl]{PhCH_2OCOCl} R-CH(NHOOCCH_2Ph)-COOH \quad ⑤$$

反应③由于放出氮气可用于测定含有伯氨基的氨基酸；反应④可用于氨基酸的测定；反应⑤在肽的合成中可用来保护氨基。

（3）两性和等电点

氨基酸因含有氨基和羧基，既能与酸反应，又能与碱反应，是两性化合物。分子内的氨基与羧基也能反应生成盐，这种盐称为内盐，亦称两性离子或偶极离子。α-氨基酸的物理性质也说明它是以内盐形式存在的，其与酸碱的反应可表示如下：

$$\underset{\text{正离子(Ⅲ)}}{R-CH(^+NH_3)-COOH} \underset{H^+}{\overset{OH^-}{\rightleftharpoons}} \underset{\text{偶极离子(Ⅰ)}}{R-CH(^+NH_3)-COO^-} \underset{H^+}{\overset{OH^-}{\rightleftharpoons}} \underset{\text{负离子(Ⅱ)}}{R-CH(NH_2)-COO^-}$$

氨基酸在碱性溶液中主要以负离子（Ⅱ）的形式存在，此时在电场中，氨基酸向正极移动；若将溶液调至酸性，则主要以正离子（Ⅲ）的形式存在，在电场中氨基酸将向负极移动。当溶液为某一 pH 时，负离子（Ⅱ）和正离子（Ⅲ）浓度相等，净电荷等于零，在电场中氨基酸既不向正极移动，也不向负极移动，这时溶液的 pH 称为该氨基酸的等电点，不同的氨基酸具有不同的等电点（见表 14-1）。在等电点时，偶极离子的浓度最大，氨基酸在水中的溶解度最小，因此利用调节等电点的方法，可以分离氨基酸的混合物。

（4）与水合茚三酮反应

α-氨基酸水溶液与水合茚三酮反应，生成蓝紫色物质：

$$2\ \underset{\text{水合茚三酮}}{\text{(水合茚三酮)}} + R-CH(NH_2)COOH \longrightarrow \underset{\text{蓝紫色}}{\text{(茚二酮}=N-\text{羟基茚酮)}} + RCHO + CO_2 + 3H_2O$$

由于反应很灵敏，水合茚三酮显色反应与离子交换色谱法结合，广泛用于定量测定氨基酸的浓度。这是因为与试剂作用生成颜色的强度直接和氨基酸的浓度有关。水合茚三酮也用于定性检出电泳、纸色谱及薄层色谱中氨基酸的位置。在这些分析中水合茚三酮作为显色剂。

（5）受热反应

当氨基酸分子中的氨基和羧基的相对位置不同时，在加热情况下，与羟基酸的受热反应相似，生成不同的产物。其中 α-氨基酸发生两分子之间的氨基与羧基的脱水，生成哌嗪二酮或其衍生物；氨基酸发生分子内脱氨生成 α、β-不饱和酸；γ-或 δ-氨基酸则是分子内氨基与羧基之间脱水生成内酰胺；氨基与羧基相距更远时，发生多分子之间的氨基与羧基脱水生成聚酰胺。例如氨基酸分子之间的氨基与羧基的脱水反应如下所示：

$$R-CH(NH_2)-COOH + HOOC-CH(NH_2)-R \xrightarrow{\triangle} \text{2,5-哌嗪二酮衍生物} + 2H_2O$$

氨基酸分子间的氨基与羧基脱水生成的$-\overset{O}{\overset{\|}{C}}-\overset{H}{N}-$称为酰胺键。

14.3 氨基酸的制备和应用

目前制备氨基酸的常见方法有以下几种。

14.3.1 化学合成

（1）通过 α-卤代羧酸制备氨基酸

羧酸的 α-氢可以通过 Hell-Volhard-Zelinsky 反应溴化，产物中的溴可以被氨取代而生成氨基酸。如丙酸，通过这两步反应可以转化为外消旋的丙氨酸：

$$CH_3CH_2COOH \xrightarrow[-HBr]{Br_2,\ PBr_3\text{催化}} \underset{80\%}{H_3C-CHBr-COOH} \xrightarrow[-HBr]{NH_3,H_2O,\ 25^\circ C,4d} \underset{56\%}{H_3C-CH(\overset{+}{N}H_3)-COO^-}$$

这种方法的主要缺点是产率相对较低。

（2）通过盖布瑞尔合成法制备氨基酸

丙二酸二乙酯溴化得到 2-溴丙二酸二乙酯，2-溴丙二酸二乙酯与邻苯二甲酰亚胺盐进行盖布瑞尔反应，所得到的产物再通过水解、脱羧和酰亚胺的水解得到氨基酸：

$$\underset{\text{2-溴丙二酸二乙酯}}{CHBr(COOC_2H_5)_2} + \underset{\text{邻苯二甲酰亚胺钾盐}}{C_6H_4(CO)_2N^-K^+} \xrightarrow{-KBr} C_6H_4(CO)_2N-CH(COOC_2H_5)_2 \xrightarrow[-2C_2H_5OH]{H^+,H_2O,\triangle} C_6H_4(CO)_2N-CH(COOH)_2$$

$$\xrightarrow{-CO_2} \xrightarrow[-\ C_6H_4(COOH)_2]{H^+,H_2O} \underset{\text{甘氨酸 } 85\%}{H_3\overset{+}{N}CH_2COO^-}$$

这种方法的优点之一就是可以采用不同的 2-取代丙二酸二乙酯，且盖布瑞尔反应后所取得的产物可以被烷基化，从而可以制备各种取代氨基酸。

$$\text{邻苯二甲酰亚胺-N}-CH(CO_2C_2H_5)_2 \xrightarrow[(3)\ H^+, H_2O, \triangle]{(1)\ C_2H_5O^- Na^+, C_2H_5OH\quad (2)\ RX} R\underset{}{\overset{^+NH_3}{\overset{|}{C}}}HCOO^-$$

（3）从醛制备氨基酸

通过乙醛和氨反应得到亚胺，继续与氢氰酸反应得到相应 2-氨基腈，用酸或碱水解后生成氨基酸。这个反应称为斯特雷克反应。例如：

$$H_3C-\overset{O}{\overset{\|}{C}}-H \xrightarrow[-H_2O]{NH_3} H_3C-\overset{NH}{\overset{\|}{C}}-H \xrightarrow{HCN} H_3C-\overset{NH_2}{\overset{|}{\underset{H}{\underset{|}{C}}}}-CN \xrightarrow{H^+, H_2O, \triangle} CH_3\overset{^+NH_3}{\overset{|}{C}}HCOO^-$$

亚胺　　　　2-氨基丙腈

上述三种方法可以制造目前所有已知的氨基酸，但所得的均是外消旋的氨基酸。

（4）氨基酸的不对称合成

光学活性的 α-氨基酸具有重要的生物活性和生理作用。它是药物、农药及食品添加剂的重要前体，光学活性的 α-氨基酸还可以作为手性诱导剂应用于不对称合成中。自然界已发现的非蛋白氨基酸有近 1000 种，这种氨基酸以及其他功能性的非天然氨基酸的不对称合成是近年来不对称合成领域中的热点之一。因此，事实上，要得到纯的氨基酸对映异构体，可以通过对外消旋氨基酸的分离或对映选择性反应来制备单一的对映异构体。

制备氨基酸纯对映异构体的一个方法是拆分非对映异构体的盐。氨基首先被作为亚胺保护起来，然后产物与一个具有光学活性的胺反应，生成的两种非对映异构体可以通过部分结晶来分离。但是，这个方法分离时间长而且产率很低（见图 14-2）。例如：

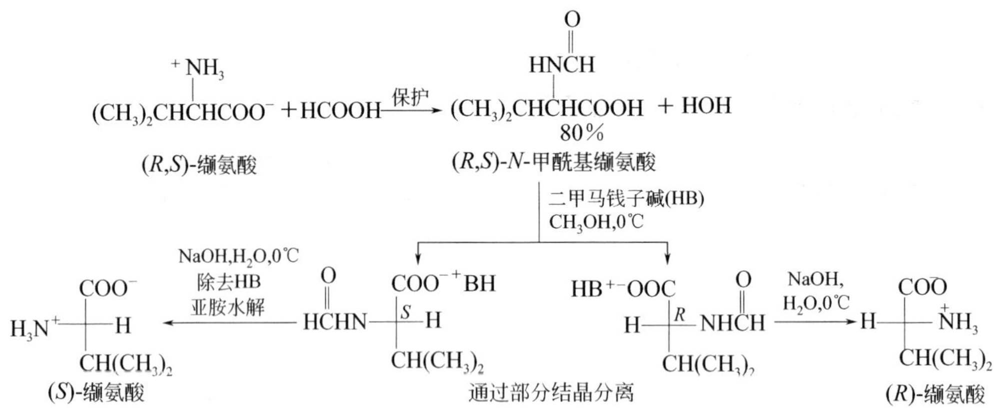

图 14-2　外消旋缬氨酸的分离

在立体选择性的反应方法中，前手性的 C2 上对映选择性地形成一个构型确定的立体中心。自然界就是运用这种方法来合成氨基酸的。如，谷氨酸酯脱氢酶将 2-羰基戊二酸中的羰基通过生物还原转化为氨基取代的（S）-谷氨酸，这个还原试剂是嘌呤二核苷酸（NADH）。

$$HOOCCH_2CH_2\overset{O}{\overset{\|}{C}}COOH + NH_3 + H^+ \xrightarrow[-NAD^+]{NADH,谷氨酸酯脱氢酶} HOOOCCH_2CH_2\overset{^+NH_3}{\overset{|}{C}}HCOO^- + H_2O$$

2-羰基戊二酸　　　　(S)-谷氨酸

(S)-谷氨酸是生物合成谷酰胺、脯氨酸和精氨酸的先导化合物。它还可以在转氨酶的作用下氨化其他的2-羰基酸来制备其他氨基酸。

$$H—\underset{R}{\overset{^+NH_3}{C}}—COO^- + R'\overset{O}{\overset{\|}{C}}COO^- \underset{}{\overset{转氨酶}{\rightleftharpoons}} R\overset{O}{\overset{\|}{C}}COO^- + H—\underset{R'}{\overset{^+NH_3}{C}}—COO^-$$

应用不对称合成方法进行合成，由于技术原因，到目前还仅适用于部分氨基酸，如L-多巴，已经可以工厂化手性加氢合成。

14.3.2 氨基酸的生物合成

生物合成氨基酸必须有氨基和碳架作为原料。各种生物合成氨基酸的能力有相当大的差异。人类只能从氨及不同的碳架合成10种非必需氨基酸，另外的10种必需氨基酸必须由食物供给。高等植物能自己合成蛋白质和所需氨基酸。不同种微生物合成氨基酸的能力也有很大区别。如大肠杆菌能从简单的前体合成自身蛋白质合成所必需的氨基酸，但乳酸菌却必须从环境中摄取某些种类的氨基酸。除酪氨酸外，人体内非必需氨基酸由四种共同代谢中间产物（丙酮酸、草酰乙酸、α-酮戊二酸及3-磷酸甘油）之一作其前体简单合成。如丙氨酸及天冬氨酸分别由丙酮酸及草酰乙酸通过转氨作用合成，天冬氨酸酰胺化生成，谷酰胺、脯氨酸都是以谷氨酸为原料合成。酪氨酸可由苯丙氨酸羟化生成。

$$H_3C—\overset{O}{\overset{\|}{C}}—COO^- \xrightarrow[转氨酶]{氨基酸 \curvearrowright \alpha\text{-酮酸}} H_3C—\underset{^+NH_3}{\overset{H}{C}}—COO^-$$

丙酮酸

$$^-O(O=)C—\overset{H_2}{C}—\overset{O}{\overset{\|}{C}}—COO^- \xrightarrow[转氨酶]{氨基酸 \curvearrowright \alpha\text{-酮酸}} ^-O(O=)C—\overset{H_2}{C}—\underset{^+NH_3}{\overset{H}{C}}—COO^- \xrightarrow[天冬酰胺合成酶]{谷氨酰胺\ ATP \curvearrowright 谷氨酸;\ AMP+PPi} H_2N(O=)C—\overset{H_2}{C}—\underset{^+NH_3}{\overset{H}{C}}—COO^-$$

草酰乙酸　　　　天冬氨酸　　　　天冬酰胺

$$^-O(O=)C—\overset{H_2}{C}—\overset{H_2}{C}—\overset{O}{\overset{\|}{C}}—COO^- \xrightarrow[转氨酶]{氨基酸 \curvearrowright \alpha\text{-酮酸}} ^-O(O=)C—\overset{H_2}{C}—\overset{H_2}{C}—\underset{^+NH_3}{\overset{H}{C}}—COO^-$$

α-酮戊二酸　　　　谷氨酸

$$^-O(O=)C—\overset{H_2}{C}—\overset{H_2}{C}—\underset{^+NH_3}{\overset{H}{C}}—COO^- \xrightarrow[谷酰胺合成酶]{ATP \curvearrowright ADP} \left[{}^{3-}O_3P—O(O=)C—\overset{H_2}{C}—\overset{H_2}{C}—\overset{H}{C}—COO^-\right] \xrightarrow{NH_3 \curvearrowright Pi} H_2N(O=)C—\overset{H_2}{C}—\overset{H_2}{C}—\underset{^+NH_3}{\overset{H}{C}}—COO^-$$

γ-谷氨酰磷酸中间体　　　　谷酰胺

$$^-O(O=)C—\overset{H_2}{C}—\overset{H_2}{C}—\underset{^+NH_3}{\overset{H}{C}}—COO^- \xrightarrow{ATP \curvearrowright ADP} \left[{}^{3-}O_3P—O(O=)C—\overset{H_2}{C}—\overset{H_2}{C}—\underset{^+NH_3}{\overset{H}{C}}—COO^-\right] \xrightarrow{NAD(P)H \curvearrowright NAD(P)^+,\ Pi}$$

5-磷酸-谷氨酸

$$\mathrm{{}^{-}OOC{-}CH_2{-}CH_2{-}CH({}^{+}NH_3){-}COO^{-}} \rightleftharpoons \Delta^{1,2}\text{-吡咯-5-羧酸} \xrightarrow{NAD(P)\ \ NAD(P)} \text{脯氨酸}$$

5-谷氨酸半醛　　△[1,2]-吡咯-5-羧酸　　脯氨酸

必需氨基酸与非必需氨基酸相似，均由熟悉的代谢前体转化生成，它们的合成途径仅存在于微生物及植物体内。如赖氨酸、甲硫氨酸（蛋氨酸）及苏氨酸均可由天冬氨酸合成；缬氨酸及亮氨酸可由丙氨酸形成；色氨酸、丙氨酸及酪氨酸由磷酸烯醇式丙酮酸及赤藓糖-4-磷酸生成。

14.3.3　氨基酸的其他制备方法

（1）蛋白质水解法（提取法）

以动物蛋白质为原料，经强酸水解后，得到各种氨基酸。提取法原料价廉，所需的原料种类少，且原料资源相当丰富。工业生产时可同时得到十多种氨基酸产品。另外，许多医药用氨基酸品种必须依靠提取法提供，它们分别是组氨酸、精氨酸、丝氨酸、赖氨酸、脯氨酸及酪氨酸。提取法的发展潜力很大。

（2）发酵法

由微生物利用糖类、氨等廉价的碳源和氨源可直接生产 L-氨基酸。此方法涉及生物工程菌的生产，酶的提取及酶、菌体的固定化等现代生物工程技术中的许多技术。

14.4　多　　肽

一个氨基酸的羧基与另一个氨基酸的氨基缩合，通过形成酰胺键将两个氨基酸链接起来，这个酰胺键称为肽键。

$$\mathrm{H_2N{-}CH(R^1){-}CO{-}OH + H{-}NH{-}CH(R^2){-}COOH \xrightarrow{-H_2O} H_2N{-}CH(R^1){-}\underbrace{CO{-}NH}_{\text{肽键}}{-}CH(R^2){-}COOH}$$

由两个氨基酸形成的肽称为二肽，三个氨基酸形成的肽称为三肽，以此类推。一般十肽以下也可以统称为寡肽，十肽以上称为多肽，二十肽以上的称为蛋白质。多肽链的主链就是各氨基酸碳链和肽键若干重复的结构，而各氨基酸的侧链基团即为多肽链侧链。由于氨基酸间通过脱水才形成肽键，因此蛋白质分子中的氨基酸结构已不完整，称作氨基酸残基。而一个蛋白质分子的两端分别存在游离的氨基和羧基，它们分别称为氨基末端（简称 N 端）和羧基末端（简称 C 端）。在表示肽链中氨基酸残基的顺序时，习惯上将 N 端写在左侧，C 端写在右侧，氨基酸编号依次从 N 端向 C 端排列。

多肽在体内具有广泛的分布，且具有重要的生理功能。其中谷胱甘肽在红细胞中含量丰富，具有保护细胞膜结构及使细胞内蛋白处于还原、活性状态的功能。而在各种多肽中，谷胱甘肽的结构比较特殊，分子中谷氨酸是以其 γ-羧基与半胱氨酸的 α-氨基脱水缩合生成肽键的，且它在细胞中可进行可逆的氧化还原反应，因此有还原型与氧化型两种谷胱甘肽。

近年来一些具有强大生物活性的多肽分子不断被发现与鉴定，它们大多具有重要的生理功能或药理作用。如，一些“脑肽”与机体的学习记忆、睡眠、食欲和行为都有密切关系，这增加了人们对多肽重要性的认识，多肽也已成为生物化学中引人瞩目的研究领域之一。

14.4.1 肽的物理性质

分子量不大的肽的物理性质与氨基酸类似，在水溶液中以偶极离子存在。肽键的亚氨基不解离，所以肽的酸碱性取决于肽的末端氨基、羧基和侧链上的基团。在多肽或蛋白质中，可解离的基团主要是侧链上的。肽中末端羧基的 pK_a 比自由氨基酸的稍大，而末端氨基的 pK_a 则稍小，侧链基团变化不大。

肽的化学性质和氨基酸有相似之处，但有一些特殊的反应——双缩脲反应。一般含有两个以上肽键的化合物都能与 $CuSO_4$ 碱性溶液发生双缩脲反应而生成紫红色或蓝紫色的复合物。利用这个反应可以测定蛋白质的含量。

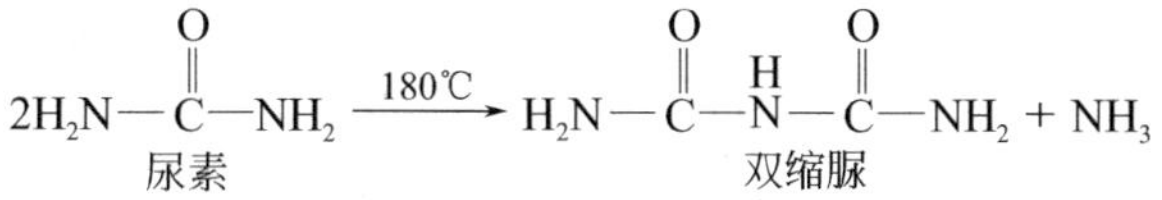

$$\underset{\text{尿素}}{2H_2N-\overset{\overset{\large O}{\|}}{C}-NH_2} \xrightarrow{180℃} \underset{\text{双缩脲}}{H_2N-\overset{\overset{\large O}{\|}}{C}-\overset{H}{N}-\overset{\overset{\large O}{\|}}{C}-NH_2} + NH_3$$

14.4.2 多肽的合成

多肽合成的基础是 20 世纪初由 Fischer 所设计的液相合成法，肽链由 N 端向 C 端方向延伸。首先，一个氨基酸的羧基和另一个氨基酸的氨基分别被保护基团保护，参与肽键形成的羧基被激活，如形成酰氯或酸酐。被激活的羧基与游离的氨基发生亲核酰基取代反应形成一个肽键。通过水解选择性地除去保护基团，生成二肽（见图 14-3）。

$$\underset{\text{氨基封闭的酰氯}}{X-\overset{H}{N}-\underset{H}{\overset{R^1}{\overset{|}{C}}}-\overset{\overset{O}{\|}}{\underset{\delta^+}{C}}-\underset{\delta^-}{Cl}} \qquad \underset{\text{羧基封闭的氨基酸}}{H_2\ddot{N}-\underset{H}{\overset{R^2}{\overset{|}{C}}}-\overset{\overset{O}{\|}}{C}-Y}$$

$$\downarrow \; (-HCl)$$

$$\underset{\text{封闭的二肽}}{X-\overset{H}{N}-\underset{H}{\overset{R^1}{\overset{|}{C}}}-\overset{\overset{O}{\|}}{C}-\overset{H}{N}-\underset{H}{\overset{R^2}{\overset{|}{C}}}-\overset{\overset{O}{\|}}{C}-Y}$$

$$\downarrow \; \text{温和水解}\ (H_2O,\ H_2O;\ -X-OH,\ -Y-H)$$

$$\underset{\text{二肽}}{\overset{+}{H_3N}-\underset{H}{\overset{R^1}{\overset{|}{C}}}-\overset{\overset{O}{\|}}{C}-\overset{H}{N}-\underset{H}{\overset{R^2}{\overset{|}{C}}}-COO^-}$$

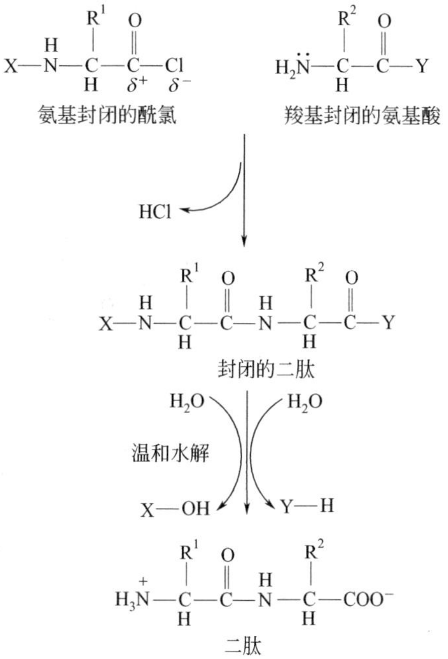

图 14-3　二肽的合成示意图

1984 年诺贝尔化学奖获得者梅里费尔德设计的固相合成法在肽合成的技术方面取得了突破性的进展。图 14-4 给出了肽固相合成途径的简单过程。

氯甲基聚苯乙烯树脂作为不溶性的固相载体，首先将一个氨基被保护的氨基酸共价连接在固相载体上，在三氟乙酸的作用下，脱掉氨基保护基，这样第一个氨基酸就连到了固体载体上。然后，氨基被保护的第二个氨基酸的羧基通过 *N*,*N*-二环己基碳二亚胺（DDC）活化后与已接在固相载体上的第一个氨基酸反应形成肽键，这样在固相载体上就形成一个带有保护基的二肽。重复上述肽键形成反应，使肽键从 C 端向 N 端生长，知道需要长度。最后脱掉保护基，用 HF 水解肽键和固相载体之间的酯键，就能得到一个多肽。

固相合成的优点在于最初的反应物和产物都连接在固相载体上，因此可以在一个反应器中进行所有的反应，便于自动化操作，加入过量的反应物可以提高产物的收率。

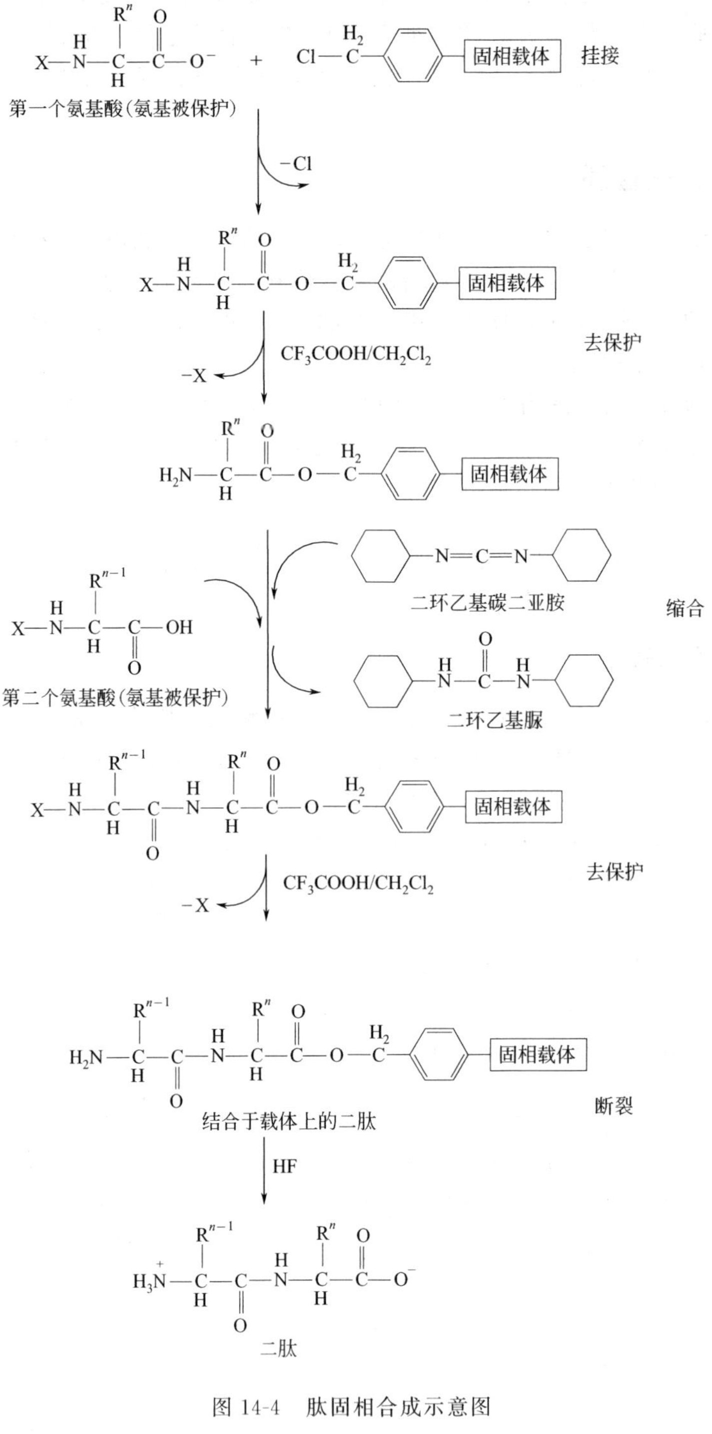

第一个氨基酸(氨基被保护) + $Cl-CH_2-C_6H_4-$固相载体　挂接

$\xrightarrow{-Cl}$

$X-NH-CHR^{n}-C(=O)-O-CH_2-C_6H_4-$固相载体

去保护　CF_3COOH/CH_2Cl_2，$-X$

$H_2N-CHR^{n}-C(=O)-O-CH_2-C_6H_4-$固相载体

缩合

$X-NH-CHR^{n-1}-COOH$

第二个氨基酸(氨基被保护)

$C_6H_{11}-N=C=N-C_6H_{11}$

二环乙基碳二亚胺

$C_6H_{11}-NH-C(=O)-NH-C_6H_{11}$

二环乙基脲

$X-NH-CHR^{n-1}-C(=O)-NH-CHR^{n}-C(=O)-O-CH_2-C_6H_4-$固相载体

去保护　CF_3COOH/CH_2Cl_2，$-X$

$H_2N-CHR^{n-1}-C(=O)-NH-CHR^{n}-C(=O)-O-CH_2-C_6H_4-$固相载体

结合于载体上的二肽

断裂　HF

$H_3\overset{+}{N}-CHR^{n-1}-C(=O)-NH-CHR^{n}-C(=O)-O^-$

二肽

图 14-4　肽固相合成示意图

14.5 蛋白质

蛋白质是生物体的基本组成成分。在人体内约占固体成分的 45%，它的分布很广，几乎所有的器官组织都含有蛋白质，并且它又与所有的生命活动密切相关。例如，机体新陈代谢过程中的一系列化学反应几乎都依赖于生物催化剂——酶的作用，而酶就是蛋白质；调节物质代谢的激素有许多也是蛋白质或它的衍生物；其他诸如肌肉的收缩、血液的凝固、免疫功能、组织修复，以及生长、繁殖等主要功能无一不与蛋白质相关。近代分子生物学的研究表明，蛋白质在遗传信息的控制、细胞膜的通透性、神经冲动的发生和传导，以及高等动物的记忆等方面都起着重要的作用。

14.5.1 蛋白质的元素组成及分类

各种蛋白质不论其来源如何，元素组成都很近似，所含的主要元素如下：碳（50%～55%），平均 52%；氢（6.9%～7.7%），平均 7%；氧（21%～24%），平均 23%；氮（15%～17.6%），平均 16%；硫（0.3%～2.3%），平均 2%。

除此之外，不同的蛋白质含有少量的其他元素，称为微量元素。蛋白质中所含的微量元素有：磷（0.4%～0.9%），平均 0.6%，如酪蛋白中含磷；铁（0.4%～0.9%），动物的肝含丰富铁元素；碘，主要存在于甲状腺球蛋白中；此外还有锌、铜等。

蛋白质元素组成的特点是都含有氮元素，且比较恒定，平均为 16%。由于体内组织的主要含氮化合物是蛋白质，因此，只要测定生物样品中的氮含量，就可以推算出蛋白质的大致含量。蛋白质的分类方法众多，根据蛋白质分子的结构，可以把蛋白质看成近似球状或橄榄球状的。大多数疏水性侧链埋藏在球蛋白分子的内部，形成疏水核，从而使球蛋白分子可溶于水。按功能可将蛋白质分为活性蛋白质和非活性蛋白质两种。按其组成可分为简单蛋白质和结合蛋白质，主要的结合蛋白质包括色蛋白、金属蛋白、磷蛋白、核蛋白、脂蛋白和糖蛋白六类。按其溶解度可分为非水溶性的纤维蛋白质和能溶于水、酸、碱或盐溶液的球状蛋白质。按其营养可以分为含有人体所需氨基酸的完全蛋白质和缺少人体必需氨基酸的不完全蛋白质。

14.5.2 蛋白质结构

蛋白质分子有不同的结构层次，一般分为一级结构、二级结构、三级结构和四级结构，后三者统称为高级结构或空间构象。蛋白质的空间构象涵盖了蛋白质分子中每一个原子在三维空间的相对位置，并非所有的蛋白质都有四级结构，由两条以上多肽链形成的蛋白质才有四级结构。

（1）蛋白质的一级结构

蛋白质的一级结构是指蛋白质分子中氨基酸的排列顺序。主要化学键是肽键和二硫键。一级结构是蛋白质空间结构和特异生物学功能的基础。氨基酸排列顺序的差别意味着从多肽链骨架伸出的侧链 R 基团的性质和顺序对于每一种蛋白质是特异的，因为 R 基团大小不同，所带电荷数目不同，对水的亲和力不同，所以蛋白质的空间构象也不同。

（2）蛋白质的二级结构

参与肽键的 6 个原子 $C_{\alpha1}$、C、O、N、H、$C_{\alpha2}$ 位于同一平面，且 $C_{\alpha1}$、$C_{\alpha2}$ 在平面上所处的位置为反式构型，这 6 个原子即肽单元，其基本结构为：

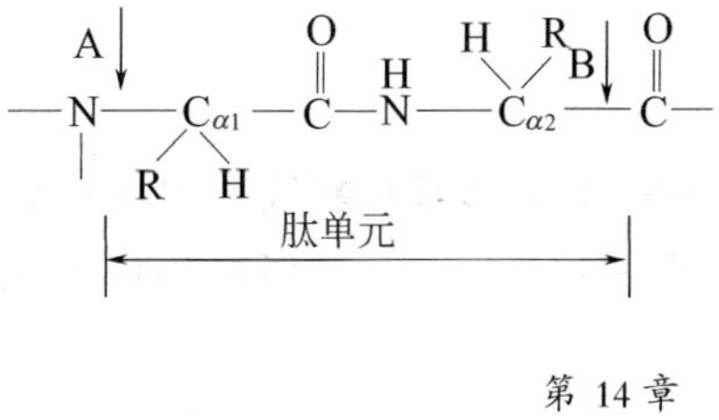

$$—N—C_{\alpha1}(R)(H)—\overset{O}{\overset{\|}{C}}—\overset{H}{N}—C_{\alpha2}(H)(R)—\overset{O}{\overset{\|}{C}}—$$

A、B（箭头所指处）；肽单元

其中 A、B 键是单键，可自由旋转，也正是由于单键的自由旋转角度决定了相邻肽单元之间的相对空间位置。其中的肽键有一定程度的双键性质，不能自由旋转。

蛋白质的二级结构是指蛋白质分子中某一段肽链的局部空间结构，也就是该段肽链主链骨架原子的相对空间位置，并不涉及氨基酸残基侧链的构象，维系二级结构的化学键主要是氢键。二级结构的主要形式包括 α-螺旋结构和 β-折叠。

蛋白质中的多肽链主要围绕中心轴有规律性地呈螺旋上升，每隔 3.6 个残基螺旋上升一圈，每个氨基酸残基沿轴转动 100°并向上平移 0.15nm，故螺旋距为 0.54nm。螺旋的走向为右手螺旋。α-螺旋的每个肽键的 N—H 键和第四个肽键的羰基氧形成氢键，氢键的方向与螺旋长轴基本平行，侧链 R 基团则延伸向螺旋外（见图 14-5）。

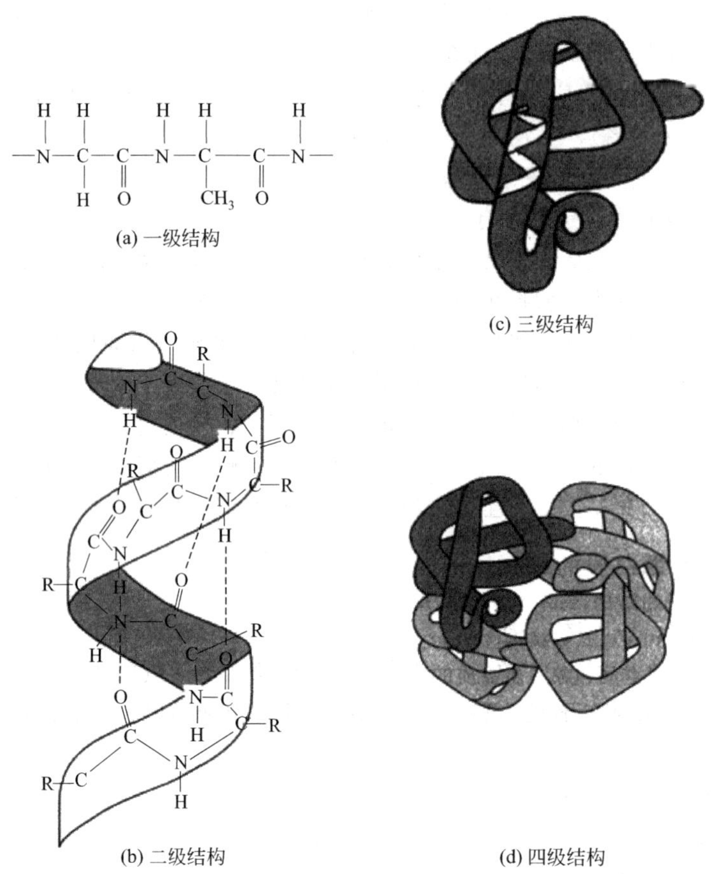

图 14-5　蛋白质的结构

多肽链充分伸展，每个肽单元以碳为旋转点折叠成锯齿状结构，侧链 R 基团交错位于锯齿状结构的上下方。可由两条以上肽键或一条肽链内的若干肽段折叠成锯齿状结构。平行肽链间靠链间肽键羰基氧和亚氨基氢形成氢键，使构象稳定，此氢键方向与折叠的长轴垂直。两条平行肽链走向可相同或相反，由一条肽链折返形成的 β-折叠多为反式，反式平行较顺式平行更为稳定。

（3）蛋白质的三级结构

蛋白质的三级结构指整条肽链中全部氨基酸残基的相对空间位置，也就是整条肽链所有原子在三维空间的排布位置［见图 14-5(c)］。三级结构的形成和稳定主要靠疏水键、盐键、二硫键、氢键和范德华力等次级键。疏水键是蛋白质分子中疏水基团之间的结合力，酸性和碱性氨基酸的R基团可以带电荷，正、负电荷互相吸引形成盐键。

分子量大的蛋白质三级结构中的整条肽链常可分为割成多折叠的紧密结构域，实际上结构域也是一种介于二级和三级结构之间的结构层次，每个结构域能执行一定的功能。

(4) 蛋白质的四级结构

蛋白质的四级结构指具有生物活性的两条或多条肽链之间不通过共价键相连，而由非共价键维系［见图14-5(d)］。每条多肽链都有其完整的三级结构，称为蛋白质的亚基，这种蛋白质分子中各个亚基的空间排布及亚基接触部位的布局和相互作用，称为蛋白质的四级结构。在四级结构中，各亚基之间的结合力主要是疏水作用，氢键和离子键也参与维持四级结构。单独的亚基一般没有生物学功能，只有含有完整的四级结构的蛋白质才有生物学功能。

14.5.3 蛋白质的理化性质

蛋白质可以跟许多试剂发生颜色反应。例如在鸡蛋白溶液中滴入浓硝酸，则蛋白质溶液呈黄色，这是由于蛋白质（含苯环结构）与浓硝酸发生了颜色反应的缘故。还可以用双缩脲试剂对其进行检验，该试剂遇蛋白质变紫。

蛋白质在灼烧分解时，可以产生一种烧焦羽毛的特殊气味，利用这一性质可以鉴别蛋白质。通常蛋白质还具有下面一些明显的物理化学性质。

(1) 蛋白质的胶体性质

蛋白质是高分子化合物，分子量一般为10000～1000000。分子量为345000的球状蛋白，其颗粒的直径为4.3nm。蛋白质分子颗粒的直径一般为1～100nm，在水溶液中呈胶体溶液，具有丁铎尔现象、布朗运动、不能透过半透膜、扩散速率减慢、黏度大等特征。

蛋白质分子表面含有氨基、羧基、羟基、巯基、酰胺基等很多亲水基团，能与水分子形成水化层，把蛋白质分子颗粒分隔开来。此外，蛋白质在一定的pH溶液中都带有相同电荷，因而使颗粒相互排斥。水化层的外围，还可有被带电荷的离子所包围而形成的双电层，这些因素都是防止蛋白质颗粒的互相聚沉，促使蛋白质成为稳定胶体溶液的因素。

蛋白质分子不能透过半透膜的特点在生物学上有重要意义。它能使各种蛋白质分别存在于细胞内外不同的部位，对维持细胞内外水和电解质分布的平衡、物质代谢的调节都起着非常重要的作用。另外，利用蛋白质不能透过半透膜的特性，将含有小分子杂质的蛋白质溶液放入半透膜袋内，然后将袋浸入蒸馏水中，小分子物质由袋内转移至袋外水中，蛋白质仍留在袋内，这种方法叫做透析，透析是纯化蛋白质的方法之一。

(2) 蛋白质的两性

蛋白质和氨基酸一样，均是两性电解质，在溶液中可呈阳离子、阴离子或两性离子，这取决于溶液的pH、蛋白质游离基团的性质和数量。当蛋白质在某溶液中，带有等量的正电荷和负电荷时，此溶液的pH即为该蛋白质的等电点（pI）。与氨基酸相似，当pH小时，蛋白质分子带正电荷。相反，pH偏大，蛋白质分子带负电荷。

当蛋白质溶液的pH在等电点时，蛋白质的溶解度、黏度、渗透压、膨胀性及导电能力均最小，胶体溶液呈最不稳定状态。凡碱性氨基酸含量较多的蛋白质，等电点往往偏碱，如组蛋白和精蛋白。反之，含酸性氨基酸较多的蛋白质如酪蛋白、胃蛋白等，其等电点往往偏酸。人体内血浆蛋白的等电点大多是pH5.0左右。而体内血浆pH正常时为7.35～7.45，故血浆中蛋白质均呈负离子形式存在。由于各种蛋白质的等电点不同，在同一pH缓冲溶液中，各蛋白质所带电荷的性质和数量不同。因此，它们在同一电场中移动方向和速率均不同。利用这一性质来进行蛋白质的分离和分析的方法，称为蛋白质电泳分析法。血清蛋白电泳是临床检验中最常用的测试方法之一。

（3）蛋白质的沉淀

蛋白质从溶液中以固体状态析出的现象称为蛋白质的沉淀。它的作用机制主要是破坏了水化膜或中和蛋白质所带的电荷。沉淀出来的蛋白质，根据实验条件，可以变性或者不变性。主要的沉淀方法有以下几种。

① 盐析　蛋白质溶液中加入大量的中性盐时，蛋白质便从溶液中沉淀出来，这种过程称为盐析。

② 重金属盐沉淀　蛋白质可以与重金属离子（如汞、铅、铜、锌等）结合生成不溶性盐而沉淀。此反应的条件是溶液的 pH 应稍大于该蛋白质的等电点，使蛋白质带较多的负电荷，易与金属离子结合。

临床上常用蛋清或牛乳救治误服重金属盐的病人，目的是使重金属离子与蛋白质结合而沉淀，阻止重金属离子的吸收。然后，用洗胃或催吐的方法，将重金属离子的蛋白质盐从胃内清除出去，也可用导泻药将毒物从肠管排出。

③ 酸类沉淀　蛋白质可与钨酸、苦味酸、鞣酸、三氯乙酸、磺基水杨酸等发生沉淀。反应条件是溶液的 pH 应小于该蛋白质的等电点，使蛋白质带正电荷，与酸根结合生成不溶性盐而沉淀。生化检验中常用钨酸或三氯乙酸作为蛋白质沉淀剂，以制备无蛋白血清液。

④ 有机溶剂沉淀　乙醇溶液、甲醇、丙酮等有机溶剂可破坏蛋白质的水化层，因此，能发生沉淀反应。如把溶液的 pH 调节到该蛋白质的等电点时，则沉淀更加完全。在室温条件下，有机溶剂沉淀剂所得蛋白质往往已发生变性。若在低温条件下进行沉淀，则变性作用进行缓慢，故可用有机溶剂在低温条件下分离和制备各种血浆蛋白。此法优于盐析，因不需要透析去盐，而且有机溶剂易于通过挥发除去。

乙醇溶液作为消毒剂，作用机制是使细菌内的蛋白质发生变性沉淀，而起到杀菌的作用。

（4）蛋白质的变性与凝固

天然蛋白质受理化因素的作用，使蛋白质的构象发生改变，导致蛋白质的理化性质和生物学特性发生变化，这种现象叫变性作用。变性的实质是次级键的断裂，而形成一级结构的主键并不受影响。蛋白质变性后称为变性蛋白质。

变性蛋白质的亲水性减少，其溶解度降低。在等电点的 pH 溶液中可发生沉淀，但仍能溶于偏酸或偏碱的溶液。它们的生物活性丧失，如酶的催化功能消失，蛋白质的免疫性能改变等。此外，变性蛋白质溶液的黏度往往增加，也更容易被酶消化。

能使蛋白质变性的物理因素有加热、剧烈振荡、超声波、紫外线和 X 射线的照射；化学因素有强酸、强碱、尿素、去污剂、重金属盐、生物碱试剂、有机溶剂等。如果蛋白质变性仅影响三、四级结构，其变性往往是可逆的。如被盐酸变性的血红蛋白，再用碱处理可恢复其生理功能；胃蛋白酶加热到 80～90℃时失去其消化蛋白质的能力，如温度慢慢下降到 37℃，酶的催化能力又可以恢复。

天然蛋白质变性后，所得的蛋白质分子互相凝聚或互相穿插结合在一起的现象称为蛋白质凝固。蛋白质凝固后一般都不能再溶解。蛋白质的变性并不一定发生沉淀，即有些蛋白质变性后在溶液中不出现沉淀，凝固的蛋白质必定发生变性并出现沉淀，而沉淀的蛋白质不一定发生凝固。

14.5.4 蛋白质的生理功能

蛋白质在生物体内具有多种生理功能。

（1）催化功能

有催化功能的蛋白质称为酶，生物体内新陈代谢的全部化学反应都是由酶来催化完成的。

（2）运动功能

从最低等的细菌鞭毛运动到高等动物的肌肉收缩都是通过蛋白质实现的。肌肉的松弛与收缩主要是由以肌球蛋白为主要成分的粗丝以及以肌动蛋白为主要成分的细丝相互滑动来完成的。

（3）运输功能

在生命活动中，许多小分子及离子运输是由各种专一的蛋白质来完成的。例如在血液中血浆蛋白运送小分子，红细胞中的血红蛋白运送氧气和二氧化碳等。

（4）机械支持和保护功能

高等动物的具有机械支持功能的组织如骨、结缔组织以及有覆盖功能的毛发、皮肤、指甲等组织主要是由胶原蛋白、角蛋白、弹性蛋白等组成。

（5）免疫和防御功能

生物体为了维持自身的生存，拥有多种类型的防御手段，其中不少是靠蛋白质来执行的。例如抗体即是一类高度专一的蛋白质，它能识别和结合侵入生物体的外来物质，如异体蛋白质、病毒和细菌等，取消其有害作用。

（6）调节功能

在维持生物体正常的生命活动中，如代谢机能的调节，生长发育和分化的控制，生殖机能的调节以及物种的延续等各种过程中，多肽和蛋白质激素起着极为重要的作用。此外，还有接受和传递调节信息的蛋白质，如各种激素的受体蛋白等。

阅读材料：杜维尼奥

杜维尼奥（Du Vigneaud，Vincent，1901.5.18-1978.12.11），美国人，因首次合成催产素于1955年获得诺贝尔化学奖。

催产素自1911年来被应用于临床治疗多种疾病，但是因为天然来源的催产素价格昂贵，很多病人不能承担昂贵的医疗费用而丧失生命。鉴于以上原因，杜维尼奥投入到对催产素的人工合成研究中。他将催产素分解为片段，对这些片段进行研究，他推断新催产素是一种仅由八个氨基酸构成的蛋白质分子。半胱氨酸-酪氨酸-异亮氨酸-谷氨酰胺-天冬氨酸-半胱氨酸-脯氨酸-亮氨酸-甘氨酸-NH_2，1953年杜维尼奥甚至研究出了氨基酸在链中的精确次序。

1954年杜维尼奥将八个氨基酸按照他所推断的次序结合起来，他发现这样得到的催产素确实具有天然催产素所具有的全部特性。他第一个合成了蛋白质激素，同时，这次成功也为人工合成更复杂的蛋白质指明了道路。由于这一功绩，杜维尼奥荣获1955年诺贝尔化学奖。

习　题

14-1　名词解释。

(1) 变性　(2) 氨基酸　(3) 等电点　(4) Edman 降解

(5) 三级结构　(6) α-螺旋构型　(7) β-折叠型　(8) 脂蛋白

14-2　给下列化合物命名或根据名称写出化合物结构。

(1) $H_2NCH_2COONH_2$　(2) 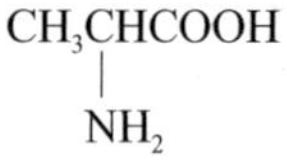 $CH_3CHCOOH$（CH 上连 NH_2）　(3) 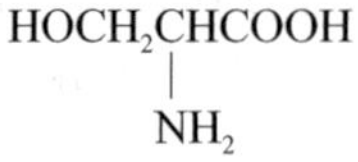 $HOCH_2CHCOOH$（CH 上连 NH_2）　(4) 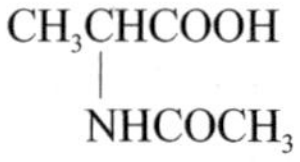 $CH_3CHCOOH$（CH 上连 $NHCOCH_3$）

(5) 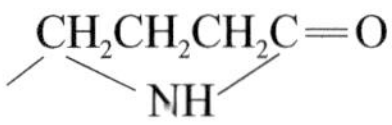 $CH_2CH_2CH_2C{=}O$（首尾经 NH 成环）　(6) 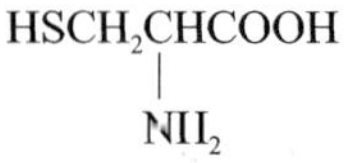 $HSCH_2CHCOOH$（CH 上连 NH_2）　(7) 谷氨酸　(8) L-半胱氨酸

14-3　选择题。

(1) 有关 α-螺旋叙述错误的是（　　）。

A　分子内氢键使 α-螺旋稳定　B　减少 R 基团间的不同的相互作用使 α-螺旋稳定

C　疏水作用使 α-螺旋稳定　D　在某些蛋白质中，α-螺旋是二级结构的一种类型

(2) 氨基酸溶液在电场作用下不迁移的 pH 叫（　　）。

A　低共熔点　B　中和点　C　流动点　D　等电点

(3) 所有氨基酸均具有不对称的碳原子，但下列哪一个除外？（　　）。

A　甘氨酸　B　蛋氨酸　C　天冬氨酸　D　组氨酸

(4) 蛋白质一级结构中的主键是（　　）。

A　盐键　B　氢键　C　肽键　D　配位键

(5) 等电点大于 pH7.0 的氨基酸是下列（　　）。

A　丙氨酸　B　精氨酸　C　亮氨酸　D　半胱氨酸

(6) 下列氨基酸等电点由大到小的次序是（　　）。

a.  $NH{=}C(NH_2){-}NHCH_2CH_2CH_2CH(NH_2)COOH$　b. $HOOC(CH_2)_2CH(NH_2)COOH$

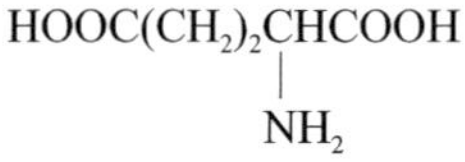

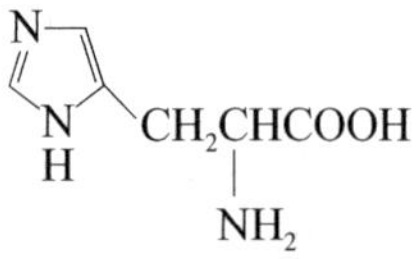

c. 咪唑-4-基$-CH_2CH(NH_2)COOH$　d. 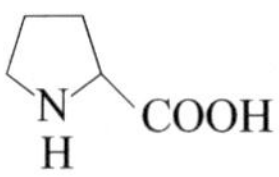 吡咯烷-2-基$-COOH$

A　d>b>c>a　B　c>a>b>d

C　a>c>d>b　D　b>c>d>a

(7) 下列物质不能使蛋白质变性的是（　　）。

A　硝酸银　B　硫酸钠　C　福尔马林　D　紫外线

(8) 欲将蛋白质从水中析出而又不改变它的性质，应加入（　　）。

A　饱和硫酸钠　B　浓硫酸　C　甲醛溶液　D　$CuSO_4$ 溶液

(9) 二环己基二亚胺（DCC）在多肽合成中的作用是（　　）。

A　活化氨基　B　活化羧基　C　保护氨基　D　保护羧基

(10) 某一符合米-曼方程的酶，当 $[S]=2K_m$ 时，其反应速率 v 等于（　　）。

A　v_{max}　B　$2/3v_{max}$　C　$3/2v_{max}$　D　$2v_{max}$　E　$1/2v_{max}$

14-4　用化学方法区别下列化合物。

(1) A $CH_3CH(NH_3^+)COO^-$　　B $CH_3CH(NHCOCH_3)COOH$

(2) A 脯氨酸（$\overset{+}{N}H_2$，COO^-）　　B 脯氨酸甲酯（NH，$COOCH_3$）

(3) A $CH_3CH(\overset{+}{N}H_2CH_3)COO^-$　　B $HOOCCH_2CH(\overset{+}{N}H_3)COO^-$

C $\overset{+}{N}H_3CH_2CH_2COO^-$　　D $NH_2CH_2CH_2CH_2CH_2CH(\overset{+}{N}H_3)COO^-$

14-5　完成下列反应式。

(1) $2\ HOOC-CH(NH_2)-CH_3 \xrightarrow{-2H_2O}$ (　　　　)

(2) $2\ HOOC-CH(NH_2)-CH_3 \xrightarrow{-H_2O}$ (　　　　)

(3) $R-CH(NH_2)-COOH \xrightarrow{HNO_2}$ (　　　　)

(4) $R-CH(\overset{+}{N}H_3)-COOH \xrightarrow{HCHO}$ (　　　　)

(5) $R-CH(NH_2)-COOH \xrightarrow{2,4\text{-二硝基氟苯 } (F-C_6H_3(NO_2)_2)}$ (　　　　)

(6) 水合茚三酮 $\xrightarrow{R-CH(NH_2)-COOH}$ (　　　　)

(7) $PhCH_2CH(\overset{+}{N}H_3)COO^- \xrightarrow[H_2SO_4]{C_2H_5OH}$ (　　　　) $\xrightarrow[\text{吡啶}]{\text{乙酐}}$ (　　　　)

(8) $HOOC(CH_2)_3CH_2COOH \xrightarrow[2.\ NH_3]{1.\ SOCl_2}$ (　　　　) $\xrightarrow[KOH]{Br_2}$ (　　　　)

$\xrightarrow[P]{Br_2}$ (　　　　) $\xrightarrow[S_N2\text{反应}]{\text{分子内}}$ 吡咯烷-2-COOH

14-6　简答题。

(1) 简述导致蛋白质变性的主要因素。

(2) 简述蛋白质一级、二级、三级及四级结构，并说明一级结构与空间结构的关系。

(3) 简述酶作为生物催化剂和一般催化剂的共性和特性。

14-7 合成题。

利用本章所学知识合成丙-甘二肽。

14-8 推断题。

(1) 一个七肽是由甘氨酸、丝氨酸、两个丙氨酸、两个组氨酸和天冬氨酸构成的，它水解成三肽为：

Gly-Ser-Asp、His-Ala-Gly、Asp-His-Ala

试写出此七肽氨基酸的排列。

(2) 一个氨基酸的衍生物 $C_5H_{10}O_3N_2$(A) 与 NaOH 水溶液共热放出氨，并生成 $C_3H_5(NH_2)(COOH)_2$ 钠盐，若把 (A) 进行 Hofmann 降解反应，则生成 α,γ-二氨基丁酸，推测 (A) 的结构式，并写出反应式。

第15章 核酸

知识要点：

本章主要介绍核酸的组成、结构；核酸的物理性质、化学性质；核酸的分离纯化。重、难点为DNA与RNA的分子结构；核酸的水解、变性、复性、分子杂交；DNA与RNA的分离纯化。

生物所特有的生长和繁殖机能以及遗传与变异的特征都是核蛋白（nucleoprotein）起着主要作用。无细胞结构的病毒也是核蛋白。核蛋白是由蛋白质和核酸（nucleic acid）所组成的结合蛋白质。蛋白质是生物体用于表达各项功能的具体工具，而核酸是生物用来制造蛋白质的模型。没有核酸，就没有蛋白质。核酸是生命最根本的物质基础。

核酸（nucleic acid）是重要的生物大分子。核酸存在于所有的生物体中，因为最早是在细胞核中被发现并提取得到，且结构中含有磷酸，故名核酸。核酸和蛋白质一样，也是生命的最基本物质，它与一切生命活动及各种代谢有密切联系。在生物体内，核酸对遗传信息的储存、蛋白质的生物合成都起着非常重要的作用。天然存在的核酸可分为脱氧核糖核酸（deoxyribonucleic acid，DNA）和核糖核酸（ribonucleic，RNA）两类。DNA储存细胞所有的遗传信息，是物种保持进化和世代繁衍的物质基础。RNA中参与蛋白质合成的共有三类：转运RNA（transfer RNA，tRNA）、核糖体RNA（ribosomal RNA，rRNA）和信使RNA（messenger RNA，mRNA）。20世纪末，发现许多新的具有特殊功能的RNA，几乎涉及细胞功能的各个方面。

15.1 核酸的组成

核酸是由核苷酸（nucleotide）聚合而成的。核苷酸可分为核糖核苷酸和脱氧核糖核苷酸两类。核糖核苷酸组成RNA分子，而脱氧核糖核苷酸组成DNA分子。细胞内还有各种游离的核苷酸和核苷酸衍生物，它们具有重要的生理功能。核苷酸由核苷（nucleoside）和磷酸组成。而核苷则由碱基（base）和戊糖构成（见图15-1）。

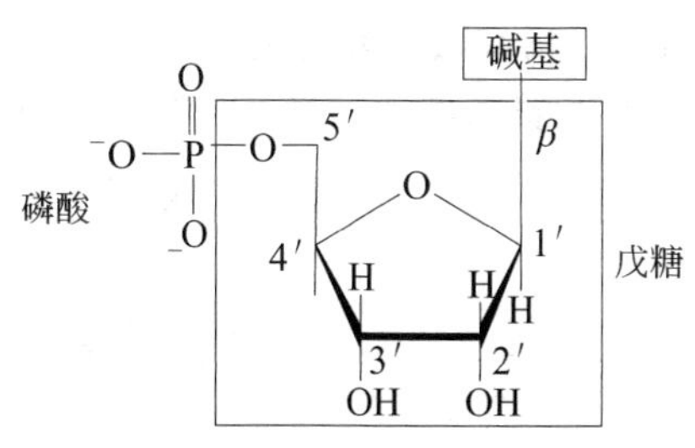

图15-1 核苷酸的一般结构

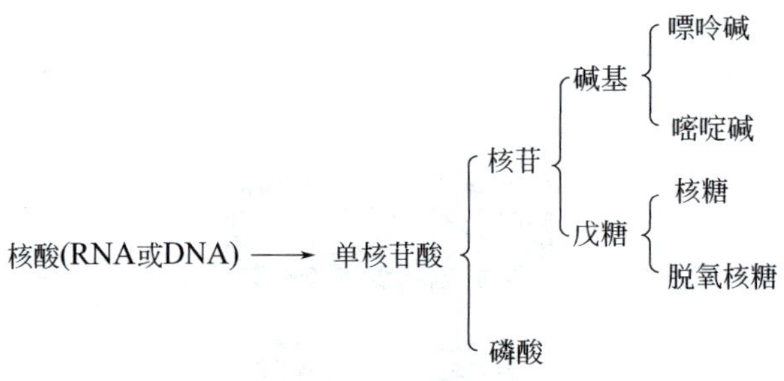

15.1.1 戊糖

核酸中有两种戊糖。DNA 中为 D-2-脱氧核糖（D-2-deoxyribose），RNA 中则为 D-核糖（D-ribose）（见图 15-2）。在核苷酸中，为了与碱基中的碳原子编号相区别，核糖或脱氧核糖中碳原子标以 C-1′、C-2′等。脱氧核糖与核糖两者的差别只在于脱氧核糖中与 C-2′连接的不是羟基而是氢，这一差别使得 DNA 在化学性质上比 RNA 稳定得多。

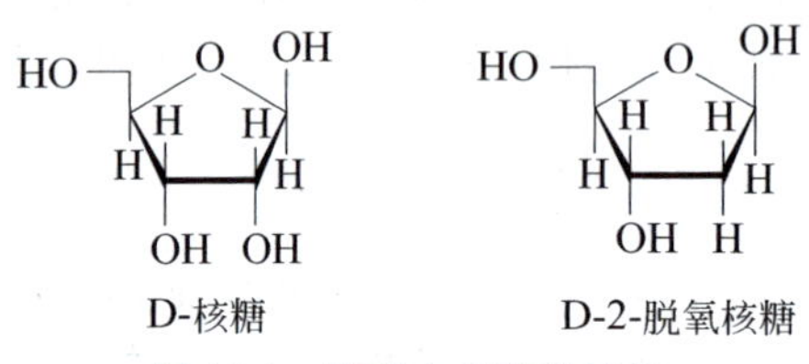

图 15-2 核酸中戊糖的结构

15.1.2 碱基

DNA 和 RNA 中构成核苷酸中的碱基是含氮杂环化合物，有嘧啶（pyrimidine）和嘌呤（purine）的衍生物构成（见图 15-3）。

嘌呤碱包括腺嘌呤（adenine，A）和鸟嘌呤（guanine，G）；嘧啶碱包括胞嘧啶（cytosine，C）、胸腺嘧啶（thymine，T）、尿嘧啶（uracil，U）。DNA 中含有腺嘌呤、鸟嘌呤、胞嘧啶和胸腺嘧啶；RNA 中含有腺嘌呤、鸟嘌呤、胞嘧啶和尿嘧啶。

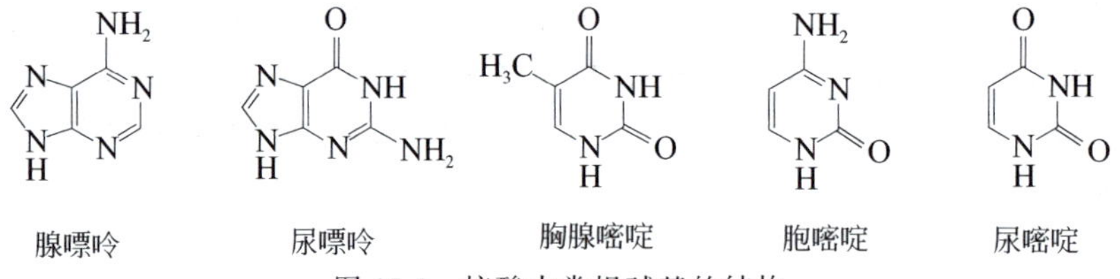

图 15-3 核酸中常规碱基的结构

（1）碱基的结构

在 DNA 和 RNA 中，尤其是 tRNA 中还有一些含量甚少的碱基，称为稀有碱基（rare bases）。稀有碱基种类很多，大多数是主要碱基的修饰物。tRNA 中含稀有碱基高达 10%。这些稀有碱基虽然含量少，却具有重要的生物体意义。它们起调节和保护遗传信息的作用。

N^6-甲基腺嘌呤　　5-甲基胞嘧啶

在某种 tRNA 分子中也有胸腺嘧啶，少数几种噬菌体的 DNA 含尿嘧啶而不含胸腺嘧啶。这五种碱基受介质 pH 的影响出现酮式、烯醇式互变异构体。

（2）碱基的物化性质

嘌呤和嘧啶分子中均存在共轭双键，在紫外区 260nm 波长有最大吸收。可用此特性对核酸和核苷酸做定性和定量测定。

带有酮基的碱基（如尿嘧啶、尿嘌呤等）能发生烯醇式和酮式的互变异构。在体内生理条件下，核酸的碱基以酮式结构为主。此外，碱基上的氨基（如腺嘌呤、胞嘧啶）也可转化为亚氨基。在生理条件下以氨基为主。

由于酮式与烯醇式在形成氢键的能力上有一定的差异，氨基和亚氨基之间也有差别，所以 DNA 复制时，碱基烯醇式或亚氨基化均能引起突变。

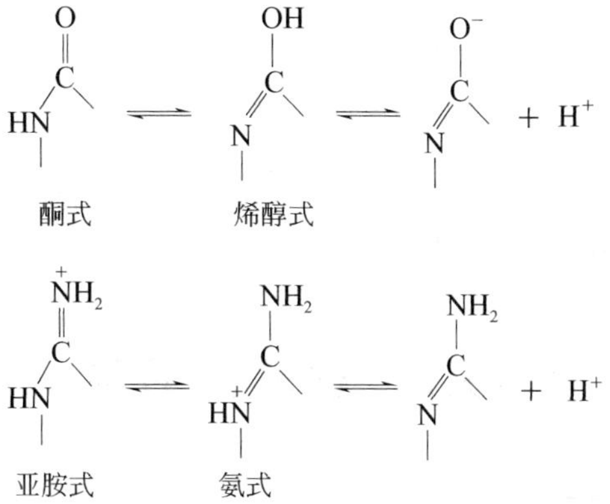

酮式 ⇌ 烯醇式 ⇌ + H^+

亚胺式 ⇌ 氨式 ⇌ + H^+

15.1.3 核苷及核苷酸

（1）核苷

核苷是戊糖与碱基之间以糖苷键（glycosidic bond）相连接而成的。戊糖中 C1′与嘧啶碱的 N1 或者与嘌呤碱的 N9 相连接，戊糖与碱基的连接键是 N—C 键，一般称为 *N*-糖苷键。

RNA 中含有稀有碱基，并且还存在异构化的核苷。如在 tRNA 和 rRNA 中含有少量假尿嘧啶核苷，在它的结构中戊糖的 C1 不是与尿嘧啶的 N1 相连接，而是与尿嘧啶 C5 相连接（见图 15-4）。

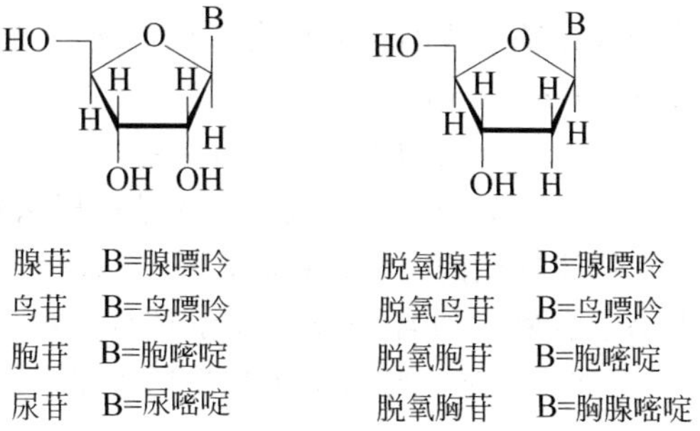

腺苷 B=腺嘌呤　　脱氧腺苷 B=腺嘌呤
鸟苷 B=鸟嘌呤　　脱氧鸟苷 B=鸟嘌呤
胞苷 B=胞嘧啶　　脱氧胞苷 B=胞嘧啶
尿苷 B=尿嘧啶　　脱氧胸苷 B=胸腺嘧啶

图 15-4　常见核苷及脱氧核苷的结构

（2）核苷酸

核苷中的戊糖 C5′上羟基被磷酸酯化形成核苷酸。核苷酸分为核糖核苷酸与脱氧核糖核苷酸两大类。依磷酸基团的多少，有一磷酸核苷、二磷酸核苷、三磷酸核苷。核苷酸在体内除构成核酸外，尚有一些游离核苷酸参与物质代谢、能量代谢与代谢调节，如三磷酸腺苷（ATP）是体内重要的能量载体；三磷酸尿苷参与糖原的合成；三磷酸胞苷参与磷脂的合成；环腺苷酸（cAMP）和环鸟苷酸（cGMP）作为第二信使，在信号传递过程中起重要作用。此外，核苷酸还参与某些生物活性物质的组成，如尼克酰胺腺嘌呤二核苷酸（NAD^+）、尼克酰胺腺嘌呤二核苷酸磷酸（$NADP^+$）和黄素腺嘌呤二核苷酸（FAD）（见图 15-5）。

磷酸可以通过酸酐键结合第 2 个、第 3 个磷酸，形成二磷酸核苷（nucleoside diphosphate，NDP）、三磷酸核苷（nucleoside triphosphate，NTP）（见图 15-6）。

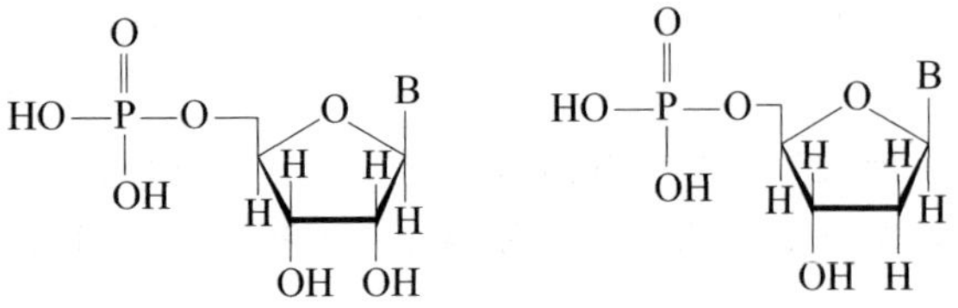

腺苷酸	B=腺嘌呤
鸟苷酸	B=鸟嘌呤
胞苷酸	B=胞嘧啶
尿苷酸	B=尿嘧啶

脱氧腺苷酸	B=腺嘌呤
脱氧鸟苷酸	B=鸟嘌呤
脱氧胞苷酸	B=胞嘧啶
脱氧胸苷酸	B=胸腺嘧啶

图 15-5 常见核苷酸及脱氧核苷酸的结构

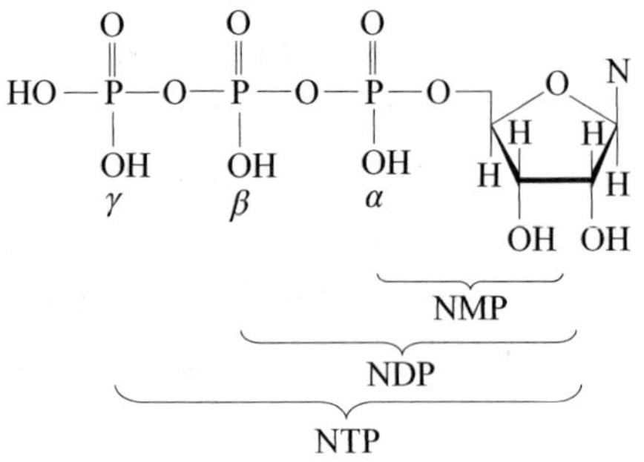

NMP

NDP

NTP

图 15-6 三磷酸核苷

核苷酸是核酸的结构单位，是合成核酸的原料，除此之外核苷酸在每个细胞中还有其他功能，它们可以是能量的载体、酶辅因子的成分和化学信使。

15.2 核酸的结构

15.2.1 核酸的一级结构

核酸是由核苷酸聚合而成的生物大分子。核酸中的核苷酸以 3′,5′-磷酸二酯键构成无分支结构的线型分子。核酸链具有方向性，有两个末端分别是 5′-末端与 3′-末端。5′-末端含磷酸基团，3′-末端含羟基。核酸链内的前一个核苷酸的 3′-羟基和下一个核苷酸的 5′-磷酸形成 3′,5′-磷酸二酯键，故核酸中的核苷酸称为核苷酸残基（nucleotide residue）。通常将小于 50 个核苷酸残基组成的核酸称为寡核苷酸（oligonucleotide），大于 50 个核苷酸残基称为多核苷酸（polynucleotide）。

核酸的一级结构指的是核苷酸链中核苷酸的排列顺序，由于核酸中核苷酸彼此之间的差别仅在于碱基部分，故核酸的一级结构即指核酸分子中碱基的排列顺序。

在描述核酸的一级结构时，将 5′-磷酸末端书于左侧，中间部分为核苷酸残基，3′-羟基末端书于右侧。通常用竖线表示核糖，碱基标于竖线上端，竖线间有含 P 的斜线，代表 3′,5′-磷酸二酯键。此表示法及简化式如下：

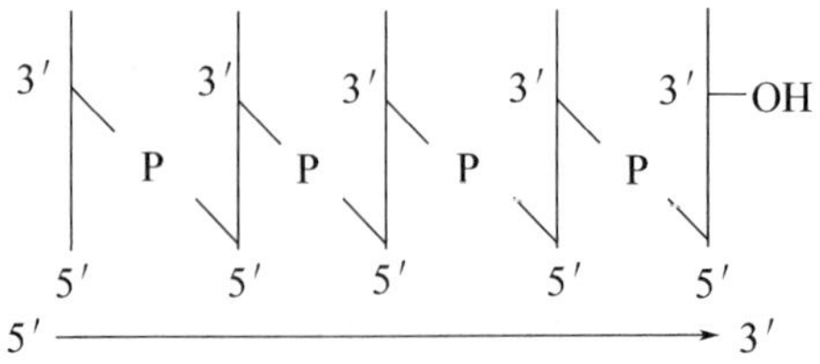

pApGpGpCpU

A→G→G→C→U

AGGCU

15.2.2 DNA 的分子结构

DNA 是由许多单核苷酸组成的大分子化合物。各种生物的遗传信息均蕴藏于它们的碱基顺序之中。学习 DNA 的碱基组成、一级结构和空间结构对理解其生物学功能很重要。

构成DNA分子的碱基主要有腺嘌呤（A）、鸟嘌呤（G）、胞嘧啶（C）和胸腺嘧啶（T）。查伽夫（Chargaff E）于20世纪40年代末期，应用紫外分光光度法结合纸色谱等技术，对不同来源的DNA进行了碱基定量分析，得出了组成DNA的四种碱基的比例关系。他发现碱基组成有以下几点规律：

① 以摩尔分数表示，不同来源的DNA都存在着这种关系，即［A］=［T］和［C］=［G］；

② 不同物种组织DNA在总的碱基组成上有很大的变化，表现在（A+T）/（G+C）比值的不同，但同种生物的不同组织，DNA碱基组成相同；

③ 嘌呤碱基的总和与嘧啶碱基的总和相等。

这些发现不仅为DNA能携带遗传信息的论点提供了依据，而且为DNA结构模型中的碱基配对原则奠定了基础，也称为查伽夫法则。

（1）DNA的一级结构

组成DNA分子的脱氧核糖核苷酸主要有四种，即腺嘌呤脱氧核糖核苷酸（dAMP）、胞嘧啶脱氧核糖核苷酸（dCMP）、鸟嘌呤脱氧核糖核苷酸（dGMP）和胸腺嘧啶脱氧核糖核苷酸（dTMP）。DNA的一级结构是指DNA分子中核苷酸的排列顺序，称DNA顺序（DNA sequence）或称DNA序列，各核苷酸之间通过3′,5′-磷酸二酯键相连形成“磷酸-脱氧核糖”骨架，其中单核苷酸的种类虽然不多，但因组成DNA分子的核苷酸数目、比例和排列顺序不同，可以形成各种不同的DNA分子。DNA是巨大的生物高分子，人的DNA就包含了3×10^9个碱基对，如此数目的碱基所能容纳的信息量之大是可想而知的。分子量一般为$10^6\sim10^{10}$或更大，即使最小的DNA分子至少也是由5000个脱氧核糖核苷酸组成。

（2）DNA的二级结构

1953年，沃森（Watson J D）和克利格（Crick H C）提出了著名的DNA分子的双螺旋结构模型（double helix model）（见图15-7），揭示了遗传信息是如何储存在DNA分子中，以及遗传性状如何在世代间得以保持，这是生物学发展的重大里程碑。

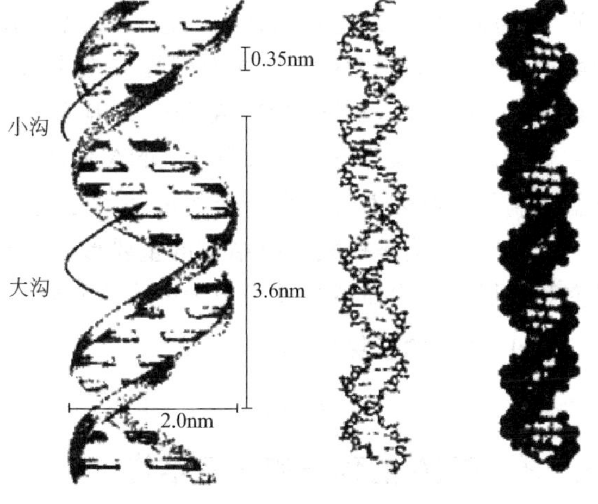

图 15-7　DNA双螺旋模式

由双螺旋结构模型可以看出。

① 在DNA分子中，两股DNA链围绕一假想的共同轴心形成一右手螺旋结构，双螺旋的螺距为3.6nm，直径为2.0nm。

② 链的骨架（backbone）由交替出现的亲水的脱氧核糖基和磷酸基构成，位于双螺旋的外侧。

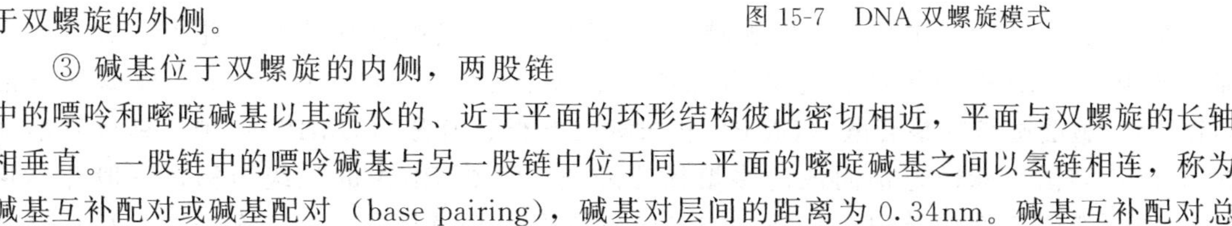
③ 碱基位于双螺旋的内侧，两股链中的嘌呤和嘧啶碱基以其疏水的、近于平面的环形结构彼此密切相近，平面与双螺旋的长轴相垂直。一股链中的嘌呤碱基与另一股链中位于同一平面的嘧啶碱基之间以氢链相连，称为碱基互补配对或碱基配对（base pairing），碱基对层间的距离为0.34nm。碱基互补配对总

是出现于腺嘌呤与胸腺嘧啶之间（A=T），形成两个氢键；或者出现于鸟嘌呤与胞嘧啶之间（G≡C），形成三个氢键（见图 15-8）。

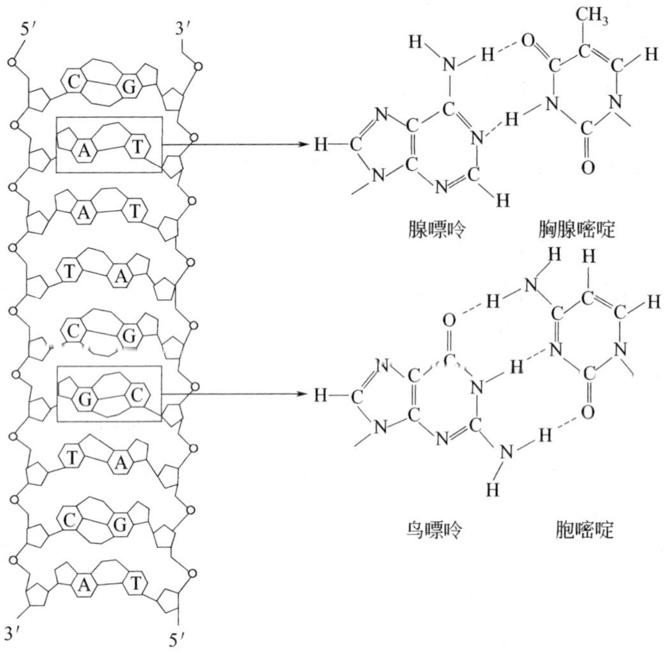

腺嘌呤　胸腺嘧啶

鸟嘌呤　胞嘧啶

图 15-8　DNA 的碱基配对

④ DNA 双螺旋中的两股链走向是反平行的，一股链是 5′→3′走向，另一股链是 3′→5′走向。两股链之间在空间上形成一条大沟（major groove）和一条小沟（minor groove），这是蛋白质识别 DNA 的碱基序列（base sequence）与其发生相互作用的基础。

⑤ DNA 双螺旋的稳定由互补碱基对之间的氢键和碱基对层间的堆积力维系。DNA 双螺旋中两股链中碱基互补的特点，逻辑性地预示了 DNA 复制过程是先将 DNA 分子中的两股链分离开，然后以每一股链为模板（亲本），通过碱基互补原则合成相应的互补链（复本），形成两个完全相同的 DNA 分子。因为复制得到的每对链中只有一条是亲链，即保留了一半亲链，将这种复制方式称为 DNA 的半保留复制（semi conservative replication）。半保留复制是生物体遗传信息传递的最基本方式。

DNA 双螺旋是核酸二级结构的重要形式。双螺旋结构理论支配了近代核酸结构功能的研究和发展，是生命科学发展史上的杰出贡献。

(3) DNA 的三级结构

双螺旋 DNA 进一步扭曲盘绕则形成其三级结构，超螺旋是 DNA 三级结构的主要形式。

15.2.3　RNA 的种类和分子结构

RNA 含有四种基本碱基，即腺嘌呤、鸟嘌呤、胞嘧啶和尿嘧啶。此外还有几十种稀有碱基。RNA 的一级结构主要由腺嘌呤核糖核苷酸（AMP）、鸟嘌呤核糖核苷酸（GMP）、胞嘧啶核糖核苷酸（CMP）和尿嘧啶核糖核苷酸（UMP）四种核糖核苷酸通过 3′，5′-磷酸二酯键连接而成的多聚核苷酸链。天然 RNA 的二级结构，一般并不像 DNA 那样都是双螺旋结构，只是在许多区段可发生自身回折，使部分 A-U、G-C 碱基配对，从而形成短的不规则的螺旋区。不配对的碱基区膨出形成环，被排斥在双螺旋之外。RNA 中双螺旋结构的稳定因素，也主要是碱基的堆积力（base stacking force），其次是氢键。每一段双螺旋区至少需要 4～6 个碱基才能保持稳定。在不同的 RNA 中，双螺旋区所占的比例不同。

细胞内有主要的三类核糖核酸，即 mRNA、tRNA 和 rRNA。它们各有特点，以大肠杆菌 RNA 为例进行说明，见表 15-1。在大多数细胞中 RNA 的含量比 DNA 多 5～8 倍。

表 15-1　大肠杆菌 RNA 的性质

类型	分子量	核苷酸残基数	占全细胞 RNA 百分数
mRNA	25000～1000000	75～3000	＜10%
tRNA	23000～30000	70～100	10%～15%
rRNA	约 35000 约 550000 约 1100000	约 100 约 1500 约 3100	＞80%

DNA 是遗传信息的载体，遗传信息的作用通常由蛋白质的功能来实现，但 DNA 并非蛋白质合成的直接模板，合成蛋白质的模板是 RNA。

（1）信使 RNA——mRNA

mRNA 是将遗传信息从细胞核带到核外核糖体上的直接载体。mRNA 作为合成蛋白质的模板，不同的蛋白质均有其各自特有的 mRNA 模板。故 mRNA 的特点是种类多、含量少、寿命短。约占细胞内总 RNA 的 10%以下，完成使命即被降解。

（2）转运 RNA——tRNA

tRNA 是蛋白质合成中的接合器分子。tRNA 分子有 100 多种，各可携带一种氨基酸，将其转运到核蛋白体上，供蛋白质合成使用。tRNA 是细胞内分子量最小的一类核酸，由 70～100 个核苷酸构成，各种 tRNA 无论在一级结构，还是在二、三级结构上均有一些共同特点。tRNA 中含有 10%～20%的稀有碱基，如甲基化的嘌呤 mG、mA，双氢尿嘧啶（DHU），次黄嘌呤等。此外，tRNA 内还含有一些稀有核苷，如胸腺嘧啶核糖核苷、假尿嘧啶核苷（Ψ，pseudouridine）等。胸腺嘧啶一般存在于 DNA 中，在假尿嘧啶核苷中，不是通常嘧啶环中 N-1，而是嘧啶环中的 C-5 与戊糖的 C-1′之间形成糖苷键。

tRNA 分子中的核苷酸通过碱基互补配对形成多处局部双螺旋结构，未成双螺旋的区带构成所谓的环。现发现的所有 tRNA 均可呈现图 15-9(a) 所示的这种所谓的三叶草样(clover leafpattern) 二级结构。在此结构中，从 5′末端起的第一个环是 DHU 环，以含二氢尿嘧啶为特征；第二个环为反密码子环，其环中部的三个碱基可以与 mRNA 中的三联体密码子形成碱基互补配对，构成所谓的反密码子（anticodon），在蛋内质合成中起解读密码子，把正确的氨基酸引入合成位点的作用；第三个环为 TΨC 环，以含胸腺核苷和假尿苷为特征；在反密码子环与 TΨC 环之间，往往存在一个额外环，由数个乃至二十余个核苷酸组成，所有 tRNA3′均有相同的 CCA-OH 结构，tRNA 所转运的氨基酸就连接在此末端上，如图 15-9 所示。

通过 X 射线衍射等结构分析方法，发现 tRNA 的共同三级结构均呈倒 L 形［如图 15-9

(b)]，其中 3′末端含 CCA—OH 的氨基酸臂位于一端，反密码子环位于另一端，DHU 环和 TΨC 环虽在二级结构上各处一方，但在三级结构上却相互邻近。tRNA 三级结构的维系主要是依赖核苷酸之间形成的各种氢键。各种 tRNA 分子的核苷酸序列和长度相差较大，但其三级结构均相似，提示这种空间结构与 tRNA 的功能有密切关系。

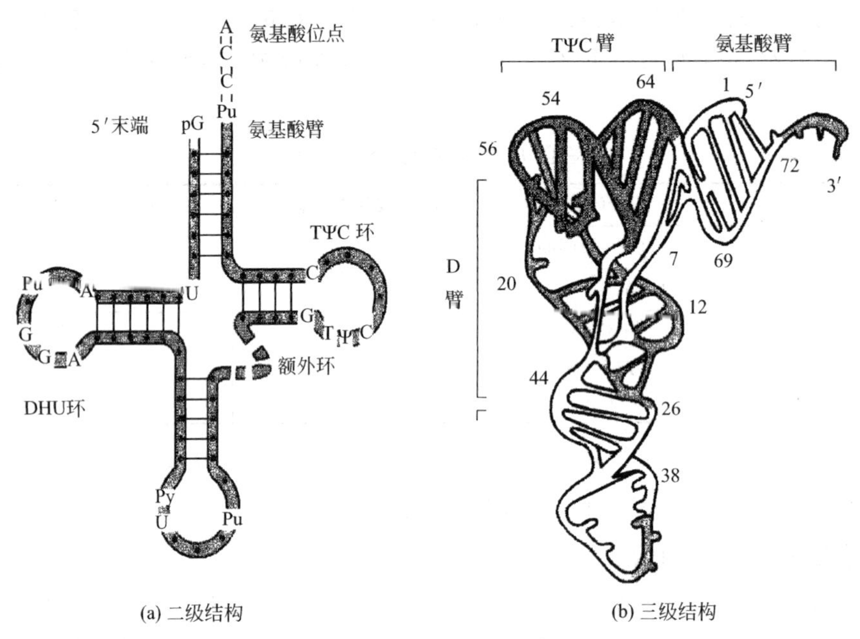

图 15-9 DNA 的二级结构和三级结构

（3）核蛋白体 RNA——rRNA

核蛋白体 RNA（ribosomal RNA）是细胞内含量最多的 RNA，约占 RNA 总量的 80%以上，是蛋白质合成的分子机器，又称为核糖体（ribosome）。核糖体蛋白（ribosomal protein，rp）有数十种，大多是分子量不大的多肽类，分布在核蛋白体大亚基的蛋白称为 rpl，在小亚基的称 rps。

原核生物和真核生物的核蛋白体均由易于解聚的大、小亚基组成，对大肠杆菌核蛋白体的研究发现，其质量中三分之二是 rRNA，三分之一是蛋白质。rRNA 分为 5S、16S、23S 三种。S 是大分子物质在超速离心沉降中的一个物理学单位，可反映分子量的大小。其小亚基由 16S rRNA 和 21 种 rps 构成，大亚基由 5S、23S rRNA 和 31 种 rpl 构成。真核生物核蛋白体小亚基含 18S rRNA 和 30 多种 rps，大亚基含 28S、5.8S、5S 三种 rRNA 和近 50 种 rpl。各种生物核蛋白体小亚基中的 rRNA 具有相似的二级结构。

15.3 核酸的理化性质

15.3.1 核酸的一般理化性质

核酸具有大分子的一般特性。核酸分子的大小可以用分子量、碱基数目（base 或 kilobase，适用于单股链核酸）和碱基对（bp，适用于双股链核酸）、电子显微镜下所测得的长度（μm）或沉降系数（S）等表示。

RNA 和 DNA 是极性化合物，都微溶于水而不溶于乙醇、乙醚、氯仿等有机溶剂。它们的钠盐比自由酸易溶于水。DNA 是线性高分子，黏度极大；RNA 远小于 DNA，黏度也小得多。DNA 分子在机械力作用下，易发生断裂，为基因组 DNA 的提取带来一定的困难。

由于核酸组成成分中的嘌呤碱和嘧啶碱具有强烈的紫外吸收，故核酸也有紫外吸收的性质，其最大吸收峰在 260nm 处。紫外吸收值还可作为核酸变性、复性的指标。核酸分子中含有酸性磷酸基和碱基上的碱性基团，故为两性电解质。因磷酸基的酸性较强，所以核酸通常表现为酸性。各种核酸分子的大小及所带电荷不同，可用电泳和离子交换法分离不同的核酸。室温下，碱性溶液中 RNA 能被水解，DNA 较稳定，此特性可用来测定 RNA 的碱基组成，也可用此特性除去 DNA 中混杂的 RNA。

15.3.2 核酸的水解

DNA 和 RNA 中的糖苷键与磷酸酯键都能用化学法和酶法水解。在很低 pH 条件下，DNA 和 RNA 都会发生磷酸二酯键水解。并且碱基和核糖之间的糖苷键更易被水解，其中嘌呤碱的糖苷键比嘧啶碱的糖苷键对酸更不稳定。在高 pH 时，RNA 的磷酸酯键易被水解，而 DNA 的磷酸酯键不易被水解。

15.3.3 核酸的变性、复性和分子杂交

（1）变性

在一定理化因素作用下，核酸双螺旋等空间结构中碱基之间的氢键断裂，变成单链的现象称为变性。引起核酸变性的常见理化因素有加热、酸、碱、尿素和甲酰胺等。在变性过程中，核酸的空间构象被破坏，理化性质发生改变。由于双螺旋分子内部的碱基暴露，其 260nm 处的紫外吸收的光吸收比值（A_{260}值）会大大增加，称为增色效应（hyperchromic effect）。

在 A_{260}值开始上升前 DNA 是双螺旋结构，在上升区域分子中的部分碱基对开始断裂，其数值随温度的升高而增加，在上部平坦的初始部分尚有少量碱基对使两条链结合在一起，这种状态一直维持到临界温度，此时 DNA 分子最后一个碱基对断开，两条互补链彻底分离。通常把加热变性时 DNA 溶液 A_{260}升高达到最大值一半时的温度称为该 DNA 的熔解温度（melting temperature，T_m），T_m 是研究核酸变性很有用的参数。T_m 一般在 85～95℃之间，特定核酸分子的 T_m 值与其 G+C 所占总碱基数的百分数成正比关系，两者的关系可表示为

$$T_m = 69.3 + 0.41(G+C)\%$$

一定条件下（相对较短的核酸分子），T_m 值大小还与核酸分子的长度有关，核酸分子越长，T_m 值越大；另外，溶液的离子强度较低时，T_m 值较低。

（2）复性

变性 DNA 在适当条件下，可使两条分开的单链重新形成双螺旋 DNA 的过程称为复性（renaturation）。热变性的 DNA 经缓慢冷却后复性称为退火（annealing）。DNA 复性是非常复杂的过程，影响 DNA 复性速率的因素很多。

（3）分子杂交

分子杂交是核酸研究中一项最基本的实验技术。其基本原理就是应用核酸分子的变性和复性的性质，使来源不同的 DNA（或 RNA）片段，按碱基互补关系形成杂交双链分子

(heteroduplex)。杂交双链可以在 DNA 与 DNA 链之间，也可在 RNA 与 DNA 链之间形成。核酸分子杂交作为一项基本技术，已应用于核酸结构与功能研究的各个方面。在医学上，目前已用于多种遗传性疾病的基因诊断（gene diagnosis）、恶性肿瘤的基因分析、传染病病原体的检测等领域中，其成果大大促进了现代医学的进步和发展。

15.3.4 核酸的颜色反应以及在分析测定中的运用

(1) 核酸中糖的颜色反应

DNA 和 RNA 中分别含有脱氧核糖和核糖。当核酸被酸作用后，嘌呤易脱下形成无嘌呤的含醛基核酸或水解得到核糖和脱氧核糖，这些物质与某些酚类、苯胺类化合物结合生成有色物质，所呈现的颜色深浅在一定范围内与样品中所含脱氧核糖或核糖的量成正比，因此糖的颜色反应可以用来测定核酸的含量。

常用来测定核糖的方法是苔黑酚（即 5-甲基苯-1,3-二酚）法。含有核糖的 RNA 与浓盐酸以及 5-甲基苯-1,3-二酚一起在沸水中加热 20～40min，即有蓝绿色物质生成。这是由于 RNA 脱嘌呤后的核糖与酸作用生成糠醛，它再和 3，5-二羟基甲苯作用而显蓝绿色。

$$\text{RNA} + \text{浓HCl} + \text{5-甲基苯-1,3-二酚 (}CH_3\text{, HO, OH)} \xrightarrow[FeCl_3]{100℃} \text{蓝绿色物质}$$

根据被测 RNA 样品生成的颜色深浅，在 670nm 下比色得到吸光度，可以从标准曲线中查得对应的 RNA 含量。

此法线性关系好，但灵敏度低，可鉴别到 $5\mu g \cdot mL^{-1}$的 RNA，当样品中有少量 DNA 时不受干扰，但蛋白质和黏多糖等物质对测定有干扰作用，故在比色测定之前，应尽可能去掉这些杂质。

通常用来测定脱氧核糖的方法是二苯胺法。当含有脱氧核糖的 DNA 在酸性条件下和二苯胺一起在沸水浴中加热 5min，能出现蓝色。这是由于 DNA 中嘌呤核苷酸上的脱氧核糖遇酸生成 ω-羟基-γ-酮式戊醛，它再和二苯胺作用而显蓝色。

$$\text{DNA} + \begin{matrix}\text{冰醋酸}\\ \text{少量硫酸}\end{matrix} + C_6H_5\text{—NH—}C_6H_5 \xrightarrow{100℃} \text{蓝色物质}$$

根据样品生成的颜色深浅，在 595nm 下比色得到吸光度，可以从标准曲线中查得对应的 DNA 含量。

此法灵敏度更低，可鉴别的最低量为 $50\mu g \cdot mL^{-1}$ DNA，测定时易受多种糖类及其衍生物、蛋白质等杂质的干扰。

(2) 核酸的含磷量测定

DNA 和 RNA 都含有一定量的磷酸，RNA 及其核苷酸的含磷量一般为 9.0%，而 DNA 及其脱氧核苷酸的含磷量为 9.2%，即每 100g 核酸中含 9.0～9.2g 磷，也就是核酸的质量为磷质量的 11 倍左右，故样品中每测得 1g 磷就相当于含有 11g 核酸。此法准确性强，灵敏度较高，最低可测到 $5\mu g \cdot mL^{-1}$的核酸，可作为紫外法和定糖法的基准方法。

在测定核酸和核苷酸中的磷时先要用浓硫酸将核酸、核苷酸消化，使有机磷氧化成无机磷，然后与钼酸铵定磷试剂作用，产生蓝色的钼蓝，在一定范围内，其颜色深浅与磷含量成正比关系，根据样品生成的颜色深浅，在 660nm 下比色得到吸光度，可以从磷的标准曲线中查得样品中磷的含量。

15.4 核酸的生理功能

15.4.1 核酸是遗传的物质基础

遗传是生命的特征之一，而 DNA 则是生物遗传信息的携带者和传递者，即某种生物的形态结构和生理特征都是通过亲代 DNA 传给子代的。DNA 大分子中载有某种遗传信息的片段就是基因，它是由四种特定的核苷酸按一定顺序排列而成的，它决定着生物的遗传性状。在新生命形成时的细胞分裂过程中，DNA 按照自己的结构精确复制，将遗传信息（核苷酸的特定排列顺序）一代一代传下去，延绵着生物体的遗传特征。

15.4.2 蛋白质的合成离不开核酸

众所周知，蛋白质是构成人体的重要结构物质，又是酶的基本组成部分，是生命的基础物质，蛋白质的合成则是生命活动的基本过程。而蛋白质在细胞中的合成却离不开核酸，即 DNA 所携带的遗传信息指导蛋白质的合成，RNA 则根据 DNA 的信息完成蛋白质的合成，其过程可简单表示为 DNA 转录 RNA 翻译蛋白质。也就是说，有了一定结构的 DNA，才能产生一定结构的蛋白质。有一定结构的蛋白质，才有生物体的一定形态和生理特征。

人体中总固体量的 45%是蛋白质构成的，所以说，核酸是制造人体的基础。人从出生到死亡，核酸起着支配和维持生命的作用，地球上的所有生物都要靠核酸来延续生命。

15.4.3 核酸是人体的重要组成部分

人是由细胞构成的，每个人大约有 60 亿个细胞，每个细胞中都含有核酸。细胞的核心——细胞核的主要成分是 DNA，RNA 是细胞质的组成成分之一。因此，核酸是生命的基础物质。

15.5 人类基因组计划

人类基因组计划（human genome project，HGP）是由美国科学家于 1985 年率先提出的，于 1990 年正式启动的。美国、英国、法国、德国、日本和我国科学家共同参与了这一预算达 30 亿美元的人类基因组计划。按照这个计划的设想，在 2005 年，要把人体内约 10 万个基因的密码全部解开，同时绘制出人类基因的谱图。换句话说，就是要揭开组成人体 4 万个基因的 30 亿个碱基对的秘密。人类基因组计划与曼哈顿原子弹计划、阿波罗登月计划并称为 20 世纪人类自然科学史上三大科学计划。

1986 年，诺贝尔奖获得者 Dulbecco R 发表短文《肿瘤研究的转折点：人类基因组测序》。文中指出：如果想更多地了解肿瘤，我们从现在起必须关注细胞的基因组。从哪种物种着手努力？如果我们想理解人类肿瘤，那就应从人类开始。人类肿瘤研究将因对 DNA 的详细知识而得到巨大推动。

什么是基因组（genome）？基因组就是一个物种中所有基因的整体组成。人类基因组有两种意义：遗传信息和遗传物质。要揭开生命的奥秘，就需要从整体水平研究基因的存在、基因的结构与功能、基因之间的相互关系。

为什么选择人类的基因组进行研究？因为人类是在“进化”历程上最高级的生物，对它的研究有利于认识自身、掌握生老病死规律、疾病的诊断和治疗、了解生命的起源。测出人类基因组DNA的30亿个碱基对的序列，发现所有人类基因，找出它们在染色体上的位置，破译人类全部遗传信息。

我国于1999年9月积极参加到人类基因组计划中，承担1%的任务，即人类3号染色体上约3000万个碱基对的测序任务。我国因此成为参加这项研究计划的唯一的发展中国家。2000年6月26日人类基因组工作草图完成。

（1）遗传图谱（genetic map）

又称连锁图谱（linkage map），它是以具有遗传多态性（在一个遗传位点上具有一个以上的等位基因，在群体中的出现频率皆高于1%）的遗传标记为“路标”，以遗传学距离（在减速分裂事件中两个位点之间进行交换、重组的百分率，1%的重组率称为1cM）为图距的基因组图。遗传图谱的建立为基因识别和完成基因定位创造了条件。

（2）物理图谱（physical map）

物理图谱是指有关构成基因组的全部基因的排列和间距的信息。

它是通过对构成基因组的DNA分子进行测定而绘制的。绘制物理图谱的目的是把有关基因的遗传信息及其在每条染色体上的相对位置线性而系统地排列出来。

（3）序列图谱

随着遗传图谱和物理图谱的完成，测序就成为重中之重的工作。

DNA序列分析技术是一个包括制备DNA片段及碱基分析、DNA信息翻译的多阶段过程。通过测序得到基因组的序列图谱。

（4）基因图谱

基因图谱是在识别基因组所包含的蛋白质编码序列的基础上绘制的结合有关基因序列、位置及表达模式等信息的图谱。在人类基因组中鉴别出占据2%～5%长度的全部基因的位置、结构与功能，最主要的方法是通过基因的表达产物mRNA反追到染色体的位置。

人类基因组研究的目的不只是为了读出全部的DNA序列，更重要的是读懂每个基因的功能，每个基因与某种疾病的种种关系，真正对生命进行系统的科学解码，从此达到从根本上了解认识生命的起源，种间、个体间的差异的原因，疾病产生的机制以及长寿、衰老等困扰着人类的最基本的生命现象的目的。

阅读材料：弗朗西斯·哈里·康普顿·克里克和詹姆斯·杜威·沃森

克里克(Francis Harry Compton Crick，1916.6.8—2004.7.28)，英国人，沃森(James Watson，1928.4.6—)，美国人，两人由于提出DNA的双螺旋结构共同获得1962年诺贝尔生理学或医学奖。

1952年，美国化学家鲍林发表关于DNA三链模型的研究报告，这种模式被称为α-螺旋。沃森与威尔金斯、富兰克林等讨论了鲍林的模型。当威尔金斯出示了富兰克林在一年前拍下的DNA的X射线衍射照片后，沃森看出DNA的内部是一种螺旋形结构，他立即产生了一种新概念：DNA不是三链结构而应该是双链结构。他们继续循着这个思路深入探讨，极力将有关这方面的研究成果集中起来。根据各方面对DNA研究的信息和他们的研究分析，沃森和克里克得出一个共识：DNA是一种双链螺旋结构。

沃森和克里克立即行动，马上在实验室中联手搭建DNA双螺旋模型。从1953年2月22日起奋战，他们夜以继日，废寝忘食，终于在3月7日，将他们想象中的美丽无比的DNA模型搭建成功。沃森、克里克的这个模型正确地反映出DNA的分子结构。此后，遗传的历史和生物学的历史都从细胞阶段进入了分子阶段。由于沃森、克里克和威尔金斯在DNA分子研究方面卓越的贡献，他们分享了1962年的诺贝尔生理学或医学奖。

习 题

15-1 名词解释。

(1) 查伽夫法则 (2) DNA (3) RNA (4) DNA变性 (5) 退火 (6) 熔解温度 (7) 增色效应

15-2 单项选择题。

(1) 在DNA双螺旋结构中，能互相配对的碱基是（ ）。

A A与G B A与T C C与U D T与U

(2) 磷酸在自然界游离核苷酸中最常见是位于（ ）。

A 戊糖的C3′上 B 戊糖的C2′和C5′上 C 戊糖的C5′上 D 戊糖的C2′上 E 戊糖的C2′和C3′上

(3) 下列哪种元素可用于测量生物样品中核酸含量（ ）。

A 氮 B 磷 C 氧 D 氢 E 碳

(4) 只存在于RNA而不存在于DNA的碱基（ ）。

A 鸟嘌呤 B 胞嘧啶 C 腺嘌呤 D 尿嘧啶 E 胸腺嘧啶

(5) 核酸中核苷酸之间的连接方式是（ ）。

A 2′,3′-磷酸二酯键 B 糖苷键 C 2′,5′-磷酸二酯键

D 肽键 E 3′,5′-磷酸二酯键

(6) 核酸对紫外线的最大吸收峰在哪一波长附近？（ ）。

A 280nm B 260nm C 200nm D 340nm E 220nm

(7) DNA T_m 值较高是由于下列哪组核苷酸含量较高所致？（ ）。

A G+A B C+G C A+T D C+T E A+C

(8) 某DNA分子中腺嘌呤的含量为35%，则胞嘧啶的含量应为（ ）。

A 15% B 30% C 40% D 35% E 7%

15-3 简答题。

(1) 比较DNA和RNA的化学组成和分子结构上的异同点。

(2) 简述RNA的种类及其功能特点。

（3）简述核酸分离纯化过程中应遵循的规则及其注意事项。

（4）简述核酸的一般分析研究方法及其优缺点。

15-4 给出下列两个反应的机理。

（1）$H_2NCHRCO_2H + (CH_3CO_2)_2O \xrightarrow{CH_3CO_2Na}$ [2-甲基-4-R-噁唑-5(4H)-酮]

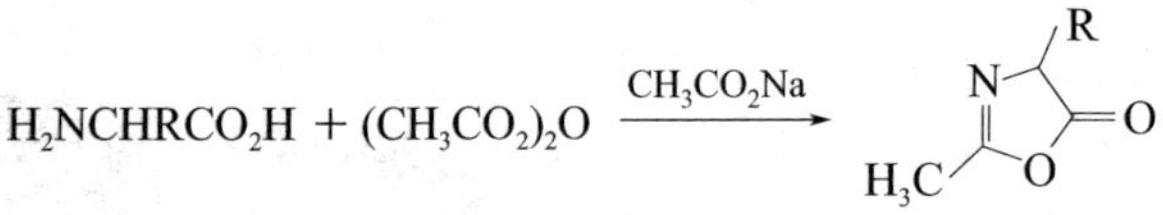

（2）[9-R-腺嘌呤] $\xrightarrow[HCl]{NaNO_2}$ [9-R-次黄嘌呤]

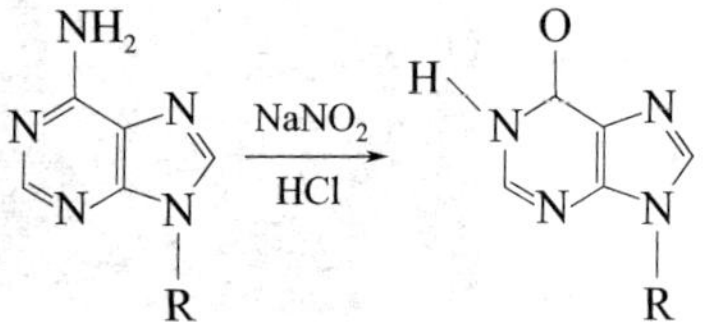

15-5 推断题。

生物代谢途径中有一个重要的中间体化合物腺苷酸-磷酸（AMP），其环状衍生物中的磷酸酯接在3′-位和5′-位上，试推断AMP和AMP环状衍生物的结构。

第16章 有机合成

知识要点：

本章主要介绍有机合成的总体思路；有机合成的方法选择；新型有机合成技术。重、难点内容为反合成分析；有机反应选择性、导向基、重排反应的应用；合成路线的考察与选择以及不对称合成。

有机合成（organic synthesis）是利用简单、易得的原料，通过有机反应，合成具有特定结构和功能的有机化合物。

自1828年德国科学家魏勒合成尿素以来，190年间有机化学的发展逐渐形成了三个互相联系和依存的领域：一是天然产物的分离、鉴定和结构测定；二是物理有机化学；三是有机合成。有机合成是一个富有创造性的领域，它不仅要合成自然界含量稀少的有用化合物，也要合成自然界不存在的、新的有意义的化合物。

随着人类进入21世纪，社会的可持续发展及其所涉及的生态环境、资源、经济等方面的问题愈来愈成为国际社会关注的焦点。更为严厉的保护环境的法规不断出台，也使得化学工业界把注意力集中到如何从源头上杜绝或减少废弃物的产生。这对化学提出了新的要求，尤其是对合成化学，更是提出了挑战。环境经济性正成为技术创新的主要推动力之一。因此，有机合成重要的不是合成什么，而在于怎么合成的问题。21世纪的有机合成正朝着高选择性、原子经济性和环境保护型三大趋势发展。因此，有机合成的任务可以简单归纳如下：

① 以绿色化学理念为指导，继续推进有机合成在人类可持续发展中的应用；

② 合成新的能满足人类未来发展、健康、生活等方面需求的新型功能有机分子；

③ 合成具有特殊结构的有机化合物来验证有机化学理论，促进理论有机化学的发展和完善；

④ 进一步完善合成方法学，丰富有机合成的手段和技术；

⑤ 采用先进的技术，简化、提高合成效率，实现合成分子的多样性，达到有机合成设计智能化、自动化。

16.1 有机合成设计总体思路

有机化合物是由骨架、官能团和立体结构三部分组成，其中立体结构并不是每个有机化合物都具备的，而骨架和官能团却是每个有机化合物的组成部分，因此有机合成设计的总体思路是：第一，先将目标分子化繁为简，通过反向分析将目标分子（target molecule，TM）反推到起始原料；第二，根据反向合成思路的逆向步骤，搭建目标化合物的分子骨架以及设计可能的反应；第三，对起始原料以及中间体进行官能团的引入、转换和保护，最终生成目标分子。

16.1.1 反合成分析

有机合成是利用化学反应，将简单的有机化合物制成比较复杂的有机物的过程。对于同一目标分子可以有多条合成路线，不同路线在合成效率上（反应步数、总产率、反应条件、原料来源、反应时间、中间体和产物纯度等）存在明显的差别，这些路线都是合理的，但不一定是适用的，适用的路线需根据实际情况确定。然而，适用的路线必然来自合理的路线。

1964 年，科里（Corey E J）在 *J. Am. Chem. Soc.*（1964，84，478）首次用合成子、切断和反合成法研究有机合成设计，对有机合成化学是一次革命。首次提出了有机合成线路设计及逻辑推理方法，建立了有机合成的目标分子反推到合成起始原料的逻辑方法——反合成分析法（retrosynthetic analysis)，为此他在 1990 年获得诺贝尔化学奖。

逆合成分析（retrosynthetic analysis)，也可称为反合成分析或合成子法。即由靶分子（TM）出发，用逆向切断、连接、重排和官能团互换、添加、除去等方法，将其变换成若干中间产物或原料，然后重复上述分析，直到中间体变换成所有价廉易得的合成子等价试剂为止。

以下介绍反合成分析法中设计的一些基本概念。

（1）合成元

合成元（synthon）又称“合成子”，指在逆向合成法中，通过切断（disconnection）化学键而拆开 TM 分子后，得到的各个组成结构单元。由合成元再推导出相应的试剂或中间体，这种逆推方法可以用“⇒”来表示：

$$(C_2H_5)(C_6H_5)C(OH)(CH_3) \Longrightarrow C_2H_5^- + C_6H_5-\overset{+}{C}(CH_3)-OH$$

d:供体
a:受体

d-合成子　　a-合成子

(还有γ-合成子、e-合成子)

合成等效剂（synthetic equivalent，SE)：指能起合成子作用的试剂。例如 $C_2H_5^-$ 的 SE 是 C_2H_5MgX、C_2H_5Li 等：

$$HO-\overset{+}{C}(CH_3)-C_6H_5 \text{ - - - - - - - - - } C_6H_5-C(=O)-CH_3$$

（2）反合成元

合成元表示通过反合成分析转化后得到的结构单元，而反合成元（retron）则是进行某一转化的必要结构单元。例如：

（Diels-Alder 反合成示意结构式：桥环加合物 ⟹ 环戊二烯 + 环己烯）

上面的 Diels-Alder 反应中，环已烯和环戊二烯就是反合成元。

(3) 逆向切断

逆向切断（antithetical disconnect，dis）是成键的逆过程，是通过切断化学键，把 TM 分子骨架切割成不同性质的合成子，称逆向切断。合成分析法中，切断通过在双箭头上标注“dis”来表示，用垂直波纹线标示在被切断的键上，用双箭头“⇒”标示通过切断得到的分子碎片。例如：

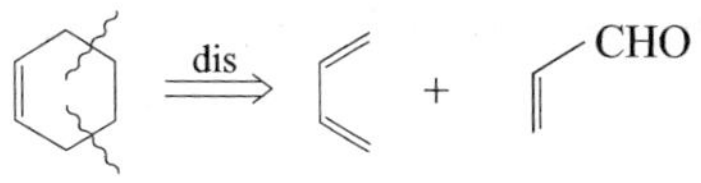

dis ⇒ + CHO

(4) 逆向连接

连接（antithetical connection，con）就是把 TM 分子中两个适当的碳原子用化学键连接起来，称逆向连接，它是实际合成中氧化断裂反应的逆过程。连接一般是在双箭头上标注“con”来表示。例如：

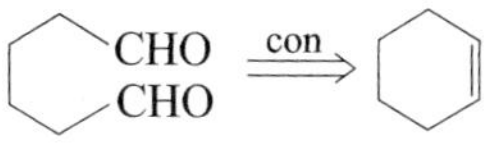

CHO CHO con ⇒

(5) 重排

重排（antithetical rearrangement，rearr）是把目标分子骨架拆开和重新组装，称逆向重排。它是实际合成中重排反应的逆反应。重排通过在双箭头上标注“rearr”来表示。例如：

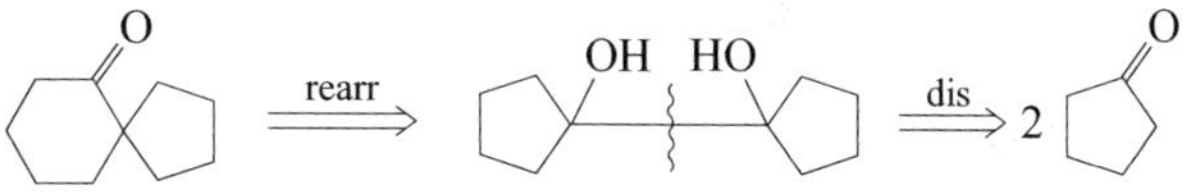

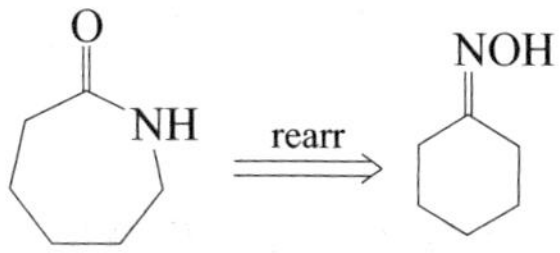

O rearr ⇒ OH HO dis ⇒ 2 O

O NH rearr ⇒ NOH

(6) 官能团变换

在不改变目标分子基本骨架的前提下，变换官能团的性质和位置，称为官能团变换，官能团变换在合成设计中的主要目的是：将目标分子变换成在合成上比母体化合物更易制备的前体化合物，该前体化合物构成了新的目标分子，称为变换靶分子；为了作逆向切断、连接或重排交换，必须将目标分子上原来不适用的官能团变换成所需要的形式，或暂时添加某些必要的官能团；添加某些活化基、保护基、阻断基或诱导基，以提高化学、区域或立体选择性。官能团变换一般包括三种变换。

① 官能团转换（functional group interconversion，FGI） 将目标分子中的一种官能团逆向变化为另一种官能团，而具有此官能团的化合物本身就是原料或较容易制备。目的是能够转变成相对简单易得的原料或合成前体物质，官能团变化用在双箭头上标注“FGI”来表示：

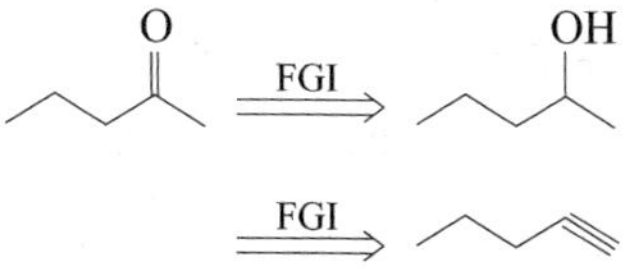

O FGI ⇒ OH

FGI ⇒

② 官能团添加（functional group addition，FGA） 就是在目标分子的一个适当位置增加一个官能团，以利于反应的顺利进行。目的是帮助反合成分析中的切断、连接的步骤，同

样也有助于选择合成原料和前体物质。官能团添加用双箭头上标注“FGA”来表示：

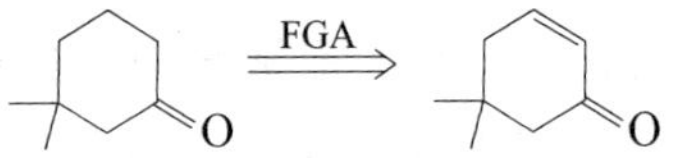

③ 官能团消除（functional group removal，FGR） 是将目标分子中除去一个或几个官能团，使分子简化，这是逆向分析常用的方法，便于反合成分析，同时也可避免这些官能团在合成过程中相互影响。官能团消除在双箭头上标注“FGR”来表示：

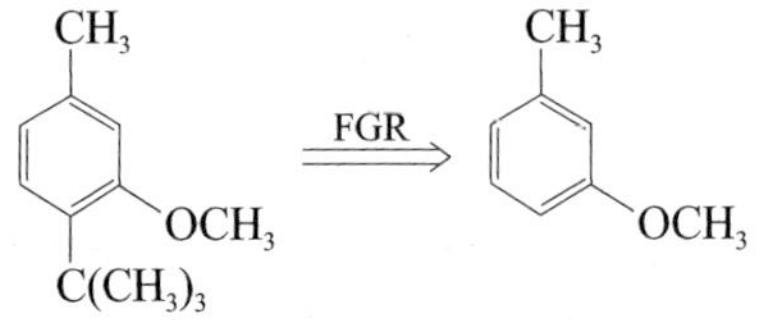

④ 官能团保护 一个试剂如果与多官能团化合物反应，可能会和其中的两个或两个以上的官能团均发生作用，而反应目的是只希望与其中一个官能团发生反应，这时就将不需要反应的官能团先保护起来，待反应完成再去除保护，这称之为官能团保护（functional group protection）。例如，酚羟基易氧化，将其保护后，氧化反应后再去保护得到游离酚羟基：

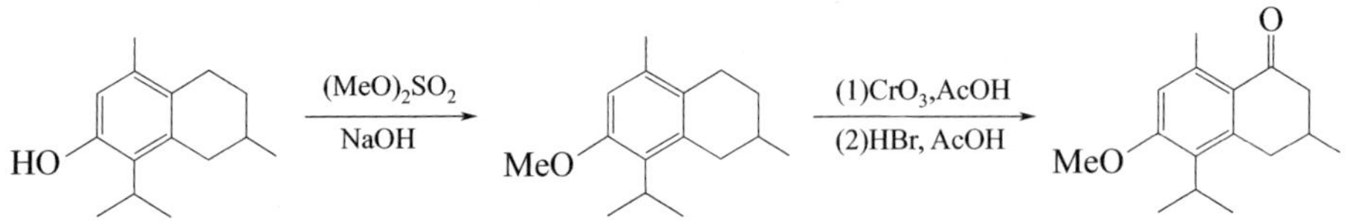

又如，氨基的保护和去保护：

$$R—NH_2 \xrightarrow{CH_3COCl} R—NHCOCH_3 \xrightarrow[H_2O]{H^+} R—NH_2$$

（7）合成树

在反合成分析中，简单的目标分子只需经几步转化就能达到起始原料。复杂分子则需要多步转化才能达到起始原料，而可能导出的反应合成路线不止一条，分子越复杂，可能的路线就越多，推导出的图像就如同一颗倒置的树，该图像称为合成树（synthetic tree）。

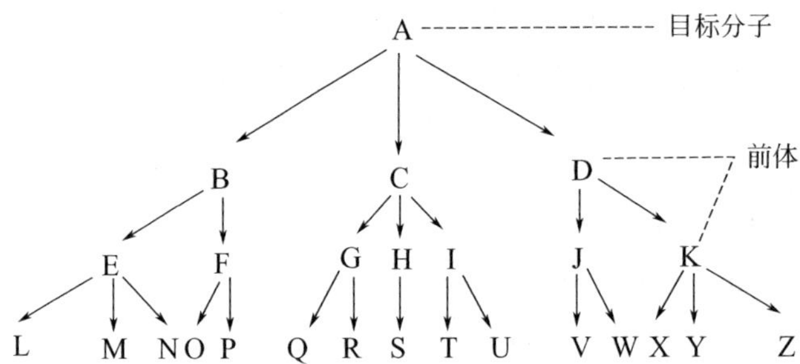

要注意的是，并不是合成树上的每一条路线都是合理的合成路径，还必须经过考察、比较，通过比较合成路线的长短，反应条件是否苛刻，原料是否易得等综合考虑选择。

反合成分析也就是以反合成分析法中的合成子概念及切断法为基础，从目标化合物出发，通过适当的切断或官能团变换，添加和消除，一步一步去寻找一个又一个前体分子，直至找到最适宜的原料为止。

反合成分析的步骤如下。

① 识别目标分子的类型和结构特点，为后面的切断、官能团变换等建立正确的设计

思路。

② 根据目标分子的特点，对其骨架进行改造或官能团变换，找到目标分子的反合成线路。

③ 反向分析的步骤逆转，加进试剂和反应条件，形成初步的合成路线。

④ 检验合成路线的合理性，检查每一步反应中，分子中的官能团之间是否有干扰、影响；基团的保护和去保护、反应的化学选择性、区域选择性和立体选择性等。

⑤ 写出完整的合成路线。

16.1.2 目标分子的切断策略与技巧

利用反合成分析法原理，要对结构复杂的目标分子，通过切断和官能团的转化等手段，逐步推出合成目标分子的起始原料，这里介绍一些切断的策略和技巧。

（1）优先考虑骨架的形成

有机物由骨架与官能团两部分组成，在合成过程中，总存在骨架与官能团的变化。有机合成问题，着眼于官能团与骨架的变化，有下列四种类型。

① 骨架与官能团均不变，仅官能团位置变化。

$$\text{CH}_2{=}\text{CHCH}_2\text{COOH} \xrightleftharpoons{\text{稀NaOH}} \text{CH}_3\text{CH}{=}\text{CHCOOH}$$

② 骨架不变，官能团变化。

$$C_6H_5CCl_3 + H_2O \xrightarrow{Ca(OH)_2} C_6H_5COOH$$

③ 官能团不变，骨架变化。

$$CH_3(CH_2)_5CH_3 \xrightarrow[\text{紫外线}]{CH_2N_2} CH_3(CH_2)_6CH_3 + CH_3CH(CH_3)(CH_2)_4CH_3 + CH_3CH_2CH(CH_3)(CH_2)_3CH_3 + (CH_3CH_2CH_2)_2CHCH_3$$

④ 骨架、官能团都变化.

$$CH_3CH(OH)CH_2COOCH_2CH_3 \xrightarrow[\triangle]{H^+} CH_3CH{=}CHCOOH$$

其中最重要的是骨架由小到大的变化。

（2）碳-杂键优先切断

碳原子与杂原子（主要是 O、S、N 等）形成的键往往是极性共价键，一般可由亲电、亲核体之间的反应形成，所以目标分子中有杂原子时可以考虑在杂原子处先切断的策略。同时由于连接杂原子的化学键往往不稳定，在合成过程中也容易再连接。所以在杂原子处的切断，对于分子骨架的建立和官能团的引入也有一定的指导意义。例如：

$$C_6H_5OCH_2CH_2CH_2CH{=}CH_2 \Longrightarrow C_6H_5OH + BrCH_2CH_2CH_2CH{=}CH_2$$

（3）添加辅助基团后切断

某些化合物结构上没有明显的官能团，或没有明显可切断的键，此时，可在分子中适当位置添加某个官能团，以利于找到相应的合成子，但同时应考虑到该官能团的除去。例如：

FGA

$\Longrightarrow$ + $\Longrightarrow$ + CH_3I

(4) **逆推到合适阶段再切断**

有些分子不能直接切断，或切断后得到的合成子在正向合成时，无合适方法将其连接起来。此时，应将 TM 逆推到某一替代的 TM 后再切断。

$CH_3CH(OH)-CH_2CH_2OH \Longrightarrow CH_3\overset{+}{C}HOH + {}^{-}CH_2CHO$

无合成等效剂

dis

$CH_3\overset{+}{C}HOH + {}^{-}CH_2CH_2OH$

(5) **利用分子的对称性**

有些目标分子结构中包含着对称结构，可以充分利用结构上的对称性来简化合成路线。例如：

$HO-C_6H_4-CH(Et)-CH(Et)-C_6H_4-OH \Longrightarrow HO-C_6H_4-CH(Et)-Cl \Longrightarrow HO-C_6H_4-CH{=}CHCH_3$

$\Longrightarrow H_3CO-C_6H_4-CH{=}CHCH_3$

16.2 有机合成方法选择与应用

在有机合成进行过程中，必然会遇到有关控制问题。例如，需要在反应物分子的特定位置发生特定的反应。在复杂分子的合成过程中，如果分子中含有两个或两个以上反应活性中心时，则可能会发生反应试剂不能按照预期的要求进攻某一部位或者某一官能团不能发生与之对应的反应，这时，就必须考虑反应选择性的问题，同时可以采取应用某些导向基、定位基和保护基等使反应能够定位进行，以达到预期的合成要求。

16.2.1 有机反应选择性的应用

有机反应选择性（organic reaction selectivity）表示在特定条件下，同一底物分子的不同位置、不同方向上可能发生反应时生成几种不同产物的倾向性。当某一反应是优势反应时，其反应产物就为主要产物，这种反应的选择性极高；有机反应选择性主要有化学选择性、区域选择性和立体选择性。

化学选择性（chemical selectivity）指不使用保护或活化等策略，反应试剂对不同的官能团或处于不同化学环境的相同官能团进行选择性反应，或一个官能团在同一反应体系中可能生成不同官能团产物的控制情况，这种特定的选择性就是化学选择性。例如：

$$CH_3COCH_2CH_2COOC_2H_5 \xrightarrow{NaBH_4} CH_3CH(OH)CH_2CH_2COOC_2H_5$$

$$m\text{-}HOC_6H_4CH_2OH \xrightarrow[CH_2Cl_2,25℃]{CrO_3,Py} m\text{-}HOC_6H_4CHO$$

区域选择性（regional selectivity）是指相同官能团在同一分子的不同位置上起反应时，若试剂只能与分子的某一特定位置作用，而不与其他位置上相同官能团作用。例如，烯丙基的1,3-位，羰基的两个α-位以及α,β-不饱和体系的1,2-和1,4-加成反应等，都是区域选择性的体现。

$$\xrightarrow{MnO_2}$$

立体选择性（stereo selectivity）是指反应产生的立体选择性问题。包括顺/反异构，对映异构、非对映异构选择性。如果某个反应只生成某一种异构体，而没有另一种，就叫立体转移选择性。

在应用各种反应生成目标分子时，往往会有两种或两种以上的异构体生成，控制产物的立体结构是合成路线设计时需要着重考虑的问题，因为有些化合物只有一种立体构型满足合成产物的需要。例如，炔烃在Lindlar催化剂存在下，还原得到的加成产物为顺式烯烃，而在液氨用金属钠还原得到反式烯烃：

$$H_3C(CH_2)_7C\equiv C(CH_2)_7COOH \xrightarrow[CaCO_3]{H_2,Pd,PbO} \text{顺式 } H_3C(H_2C)_7CH=CH(CH_2)_7COOH$$

$$H_3C-C\equiv C-CH_3 \xrightarrow{Na/NH_3} \text{反式 } H_3CCH=CHCH_3$$

γ COOH γ' $\xrightarrow[\text{aq. NaHCO}_3,\ 20℃,\ 79\%]{I_2,\ CH_2Cl_2}$ Ⅰ　Ⅲ (Re)　Ⅱ　Ⅳ (Si)

Ⅰ和Ⅲ、Ⅱ和Ⅳ区域选择性
Ⅰ和Ⅱ、Ⅲ和Ⅳ立体选择性

16.2.2 导向基的应用

在有机合成中，为了将某一结构单元引入原料或中间体分子的特定位置上，除了前面所述根据反应选择性情况，对反应底物分子中不同官能团的反应活性大小、所在位置等来进行选择反应外，对于一些无法直接进行选择或无法进行反应性选择的官能团，可以在反应前引入某种控制基团来促使选择性反应的进行，在反应结束后再将其除去，这种在反应前预先引入，达到某种目的的控制基团就称之为导向基（oriented group），按照其不同的作用也可称之为定位基（localized group）、堵塞基（blocking group）或者保护基（protective group）等。

按照其作用原理，一个好的导向基，不仅应能容易引入，而且要能容易除去。例如，邻氯甲苯的合成：

$$C_6H_5CH_3 \xrightarrow{Cl_2} p\text{-}ClC_6H_4CH_3 + o\text{-}ClC_6H_4CH_3$$

用甲苯直接氯代的反应，主要有两种产物对氯甲苯和邻氯甲苯，如果在氯代反应过程中，甲基的对位已有基团占据，则氯代的主要产物只有一种邻氯甲苯。通过反合成分析，可以采用磺酸基来作为堵塞基，预先占住甲基的对位，等氯代反应完成后，再将磺酸基除去：

$$o\text{-}ClC_6H_4CH_3 \Longrightarrow 2\text{-}Cl\text{-}4\text{-}(SO_3H)C_6H_3CH_3 \Longrightarrow p\text{-}(SO_3H)C_6H_4CH_3 \Longrightarrow C_6H_5CH_3$$

在有机合成反应中，经常遇到反应原料或中间体分子含有多种官能团的结构，如果官能团的活性接近，只使其中某一官能团发生反应而其他保持不变是很困难的。这里就有利用保护基的方法来保护某些暂时不用的基团，促使其他特定基团反应，等特定官能团反应结束后再通过除去保护基而“释放”某些官能团。例如，对硝基苯胺的合成：

$$C_6H_5NH_2 \xrightarrow{CH_3COOH} C_6H_5NHCOCH_3 \xrightarrow{HNO_3/H_2SO_4} p\text{-}O_2NC_6H_4NHCOCH_3 \longrightarrow p\text{-}O_2NC_6H_4NH_2$$

由于氨基在硝化反应时不可避免会被氧化，所以必须对氨基进行保护，等硝化反应结束后，再将氨基去保护，得到目标分子。

16.2.3 重排反应的应用

重排反应是一类重要的有机反应，许多重排反应具有很好的立体和区域选择性，有机合成中经常要用到的一类反应。例如，邻二叔醇在酸的作用下发生重排反应，生成酮。两个α-碳原子上所连的烃基如果不相同时，重排得到的就是混合物，以哪一种产物为主，决定于两个相应的碳正离子的稳定性。通常对称的频哪醇重排在合成上应用较多，但是含有脂环的不对称频哪醇重排也有一定的应用。例如：

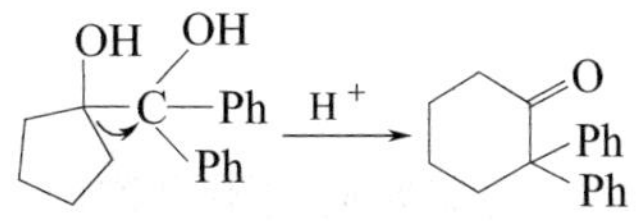

又如，Beckmann 重排，酮肟在 PCl_3 催化作用下，发生重排反应，生成取代酰胺：

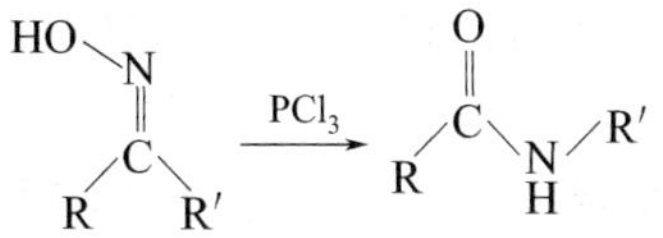

在该反应中，烃基的迁移是立体专一性的，只有处于肟羟基反位上的烃基才能迁移，而且如果迁移基团具有手性，其构型在产物中得以保留。

16.2.4 合成路线考察与选择

一条理想的合成路线应该包括以下几个方面。

(1) 合成路线简捷

反应步骤的长短直接关系到合成路线的经济性。一个每步产率为 90%的十步合成，全过程总产率仅为 35%；而五步合成，则总产率可提高为 59%，若合成步骤仅三步时，其总收率就升高为 73%。因而尽可能采用短的合成路线。例如，有机合成路线有直线式和汇聚式两种：

直线式：$A \xrightarrow{B} A{-}B \xrightarrow{C} A{-}B{-}C \xrightarrow{D} A{-}B{-}C{-}D \xrightarrow{E} A{-}B{-}C{-}D{-}E$

汇聚式：$A \xrightarrow{B} A{-}B \xrightarrow{C} A{-}B{-}C$；$D \xrightarrow{E} D{-}E$；$\longrightarrow A{-}B{-}C{-}D{-}E$

直线式路线的总收率较低，如按照每一合成步骤的收率为 90%计，则通过以上四步总收率只有 $0.9^4 \times 100\% = 65.6\%$。而在汇聚式路线中，是将目标分子的主要部分先分别合成，最后再装配在一起，这样总的收率为 $0.9^4 \times 100\% = 72.9\%$，比直线式要高。

如果目标分子合成路线中的步骤较多，则应该优先考虑汇聚式合成路线。

(2) 合理的反应机理

即从单元反应来分析应该是可行的，其组成能够达到合成所需化合物的目的。例如，甲醛和酮可以反应生成烯酮：

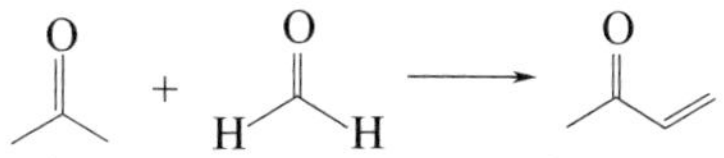

但是由于甲醛非常活泼，在碱催化条件下，会发生聚合和其他副反应，使烯酮的收率很低，因此可采用甲醛与胺、丙酮先生成 Mannich 碱，再利用 Mannich 碱受热分解成烯酮的反应提高烯酮的收率：

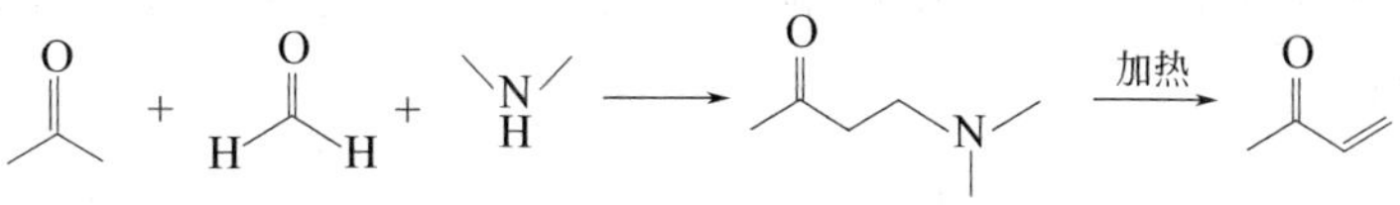

(3) 符合绿色化学的要求

绿色化学就是提倡使用环境安全的原料，使用环境安全的技术来生产环境安全的产品，尽可能少的副产品或充分利用反应过程中的副产品作为下游产品的原料，实现原子经济利用的“零排放”，维护人类生存环境的安全，实现人类与社会的和谐共处，共同发展。

16.2.5 不对称合成

许多具有手性碳原子的有机化合物需要通过不对称的合成方法来得到。

不对称合成（asymmetric synthesis）是通过一个手性诱导试剂，使无手性或是潜手性的作用物反应后转变成光学活性的产物，而且生成不等量的对映异构体中得到过量的目标对映异构体产物，甚至可能是光学纯的产物。

不对称合成的关键就是不对称反应，根据化合物中不对称因素来源，不对称反应可以有手性底物控制反应、手性辅助基团控制反应、手性试剂控制反应和手性催化剂控制四种。

不对称反应中，如果反应底物经转化后形成不等量的一对对映异构体，则该反应称为“对映选择反应”，用“对映过量”来表示主要异构体超出次要异构体的百分率；而如果底物分子中已有手性中心存在，反应的产物为不等量的非对映异构体，则该反应称为“非对映选择反应”，可用“非对映过量”来表示。

手性底物控制的不对称反应，反应的立体选择性是由底物分子中已有的手性中心控制或诱导。例如，β-羟基酮在三乙酰氧基硼氢化钠的作用下，生成1,3-反式二醇产物；而在硼氢化锌作用下，主要得到1,3-顺式产物。

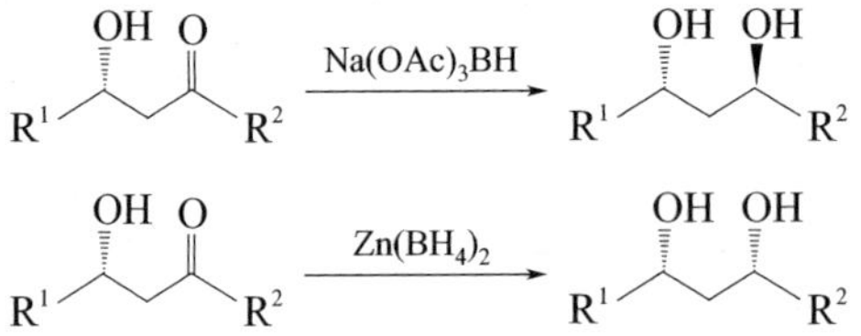

如果在反应物分子中引入一个不对称的基团，形成一个不对称反应，这就是手性辅助基团控制反应：

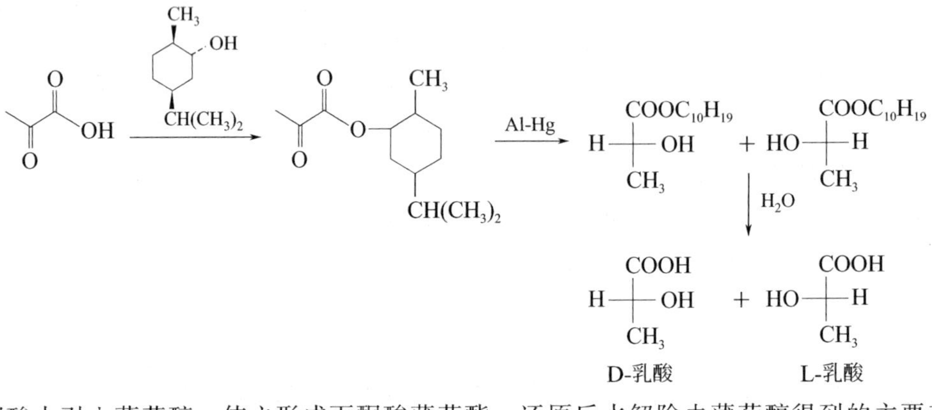

在丙酮酸中引入薄荷醇，使之形成丙酮酸薄荷酯，还原后水解除去薄荷醇得到的主要产物是D-乳酸，而不是等量的D-乳酸和L-乳酸。

另外，如果采用手性试剂，则反应的产物也具有一定的立体选择性。例如，不对称Dlels-Alder反应：

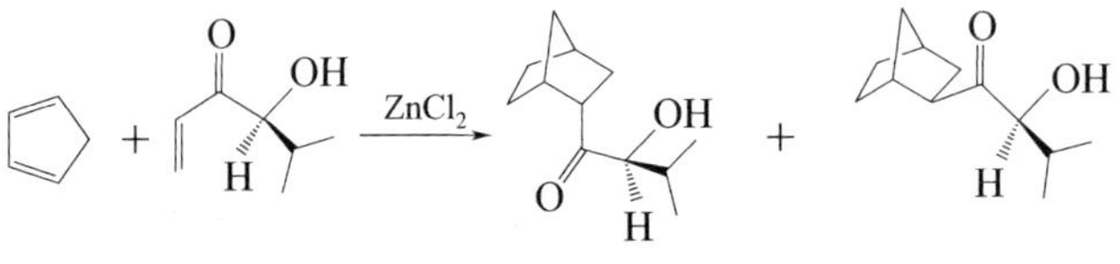

利用手性催化剂进行的不对称合成更是引人注目，特别是手性催化剂用量少，不对称诱导效

率高的那些反应。例如：

$$\ce{H3CO, AcO-C6H3-CH=C(NHAc)CO2H ->[H_2][手性铑催化剂] H3CO, AcO-C6H3-CH2-C(H)(NHAc)COOH}\quad 95\%\ ee$$

16.2.6 计算机辅助有机合成设计

计算机辅助有机合成设计（computer assistant organic synthesis design）是利用计算机软件，对已知的有机化合物的合成方法进行归纳，分析总结，建立起一定的化学结构、化学反应、反应原料、产物等之间的关联，尝试对新的目标化合物进行合成路线设计时给出可能的、合理的或具有建设性合成路线的一种专家系统。它是人工智能的一种形式。

目前，计算机辅助有机合成设计思路可以分为经验型和理论型两类。

经验型的设计理念是首先必须建立一个已知的尽可能全的有机合成反应数据库，在该数据库中储存大量的有机化合物、有机反应、反应条件、反应过程控制手段、热力学和动力学数据等，然后对目标分子进行逻辑推理，利用数据库中的信息进行选择和评估合成反应类型，给出目标分子可能的合成路线。Corey 设计的 LHASA（logic and heuristics applied to synthetic analysis）系统就属于这种类型。经验型的专家系统对于数据库中包含的已知合成反应具有较好的辅助参考意义，但对于未知反应或者数据库中不包含的数据项就无法进行有效推导，这就要求该系统不断要对数据库进行更新。理论性的设计理念是利用原子理论、分子理论和电子的价键理论进行数学建模，把有机化学反应应用相应的数学模型来表示，即把有机化学反应公式化、程序化、数字化，再通过计算机进行处理，这样就能对目标化合物的合成推导变成公式化和程序化的方式，该方法有利于推出一些新的有机反应，但有时被普遍认为是不可能的反应也有可能被推出，故该方法还需要化学家进行评估和筛选。尤其（Ugi J）提出的 EROS（elaboration of reaction of organic systhesis）系统就属于此类。

16.2.7 组合化学

组合化学（combinational chemistry）是在固相合成多肽化合物的基础上发展起来的一种新的快速有机合成方法。他应用化学合成、组合理论、计算机辅助设计、自动机械手等的方法和手段，在短时间内将各种有机合成构建单位通过巧妙设计构思，实现系统反复，多重连接，产生大批具有分子多样性的群体，形成有机化合物，再按照靶的对库内有机物分子进行筛选，优化得到满足目标功能的有机化合物。

长期以来，从天然化合物和合成化合物中筛选有生理活性的化合物，是寻找新药的主要途径，虽然可以通过分子结构和药效之间的关系来设计和合成新药，但是合成出的化合物不一定就具有所需要的药效，还有些药效也并不是原设想的分子结构所能达到的。需要有一种能快速合成多个分子和筛选新药的方法，1991 年，Furka、Lam 和 Houghten 等同时提出组合化学的概念，为有机合成的发展展现出新的诱人的前景。

组合化学在原理上与传统化学合成有本质的区别，传统的合成方法从原料开始，通过一系列的反应一次只得到一种所需产物，而组合化学合成方法是用一组 M 个反应单元和另一组 N 个反应单元进行组合同步反应，理论上可以产生 MN 个化合物，如下所示：

$$\mathrm{M_1+N_1\cdots N_n \longrightarrow M_1N_1+M_1N_2+\cdots+M_1N_n}$$

$$\mathrm{M_2+N_1\cdots N_n \longrightarrow M_2N_1+M_2N_2+\cdots+M_2N_n}$$

……

$$\mathrm{M_n+N_1\cdots N_n \longrightarrow M_nN_1+M_nN_2+\cdots+M_nN_n}$$

而如果反应体系中共有 M 个反应单元，而反应步骤有 x 步，则 M 个反应单元，再通过不同的反应步骤的组合，可能产生的产物数为 $N=M^x$，通过这样的平行合成方式，不同的反应单元经不同的排列、组合就可以迅速形成数量远远超过原定预计的产物数量，为快速合成化合物提供了可能。例如，氨基酸成肽缩合反应，三个不同氨基酸通过三步成肽反应，就有可能产生 $3^3=27$ 个肽化合物；而如果有四个不同的氨基酸，通过四步成肽反应，则有 $4^4=256$ 个肽化物；如果有 20 个不同氨基酸，经 20 步反应的话，就会得到 $20^{20}\approx1\times10^{26}$ 个肽化合物，产物的数量是以指数级增加，这样就会有不同氨基酸单元组合而成的新的化合物被合成出来，相比传统合成方式，组合化学方法在快速合成具有不同分子结构的化合物方面就具有极大的优势，也提高了研究分子结构和性能之间关系的效率。

16.2.8 绿色合成化学

绿色合成化学（green synthetic chemistry）是在人类面临生存环境受到破坏和污染，影响人类生存和发展的环境问题越来越严重的情况下，在可持续发展战略思想指导下所提出的一种新的概念。与传统的由于化学品生产产生的化学污染而“先污染，后处理”的方式不同，绿色化学要求在化学品的生产源头上就减少甚至消除污染的产生，做到“先控制，后生产”的理念。

绿色合成化学的中心任务就是要提高原子利用的经济性，使原料分子中的每一个原子都结合到目标产物分子中，达到废物的零排放（zero emission），最终实现原子利用率达百分之百的理念合成反应，从而在源头上就消灭化学污染。为了达到绿色合成化学的目标，就必须在以下几个方面做出努力。

（1）开发原子经济性反应

丘斯特（Trost）于 1991 年首先提出原子经济性（atom economy）的概念，及原料分子中究竟有多少原子通过反应转化成产物，也就是原子利用率为多少。例如，1-苯乙醇用下面两种方法氧化得到苯乙酮的原子利用率的比较：

$$3\,C_6H_5CH(OH)CH_3 + 2CrO_3 + 3H_2SO_4 \longrightarrow 3\,C_6H_5COCH_3 + Cr_2(SO_4)_3 + 6H_2O$$

分子量　$3\times122=366$　$2\times100=200$　$3\times98=294$　$3\times120=360$

原子利用率=[360/(366+200+294)]×100%=41.9%

$$2\,C_6H_5CH(OH)CH_3 + O_2 \xrightarrow{Cat} 2\,C_6H_5COCH_3 + 2H_2O$$

分子量　$122\times2=244$　32　$2\times120=240$

原子利用率=[240/(244+32)]×100%=87.0%

所以采用空气氧化的方法在原子经济性上要好于氧化铬的方法。

理想的原子经济性反应是原料分子中的原子完全地转变成产物中的原子，不产生任何副产物或废物，实现废物的“零排放”。

（2）使用安全的化学原料

使用无毒、无害的原料，避免反应过程中有毒、有害产物生成的可能，开发利用充分提高原子利用率的有机反应和工艺流程，例如，合成有机玻璃用的高分子单体甲基丙烯酸甲酯MMA，传统工艺制备方法是丙酮-腈-醇法，反应原料要用到有毒的氢氰酸、甲醇和大量的硫酸，反应产物有硫酸氢铵废弃物，生产流程无疑对环境有害：

$$CH_3COCH_3 \xrightarrow{HCN} HOC(CH_3)_2CN \xrightarrow{H_2SO_4} CH_2{=}C(CH_3)CONH_2 \xrightarrow{H_2SO_4} CH_2{=}C(CH_3)COOMe + NH_4HSO_4$$

而Shell公司开发的丙炔-钯催化甲氧羰基化一步合成法反应收率大于99%，催化反应活性高，没有副产物，从原料上看要远远优于传统合成方法：

$$CH_3C{\equiv}CH + CO + CH_3OH \xrightarrow[1\times10^6Pa/60℃]{Pd} CH_2{=}C(CH_3)COOMe$$

所以要求研究、开发和合成新产品之前，做到对产品的合成设计中充分考虑原料，目标产物的毒害性，不同合成方法中采用具有较高的原子经济性的路线。

（3）不用有机溶剂等辅助物质

有机合成反应要尽量不用有机溶剂作辅助物质，以降低有机溶剂的毒性和回收难等问题。

超临界流体（super critical fluid）是指处于临界温度和压力下，介于气体和液体之间的一种流体，密度接近于液体，黏度接近于气体。例如，超临界二氧化碳（super critical CO_2，$scCO_2$，温度高于311℃，压力大于7.5MPa）就具有液体溶剂的特点和气体的高传质优点，而且不燃，无毒，可替代有机溶剂进行有机反应，消除有机溶剂对环境的污染，下面反应就是利用超临界二氧化碳作为溶剂的甲苯氧化生成苯甲醛，这无疑是一种绿色反应：

$$C_6H_5CH_3 \xrightarrow[scCO_2]{O_2} C_6H_5CHO$$

16.3 新型有机合成技术简介

在有机合成化学发展的同时，与之相对应的一些新的合成技术的开发和应用对有机合成反应的实现和改进起到了越来越重要的作用。例如，利用不同波长的光对有机化合物进行照射，产生了有机光化学合成；利用电解、电渗析等工艺方法，实现了有机电化学合成；利用微波、电子束的电离辐射手段实现了有机辐射合成；为了减少有机溶剂的使用，降低环境污染，而发展出了有机固相合成技术，同时新的催化剂和催化技术层出不穷，如相转移催化合成技术的运用大大提高了有机合成反应的效率。

16.3.1 有机光化学合成

有机光化学合成（organic photochemical synthesis）是利用有机光化学反应的原理进行有关目标分子的合成，有机光化学反应与传统热化学反应不同，反应物分子是以处于激发态的电子状态进行，而不是单纯的分子热运动，所以在反应的机理上和基态化学反应不同。

有机光化学反应所涉及的光的波长范围在紫外线的 200nm 到可见光的 700nm（光子能量在 171～598kJ·mol^{-1}），可使用的光源很多，常用的是主要发射 254nm、313nm 和 366nm 波长的光汞灯，使用滤光器就能得到所需波长的光。

有机化合物的键能一般在 150～500kJ·mol^{-1}，也就是说处于光的能量范围之中，一旦有机化合物吸收该波长范围中的光，就有可能造成分子中键的断裂而引起一系列的化学反应。

分子吸收光能的作用就是分子的激发作用（excited effect），分子由基态（ground state）被激发到高能级的激发态（excited state），有机光化学过程实际上就是电子激发过程所引起的化学分子发生改变的过程。

在有机合成上有实际应用意义的光化学反应有烯烃的异构化反应、加成反应和重排反应，芳环化合物的取代和重排反应，酮类化合物的自由基反应以及周环反应（pericyclic reaction）等。光化学反应受温度影响小，反应速率与浓度无关，只需要控制光的波长和强度即可，另外光反应具有高度的立体专一性，是合成特定结构的一种重要途径。缺点就是能耗大，副产物多。

化合物处于激发态时往往比在基态时具有更大的亲电或亲核活性，可发生加成反应：

$$\text{1-甲基环己烯} \xrightarrow[CH_3OH,C_6H_6]{h\nu} \text{1-甲氧基-1-甲基环己烷 (OMe)}$$

乙烯在光照情况下就容易发生聚合反应：

$$nH_2C{=}CH_2 \longrightarrow \left[CH_2-CH_2\right]_n$$

羰基化合物和烯烃的加成反应，生成氧杂环丁烷：

$$Ph_2C{=}O + (CH_3)_2C{=}CH_2 \xrightarrow{h\nu} \text{氧杂环丁烷 (Ph, Ph)} + \text{氧杂环丁烷 (Ph, Ph)}$$

16.3.2 有机电化学合成

有机电化学合成（organic electrochemical synthesis）是利用电解反应来合成有机化合物，因为有机反应涉及电子的转移，将这些反应放在电解池中，利用电极反应来达到反应目的，这就形成了有机电化学反应。

有机电化学反应都是在电解装置中进行，组成电解装置的部分主要由直流电解电源、电解槽、电极（阳极和阴极）和测定仪器。

下面列举部分电化学反应的例子，它们在有机合成上具有一定的应用价值。

① 电氧化反应：

$$(H_3C)_2CHOH \xrightarrow{\text{阳极}} (H_3C)_2C{=}O$$

② 电还原反应：

$$C_6H_5COOH \xrightarrow[\text{Pt阴极}]{H_2SO_4/H_2O} C_6H_5CH_2OH + C_6H_5CHO$$

③ 电取代反应：

$$C_6H_5CH_3 \xrightarrow[\text{Pt阳极}]{CH_3CN\text{-}LiCl\text{-}Et_4NBF_4} p\text{-}ClC_6H_4CH_3 + o\text{-}ClC_6H_4CH_3$$

④ 电加成反应：

$$H_2C{=}CH_2 \xrightarrow[\text{碳阳极}]{HCl/H_2O} H_2C(Cl){-}CH_2(Cl)$$

$$\text{吡啶} \xrightarrow[\text{Ni阴极}]{NaOH/H_2O} \text{哌啶}$$

有机电化学合成可以在温和的条件下进行，可以代替会造成环境污染的氧化剂和还原剂，是一种环境友好的清洁合成技术，符合绿色化学的理念，也代表了现代化学工业技术发展的方向。

16.3.3 有机辐射化学合成

有机辐射化学合成就是利用高能射线，如微波、电子束作为催化剂和引发剂，使有机反应在一定条件下进行，得到产物的新型有机合成方法。

微波是一种波长为 1mm～1m，频率为 300MHz～300GHz 的电磁波，由于能量较低，小于分子之间的范德华力，因此只能激发分子的转动能级，而无法直接使化学键断裂引起化学反应。

对于微波促进有机反应的机理目前认为主要是物质分子振动与微波振动有相似的振动频率，在高速振动的微波磁场中，物质分子吸收电磁能以每秒几十亿次频率进行高速振动，因此产生热能。所以用微波辐射加速化学反应实质上是物质和微波相互作用导致的“内加热效应”(inner heating effect)。

对氰基酚钠与氯化苄发生烷基化反应生成苄基-4-氰基苯基醚，用微波辐射 4min，收率达 93%，高于传统方法的收率（12h，72%）：

$$NaO{-}C_6H_4{-}CN \xrightarrow[\text{MW 4min}]{C_6H_5{-}CH_2Cl} C_6H_5CH_2O{-}C_6H_4{-}CN$$

除了用微波作为辐射手段来进行有机合成反应，目前在聚合物的合成上还采用放射性同位素源（radioactive isotope source）作为引发剂来引发有机单体产生自由基而进行自由基反应。放射性同位素源的照射剂量大，穿透力强，通过平板源的方式可以实现大面积的照射，满足辐射聚合、辐射固化、辐射交联等工艺，而且还可以实现低温过冷态固相聚合。例如，辐射聚四氟乙烯聚合、丙烯酸涂料辐射常温固化、低温过冷态聚合物固定生物活性物质等。

16.3.4 有机固相合成

有机固相合成（solid phase organic synthesis）就是把反应底物或催化剂通过固定在某种固相载体（solid phase carrier）上，然后再与其他反应试剂进行生成产物的合成方法。

由于大多数有机反应都是在液相中进行，如果采用固体催化剂进行反应，则反应后，催化剂就很容易和反应物以及产物分离，催化剂可以重复使用，活化也很方便；如果反应底物被固定在载体上，则反应后产物就很容易和催化剂、其他反应试剂等分离，产物纯度相对也较高。

有机固相合成中的固相载体一般是高分子树脂（polymer resin），形态可以是圆珠状、颗粒状、膜状、板状等各种形式。

适合有机固相合成的高分子树脂必须具有以下特点：

① 具有一定的物理力学性能，能承受一定的反应搅拌、振荡和冲击的作用力，能长时间使用。例如在固相有机合成中经常用到聚苯乙烯树脂或者是苯乙烯-二乙烯苯的共聚物树脂以及它们的衍生物。其他有报道应用于固相合成的载体有氯氨基树脂、聚丙烯酰胺树脂、氨基树脂等。

② 一定的化学惰性，能在有机溶剂和反应试剂中不发生变化和参与有机合成反应。因为是聚合物作为固相合成的载体，本身主要的性质比较稳定，在有机溶剂中只会发生膨胀，但不会溶解，保证了固相合成始终有比较稳定的载体承载。

③ 本身具有活性官能团，或者通过化学反应引入活性官能团，以便能与反应底物通过价键相连。

16.3.5 相转移催化合成

相转移催化（phase transfer catalysis，PTC）合成是20世纪70年代以后发展起来的一项催化技术，相转移催化采用相转移催化剂（phase transfer catalyst）达到催化反应的目的。

相转移催化技术中所用的相转移催化剂品种主要有鎓盐及醚（冠醚、穴醚和聚醚）两大类，而在催化剂的形态上，则有溶解型和不溶性（或称固载型）。

溶解型的相转移催化剂主要是指上述催化剂本身，而不溶型即固载型往往是将上述相转移催化剂用某种方式结合在无机和聚合物的固体载体上，使其成为不溶性的固体催化剂，有机催化反应能够在水相、有机相和固体催化剂之间进行，所以也称之为三相催化剂（triple phase catalyst）。

相转移催化原理主要是催化剂在水相和有机相之间发生离子交换，而反应在有机相中进行，如下图所示：

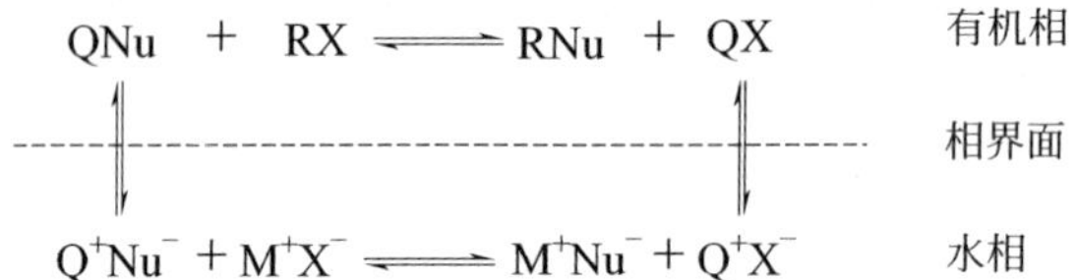

此相转移催化反应是液-液体系，溶于水相的亲核试剂 M^+Nu^- 和只溶于有机相的反应物 RX 由于分别在不同的相中而无法接触发生反应，加入季铵盐 Q^+X^- 后，季铵盐溶于水中和 M^+Nu^- 相接触，发生 Nu^- 和 X^- 的交换反应生成 Q^+Nu^-，该离子对可溶于有机相，故转移到有机相的 QNu 和有机相中的反应物 RX 反应，生成产物 RNu 和 QX，QX 溶于水相再转移入水相，完成相转移催化循环。

相转移催化最初用于有机合成是含活泼氢的化合物的烃基化反应，随着研究的深入，许多反应都逐步得到开发和应用，下面举几个例子说明相转移催化在有机合成中的应用。

二氯卡宾是一种活泼中间体，它可以通过氯仿在叔丁基钾的作用下产生，如果在季铵盐的存在下，氯仿也可以很容易在浓氢氧化钠水溶液中得到二氯卡宾。

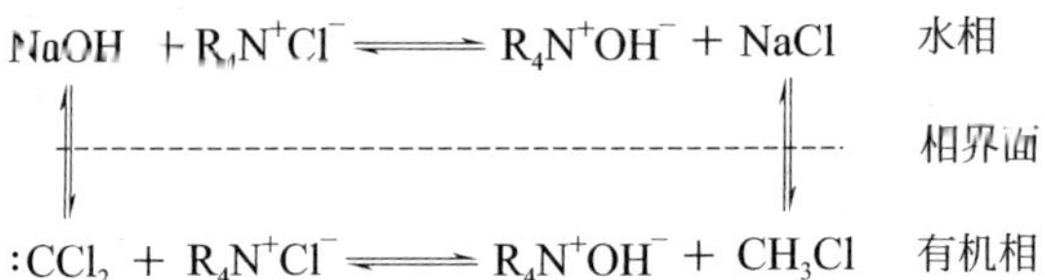

二氯卡宾和烯烃和芳烃反应，得到环丙烷的衍生物，这些反应都可以通过相转移催化反应产生二氯卡宾活泼中间体，再与反应物进行反应，扁桃酸的相转移催化法合成方法，就可以避免使用剧毒的氰化物：

$$C_6H_5CHO \xrightarrow{CHCl_3/NaOH/TEBA} C_6H_5\text{—}CH(Cl)\text{—}C(=O)\text{—}Cl \xrightarrow{H_2O} C_6H_5\text{—}CH(OH)\text{—}C(=O)\text{—}OH$$

在氧化还原反应中，由于很多氧化剂、还原剂是无机化合物，如 $KMnO_4$、$K_2Cr_2O_7$、$NaClO$、H_2O_2 等，在有机溶剂中的溶解度低，反应耗时长，得率低，另外反应产物也有可能被这些无机固体化合物所吸附，造成产品分离提纯的困难。采用相转移催化剂就能使这些氧化剂等转移到有机相，同时反应温和，得率高。例如，邻苯二酚衍生物，可冠醚存在下被高锰酸钾氧化成相应的邻醌：

$$3,5\text{-}[(CH_3)_3C]_2C_6H_2(OH)_2 + KMnO_4 \xrightarrow{18\text{-冠-}6/CH_2Cl_2} 3,5\text{-}[(CH_3)_3C]_2\text{-}1,2\text{-苯醌}$$

在含活泼氢的碳原子上进行烷基化反应时，常规方法是用强碱除去质子，形成碳负离子再进行反应的。而在相转移催化剂作用下，该反应可以在氢氧化钠溶液中，与卤代烃在温和条件下进行。例如：

$$C_6H_5CH_2CN + C_2H_5Br \xrightarrow{C_6H_5CH_2\overset{+}{N}(C_2H_5)_3Cl^-,\ NaOH} C_6H_5\text{—}CH(C_2H_5)\text{—}CN$$

不含 α-氢的醛，在乙醇-水溶液中发生缩合反应的速率很慢，加入相转移催化剂，则反应速率大大加快。

$$C_6H_5CHO \xrightarrow[H_2O]{n\text{-}Bu_4N^+Cl^-} C_6H_5\text{—}CH(OH)\text{—}C(=O)\text{—}C_6H_5$$

除了以上简单介绍的一些有机合成新方法外，还有许多新的合成方法和技术正处于研究开发和转化之中，在未来会成为有机合成新的手段和方法，推动有机合成的进一步发展。

阅读材料：罗伯特·伯恩斯·伍德沃德

罗伯特·伯恩斯·伍德沃德(Robot Burns Woodward，1917.4.10 - 1979.7.8) 美国有机化学家，现代有机合成之父，对现代有机合成做出了相当大的贡献，尤其是在合成和具有复杂结构的天然有机分子结构阐明方面，他因此获 1965 年诺贝尔化学奖。

伍德沃德是 20 世纪在有机合成化学实验和理论上，取得划时代成果的罕见的有机化学家，他以极其精巧的技术，合成了胆甾醇、皮质酮、马钱子碱、利血平、叶绿素等多种复杂有机化合物。据不完全统计，他合成的各种极难合成的复杂有机化合物达 24 种以上，所以他被称为“现代有机合成之父”。

奎宁的人工合成是伍德沃德一生所完成的无数极其复杂而精妙的合成里的首例，但这也仅仅是一个开端。从 1940 年开始，伍德沃德合成了许多复杂的天然产物分子，包括奎宁、胆固醇、可的松、马钱子碱、麦角酸、利血平、叶绿素和头孢氨素等。通过这些分子的合成，伍德沃德开创了有机合成的一个新纪元，这通常被人们称为“伍德沃德时代”。他向世人展示了只要仔细地运用物理有机化学的原理，以及精细的策划，天然产物可以通过人工的方法合成出来。许多伍德沃德的合成工作被同行誉为杰作，他的工作甚至被别人描述为一种艺术。从那以后，有机合成的化学家们总是希望在合成中力求实用与美的结合。

维生素 B_{12} 的结构极为复杂，伍德沃德经研究发现，它有 181 个原子，在空间呈魔毯状分布，性质极为脆弱，受强酸、强碱、高温的作用都会分解，这就给人工合成造成了极大的困难。伍德沃德设计了一个拼接式合成方案，即先合成维生素 B_{12} 的各个局部，然后再把它们对接起来。这种方法后来成了合成所有有机大分子普遍采用的方法。合成维生素 B_{12} 的过程中，不仅存在一个创立新的合成技术的问题，还遇到了一个传统化学理论不能解释的有机理论问题。为此，伍德沃德参照了日本化学家福井谦一提出的“边界电子论”，和他的学生兼助手霍夫曼一起，提出了分子轨道对称守恒原理。这一理论用对称性简单直观地解释了许多有机化学过程，如电环合反应过程、环加成反应过程等。该原理指出，反应物分子外层轨道对称一致时，反应就易进行，这叫“对称性允许”；反应物分子外层轨道对称性不一致时，反应就不易进行，这叫“对称性禁阻”。分子轨道理论的创立，使霍夫曼和福井谦一共同获得了 1981 年诺贝尔化学奖。

1979 年 6 月 8 日，伍德沃德积劳成疾，与世长辞，终年 62 岁。他在辞世前还在他的学生和助手面前，念念不忘许多需要进一步研究的复杂有机物的合成工作，也许对于他来说，有机合成已经不仅仅是一份工作，更是他生命的一部分。

习　题

16-1　解释下列名词。

（1）反合成分析　（2）合成元　（3）反合成元　（4）切断

（5）官能团转换　（6）组合化学　（7）绿色化学　（8）有机固相合成　（9）相转移催化

16-2　完成下列各化合物的反合成分析并写出合成步骤（起始原料一般为常见有机化合物和不超过五个碳原子的有机化合物）。

（1）

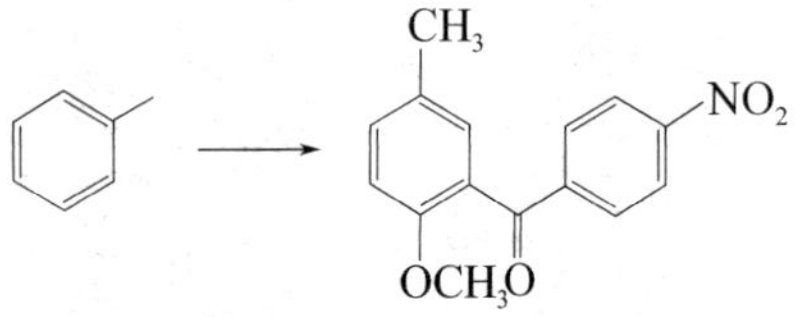

（2）合适的芳香二醇和3-戊醇 ⟶

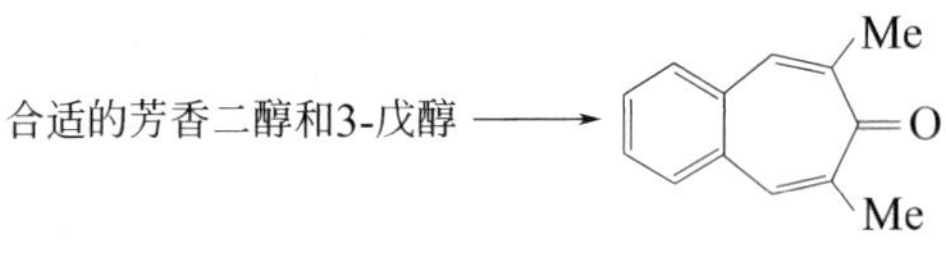

（3）

（4）

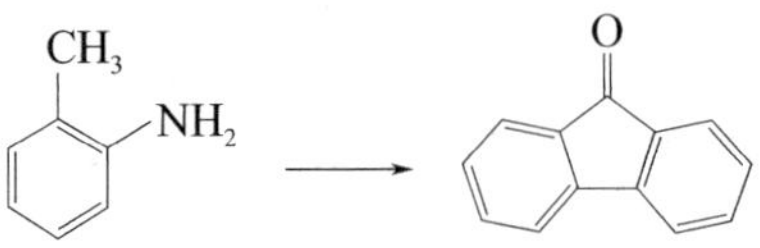

(5) 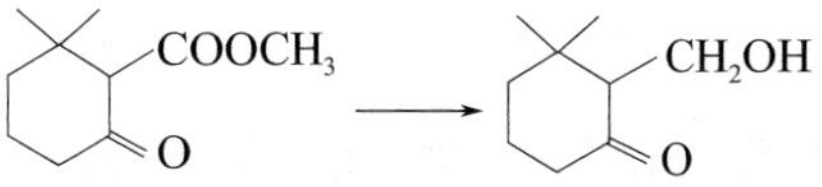 $COOCH_3$, O ⟶ CH_2OH, O

(6) 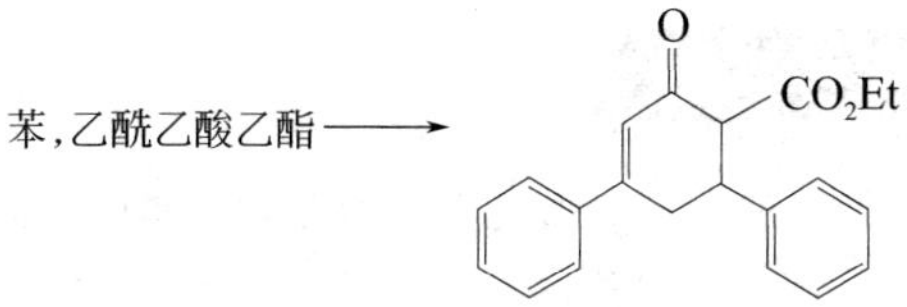 苯,乙酰乙酸乙酯 ⟶ O, CO_2Et

(7) 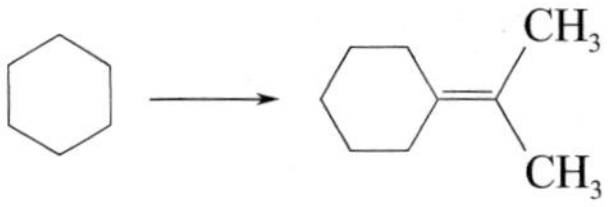 ⟶ CH_3, CH_3

(8) 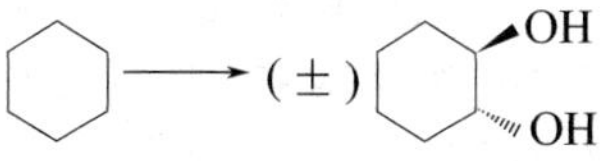 ⟶ (±) OH, OH

(9) 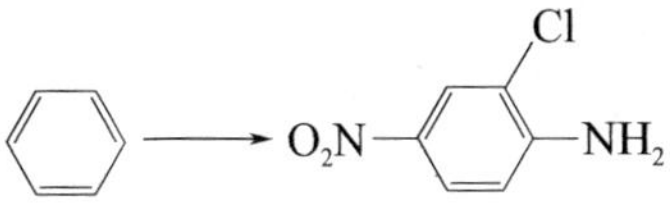 ⟶ Cl, O_2N—, —NH_2

(10) 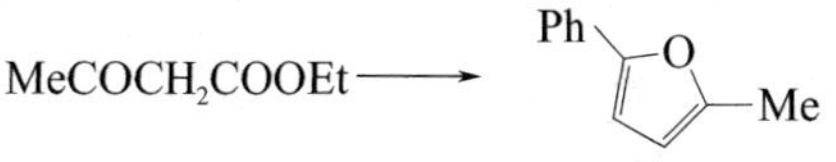 $MeCOCH_2COOEt$ ⟶ Ph, O, Me

(其他试剂任选)

(11) 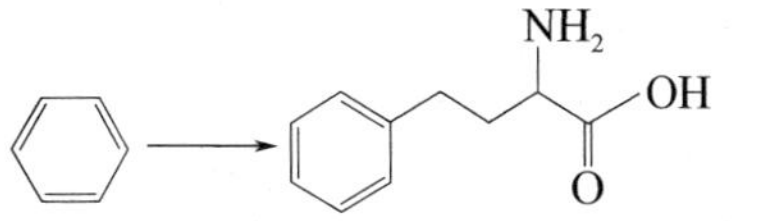 ⟶ NH_2, OH, O

(12) 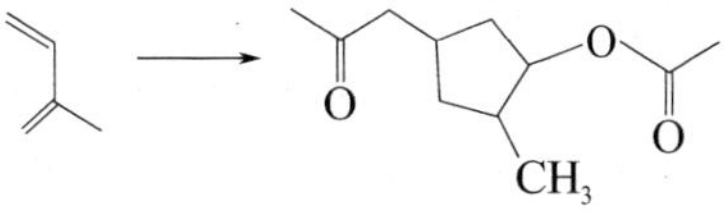 ⟶ O, O, O, CH_3

(13) 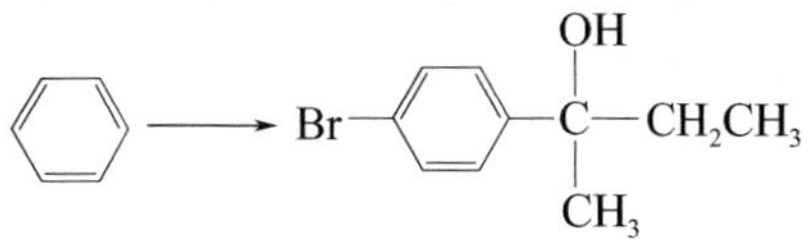 ⟶ Br—, OH, —C—CH_2CH_3, CH_3

(14) 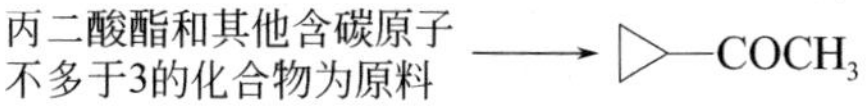 丙二酸酯和其他含碳原子不多于3的化合物为原料 ⟶ —$COCH_3$

(15) 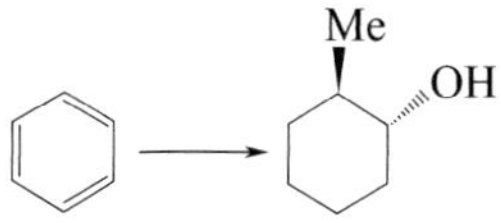 ⟶ Me, OH

(16) 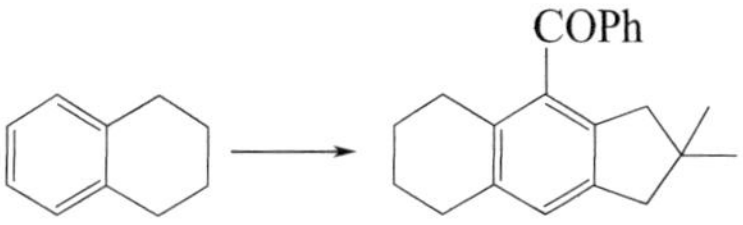 ⟶ COPh

(17)  O ⟶ $COCH_3$, $CH_2CH_2CH_2COOH$

参考文献

[1] 邢其毅，裴伟伟，徐瑞秋，裴坚. 基础有机化学（上，下）. 第 4 版. 北京：高等教育出版社，2017.

[2] 华东理工大学有机化学教研组. 有机化学. 第 2 版. 北京：高等教育出版社，2013.

[3] 胡宏纹. 有机化学. 第 4 版. 北京：高等教育出版社，2013.

[4] 钱旭红. 有机化学. 第 2 版. 北京：化学工业出版社，2011.

[5] 荣国斌，秦川. 大学基础有机化学. 北京：化学工业出版社，2011.

[6] 伍越寰. 有机化学. 第 2 版. 合肥：中国科技大学出版社，2002.

[7] 高鸿宾. 有机化学. 第 4 版. 北京：高等教育出版社，2005.

[8] 高占先. 有机化学. 第 2 版. 北京：高等教育出版社，2007.

[9] Patrick G. Organic Chemistry(2nd ed). 影印版. 北京：科学出版社，2009.

[10] McMurry J. Organic Chemistry. 5th ed. New York: Brooks/Cole Publishing Company, 2000

[11] 杨悟子等. 有机化学习题——反应纵横，习题和解答. 上海：华东理工大学出版社，1993.

[12] 龚跃法，张正波. 有机化学习题详解. 武汉：华中科技大学出版社，2003.